大学入試

"最短でマスターする"
数学
I・II・III・A・B・C

稲荷誠 著

教学社

は じ め に

　高校数学は「基礎」とその上に立つ「技術」に分けることができます。分野としての基礎は「数と式」「2次関数」「論理」等で，他の分野は技術に属します。また，各分野それぞれも基礎的内容と，それを応用していく技術的内容に分けることができます。

　ここで，大学入試問題について考えると，それは受験生が学んできた結果を測るための道具であり，必然的にその中心は技術的な内容を問うことになります。その中で，「数学III」は主として知識と計算力をみるために使われるので，「技術」は主に「数学II・B・C」の問題を通して測られます。

　しかし，ここに問題があります。技術的なことを問う問題では，やり方を知っていれば点数が取れてしまうのです。もちろん，やり方を知っていることと，その内容を理解していることは別物であり，大学側からすれば，受験技術だけを身につけた生徒ではなく，しっかりと理解している生徒がほしいわけです。そのために，特に東大と京大の問題は**2つの特徴的方向**に向かうことになりました。1つは**問題を複雑にする**ことです。小手先の技術では太刀打ちできないように，また，技術を使う前段階として，**問題を分析する能力を要求する**ことになったのです。もう1つは，技術ではなく**基礎を問う問題を出題する**ことです。それは，各分野の基礎がしっかりできているかどうかが問われるということでもあり，分野としても「数学I・A」からの出題が他大学と比較して多いということです。

　本書は，**基礎を掘り下げる**ことにこだわって，**高校数学全般**について書きました。単に知識や技術で終わらず，1つ1つを深く理解できるように，その意味や他分野とのつながりについてもコメントしました。したがって，必要に応じて高校数学の範囲外の内容についても触れています。**将来的に東大，京大に進学できる学力を身につける**という目標を強く意識しているということです。

　さらにもう1点，本書を書くにあたって注意したことは，**この本で高校数学を独習できる**ようにするということです。そのために，構成は各テーマについて，
　　　①概要の説明　→　②「例題」を通しての説明　→　③類題での「演習」
の3STEPでできています。①，②を読んで理解したならば，③は必ず鉛筆を持ってまず自分で考えてみてください。そして，十分考えた上で③の説明を読んでください。高校数学の骨組みがどんどんできあがり，集中して取り組めば高校数学全体を最短でマスターすることができると思います。

　なお，個々のテーマがぼけないように，本書では問題数を最小限におさえています。何らかの問題集を用意して，できる限りたくさんの類題を解くことにより，さらに理解を深めていってほしいと願います。

　本書は2015年発行の『稲荷の独習数学』を新課程版として改訂したものです。統計分野を新たに追加し，微分・積分の分野は高校の「数学II」「数学III」で学習した人にも取り組みやすい配列に改訂しています。

　本書改訂にあたって，まつたに数学塾の松谷学先生にご協力をいただきました。厚く御礼を申し上げます。

稲荷　誠

本書の構成と使い方

説明 ➡ 例題 ➡ 演習 の３STEP で，高校数学全体を最短で

マスターできます。

---

1 式の展開

ここでは代数の基礎を学びます。まず用語についていくつか整理しておきます。
１次式，２次式，…のことを整式と言います。正式には

$$ax^n + bx^{n-1} + \cdots + cx + d$$

のように表現します。$365 = 3\cdot10^2 + 6\cdot10 + 5$ の形と似ています。整数に対して整式も
足し算（加法），引き算（減法），かけ算（乗法），割り算（除法）の四則演算が定義で
きて，約数や倍数も考えることができます。整式は整数と性質がよく似ているという
ことです。

次に，項について確認しておきます。「＋」でつながっている１つ１つのことを項と
言います。たとえば，$3x + 4y$ ならば，$3x$ と $4y$ が項です。$3x - 4y$ だと「＋」でつな
がっていませんが，$3x - 4y = 3x + (-4y)$ なので，この場合は $3x$ と $-4y$ が項です。

その次は次数です。いくつの文字がかかっているのかということを次数と言います。
x は１次，x^2 は２次，…という具合です。いくつかの項でできている式の場合，次数
が最も高い項の次数がその式の次数になります。たとえば，$3x^2 + 5x + 2$ ならば２次
式です。

また，$3x^2 + 5x + 2$ では，次数が高い項から順に並んでいます。これを降べきの順に
整理されていると言います。「べき」というのは「次数」のことです。もし次数が低い
項から順に並んでいれば，昇べきの順に整理されていると言います。

複数の文字が含まれる場合は，何に注目して議論しているのかということで話が変
わってきます。$3x^2 + 5xy + 2y^2$ を見ると，x については２次式で降べきの順に整理さ
れており，y については２次式で昇べきの順に整理されています。x と y の両方につ
いては，各項の次数が全部２次になっています。こういう式を x と y の２次の同次式
と言います。

さて，基本事項が確認できたので，問題を解いてみましょう。

例題1
$(3x^2 + 5xy + 2y^2)(x + 4y)$ を展開せよ。

これは x と y について考えれば，２次の同次式と１次の同次式のかけ算になってい
ます。分配法則を用いて，$(3x^2 + 5xy + 2y^2)(x + 4y)$ のように $3x^2$ と x，$3x^2$ と $4y$，
$5xy$ と x，…とかけていくとき，いつでも２次式と１次式をかけるので，結果として

10　第1章　数と式

STEP

2 例題を通してその使われ方を理解する
例題

● 例題によって **STEP 1** の知識と技術を確認します。
● 間違いやすいポイント，効率的な別解の検討など，実戦的な解説も豊富です。

- 著者の講義を再現し，独自の方法論でわかりやすく解説します。
- 役立つ技術であれば，高校の範囲を超えた内容も取り上げています。

出てくる項の次数は必ず 3 次になります。つまり，出てくる項の種類は，x^3，x^2y，xy^2，y^3 です。

順に係数（文字にかかっている数字）を調べていくと，「x^3」は，
$(\underbrace{3x^2}+5xy+2y^2)(x+4y)$ のように $3x^2$ と x をかけて出てくるので，係数は 3 となり，「x^2y」は，$(\underbrace{3x^2}+5xy+2y^2)(x+4y)$ のように $3x^2$ と $4y$ をかけたときと，$5xy$ と x をかけたときに出てくるので，係数は $3\cdot4+5\cdot1=17$ になります。このようにチェックしていくと

⇓
解答 $(3x^2+5xy+2y^2)(x+4y)=3x^3+17x^2y+22xy^2+8y^3$

のように展開の計算が 1 行でできてしまいます。
$$(3x^2+5xy+2y^2)(x+4y)=3x^3+12x^2y+5x^2y+20xy^2+2xy^2+8y^3$$
$$=3x^3+17x^2y+22xy^2+8y^3$$

のように，1 つずつ展開してから整理するやり方より効率がよく，ミスも少ないのです。

演習 1
$(2x^2-x+5)(3x^2+2x-4)$ を展開せよ。

x の 2 次式と x の 2 次式をかけているから x の 4 次式になります。出てくる項は x^4，x^3，x^2，x，定数項です。

「x^4」は $2x^2$ と $3x^2$ をかけて出てくるので，係数は 6，「x^3」は $2x^2$ と $2x$ 及び $-x$ と $3x^2$ をかけたところから出てくるので，係数は $4-3=1$ です。同様に「x^2」の係数は $-8-2+15=5$ のように計算します。

⇓
解答 $(2x^2-x+5)(3x^2+2x-4)=6x^4+x^3+5x^2+14x-20$

例題 2
$(a+b+c)^2$ を展開せよ。

a，b，c の条件が対称になっているのがわかります。このように文字の入れ替えによって式が変化しない式のことを対称式と言います。

2 乗するということは 2 回かけるわけで，$(a+b+c)^2=(a+b+c)(a+b+c)$ と書き直してみると，まず a^2 が出てくるので，実際の計算をするまでもなく b^2，c^2 も出てくることがわかります。

次に，$(a+b+c)(a+b+c)$ のように左のかっこ内の a と右のかっこ内の b をかけて ab が出てきますが，左のかっこ右のかっこは同じ式なので，右のかっこ内の a

1 式の展開 **11**

STEP

3 演習問題を自分の力で解いてみる ｜演習｜

- 例題に対応した演習問題をまず解答を見ずに自分の力で解いてみましょう。
- 例題にはない「ひねり」を加え，発想力と応用力を鍛えます。

CONTENTS

第1章
数と式

第1章
第2章
第3章
第4章
第5章
第6章
第7章
第8章
第9章
第10章
第11章
第12章
第13章
第14章

1 式の展開

　ここでは代数の基礎を学びます。まず用語についていくつか整理しておきます。

　1次式，2次式，…のことを整式と言います。正式には

$$ax^n + bx^{n-1} + \cdots + cx + d$$

のように表現します。$365 = 3 \cdot 10^2 + 6 \cdot 10 + 5$ の形と似ています。整数に対して整式も足し算（加法），引き算（減法），かけ算（乗法），割り算（除法）の四則演算が定義できて，約数や倍数も考えることができます。整式は整数と性質がよく似ているということです。

　次に，項について確認しておきます。「＋」でつながっている1つ1つのことを項と言います。たとえば，$3x + 4y$ ならば，$3x$ と $4y$ が項です。$3x - 4y$ だと「＋」でつながっていませんが，$3x - 4y = 3x + (-4y)$ なので，この場合は $3x$ と $-4y$ が項です。

　その次は次数です。いくつの文字がかかっているのかということを次数と言います。x は1次，x^2 は2次，…という具合です。いくつかの項でできている式の場合，次数が最も高い項の次数がその式の次数になります。たとえば，$3x^2 + 5x + 2$ ならば2次式です。

　また，$3x^2 + 5x + 2$ では，次数が高い項から順に並んでいます。これを降べきの順に整理されていると言います。「べき」というのは「次数」のことです。もし次数が低い項から順に並んでいれば，昇べきの順に整理されていると言います。

　複数の文字が含まれる場合は，何に注目して議論しているのかということで話が変わってきます。$3x^2 + 5xy + 2y^2$ を見ると，x については2次式で降べきの順に整理されており，y については2次式で昇べきの順に整理されています。x と y の両方については，各項の次数が全部2次になっています。こういう式を x と y の2次の同次式と言います。

　さて，基本事項が確認できたので，問題を解いてみましょう。

例題 1

　$(3x^2 + 5xy + 2y^2)(x + 4y)$ を展開せよ。

　これは x と y について考えれば，2次の同次式と1次の同次式のかけ算になっています。分配法則を用いて，$(3x^2 + 5xy + 2y^2)(x + 4y)$ のように $3x^2$ と x，$3x^2$ と $4y$，$5xy$ と x，…とかけていくとき，いつでも2次式と1次式をかけるので，結果として

出てくる項の次数は必ず 3 次になります。つまり，出てくる項の種類は，x^3，x^2y，xy^2，y^3 です。

　順に係数（文字にかかっている数字）を調べていくと，「x^3」は，

$(3x^2+5xy+2y^2)(x+4y)$ のように $3x^2$ と x をかけて出てくるので，係数は 3 となり，「x^2y」は，$(3x^2+5xy+2y^2)(x+4y)$ のように $3x^2$ と $4y$ をかけたときと，$5xy$ と x をかけたときに出てくるので，係数は $3\cdot4+5\cdot1=17$ になります。このようにチェックしていくと

解答　　　　$(3x^2+5xy+2y^2)(x+4y)=\boldsymbol{3x^3+17x^2y+22xy^2+8y^3}$

のように展開の計算が 1 行でできてしまいます。

$$(3x^2+5xy+2y^2)(x+4y)=3x^3+12x^2y+5x^2y+20xy^2+2xy^2+8y^3$$
$$=3x^3+17x^2y+22xy^2+8y^3$$

のように，1 つずつ展開してから整理するやり方より効率がよく，ミスも少ないのです。

演習1

　$(2x^2-x+5)(3x^2+2x-4)$ を展開せよ。

---

　x の 2 次式と x の 2 次式をかけているから x の 4 次式になります。出てくる項は x^4，x^3，x^2，x，定数項です。

　「x^4」は $2x^2$ と $3x^2$ をかけて出てくるので，係数は 6，「x^3」は $2x^2$ と $2x$ 及び $-x$ と $3x^2$ をかけたところから出てくるので，係数は $4-3=1$ です。同様に「x^2」の係数は $-8-2+15=5$ のように計算します。

解答　　　$(2x^2-x+5)(3x^2+2x-4)=\boldsymbol{6x^4+x^3+5x^2+14x-20}$

例題2

　$(a+b+c)^2$ を展開せよ。

---

　a，b，c の条件が対称になっているのがわかります。このように文字の入れ替えによって式が変化しない式のことを対称式と言います。

　2 乗するということは 2 回かけるわけで，$(a+b+c)^2=(a+b+c)(a+b+c)$ と書き直してみると，まず a^2 が出てくるので，実際の計算をするまでもなく b^2，c^2 も出てくることがわかります。

　次に，$(a+b+c)(a+b+c)$ のように左のかっこ内の a と右のかっこ内の b をかけて ab が出てきますが，左のかっことと右のかっこは同じ式なので，右のかっこ内の a

と左のかっこ内の b をかけても ab となり，結局 ab の係数は 2 となります。a，b，c の対称式であることを考えると，他に $2bc$，$2ca$ も出てくることがわかります。

ところで，この展開において，$(a+b+c)(a+b+c)$ のように「a かける…」という作業が 3 回あり，b，c についても同様なので，$3×3＝9$ 回のかけ算が出てきます。それに対して，$a^2+b^2+c^2+2ab+2bc+2ca$ のうちの $2ab$ などは，$a×b$ と $b×a$ の 2 回のかけ算によって出てくるので，合計 9 回のかけ算をした結果であることが確認できます。したがって，$(a+b+c)^2＝a^2+b^2+c^2+2ab+2bc+2ca$ として，過不足なく左辺のかけ算が実行できたことがわかります。

↓↓
解答　　　　$(a+b+c)^2＝a^2+b^2+c^2+2ab+2bc+2ca$

これは公式です。公式を理解することと，それが使えることは，車の両輪のようなもので，どちらも大切です。

演習 2

$(2x-3y-5z)^2$ を展開せよ。

例題 2 の a，b，c の代わりに $2x$，$-3y$，$-5z$ が入っていると考えて，公式を適用します。

↓↓
解答　　　　$(2x-3y-5z)^2＝4x^2+9y^2+25z^2-12xy+30yz-20zx$

次は公式

$$(a+b)(a-b)＝a^2-b^2$$

についてです。「和と差の積は 2 乗引く 2 乗」になると覚えましょう。

例題 3

$(a-1)(a+1)(a^2+1)(a^4+1)$ を展開せよ。

まず $(a-1)(a+1)＝a^2-1$，これに a^2+1 をかけて $(a^2-1)(a^2+1)＝a^4-1$，さらに a^4+1 をかけて $(a^4-1)(a^4+1)＝a^8-1$ となり，結局

↓↓
解答　　　$\begin{aligned}(a-1)(a+1)(a^2+1)(a^4+1)&＝(a^2-1)(a^2+1)(a^4+1)\\&＝(a^4-1)(a^4+1)\\&＝a^8-1\end{aligned}$

となります。この計算の中で $(a^4)^2＝a^8$ が出てきましたが，a^4 は a を 4 回かけることなので

$$a^4＝a×a×a×a$$

よって
$$(a^4)^2=(a\times a\times a\times a)\times(a\times a\times a\times a)$$
となり，a を 8 回かけることになります。

これは指数法則のうちの 1 つなので，ここで指数法則を確認しておきましょう。

指数法則

$$a^b a^c=a^{b+c} \qquad \frac{a^b}{a^c}=a^{b-c} \qquad (a^b)^c=a^{bc} \qquad (ab)^c=a^c b^c$$

演習 3A

$(x+y)^3(x^2+y^2)^3(x-y)^3$ を展開せよ。

指数法則 $(ab)^c=a^c b^c$ を右辺から見てください。指数 c がそろっているので，a と b をかけてから c 乗すればよいのです。これを適用すると，指数が 3 でそろっているので，かけてから 3 乗すればよいことがわかります。

解答

$$\begin{aligned}
(x+y)^3(x^2+y^2)^3(x-y)^3&=\{(x+y)(x-y)(x^2+y^2)\}^3\\
&=\{(x^2-y^2)(x^2+y^2)\}^3\\
&=(x^4-y^4)^3\\
&=x^{12}-3x^8y^4+3x^4y^8-y^{12}
\end{aligned}$$

$(a+b)^n$ を展開したとき，係数を書き出すと，$n=1$ だと 1, 1, $n=2$ だと $a^2+2ab+b^2$ となるので 1, 2, 1, $\cdots$ これを順に並べていくと右のようになります。両端が 1 で，それ以外は上の 2 つを足して出てくるようになっています。できあがった形が三角形になるので，これを**パスカルの三角形**と言います。なぜこのようになるのかということについ

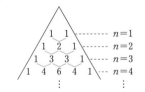

ては，「$_nC_r$ の公式」（$p.155$）のところで説明します。**演習 3A** の計算では $n=3$ のところを用いていることを確認してください。

演習 3B

$(a+b+c)(-a+b+c)(a-b+c)(a+b-c)$ を展開せよ。

4 つのかっこのかけ算を一気に処理するのは大変なので，2 つずつに分割してみましょう。$(a+b+c)(-a+b+c)$ を見れば，$b+c$ と a の和と差の積になっているので
$$(a+b+c)(-a+b+c)=(b+c)^2-a^2$$
ですが，$(a-b+c)(a+b-c)$ はどうでしょうか。2 つのかっこ内を見比べると，a は同符号で，b，c は異符号になっています。ですから，$a-b+c=a-(b-c)$ と考えて，

a と $b-c$ の和と差の積になっているわけです。よって
$$(a-b+c)(a+b-c)=a^2-(b-c)^2$$
まとめると
$$(a+b+c)(-a+b+c)(a-b+c)(a+b-c)=\{(b+c)^2-a^2\}\{a^2-(b-c)^2\}$$

2つ以上の文字が含まれる場合，どれか1つの文字に注目するという方法が有力です。上の式の右辺を見れば，b，c が1つのまとまりを作っているので，この場合は a に注目するのがよさそうです。a の2次式と a の2次式をかけますが，それぞれの中かっこの中には a の1次の項がないので，出てくる項は a^4, a^2, 定数項だとわかります。
$$\{(b+c)^2-a^2\}\{a^2-(b-c)^2\}=-a^4+\{(b+c)^2+(b-c)^2\}a^2-(b+c)^2(b-c)^2$$
$$=-a^4+2(b^2+c^2)a^2-(b^2-c^2)^2$$

ここで，もう一度はじめの式を見てください。4つのかっこを順に見ていくと，a，b，c を足している，a だけマイナス，b だけマイナス，c だけマイナスとなっています。a，b，c の条件が対称です。こういう式を a，b，c の対称式と言いました。ということは，展開した式も a，b，c の対称式でなければならず，$-a^4$ があれば $-b^4$，$-c^4$ もあるはずで，その次に $2(b^2+c^2)a^2$ のところから $2a^2b^2$ が出てくるのであれば，$2b^2c^2$，$2c^2a^2$ も出てくるわけです。結局
$$-a^4+2(b^2+c^2)a^2-(b^2-c^2)^2=-a^4-b^4-c^4+2a^2b^2+2b^2c^2+2c^2a^2$$
となることがわかります。

⇓

解答　　$(a+b+c)(-a+b+c)(a-b+c)(a+b-c)$
$$=\{(b+c)^2-a^2\}\{a^2-(b-c)^2\}$$
$$=-a^4+2(b^2+c^2)a^2-(b^2-c^2)^2$$
$$=\boldsymbol{-a^4-b^4-c^4+2a^2b^2+2b^2c^2+2c^2a^2}$$

例題 4

　$(a+b)(a^2-ab+b^2)$ を展開せよ。

　まず，a，b の対称式です。次に，1次の同次式と2次の同次式をかけているので，3次の同次式となり，出てくる項が a^3，a^2b，ab^2，b^3 であることも確認しておきましょう。順に係数をチェックすると，1，0，0，1 となるので

⇓

解答　　　$(a+b)(a^2-ab+b^2)=\boldsymbol{a^3+b^3}$

です。この式で b の代わりに $-b$ を代入すると
$$(a-b)(a^2+ab+b^2)=a^3-b^3$$
となり，これも合わせて覚えておきましょう。これらは公式です。

$$(a+b)(a^2-ab+b^2)=a^3+b^3$$
$$(a-b)(a^2+ab+b^2)=a^3-b^3$$

さらに発展させて

$$(a-b)(a+b)=a^2-b^2$$
$$(a-b)(a^2+ab+b^2)=a^3-b^3$$
$$(a-b)(a^3+a^2b+ab^2+b^3)=a^4-b^4$$
$$\vdots$$
$$(a-b)(a^{n-1}+a^{n-2}b+\cdots+ab^{n-2}+b^{n-1})=a^n-b^n$$

も一連の公式群なので，整理しておいてください。

演習 4

$(2x-3y)(4x^2+6xy+9y^2)$ を展開せよ。

解答　　$(2x-3y)(4x^2+6xy+9y^2)=\boldsymbol{8x^3-27y^3}$

例題 5

$(a+b+c)(a^2+b^2+c^2-ab-bc-ca)$ を展開せよ。

　もうおなじみになった a, b, c の対称式です。また，a, b, c の 1 次の同次式と 2 次の同次式をかけているので 3 次の同次式になります。出てくる項は a^3, b^3, c^3, a^2b, a^2c, b^2a, b^2c, c^2a, c^2b, abc で，a^3, b^3, c^3 の係数は 1 です。

　次に，$(a+b+c)(a^2+b^2+c^2-ab-bc-ca)$ のように a^2b の係数は 0 になるので，a, b, c の対称式であることを考慮して，a^2c, b^2a, b^2c, c^2a, c^2b の係数も 0 になります。

　最後に abc の係数を調べると，$(a+b+c)(a^2+b^2+c^2-ab-bc-ca)$ のように a と $-bc$，b と $-ca$，c と $-ab$ をかけるところから出てくるので -3 です。よって

解答　　$(a+b+c)(a^2+b^2+c^2-ab-bc-ca)=\boldsymbol{a^3+b^3+c^3-3abc}$

　これも公式です。右辺を因数分解するときにも出てくるのでしっかり覚えておきましょう。

演習 5

$(2x+y-1)(4x^2+y^2-2xy+2x+y+1)$ を展開せよ。

一般的な話の具体例を考えるとき，一般より具体の方が難しくなるという場合があります。ちょうどこれはその例になっています。

解答　　$(2x+y-1)(4x^2+y^2-2xy+2x+y+1)$
$=\{2x+y+(-1)\}\{(2x)^2+y^2+(-1)^2-2xy-y\cdot(-1)-(-1)\cdot2x\}$
$=8x^3+y^3+(-1)^3-3\cdot2x\cdot y\cdot(-1)$
$=\boldsymbol{8x^3+y^3+6xy-1}$

例題 6

$(x-a)(x-b)(x-c)$ を展開せよ。

x の 3 次式ですが，a，b，c については対称式です。x^3 の係数は 1 ですが，x^2 の係数はどうなるでしょうか。

分配法則で展開すると，$(x-a)(x-b)(x-c)$ のように $-ax^2$ が出てくるので，a，b，c の対称式であることを考えて，$-bx^2$，$-cx^2$ も出てくることがわかります。

x の係数も同様に考えると，$(x-a)(x-b)(x-c)$ のように abx が出てくるので，bcx，cax も出てきます。最後に，定数項は $-abc$ となるので

解答　　$(x-a)(x-b)(x-c)=\boldsymbol{x^3-ax^2-bx^2-cx^2+abx+bcx+cax-abc}$

演習 6

$(x+2)(x-1)(x-3)$ を展開せよ。

x^3，x^2，x，定数項の順に考えて

解答　　$(x+2)(x-1)(x-3)=\boldsymbol{x^3-2x^2-5x+6}$

2　因数分解(1)

整数に因数分解があるように整式にも因数分解があります。これは方程式を解くときなどに見通しを明るくしてくれます。たとえば，$x^2+2x=0$ を解くときに，左辺が因数分解されていて $x(x+2)=0$ となっていれば $x=0$，-2 とすぐに解を求めることができるのです。それではやってみましょう。

第1章
第2章
第3章
第4章
第5章
第6章
第7章
第8章
第9章
第10章
第11章
第12章
第13章
第14章

例題 7

a^2-b^2 を因数分解せよ。

解答　　　$a^2-b^2=(a+b)(a-b)$

「式の展開」のところで出てきた「和と差の積は 2 乗引く 2 乗」の逆です。

演習 7

$(a^2+b^2-c^2)^2-4a^2b^2$ を因数分解せよ。

例題 7 の a, b の代わりに $a^2+b^2-c^2$, $2ab$ が入っています。したがって
$$(a^2+b^2-c^2)^2-4a^2b^2=(a^2+b^2-c^2+2ab)(a^2+b^2-c^2-2ab)$$
これはよく見ると，まだ因数分解を続けることができます。
$$(a^2+b^2-c^2+2ab)(a^2+b^2-c^2-2ab)$$
$$=\{(a+b)^2-c^2\}\{(a-b)^2-c^2\}$$
$$=(a+b+c)(a+b-c)(a-b+c)(a-b-c)$$

これで因数分解ができましたが，$a-b-c=-(-a+b+c)$ と変形しておくと，4 つの因数は a, b, c を足している，a だけマイナス，b だけマイナス，c だけマイナスの形になっています。つまり，a, b, c の対称式だったわけです。こういう場合は，マイナスでくくって

⇓

解答　　$(a^2+b^2-c^2)^2-4a^2b^2=(a^2+b^2-c^2+2ab)(a^2+b^2-c^2-2ab)$
$$=\{(a+b)^2-c^2\}\{(a-b)^2-c^2\}$$
$$=(a+b+c)(a+b-c)(a-b+c)(a-b-c)$$
$$=-(a+b+c)(-a+b+c)(a-b+c)(a+b-c)$$

と解答しておく方が見やすいです。

例題 8

a^3-b^3 及び a^3+b^3 を因数分解せよ。

解答　　　$a^3-b^3=(a-b)(a^2+ab+b^2)$

　　　　　$a^3+b^3=(a+b)(a^2-ab+b^2)$

これも式の展開で出てきた公式の逆です。

演習 8

$a^3+b^3-ab(a+b)$ を因数分解せよ。

まず a^3+b^3 を因数分解しておけば，共通因数が出てくることが見えます。

$$a^3+b^3-ab(a+b)=(a+b)(a^2-ab+b^2)-ab(a+b)$$
$$=(a+b)(a^2-2ab+b^2)$$
$$=\boldsymbol{(a+b)(a-b)^2}$$

例題 9

$acx^2+(ad+bc)x+bd$ を因数分解せよ。

これは「たすきがけ」というやり方を用います。この式は x の 2 次式なので，$(px+q)(rx+s)$ の形に因数分解されると考えられます。この因数分解をする前に $(px+q)(rx+s)$ の展開を調べてみることにしましょう。

まず

$$(px+q)(rx+s)=prx^2+(ps+qr)x+qs$$

の展開において，右辺の x^2 の係数 pr と定数項の qs はどこからきているのでしょうか。

$$\begin{matrix} px+q \\ rx+s \end{matrix}$$

x^2 の係数　定数項

のように 2 つの因数を縦に並べて書いてみると，2 つの因数の x の係数どうしの積，定数項どうしの積からこれらが出てきていることがわかります。それでは x の係数 $ps+qr$ はどこからきたのでしょうか。

$$\begin{array}{ccc} p\,x+\,q & \longrightarrow & qr \\ & \times & \\ r\,x+\,s & \longrightarrow & ps \\ \hline & & ps+qr \end{array}$$

これは 2 つの因数の x の係数と定数項をかけた ps と，定数項と x の係数をかけた qr を足して出てきています。上のように図を描いてみると，たすきにかける（バツ印を作る）ことによって得られます。この展開の作業の逆をするのがたすきがけによる因数分解です。

最初に x^2 の係数と定数項を見て，かけて ac になる 2 数と，かけて bd になる 2 数の組を考えます。かけて ac になる 2 数としては a かける c とか ac かける 1 とかが候補としてあがります。かけて bd になる 2 数もいくつかの候補をあげることができます。これらの組合せの中で，たすきにかけて x の係数 $ad+bc$ が出てくるパターンを見つけます。

$$
\begin{array}{ccc}
a & b & \longrightarrow bc \\
& \times & \\
c & d & \longrightarrow ad \\
\hline
ac & bd & ad+bc
\end{array}
$$

見つけることができれば

$\Downarrow$

解答　　$acx^2+(ad+bc)x+bd=(ax+b)(cx+d)$

と因数分解されることがわかります。

演習 9A

$6x^2+5x-6$ を因数分解せよ。

$$
\begin{array}{ccc}
2 & 3 & \longrightarrow \quad 9 \\
& \times & \\
3 & -2 & \longrightarrow -4 \\
\hline
6 & -6 & 5
\end{array}
$$

たすきがけにより

$\Downarrow$

解答　　$6x^2+5x-6=(2x+3)(3x-2)$

たすきがけは慣れるしかないので，もう1つやってみましょう。

演習 9B

$6x^2-25x+4$ を因数分解せよ。

$$
\begin{array}{ccc}
6 & -1 & \longrightarrow -1 \\
& \times & \\
1 & -4 & \longrightarrow -24 \\
\hline
6 & 4 & -25
\end{array}
$$

$\Downarrow$

解答　　$6x^2-25x+4=(6x-1)(x-4)$

例題 10

$2x^2-(7y+11)x+2(3y-1)(y+3)$ を因数分解せよ。

　x の2次式ですが，係数に y が含まれています。x^2 の係数の2は1かける2しかありませんが，定数項は2かける $(3y-1)$ かける $(y+3)$ の形になっているので，この3つのうちどれを1にかけるところに配置し，どれを2にかけるところに配置するかを考えなければなりません。まず気づくことは「2かける」のところの係数はすべて偶

数になるので，もし「1 かける」のところに 2 を配置してしまうと，こちらも係数がすべて偶数となり，x の係数が $-(7y+11)$ にはなりません。よって，2 は「2 かける」のところに配置すべきで，結局

$$
\begin{array}{lll}
1 & -2(y+3) & \longrightarrow \quad -4y-12 \\
2 & -(3y-1) & \longrightarrow \quad -3y+1 \\
\hline
2 & 2(3y-1)(y+3) & -7y-11
\end{array}
$$

となります。よって

↓↓
解答
$$
\begin{aligned}
2x^2-(7y+11)x+2(3y-1)(y+3) &= \{x-2(y+3)\}\{2x-(3y-1)\} \\
&= \boldsymbol{(x-2y-6)(2x-3y+1)}
\end{aligned}
$$

演習 10

$6x^2-15y^2-xy+x+11y-2$ を因数分解せよ。

まず x の式と見て降べきの順に整理します。

$$6x^2-15y^2-xy+x+11y-2=6x^2+(-y+1)x-15y^2+11y-2$$

x の係数が y の 1 次式になっているので，定数項 $-15y^2+11y-2$ を因数分解しておかなければなりません。

$$6x^2+(-y+1)x-15y^2+11y-2=6x^2+(-y+1)x-(3y-1)(5y-2)$$

これで**例題 10** と同じ形になりました。あとはたすきがけをして

$$
\begin{array}{lll}
3 & -(5y-2) & \longrightarrow \quad -10y+4 \\
2 & 3y-1 & \longrightarrow \quad 9y-3 \\
\hline
6 & -(3y-1)(5y-2) & -y+1
\end{array}
$$

よって

↓↓
解答
$$
\begin{aligned}
6x^2-15y^2-xy+x+11y-2 &= 6x^2+(-y+1)x-15y^2+11y-2 \\
&= 6x^2+(-y+1)x-(3y-1)(5y-2) \\
&= \boldsymbol{(3x-5y+2)(2x+3y-1)}
\end{aligned}
$$

例題 11

x^4-6x^2+1 を因数分解せよ。

x^2 を 1 つの文字と見ると，x^2 の 2 次式で $a(x^2)^2+b(x^2)+c=ax^4+bx^2+c$ の形をしています。こういう式を複2次式と言います。x^2 を 1 つの文字と見てたすきがけをするか，それができないときは 2 乗引く 2 乗の形を目指します。この場合，たすき

がけができないので「2乗引く2乗だ」と考えてください。

まず，x^4 の項と定数項を見ます。$x^4+1=(x^2)^2+1^2$ ですが，ここから $(x^2+1)^2$ または $(x^2-1)^2$ を作るためには，$2x^2$ を足すか引くかをすればよいのです。つまり，変形の可能性としては

$$x^4-6x^2+1=x^4+2x^2+1-8x^2 \quad\cdots\cdots①$$

または

$$x^4-6x^2+1=x^4-2x^2+1-4x^2 \quad\cdots\cdots②$$

の2通りしかありません。①を採用すれば

$$x^4+2x^2+1-8x^2=(x^2+1)^2-(2\sqrt{2}\,x)^2$$
$$=(x^2+2\sqrt{2}\,x+1)(x^2-2\sqrt{2}\,x+1) \quad\cdots\cdots①'$$

となり，一応因数分解できました。

x の整式 $f(x)$ を因数分解するとき，方程式 $f(x)=0$ の解をどの範囲で考えるのかということが，$f(x)$ をどこまで因数分解するのかということと深く関係しています。

たとえば，$x^4-4=0$ の解を有理数の範囲で考えるのであれば

$$x^4-4=(x^2-2)(x^2+2)$$

であり，$x^4-4=0$ の解を実数の範囲で考えるのであれば

$$x^4-4=(x-\sqrt{2})(x+\sqrt{2})(x^2+2)$$

です。

また，$i^2=-1$ となる i（虚数単位）を用いて $a+bi$（a, b は実数）で表される数を複素数と言いますが，この複素数の範囲で $x^4-4=0$ の解を考えるのであれば

$$x^4-4=(x-\sqrt{2})(x+\sqrt{2})(x-\sqrt{2}\,i)(x+\sqrt{2}\,i)$$

となります。

通常，因数分解するべき式の係数がすべて有理数であれば，係数が有理数の範囲で因数分解すると考えておいてよいでしょう。そうすると，①' では，因数分解するべき式の係数が有理数なのに，因数分解した式の係数には無理数が出てくるので，②を見てみます。

$$x^4-2x^2+1-4x^2=(x^2-1)^2-(2x)^2$$
$$=(x^2+2x-1)(x^2-2x-1) \quad\cdots\cdots②'$$

係数がすべて有理数になったので，こちらを採用します。複2次式を2乗引く2乗の形に変形するときは，常に2つの選択肢があり，そのうちから適正な方法を選ぶことになります。

$\Downarrow$

解答　$x^4-6x^2+1=x^4-2x^2+1-4x^2$
$$=(x^2+2x-1)(x^2-2x-1)$$

ちなみに，方程式 $ax^2+bx+c=0$（$a\neq0$）の解が α, β のとき，左辺は

$$ax^2+bx+c=a(x-\alpha)(x-\beta)$$

と因数分解されます（*p.***99** 参照）。これを用いると

$$x^4-6x^2+1=(x^2+2\sqrt{2}\,x+1)(x^2-2\sqrt{2}\,x+1) \quad \cdots\cdots①'$$
$$=(x+\sqrt{2}+1)(x+\sqrt{2}-1)(x-\sqrt{2}+1)(x-\sqrt{2}-1)$$
$$x^4-6x^2+1=(x^2+2x-1)(x^2-2x-1) \quad \cdots\cdots②'$$
$$=(x+1+\sqrt{2})(x+1-\sqrt{2})(x-1+\sqrt{2})(x-1-\sqrt{2})$$

となりますから，結局①′，②′は同じ因数分解の過程で現れてきた途中式だったことがわかります。

演習 11

$9x^4+3x^2+4$ を因数分解せよ。

$$9x^4+4=(3x^2)^2+2^2$$

なので，ここから 2 乗の形を作るには，$(3x^2+2)^2$ か $(3x^2-2)^2$ のいずれかです。したがって，変形の可能性は $9x^4+12x^2+4-9x^2$ か $9x^4-12x^2+4+15x^2$ の 2 通りですが，後者では 2 乗引く 2 乗の形になっていません。

⇓

解答
$$9x^4+3x^2+4=9x^4+12x^2+4-9x^2=(3x^2+2)^2-(3x)^2$$
$$=(3x^2+3x+2)(3x^2-3x+2)$$

例題 12

$ax^3-2ax^2-(a-3)x+2a-6$ を因数分解せよ。

因数分解は次数が高くなればなるほど難しくなります。したがって，複数の文字が含まれる場合は，「まず次数の低い文字はどれか？」と考えます。この場合は x については 3 次式ですが，a については 1 次式なので，a について整理するのが得策です。

$$ax^3-2ax^2-(a-3)x+2a-6=a(x^3-2x^2-x+2)+3(x-2)$$

1 次式の因数分解は共通因数でくくるという形しかありませんから，x^3-2x^2-x+2 から $x-2$ という因数が出てこない限り，この式を因数分解することができません。そういう目で見れば

$$x^3-2x^2-x+2=x^2(x-2)-(x-2)=(x^2-1)(x-2)$$

と因数分解できることがわかります。

⇓

解答
$$ax^3-2ax^2-(a-3)x+2a-6=a(x^3-2x^2-x+2)+3(x-2)$$
$$=a(x^2-1)(x-2)+3(x-2)$$
$$=(x-2)\{a(x^2-1)+3\}$$
$$=(x-2)(ax^2-a+3)$$

演習12

$x^4+x^2-2ax-a^2+1$ を因数分解せよ。

x については 4 次式，a については 2 次式ですから a について整理します。

$$x^4+x^2-2ax-a^2+1=-a^2-2xa+x^4+x^2+1$$

a の 2 次式の因数分解はたすきがけをすることになりますが，そのためにはまず x^4+x^2+1 を因数分解しておかなければなりません。これは複 2 次式なので

$$x^4+x^2+1=x^4+2x^2+1-x^2=(x^2+1)^2-x^2$$
$$=(x^2+x+1)(x^2-x+1)$$

です。あとはたすきがけをして

$$
\begin{array}{cccc}
1 & x^2+x+1 & \longrightarrow & -x^2-x-1 \\
-1 & x^2-x+1 & \longrightarrow & x^2-x+1 \\
\hline
-1 & (x^2+x+1)(x^2-x+1) & & -2x
\end{array}
$$

⇓

解答

$$
\begin{aligned}
x^4+x^2-2ax-a^2+1 &= -a^2-2xa+x^4+x^2+1 \\
&= -a^2-2xa+(x^2+x+1)(x^2-x+1) \\
&= (a+x^2+x+1)(-a+x^2-x+1) \\
&= \boldsymbol{(x^2+x+a+1)(x^2-x-a+1)}
\end{aligned}
$$

例題13

$a^3+b^3+c^3-3abc$ を因数分解せよ。

⇓

解答　　$a^3+b^3+c^3-3abc=\boldsymbol{(a+b+c)(a^2+b^2+c^2-ab-bc-ca)}$

例題5 の展開公式の逆です。展開はできても因数分解をするのはかなり難しいので，公式として覚えてしまいましょう。

演習13A

$8x^3+27y^3+18xy-1$ を因数分解せよ。

公式の利用です。

⇓

解答

$$
\begin{aligned}
&8x^3+27y^3+18xy-1 \\
&= (2x)^3+(3y)^3+(-1)^3-3\cdot2x\cdot3y\cdot(-1) \\
&= \{2x+3y+(-1)\}\{(2x)^2+(3y)^2+(-1)^2-2x\cdot3y-3y\cdot(-1)-(-1)\cdot2x\} \\
&= \boldsymbol{(2x+3y-1)(4x^2+9y^2-6xy+2x+3y+1)}
\end{aligned}
$$

$(a-b)^3+(b-c)^3+(c-a)^3$ を因数分解せよ。

$-3(a-b)(b-c)(c-a)$ を付け加えれば**例題 13** の公式になります。そこで

$$(a-b)^3+(b-c)^3+(c-a)^3$$
$$=(a-b)^3+(b-c)^3+(c-a)^3-3(a-b)(b-c)(c-a)+3(a-b)(b-c)(c-a)$$

と変形してみるとき，右辺の前半部分は

$$(a-b)^3+(b-c)^3+(c-a)^3-3(a-b)(b-c)(c-a)$$
$$=\{(a-b)+(b-c)+(c-a)\}\{(a-b)^2+(b-c)^2+(c-a)^2$$
$$-(a-b)(b-c)-(b-c)(c-a)-(c-a)(a-b)\}$$

ですが

$$\{(a-b)+(b-c)+(c-a)\}=a-b+b-c+c-a=0$$

なので

$$(a-b)^3+(b-c)^3+(c-a)^3-3(a-b)(b-c)(c-a)=0$$

となります。よって

⇓

解答　　$(a-b)^3+(b-c)^3+(c-a)^3$
$$=(a-b)^3+(b-c)^3+(c-a)^3-3(a-b)(b-c)(c-a)$$
$$+3(a-b)(b-c)(c-a)$$
$$=\boldsymbol{3(a-b)(b-c)(c-a)}$$

別解として，$(a-b)^3+(b-c)^3$ のところで $x^3+y^3=(x+y)(x^2-xy+y^2)$ の公式を適用してみると，この部分と $(c-a)^3$ とで共通因数 $a-c$ が出てくることが見えます。

⇓

別解 1　　$(a-b)^3+(b-c)^3+(c-a)^3$
$$=\{(a-b)+(b-c)\}\{(a-b)^2-(a-b)(b-c)+(b-c)^2\}+(c-a)^3$$
$$=(a-c)\{(a-b)^2-(a-b)(b-c)+(b-c)^2\}-(a-c)^3$$
$$=(a-c)\{\underline{(a-b)^2-(a-b)(b-c)}+\underline{(b-c)^2-(a-c)^2}\}$$
$$=(a-c)\{\underline{(a-b)(a-b-b+c)}+\underline{\underline{(b-c+a-c)(b-c-a+c)}}\}$$
$$=(a-c)\{(a-b)(a-2b+c)+(a+b-2c)(b-a)\}$$
$$=(a-c)(a-b)(a-2b+c-a-b+2c)$$
$$=(a-c)(a-b)(3c-3b)$$
$$=\boldsymbol{3(a-b)(b-c)(c-a)}$$

また，いったん展開し，1 つの文字に注目して整理するのも有力です。

⇓

別解 2　　$(a-b)^3+(b-c)^3+(c-a)^3$
$$=a^3-3a^2b+3ab^2-b^3+b^3-3b^2c+3bc^2-c^3+c^3-3c^2a+3ca^2-a^3$$

$$=3(c-b)a^2-3(c^2-b^2)a+3bc(c-b)$$
$$=3(c-b)\{a^2-(c+b)a+bc\}$$
$$=3(c-b)(a-b)(a-c)(=3(a-b)(b-c)(c-a))$$

第1章
第2章
第3章
第4章
第5章
第6章
第7章
第8章
第9章
第10章
第11章
第12章
第13章
第14章

3 因数分解(2)

$x^2-x-2=(x-2)(x+1)$ の右辺を見ると，x に 2，-1 を代入すると，この右辺の値が 0 になることがわかります。右辺とイコールになっている左辺においても同じことが言えるはずで，左辺の x に 2 を代入すると $2^2-2-2=0$，x に -1 を代入すると $(-1)^2-(-1)-2=0$ となっています。このことから，x^2-x-2 が $x-2$ を因数にもつから $x=2$ として左辺の値が 0 になると理解することができますが，逆に $x=2$ として左辺の値が 0 になるから $x-2$ を因数にもつとも考えることができます。詳しい説明は次節の整式の除法の剰余のところでしますが，一般に次の因数定理が成立します。

> **因数定理**
>
> x の整式 $f(x)$ において，$f(\alpha)=0 \iff f(x)$ は $x-\alpha$ を因数にもつ。

例題 14

> $f(x)=x^3-6x^2+11x-6$ を因数分解せよ。

$f(1)=1-6+11-6=0$ より，$f(x)$ は $x-1$ を因数にもち

$$f(x)=(x-1)g(x)$$

と表されます。ここで $f(x)$ は 3 次式ですから，$g(x)$ は 2 次式で，$(x-1)g(x)$ を展開して $f(x)$ になることから x^3 の係数と定数項に注目して

$$x^3-6x^2+11x-6=(x-1)(x^2+ax+6)$$

と表現されることがわかります。さらに，右辺を展開したときの x^2 の係数が -6 となるように a を決めましょう。

$$-6=a-1$$
$$a=-5$$

∴ $f(x)=(x-1)(x^2-5x+6)=(x-1)(x-2)(x-3)$

$f(x)$ の因数 $x-1$ を見つけてから，$g(x)$ を決定するまでの作業がちょっと面倒です。これをもう少し簡単にしましょう。「$x-1$ に $g(x)$ をかけて $f(x)$ になるような $g(x)$ を求める」こういう計算を我々は割り算と呼んでいます。要するに $f(x)$ を $x-1$ で割れば $g(x)$ が得られるということです。

まず $f(x)$ の係数を横に並べて書き，次に $x-1$ の -1 を符号を変えて書きます。

$$
\begin{array}{c|cccc}
 & 1 & -6 & 11 & -6 \\
1 & & & & \\
\hline
 & & & &
\end{array}
$$

$f(x)$ の係数の1番左の1はそのまま下ろしてきます。これと左に書いた1をかけます。

$$
\begin{array}{c|cccc}
 & 1 & -6 & 11 & -6 \\
1 & & 1 & & \\
\hline
 & 1 & & &
\end{array}
$$

-6 と1を足します。これと左の1をかけます。

$$
\begin{array}{c|cccc}
 & 1 & -6 & 11 & -6 \\
1 & & 1 & -5 & \\
\hline
 & 1 & -5 & &
\end{array}
$$

以下，「上の数字と足す，左の数字とかける」という作業を繰り返して，定数項の下までくればおしまいです。

$\Downarrow$

解答 $f(1)=0$ より，$f(x)$ は $x-1$ を因数にもつ。よって

$$
\begin{aligned}
f(x) &= (x-1)(x^2-5x+6) \\
&= (x-1)(x-2)(x-3)
\end{aligned}
$$

$$
\begin{array}{c|cccc}
 & 1 & -6 & 11 & -6 \\
1 & & 1 & -5 & 6 \\
\hline
 & 1 & -5 & 6 & \| \quad 0
\end{array}
$$

右上の表の下の欄に出てきた1，-5，6 が $g(x)$ の係数で $g(x)=x^2-5x+6$ です。一番右の0は $f(x)$ を $x-1$ で割った余りが0であることを示しています。このようにして割り算をする方法を組み立て除法と言います。これは単なる技術ですから，やり方だけを知っていれば問題ありません。

演習 14

$f(x)=x^3+4x^2-7x-10$ を因数分解せよ。

まず $f(\alpha)=0$ となるような α を見つけなければなりませんが，どのようにすればそれが見つかるでしょうか。

$x^3-6x^2+11x-6=\underbrace{(x-1)(x-2)(x-3)}$ を見てください。右辺の3つの因数の定数項 -1，-2，-3 をかけたものが左辺の定数項になっています。

この1，2，3が式の値を0にする x なので，結局 $f(\alpha)=0$ となる α は $f(x)$ の定数項の約数の中から探せばよいことがわかるのです。

いま，$f(x)$ の定数項は -10 ですから，±1，±2，±5，±10 の中から α を探しましょう。当然小さい数字からチェックしていく方が計算が楽なので $f(1)$ から調べます。$f(1)=-12\neq0$ より $x-1$ は因数ではありません。次に $f(-1)$ を調べると，

$f(-1)=0$ です。つまり $f(x)$ は $x+1$ を因数にもちます。商は組み立て除法で求めましょう。

$\Downarrow$

解答 $f(-1)=0$ より，$f(x)$ は $x+1$ を因数にもつ。
よって

$$f(x)=(x+1)(x^2+3x-10)$$
$$=(x+1)(x+5)(x-2)$$

	1	4	-7	-10
-1		-1	-3	10
	1	3	-10 $\|$	0

■**例題 15**

$f(x)=6x^4+29x^3-6x-1$ を因数分解せよ。

まず定数項を見ると -1 です。1 の約数は 1 しかないので，$f(\alpha)=0$ となる α は 1，-1 に限られるように見えます。しかし，そうすると $f(1)=28\neq0$，$f(-1)=-18\neq0$ なので，行き詰まってしまいます。どうすればよいでしょうか。よく見ると**例題 14** と**例題 15** ではある条件が大きく異なっています。

それは**例題 14** では最高次数の係数が 1 になっているのに対し，**例題 15** では 6 になっているのです。つまり，$6x^4+29x^3-6x-1$ が仮に

$$6x^4+29x^3-6x-1=(ax-p)(bx-q)(cx-r)(dx-s)$$

と因数分解できたとすれば，$f(x)=0$ となる x は $\dfrac{p}{a}$，$\dfrac{q}{b}$，$\dfrac{r}{c}$，$\dfrac{s}{d}$ ということになりますが，$abcd=6$ より a, b, c, d は 6 の約数です。したがって，$f(\alpha)=0$ となる α の候補として $\pm\dfrac{1}{6\text{ の約数}}$ を考えればよいことがわかります。具体的には ±1，$\pm\dfrac{1}{2}$，$\pm\dfrac{1}{3}$，$\pm\dfrac{1}{6}$ です。さっそく調べると，$f\left(\dfrac{1}{2}\right)=0$ であり，$f(x)$ は $x-\dfrac{1}{2}$ を因数にもち

	6	29	0	-6	-1
$\dfrac{1}{2}$		3	16	8	1
	6	32	16	2 $\|$	0

$f(x)$ の係数を並べるとき，x^2 の係数 0 を忘れないように注意しましょう。

$$f(x)=\left(x-\dfrac{1}{2}\right)(6x^3+32x^2+16x+2)=(2x-1)(3x^3+16x^2+8x+1)$$

と因数分解されることがわかります。次に，$g(x)=3x^3+16x^2+8x+1$ とおくと，係数がすべて正の数ですから $g(\alpha)=0$ となる α は負の数でなければならず，x^3 の係数が 3 で，定数項が 1 であることより，α の可能性は $-\dfrac{1}{3}$ に限られることがわかります。

そこで $g\left(-\dfrac{1}{3}\right)$ を調べると，予想通り $g\left(-\dfrac{1}{3}\right)=0$ となります。

$f\left(\dfrac{1}{2}\right)=0$ より，$f(x)$ は $x-\dfrac{1}{2}$ を因数にも

ち

$$f(x)=\left(x-\dfrac{1}{2}\right)(6x^3+32x^2+16x+2)$$

$$=(2x-1)(3x^3+16x^2+8x+1)$$

ここで，$g(x)=3x^3+16x^2+8x+1$ とおくと，

$g\left(-\dfrac{1}{3}\right)=0$ より，$g(x)$ は $x+\dfrac{1}{3}$ を因数にもち

$$g(x)=\left(x+\dfrac{1}{3}\right)(3x^2+15x+3)$$

$$=(3x+1)(x^2+5x+1)$$

以上より

$$f(x)=(2x-1)(3x^3+16x^2+8x+1)$$

$$=\boldsymbol{(2x-1)(3x+1)(x^2+5x+1)}$$

$\dfrac{1}{2}$	6	29	0	-6	-1
		3	16	8	1
	6	32	16	2 ‖	0

$-\dfrac{1}{3}$	3	16	8	1
		-1	-5	-1
	3	15	3 ‖	0

まとめておきましょう。

> **$f(x)=ax^n+bx^{n-1}+\cdots+cx+d$ の因数の見つけ方**
>
> (1)　$\pm\dfrac{d \text{ の約数}}{a \text{ の約数}}$ の中から $f(\alpha)=0$ となる α を探す。
>
> (2)　$\alpha=\dfrac{q}{p}$（p は自然数，q は整数，p, q は互いに素）を見つけたら，
>
> 　$px-q$ が $f(x)$ の因数である（詳しくは p.85 で説明します）。

　有理数を正確に表現するとき，分母に 0 がくるとまずいので，通常分母は自然数にし，分子が符号を決定する形にしておきます。また，さまざまな議論をする上で既約分数にしておく方が都合のよいことが多いので $\left(\dfrac{2}{4} \text{ より } \dfrac{1}{2} \text{ の方がわかりやすい}\right)$

　$\dfrac{q}{p}$　（p は自然数，q は整数，p, q は互いに素）

としておくのが普通です。

　演習 15

　$f(x)=6x^4-x^3+4x^2-x-2$ を因数分解せよ。

　$\pm\dfrac{2 \text{ の約数}}{6 \text{ の約数}}$，つまり ±1, ±2, $\pm\dfrac{1}{2}$, $\pm\dfrac{1}{3}$, $\pm\dfrac{2}{3}$, $\pm\dfrac{1}{6}$ の中から $f(\alpha)=0$ となる

α を探すことになります。

↓↓
解答　まず，$f\left(-\dfrac{1}{2}\right)=0$ より，$f(x)$ は $x+\dfrac{1}{2}$ を

因数にもち

$$f(x)=\left(x+\dfrac{1}{2}\right)(6x^3-4x^2+6x-4)$$

$$=(2x+1)(3x^3-2x^2+3x-2)$$

次に，$g(x)=3x^3-2x^2+3x-2$ とすると，$g\left(\dfrac{2}{3}\right)=0$ より，$g(x)$ は $x-\dfrac{2}{3}$ を因

数にもち　……(*)

$$g(x)=\left(x-\dfrac{2}{3}\right)(3x^2+3)$$

$$=(3x-2)(x^2+1)$$

$$\therefore\quad f(x)=(2x+1)(3x^3-2x^2+3x-2)$$

$$\boldsymbol{=(2x+1)(3x-2)(x^2+1)}$$

$-\dfrac{1}{2}$	6	-1	4	-1	-2
		-3	2	-3	2
	6	-4	6	-4 ‖	0

$\dfrac{2}{3}$	3	-2	3	-2
		2	0	2
	3	0	3 ‖	0

なお，(*) のところで

$$3x^3-2x^2+3x-2=x^2(3x-2)+3x-2=(3x-2)(x^2+1)$$

とすれば，もっと簡単に因数分解をすることができます。

例題 16

　$f(a,\ b,\ c)=a(b^3-c^3)+b(c^3-a^3)+c(a^3-b^3)$ を因数分解せよ。

　文字の入れ替えによって式が変化しない式を対称式と言いました。その中で基本対称式というものがあります。

　・2 文字の基本対称式　$a+b,\ ab$

　・3 文字の基本対称式　$a+b+c,\ ab+bc+ca,\ abc$

　　　　$\vdots$

　2 文字の場合は 1 次と 2 次で 2 種類，3 文字の場合は 1 次，2 次，3 次で 3 種類，…
のようになっており，一般に n 文字の基本対称式は n 種類あります。

　また

$$a^2+b^2=(a+b)^2-2ab$$

$$a^3+b^3=(a+b)^3-3ab(a+b)$$

$$a^2+b^2+c^2=(a+b+c)^2-2(ab+bc+ca)$$

のように「あらゆる対称式は基本対称式で表される」ということも重要です。

　今回はこの対称式に似たものとして交代式を学ぶことにしましょう。たとえば

$$f(a,\ b)=a-b$$

$f(a,\ b)$ は a と b の式という意味です。a と b を入れ替えると

$$f(b,\ a)=b-a=-(a-b)=-f(a,\ b)$$

このように文字の入れ替えにより式の符号のみが変化する式を交代式と言います。

$$f(a,\ b,\ c)=(a-b)(b-c)(c-a)$$

はどうでしょうか。a と b を入れ替えてみると

$$f(b,\ a,\ c)=(b-a)(a-c)(c-b)=-(a-b)(b-c)(c-a)=-f(a,\ b,\ c)$$

式の符号が変わりました。$b,\ c$ の入れ替え，$c,\ a$ の入れ替えについても同様なので，$f(a,\ b,\ c)$ は交代式です。もう1つ

$$f(a,\ b)=(a-b)(a+b)$$

を見てください。これは交代式 $a-b$ と対称式 $a+b$ の積になっていますが，a と b の入れ替えにより $a-b$ は符号が変わり，$a+b$ は何も変化しないので，全体として符号のみが変化することがわかります。実際

$$f(b,\ a)=(b-a)(b+a)$$
$$=-(a-b)(a+b)=-f(a,\ b)$$

となるので，$(a-b)(a+b)$ は交代式です。

まとめましょう。

・$f(a,\ b)$ が $a,\ b$ の交代式で，$g(a,\ b)$ が $a,\ b$ の対称式のとき，$f(a,\ b)g(a,\ b)$ は $a,\ b$ の交代式になる。

・$f(a,\ b,\ c)$ が $a,\ b,\ c$ の交代式で，$g(a,\ b,\ c)$ が $a,\ b,\ c$ の対称式のとき，$f(a,\ b,\ c)g(a,\ b,\ c)$ は $a,\ b,\ c$ の交代式になる。

　　　　$\vdots$

同様に

・$f(a,\ b)$，$g(a,\ b)$ が $a,\ b$ の交代式ならば，$f(a,\ b)g(a,\ b)$ は $a,\ b$ の対称式になる。

・$f(a,\ b,\ c)$，$g(a,\ b,\ c)$ が $a,\ b,\ c$ の交代式ならば，$f(a,\ b,\ c)g(a,\ b,\ c)$ は $a,\ b,\ c$ の対称式になる。

　　　　$\vdots$

も確認しておきましょう。

さて，$f(a,\ b,\ c)=a(b^3-c^3)+b(c^3-a^3)+c(a^3-b^3)$ を見てください。a と b を入れ替えて

$$f(b,\ a,\ c)=b(a^3-c^3)+a(c^3-b^3)+c(b^3-a^3)$$
$$=-a(b^3-c^3)-b(c^3-a^3)-c(a^3-b^3)=-f(a,\ b,\ c)$$

となるので，$f(a,\ b,\ c)$ は交代式です。

次に a の代わりに b を代入してみましょう。

$$f(b,\ b,\ c)=b(b^3-c^3)+b(c^3-b^3)+c(b^3-b^3)=0$$

これは何を意味しているのでしょうか。「因数定理：x の整式 $f(x)$ において，$f(\alpha)=0 \iff f(x)$ は $x-\alpha$ を因数にもつ」の応用で「$f(a,\ b,\ c)$ が $a-b$ を因数にもっていることを示している」ということがわかったでしょうか。このことと

$f(a,\ b,\ c)$ が $a,\ b,\ c$ の交代式であることを考慮して $f(a,\ b,\ c)$ が
$(a-b)(b-c)(c-a)$ を因数にもつことがわかります。したがって

$$f(a,\ b,\ c)=(a-b)(b-c)(c-a)g(a,\ b,\ c)$$

ところで，$f(a,\ b,\ c)$ は $a,\ b,\ c$ の 4 次式で，$(a-b)(b-c)(c-a)$ は $a,\ b,\ c$ の
3 次式なので，$g(a,\ b,\ c)$ は $a,\ b,\ c$ の 1 次式になりますが，$f(a,\ b,\ c)$ も
$(a-b)(b-c)(c-a)$ も $a,\ b,\ c$ の交代式です。

つまり，$f(a,\ b,\ c)=(a-b)(b-c)(c-a)g(a,\ b,\ c)$ において，文字の入れ替えを
すれば，$f(a,\ b,\ c)$ も $(a-b)(b-c)(c-a)$ も式の符号だけが変化するということで
す。そうすると，$g(a,\ b,\ c)$ は文字の入れ替えによって何も変化してはならず，
$g(a,\ b,\ c)$ は $a,\ b,\ c$ の 1 次の対称式だということがわかります。結局，
$g(a,\ b,\ c)=k(a+b+c)$ の形に限られることがわかります。解答は次のように書け
ばよいでしょう。

解答 $\quad f(a,\ b,\ c)=a(b^3-c^3)+b(c^3-a^3)+c(a^3-b^3)$ ……①

とおくと，$f(b,\ b,\ c)=0$ により，$f(a,\ b,\ c)$ は $a-b$ を因数にもち，同様に
$b-c,\ c-a$ も因数にもつので

$$f(a,\ b,\ c)=(a-b)(b-c)(c-a)g(a,\ b,\ c)$$

と表される。ここで，$f(a,\ b,\ c)$ は $a,\ b,\ c$ の 4 次の交代式で，
$(a-b)(b-c)(c-a)$ は $a,\ b,\ c$ の 3 次の交代式であるから，$g(a,\ b,\ c)$ は 1 次
の対称式で，$g(a,\ b,\ c)=k(a+b+c)$ と表せる。よって

$$f(a,\ b,\ c)=k(a-b)(b-c)(c-a)(a+b+c) \quad ……②$$

a の 3 次式と見て a^3 の係数を①，②で比較すると

$$c-b=-k(b-c) \qquad \therefore \quad k=1$$

よって $\quad \boldsymbol{f(a,\ b,\ c)=(a-b)(b-c)(c-a)(a+b+c)}$

これはちょっと発展的な話になったので，演習問題はありません。

最後に別解です。まず a について整理し直してみます。

$$a(b^3-c^3)+b(c^3-a^3)+c(a^3-b^3)=(c-b)a^3+(b^3-c^3)a+bc^3-b^3c$$

すると $c-b$ の共通因数が見えます。

$$(c-b)a^3+(b^3-c^3)a+bc^3-b^3c$$
$$=(c-b)a^3-(c-b)(c^2+cb+b^2)a+bc(c-b)(c+b)$$
$$=(c-b)\{a^3-(c^2+cb+b^2)a+bc(c+b)\}$$

{ } の中身は a については 3 次式ですが，$b,\ c$ については 2 次式なので，b について
整理することにしましょう。

$$(c-b)\{a^3-(c^2+cb+b^2)a+bc(c+b)\}$$
$$=(c-b)\{(c-a)b^2+(c^2-ca)b+a^3-c^2a\}$$
$$=(c-b)\{(c-a)b^2+(c-a)cb-a(c-a)(c+a)\}$$

$$= (c-b)(c-a)\{b^2+cb-a(c+a)\}$$
$$= (c-b)(c-a)(b-a)(b+c+a)$$
$$= (a+b+c)(a-b)(b-c)(c-a)$$

4 剰余

　ここでは式の割り算と余りについて学びます。「7 を 3 で割ると商が 2 で余りが 1」これを小学生のときは 7÷3＝2…1 と表していました。しかし数学では「…」のようなあいまいな表現を嫌うので，この割り算の式を 7＝3×2＋1 と等式の形で表すことにします（7÷3＝2…1 も一応等式ですが，左辺と右辺がどのように等しいのかわかりません）。

　また，「7 を 3 で割って 7＝3×$\dfrac{7}{3}$ で割り切れました」というのもよくありません。商が整数ではないからです。さらに，7＝3×1＋4 もだめです。これだと余りが 4 になりますが，その 4 がまだ 3 で割れるからです。

　このように考えていくと，割り算の式はただ一通りに表せることがわかってきます。これを除法定理と言います。

> **除法定理**
>
> 　整数 a を自然数 b で割って $a=bk+\ell$（k，ℓ は整数で $0\leqq\ell<b$）と表すとき，この表現は一意である。

　整式の割り算でもこれと似たようなことが言えます。x の整式 $f(x)$ を $x-\alpha$ で割ったときの商 $g(x)$ は整式でなければならず，余りは $x-\alpha$ で割れてはいけないのです。「7 を 3 で割ったときの余り 1 は 3 より小さい」に対応する内容は「$f(x)$ を $x-\alpha$ で割ったときの余りは $x-\alpha$ より次数が小さい（低い）」となります。すると，$f(x)=(x-\alpha)g(x)+\beta$ と表されることになり，この表現は一意です。この β が $f(x)$ を $x-\alpha$ で割ったときの余りですが，この式で $x=\alpha$ としてみると $\beta=f(\alpha)$ であることがわかります。これを剰余の定理と言います。

> **剰余の定理**
>
> 　x の整式 $f(x)$ を $x-\alpha$ で割ったときの余りは $f(\alpha)$ である。

　$f(x)$ を $x-\alpha$ で割ったときの余りが 0 のとき，「$f(x)$ は $x-\alpha$ で割り切れる」または「$f(x)$ は $x-\alpha$ を因数にもつ」と表現します。つまり「$f(\alpha)=0$ のとき $f(x)$ は

$x-\alpha$ を因数にもつ」となりますが，これは前節で学んだ因数定理にほかなりません。結局，因数定理は剰余の定理の特別な場合だったということです。

 例題 17

$f(x)=2x^3+ax+b$ について，次の各条件を満たすように a，b の値を定めよ。

(1) $x-1$ で割ると 2 余り，$x-2$ で割ると 4 余る。

(2) x^2-3x+2 で割ると $2x$ 余る。

(1) 未知数が a と b の 2 個ありますから，2 つの条件式が必要です。

$\Downarrow$

解答　剰余の定理により

$$\begin{cases} f(1)=2 \\ f(2)=4 \end{cases} \quad \begin{cases} 2+a+b=2 \\ 16+2a+b=4 \end{cases} \quad \therefore \quad \begin{cases} \boldsymbol{a=-12} \\ \boldsymbol{b=12} \end{cases}$$

(2) 2 次式で割るので，剰余の定理が使えません。まず，割り算を等式の形で表してみましょう。

$$f(x)=2x^3+ax+b=(x^2-3x+2)g(x)+2x \quad \cdots\cdots(*)$$

未知数が a と b の 2 個ですから，やはり 2 つの条件式が必要ですが，x^2-3x+2 を因数分解しておくと

$$f(x)=(x-1)(x-2)g(x)+2x$$

となるので，$f(1)=2$，$f(2)=4$ であることがわかります。これは(1)と同じ条件なので答えも同じです。

$\Downarrow$

解答　$f(x)=2x^3+ax+b=(x^2-3x+2)g(x)+2x=(x-1)(x-2)g(x)+2x$

より

$$\begin{cases} f(1)=2+a+b=2 \\ f(2)=16+2a+b=4 \end{cases} \quad \therefore \quad \begin{cases} \boldsymbol{a=-12} \\ \boldsymbol{b=12} \end{cases}$$

この問題は別解を示しておきましょう。$(*)$ をよく見ると，$g(x)$ を実際に求めてみることができそうです。3 次式を 2 次式で割っているので，$g(x)$ は 1 次式であり，展開したときに x^3 の係数が 2 になるためには $g(x)=2x+k$ の形でなければなりません。

$$2x^3+ax+b=(x^2-3x+2)(2x+k)+2x$$

さらに x^2 の係数が 0 になるので

$$k-6=0 \qquad k=6$$

$$\therefore \quad 2x^3+ax+b=(x^2-3x+2)(2x+6)+2x$$

あとは右辺を展開して，x の係数と定数項を左辺と比較すれば a と b を求めることができます。

しかし，この作業は少し面倒なので機械的に処理する方法を紹介しておきましょう。

組み立て除法です。まず，$f(x)$ の係数を並べて書きます（x^2 の係数が $\underline{0}$ であることに注意）。次に，x^2-3x+2 の x の係数と定数項の符号を変えて縦に並べます。

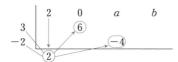

1次式で割るときの組み立て除法と同じで，最初は割られる式の最高次数の係数をまっすぐに下ろします。次はかけ算ですが，2次式で割るときには上下2段あるので，かけ算も上の段と下の段と2回行います。ただし，下の段のかけ算の結果は，上の段の結果に対して1つだけ右にずらして書きます。

2つのかけ算が終われば 0 と 6 を足します。

$$
\begin{array}{r|rrrr}
 & 2 & 0 & a & b \\
3 & & 6 & & \\
-2 & & & -4 & \\
\hline
 & 2 & 6 & &
\end{array}
$$

あとは，かける，足すを繰り返すことになりますが，かけ算の結果が定数項の下までくればおしまいです。そこで線を引き，そのあと足して出てくるものが余り，手前が商になります。

$$
\begin{array}{r|rr|rr}
 & 2 & 0 & a & b \\
3 & & 6 & 18 & \\
-2 & & & -4 & -12 \\
\hline
 & 2 & 6 & a+14 & b-12
\end{array}
$$
商　　　　　余り

⇓

別解　　　$f(x)=2x^3+ax+b=(x^2-3x+2)(2x+6)+(a+14)x+b-12$

と変形できるが，$f(x)$ を x^2-3x+2 で割ったときの余りが $2x$ なので，$(a+14)x+b-12=2x$ であり，係数比較により

$$
\begin{cases} a+14=2 \\ b-12=0 \end{cases} \quad \therefore \quad \begin{cases} \boldsymbol{a=-12} \\ \boldsymbol{b=12} \end{cases}
$$

演習 17

$f(x)=2x^3+ax+b$ について，次の条件を満たすように a, b の値を定めよ。

$(x-1)^2$ で割ると $5x+1$ 余る。

例題 17 の(2)で 2 つの解答を示しました。1 つめと同じやり方を用いると

$$f(x)=2x^3+ax+b=(x-1)^2g(x)+5x+1$$

という式になりますが，これでは $f(1)$ の条件しか出てきません。2 つの未知数は 2 つの条件式で決めることになるはずなのに，1 つの条件式では困ります。

将来的には上の条件式から 2 つの情報を引き出す技術も学ぶことになりますが（微分を用います），現段階では解けません。2 つめのやり方を採用しましょう。

$(x-1)^2=x^2-2x+1$ なので，縦に並べる数字は 2，-1 になります。

$$
\begin{array}{c|cccc}
 & 2 & 0 & a & b \\
2 & & 4 & 8 & \\
-1 & & & -2 & -4 \\
\hline
 & 2 & 4 & \| \; a+6 & b-4
\end{array}
$$

解答　　$f(x)=2x^3+ax+b=(x-1)^2(2x+4)+(a+6)x+b-4$

と変形できるが，$f(x)$ を $(x-1)^2$ で割ったときの余りが $5x+1$ なので

$$(a+6)x+b-4=5x+1$$

係数比較により

$$\begin{cases} a+6=5 \\ b-4=1 \end{cases} \quad \therefore \quad \begin{cases} \boldsymbol{a=-1} \\ \boldsymbol{b=5} \end{cases}$$

例題 18

x の整式 $f(x)$ を $x-1$ で割ると 1 余り，$x-2$ で割ると 2 余る。

このとき，$f(x)$ を $(x-1)(x-2)$ で割ったときの余りを求めよ。

まず，剰余の定理により，$f(1)=1$, $f(2)=2$ です。次に，$f(x)$ を $(x-1)(x-2)$ で割ったときの割り算を等式の形で表してみましょう。

$$f(x)=(x-1)(x-2)g(x)+ax+b \quad \cdots\cdots(*)$$

2 次式 $(x-1)(x-2)$ で割っているので，余りは 1 次式 $ax+b$ の形で表されますが，未知数は a, b 2 個ですから，条件式が 2 つ必要になります。どのようにすればその 2 つの条件式が得られるでしょうか。

$(*)$ を見たときに $g(x)$ が不明ですから，これにかかる数が 0 になるように x の値を選べばよいことがわかります。$x=1, 2$ です。ところが，問題文でちょうど $f(1)$ と $f(2)$ についての情報が与えられています。

解答　　$f(x)=(x-1)(x-2)g(x)+ax+b$

と表せるが，$f(1)=1$, $f(2)=2$ より

$$\begin{cases} f(1)=a+b=1 \\ f(2)=2a+b=2 \end{cases} \quad \therefore \quad \begin{cases} a=1 \\ b=0 \end{cases}$$

よって，求める余りは **x**

　これで解けましたが，もう少し応用がきくように余りのおき方を工夫してみることにしましょう。

　7を3で割るということは，7の中に3のくくりを作っていき，そのくくりが2つできたところで1が残り，3のくくりが作れなくなったとき，この1を余りと言うように，「割る」ということは「くくる」ということで，くくり切れないところが余りです。つまり「$x-1$で割ると1余る」とは「$x-1$でくくるとくくり切れないところが1」という意味です。このことを意識した上で(*)を見てください。

　右辺の$(x-1)(x-2)g(x)$のところは，既に$x-1$でくくれていますが，$ax+b$のところはまだ$x-1$でくくり直すことができます。そして，全体を$x-1$でくくったときにくくり切れないところが1となるように(*)を書き換えてみると

$$f(x)=(x-1)(x-2)g(x)+a(x-1)+1$$

となります。これだと未知数がa 1個なので，条件式は$f(2)=2$の1個でaを求めることができ，その結果$(x-1)(x-2)$で割ったときの余りを求めることができます。

↓↓

別解　　　$f(x)=(x-1)(x-2)g(x)+a(x-1)+1$

　　と表せ，$f(2)=2$より

　　　　　$a+1=2$　　　$\therefore$　　$a=1$

　　よって，求める余りは　　　$x-1+1=$**x**

演習 18A

　　xの整数$f(x)$を$x-1$で割ると1余り，x^2-5x+6で割ると$2x+3$余る。
　　このとき，$f(x)$を$(x-1)(x^2-5x+6)$で割ったときの余りを求めよ。

　3次式$(x-1)(x^2-5x+6)$で割るので余りは2次式の形で表され，割り算の式は

$$f(x)=(x-1)(x^2-5x+6)g(x)+ax^2+bx+c \quad \cdots\cdots(*)$$
$$=(x-1)(x-2)(x-3)g(x)+ax^2+bx+c$$

となります。一方，与えられている条件は，剰余の定理より$f(1)=1$と，x^2-5x+6で割った式を作って

$$f(x)=(x^2-5x+6)h(x)+2x+3$$
$$=(x-2)(x-3)h(x)+2x+3$$

となるので，$f(2)=7$，$f(3)=9$です。

　未知数がa，b，cの3つで，条件式を3つ作ることができたので

$$\begin{cases} f(1)=a+b+c=1 \\ f(2)=4a+2b+c=7 \\ f(3)=9a+3b+c=9 \end{cases}$$

となり，以下 a, b, c を求めれば余りも求めることができます。しかし，このやり方は最後の連立方程式を解くところが面倒で，少し工夫をしてみたいところです。

「x^2-5x+6 でくくると，くくり切れないところが $2x+3$」という情報を用いて (*) を書き直すことにしましょう。

$$f(x)=(x-1)(x^2-5x+6)g(x)+a(x^2-5x+6)+2x+3$$

と表せることがわかったでしょうか。これなら未知数が 1 個なので $f(1)=1$ という条件式 1 つで解決することができます。

解答 $f(x)=(x-1)(x^2-5x+6)g(x)+a(x^2-5x+6)+2x+3$

と表せる。これと $f(1)=1$ より

$$2a+5=1 \quad \therefore \quad a=-2$$

よって，求める余りは

$$-2(x^2-5x+6)+2x+3=\boldsymbol{-2x^2+12x-9}$$

演習 18B

x の整式 $f(x)$ を $x+1$ で割ると 2 余り，$(x-1)^2$ で割ると $3x+1$ 余る。このとき，$f(x)$ を $(x+1)(x-1)^2$ で割った余りを求めよ。

解答 $(x-1)^2$ で割ると $3x+1$ 余ることより

$$f(x)=(x+1)(x-1)^2 g(x)+a(x-1)^2+3x+1$$

と表せる。これと $f(-1)=2$ より

$$4a-2=2 \quad \therefore \quad a=1$$

よって，求める余りは

$$(x-1)^2+3x+1=\boldsymbol{x^2+x+2}$$

例題 19

$(x-1)^2$ で割ると $6x-2$ 余り，$(x+1)^2$ で割ると $2x+2$ 余るような x の整式 $f(x)$ のうち，次数が最も低いものを求めよ。

$f(x)$ の次数が 1 次以下では，2 次式 $(x-1)^2$ で割ったときの商が 0 になるので，前半の条件から $f(x)=(x-1)^2 \times 0+6x-2=6x-2$ となります。しかし，これは後半の条件を満たさないので不適です。つまり，1 次式以下では，条件を満たす $f(x)$ を作ることができません。

次に，$f(x)$ の次数が 2 次のものを考えてみましょう。このとき 2 次式 $(x-1)^2$ で割ったときの商は定数になり

$$f(x)=a(x-1)^2+6x-2$$

と表されます。この式を整理して $(x+1)^2$ でくくり直してみましょう。

$$f(x)=ax^2+(-2a+6)x+a-2$$
$$=a(x^2+2x+1)+(-4a+6)x-2$$
$$=a(x+1)^2+(-4a+6)x-2$$

これを見ると，$f(x)$ を $(x+1)^2$ で割ったときの余りが $2x+2$ とはなりえないので，2次式の中には条件を満たす $f(x)$ がないことがわかります。

3次式ではどうでしょうか。2次式 $(x-1)^2$ で割ったときの商は1次式になるので

$$f(x)=(x-1)^2(ax+b)+6x-2$$
$$=(x^2-2x+1)(ax+b)+6x-2$$
$$=ax^3+(-2a+b)x^2+(a-2b+6)x+b-2 \quad \cdots\cdots(*)$$

と表されます。これを $(x+1)^2=x^2+2x+1$ でくくり直してみましょう。

$$
\begin{array}{r|cccc}
 & a & -2a+b & a-2b+6 & b-2 \\
-2 & & -2a & 8a-2b & \\
-1 & & & -a & 4a-b \\
\hline
 & a & -4a+b \,\|& 8a-4b+6 & 4a-2
\end{array}
$$

よって

$$f(x)=(x+1)^2(ax-4a+b)+(8a-4b+6)x+4a-2$$

$f(x)$ を $(x+1)^2$ で割ったときの余りが $2x+2$ ですから

$$(8a-4b+6)x+4a-2=2x+2$$

係数比較により

$$\begin{cases} 8a-4b+6=2 \\ 4a-2=2 \end{cases} \quad \therefore \quad \begin{cases} a=1 \\ b=3 \end{cases}$$

よって，$(*)$ に $(a, b)=(1, 3)$ を代入して $f(x)=x^3+x^2+x+1$ は2つの割り算の条件を満たすことがわかりました。

また，以上の議論により，「次数が最も低い」という条件もクリアしていることが確認できるので，この $f(x)$ が答えです。

しかし，この解答では，「どこまで議論すれば $f(x)$ が見つかるのだろうか」という不透明感が残ります。そこで，もう少し一般的な議論をして，2つの割り算の条件を満たす $f(x)$ とは一体どのような形の式なのかを考えてみることにしましょう。

まず，2つの割り算の式を作ると

$$\begin{cases} f(x)=(x-1)^2p(x)+6x-2 & \cdots\cdots① \\ f(x)=(x+1)^2q(x)+2x+2 & \cdots\cdots② \end{cases}$$

です。この2つの式を連立するために，つまり，たとえば①で②の条件を用いるために $p(x)$ の形が不明であるということが障害になっています。②は「$f(x)$ を $(x+1)^2$ でくくったら…」という条件式なので，あらかじめ「$p(x)$ を $(x+1)^2$ でくくったら…」という形に表しておくことにしましょう。すなわち，2次式 $(x+1)^2$ で割ったと

きの余りは1次式の形で表せるので，$p(x)=(x+1)^2g(x)+ax+b$ とおいてみると

　　　①：$f(x)=(x-1)^2\{(x+1)^2g(x)+ax+b\}+6x-2$

となります。この式を整理して $(x+1)^2$ でくくり直してみれば②の条件を用いることができるようになります。

$$f(x)=(x-1)^2\{(x+1)^2g(x)+ax+b\}+6x-2$$
$$=(x+1)^2(x-1)^2g(x)+(x-1)^2(ax+b)+6x-2$$
$$=(x+1)^2(x-1)^2g(x)+ax^3+(-2a+b)x^2+(a-2b+6)x+b-2$$
$$=(x+1)^2(x-1)^2g(x)+(x+1)^2(ax-4a+b)+(8a-4b+6)x+4a-2$$
$$=(x+1)^2\{(x-1)^2g(x)+ax-4a+b\}+(8a-4b+6)x+4a-2$$

　よって

　　　$(8a-4b+6)x+4a-2=2x+2$

　係数比較により

　　　$\begin{cases}8a-4b+6=2\\4a-2=2\end{cases}$ 　∴ 　$\begin{cases}a=1\\b=3\end{cases}$

　結局，2つの割り算の条件を満たす $f(x)$ は

　　　$f(x)=(x-1)^2\{(x+1)^2g(x)+x+3\}+6x-2$

のようになることがわかりました。次数を最も低くするために $g(x)=0$ と定めて

　　　$f(x)=(x-1)^2(x+3)+6x-2=x^3+x^2+x+1$

です。

↓↓

解答　与えられた条件により

　　　$\begin{cases}f(x)=(x-1)^2p(x)+6x-2 &\cdots\cdots①\\f(x)=(x+1)^2q(x)+2x+2 &\cdots\cdots②\end{cases}$

　と表される。ここで，$p(x)=(x+1)^2g(x)+ax+b$ とおくと

　　　①：$f(x)=(x-1)^2\{(x+1)^2g(x)+ax+b\}+6x-2$

　　　　　　$=(x+1)^2\{(x-1)^2g(x)+ax-4a+b\}+(8a-4b+6)x+4a-2$

　②より

　　　$\begin{cases}8a-4b+6=2\\4a-2=2\end{cases}$ 　∴ 　$\begin{cases}a=1\\b=3\end{cases}$

　よって　　①：$f(x)=(x-1)^2\{(x+1)^2g(x)+x+3\}+6x-2$

　このうち，次数が最も低いものは，$g(x)=0$ として

　　　$f(x)=(x-1)^2(x+3)+6x-2=\boldsymbol{x^3+x^2+x+1}$

第1章
第2章
第3章
第4章
第5章
第6章
第7章
第8章
第9章
第10章
第11章
第12章
第13章
第14章

x^2-2x で割ると $6x-1$ 余り，x^2-1 で割ると $-3x+5$ 余るような x の整式 $f(x)$ で，最高次の係数が 1 となるもののうち，次数が最も低いものを求めよ。

解答 $f(x)$ を x^2-2x で割ると $6x-1$ 余ることより
$$f(x)=(x^2-2x)p(x)+6x-1$$
この $f(x)$ を x^2-1 で割るために，$p(x)=(x^2-1)g(x)+ax+b$ とおくと
$$f(x)=(x^2-2x)\{(x^2-1)g(x)+ax+b\}+6x-1 \quad \cdots\cdots(*)$$
一方，$f(x)$ を x^2-1 で割ったときの余りが $-3x+5$ なので
$$f(x)=(x^2-1)q(x)-3x+5=(x+1)(x-1)q(x)-3x+5$$
これより，$f(-1)=8$，$f(1)=2$ であるから，$(*)$ より
$$\begin{cases}3(-a+b)-7=8\\-(a+b)+5=2\end{cases}\quad\begin{cases}-a+b=5\\a+b=3\end{cases}\quad\therefore\quad\begin{cases}a=-1\\b=4\end{cases}$$
よって
$$f(x)=(x^2-2x)\{(x^2-1)g(x)-x+4\}+6x-1$$
このうち，次数を最も低くするために $g(x)=0$ とすると，最高次の係数が 1 にならない。つまり，3 次式の中では与えられた条件をすべて満たすような $f(x)$ はない。4 次式の中では，x^4 の係数を 1 とするために $g(x)=1$ とすればよく
$$f(x)=(x^2-2x)\{(x^2-1)-x+4\}+6x-1=\boldsymbol{x^4-3x^3+5x^2-1}$$

5 無理式(1)

$\sqrt{2}\fallingdotseq1.41$ ですが，$\dfrac{1}{\sqrt{2}}\fallingdotseq\dfrac{1}{1.41}$ の値はいくらぐらいでしょうか。ちょっとわかりにくいです。しかし，$\dfrac{1}{\sqrt{2}}=\dfrac{1}{\sqrt{2}}\times\dfrac{\sqrt{2}}{\sqrt{2}}=\dfrac{\sqrt{2}}{2}\fallingdotseq\dfrac{1.41}{2}$ と変形すると，この値が 0.7 ぐらいであることがすぐにわかります。無理数は循環しない無限小数で表されるので，これが分母にあると都合が悪いことが多いのです。そこで，上の式のような変形をして，無理数が分母にこないようにすることが多く，これを**分母の有理化**と言います。

例題 20

$\dfrac{1}{3+2\sqrt{2}}$ の分母を有理化せよ。

$(\sqrt{2})^2=2$ のように 2 乗すれば根号をはずすことができます。ここでは

$(a+b)(a-b)=a^2-b^2$ を用います。分母，分子に $3-2\sqrt{2}$ をかけて

$\Downarrow$

解答 　　　$\dfrac{1}{3+2\sqrt{2}}=\dfrac{3-2\sqrt{2}}{(3+2\sqrt{2})(3-2\sqrt{2})}=\dfrac{3-2\sqrt{2}}{9-8}=\boldsymbol{3-2\sqrt{2}}$

演習 20

$\dfrac{\sqrt{5}+\sqrt{3}}{\sqrt{5}-\sqrt{3}}$ の分母を有理化せよ。

解答 　　$\dfrac{\sqrt{5}+\sqrt{3}}{\sqrt{5}-\sqrt{3}}=\dfrac{(\sqrt{5}+\sqrt{3})^2}{(\sqrt{5}-\sqrt{3})(\sqrt{5}+\sqrt{3})}=\dfrac{8+2\sqrt{15}}{2}=\boldsymbol{4+\sqrt{15}}$

$(\sqrt{5}+\sqrt{3})^2=(\sqrt{5})^2+2\sqrt{5}\sqrt{3}+(\sqrt{3})^2$ ですが「$(\sqrt{5})^2+(\sqrt{3})^2=8$」は暗算で処理してください。

例題 21

$\dfrac{1}{\sqrt{2}+\sqrt{3}+\sqrt{5}}$ の分母を有理化せよ。

　分母の $\sqrt{2}$，$\sqrt{3}$，$\sqrt{5}$ の根号を一度にはずすことはできないので，1 つずつはずしていきます。まず，$\sqrt{2}+\sqrt{3}+\sqrt{5}=(\sqrt{2}+\sqrt{3})+\sqrt{5}$ と見て，分母，分子に $(\sqrt{2}+\sqrt{3})-\sqrt{5}$ をかけましょう。

$\Downarrow$

解答
$$\dfrac{1}{\sqrt{2}+\sqrt{3}+\sqrt{5}}=\dfrac{\sqrt{2}+\sqrt{3}-\sqrt{5}}{(\sqrt{2}+\sqrt{3}+\sqrt{5})(\sqrt{2}+\sqrt{3}-\sqrt{5})}$$
$$=\dfrac{\sqrt{2}+\sqrt{3}-\sqrt{5}}{(\sqrt{2}+\sqrt{3})^2-(\sqrt{5})^2}=\dfrac{\sqrt{2}+\sqrt{3}-\sqrt{5}}{2\sqrt{6}}$$
$$=\dfrac{(\sqrt{2}+\sqrt{3}-\sqrt{5})\sqrt{6}}{2\sqrt{6}\sqrt{6}}=\boldsymbol{\dfrac{2\sqrt{3}+3\sqrt{2}-\sqrt{30}}{12}}$$

　この計算で $\sqrt{2}\times\sqrt{6}$ が出てきますが，$\sqrt{2}\times\sqrt{6}=\sqrt{12}=\sqrt{2^2\cdot3}=2\sqrt{3}$ のようにするのではなく，$\sqrt{2}\times\sqrt{6}=\sqrt{2}\times\sqrt{2\times3}=2\sqrt{3}$ のように処理すると暗算でできるようになります。$\sqrt{3}\times\sqrt{6}$ も $\sqrt{3}\times\sqrt{6}=\sqrt{3}\times\sqrt{3\times2}=3\sqrt{2}$ です。

演習 21

$\dfrac{\sqrt{2}+\sqrt{5}+\sqrt{7}}{\sqrt{2}+\sqrt{5}-\sqrt{7}}$ の分母を有理化せよ。

解答 　$\dfrac{\sqrt{2}+\sqrt{5}+\sqrt{7}}{\sqrt{2}+\sqrt{5}-\sqrt{7}}=\dfrac{(\sqrt{2}+\sqrt{5}+\sqrt{7})^2}{(\sqrt{2}+\sqrt{5}-\sqrt{7})(\sqrt{2}+\sqrt{5}+\sqrt{7})}$

$$= \frac{14+2(\sqrt{10}+\sqrt{35}+\sqrt{14})}{(\sqrt{2}+\sqrt{5})^2-7}$$

$$= \frac{14+2(\sqrt{10}+\sqrt{35}+\sqrt{14})}{2\sqrt{10}}$$

$$= \frac{7\sqrt{10}+10+5\sqrt{14}+2\sqrt{35}}{10}$$

$$(\sqrt{2}+\sqrt{5}+\sqrt{7})^2 \ (=(\sqrt{2})^2+(\sqrt{5})^2+(\sqrt{7})^2+2\sqrt{2}\sqrt{5}+2\sqrt{5}\sqrt{7}+2\sqrt{7}\sqrt{2})$$
$$=14+2(\sqrt{10}+\sqrt{35}+\sqrt{14})$$

の計算では，（ ）を頭の中で処理できたでしょうか？ また，最後の計算では，分母，分子を2で割ること，分母，分子に $\sqrt{10}$ をかけることを同時に行っていますが，これも暗算レベルです。

　ここで，根号について少し復習をしておきましょう。$\sqrt{2}$ とはどんな数でしょうか。$\sqrt{2}$ とは「2の平方根のうち正の方」です。つまり，2乗して2になる数は2つありますが，その正の方を $\sqrt{2}$ と表すということです。元々は $\sqrt[2]{2}$ と書いていたのを省略して $\sqrt{2}$ と書くようになったのです。

　では，$\sqrt[3]{8}$ とはどんな数でしょうか。これは8の3乗根です。つまり，3乗したら8になる数で，実数の範囲では1つしかなく，それは2です。ゆえに，$\sqrt[3]{8}=2$ です。

　次のグラフを見てください。

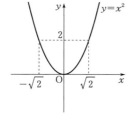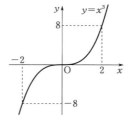

　$y=x^2$ のグラフは y 軸対称です。また，値域が $y \geqq 0$ になっていることも注意点です。このグラフを見れば，$y=2$ となるような x が2つ存在し，2の平方根が $\sqrt{2}$ と $-\sqrt{2}$ の2個になっていることが確認できます。さらに，負の数の平方根が実数の範囲では存在しないこともわかるので，$\sqrt{}$ の中に負の数を入れることもできません（虚数を学ぶと少し事情が変わってきますが，それはまた先で学習することにしましょう）。

　これに対して，$y=x^3$ のグラフは原点対称です。グラフを見れば $y=8$ となるような x は2に限られることがわかります。したがって，$\sqrt[3]{8}=2$ ですが，$\sqrt[3]{-8}=-2$ であることも確認することができます。

このように，偶数乗根と奇数乗根では少し性質が異なることを理解しておきましょう。

では，3乗根が分母にある場合の有理化はどうすればよいのでしょうか。

例題 22

$\dfrac{1}{2+\sqrt[3]{3}}$ の分母を有理化せよ。

$(\sqrt[3]{3})^3=3$ ですから，$\sqrt[3]{3}$ を3乗するような変形を考えます。ここでは，$(a+b)(a^2-ab+b^2)=a^3+b^3$ を用います。また，$(\sqrt[3]{3})^2=\sqrt[3]{9}$ であることにも注意しておきましょう。つまり，両辺を3乗してみると

$$\{(\sqrt[3]{3})^2\}^3=(\sqrt[3]{3}\times\sqrt[3]{3})^3=(\sqrt[3]{3})^3\times(\sqrt[3]{3})^3=3\times3=9,\ (\sqrt[3]{9})^3=9$$

となるからです。

結局，分母，分子に $2^2-2\times\sqrt[3]{3}+(\sqrt[3]{3})^2$ をかけて

⇓
解答

$$\dfrac{1}{2+\sqrt[3]{3}}=\dfrac{4-2\sqrt[3]{3}+\sqrt[3]{9}}{(2+\sqrt[3]{3})(4-2\sqrt[3]{3}+\sqrt[3]{9})}=\dfrac{4-2\sqrt[3]{3}+\sqrt[3]{9}}{2^3+(\sqrt[3]{3})^3}=\boldsymbol{\dfrac{4-2\sqrt[3]{3}+\sqrt[3]{9}}{11}}$$

演習 22

$\dfrac{1}{\sqrt[3]{5}-\sqrt[3]{2}}$ の分母を有理化せよ。

⇓
解答

$$\dfrac{1}{\sqrt[3]{5}-\sqrt[3]{2}}=\dfrac{\sqrt[3]{25}+\sqrt[3]{5}\sqrt[3]{2}+\sqrt[3]{4}}{(\sqrt[3]{5}-\sqrt[3]{2})(\sqrt[3]{25}+\sqrt[3]{5}\sqrt[3]{2}+\sqrt[3]{4})}=\dfrac{\sqrt[3]{25}+\sqrt[3]{10}+\sqrt[3]{4}}{(\sqrt[3]{5})^3-(\sqrt[3]{2})^3}$$

$$=\dfrac{\sqrt[3]{25}+\sqrt[3]{10}+\sqrt[3]{4}}{5-2}=\boldsymbol{\dfrac{\sqrt[3]{25}+\sqrt[3]{10}+\sqrt[3]{4}}{3}}$$

$\dfrac{1}{\sqrt[3]{2}}=\dfrac{\sqrt[3]{4}}{\sqrt[3]{2}\sqrt[3]{4}}=\dfrac{\sqrt[3]{4}}{\sqrt[3]{8}}=\dfrac{\sqrt[3]{4}}{2}$ と変形できることもチェックしておいてください。

次は2重根号のはずし方です。

例題 23

$\sqrt{8+2\sqrt{15}}$ の2重根号をはずせ。

$\sqrt{(\sqrt{a}+\sqrt{b})^2}=\sqrt{a}+\sqrt{b}$ ですが，左辺の根号の中身を計算すると，$\sqrt{(\sqrt{a}+\sqrt{b})^2}=\sqrt{a+b+2\sqrt{ab}}$ ですから，$\sqrt{a+b+2\sqrt{ab}}=\sqrt{a}+\sqrt{b}$ となります。これを見ると，「根号の中の根号の前には2がなければならず，根号の中の根号の外は足したもの，中はかけたものとなっている」わけですが，これが2重根号がはずれる形だということです。つまり

解答 $$\sqrt{8+2\sqrt{15}}=\sqrt{(\sqrt{3}+\sqrt{5})^2}=\sqrt{3}+\sqrt{5}$$

です。足して 8，かけて 15 となる 2 数が 3 と 5 だと気づけばよいわけです。

演習 23

$\sqrt{6-2\sqrt{8}}$ の 2 重根号をはずせ。

足して 6，かけて 8 となる 2 数は 2 と 4 ですから

$$\sqrt{6-2\sqrt{8}}=\sqrt{(\sqrt{2}-\sqrt{4})^2}=\sqrt{(\sqrt{2}-2)^2}$$

と変形できますが，ここで注意が必要です。$(\sqrt{x})^2=x$ ですが，$\sqrt{x^2}=|x|$ となります。

$$(\sqrt{x})^2=x \qquad \sqrt{x^2}=|x|$$

たとえば，$\sqrt{(-3)^2}=\sqrt{9}=3$ であり，$\sqrt{(-3)^2}\neq-3$ であることに気をつけましょう。

↓↓
解答 $$\sqrt{6-2\sqrt{8}}=\sqrt{(\sqrt{2}-2)^2}=|\sqrt{2}-2|=\boldsymbol{2-\sqrt{2}}$$

例題 24

$\sqrt{9-\sqrt{56}}$ の 2 重根号をはずせ。

根号の中の根号の前に 2 がありません。しかし，$\sqrt{56}=2\sqrt{14}$ ですから

↓↓
解答 $$\sqrt{9-\sqrt{56}}=\sqrt{9-2\sqrt{14}}=\sqrt{(\sqrt{7}-\sqrt{2})^2}$$
$$=|\sqrt{7}-\sqrt{2}|=\boldsymbol{\sqrt{7}-\sqrt{2}}$$

足して 9，かけて 14 となる 2 数の組合せを考えるとき，2 と 7 ではなく 7 と 2，つまり，大きい方と小さい方のペアを考えると，すぐに絶対値がはずれます。

演習 24

$\sqrt{12-6\sqrt{3}}$ の 2 重根号をはずせ。

今度は根号の中の根号の前に 2 以外のものがあります。それは根号の中の根号の中に入れてしまいましょう。

↓↓
解答 $$\sqrt{12-6\sqrt{3}}=\sqrt{12-2\sqrt{27}}=\sqrt{(\sqrt{9}-\sqrt{3})^2}=\boldsymbol{3-\sqrt{3}}$$

はじめに $\sqrt{3}$ でくくってしまうという方法もあります。

別解
$$\sqrt{12-6\sqrt{3}}=\sqrt{3(4-2\sqrt{3}\,)}=\sqrt{3}\,\sqrt{4-2\sqrt{3}}=\sqrt{3}\,\sqrt{(\sqrt{3}-1)^2}$$
$$=\sqrt{3}\,(\sqrt{3}-1)=\mathbf{3-\sqrt{3}}$$

例題 25

$\sqrt{3+\sqrt{5}}$ の 2 重根号をはずせ。

これも根号の中の根号の前に 2 がありませんが，一見どこからも補うことができないように見えます。こういう場合は，無理やり 2 をかけて，2 で割っておきます。

解答
$$\sqrt{3+\sqrt{5}}=\sqrt{\frac{6+2\sqrt{5}}{2}}=\frac{\sqrt{(1+\sqrt{5}\,)^2}}{\sqrt{2}}=\frac{1+\sqrt{5}}{\sqrt{2}}=\frac{\sqrt{2}+\sqrt{10}}{2}$$

演習 25

$\sqrt{6-\sqrt{35}}$ の 2 重根号をはずせ。

解答
$$\sqrt{6-\sqrt{35}}=\sqrt{\frac{12-2\sqrt{35}}{2}}=\frac{\sqrt{(\sqrt{7}-\sqrt{5}\,)^2}}{\sqrt{2}}=\frac{\sqrt{7}-\sqrt{5}}{\sqrt{2}}=\frac{\sqrt{14}-\sqrt{10}}{2}$$

---

6 無理式(2)

無理式に少し慣れてきたと思うので，練習をしてみましょう。

例題 26

$\dfrac{4}{3-\sqrt{5}}$ の小数部分を a とするとき，$2a^4+5a^3-12a^2+6$ の値を $p+q\sqrt{5}$ （p, q は有理数）の形で表せ。

$\dfrac{4}{3-\sqrt{5}}$ のままでは小数部分が何であるかがわかりません。まず分母を有理化してみることにしましょう。

$$\frac{4}{3-\sqrt{5}}=\frac{4(3+\sqrt{5}\,)}{(3-\sqrt{5}\,)(3+\sqrt{5}\,)}=3+\sqrt{5}$$

$2<\sqrt{5}<3$ すなわち $5<3+\sqrt{5}<6$ より，$3+\sqrt{5}$ の整数部分は 5 です。したがって，小数部分は $a=3+\sqrt{5}-5=-2+\sqrt{5}$ です。

これを直接代入して

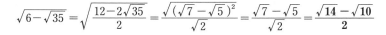

$$2a^4+5a^3-12a^2+6=2(-2+\sqrt{5}\,)^4+5(-2+\sqrt{5}\,)^3-12(-2+\sqrt{5}\,)^2+6$$

を計算しても答えは出ますが，ちょっと面倒です。ここでは，$a=-2+\sqrt{5}$ を解にもつ 2 次方程式を作り，その左辺で割るというやり方が応用範囲の広い手段なので，覚えておくことにしましょう。

$$a=-2+\sqrt{5} \qquad \therefore \quad a+2=\sqrt{5}$$

両辺を 2 乗すると

$$(a+2)^2=5 \qquad \therefore \quad a^2+4a-1=0$$

これで $a=-2+\sqrt{5}$ を解にもつ 2 次方程式を作ることができました。この左辺 a^2+4a-1 で $2a^4+5a^3-12a^2+6$ を割り算した式を作ります。

$$
\begin{array}{r|rrrrr}
   & 2 & 5 & -12 & 0 & 6 \\
-4 &   & -8 & 12 & -8 & \\
1 &   &   & 2 & -3 & 2 \\
\hline
   & 2 & -3 & 2 & \,\|\, -11 & 8
\end{array}
$$

$$2a^4+5a^3-12a^2+6=(a^2+4a-1)(2a^2-3a+2)-11a+8$$

$a=-2+\sqrt{5}$ のとき，$a^2+4a-1=0$ なので，この右辺には $-11a+8$ しか残りません。以上をまとめると次のようになります。

⇓
解答 $\dfrac{4}{3-\sqrt{5}}=\dfrac{4(3+\sqrt{5}\,)}{(3-\sqrt{5}\,)(3+\sqrt{5}\,)}=3+\sqrt{5}$ より，これの**整数部分は 5** である。

$$a=3+\sqrt{5}-5=-2+\sqrt{5} \qquad \therefore \quad a+2=\sqrt{5}$$

2 乗して

$$(a+2)^2=5 \qquad \therefore \quad a^2+4a-1=0$$

$2a^4+5a^3-12a^2+6$ を a^2+4a-1 で**割ると**

$$2a^4+5a^3-12a^2+6=(a^2+4a-1)(2a^2-3a+2)-11a+8$$

と変形できるので

$$2a^4+5a^3-12a^2+6=-11a+8=-11(-2+\sqrt{5}\,)+8$$
$$=30-11\sqrt{5}$$

演習 26

$\sqrt{11-6\sqrt{2}}$ の小数部分を a とするとき，$\dfrac{-8a^3+a^2+1}{a^5}$ の値を $\dfrac{q+r\sqrt{s}}{p}$

$(p,\ q,\ r,\ s$ は整数$)$ の形で表せ。

$\sqrt{2}\fallingdotseq1.41$ ですから，$6\sqrt{2}$ は 8 と 9 の間の数です。よって，$11-6\sqrt{2}$ は 2 と 3 の間の数になるので $\sqrt{11-6\sqrt{2}}$ は 1 と 2 の間の数…のように見積もることができますが，$a=\sqrt{11-6\sqrt{2}}-1$ と表すのでは，次の計算が苦しそうです。まず 2 重根号をは

ずしてみましょう。

$$\sqrt{11-6\sqrt{2}}=\sqrt{11-2\sqrt{18}}=\sqrt{(3-\sqrt{2})^2}=3-\sqrt{2}$$

$1<3-\sqrt{2}<2$ より，$\sqrt{11-6\sqrt{2}}$ の整数部分は 1 であり，よって

$$a=3-\sqrt{2}-1=2-\sqrt{2}$$

次は $\dfrac{-8a^3+a^2+1}{a^5}$ の計算ですが，やはり直接代入するのは面倒です。何らかの工夫が必要ですが，まず $a=2-\sqrt{2}$ を解にもつ 2 次方程式を作ってみましょう。

$$a=2-\sqrt{2} \qquad a-2=-\sqrt{2}$$

$$(a-2)^2=(-\sqrt{2})^2 \qquad \therefore \quad a^2-4a+2=0$$

これを用いて，a^5，$-8a^3+a^2+1$ の値をそれぞれ求めておいてから割り算をする方法もありますが，もう少し工夫をしてみましょう。

$$\frac{-8a^3+a^2+1}{a^5}=\left(\frac{1}{a}\right)^5+\left(\frac{1}{a}\right)^3-8\left(\frac{1}{a}\right)^2$$ ですから，$\dfrac{1}{a}$ を 1 つの文字と見るとそれの

5 次式になっているのです。そのように考えると，$\dfrac{1}{a}$ を解にもつ 2 次方程式を作っておけばよいことがわかります。

$a^2-4a+2=0$ の両辺を a^2 で割って

$$1-\frac{4}{a}+\frac{2}{a^2}=0 \qquad 2\left(\frac{1}{a}\right)^2-4\left(\frac{1}{a}\right)+1=0$$

$$\therefore \quad \left(\frac{1}{a}\right)^2-2\left(\frac{1}{a}\right)+\frac{1}{2}=0$$

として，$\dfrac{1}{a}$ を解にもつ 2 次方程式が作れました。次はこの左辺 $\left(\dfrac{1}{a}\right)^2-2\left(\dfrac{1}{a}\right)+\dfrac{1}{2}$

で $\left(\dfrac{1}{a}\right)^5+\left(\dfrac{1}{a}\right)^3-8\left(\dfrac{1}{a}\right)^2$ を割った式を作りましょう。

	1	0	1	-8	0	0
2		2	4	9	0	
$-\dfrac{1}{2}$			$-\dfrac{1}{2}$	-1	$-\dfrac{9}{4}$	0
	1	2	$\dfrac{9}{2}$	0	$-\dfrac{9}{4}$	0

⇩

解答 まず，$\sqrt{11-6\sqrt{2}}=\sqrt{11-2\sqrt{18}}=3-\sqrt{2}$ より，$\sqrt{11-6\sqrt{2}}$ の整数部分は 1 である。よって

$$a=3-\sqrt{2}-1=2-\sqrt{2}$$

ここで，$\dfrac{-8a^3+a^2+1}{a^5}=\left(\dfrac{1}{a}\right)^5+\left(\dfrac{1}{a}\right)^3-8\left(\dfrac{1}{a}\right)^2$ であるが

$$a=2-\sqrt{2} \qquad a-2=-\sqrt{2}$$

2乗して
$$(a-2)^2=2 \qquad a^2-4a+2=0$$
$$1-\frac{4}{a}+\frac{2}{a^2}=0 \qquad \therefore \quad \left(\frac{1}{a}\right)^2-2\left(\frac{1}{a}\right)+\frac{1}{2}=0$$

したがって
$$\left(\frac{1}{a}\right)^5+\left(\frac{1}{a}\right)^3-8\left(\frac{1}{a}\right)^2$$
$$=\left\{\left(\frac{1}{a}\right)^2-2\left(\frac{1}{a}\right)+\frac{1}{2}\right\}\left\{\left(\frac{1}{a}\right)^3+2\left(\frac{1}{a}\right)^2+\frac{9}{2}\left(\frac{1}{a}\right)\right\}-\frac{9}{4}\left(\frac{1}{a}\right)$$
$$=-\frac{9}{4}\left(\frac{1}{a}\right)=-\frac{9}{4}\cdot\frac{1}{2-\sqrt{2}}$$
$$=-\frac{9(2+\sqrt{2})}{8}=\frac{-18-9\sqrt{2}}{8}$$

7 不等式の証明とその利用(1)

不等式 $A\geqq B$ の証明の仕方の基本は次の 2 通りです。

不等式の証明

(ⅰ) $A-B\geqq 0$ を示す。

(ⅱ) A を変形していって，$A\geqq C\geqq D\geqq\cdots\geqq B$ となることを示す。
または B を変形していって，$B\leqq C\leqq D\leqq\cdots\leqq A$ となることを示す。

例題 27

すべての実数 x に対し，$x^2+4\geqq 4x$ が成立することを示せ。

(ⅰ)の方法を用いるとして，大きい左辺から小さい右辺を引いてみましょう。

解答　　$x^2+4-4x=(x-2)^2\geqq 0$

よって，$x^2+4\geqq 4x$ である。

　このように「$\geqq 0$」を示す方法としては，**2 乗の形を作る**ことが多いです。また，「よって，$x^2+4\geqq 4x$ である」と結論を述べることも大切です。この結論については「よって，**示された**」と書いておいても大丈夫です。

第1章
第2章
第3章
第4章
第5章
第6章
第7章
第8章
第9章
第10章
第11章
第12章
第13章
第14章

演習 27

0 でないすべての実数 x に対し，$x^2+\dfrac{9}{x^2}\geqq 6$ が成立することを示せ。

解答　$x^2+\dfrac{9}{x^2}-6=\left(x-\dfrac{3}{x}\right)^2\geqq 0$

よって，示された。

例題 28

すべての実数 x, y に対し，$x^2+10y^2-6xy+2x-10y+6>0$ が成立することを示せ。

最初に平方完成を復習しておきましょう。平方完成は 2 次方程式の解の公式を作るときに出てきました。$(a+b)^2=a^2+2ab+b^2$ という展開の逆の作業をするのが平方完成です。左辺のかっこの中で a に足されているのは b ですが，これは右辺を a の 2 次式と見て 1 次の係数 $2b$ の半分になっていることに注意してください。

$$a^2+\underbrace{2b}a+b^2=(a+b)^2$$
半分

解の公式で見てみましょう。$ax^2+bx+c=0$ $(a\neq 0)$ を変形して

$$x^2+\dfrac{b}{a}x=-\dfrac{c}{a}$$

左辺で x の係数は $\dfrac{b}{a}$ ですが，これの半分は $\dfrac{b}{2a}$ なので，両辺に $\left(\dfrac{b}{2a}\right)^2$ を足して

$$\left(x+\dfrac{b}{2a}\right)^2=\left(\dfrac{b}{2a}\right)^2-\dfrac{c}{a}=\dfrac{b^2-4ac}{4a^2}$$

両辺の平方根を考えて

$$x+\dfrac{b}{2a}=\dfrac{\pm\sqrt{b^2-4ac}}{2a}\qquad\therefore\quad x=\dfrac{-b\pm\sqrt{b^2-4ac}}{2a}$$

これが解の公式だったわけですが，2 乗（平方）の形を作るところを平方完成と呼びます。それでは不等式を証明してみましょう。今度は(ii)の方法を用いてみます。まず左辺を x の降べきの順に整理します。

$$x^2+10y^2-6xy+2x-10y+6=x^2+2(-3y+1)x+10y^2-10y+6$$

次は平方完成です。x の係数 $2(-3y+1)$ の半分は $-3y+1$ ですから

$$\begin{aligned}x^2+2(-3y+1)x+10y^2-10y+6&=(x-3y+1)^2-(-3y+1)^2+10y^2-10y+6\\&=(x-3y+1)^2+y^2-4y+5\\&=(x-3y+1)^2+(y-2)^2+1>0\end{aligned}$$

これで不等式の証明ができました。解答は次のように書けばよいでしょう。

解答
$$x^2+10y^2-6xy+2x-10y+6=x^2+2(-3y+1)x+10y^2-10y+6$$
$$=(x-3y+1)^2-(-3y+1)^2+10y^2-10y+6$$
$$=(x-3y+1)^2+y^2-4y+5$$
$$=(x-3y+1)^2+(y-2)^2+1>0$$

よって，示された。

演習 28

すべての実数 x, y に対し，$x^2+4y^2+2(x-3)(2y-3)\geqq 9$ が成立することを示せ。

何かうまい変形があるかもしれませんが，そんなことを考えている間に「x の降べきの順に整理する」「平方完成する」とやった方が速いです。

解答
$$x^2+4y^2+2(x-3)(2y-3)=x^2+2(2y-3)x+4y^2-6(2y-3)$$
$$=(x+2y-3)^2-(2y-3)^2+4y^2-12y+18$$
$$=(x+2y-3)^2+9\geqq 9$$

よって，示された。

例題 29

すべての実数 x, y, z に対し，$x^2+y^2+z^2-xy-yz-zx\geqq 0$ が成立することを示せ。

これについては 2 通りの解答を示してみることにしましょう。まず 1 つめは，**例題 28** でやったのと同じように「x の降べきの順に整理する」「平方完成する」というやり方です。

解答 $\quad x^2+y^2+z^2-xy-yz-zx$
$$=x^2-(y+z)x+y^2+z^2-yz=\left(x-\frac{y+z}{2}\right)^2-\left(\frac{y+z}{2}\right)^2+y^2+z^2-yz$$
$$=\left(x-\frac{y+z}{2}\right)^2+\frac{3}{4}y^2-\frac{3}{2}yz+\frac{3}{4}z^2=\left(x-\frac{y+z}{2}\right)^2+\frac{3}{4}(y-z)^2\geqq 0$$

よって，示された。

もう 1 つのやり方は知っていないと思いつきにくい方法ですが，有名な式変形なので覚えておきましょう。

別解 $\quad x^2+y^2+z^2-xy-yz-zx=\dfrac{1}{2}\{(x-y)^2+(y-z)^2+(z-x)^2\}\geqq 0$

よって，示された。

第1章
第2章
第3章
第4章
第5章
第6章
第7章
第8章
第9章
第10章
第11章
第12章
第13章
第14章

演習 29A

すべての実数 x, y, z に対し，$3(x^2+y^2+z^2) \geqq (x+y+z)^2$ が成立すること
を示せ。

解答
$$3(x^2+y^2+z^2)-(x+y+z)^2=2x^2+2y^2+2z^2-2xy-2yz-2zx$$
$$=(x-y)^2+(y-z)^2+(z-x)^2 \geqq 0$$

よって，示された。

内容的に**例題 29** と同じ問題だったわけです。これを見ると，$-2xy$ には x^2 と y^2，
$-2yz$ には y^2 と z^2，$-2zx$ には z^2 と x^2 を組合せていることがわかります。つまり
$$2x^2+2y^2+2z^2-2xy-2yz-2zx$$
$$=(x^2-2xy+y^2)+(y^2-2yz+z^2)+(z^2-2zx+x^2)$$
$$=(x-y)^2+(y-z)^2+(z-x)^2$$

と変形しているのです。それでは，これを少し応用してみましょう。

演習 29B

すべての実数 a, b, c, x, y, z に対し，
$(a^2+b^2+c^2)(x^2+y^2+z^2) \geqq (ax+by+cz)^2$ が成立することを示せ。

これは後ほど学ぶコーシー・シュワルツの不等式です。$a=b=c=1$ だと**演習 29A**
と同じになりますが，かなり複雑に感じます。まず左辺－右辺を考えてみましょう。
$$(a^2+b^2+c^2)(x^2+y^2+z^2)-(ax+by+cz)^2$$
$$=b^2x^2+c^2x^2+a^2y^2+c^2y^2+a^2z^2+b^2z^2-2abxy-2bcyz-2cazx$$

演習 29A と同様に，$-2abxy$，$-2bcyz$，$-2cazx$ にはそれぞれどれを組合せれば
よいかを考えます。$-2abxy$ には b^2x^2 と a^2y^2，$-2bcyz$ には c^2y^2 と b^2z^2，$-2cazx$
には c^2x^2 と a^2z^2 を組合せればよく
$$\underset{\sim}{b^2x^2}+\underline{c^2x^2}+\underset{\sim}{a^2y^2}+\underline{c^2y^2}+\underline{a^2z^2}+\underset{\sim}{b^2z^2}-2abxy-2bcyz-2cazx$$
$$=(bx-ay)^2+(cy-bz)^2+(az-cx)^2 \geqq 0$$

これで示されました。解答は次のように書けばよいでしょう。

解答
$$(a^2+b^2+c^2)(x^2+y^2+z^2)-(ax+by+cz)^2$$
$$=b^2x^2+c^2x^2+a^2y^2+c^2y^2+a^2z^2+b^2z^2-2abxy-2bcyz-2cazx$$
$$=(bx-ay)^2+(cy-bz)^2+(az-cx)^2 \geqq 0$$

よって，示された。

8 不等式の証明とその利用(2)

　高校数学で習う不等式の中で，特に重要なものが 3 つあります。「相加平均と相乗平均の関係」「コーシー・シュワルツの不等式」「三角不等式」です。これらは他の不等式を証明したりするときの根拠として，証明なく用いてよいことになっています。順に見ていきましょう。

1 相加平均と相乗平均の関係

　ここで出てくる文字は正の数とします。

　a と b の平均と言われれば，誰でも $\dfrac{a+b}{2}$ を思いうかべると思います。これの意味を少し考えてみましょう。いま $a<b$ とすると

$$a=\frac{a+a}{2}<\frac{a+b}{2}<\frac{b+b}{2}=b$$

となるので，$\dfrac{a+b}{2}$ は a と b の間の数です。数直線上で見れば，$\dfrac{a+b}{2}$ は a と b のちょうど真ん中になっていますが，これを a と b の相加平均と呼びます。足して平均を考えるから相加平均です。

　これに対して

$$a=\sqrt{a\cdot a}<\sqrt{ab}<\sqrt{b\cdot b}=b$$

となるので，$\sqrt{ab}$ も a と b の間の数で，単位についても $\sqrt{ab}$ のそれは a，b と同じであることが確認できます。この $\sqrt{ab}$ を a と b の相乗平均と呼びます。かけて平均を考えるから相乗平均です。数直線上で見れば，$\sqrt{ab}$ は a と b の真ん中より少し左にあります。相加平均と相乗平均，2 種類の平均が出てきましたが，両者の関係は

> **相加平均と相乗平均の関係**
>
> $a>0$，$b>0$ のとき
> $$\frac{a+b}{2}\geqq\sqrt{ab} \quad （等号は a=b のときに限り成立する）$$

となっています。両辺に 2 をかけて $a+b\geqq2\sqrt{ab}$ と表現することもありますが，いずれにしても，「足したもの」と「かけたもの」の関係になっていることに注意しておいてください。証明は

第1章
第2章
第3章
第4章
第5章
第6章
第7章
第8章
第9章
第10章
第11章
第12章
第13章
第14章

$\Downarrow$
証明　　　$\dfrac{a+b}{2}-\sqrt{ab}=\dfrac{(\sqrt{a}-\sqrt{b})^2}{2}\geqq 0$

よって，示された。

です。これを 2 項の相加平均と相乗平均の関係と呼ぶことにして，これを元に多項化を試みることにしましょう。すなわち，3 項でも 4 項でも一般に n 項の相加平均と相乗平均の関係が成立することを示したいと思います。まず

$$\dfrac{a+b+c+d}{4}=\dfrac{\dfrac{a+b}{2}+\dfrac{c+d}{2}}{2}\geqq\dfrac{\sqrt{ab}+\sqrt{cd}}{2}\geqq\sqrt{\sqrt{ab}\sqrt{cd}}=\sqrt[4]{abcd}$$

として，4 項の相加平均と相乗平均の関係が成立することが示されます。途中で $\sqrt{\sqrt{ab}\sqrt{cd}}$ が出てきますが，これを 2 乗すると $\sqrt{ab}\sqrt{cd}$ になり，さらに 2 乗すると $abcd$ となりますから $((\sqrt{\sqrt{ab}\sqrt{cd}})^4=\{(\sqrt{\sqrt{ab}\sqrt{cd}})^2\}^2=(\sqrt{ab}\sqrt{cd})^2=abcd)$，$\sqrt{\sqrt{ab}\sqrt{cd}}=\sqrt[4]{abcd}$ です。さらに

$$\dfrac{a+b+c+d+e+f+g+h}{8}=\dfrac{\dfrac{a+b+c+d}{4}+\dfrac{e+f+g+h}{4}}{2}$$
$$\geqq\dfrac{\sqrt[4]{abcd}+\sqrt[4]{efgh}}{2}$$
$$\geqq\sqrt{\sqrt[4]{abcd}\sqrt[4]{efgh}}=\sqrt[8]{abcdefgh}$$

として，8 項の相加平均と相乗平均の関係が成立することがわかります。

この作業を続けていくと，2^n 項の相加平均と相乗平均の関係が成立する（……(i)）ことが確認できます。

また，$a_1,\ a_2,\ \cdots,\ a_{n+1}$ の $n+1$ 個の正の数一般において，相加平均と相乗平均の関係が成立すると仮定し，その特別な場合として a_{n+1} が a_1 から a_n までの相加平均になっているときを考えます。つまり

$$\dfrac{a_1+a_2+\cdots+a_n+a_{n+1}}{n+1}\geqq\sqrt[n+1]{a_1a_2\cdots a_na_{n+1}}$$

が任意の正の数 $a_1,\ a_2,\ \cdots,\ a_n,\ a_{n+1}$ について成立すると仮定するとき，これの特別な場合として $a_{n+1}=\dfrac{a_1+a_2+\cdots+a_n}{n}$ のときも上の不等式は成立するので

$$\dfrac{a_1+a_2+\cdots+a_n+\dfrac{a_1+a_2+\cdots+a_n}{n}}{n+1}\geqq\sqrt[n+1]{a_1a_2\cdots a_n\cdot\dfrac{a_1+a_2+\cdots+a_n}{n}}$$

すなわち

$$\dfrac{\dfrac{(n+1)(a_1+a_2+\cdots+a_n)}{n}}{n+1}\geqq\sqrt[n+1]{a_1a_2\cdots a_n\cdot\dfrac{a_1+a_2+\cdots+a_n}{n}}$$

$$\frac{a_1+a_2+\cdots+a_n}{n} \geqq \sqrt[n+1]{a_1 a_2 \cdots a_n \cdot \frac{a_1+a_2+\cdots+a_n}{n}}$$

両辺を $n+1$ 乗すると

$$\left(\frac{a_1+a_2+\cdots+a_n}{n}\right)^{n+1} \geqq a_1 a_2 \cdots a_n \cdot \frac{a_1+a_2+\cdots+a_n}{n}$$

$$\left(\frac{a_1+a_2+\cdots+a_n}{n}\right)^{n} \geqq a_1 a_2 \cdots a_n$$

$$\therefore \quad \frac{a_1+a_2+\cdots+a_n}{n} \geqq \sqrt[n]{a_1 a_2 \cdots a_n}$$

結局，相加平均と相乗平均の関係は $n+1$ 項で成立するのであれば n 項のときも成立する（……(ⅱ)）ことがわかりました。

以上の(ⅰ)，(ⅱ)を組合せれば，何項であっても相加平均と相乗平均の関係が成立することが確認できます。たとえば，10 項については，(ⅰ)を用いて 16 項を示し，次に(ⅱ)を 6 回用いて，15 項を示し，14 項を示し，…，10 項を示すことになります（正確な証明は「数列」のところで学ぶ「数学的帰納法」を用いることになります）。

これで，2 項の相加平均と相乗平均の関係から出発して，その多項化に成功しましたが，3 項については別の示し方もあるので，それを見ておきましょう。

$\sqrt[3]{a}=A$, $\sqrt[3]{b}=B$, $\sqrt[3]{c}=C$ とおくと

$$\frac{a+b+c}{3} \geqq \sqrt[3]{abc} \iff A^3+B^3+C^3 \geqq 3ABC$$

ですが

$$A^3+B^3+C^3-3ABC$$
$$=(A+B+C)(A^2+B^2+C^2-AB-BC-CA) \quad \cdots\cdots①$$
$$=\frac{1}{2}(A+B+C)\{(A-B)^2+(B-C)^2+(C-A)^2\} \quad \cdots\cdots②$$
$$\geqq 0$$

これより，$\dfrac{a+b+c}{3} \geqq \sqrt[3]{abc}$ が示されました。①は $p.23$ で出てきた因数分解で，②は $p.50$ で出てきた有名な式変形であることを確認しておいてください。

■ 例題 30

$a>0$, $b>0$ のとき，$\dfrac{b}{a}+\dfrac{4a}{b} \geqq 4$ を示せ。

左辺を見ると，$\dfrac{b}{a}$ と $\dfrac{4a}{b}$ を足していますが，これらをかけると $\dfrac{b}{a}\cdot\dfrac{4a}{b}=4$：一定です。このように「かけて一定」または「足して一定」は相加平均と相乗平均の関係が使える形だと知っておきましょう。

$\downarrow$
解答　$\dfrac{b}{a}+\dfrac{4a}{b}\geqq 2\sqrt{\dfrac{b}{a}\cdot\dfrac{4a}{b}}$　（∵　相加平均と相乗平均の関係）

$\qquad\qquad\quad =4$

よって，示された。

とすればよいわけですが，相加平均と相乗平均の関係は，他の不等式を証明するときの根拠として証明なく用いてよいことを思い出してください。

　なお，記号の説明をしておくと，「∴」は「ゆえに」，「∵」は「なぜならば」です。上で「∵　相加平均と相乗平均の関係」と書いたのは，「相加平均と相乗平均の関係を根拠として用いました」という意味です。

演習 30

　$a>0$，$b>0$ のとき，$\left(a+\dfrac{2}{b}\right)\left(b+\dfrac{8}{a}\right)\geqq 18$ を示せ。

$\downarrow$
解答　$\left(a+\dfrac{2}{b}\right)\left(b+\dfrac{8}{a}\right)=ab+\dfrac{16}{ab}+10$

$\qquad\qquad\qquad\qquad\quad \geqq 2\sqrt{ab\cdot\dfrac{16}{ab}}+10$　（∵　相加平均と相乗平均の関係）

$\qquad\qquad\qquad\qquad\quad =18$

よって，示された。

　それから，もう1点重要な注意事項があります。まず次を見てください。

$$\left(a+\dfrac{2}{b}\right)\left(b+\dfrac{8}{a}\right)\geqq 2\sqrt{a\cdot\dfrac{2}{b}}\cdot 2\sqrt{b\cdot\dfrac{8}{a}}=4\sqrt{\dfrac{2a}{b}}\sqrt{\dfrac{8b}{a}}=16$$

$a+\dfrac{2}{b}$，$b+\dfrac{8}{a}$ のそれぞれで「相加，相乗」を用いましたが，これでは

$\left(a+\dfrac{2}{b}\right)\left(b+\dfrac{8}{a}\right)\geqq 18$ が示されていません。どこかまずい点があるのでしょうか。

　実は，「相加，相乗」では等号の成立条件が非常に重要なチェックポイントです。つまり $\dfrac{a+b}{2}\geqq\sqrt{ab}$ において，どんなときに $\dfrac{a+b}{2}=\sqrt{ab}$ になるのかということを等号の成立条件と呼んでいますが，$p.52$ にあるように，この条件は $a=b$ です。

$a+\dfrac{2}{b}\geqq 2\sqrt{a\cdot\dfrac{2}{b}}$，$b+\dfrac{8}{a}\geqq 2\sqrt{b\cdot\dfrac{8}{a}}$ での等号成立条件は $a=\dfrac{2}{b}$ と $b=\dfrac{8}{a}$，言い換えると $ab=2$ と $ab=8$ です。これらは同時には成立しないので，$a+\dfrac{2}{b}=2\sqrt{a\cdot\dfrac{2}{b}}$

と $b+\dfrac{8}{a}=2\sqrt{b\cdot\dfrac{8}{a}}$ も同時に成立することがないのです。ですから

$$\left(a+\dfrac{2}{b}\right)\left(b+\dfrac{8}{a}\right)\geqq 2\sqrt{a\cdot\dfrac{2}{b}}\cdot 2\sqrt{b\cdot\dfrac{8}{a}}$$

と書いていますが，この不等号の等号は成立しません。「≧」は「＞ または ＝」という意味なので，間違いではありませんが，より正確に書くならば

$$\left(a+\frac{2}{b}\right)\left(b+\frac{8}{a}\right)>2\sqrt{a\cdot\frac{2}{b}}\cdot2\sqrt{b\cdot\frac{8}{a}}$$

です。結局このやり方では，左辺が 16 より大きいことがわかっても，18 以上だということは示すことができなかったのです。

さて，もう一度**例題 30** の $\dfrac{b}{a}+\dfrac{4a}{b}\geqq4$ を見てください。a，b にいろいろな値を代入することにより，$\dfrac{b}{a}+\dfrac{4a}{b}$ もいろいろな値をとります。それらの値の中で一番小さい値が 4 であることをこの式は暗に示しているのです。では，どんなときに左辺の値が 4 になるのかと言えば，$\dfrac{b}{a}=\dfrac{4a}{b}$ すなわち $b^2=4a^2$，つまり $b=2a$ のときです。

同様に，**演習 30** の $\left(a+\dfrac{2}{b}\right)\left(b+\dfrac{8}{a}\right)\geqq18$ を見ると，a，b によって左辺の値が変化するけれども，その中の最小値が 18 だということをほのめかしています。このように考えるとき，等号の成立条件が非常に大切なチェック事項になります。左辺は 18 以上ですが，実際に 18 という値をとることがあるのかどうかが不明では，最小値が 18 だとは言えないのです。

例題 31

$\dfrac{x}{x^2+4x+9}$（x は実数）の最大値を求めよ。

まず，分母について $x^2+4x+9=(x+2)^2+5>0$ ですから，$\dfrac{x}{x^2+4x+9}$ の符号は分子の x によって決定され

$$\begin{cases} x\leqq0 \text{ のとき} & \dfrac{x}{x^2+4x+9}\leqq0 \\ x>0 \text{ のとき} & \dfrac{x}{x^2+4x+9}>0 \end{cases}$$

ですから，$\dfrac{x}{x^2+4x+9}$ の最大値を考えるのであれば，$x>0$ のときで考えてよいことがわかります。このとき，分母，分子を x で割って

$$\frac{x}{x^2+4x+9}=\frac{1}{x+\dfrac{9}{x}+4}$$

と変形すると「かけて一定」の形が分母に出てきました。これは「相加，相乗」を使って分母の最小値が得られる形です。結局

解答　$x^2+4x+9=(x+2)^2+5>0$ だから

$x \leqq 0$ のとき

$$\frac{x}{x^2+4x+9} \leqq 0$$

$x>0$ のとき

$$\frac{x}{x^2+4x+9}=\frac{1}{x+\dfrac{9}{x}+4} \leqq \frac{1}{2\sqrt{x \cdot \dfrac{9}{x}}+4}=\frac{1}{10}$$

不等号の等号は $x=\dfrac{9}{x}$ つまり $x=3$ のときに成立するので，求める最大値は $\dfrac{1}{10}$ である。

　ところで，$A \geqq B$ の等号成立条件と A の最小値である条件は無関係です。しかし，$A \geqq B$：一定の場合は，不等式の等号成立条件と A の最小値である条件が一致します。

　相加平均と相乗平均の関係は和と積の関係ですから，これを用いて積が一定であれば和の最小値が得られ，和が一定であれば積の最大値が得られます。

演習 31

$\dfrac{x-1}{x^2+3}$（x は実数）の最大値を求めよ。

解答　まず，$x \leqq 1$ のとき $\dfrac{x-1}{x^2+3} \leqq 0$ であり，$x>1$ のとき $\dfrac{x-1}{x^2+3}>0$ であるから，$x>1$ のときで考えてよい。

　簡単のために $x-1=t$ $(t>0)$ すなわち $x=t+1$ とおくと

$$\frac{x-1}{x^2+3}=\frac{t}{(t+1)^2+3}=\frac{t}{t^2+2t+4}$$

$$=\frac{1}{t+\dfrac{4}{t}+2} \leqq \frac{1}{2\sqrt{t \cdot \dfrac{4}{t}}+2}=\frac{1}{6}$$

不等号の等号は $t=\dfrac{4}{t}$ つまり $t=2$ $(x=3)$ のときに成立するので，求める最大値は $\dfrac{1}{6}$ である。

内容的に**例題 31** とほぼ同じ問題だったわけです。

② ・ コーシー・シュワルツの不等式

$$(a^2+b^2)(c^2+d^2) \geqq (ac+bd)^2$$

この不等式の意味は現段階では説明しにくいので（「ベクトル」のところで学びます），とりあえず証明をしておきます。

↓↓

証明 $(a^2+b^2)(c^2+d^2)-(ac+bd)^2 = a^2d^2+b^2c^2-2abcd = (ad-bc)^2 \geqq 0$

よって，示された。

これを見ると，この不等式の等号成立条件が $ad-bc=0$ であることがわかりますが，今後何度となく出てくる条件なので，その意味を確認しておきましょう。

$$ad-bc=0 \iff a:b=c:d$$

いま，座標平面上に A(a, b)，B(c, d) があるとします。原点を O として，O と A の距離は三平方の定理を用いて OA$=\sqrt{a^2+b^2}$ と表されます。

ということは，コーシー・シュワルツの不等式の左辺は OA² と OB² の積で，右辺は「A，B の x 座標どうしの積足す y 座標どうしの積」の 2 乗になっています。いまは右辺の「　」の意味が説明できないので，全体としての意味もはっきりしませんが，大体の雰囲気だけを感じ取っておいてください。

そして，等号成立条件が $a:b=c:d$ だったわけですが，これは O，A，B が一直線上にある条件を表していることがわかります。

また，コーシー・シュワルツの不等式には，$(a^2+b^2)(c^2+d^2) \geqq (ac+bd)^2$ がその平面版とすれば，空間版もあります。

$$(a^2+b^2+c^2)(d^2+e^2+f^2) \geqq (ad+be+cf)^2$$

これも証明しておきましょう。

↓↓

証明 $(a^2+b^2+c^2)(d^2+e^2+f^2)-(ad+be+cf)^2$

$= a^2e^2+a^2f^2+b^2d^2+b^2f^2+c^2d^2+c^2e^2-2adbe-2becf-2cfad$

$= (ae-bd)^2+(bf-ce)^2+(af-cd)^2 \geqq 0$

よって，示された。

ですが，実は $p.51$ でこれと同じ内容を一度やっています。等号成立条件も確認して

おきましょう。

$$ae-bd=0, \quad bf-ce=0, \quad af-cd=0$$
$$\iff a:b=d:e, \quad b:c=e:f, \quad a:c=d:f \iff a:b:c=d:e:f$$

です。

例題 32

$2x+3y=1$ のとき x^2+y^2 の最小値を求めよ。

これがコーシー・シュワルツの不等式を用いる問題だと気づくには少し慣れが必要ですが，次のようにします。

⇓

解答　コーシー・シュワルツの不等式により

$$(x^2+y^2)(2^2+3^2) \geqq (2x+3y)^2$$
$$13(x^2+y^2) \geqq 1 \quad (\because \quad 2x+3y=1)$$
$$\therefore \quad x^2+y^2 \geqq \frac{1}{13}$$

この等号は $x:y=2:3$ つまり $(x, y)=\left(\dfrac{2}{13}, \dfrac{3}{13}\right)$ のときに成立するので，求める最小値は $\dfrac{1}{13}$ である。

この解答の最後のところで，$x:y=2:3$ の条件から x, y を求めているところがありますが，これにはいろいろなやり方があります。1 つは $x:y=2:3$ より $3x=2y$ として，これと $2x+3y=1$ から x, y を求めるというやり方で，他には，$x:y=2:3$ から $(x, y)=(2k, 3k)$ とおけるので，これを $2x+3y=1$ に代入するという方法もあります。

演習 32

$x+2y+3z=21$ のとき，$4x^2+y^2+9z^2$ の最小値を求めよ。

解答　コーシー・シュワルツの不等式により

$$\{(2x)^2+y^2+(3z)^2\}\left\{\left(\frac{1}{2}\right)^2+2^2+1^2\right\} \geqq (x+2y+3z)^2$$

$$(4x^2+y^2+9z^2) \cdot \frac{21}{4} \geqq 21^2 \quad (\because \quad x+2y+3z=21)$$

$$\therefore \quad 4x^2+y^2+9z^2 \geqq 84$$

この等号は $2x:y:3z=\dfrac{1}{2}:2:1$ つまり $(x, y, z)=\left(1, 8, \dfrac{4}{3}\right)$ のときに成立する。よって，求める最小値は **84** である。

$$(x^2+y^2+z^2)\left(\frac{1}{x^2}+\frac{4}{y^2}+\frac{9}{z^2}\right)\geqq36 \text{ を示せ。}$$

一目でコーシー・シュワルツの不等式だと感じてください。

↓↓

解答　コーシー・シュワルツの不等式より

$$(x^2+y^2+z^2)\left(\frac{1}{x^2}+\frac{4}{y^2}+\frac{9}{z^2}\right)\geqq\left(x\cdot\frac{1}{x}+y\cdot\frac{2}{y}+z\cdot\frac{3}{z}\right)^2$$

$$=(1+2+3)^2=36$$

よって，示された。

演習 33

$$(a^2+b^2+c^2)(a^2b^2+b^2c^2+c^2a^2)\geqq9a^2b^2c^2 \text{ を示せ。}$$

解答　$$(a^2+b^2+c^2)(a^2b^2+b^2c^2+c^2a^2)=(a^2+b^2+c^2)(b^2c^2+c^2a^2+a^2b^2)$$

$$\geqq(a\cdot bc+b\cdot ca+c\cdot ab)^2$$

$$(\because \quad \text{コーシー・シュワルツの不等式})$$

$$=9a^2b^2c^2$$

よって，示された。

$(a,\ b,\ c)$ に対して，$(ab,\ bc,\ ca)$ では対応が悪く，a に対しては a が含まれていない bc を対応させる，…ということに気づけば解決です。

3 ・ 三角不等式

$$||a|-|b||\leqq|a+b|\leqq|a|+|b|$$

足したものの絶対値は，絶対値の差と絶対値の和の間にあるという主張ですが，絶対値の話が出てきたので，復習をしておきましょう。まず

$$|x|=\begin{cases} x & (x\geqq0 \text{ のとき}) \\ -x & (x<0 \text{ のとき}) \end{cases}$$

です。これに加えて，絶対値は数直線上における原点 O との距離であることも確認しておいてください。その他の性質をまとめておきます。

$$|x|^2=x^2,\ |x||y|=|xy|,\ \left|\frac{x}{y}\right|=\left|\frac{x}{y}\right|,\ |-x|=|x|,\ |x|\geqq x,\ |x|\geqq-x$$

また，$y=|x|$ のグラフは右図のようになります。これを見れば，
$$\begin{cases} |x|\geqq x \\ |x|\geqq -x \end{cases}$$
であることを視覚的にとらえることができます。

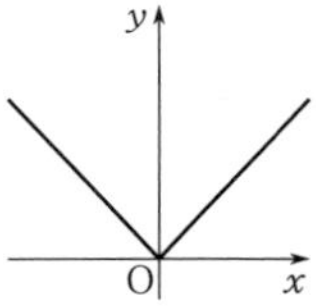

「$\max\{a,\ b\}：a,\ b$ の小さくない方」という記号を用いて表現すれば
$$|x|=\max\{x,\ -x\}$$
ということになります。さらに付け加えておくと
$$\max\{a,\ b\}=\frac{a+b+|a-b|}{2}$$
です。$a\geqq b$ であれば，$\max\{a,\ b\}=a$ ですが，右辺も $|a-b|=a-b$ として計算すれば，確かに $\dfrac{a+b+|a-b|}{2}=a$ となります。これは「$\min\{a,\ b\}：a,\ b$ の大きくない方」という記号を用いて
$$\begin{cases} \max\{a,\ b\}+\min\{a,\ b\}=a+b \\ \max\{a,\ b\}-\min\{a,\ b\}=|a-b| \end{cases}$$
の辺々を足して 2 で割ることにより作られています。ついでに言えば
$$\min\{a,\ b\}=\frac{a+b-|a-b|}{2}$$
となっています。

絶対値についての復習ができたので，三角不等式を証明してみましょう。しかし，大きい方から小さい方を引いて $|a+b|-\big||a|-|b|\big|$ としたのでは計算が進みません。こういう場合は処理しやすい形に同値変形してから考えます。

⇓

証明　　$\big||a|-|b|\big|\leqq|a+b| \iff \big||a|-|b|\big|^2\leqq|a+b|^2$

であるが
$$\begin{aligned}
|a+b|^2-\big||a|-|b|\big|^2 &= a^2+2ab+b^2-(|a|^2-2|a||b|+|b|^2) \\
&= a^2+2ab+b^2-(a^2-2|ab|+b^2) \\
&= 2(ab+|ab|)\geqq 0 \quad\cdots\cdots①
\end{aligned}$$

　　よって　　$\big||a|-|b|\big|\leqq|a+b|$

　　また
$$|a+b|\leqq|a|+|b| \iff |a+b|^2\leqq(|a|+|b|)^2$$

であるが
$$\begin{aligned}
(|a|+|b|)^2-|a+b|^2 &= |a|^2+2|a||b|+|b|^2-(a^2+2ab+b^2) \\
&= a^2+2|ab|+b^2-(a^2+2ab+b^2) \\
&= 2(|ab|-ab)\geqq 0 \quad\cdots\cdots②
\end{aligned}$$

　　よって　　$|a+b|\leqq|a|+|b|$

以上により，$||a|-|b||\leqq|a+b|\leqq|a|+|b|$ は示された。

「論理」のところで同値という概念を学びますが（*p.*137），$A \Longleftrightarrow B$ と表せば，「A ならば B であり，かつ B ならば A である」という意味になります。要するに，$A \Longleftrightarrow B$ であれば，A の代わりに B を証明したとしても，A を証明したことになるということです。このような変形をすることを同値変形と呼んでいますが，同値変形をして計算できる形にしたということです。

ところで，三角不等式の等号成立条件にも触れておきましょう。①，②を見れば，$||a|-|b||=|a+b|$ となるのは，$|ab|=-ab$ のときであり，$|a+b|=|a|+|b|$ となるのは，$|ab|=ab$ のときであることがわかります。$|ab|=-ab$ となるのは $ab\leqq0$ のときで，a，b が異符号であるとき，または a，b のいずれかが 0 になるときです。少し表現が長いので，これを「a，b が同符号でないとき」と表現しておきましょう。同様に $|ab|=ab$ となるのも「a，b が異符号でないとき」と表現することができます。まとめておきます。

> **三角不等式** ▶
>
> $$||a|-|b||\leqq|a+b|\leqq|a|+|b|$$
> であり，左の等号は a，b が同符号でないときに成立し，右の等号は a，b が異符号でないときに成立する。

また，これは任意の実数 a，b に対して成立するので，b の代わりに $-b$ を代入してもよく，そうすると
$$||a|-|b||\leqq|a-b|\leqq|a|+|b|$$
となります。

どうして「三角」などという名前が付いているのかということについては，「ベクトル」（*p.*317）のところで学ぶことにしましょう。

● 例題 34

$|a-b|\leqq|a-c|+|b-c|$ を示せ。

計算する前に式の意味を理解しようとする姿勢が大切です。先に絶対値は数直線上における原点との距離だと書きましたが，その応用で $|a-b|$ は数直線上で a と b の距離を表しています。同様の見方をすると，右辺は a と c の距離足す b と c の距離です。すると，$|a-b|\leqq|a-c|+|b-c|$ が当たり前のように見えてきます。

右に $a\leqq b$ の場合を数直線上に書きましたが，(ア)

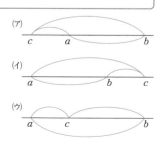

の場合，$|b-c|$ だけでも $|a-b|$ より大きいので，$|a-b| \leq |a-c| + |b-c|$ であり，(イ)の場合，$|a-c|$ だけでも $|a-b|$ より大きいので，$|a-b| \leq |a-c| + |b-c|$ です。(ウ)のときだけ，$|a-b| = |a-c| + |b-c|$ になっているのが確認できます。それでは解答です。

$\Downarrow$

解答　　$|a-b| = |a-c+c-b|$

$\qquad\qquad \leq |a-c| + |c-b| \quad$ （$\because$　三角不等式）

$\qquad\qquad = |a-c| + |b-c|$

よって，示された。

演習 34

$|a+b+c| \leq |a| + |b| + |c|$ を示せ。

$\Downarrow$

解答　三角不等式により

$\qquad\qquad |a+b+c| \leq |a+b| + |c|$

$\qquad\qquad\qquad\quad \leq |a| + |b| + |c|$

よって，示された。

以上，相加平均と相乗平均の関係，コーシー・シュワルツの不等式，三角不等式を学びました。これら 3 つは高校数学では特に重要な不等式ですが，もう 1 つ興味深い不等式があるので，それも学んでおきましょう。

4 ・ チェビシェフの不等式

大小関係がわかっている n 個の要素からなる集合が 2 つあったとします。

$$a_1 \geq a_2 \geq a_3 \geq \cdots \geq a_n$$

$$b_1 \geq b_2 \geq b_3 \geq \cdots \geq b_n$$

これらから 1 つずつ要素を選び出し，選んだ 2 つの数の積を作ります。残った $n-1$ 個ずつから再び 1 つずつ要素を選び出し，それらをかけます。さらに，残った $n-2$ 個から 1 つずつ選び出し，…という作業を続けて n 個の積ができれば，それらの和を考えます。このとき，この和を最大にするには，どのようにすればよいでしょうか。結論は $a_1 b_1 + a_2 b_2 + a_3 b_3 + \cdots + a_n b_n$ です。「1 番大きいものどうし，次に大きいものどうし，…1 番小さいものどうし」のように組合せると最大になります。逆に，$a_1 b_n + a_2 b_{n-1} + \cdots + a_n b_1$ のように「1 番大きいものと 1 番小さいもの，2 番目に大きいものと 2 番目に小さいもの，…」のようにバランスをとる形にすると最小になります。以上のような意味も含めてチェビシェフの不等式は次のように表されます。

第1章
第2章
第3章
第4章
第5章
第6章
第7章
第8章
第9章
第10章
第11章
第12章
第13章
第14章

$a_1 \geqq a_2 \geqq \cdots \geqq a_n, \ b_1 \geqq b_2 \geqq \cdots \geqq b_n$ のとき

$$\frac{a_1 b_1 + a_2 b_2 + \cdots + a_n b_n}{n} \geqq \frac{a_1 + a_2 + \cdots + a_n}{n} \cdot \frac{b_1 + b_2 + \cdots + b_n}{n}$$

$$\geqq \frac{a_1 b_n + a_2 b_{n-1} + \cdots + a_n b_1}{n}$$

この証明は少し難しいので，まずは $n=2$ のときと $n=3$ のときを考えます。

例題 35

$a \geqq b, \ c \geqq d$ のとき，$\dfrac{ac+bd}{2} \geqq \dfrac{a+b}{2} \cdot \dfrac{c+d}{2} \geqq \dfrac{ad+bc}{2}$ を示せ。

解答

$$\frac{ac+bd}{2} - \frac{a+b}{2} \cdot \frac{c+d}{2} = \frac{1}{4}(ac+bd-ad-bc)$$

$$= \frac{1}{4}(a-b)(c-d)$$

$$\geqq 0$$

$$\frac{a+b}{2} \cdot \frac{c+d}{2} - \frac{ad+bc}{2} = \frac{1}{4}(ac+bd-ad-bc)$$

$$= \frac{1}{4}(a-b)(c-d)$$

$$\geqq 0$$

よって，示された。

演習 35A

$a \geqq b \geqq c, \ d \geqq e \geqq f$ のとき，

$\dfrac{ad+be+cf}{3} \geqq \dfrac{a+b+c}{3} \cdot \dfrac{d+e+f}{3} \geqq \dfrac{af+be+cd}{3}$ を示せ。

この段階で十分に難しいですが，やってみましょう。

解答

$$\frac{ad+be+cf}{3} - \frac{a+b+c}{3} \cdot \frac{d+e+f}{3}$$

$$= \frac{1}{9}(ad+ad+be+be+cf+cf-ae-af-bd-bf-cd-ce)$$

$$= \frac{1}{9}\{a(d-e)+a(d-f)+b(e-d)+b(e-f)+c(f-d)+c(f-e)\}$$

$$= \frac{1}{9}\{(a-b)(d-e)+(a-c)(d-f)+(b-c)(e-f)\} \geqq 0$$

$$\frac{a+b+c}{3}\cdot\frac{d+e+f}{3}-\frac{af+be+cd}{3}$$

$$=\frac{1}{9}(ad+ae+bd+bf+ce+cf-af-af-be-be-cd-cd)$$

$$=\frac{1}{9}\{a(d-f)+a(e-f)+b(d-e)+b(f-e)+c(e-d)+c(f-d)\}$$

$$=\frac{1}{9}\{(a-c)(d-f)+(a-b)(e-f)+(b-c)(d-e)\}\geqq0$$

よって，示された。

これで示されましたが，等号成立条件も確認しておきましょう。

まず，$\dfrac{ad+be+cf}{3}\geqq\dfrac{a+b+c}{3}\cdot\dfrac{d+e+f}{3}$ の方は

$$(a-b)(d-e)=0,\ \ (a-c)(d-f)=0,\ \ (b-c)(e-f)=0$$

ですが

$$(a-b)(d-e)=0\iff a=b\ \text{または}\ d=e$$
$$(a-c)(d-f)=0\iff a=c\ \text{または}\ d=f\ \ \cdots\cdots(*)$$
$$(b-c)(e-f)=0\iff b=c\ \text{または}\ e=f$$

なので，一見複雑そうに見えます。しかし，$(*)$ を見ると $a\geqq b\geqq c$ において $a=c$ であれば $a=b=c$ となるので，結局この条件は $a=b=c$ または $d=e=f$ であることがわかります。

$\dfrac{a+b+c}{3}\cdot\dfrac{d+e+f}{3}\geqq\dfrac{af+be+cd}{3}$ の方も同様であることを確認しておいてください。

演習 35B

$a_1\geqq a_2\geqq\cdots\geqq a_n,\ \ b_1\geqq b_2\geqq\cdots\geqq b_n$ のとき

$$\frac{a_1b_1+a_2b_2+\cdots+a_nb_n}{n}\geqq\frac{a_1+a_2+\cdots+a_n}{n}\cdot\frac{b_1+b_2+\cdots+b_n}{n}$$

$$(\iff n(a_1b_1+a_2b_2+\cdots+a_nb_n)\geqq(a_1+a_2+\cdots+a_n)(b_1+b_2+\cdots+b_n))$$

を示せ。

解答

$$n(a_1b_1+a_2b_2+\cdots+a_nb_n)-(a_1+a_2+\cdots+a_n)(b_1+b_2+\cdots+b_n)$$

$$=(n-1)(a_1b_1+a_2b_2+\cdots+a_nb_n)-a_1(b_2+b_3+\cdots+b_n)$$
$$\qquad\qquad-a_2(b_1+b_3+\cdots+b_n)-\cdots-a_n(b_1+b_2+\cdots+b_{n-1})$$

$$=a_1(b_1-b_2)+a_1(b_1-b_3)+\cdots+a_1(b_1-b_n)$$
$$\quad+a_2(b_2-b_1)+a_2(b_2-b_3)+\cdots+a_2(b_2-b_n)$$
$$\quad+\cdots$$
$$\quad+a_n(b_n-b_1)+a_n(b_n-b_2)+\cdots+a_n(b_n-b_{n-1})$$

$$=(a_1-a_2)(b_1-b_2)+(a_1-a_3)(b_1-b_3)+\cdots+(a_1-a_n)(b_1-b_n)$$
$$+(a_2-a_3)(b_2-b_3)+\cdots+(a_2-a_n)(b_2-b_n)$$
$$+\cdots$$
$$+(a_{n-1}-a_n)(b_{n-1}-b_n)$$
$$\geqq 0$$

よって，示された。

かなり大変ですが，複雑な式の中に規則性を見つけるという意味ではよいトレーニングになるので，意欲的な諸君は

$$\frac{a_1+a_2+\cdots+a_n}{n}\cdot\frac{b_1+b_2+\cdots+b_n}{n}\geqq\frac{a_1b_n+a_2b_{n-1}+\cdots+a_nb_1}{n}$$

の証明にもトライしてみてください。

例題 36

$\triangle$ABC において，$\dfrac{aA+bB+cC}{a+b+c}$ の最小値を求めよ。

まず，$a=$BC などは辺の長さを表し，$A=\angle$BAC などは角の大きさを表しています。次に，辺の長さと角の大きさの関係について，$c>b$ であれば $C>B$ です。それは $c>b$ であれば，AB 上に AD$=$AC となる D をとることができ

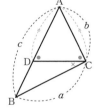

$$C=\angle\text{ACD}+\angle\text{BCD}$$
$$=\angle\text{ADC}+\angle\text{BCD}$$
$$>\angle\text{ADC}-\angle\text{BCD}=B$$

となるからです。

結局，$a\geqq b\geqq c$ であれば，$A\geqq B\geqq C$ になっています。

さらに関連事項について補充しておきます。

$A\geqq B\geqq C$ のとき，$B<90°$，$C<90°$ です。それはもし $B\geqq90°$ とすると，$A\geqq B\geqq90°$ ですから $A+B\geqq180°$ となり矛盾するからです。

$B<90°$，$C<90°$ であれば，A から辺 BC 上に垂線の足 H を下ろすことができ（右図），$\triangle$ABH，$\triangle$ACH ではそれぞれ $\angle$AHB，$\angle$AHC が最大角になりますから，BH$<c$，CH$<b$ です。

これより，$a=$BH$+$CH$<b+c$ です。

つまり，最大辺でも，他の 2 辺の和よりは短いということです。このことを**三角形の成立条件**と呼んでおり，式で表すと次のようになります。

> ### 三角形の成立条件
>
> $\triangle\mathrm{ABC}$ において，$|b-c|<a<b+c$ が成立する。

b が最大辺であれば

$$|b-c|<a \iff b-c<a \iff b<a+c$$

c が最大辺であれば

$$|b-c|<a \iff c-b<a \iff c<a+b$$

となり結局，三角形の成立条件は「2 辺は 1 辺より長し」と表現することができます。

また，このような条件を満たす a，b，c を 3 辺とする三角形を作ることができるのは明らかです。

さらに，$\dfrac{aA+bB+cC}{a+b+c}$ の式を見ると，a，b，c について条件が対称になっていることにも注意しておきましょう。こういう場合，a，b，c の大小関係は $a \geqq b \geqq c$，$a \geqq c \geqq b$，…などの 6 通りがありますが，このうち，どれか 1 つの場合について議論すれば，それが他の場合を代表することになるのです。それでは解答です。

解答　$a \geqq b \geqq c$ のときで考えてよく，このとき，$A \geqq B \geqq C$ となる。よって，チェビシェフの不等式により

$$\frac{aA+bB+cC}{3} \geqq \frac{a+b+c}{3} \cdot \frac{A+B+C}{3}$$

$$\therefore \quad \frac{aA+bB+cC}{a+b+c} \geqq \frac{A+B+C}{3} = 60°$$

等号は $a=b=c$ のときに成立するので，求める最小値は **60°** である。

9 整数

まず用語を確認しておきましょう。

> 素数(そすう)：1 とそれ自身でしか割れない自然数（ただし 1 は除く）。この表現は「ただし…」が付くところがすっきりしないので，**約数の個数が 2 個であるような自然数が素数**だと理解しておいてください。
> 合成数(ごうせいすう)：約数の個数が 3 個以上であるような自然数。
> 互(たが)いに素(そ)：最大公約数が 1 であること。共通の素因数がないことだと理解しても同じことです。
> 素因数(そいんすう)：素数であるような約数。

次に少し準備をします。$2x+4y$（x, y は整数）は $x=y=1$ とすると 3 の倍数になりますが，x, y の値によっては 3 の倍数にならないこともあります。しかし，x, y が整数である限り，どのような値をとったとしても，$2x+4y$ は必ず 2 の倍数になります。それは 2 と 4 の最大公約数が 2 であり，$2x+4y=2(x+2y)$ のように $2x+4y$ が 2 でくくれるからです。一般化すると

> **自然数 a, b が与えられたとき，$ax+by$（x, y は整数）は**
> **a, b の最大公約数の倍数になる。**

です。

それでは新しい内容を勉強しましょう。*p.*32 で除法定理を学びました。「整数 a を自然数 b で割って $a=bk+\ell$（k, ℓ は整数で $0 \leqq \ell < b$）と表すとき，この表現は一意である」という内容でした。この内容自体は $a < b$ でもかまいませんが，わかりやすくするために $a \geqq b$ のときで考えることにしましょう。

ユークリッドの互除法 ▶

> 　自然数 a を自然数 b で割って $a=bk+\ell$（k, ℓ は整数で $0 \leqq \ell < b$）と表すとき，a と b の最大公約数と b と ℓ の最大公約数は一致する（ただし，$\ell=0$ のとき b と ℓ の最大公約数は b であるとする）。

証明をしておきます。

$\Downarrow$

証明　$\ell=0$ のとき，a と b の最大公約数も，b と ℓ の最大公約数も b であり，両者は一致する。

　以下 $\ell \neq 0$ のときを考える。

　a と b の最大公約数を g，b と ℓ の最大公約数を G とおく。$a=bk+\ell$ の右辺は G でくくれるので，G は a の約数である。G は b の約数でもあるので，G は a と b の公約数である。

　よって　　$G \leqq g$　……①

　一方，$a=bk+\ell$ を $a-bk=\ell$ と変形すると，この左辺は g でくくれるので，g は ℓ の約数である。g は b の約数でもあるから，g は b と ℓ の公約数である。

　よって　　$g \leqq G$　……②

　①，②より，$G=g$ である。

　以上により示された。

例題 37

　120 と 36 の最大公約数を求めよ。

まず素因数分解をすると，$120 = 2^3 \cdot 3 \cdot 5$，$36 = 2^2 \cdot 3^2$ です。これより，共通の素因数をすべて集めると，120 と 36 の最大公約数は $2^2 \cdot 3 = 12$ となります。素因数分解を見ながら 120 と 36 で素因数の指数が大きくない方を拾い集めればよいのです。

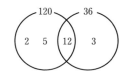

しかし，このやり方は，整数が大きくなればなるほど素因数分解をすること自体が難しくなり，簡単に最大公約数を見つけることができなくなります。そこで，ユークリッドの互除法を使ってみましょう。

解答　$120 = 36 \cdot 3 + 12$ より，120 と 36 の最大公約数は 36 と 12 の最大公約数と一致する。$36 = 12 \cdot 3$ より，36 と 12 の最大公約数は 12 である。よって，120 と 36 の最大公約数は **12** である。

演習 37

561 と 442 の最大公約数を求めよ。

解答

$$561 = 442 \cdot 1 + 119 \qquad 442 = 119 \cdot 3 + 85$$
$$119 = 85 \cdot 1 + 34 \qquad 85 = 34 \cdot 2 + 17$$
$$34 = 17 \cdot 2$$

より，自然数 a, b の最大公約数を (a, b) と表すとすると

$$(561, 442) = (442, 119) = (119, 85) = (85, 34)$$
$$= (34, 17) = \mathbf{17} \quad (\because \text{ ユークリッドの互除法})$$

例題 38

積が 6480 で最小公倍数が 1080 であるような 2 つの自然数の組を求めよ。

> **2 つの自然数 A, B の最大公約数が g であるとき**
> $$\begin{cases} A = ga \\ B = gb \end{cases} \quad (a, b \text{ は互いに素})$$
> **と表される。**

このとき，最小公倍数 ℓ は $\boldsymbol{\ell = gab}$ になります。また，$\boldsymbol{AB = g\ell}$ の関係が成立することにも注意しておきましょう。

解答　最大公約数が $\dfrac{6480}{1080} = 6$ であるから，2 数は $6a$, $6b$（a, b は互いに素な自然数で $a < b$）とおける。最小公倍数が 1080 であるから

$$6ab = 1080 \qquad \therefore \quad ab = 180$$
$180 = 2^2 \cdot 3^2 \cdot 5$ より
$$(a,\ b) = (1,\ 180),\ (4,\ 45),\ (5,\ 36),\ (9,\ 20)$$
よって，2数の組は
$$\mathbf{(6,\ 1080),\ (24,\ 270),\ (30,\ 216),\ (54,\ 120)}$$

　ここで注意ですが，自然数 a, b は互いに素ですから素因数 2 を a, b 両方に振り分けることはできません。素因数 2 は 2 個とも a に入れるか，2 個とも b に入れるかのいずれかになります。素因数 3 についても同様になり，さらに重複を防ぐために $a < b$ としているので，上の 4 通りですべてになります。

演習 38

　和が 216 で最大公約数が 9 であるような 2 つの自然数の組を求めよ。

解答　最大公約数が 9 であるから，2 数は $9a$, $9b$ （a, b は互いに素な自然数で $a < b$）とおける。2 数の和が 216 だから
$$9a + 9b = 216 \qquad a + b = 24$$
$$\therefore \quad (a,\ b) = (1,\ 23),\ (5,\ 19),\ (7,\ 17),\ (11,\ 13)$$
よって，2 数の組は
$$\mathbf{(9,\ 207),\ (45,\ 171),\ (63,\ 153),\ (99,\ 117)}$$

① 整数方程式

　解を整数の範囲で考えるような方程式を整数方程式と呼んでいます。一般の方程式と対比させておくと，通常，方程式では未知数の数と同数の条件式がなければ解が定まりません。たとえば，$xy = 1$ であれば，未知数が x と y の 2 個であるのに，条件式が 1 つしかないので，解を定めることができないというわけです。実際，x を 10 とすれば，y を $\dfrac{1}{10}$ とすればよいというように，解の組は無数に出てくることがわかります。ところが，整数方程式では，基本的に未知数の数が条件式の数より多いので，「解が整数」ということを条件の 1 つとして用いることが必要になります。その利用方法はそれほど多くはなく，大きく分けて次の 2 通りです。

　（i）　「整数×整数＝整数」となる左辺の形が限られていることを使う。
　（ii）　大小関係等に注目して条件を絞っていく。

　1 つめの例として，$xy = 1$（x, y は整数）を考えると
$$(x,\ y) = (1,\ 1),\ (-1,\ -1)$$

のように簡単に解けてしまいます。

例題 39

$xy-2x-2y=2$ (x, y は整数) を解け。

まず，左辺が足し算の形では見通しが立ちません。かけ算の形にしなければなりませんが，このままでは因数分解することができません。そこで両辺に 4 を足します。

↓↓

解答　$xy-2x-2y=2$ を $(x-2)(y-2)=6$ と変形すれば

$x-2$	-6	-3	-2	-1	1	2	3	6
$y-2$	-1	-2	-3	-6	6	3	2	1

∴　$(\boldsymbol{x}, \boldsymbol{y})=(-4,\ 1),\ (-1,\ 0),\ (0,\ -1),\ (1,\ -4),$
　　　　　$(3,\ 8),\ (4,\ 5),\ (5,\ 4),\ (8,\ 3)$

演習 39

$2xy+4x-y=8$ (x, y は整数) を解け。

まず，$2xy+4x$ を $2x$ でくくると，$y+2$ が出てきます。この $y+2$ が共通因数になるように，両辺から 2 を引けばよいことがわかります。$2x-1$ が奇数であることに注意しておきましょう。

↓↓

解答　$\underline{2xy+4x}-y=8$　　$\underline{2x(y+2)}-(y+2)=6$　　∴　$(2x-1)(y+2)=6$

$2x-1$	-3	-1	1	3
$y+2$	-2	-6	6	2

よって　　$(\boldsymbol{x}, \boldsymbol{y})=(-1,\ -4),\ (0,\ -8),\ (1,\ 4),\ (2,\ 0)$

例題 40

$\dfrac{1}{x}+\dfrac{1}{y}=\dfrac{1}{4}$ (x, y は自然数) を解け。

解答　両辺に $4xy$ をかけて

$4x+4y=xy$　　∴　$(x-4)(y-4)=16$

$x-4$	1	2	4	8	16
$y-4$	16	8	4	2	1

したがって　　$(\boldsymbol{x}, \boldsymbol{y})=(5,\ 20),\ (6,\ 12),\ (8,\ 8),\ (12,\ 6),\ (20,\ 5)$

のように解くこともできます。しかし，ここでは「大小関係等に注目して条件を絞っていく」というやり方も有力なので，それを紹介しておきます。まず，$\dfrac{1}{4}$ を 2 等分すると $\dfrac{1}{8}+\dfrac{1}{8}=\dfrac{1}{4}$ ですから，$(x, y)=(8, 8)$ は解の 1 つです。また，左辺の分母の一方を大きくすると，他方は小さくしなければならないので，x と y のうち大きくない方は 8 以下であることがわかります。しかし，4 以下にすることはできないので，結局 5，6，7，8 のいずれかです。以上のように考察したことを数学的に書いてみましょう。

別解 $x \leqq y$ のとき $\qquad \dfrac{1}{x} \geqq \dfrac{1}{y}$

よって $\qquad \dfrac{1}{4}=\dfrac{1}{x}+\dfrac{1}{y} \leqq \dfrac{1}{x}+\dfrac{1}{x}=\dfrac{2}{x} \qquad \therefore \quad x \leqq 8$

また $\qquad \dfrac{1}{4}=\dfrac{1}{x}+\dfrac{1}{y}>\dfrac{1}{x} \qquad \therefore \quad x>4$

よって，x と y のうち大きくない方は 5，6，7，8 のいずれかである。

$x=5$ のとき $\qquad \dfrac{1}{4}=\dfrac{1}{5}+\dfrac{1}{y} \qquad \therefore \quad y=20$

$x=6$ のとき $\qquad \dfrac{1}{4}=\dfrac{1}{6}+\dfrac{1}{y} \qquad \therefore \quad y=12$

$x=7$ のとき $\qquad \dfrac{1}{4}=\dfrac{1}{7}+\dfrac{1}{y} \qquad \therefore \quad y=\dfrac{28}{3} \qquad$ これは自然数ではない。

$x=8$ のとき $\qquad \dfrac{1}{4}=\dfrac{1}{8}+\dfrac{1}{y} \qquad \therefore \quad y=8$

$x>y$ のときも考えて
$$(x, y)=(5, 20), (6, 12), (8, 8), (12, 6), (20, 5)$$

演習 40

$2xy+2yz+2zx=xyz$（x, y, z は自然数）を解け。

一見**例題 40** とまるで違いますが，実は同じタイプの問題です。少し手を加えればよいのですが，どうすればよいのでしょうか。

解答 $2xy+2yz+2zx=xyz$ の両辺を $2xyz$ で割って

$$\dfrac{1}{x}+\dfrac{1}{y}+\dfrac{1}{z}=\dfrac{1}{2}$$

$x \leqq y \leqq z$ のとき，$\dfrac{1}{x} \geqq \dfrac{1}{y} \geqq \dfrac{1}{z}$ となるから

$$\dfrac{1}{2}=\dfrac{1}{x}+\dfrac{1}{y}+\dfrac{1}{z} \leqq \dfrac{3}{x} \qquad \therefore \quad x \leqq 6$$

また
$$\frac{1}{2} = \frac{1}{x} + \frac{1}{y} + \frac{1}{z} > \frac{1}{x} \qquad \therefore \quad x > 2$$

よって，$3 \leqq x \leqq 6$ である。

$x = 3$ のとき
$$\frac{1}{3} + \frac{1}{y} + \frac{1}{z} = \frac{1}{2} \qquad \therefore \quad \frac{1}{y} + \frac{1}{z} = \frac{1}{6}$$

$$\frac{1}{6} = \frac{1}{y} + \frac{1}{z} \leqq \frac{2}{y} \quad \text{より} \qquad y \leqq 12$$

$$\frac{1}{6} = \frac{1}{y} + \frac{1}{z} > \frac{1}{y} \quad \text{より} \qquad y > 6$$

よって，$7 \leqq y \leqq 12$ である。

$y = 7$ のとき　　$z = 42$

$y = 8$ のとき　　$z = 24$

$y = 9$ のとき　　$z = 18$

$y = 10$ のとき　　$z = 15$

$y = 11$ のとき　　$z = \dfrac{66}{5}$　　これは自然数ではない。

$y = 12$ のとき　　$z = 12$

$\therefore \quad (y, z) = (7, 42), (8, 24), (9, 18), (10, 15), (12, 12)$

$x = 4$ のとき
$$\frac{1}{4} + \frac{1}{y} + \frac{1}{z} = \frac{1}{2} \qquad \therefore \quad \frac{1}{y} + \frac{1}{z} = \frac{1}{4}$$

例題40 より　　$(y, z) = (5, 20), (6, 12), (8, 8)$

$x = 5$ のとき
$$\frac{1}{5} + \frac{1}{y} + \frac{1}{z} = \frac{1}{2} \qquad \therefore \quad \frac{1}{y} + \frac{1}{z} = \frac{3}{10}$$

$$\frac{3}{10} = \frac{1}{y} + \frac{1}{z} \leqq \frac{2}{y} \quad \text{より} \qquad y \leqq \frac{20}{3}$$

$$\frac{3}{10} = \frac{1}{y} + \frac{1}{z} > \frac{1}{y} \quad \text{より} \qquad y > \frac{10}{3}$$

これと $y \geqq x = 5$ より　　$y = 5, 6$

$y = 5$ のとき　　$z = 10$

$y = 6$ のとき　　$z = \dfrac{15}{2}$　　これは自然数ではない。

$\therefore \quad (y, z) = (5, 10)$

$x = 6$ のとき，$6 \leqq y \leqq z$ となるので
$$\frac{1}{2} = \frac{1}{6} + \frac{1}{y} + \frac{1}{z} \leqq \frac{1}{6} + \frac{1}{6} + \frac{1}{6} = \frac{1}{2}$$

よって，等号が成立しなければならず，$(y, z)=(6, 6)$ に限られる。

$x \leqq y \leqq z$ 以外の場合も考えて

$$
\begin{aligned}
(x, y, z)=&(3, 7, 42),\ (3, 42, 7),\ (7, 3, 42), \\
&(7, 42, 3),\ (42, 3, 7),\ (42, 7, 3), \\
&(3, 8, 24),\ (3, 24, 8),\ (8, 3, 24), \\
&(8, 24, 3),\ (24, 3, 8),\ (24, 8, 3), \\
&(3, 9, 18),\ (3, 18, 9),\ (9, 3, 18), \\
&(9, 18, 3),\ (18, 3, 9),\ (18, 9, 3), \\
&(3, 10, 15),\ (3, 15, 10),\ (10, 3, 15), \\
&(10, 15, 3),\ (15, 3, 10),\ (15, 10, 3), \\
&(3, 12, 12),\ (12, 3, 12),\ (12, 12, 3), \\
&(4, 5, 20),\ (4, 20, 5),\ (5, 4, 20), \\
&(5, 20, 4),\ (20, 4, 5),\ (20, 5, 4), \\
&(4, 6, 12),\ (4, 12, 6),\ (6, 4, 12), \\
&(6, 12, 4),\ (12, 4, 6),\ (12, 6, 4), \\
&(4, 8, 8),\ (8, 4, 8),\ (8, 8, 4), \\
&(5, 5, 10),\ (5, 10, 5),\ (10, 5, 5), \\
&(6, 6, 6)
\end{aligned}
$$

2・ 合同式

$12=7\cdot1+5$，$18=7\cdot2+4$ より，12，18 を 7 で割った余りは 5，4 です。ここで，$12+18$，12×18 を 7 で割った余りを考えておきましょう。

$$
12+18=7\cdot1+5+7\cdot2+4=7\cdot3+9=7\cdot3+7\cdot1+2=7\cdot4+2
$$
$$
\begin{aligned}
12\times18&=(7\cdot1+5)(7\cdot2+4)=7(14+4+10)+5\times4=7\cdot28+7\cdot2+6 \\
&=7\cdot30+6
\end{aligned}
$$

より，$12+18$，12×18 を 7 で割った余りは 2，6 になりますが，7 で割るということは 7 でくくるということであり，7 で割った余りとは 7 でくくったときにくくり切れないところだと理解してください（*p.***36** 参照）。

> 割る：**くくる**
> 余り：**くくり切れないところ**

そうすると，$12+18$，12×18 を 7 で割るとき，$12=7\cdot1+5$，$18=7\cdot2+4$ でアンダーラインを引いたところ，つまり既に 7 でくくられているところは余りを求めるための議論には無関係であり，結局 12，18 を 7 で割ったときの余り，5，4 に注目して $5+4$，5×4 について考えればよいことに気づきます。つまり

余りがほしいとき，商を考えてもしょうがない。

ということになります。次に下の2つの三角形を見てください。

　これらが同じ三角形に見える人がいますが，それは違います。まず描いてある位置が違うし，向きも違います。しかし，三角形の性質に注目して議論するときには，同じ性質をもつということで，これらを合同な三角形と呼ぶのです。同じことで，7で割った余りについて議論するとき，12と5及び18と4は同じ働きをするので，7を法として（7で割った余りについて）12と5は合同，18と4は合同と言います。一般化して

　　　a，b を n で割った余りが等しいとき，$a \equiv b \pmod{n}$ と表す。

　これを合同式と言います。mod は modulo（モジュロ）の略ですが，$\mathrm{mod}\ n$ と書けば「n で割った余りについて」という意味で，$a \equiv b \pmod{n}$ は「n を法として a と b は合同」と読みます。基本的な性質を確認しておくと

> **合同式** ▶
>
> $a \equiv p,\ b \equiv q \pmod{n}$ のとき
> $$a+b \equiv p+q \pmod{n} \qquad a-b \equiv p-q \pmod{n}$$
> $$ab \equiv pq \pmod{n} \qquad a^k \equiv p^k \pmod{n}$$

のようになっています。

例題 41

　　a を5で割ると2余り，b を5で割ると3余るとき，$a+2b$，ab，a^4，a^{453} を5で割った余りを求めよ。

解答　$a \equiv 2,\ b \equiv 3 \pmod 5$ なので
$$a+2b \equiv 2+2\cdot 3 = 8 \equiv \mathbf{3} \pmod 5$$
$$ab \equiv 2\cdot 3 = 6 \equiv \mathbf{1} \pmod 5$$
$$a^4 \equiv 2^4 = 16 \equiv \mathbf{1} \pmod 5$$
$$a^{453} \equiv 2^{4\cdot 113+1} = 2\cdot(2^4)^{113} \equiv \mathbf{2} \pmod 5$$

合同式は余りだけに注目して議論するための表記法ですが，考え方自体から，「余り
だけに注目しよう」とすることが大切です。もちろん，$a=5k+2$，$b=5\ell+3$ などとお
いて

$$a+2b=5k+2+2(5\ell+3)=5(k+2\ell+1)+3$$
$$ab=(5k+2)(5\ell+3)=5(5k\ell+3k+2\ell+1)+1$$
$$\vdots$$

のように記述してもよいわけですが，議論に無関係な商を書くことがわずらわしいと
感じてください。

演習 41

　$a+b+c$，$ab+bc+ca$，abc を 7 で割った余りが，それぞれ 2，5，3 である
とき，$a^3+b^3+c^3$ を 7 で割った余りを求めよ。

解答
$$\begin{aligned}
a^3+b^3+c^3 &= (a+b+c)(a^2+b^2+c^2-ab-bc-ca)+3abc\\
&= (a+b+c)\{(a+b+c)^2-3(ab+bc+ca)\}+3abc\\
&\equiv 2(2^2-3\cdot5)+3\cdot3 \ (\mathrm{mod}\ 7)\\
&= -13\\
&\equiv 1 \ (\mathrm{mod}\ 7)
\end{aligned}$$

　ここで，余りについての見方をもう少し深めておくことにしましょう。整数 n を 3
で割った余りの種類は 0，1，2 の 3 通りですが，それぞれの場合について，n^2，n^3 を
3 で割った余りはどうなるのでしょうか。次のように演算表を作って考えてみたいと
思います。

mod 3

n	0	1	2
n^2	0	1	1
n^3	0	1	2

　$n=3k+2$ のとき，$n^2=(3k+2)^2=3(3k^2+4k+1)+1$ などとしているのではなく，
mod 3 で $n\equiv2$ のとき $n^2\equiv2^2\equiv1$ としているわけです。同じように，5 で割った余り
についての演算表を作ってみましょう。

mod 5

n	0	1	2	3	4
n^2	0	1			1
n^3	0	1			4
n^4	0	1			1
n^5	0	1			4

$n\equiv0$ の下は全部 0 で，$n\equiv1$ の下も全部 1 になるのがわかると思います。$n\equiv4$ の下は $n\equiv4\equiv-1$ と考えれば，n の偶数乗は 1 で奇数乗は -1 つまり 4 となるので，4，1，4，1，…となっていくことがわかります。残りは基本的に計算して求めますが，より効率よく求めるために，たとえば $n\equiv2$ の列であれば $n^2\equiv2^2=4$，$n^3=n^2\cdot n\equiv4\cdot2=3$，$n^4=n^3\cdot n\equiv3\cdot2\equiv1$，$n^5=n^4\cdot n\equiv1\cdot2$ のように計算してください。つまり，$n^{k+1}=n^k\cdot n$ とすれば，n^{k+1} を直接計算するより随分楽です。残りを埋めましょう。

mod 5

n	0	1	2	3	4
n^2	0	1	4	4	1
n^3	0	1	3	2	4
n^4	0	1	1	1	1
n^5	0	1	2	3	4

さらに，7 で割った余りも調べて，mod 3，mod 5，mod 7 の演算表を並べて書いてみることにしましょう。

mod 3

n	0	1	2
n^2	0	1	1
n^3	0	1	2

mod 5

n	0	1	2	3	4
n^2	0	1	4	4	1
n^3	0	1	3	2	4
n^4	0	1	1	1	1
n^5	0	1	2	3	4

mod 7

n	0	1	2	3	4	5	6
n^2	0	1	4	2	2	4	1
n^3	0	1	1	6	1	6	6
n^4	0	1	2	4	4	2	1
n^5	0	1	4	5	2	3	6
n^6	0	1	1	1	1	1	1
n^7	0	1	2	3	4	5	6

これらに共通する重要な特徴があるのですが，気づいたでしょうか。$n\equiv0$ の下は全部 0 なのでこれは除いておいて，mod 3 だと $n^2\equiv1$，mod 5 だと $n^4\equiv1$，mod 7 だと $n^6\equiv1$ となっており，これが原因となって mod 3 だと $n\equiv n^3$，mod 5 だと $n\equiv n^5$，mod 7 だと $n\equiv n^7$ となっているのです。これをフェルマーの小定理と言います。

フェルマーの小定理 ▶

p が素数で $n\not\equiv0\ (\mathrm{mod}\ p)$ のとき　　　$n^{p-1}\equiv1\ (\mathrm{mod}\ p)$

$\Updownarrow$

p が素数のとき　　$n^p\equiv n\ (\mathrm{mod}\ p)$

これは p が素数でないと成り立たないのですが，対比するために 4 で割った余りと，6 で割った余りについても演算表を作っておきましょう。

mod 4				
n	0	1	2	3
n^2	0	1	0	1
n^3	0	1	0	3
n^4	0	1	0	1

mod 6						
n	0	1	2	3	4	5
n^2	0	1	4	3	4	1
n^3	0	1	2	3	4	5
n^4	0	1	4	3	4	1
n^5	0	1	2	3	4	5
n^6	0	1	4	3	4	1

③ ・ 剰余集合

演算表を作りながら繰り返し用いましたが，3 で割った余りは 0，1，2 の 3 通り，4 で割った余りは 0，1，2，3 の 4 通り，一般に n で割った余りは 0，1，2，…，$n-1$ の n 通りになっています。別の言い方をすれば，整数の集合を n で割った余りによって類別すると，n 個の集合に分けられるということで，これらの集合を n の剰余類と言います。よく使う偶数，奇数という言葉は 2 の剰余類だったわけです。

また，剰余類から代表を 1 つずつ選んで $\{0, 1, 2, \cdots, n-1\}$ という集合を作るとき，これを n の剰余系と呼びます。2 の剰余系は $\{0, 1\}$，3 の剰余系は $\{0, 1, 2\}$ というわけですが，3 の剰余系を $\{-1, 0, 1\}$ と表してもかまいません。

さて，それでは剰余集合（余りの集合）についても，もう少し理解を深めておくことにしましょう。

n の剰余系は $S=\{0, 1, 2, \cdots, n-1\}$ と表されましたが，連続する n 個の整数 k，$k+1$，$k+2$，…，$k+n-1$ をとり，これらを n で割った余りの集合を考えても，やはり S と一致します。それは整数を順に並べていくとき，それらを n で割った余りが n 個周期で繰り返していることから明らかです。ところが，m，n を互いに素として，mk，$m(k+1)$，$m(k+2)$，…，$m(k+n-1)$ の n 個を n で割った余りの集合となると少し複雑です。結論は，この集合も S と一致することになるのですが，まず具体例を見てみましょう。4 と 7 は互いに素ですが，$4\cdot10$，$4\cdot11$，$4\cdot12$，$4\cdot13$，$4\cdot14$，$4\cdot15$，$4\cdot16$ の 7 個の整数を 7 で割った余りは，順に 5，2，6，3，0，4，1 です。並ぶ順番がどのようになっているかは不明ですが，これらを集合として見るとき，7 の剰余系の $\{0, 1, 2, 3, 4, 5, 6\}$ と一致していることが確認できます。話のイメージがつかめたと思うので，証明をしておきましょう。目標は mk，$m(k+1)$，…，$m(k+n-1)$ を n で割った余りがすべて異なるということを示すことです。そうすれば，この n 個の整数から n 個の異なる余りが出てくることになり，その集合は S と一致するしかないからです。次に「すべて異なる」は「どの 2 つも異なる」と言い換えられることにも注意しておきましょう。

証明 $k \leqq i < j \leqq k+n-1$ として，mi, mj を n で割った余りが等しいとすると，$mj-mi=m(j-i)$ は n の倍数となる。

ところが，m, n は互いに素であるから，$j-i$ が n の倍数となる。

しかしこれは，$0 < j-i \leqq n-1$ であることにより矛盾する。

よって，mi, mj を n で割った余りは異なり，結局 mk, $m(k+1)$, $\cdots$, $m(k+n-1)$ を n で割った余りはすべて異なることがわかった。

よって，これら n 個の整数を n で割った余りの集合は S と一致する。

この証明の中で用いた内容を確認しておきます。

> a, b $(a>b)$ を n で割った余りが等しい。$\Longleftrightarrow$ $a-b$ は n の倍数。

これが1つめで，もう1つはよく使う議論なので具体例で説明しておきます。

> $2^2 \cdot 9 = 3 \cdot 12$ より，$2^2 \cdot 9$ は3の倍数。
> ところが，2，3 は互いに素であるから9が3の倍数。

具体的な場合で考えると，当然と思われることでも，文字を使って議論すると，同じ内容が急に難しいことであるかのように感じるので，具体的なイメージと結びつけて理解しておいてください。

さて，ここで話を元に戻して，フェルマーの小定理の証明をしておきましょう。

証明 p が素数で n は p の倍数ではないとする（n, p は互いに素）。

n, $2n$, $3n$, $\cdots$, $(p-1)n$ の $p-1$ 個の整数はいずれも p の倍数ではないので，これらを p で割った余りの集合は $\{1, 2, 3, \cdots, p-1\}$ となる（つまり p の剰余系から0を除いたものになる）。

よって，これら $p-1$ 個の整数をかけ合わせた整数 $n \cdot 2n \cdot 3n \cdot \cdots \cdot (p-1)n$ $= n^{p-1}(p-1)!$ を考えると，これを p で割った余りは，$1 \cdot 2 \cdot 3 \cdot \cdots \cdot (p-1) = (p-1)!$ を p で割った余りと等しくなる（ここで，n の階乗：$n!$ とは $n(n-1)(n-2) \cdot \cdots \cdot 3 \cdot 2 \cdot 1$ のこと）。

結局，$n^{p-1}(p-1)!$ と $(p-1)!$ は p で割った余りが等しくなっているので，$n^{p-1}(p-1)!-(p-1)!=(n^{p-1}-1)(p-1)!$ は p の倍数である。ところが，p は素数だから p と $(p-1)!$ は互いに素であり，$n^{p-1}-1$ が p の倍数であることがわかる。

つまり，$n^{p-1}-1=pk$ すなわち $n^{p-1}=pk+1$ と表され，n^{p-1} を p で割った余りは1となる。

　　{3, 4, 5}，{5, 12, 13}，{7, 24, 25}，{8, 15, 17}，… のようにピタゴラスの
定理（三平方の定理）を満たす 3 つの自然数をピタゴラス数と言う。ピタゴラ
ス数の小さい方の 2 つのうち，少なくとも一方は偶数であることを示せ。

　まず，この解答で用いる背理法について説明しておきます。

　ある事件が起こり，調査を進めるうちに犯人は A か B のいずれかであることがわ
かりました。どうも A が怪しいけれども，直接的な証拠がありません。そこで，犯人
が B であると仮定して推論を進めていくと，明らかな矛盾が出てきました。これによ
り，犯人は A であることが確定しました。このような議論を背理法と言います。ま
ず，結論を否定してみて，矛盾が生じることを示します。それにより，結論を否定し
たことが誤りだったとするのです。これを用いることにしましょう。

　また，もう 1 つ基本知識として，素数 p で割った余りについての議論が行き詰まれ
ば，p^2，p^3，… で割った余りについて考えると，より多くの情報が得られるということ
も知っておきましょう。実際の大学入試レベルでは，「2 で割った余りについての議論
が行き詰まれば，4 で割った余りについて考える」ということを知っているだけで十
分です。

↓↓

解答　$a^2+b^2=c^2$ において，a，b がともに奇数であるとする。

　　いま，4 で割った余りについての演算表は右のようにな
るから，a^2，b^2 を 4 で割った余りは 1 である。すると，c^2
（$=a^2+b^2$）を 4 で割った余りは 2 となるが，このような c
は存在せず矛盾。

n	0	1	2	3
n^2	0	1	0	1

　　よって，a，b の少なくとも一方は偶数である。

　a，b が奇数のとき，a^2，b^2 も奇数で，a^2+b^2 は偶数だと言うだけでは，c を偶数と
しておけば何の矛盾も出てきません。偶数，奇数，つまり 2 で割った余りについての
議論が行き詰まってしまいましたが，こういう場合は 4 で割った余りについて考えれ
ばよかったわけです。それから，偶数，奇数を $2k$，$2k+1$ とおいて，$(2k)^2=4k^2$，
$(2k+1)^2=4(k^2+k)+1$ となるから，偶数の 2 乗，奇数の 2 乗を 4 で割った余りは 0，
1 だと議論しても同じことです。

演習 42

　　$a^2+b^2=c^2$（a，b，c は自然数）において，a，b の少なくとも一方は 3 の倍
数であることを示せ。

解答　　a, b がともに 3 の倍数でないとする。

　3 で割った余りについての演算表は右のようになるので，a^2，b^2 を 3 で割った余りは 1 である。よって，c^2（$=a^2+b^2$）は 3 で割って 2 余ることになるが，このような c は存在せず矛盾。

　よって，a, b の少なくとも一方は 3 の倍数である。

n	0	1	2
n^2	0	1	1

4 ・ 記数法

　指を折りつつ 1，2，3，…と数えていくと，10 までできて，それ以上数えられなくなりました。そこで，10 をひとかたまりとしてのけておいて，それとあと 1 つ，あと 2 つ，…のように数えるようになりました。記数法においても 10 をひとかたまりと考えたいので，10 からを 2 桁の数であるとして，10 と 1 を 11，10 と 2 を 12，…のように表現することにしました。さらに，10 のかたまりが 2 つできたものは 20 と表し，10 のかたまりが 10 個できれば，100 と 3 桁の数で表すことにしました。したがって，365 と書けば，$3 \cdot 10^2 + 6 \cdot 10 + 5$ の意味ですが，$3 \cdot 10^2 + 6 \cdot 10 + 5$ と書くのは，いかにも長いので，365 と書くことになったのです。これを 10 進法と言います。もし，指が 9 本だったなら，0，1，2，…，8，10，11，12，…，18，20，21，…と表し，$365_{(9)}$ は $3 \cdot 9^2 + 6 \cdot 9 + 5$ を意味することになっただろうと想像できます。これは 9 進法ですが，何進法に対してもその記数法を考えることができます。しかし，実際上，我々は 10 進法に慣れているので，他の表現を意識することはほとんどありません。ところが，コンピューターの計算では 2 進法を用いているので，2 進法だけはやっておくことにしましょう。

例題 43

　181 を 2 進法で表せ。

10 進法	0	1	2	3	4	5	6	7	8	…
2 進法	0	1	10	11	100	101	110	111	1000	…

のように対応しており，2 進法には 0 と 1 の 2 種類の数字しか出てきません。

　また，$2 = 10_{(2)}$ で 2 桁，$4 = 100_{(2)}$ で 3 桁，$8 = 1000_{(2)}$ で 4 桁のようになっているので，181 を 2^n の和で表すことを考えます。

解答　
$$181 = 128 + 32 + 16 + 4 + 1$$
$$= 2^7 + 2^5 + 2^4 + 2^2 + 1$$
$$= \mathbf{10110101}_{(2)}$$

また，181 を 2 で割っていって

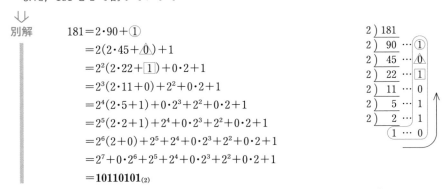

別解

$$181 = 2 \cdot 90 + ①$$
$$= 2(2 \cdot 45 + △0) + 1$$
$$= 2^2(2 \cdot 22 + \boxed{1}) + 0 \cdot 2 + 1$$
$$= 2^3(2 \cdot 11 + 0) + 2^2 + 0 \cdot 2 + 1$$
$$= 2^4(2 \cdot 5 + 1) + 0 \cdot 2^3 + 2^2 + 0 \cdot 2 + 1$$
$$= 2^5(2 \cdot 2 + 1) + 2^4 + 0 \cdot 2^3 + 2^2 + 0 \cdot 2 + 1$$
$$= 2^6(2 + 0) + 2^5 + 2^4 + 0 \cdot 2^3 + 2^2 + 0 \cdot 2 + 1$$
$$= 2^7 + 0 \cdot 2^6 + 2^5 + 2^4 + 0 \cdot 2^3 + 2^2 + 0 \cdot 2 + 1$$
$$= 10110101_{(2)}$$

のように表すこともできます。この計算と右上の計算を対応させて
囲った部分の数字を下の方から並べれば 2 進法表示になります。

もう 1 つ例を示しておくと，右の計算により，$57 = 111001_{(2)}$ です。

演習 43

$1011_{(2)} \times 111_{(2)}$ を計算せよ。

解答　右の計算により

$$1011_{(2)} \times 111_{(2)} = 1001101_{(2)}$$

```
   1011
    111
   ────
   1011
  1011
 1011
 ───────
 1001101
```

10 進法に直して

$$1011_{(2)} = 8 + 2 + 1 = 11, \quad 111_{(2)} = 4 + 2 + 1 = 7$$
$$\therefore \quad 11 \times 7 = 77 = 1001101_{(2)}$$

とやってもかまいませんが，2 進法の計算は 2 進法でやってほしい気が
します。

```
2) 77
2) 38 … 1
2) 19 … 0
2)  9 … 1
2)  4 … 1
2)  2 … 0
    1 … 0
```

例題 44

0.625 を 2 進法で表せ。

　10 進法では 1 の位，10 の位，100 の位，…のように，位が 1 つ上がるたびに 10 倍ず
つしていくことになります。ということは，位が 1 つ下がれば 10 で割っていくこと
になるので，$0.1 = \dfrac{1}{10}$，$0.01 = \dfrac{1}{10^2}$，…のようになります。

同じように，2 進法では 1 つ位が下がるたびに 2 で割っていくことになるので，$0.1_{(2)}=\dfrac{1}{2}$，$0.01_{(2)}=\dfrac{1}{2^2}$，…のようになります。ですから，$0.625$ を $\dfrac{1}{2}=0.5$，

$\dfrac{1}{2^2}=0.25$，$\dfrac{1}{2^3}=0.125$ などで表せば，2 進法で表したことになるのです。よって

⇓⇓

解答　　　　$0.625=0.5+0.125=\dfrac{1}{2}+\dfrac{1}{2^3}=\mathbf{0.101}_{(2)}$

　しかし，$\dfrac{1}{2}$，$\dfrac{1}{2^2}$，$\dfrac{1}{2^3}$，…で表す方法が思いつかなかったらどうすればよいのでしょうか。2 進法では，2 倍すれば位が 1 つ上がることに目をつけて次のようにします。

⇓⇓

別解　　$0.625=0.abcd\cdots_{(2)}$ と表せたとして，両辺を 2 倍すると

$\qquad\qquad 1.25=a.bcd\cdots_{(2)}\qquad \therefore\quad a=1$

$\qquad\qquad 0.25=0.bcd\cdots_{(2)}$

$\qquad$両辺を 2 倍して

$\qquad\qquad 0.5=b.cd\cdots_{(2)}\qquad \therefore\quad b=0$

$\qquad\qquad 0.5=0.cd\cdots_{(2)}$

$\qquad$両辺を 2 倍して

$\qquad\qquad 1=c.d\cdots_{(2)}\qquad \therefore\quad c=1,\ d$ 以下は 0

$\qquad$よって　　　$0.625=\mathbf{0.101}_{(2)}$

演習 44

　0.3 を 2 進法で表せ。

解答　　$0.3=0.abcdef\cdots_{(2)}$　とおく。両辺を 2 倍して

$\qquad\qquad 0.6=a.bcdef\cdots_{(2)}\qquad \therefore\quad a=0$

$\qquad\qquad 0.6=0.bcdef\cdots_{(2)}$

$\qquad$両辺を 2 倍して

$\qquad\qquad 1.2=b.cdef\cdots_{(2)}\qquad \therefore\quad b=1$

$\qquad\qquad 0.2=0.cdef\cdots_{(2)}$

$\qquad$両辺を 2 倍して

$\qquad\qquad 0.4=c.def\cdots_{(2)}\qquad \therefore\quad c=0$

$\qquad\qquad 0.4=0.def\cdots_{(2)}$

$\qquad$両辺を 2 倍して

$\qquad\qquad 0.8=d.ef\cdots_{(2)}\qquad \therefore\quad d=0$

$\qquad\qquad 0.8=0.ef\cdots_{(2)}$

両辺を2倍して

$$1.6=e.f\cdots_{(2)} \qquad \therefore \quad e=1$$

$$0.6=0.f\cdots_{(2)}$$

$$=0.bcdef\cdots_{(2)}$$

これより，b 以下と f 以下が一致することがわかった。つまり，$b=f$，$c=g$，$d=h$，$e=i$，$f=j$，…となるので，$bcde$ が繰り返されることがわかる。

$$0.3=0.\dot{0}100\dot{1}_{(2)}$$

⑤ ・ 有理数と無理数

分数：$\dfrac{q}{p}$（p は自然数，q は整数）で表される数を有理数と言い，有理数でない実数を無理数と言います。無理数は分数で表すことができず，循環しない無限小数になります。

例題 45

$\sqrt{3}$ が無理数であることを示せ。

有理数には「分数で表される」という形がありますが，無理数には特定の形がなく「有理数でない実数」と否定表現で定義されています。したがって，$\sqrt{3}$ が無理数であることを直接的に示すことができないので，背理法を用いることになります。

$\Downarrow$

解答　$\sqrt{3}$ を有理数であると仮定して，$\sqrt{3}=\dfrac{q}{p}$（p，q は自然数）とおく。両辺を2乗して

$$3=\frac{q^2}{p^2} \qquad \therefore \quad 3p^2=q^2$$

ここで，素因数3の個数に注目すると，$3p^2$ には奇数個含まれ，q^2 には偶数個含まれているから素因数分解の一意性により矛盾。

よって $\sqrt{3}$ は有理数ではない，つまり $\sqrt{3}$ は無理数である。

有理数を表すとき，通常は $\dfrac{q}{p}$（p は自然数，q は整数）としますが，今は $\sqrt{3}>0$ だとわかっているので，（p は自然数，q は整数）とせずに（p，q は自然数）としています。また，「p，q は互いに素」という条件を加えて考えた方が議論がしやすくなることが多いのですが，この場合は不要です。

さらに，$144=12^2=(2^2\cdot3)^2=2^4\cdot3^2$ のように，2乗の形で表される自然数を平方数と言いますが，2乗するときに各素因数の指数が2倍されるので，各素因数の指数は偶数，つまり各素因数は偶数個ずつ含まれることになります。

> **平方数**
>
> **各素因数は偶数個ずつ含まれる。**

上の証明では，これを用いています。

演習 45

$\sqrt{3}+\sqrt{5}$ が無理数であることを示せ。

$\sqrt{3}$ と $\sqrt{5}$ がどちらも無理数であることを示しても，$\sqrt{3}+\sqrt{5}$ が無理数であることを示したことにはなりません。たとえば，$\sqrt{2}$ と $2-\sqrt{2}$ はともに無理数ですが，$\sqrt{2}+(2-\sqrt{2})=2$ は有理数です。

解答 $\sqrt{3}+\sqrt{5}$ を有理数であると仮定して，$\sqrt{3}+\sqrt{5}=\dfrac{q}{p}$（$p$, q は自然数）とおく。両辺を 2 乗すると

$$8+2\sqrt{15}=\frac{q^2}{p^2} \qquad \therefore \quad \sqrt{15}=\frac{\frac{q^2}{p^2}-8}{2}$$

となり，これも有理数となる。よって，簡単のため $\sqrt{15}=\dfrac{\ell}{k}$（$k$, ℓ は自然数）とおき直して考える。両辺を 2 乗して

$$15=\frac{\ell^2}{k^2} \qquad \therefore \quad 3\cdot 5k^2=\ell^2$$

ここで，素因数 3 の個数に注目すると，左辺には奇数個含まれ，右辺には偶数個含まれるから素因数分解の一意性により矛盾。

よって $\sqrt{3}+\sqrt{5}$ は有理数ではない，つまり $\sqrt{3}+\sqrt{5}$ は無理数である。

例題 46

整数係数の代数方程式 $ax^n+bx^{n-1}+\cdots+cx+d=0$（$ad \neq 0$）が有理数解 $\dfrac{q}{p}$（p は自然数，q は整数，p, q は互いに素）をもつならば，p は a の約数で q は d の約数である。これを示せ。

まず，用語を説明しておくと，1 次方程式，2 次方程式，…のように「整式＝0」の形の方程式を代数方程式と言います。

証明する内容は $p.28$ で高次式を因数定理を用いて因数分解する際に「因数の見つけ方」ということで一度学んでいます。しかし，このときは

「$ax^n+bx^{n-1}+\cdots+cx+d=(px-q)(rx-s)\cdots(tx-u)$ と因数分解されるならば

$(ax^n+bx^{n-1}+\cdots+cx+d=0$ が $x=\dfrac{q}{p}$, $\dfrac{s}{r}$, $\cdots$, $\dfrac{u}{t}$ を解にもつならば)，$a=pr\cdots t$，$d=(-1)^n qs\cdots u$ となるから，p は a の約数で q は d の約数だ」と直観的な説明をしただけなので，ここで証明をしておきましょう。

$\Downarrow$

解答　$\dfrac{q}{p}$ を解にもつならば

$$a\left(\frac{q}{p}\right)^n+b\left(\frac{q}{p}\right)^{n-1}+\cdots+c\cdot\frac{q}{p}+d=0$$

両辺に p^n をかけて

$$aq^n+bpq^{n-1}+\cdots+cp^{n-1}q+dp^n=0$$

$$\therefore\quad aq^n=-p(bq^{n-1}+\cdots+dp^{n-1})\quad\cdots\cdots①$$

$$\therefore\quad dp^n=-q(aq^{n-1}+\cdots+cp^{n-1})\quad\cdots\cdots②$$

①より，p は aq^n の約数であるが，p，q は互いに素だから p は a の約数。同様に，②より，q は d の約数である。

　ここで使った議論は p.79 の「$2^2\cdot9=3\cdot12$ より，$2^2\cdot9$ は 3 の倍数。ところが，2，3 は互いに素であるから 9 が 3 の倍数」と同じであることを確認しておいてください。

演習 46

　$x^4-x^3-7x^2+8x-2=0$ は有理数解をもたないことを示せ。

↓

解答　有理数解 $\dfrac{q}{p}$（p は自然数，q は整数，p と q は互いに素）をもつとすると

$$\left(\frac{q}{p}\right)^4-\left(\frac{q}{p}\right)^3-7\left(\frac{q}{p}\right)^2+8\cdot\frac{q}{p}-2=0$$

両辺に p^4 をかけて

$$q^4-pq^3-7p^2q^2+8p^3q-2p^4=0$$

$$\therefore\quad q^4=p(q^3+7pq^2-8p^2q+2p^3)\quad\cdots\cdots①$$

$$\therefore\quad 2p^4=q(q^3-pq^2-7p^2q+8p^3)\quad\cdots\cdots②$$

①より，p は q^4 の約数であるが，p と q が互いに素であることにより，$p=1$ であり，また，②より，q は $2p^4=2$ の約数になるから，$q=\pm1$，±2 である。

　結局，有理数解は ±1，±2 に限られることがわかった。ところが，これらを x に順次代入していくと，方程式の左辺を $f(x)$ として

$$f(1)=-1\neq0,\quad f(-1)=-15\neq0,$$

$$f(2)=-6\neq0,\quad f(-2)=-22\neq0$$

となり，±1，±2 はいずれも $f(x)=0$ の解になっていない。

　これは矛盾であるから，与えられた方程式は有理数解をもたない。

第2章

2次関数

第1章
第2章
第3章
第4章
第5章
第6章
第7章
第8章
第9章
第10章
第11章
第12章
第13章
第14章

1 関数

これまで正比例・反比例をはじめ，いくつかの関係を学んできましたが，そもそも関数とは何でしょうか。「x と y が関係していて，グラフが描けて…」のように，なんとなくイメージはもっていても，改めて関数とは何かと問われると，答えることができない人が多いのです。

> **定義域内の実数 x に対して，実数 y が 1 個対応するとき，**
> **この x を y に対応させる規則を関数と言う。**

これが定義です。ですから，円：$x^2+y^2=1$ などは，x と y が関係をもっていて，グラフが描けますが，関数とは言わないのです。「x に対して y が 1 個対応する」とはなっていないからです。

2 平行移動

さて，x に function（機能）が働いて，それに y が対応するということで，関数は一般に $y=f(x)$ と表されますが，x に対応する y を xy 平面上にとって，つなげていくと，グラフが描けます。このグラフを x 軸方向に a だけ，y 軸方向に b だけ平行移動して得られるグラフの方程式を考えてみることにしましょう。

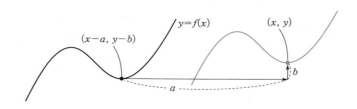

平行移動後のグラフ上に (x, y) をとると，平行移動前のグラフ上の対応する点は $(x-a, y-b)$ と表されます。この $(x-a, y-b)$ が $y=f(x)$ のグラフ上の点ですから，$y-b=f(x-a)$ を満たします。これは，平行移動後のグラフ上のすべての点 (x, y) について成り立つので，$y-b=f(x-a)$ が平行移動後のグラフの方程式であると言えます。

第1章
第2章
第3章
第4章
第5章
第6章
第7章
第8章
第9章
第10章
第11章
第12章
第13章
第14章

平行移動

> $y=f(x)$ のグラフを x 軸方向に a だけ，y 軸方向に b だけ平行移動して得られるグラフの方程式は
> $$y-b=f(x-a)$$

　たとえば，傾きが m で点 $(a,\ b)$ を通る直線の方程式は $y=m(x-a)+b$ と表されますが，これは傾きが m で原点を通る直線 $y=mx$ を x 軸方向に a だけ，y 軸方向に b だけ平行移動したものだと理解することができます。x 軸方向に a だけ平行移動するのであれば，x の代わりに $x+a$ を代入するのではないかという気がしますが，そうではなく，x の代わりに $x-a$ を代入すれば，x 軸方向に a だけ平行移動したことになるのです。

3　2次関数のグラフ

　平行移動の考え方を使って 2 次関数のグラフを描いてみたいと思います。
$y=ax^2+bx+c\ (a\neq0)$ の右辺を平方完成して
$$y=a\left(x+\frac{b}{2a}\right)^2-\frac{b^2}{4a}+c$$

これを見ると，$y=ax^2$ の x の代わりに $x-\left(-\dfrac{b}{2a}\right)$，$y$ の代わりに $y-\left(-\dfrac{b^2}{4a}+c\right)$ が代入されているので，結局，$y=ax^2+bx+c$ のグラフは，$y=ax^2$ のグラフを平行移動したものだとわかります。平行移動してもグラフの形は変わりませんから，$y=ax^2+bx+c$ のグラフも放物線であり

> $a>0$ であれば下に凸，$a<0$ であれば上に凸

です。この，上に凸か下に凸かは重要なチェックポイントですが，もう 1 つ大切な点は，対称軸がどこにあるのかということです。つまり，$y=ax^2$ のグラフは y 軸対称ですが，これを x 軸方向に $-\dfrac{b}{2a}$ だけ平行移動し，y 軸方向に $-\dfrac{b^2}{4a}+c$ だけ平行移動したものが $y=ax^2+bx+c$ のグラフなので

> このグラフの対称軸は　　$x=-\dfrac{b}{2a}$

になります。

$ax^2+bx+c=0\ (a\ne0)$ を解くと，解の公式より

$$x=\frac{-b\pm\sqrt{b^2-4ac}}{2a}$$

で，解が数直線上で $-\dfrac{b}{2a}$ に関して対称な位置に現れますが，これには意味があったわけです。後ほど詳しく学びますが，「方程式 $f(x)=g(x)$ の実数解と，$y=f(x)$，$y=g(x)$ のグラフの交点の x 座標は一致する」です。

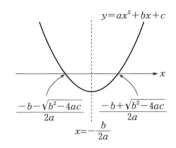

$ax^2+bx+c=0$ の実数解であれば，$y=ax^2+bx+c$ のグラフと $y=0$ のグラフ（つまり x 軸）との交点の x 座標になるので，解が $-\dfrac{b}{2a}$ に関して対称な位置に現れたのです。グラフを見て確認をしておいてください。

話を元に戻すと，$y=ax^2+bx+c$ のグラフでは軸対称であるということがとても大切な点になるので，反射的に「軸（対称軸）は $x=-\dfrac{b}{2a}$ だ」と思ってほしいのです。

そして，この $-\dfrac{b}{2a}$ という値はいちいち平方完成するのではなく，既に覚えていて一瞬で出てくるようにしておいてください。万一忘れたら，解の公式の前半部分だということで思い出してください。

例題 47

$y=2x^2+3x+1$ のグラフを描け。

まず，x^2 の係数が正ですから，下に凸の放物線です。

次に，軸は $x=-\dfrac{3}{4}$ です。すると，y 軸は軸より少し右であることがわかります。同時に，$x=0$ として y 切片が 1 であることもわかります。

その次には，頂点の y 座標を調べてみましょう。$x=-\dfrac{3}{4}$ として

$$y=2\left(-\frac{3}{4}\right)^2+3\left(-\frac{3}{4}\right)+1=-\frac{1}{8}$$

よって，グラフは次のようになります。

$\Downarrow$
解答

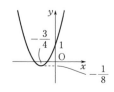

グラフを描けと言われれば，まず x 軸と y 軸を描いてから考える人が多いのですが，実際には，後から付け加えていく方がずっと楽です。

第1章
第2章
第3章
第4章
第5章
第6章
第7章
第8章
第9章
第10章
第11章
第12章
第13章
第14章

演習 47

$y=3x^2-4x-1$ のグラフを描け。

(i)下に凸，(ii)軸：$x=\dfrac{2}{3}$，y 切片：-1

ここまでのチェックで，グラフが右図のようになることがわかります。

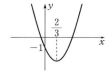

あとは $x=\dfrac{2}{3}$ としてみて

$$y=3\left(\frac{2}{3}\right)^2-4\left(\frac{2}{3}\right)-1=-\frac{7}{3}$$

よって，グラフは図のようになります。

⇓
解答

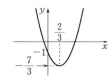

ところで，グラフ上にはどの程度の情報を書き込めばよいのでしょうか。そのときの都合によって，要求されている内容が変わるので，一概には言いにくいのですが，一般的には，「グラフにより関数が決定するように」情報を書き込むのがよいとされています。

たとえば，頂点が (p, q) だとわかった場合，方程式は $y=a(x-p)^2+q$ の形になりますから，未知数は a 1 個です。したがって，この場合だと，あと 1 個，y 切片などの情報を書き込んでおけばよいということになります。また，頂点以外の情報を書き込むのであれば，$y=ax^2+bx+c$ の未知数 a，b，c 3 個が決まるように，3 個の点をチェックするのが基本です。

また，軸は $x=-\dfrac{b}{2a}$ ですが，a，b が同符号ならば $-\dfrac{b}{2a}<0$，異符号ならば $-\dfrac{b}{2a}>0$ になることにも気をつけておきましょう。

例題 48

$y=(2x-1)(x+2)$ のグラフを描け。

右辺が因数分解されているときは，x 切片がわかります。この場合だと，$x=\dfrac{1}{2}$，-2 のときに $y=0$ となるので，x 切片は $\dfrac{1}{2}$，-2 です。あとは x^2 の係数が正であることをチェックして，下に凸であることを確認します。

最後は y 軸を書き込めばよく，-2 と $\dfrac{1}{2}$ と 0 の位置関係を考えて

のようになります。これでほぼグラフが描けましたが，この段階では 2 つの情報しか書き込んでいないので，y 切片ぐらいをチェックしておきましょう。$x=0$ として $y=-2$ です。

$\Downarrow$
解答

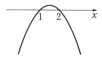

このグラフを見ると，x 軸方向の縮尺と y 軸方向の縮尺が違っていて少し変ですが，そのようなことはあまり気にしなくても構いません。

演習 48

　$y=3(x-1)(2-x)$ のグラフを描け。

x 切片は 1，2 ですが，x^2 の係数は -3 で負なので上に凸です。

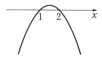

すると，y 軸の位置がわかります。また，y 切片は $x=0$ として -6 です。

解答

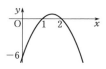

もちろん，軸は 1 と 2 の真ん中のところにあるので

$$x = \frac{1+2}{2} \qquad \therefore \quad x = \frac{3}{2}$$

です。頂点の y 座標が必要な場合は $x = \frac{3}{2}$ として $y = 3 \cdot \frac{1}{2} \cdot \frac{1}{2} = \frac{3}{4}$ と求めます。

4 最大，最小

関数 $y = f(x)$ において，x に伴って y が動くので，x を<ruby>独立変数<rt>どくりつへんすう</rt></ruby>，y を<ruby>従属変数<rt>じゅうぞくへんすう</rt></ruby>と言います。また，考えている x の値の範囲を<ruby>定義域<rt>ていぎいき</rt></ruby>，y のとりうる値の範囲を<ruby>値域<rt>ちいき</rt></ruby>と言います。「$y = f(x)$ の最大値，最小値」という言葉を使うとき，値域の最大値，最小値のことを意味しています。

> **例題 49**
> $f(x) = ax^2 + bx + c$ の最大値と最小値を求めよ。

x^2 の係数 a の符号によってグラフの形状が変わるので，場合分けが必要です。

・$a > 0$ のとき，$y = f(x)$ のグラフは下に凸の放物線になり，y はどこまでも大きくなるので最大値はありません。
また，頂点の y 座標が最小値を与えます。

・$a < 0$ のとき，$y = f(x)$ のグラフは上に凸の放物線になり，y はどこまでも小さくなるので最小値はありません。
最大値は頂点の y 座標です。

・$a = 0$ のとき，2 次関数ではなくなりグラフは直線になります。

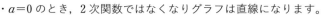

　・$b \neq 0$ のとき，$b > 0$ でも $b < 0$ でも，$y = bx + c$ の値はどこまでも大きくなり，かつどこまでも小さくなりうるので，最大値，最小値はどちらもありません。

　・$b = 0$ のとき，$y = f(x)$ は $y = c$ であり，これは定数関数です。グラフは横一直線になるので，最大値，最小値ともに c です。

解答　・$a>0$ のとき

$y=f(x)$ のグラフは下に凸の放物線になるので，**最大値はなし。**

また，$f(x)=a\left(x+\dfrac{b}{2a}\right)^2-\dfrac{b^2}{4a}+c\geqq-\dfrac{b^2}{4a}+c$ より，**最小値は** $-\dfrac{b^2}{4a}+c$ である。

・$a<0$ のとき

$f(x)=a\left(x+\dfrac{b}{2a}\right)^2-\dfrac{b^2}{4a}+c\leqq-\dfrac{b^2}{4a}+c$ より，**最大値は** $-\dfrac{b^2}{4a}+c$ である。

また，$y=f(x)$ のグラフは上に凸の放物線になるので，**最小値はなし。**

・$a=0$，$b\neq0$ のとき

$f(x)=bx+c$ であり，$y=f(x)$ のグラフは傾き $b\,(\neq0)$ の直線であるから，
最大値，最小値ともになし。

・$a=0$，$b=0$ のとき

$f(x)=c$：一定であるから，**最大値，最小値ともに c である。**

演習 49

次の各関数の最大値と最小値を求めよ。

(1)　$y=2x^2-4x+1$　$(0\leqq x\leqq3)$

(2)　$y=-3x^2-x-2$　$(0\leqq x\leqq2)$

(3)　$y=x^2+2x+3$　$(-2<x<0)$

---

(1)　グラフは右図のようになりますが，$0\leqq x\leqq3$ という定義域の中
で考えるということに注意します。

解答　**最大値は 7　（$x=3$ のとき）**

　　　最小値は -1　（$x=1$ のとき）

となります。なお，最大値，最小値の議論に x 軸と y 軸は無関係なので，グラフを
描いて考えるとき，x 軸と y 軸を書き込まなくてもかまいません。

(2)　この場合，定義域が頂点のところを含んでいないので，
$0\leqq x\leqq2$ ではグラフが単調に減少しています。グラフが上に凸で
あるのか，下に凸であるのかに加えて，定義域の中に頂点が含ま
れるかどうかということも重要なチェックポイントになります。

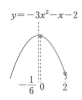

解答　**最大値は -2　（$x=0$ のとき）**

　　　最小値は -16　（$x=2$ のとき）

(3) この場合は，$x=-2$, 0 で最大値をとると言いたいところです
が，$x=-2$, 0 は定義域に含まれていません。したがって

$y=x^2+2x+3$

第1章 第2章 第3章 第4章 第5章 第6章 第7章 第8章 第9章 第10章 第11章 第12章 第13章 第14章

解答　最大値はなし

　　最小値は 2　（$x=-1$ のとき）

となります。

━ **例題 50**

$$y=2x^2-4x+1 \quad (t \leq x \leq t+2)$$

の最大値 M と最小値 m を求めよ。

定義域が t の値によって動きます。したがって場合分けをすることが必要になりますが，最大値と最小値で場合分けの基準が異なるので，最大値と最小値を別々に議論することにしましょう。

・最大値について

　　軸は $x=1$ ですが，軸から遠ざかれば遠ざかるほど y は大きくなるので，定義域の左端と右端のどちらが軸から遠いのかを考えることになります。結局，場合分けの基準は定義域 $t \leq x \leq t+2$ の真ん中 $x=t+1$ が，軸より左であるか右であるかということになります。

解答　・$t+1 \leq 1$ すなわち $t \leq 0$ のとき

　　　　$M=2t^2-4t+1$　（$x=t$ のとき）

　　　・$t>0$ のとき

　　　　$M=2(t+2)^2-4(t+2)+1=2t^2+4t+1$　（$x=t+2$ のとき）

$t \leq 0$ のとき
t　$t+1$　1　$t+2$

$t>0$ のとき
t　1　$t+2$
　　$t+1$

・最小値について

　　定義域の制限がなければ，頂点の y 座標が最小値になりますから，場合分けの基準は定義域が頂点を含むかどうかということになります。

解答　・$t+2<1$ すなわち $t<-1$ のとき

　　　　$m=2t^2+4t+1$　（$x=t+2$ のとき）

　　　・$t \leq 1 \leq t+2$ すなわち $-1 \leq t \leq 1$ のとき

$$m=-1 \quad (x=1 \text{ のとき})$$

・$t>1$ のとき

$$m=2t^2-4t+1 \quad (x=t \text{ のとき})$$

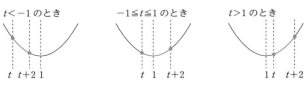

　場合分けは「もれずだぶらず」にするのが基本です。たとえば，上の最小値のところで，場合分けを「$t<-1$，$-1 \leqq t \leqq 1$，$t>1$」としましたが，イコールを付ける位置を変えて「$t \leqq -1$，$-1<t<1$，$t \geqq 1$」としても同じことです。また，両方にイコールを付けて「$t \leqq -1$，$-1 \leqq t \leqq 1$，$t \geqq 1$」としても，$t=-1$ 及び $t=1$ のときの議論がだぶっていますが，誤りではありません。しかし，「$t<-1$，$-1<t<1$，$t>1$」では $t=-1$ 及び $t=1$ のときの議論がもれているのでだめです。

　さらに，場合分けについての注意をもう1つしておきます。最大値のところで，$t=0$ のときは最大値を与える x が $x=t$ のときと $x=t+2$ のときで2つありますが，これを特別な場合として分けて議論するほどのことはありません。「$t \leqq 0$，$t>0$」または「$t<0$，$t \leqq 0$」のように，$t<0$ のときか $t>0$ のときのどちらかに $t=0$ のと

きを含めて議論しておいて問題ありません。「最大値を与える x の値により場合分けせよ」のように特に要求されていない限り，最大値自体が明確にわかる形にしておけばよいのです。

演習 50

$$y=-x^2+2ax-1 \quad (0 \leqq x \leqq 2)$$

の最大値 M，最小値 m を求めよ。

　今度は，定義域は動きませんが，軸の位置が a の値によって変わります。それと，グラフが上に凸になっていることも注意点です。

⇓

解答　最大値について

・$a<0$ のとき　　　$M=-1$　　　$(x=0 \text{ のとき})$

・$0 \leqq a \leqq 2$ のとき　$M=a^2-1$　　$(x=a \text{ のとき})$

・$a>2$ のとき　　　$M=4a-5$　　$(x=2 \text{ のとき})$

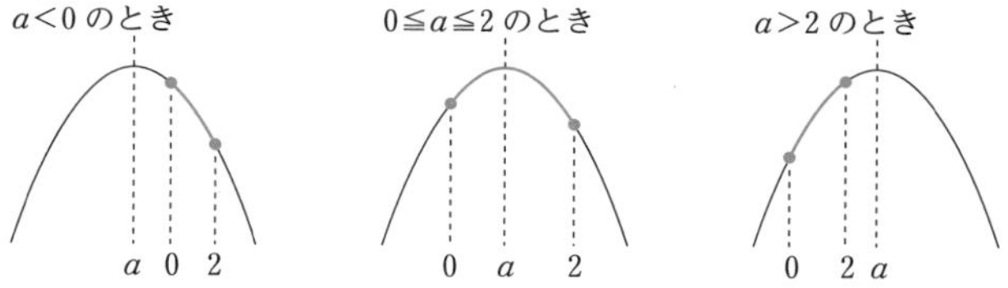

最小値について

・$a \leqq 1$ のとき　$m=4a-5$　($x=2$ のとき)

・$a>1$ のとき　$m=-1$　　($x=0$ のとき)

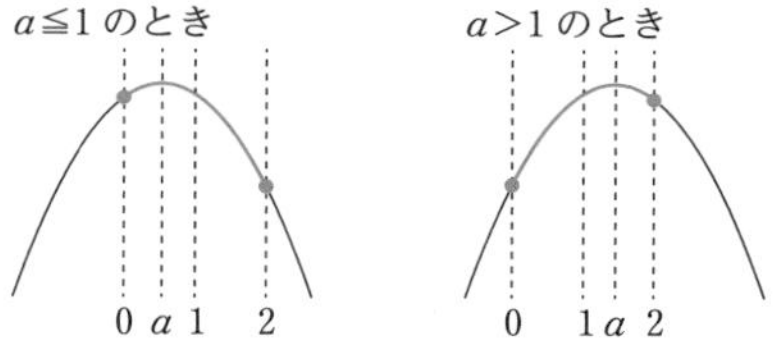

5　2次方程式の解の判別

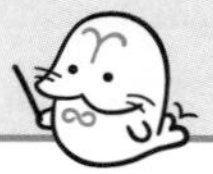

$$ax^2+bx+c=0 \quad (a \neq 0)$$

の解は

$$x=\frac{-b \pm \sqrt{b^2-4ac}}{2a}$$

ですが，この解の公式中に出てくる根号の中身の符号により，2次方程式の解の種類が判別できます。

この b^2-4ac を ax^2+bx+c $(a \neq 0)$ の**判別式**(はんべつしき)と呼び，**$D=b^2-4ac$** と表します。D による $ax^2+bx+c=0$ $(a \neq 0)$ の解の判別は

2次方程式の解の判別

$D>0$ のとき　相異なる2つの実数解
$D=0$ のとき　重解
$D<0$ のとき　実数解なし　(虚数解をもつ)

となります。解の公式で x の係数が2でくくられている場合は

$$ax^2+2b'x+c=0 \quad (a \neq 0)$$

を解いて

$$x = \frac{-b' \pm \sqrt{b'^2 - ac}}{a}$$

ですから，D の代わりに $\dfrac{D}{4} = b'^2 - ac$ を用いると計算が楽になります。

例題 51

x の方程式 $x^2 + 2(a+1)x + a^2 = 0$ の相異なる実数解の個数を求めよ。

解答　$\dfrac{D}{4} = (a+1)^2 - a^2 = 2a + 1$ となるので

$$\begin{cases} \dfrac{D}{4} > 0 \text{ すなわち } a > -\dfrac{1}{2} \text{ のとき，2 個。} \\[2mm] a = -\dfrac{1}{2} \text{ のとき，1 個。} \\[2mm] a < -\dfrac{1}{2} \text{ のとき，0 個。} \end{cases}$$

演習 51

x の方程式 $ax^2 + 2(a+1)x + a + 1 = 0$ の相異なる実数解の個数を求めよ。

すぐに $\dfrac{D}{4} = \cdots$ とやりたくなりますが，ちょっと注意が必要です。$a = 0$ のときは 2 次方程式ではないので，判別式も定義されていません。

解答　・$a = 0$ のとき，方程式は $2x + 1 = 0$ より $x = -\dfrac{1}{2}$ となるので 1 個。

・$a \neq 0$ のとき，$\dfrac{D}{4} = (a+1)^2 - a(a+1) = a + 1$ となるので

$$\begin{cases} \dfrac{D}{4} > 0 \text{ すなわち } a > -1 \text{ のとき，2 個。} \\[1mm] a = -1 \text{ のとき，1 個。} \\[1mm] a < -1 \text{ のとき，0 個。} \end{cases}$$

以上より　$\begin{cases} a < -1 \text{ のとき，0 個。} \\[1mm] a = -1,\ 0 \text{ のとき，1 個。} \\[1mm] -1 < a < 0,\ 0 < a \text{ のとき，2 個。} \end{cases}$

第1章
第2章
第3章
第4章
第5章
第6章
第7章
第8章
第9章
第10章
第11章
第12章
第13章
第14章

6 解と係数の関係

p.25 で因数定理を学びました。

> x の整式 $f(x)$ において，$f(\alpha)=0 \iff f(x)$ は $x-\alpha$ を因数にもつ。

という内容でした。これを用いて，$ax^2+bx+c=0$ $(a \neq 0)$ が $x=\alpha$ を解にもつとき

$$ax^2+bx+c=(x-\alpha)f(x) \quad \cdots\cdots(*)$$

と表すことができます。さらに，$ax^2+bx+c=0$ が $x=\beta$ $(\alpha \neq \beta)$ を解にもつとき，$(*)$ の両辺で $x=\beta$ として

$$0=(\beta-\alpha)f(\beta) \quad \therefore \quad f(\beta)=0 \quad (\because \quad \alpha \neq \beta)$$

となります。よって，$f(x)$ は $x-\beta$ を因数にもつことになりますが，$(*)$ の左辺が x の2次式であることに注意すると，$f(x)$ は x の1次式になるので，$f(x)=k(x-\beta)$ と表されます。結局

$$ax^2+bx+c=k(x-\alpha)(x-\beta)$$

と表されることになりますが，両辺の x^2 の係数を等しくするために，$k=a$ としておけばよいことがわかります。まとめると

> $ax^2+bx+c=0$ $(a \neq 0)$ が $x=\alpha$，β $(\alpha \neq \beta)$ を解にもつとき，この方程式の左辺は $ax^2+bx+c=a(x-\alpha)(x-\beta)$ と因数分解される。

となります。$ax^2+bx+c=0$ $(a \neq 0)$ が $x=\alpha$ を重解にもつときは，$ax^2+bx+c=a(x-\alpha)^2$ と因数分解されるので，この場合も含めて

> $ax^2+bx+c=0$ の2解が α，β のとき，この方程式の左辺は $ax^2+bx+c=a(x-\alpha)(x-\beta)$ と因数分解される。

と言っておいても構いません。

　これを用いると，ある2次式がたすきがけで因数分解をすることができなかったとしても，いつでも因数分解をすることができるようになります。具体例で見ておきましょう。

　$3x^2-5x+1$ はたすきがけでは因数分解できません。そこで，$3x^2-5x+1=0$ を解の公式で解いて

$$x=\frac{5\pm\sqrt{13}}{6}$$

よって

$$3x^2 - 5x + 1 = 3\left(x - \frac{5 + \sqrt{13}}{6}\right)\left(x - \frac{5 - \sqrt{13}}{6}\right)$$

次に

$$ax^2 + bx + c = a(x - \alpha)(x - \beta)$$

$$\therefore \quad ax^2 + bx + c = ax^2 - a(\alpha + \beta)x + a\alpha\beta$$

ですから，x の項の係数と定数項の比較から

$$\alpha + \beta = -\frac{b}{a}, \quad \alpha\beta = \frac{c}{a}$$

であることがわかります。これを解と係数の関係と言いますが，この内容は解の公式からも確認することができます。すなわち，$ax^2 + bx + c = 0$ の解が $\alpha = \dfrac{-b - \sqrt{b^2 - 4ac}}{2a}$，

$\beta = \dfrac{-b + \sqrt{b^2 - 4ac}}{2a}$ のとき

$$\alpha + \beta = \frac{-b - \sqrt{b^2 - 4ac}}{2a} + \frac{-b + \sqrt{b^2 - 4ac}}{2a} = \frac{-2b}{2a} = -\frac{b}{a}$$

$$\alpha\beta = \frac{-b - \sqrt{b^2 - 4ac}}{2a} \cdot \frac{-b + \sqrt{b^2 - 4ac}}{2a} = \frac{b^2 - (b^2 - 4ac)}{4a^2} = \frac{4ac}{4a^2} = \frac{c}{a}$$

確かに，$\alpha + \beta = -\dfrac{b}{a}$，$\alpha\beta = \dfrac{c}{a}$ となりました。さらに，解の差も係数を用いて表すことができます。

$$\beta - \alpha = \frac{-b + \sqrt{b^2 - 4ac}}{2a} - \frac{-b - \sqrt{b^2 - 4ac}}{2a} = \frac{2\sqrt{b^2 - 4ac}}{2a} = \frac{\sqrt{b^2 - 4ac}}{a}$$

まとめておきましょう。

2次方程式の解と係数の関係

$ax^2 + bx + c = 0$ $(a > 0)$ の解が α, β $(\alpha \leqq \beta)$ のとき

$$\begin{cases} \alpha + \beta = -\dfrac{b}{a} \\[2mm] \alpha\beta = \dfrac{c}{a} \\[2mm] \beta - \alpha = \dfrac{\sqrt{D}}{a} = \dfrac{2\sqrt{D/4}}{a} \end{cases}$$

同様に，3次方程式にも解と係数の関係があります。$ax^3 + bx^2 + cx + d = 0$ $(a \neq 0)$ の解が α, β, γ のとき，方程式の左辺は

$$ax^3 + bx^2 + cx + d = a(x - \alpha)(x - \beta)(x - \gamma)$$

と因数分解され，両辺の係数比較から次の関係が得られます。

3次方程式の解と係数の関係

$ax^3+bx^2+cx+d=0\ (a \neq 0)$ の解が $\alpha,\ \beta,\ \gamma$ のとき

$$\begin{cases} \alpha+\beta+\gamma=-\dfrac{b}{a} \\[2mm] \alpha\beta+\beta\gamma+\gamma\alpha=\dfrac{c}{a} \\[2mm] \alpha\beta\gamma=-\dfrac{d}{a} \end{cases}$$

　左辺が $\alpha,\ \beta,\ \gamma$ の1次の基本対称式，2次の基本対称式，3次の基本対称式になっていることに注意しておきましょう。一般化すると

$ax^n+bx^{n-1}+\cdots+cx+d=0\ (a \neq 0)$ の解が $x_1,\ x_2,\ \cdots,\ x_n$ のとき

$$\begin{cases} x_1+x_2+\cdots+x_n=-\dfrac{b}{a} \\ \quad\vdots \\ x_1x_2\cdots x_n=(-1)^n\dfrac{d}{a} \end{cases}$$

です。

例題 52

　$x^2+x-1=0$ の解を $\alpha,\ \beta$ とするとき，$\alpha^2+\beta^2,\ \alpha^5+\beta^5$ の値を求めよ。

　$p.29$ で学んだように $\alpha+\beta,\ \alpha\beta$ は2文字の基本対称式であり，これにより，$\alpha,\ \beta$ のあらゆる対称式が表せます。

$\Downarrow$

解答　解と係数の関係により　　　$\alpha+\beta=-1,\ \alpha\beta=-1$

　　　よって

$$\alpha^2+\beta^2=(\alpha+\beta)^2-2\alpha\beta$$
$$=(-1)^2-2(-1)=3$$
$$\alpha^5+\beta^5=(\alpha^2+\beta^2)(\alpha^3+\beta^3)-\alpha^2\beta^2(\alpha+\beta)$$
$$=(\alpha^2+\beta^2)\{(\alpha+\beta)^3-3\alpha\beta(\alpha+\beta)\}-\alpha^2\beta^2(\alpha+\beta)$$
$$=3\{(-1)^3-3(-1)(-1)\}-(-1)^2(-1)=-11$$

演習 52

　$x^2-x-1=0$ の解を $\alpha,\ \beta\ (\alpha<\beta)$ とするとき，$\alpha^7+\beta^7,\ \beta^2-\alpha-1$ の値を求めよ。

まず，$\alpha+\beta$ と $\alpha\beta$ で $\alpha^7+\beta^7$ を表す方法を考えます。いくつか候補を挙げると

$$\alpha^7+\beta^7=(\alpha^6+\beta^6)(\alpha+\beta)-\alpha\beta(\alpha^5+\beta^5) \quad \cdots\cdots①$$
$$\alpha^7+\beta^7=(\alpha^5+\beta^5)(\alpha^2+\beta^2)-\alpha^2\beta^2(\alpha^3+\beta^3) \quad \cdots\cdots②$$
$$\alpha^7+\beta^7=(\alpha^4+\beta^4)(\alpha^3+\beta^3)-\alpha^3\beta^3(\alpha+\beta) \quad \cdots\cdots③$$

のようになりますが，①，②では $\alpha^6+\beta^6$，$\alpha^5+\beta^5$ などを処理し直さないといけないのに対して，③では $\alpha^4+\beta^4$，$\alpha^3+\beta^3$ を処理すればよいので比較的楽です。

$\Downarrow$

解答　解と係数の関係により　　　$\alpha+\beta=1,\ \alpha\beta=-1$

また
$$\begin{cases} \alpha^4+\beta^4=(\alpha^2+\beta^2)^2-2\alpha^2\beta^2=\{(\alpha+\beta)^2-2\alpha\beta\}^2-2\alpha^2\beta^2 \\ \qquad\quad =\{1^2-2(-1)\}^2-2=7 \\ \alpha^3+\beta^3=(\alpha+\beta)^3-3\alpha\beta(\alpha+\beta)=1+3=4 \end{cases}$$

よって
$$\alpha^7+\beta^7=(\alpha^4+\beta^4)(\alpha^3+\beta^3)-\alpha^3\beta^3(\alpha+\beta)$$
$$=7\cdot4+1=\mathbf{29}$$

別解を示しておきます。

$\Downarrow$

別解　α は $x^2-x-1=0$ の解なので，$\alpha^2-\alpha-1=0$ を満たす。
$$\alpha^7=(\alpha^2-\alpha-1)(\alpha^5+\alpha^4+2\alpha^3+3\alpha^2+5\alpha+8)+13\alpha+8$$
$$=13\alpha+8$$

$$\begin{array}{r|cccccccc} & 1 & 0 & 0 & 0 & 0 & 0 & 0 & 0 \\ 1 & & 1 & 1 & 2 & 3 & 5 & 8 & \\ 1 & & & 1 & 1 & 2 & 3 & 5 & 8 \\ \hline & 1 & 1 & 2 & 3 & 5 & 8 & \| 13 & 8 \end{array}$$

同様に　　$\beta^7=13\beta+8$
よって
$$\alpha^7+\beta^7=(13\alpha+8)+(13\beta+8)$$
$$=13(\alpha+\beta)+16=\mathbf{29}$$

次に，$\beta^2-\alpha-1$ ですが，このままでは α，β の次数が違い，困ります。別解で α が $x^2-x-1=0$ の解であるということを用いて，$\alpha^7=13\alpha+8$ と α^7 の次数を落として書き直したやり方と同様のやり方を用いてみましょう。

$\Downarrow$

解答　β は $x^2-x-1=0$ の解であるから
$$\beta^2-\beta-1=0 \qquad \therefore\quad \beta^2-1=\beta$$
よって
$$\beta^2-\alpha-1=\beta-\alpha=\sqrt{5}$$

7 解と係数の関係の逆

2次方程式 $ax^2+bx+c=0$ が与えられたとき,これの解 α, β について,

$\alpha+\beta=-\dfrac{b}{a}$, $\alpha\beta=\dfrac{c}{a}$ となりました。これを解と係数の関係と呼んでいましたが,逆に,$\alpha+\beta$ と $\alpha\beta$ の値が与えられたときに,α, β を解にもつ2次方程式を作ることもできます。

$$\begin{cases} \alpha+\beta=p \\ \alpha\beta=q \end{cases} \text{のとき,} \alpha, \ \beta \text{を解にもつ2次方程式は,}$$
$$x^2-px+q=0 \text{ である。}$$

2つの数があって,それぞれの数自体はわかっていなくても,それらの和と積がわかれば,この2数を解にもつ2次方程式を作ることができ,結果として,2数の組を求めることができます。

例題 53

$4x^2+2x-1=0$ の2解を α, β とするとき,$\dfrac{1}{\alpha}$, $\dfrac{1}{\beta}$ を解にもつ2次方程式を作れ。

$\dfrac{1}{\alpha}$ と $\dfrac{1}{\beta}$ の和と積を求めればよいということです。

$\Downarrow$

 解答 まず,解と係数の関係により

$$\begin{cases} \alpha+\beta=-\dfrac{2}{4}=-\dfrac{1}{2} \\ \alpha\beta=-\dfrac{1}{4} \end{cases} \quad \therefore \quad \begin{cases} \dfrac{1}{\alpha}+\dfrac{1}{\beta}=\dfrac{\alpha+\beta}{\alpha\beta}=2 \\ \dfrac{1}{\alpha}\cdot\dfrac{1}{\beta}=-4 \end{cases}$$

よって,$\dfrac{1}{\alpha}$, $\dfrac{1}{\beta}$ を解にもつ2次方程式は

$$x^2-2x-4=0$$

少し発展的余談をしておきます。$\dfrac{1}{\alpha}$, $\dfrac{1}{\beta}$ は α, β の逆数ですが,元の方程式の解の逆数を解にもつ方程式を作るには,係数の並びを逆にすればよいのです。

$4x^2+2x-1=0$ であれば,左辺の係数は 4, 2, -1 ですが,これを逆に並べ,-1,

2，4 を係数とする2次方程式を作ると

$$-x^2+2x+4=0 \quad \therefore \quad x^2-2x-4=0$$

となり，求める方程式になっています。一般化しておきましょう。

> $ax^n+bx^{n-1}+\cdots+cx+d=0$ （$ad\neq0$）の解を x_1，x_2，$\cdots$，x_n
>
> **とするとき，** $\dfrac{1}{x_1}$，$\dfrac{1}{x_2}$，$\cdots$，$\dfrac{1}{x_n}$ **を解にもつ n 次方程式は**
>
> $dx^n+cx^{n-1}+\cdots+bx+a=0$
>
> **である。**

証明をしておきます。

$\Downarrow$

証明 x_1 は $ax^n+bx^{n-1}+\cdots+cx+d=0$ の解だから

$$ax_1{}^n+bx_1{}^{n-1}+\cdots+cx_1+d=0$$

この両辺を $x_1{}^n$ で割ると

$$a+b\cdot\frac{1}{x_1}+\cdots+c\left(\frac{1}{x_1}\right)^{n-1}+d\left(\frac{1}{x_1}\right)^n=0$$

これは $\dfrac{1}{x_1}$ が $dx^n+cx^{n-1}+\cdots+bx+a=0$ の解であることを示している。

同様に，$\dfrac{1}{x_2}$，$\dfrac{1}{x_3}$，$\cdots$，$\dfrac{1}{x_n}$ も $dx^n+cx^{n-1}+\cdots+bx+a=0$ の解である。

以上より，$\dfrac{1}{x_1}$，$\dfrac{1}{x_2}$，$\cdots$，$\dfrac{1}{x_n}$ を解にもつ n 次方程式は

$$dx^n+cx^{n-1}+\cdots+bx+a=0$$

と表されることがわかった。

演習 53

$5x^2-3x-1=0$ の2解を α，β とするとき，$\alpha+2$，$\beta+2$ を解にもつ2次方程式を作れ。

やはり $\alpha+2$ と $\beta+2$ の和と積を作りましょう。

$\Downarrow$

解答 まず，解と係数の関係により

$$\begin{cases} \alpha+\beta=\dfrac{3}{5} \\ \alpha\beta=-\dfrac{1}{5} \end{cases} \quad \therefore \quad \begin{cases} (\alpha+2)+(\beta+2)=\alpha+\beta+4=\dfrac{23}{5} \\ (\alpha+2)(\beta+2)=\alpha\beta+2(\alpha+\beta)+4=5 \end{cases}$$

よって，$\alpha+2$，$\beta+2$ を解にもつ2次方程式は

$$x^2-\frac{23}{5}x+5=0 \quad \therefore \quad \boldsymbol{5x^2-23x+25=0}$$

これも少し別の見方をしておきます。まず

> **方程式 $f(x)=g(x)$ の実数解は，$\begin{cases} y=f(x) \\ y=g(x) \end{cases}$ のグラフの交点の x 座標と一致する。**

を確認しておいてください（$p.90$ にも出てきましたし，$p.110$ で本格的に学びます）。これはほぼ自明なので，証明は抜きにしておきますが，今後何度となく出てくる重要な言い換えなので，覚えておきましょう。

また，$y=0$ は x 軸を表すので，特に

> **$f(x)=0$ の実数解は，$y=f(x)$ のグラフと x 軸の交点の x 座標と一致する。**

にも注意をしておきましょう。

準備ができたので**演習53**の別解を示します。

⇓

別解1 $5x^2-3x-1=0$ の解が α，β のとき，$y=5x^2-3x-1$ ……(*)のグラフと x 軸の交点の x 座標が α, β である。

したがって，$\alpha+2$, $\beta+2$ は(*)を x 軸方向に2だけ平行移動したグラフと x 軸との交点の x 座標となる。

(*)を x 軸方向に2だけ平行移動するために，x の代わりに $x-2$ を代入して
$$y=5(x-2)^2-3(x-2)-1 \quad \therefore \quad y=5x^2-23x+25$$
よって，$\alpha+2$, $\beta+2$ を解にもつ2次方程式は
$$5x^2-23x+25=0$$

さらに，もう1つ別解を付け加えておきます。

⇓

別解2 $5x^2-3x-1=0$ を解くと $x=\dfrac{3\pm\sqrt{29}}{10}$ であるから，$\alpha+2$, $\beta+2$ は

$\dfrac{3\pm\sqrt{29}}{10}+2=\dfrac{23\pm\sqrt{29}}{10}$ である。よって，求める方程式は

$$\left(x-\frac{23+\sqrt{29}}{10}\right)\left(x-\frac{23-\sqrt{29}}{10}\right)=0$$

$$x^2-\frac{23}{5}x+\frac{23^2-29}{100}=0$$

$$\therefore \quad 5x^2-23x+25=0$$

のように解答しても当然正解です。

2次不等式

方程式の実数解はグラフの交点の x 座標だと説明しましたが，不等式の解も同様に考えることができます。

> $f(x) > g(x)$ の解は，$y = f(x)$ のグラフが $y = g(x)$ のグラフの
> 上方にあるような x の範囲。

特に

> $f(x) > 0$ の解は，$y = f(x)$ のグラフが x 軸の上方にあるような
> x の範囲。
> $f(x) < 0$ の解は，$y = f(x)$ のグラフが x 軸の下方にあるような
> x の範囲。

です。この考え方を用いて2次不等式の具体例を見てみましょう。

$(x-1)(x-2) > 0$ であれば，まず $y = (x-1)(x-2)$ のグラフを考えます。これは下に凸の放物線で，x 切片が1と2なので，グラフは右図のようになります。グラフが x 軸の上方にあるような x の範囲を考えて

$(x-1)(x-2) > 0$ の解は $x < 1,\ 2 < x$

となります。$(x-1)(x-2) < 0$ であれば，グラフが x 軸の下方にあるような x の範囲を考えて

$(x-1)(x-2) < 0$ の解は $1 < x < 2$

となります。一般化しておくと

> $\alpha < \beta$ のとき
> $(x-\alpha)(x-\beta) > 0$ の解は $x < \alpha,\ \beta < x$
> $(x-\alpha)(x-\beta) < 0$ の解は $\alpha < x < \beta$

です。これが基本ですが，x^2 の係数が負のときは，$y = $ 左辺 のグラフが上に凸になるので要注意です。具体例で見ておきましょう。

$-(x-1)(x-2) > 0$ であれば，$y = -(x-1)(x-2)$ のグラフが右図のようになるので，x 軸の上方にある部分を考えて

$-(x-1)(x-2) > 0$ の解は $1 < x < 2$

です。同様に

$-(x-1)(x-2) < 0$ の解は $x < 1,\ 2 < x$

です。それでは問題を解いてみましょう。

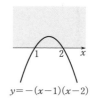

第1章
第2章
第3章
第4章
第5章
第6章
第7章
第8章
第9章
第10章
第11章
第12章
第13章
第14章

 例題 54

$2x^2+5x+1>0$ を解け。

大なり（＞）となっているので，「小さい方より小さい，または大きい方より大きい」となります。まず，$2x^2+5x+1=0$ を解いて，$y=2x^2+5x+1$ のグラフと x 軸との交点の x 座標を調べます。

$$y=2x^2+5x+1$$

$\Downarrow$

 解答　　$2x^2+5x+1=0$　　$\therefore$　$x=\dfrac{-5\pm\sqrt{17}}{4}$

よって，$2x^2+5x+1>0$ の解は

$$x<\dfrac{-5-\sqrt{17}}{4},\quad \dfrac{-5+\sqrt{17}}{4}<x$$

演習 54

$-3x^2+x+1>0$ を解け。

$y=-3x^2+x+1$ のグラフが x 軸の上方にある部分を考えます。

$\Downarrow$

解答　　$-3x^2+x+1=0$　　$\therefore$　$x=\dfrac{1\pm\sqrt{13}}{6}$

$$y=-3x^2+x+1$$

よって，$-3x^2+x+1>0$ の解は

$$\dfrac{1-\sqrt{13}}{6}<x<\dfrac{1+\sqrt{13}}{6}$$

パターンにあてはめて考えるのであれば，x^2 の係数を正にするために両辺を -1 倍します。

$\Downarrow$

別解　　$-3x^2+x+1>0$

　　　　$3x^2-x-1<0$

$\therefore$　$\dfrac{1-\sqrt{13}}{6}<x<\dfrac{1+\sqrt{13}}{6}$

注意点は，両辺に負の数をかける（負の数で割る）と，不等号の向きが逆になることです。すると，小なり（＜）になるので，「小さい方から大きい方まで」とパターンで解くことになります。

 例題 55

$x^2+2x+3>0$ を解け。

$x^2+2x+3=0$ の判別式を考えると, $\dfrac{D}{4}=1-3<0$ です。した

がって, この方程式に実数解はありません。つまり, x^2+2x+3

はどのような実数 x に対しても 0 になることがないということ

で, $y=x^2+2x+3$ のグラフが x 軸と交点をもたないことを意味

しています。

⇓

解答　$x^2+2x+3>0$ は $(x+1)^2+2>0$ と変形できる。

よって, **すべての実数 x**。

演習 55

　$2x^2+3x+4<0$ を解け。

やはり, $2x^2+3x+4=0$ の判別式は $D=9-32<0$ です。

⇓

解答　$2x^2+3x+4<0$ は $2\left(x+\dfrac{3}{4}\right)^2+\dfrac{23}{8}<0$ と変形できる。

よって, **解なし**。

例題 56

　$4x^2-4x+1>0$ を解け。

$4x^2-4x+1=0$ の判別式は $\dfrac{D}{4}=4-4=0$ です。したがって, この方程式の相異なる

実数解の個数は 1 個です。つまり, $4x^2-4x+1$ を 0 にするよう

な実数 x が 1 個しかないということで, $y=4x^2-4x+1$ のグラフ

が x 軸と接することを意味しています。

⇓

解答　$4x^2-4x+1>0$ は $4\left(x-\dfrac{1}{2}\right)^2>0$ と変形できる。よって

$$x \neq \dfrac{1}{2}$$

演習 56

　$9x^2+12x+4\leqq0$ を解け。

$9x^2+12x+4=0$ の判別式は $\dfrac{D}{4}=36-36=0$ です。

第1章
第2章
第3章
第4章
第5章
第6章
第7章
第8章
第9章
第10章
第11章
第12章
第13章
第14章

解答　$9x^2+12x+4\leqq0$ は $9\left(x+\dfrac{2}{3}\right)^2\leqq0$ と変形できる。よって

$$x=-\frac{2}{3}$$

以上，$D\leqq0$ のときは，まず平方完成をするところから議論を始めます。

例題 57

　x の不等式 $ax^2-(2a+1)x+2>0$ を解け。

　a が正か負かで，$y=$ 左辺 のグラフが下に凸になったり，上に凸になったりするので場合分けが必要です。また，$a=0$ であれば 2 次不等式ではなく，1 次不等式になることにも注意しておきましょう。

解答　$\boldsymbol{a=0}$ **のとき**

$$-x+2>0 \quad \therefore \quad x<2$$

また，$ax^2-(2a+1)x+2>0$ は $(ax-1)(x-2)>0$ と変形できるから

$$
\begin{cases}
a<0 \text{ のとき} & \dfrac{1}{a}<x<2 \\[2mm]
0<a<\dfrac{1}{2} \text{ のとき} & x<2,\ \dfrac{1}{a}<x \\[2mm]
a=\dfrac{1}{2} \text{ のとき} & x\neq2 \\[2mm]
a>\dfrac{1}{2} \text{ のとき} & x<\dfrac{1}{a},\ 2<x
\end{cases}
$$

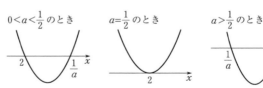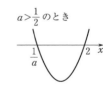

演習 57

　x の不等式 $ax^2+(a+2)x+2<0$ を解け。

解答　$\boldsymbol{a=0}$ **のとき**

$$2x+2<0 \quad \therefore \quad x<-1$$

また，$ax^2+(a+2)x+2<0$ は $(ax+2)(x+1)<0$ と変形できるから

$$\begin{cases} a<0 \text{ のとき} & x<-1, \quad -\dfrac{2}{a}<x \\[2mm] 0<a<2 \text{ のとき} & -\dfrac{2}{a}<x<-1 \\[2mm] a=2 \text{ のとき} & \text{解なし} \\[2mm] a>2 \text{ のとき} & -1<x<-\dfrac{2}{a} \end{cases}$$

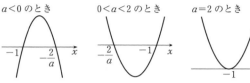

9 解の配置

*p.*105 に出てきた

> 方程式 $f(x)=g(x)$ の実数解は，$\begin{cases} y=f(x) \\ y=g(x) \end{cases}$ のグラフの交点の x 座標と
> 一致する。

について再び学びます。ここでは，どのようなときに前者を用い，どのようなときに後者を用いるのかを知っておくことが大切です。すなわち

> ・解（交点の x 座標）がほしいときは，$f(x)=g(x)$ を解く。
> しかし
> ・解がどのあたりに何個ぐらいあるのかということを視覚的に
> とらえたいときには，グラフの交点を考える。

ということです。今回のテーマでは前者を後者で言い換えることを考えます。

┌ 例題 58 ┐
　　x についての方程式 $x^2+ax+b=0$ が，2 より大きい解と 2 より小さい解をもつための a, b の条件を求めよ。

　$x^2+ax+b=0$ を解くと $x=\dfrac{-a\pm\sqrt{a^2-4b}}{2}$ ですから

$$\begin{cases} \dfrac{-a+\sqrt{a^2-4b}}{2} > 2 \\ \dfrac{-a-\sqrt{a^2-4b}}{2} < 2 \end{cases} \quad \cdots\cdots(*)$$

が求める条件です。しかし，大小を比較するためには，(*)の左辺が実数でなければならないという隠れた条件があり，結局 $a^2-4b \geqq 0$ を加えて(*)を整理し直す必要があります。実際，その作業はかなり大変なので，別のやり方を考えてみることにしましょう。

解答 左辺を $f(x)$ とおき，$y=f(x)$ のグラフが x 軸（$y=0$ のグラ
フ）と $x>2$ 及び $x<2$ の範囲で2交点をもつ条件を考えればよい。

  $y=f(x)$ のグラフは下に凸の放物線だから，求める条件は
$$f(2)<0 \quad \therefore \quad \boldsymbol{2a+b+4<0}$$

下に凸の放物線で，関数値が負のところがあれば（$f(2)<0$），グラフは必ずそこより右と左で x 軸と交わるので，判別式を持ち出す必要がありません。解そのものと2の大小を比較するやり方と比べて，かなり効率がよいことを確認しておいてください。

演習 58

 x についての方程式 $ax^2+bx+c=0$ が，2 より大きい解と 2 より小さい解をもつための a, b, c の条件を求めよ。

やはり，グラフの交点を考えることにしましょう。ただし，a の符号によって，$y=$左辺 のグラフが上に凸になったり，下に凸になったりするので，場合分けが必要です。

解答 左辺を $f(x)$ とおく。

・$a=0$ のときは，2 解をもたず不適。

・$a>0$ のとき，$y=f(x)$ のグラフは下に凸の放物線になるので
$$f(2)<0 \quad \therefore \quad 4a+2b+c<0$$

・$a<0$ のとき，$y=f(x)$ のグラフは上に凸の放物線になるので
$$f(2)>0 \quad \therefore \quad 4a+2b+c>0$$

よって，求める条件は
$$\boldsymbol{a>0, \ 4a+2b+c<0} \quad \textbf{または} \quad \boldsymbol{a<0, \ 4a+2b+c>0}$$

結局，a と $f(2)$ が異符号であることが求める条件になるので，上の解答は

$$af(2)<0 \quad \therefore \quad a(4a+2b+c)<0$$

とまとめることもできます。このように，異符号であることの条件は「かけて負」と表されることも覚えておきましょう。

例題 59

x についての方程式 $x^2-2ax+3a=0$ が 1 より大きい解をもつための a の値の範囲を求めよ。

---

2 つの解のうち，1 個だけが 1 より大きい場合と 2 個とも 1 より大きい場合に分けて考えるのが基本的なやり方です。「1 個だけが 1 より大きい」場合の条件は，**例題 58**，**演習 58** と同じ考え方で求めることができます。

「2 個とも 1 より大きい」場合の条件は次のようになります。まず，実数解をもたなければならないので，判別式は正または 0 です。

次に，放物線は軸対称ですから，解も数直線上で軸対称に現れます。したがって，軸が $x=1$ より左または $x=1$ 上にあれば，解が 2 個とも 1 より大きくはなりません。よって，軸は $x=1$ より右になければなりません。

最後に，「1 より大きい」という範囲の端は $x=1$ のところになりますが，ここにおける関数値の符号を考えます。方程式の左辺を $f(x)$ とおくとき，$f(1)<0$ だと**例題 58**，**演習 58** と同じで，1 より大きい解と 1 より小さい解をもつことになり，$f(1)>0$ だと 2 個とも 1 より大きくなることが確認できると思います。

以上で，大体の議論ができたことになりますが，もう 1 つ，1 と 1 より大きい解をもつ場合があります。この場合の条件は，「$f(1)=0$ で軸が $x=1$ より右」になります。1 より大きい解は 1 個だけもつことになりますが，「2 個とも 1 より大きい」場合の議論の中で，$f(1)>0$ としていたところに組み入れて，$f(1)\geqq0$ としておけばよいことがわかります。

結局，後半の議論は「判別式，軸，端」の 3 点をチェックしていることになります。これが解の配置の基本だと理解しておいてください。

⇓

解答　左辺を $f(x)$ とおくとき，求める条件は

$$f(1)<0 \quad 1+a<0 \quad \therefore \quad a<-1$$

または

$$\begin{cases} \dfrac{D}{4}=a^2-3a\geqq0 \\ a>1 \\ f(1)=1+a\geqq0 \end{cases} \quad \begin{cases} a(a-3)\geqq0 \\ a>1 \\ a\geqq-1 \end{cases} \quad \therefore \quad a\geqq3$$

以上より $a<-1,\ 3\leqq a$

演習 59

x についての方程式 $x^2+ax+1=0$ の 2 解が，ともに 2 より小さくなるような a の値の範囲を求めよ。

解答　左辺を $f(x)$ とおくとき，求める条件は

$$\begin{cases} D=a^2-4\geqq0 \\ -\dfrac{a}{2}<2 \\ f(2)=2a+5>0 \end{cases} \quad \therefore \quad \begin{cases} a\leqq-2,\ 2\leqq a \\ a>-4 \\ a>-\dfrac{5}{2} \end{cases}$$

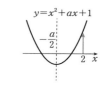

よって　$-\dfrac{5}{2}<a\leqq-2,\ 2\leqq a$

「判別式，軸，端」の 3 点をチェックしました。また，上の解答では，判別式が 0 の場合も含めていますが，これは重解も 2 個の解が 1 カ所に重なっているだけなので，2 解と考えるということです。

例題 60

x の方程式 $x^2+2ax+a+2=0$ が，$0<x<2$ に少なくとも 1 つの解をもつような a の値の範囲を求めよ。

2 つの解のうち，1 個だけが $0<x<2$ にある場合と，2 個とも $0<x<2$ にある場合に分けて考えるのは**例題 59** と同じです。また，1 個が 0 で他方が $0<x<2$ にあるときとか，1 個が 2 で他方が $0<x<2$ にあるような場合は，後者の議論に組み入れるのが簡明です。

解答　左辺を $f(x)$ とおくとき，求める条件は

$$f(0)f(2)<0$$
$$(a+2)(5a+6)<0$$
$$\therefore \quad -2<a<-\dfrac{6}{5}$$

または

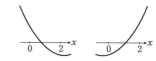

$$\begin{cases} \dfrac{D}{4}=a^2-a-2\geqq0 \\ 0<-a<2 \\ f(0)=a+2\geqq0 \quad\text{かつ}\quad f(2)=5a+6\geqq0 \quad\cdots\cdots(*) \end{cases}$$

（$(*)$ の等号が同時に成立する場合は除く）

すなわち

$$\begin{cases} (a+1)(a-2)\geqq0 \\ -2<a<0 \\ a\geqq-2 \quad\text{かつ}\quad a\geqq-\dfrac{6}{5} \end{cases} \quad\therefore\quad \begin{cases} a\leqq-1,\ 2\leqq a \\ -2<a<0 \\ a\geqq-\dfrac{6}{5} \end{cases}$$

よって $\quad-\dfrac{6}{5}\leqq a\leqq-1$

以上より

$$-2<a\leqq-1$$

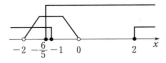

$p.112$ で「かけて負」が異符号であるための条件だと学びましたが、これを $f(0)f(2)<0$ で用いました。$f(0)$ と $f(2)$ が異符号であれば、$y=f(x)$ のグラフが $0<x<2$ の範囲に x 軸とただ 1 つの交点をもつことを確認してください。

また、$(*)$ の等号が同時に成立すれば、$x=0,\ 2$ を解にもつことになり、$0<x<2$ の範囲には解をもたないことになります。そのような場合は除かなければなりませんが、$(*)$ の等号が同時に成立するのは $a=-2$ かつ $a=-\dfrac{6}{5}$ のときですから、「そのような場合」はなく、結局、除かなければならないような a の値はないということです。

もう 1 つ注意しておくと、$(*)$ のところで、「$f(0)=a+2\geqq0,\ f(2)=5a+6\geqq0$」と書いても構いません。カンマ「$,$」は便利な記号で、この場合は「かつ」を表しますが、「$(x-1)(x-2)>0$ の解は $x<1,\ 2<x$」のように書いたときは「または」を表します。ただし、まぎらわしい表現にならないように気をつけることと、何よりも、「かつ」か「または」のどちらの意味でカンマを用いているのかを、自分の中で明確に意識しておくことが大切です。

演習60

x の方程式 $ax^2-(a+1)x+2=0$ が、$0<x<2$ に少なくとも 1 つの解をもつような a の値の範囲を求めよ。

解答 左辺を $f(x)$ とおく。まず、$f(0)=2>0$ であるから

$$f(2)=2a<0 \quad\therefore\quad a<0$$

であれば、$f(x)=0$ は $0<x<2$ に 1 個の解をもつ。

次に、これ以外の場合を考える。

- $a=0$ のとき，$f(x)=0$ は $-x+2=0$ すなわち $x=2$ となるので，$0<x<2$ には解をもたず，不適。
- $a>0$ のとき，$y=f(x)$ のグラフは下に凸の放物線となり，$f(x)=0$ が $0<x<2$ に解をもつ条件は

$$\begin{cases} D=(a+1)^2-8a \geqq 0 \\ 0<\dfrac{a+1}{2a}<2 \\ f(2)=2a \geqq 0 \end{cases}$$

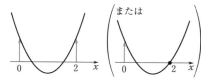

すなわち

$$\begin{cases} a^2-6a+1 \geqq 0 \\ a+1<4a \quad (\because \quad a>0 \text{ より, } 0<\dfrac{a+1}{2a} \text{ は満たされる}) \\ a \geqq 0 \end{cases}$$

$$\begin{cases} a \leqq 3-2\sqrt{2}, \ 3+2\sqrt{2} \leqq a \\ a>\dfrac{1}{3} \end{cases}$$

$$\therefore \quad a \geqq 3+2\sqrt{2}$$

以上より　$\boldsymbol{a<0, \ 3+2\sqrt{2} \leqq a}$

10　絶対値を含む関数

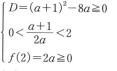

$p.60$ で三角不等式を学んだときに，絶対値の性質の話が出てきました。少し復習をしておくと

$$|x|=\begin{cases} x & (x \geqq 0 \text{ のとき}) \\ -x & (x<0 \text{ のとき}) \end{cases}$$

$$|-x|=|x| \qquad |x|^2=x^2$$

$$|xy|=|x||y| \qquad \left|\dfrac{x}{y}\right|=\dfrac{|x|}{|y|}$$

$$\begin{cases} |x| \geqq x \\ |x| \geqq -x \end{cases} \qquad |x|=\max\{x, \ -x\}$$

$$\max\{a, \ b\}=\dfrac{a+b+|a-b|}{2} \qquad \min\{a, \ b\}=\dfrac{a+b-|a-b|}{2}$$

$$\big||a|-|b|\big| \leqq |a+b| \leqq |a|+|b|$$

といったような内容でした。この節では，特にグラフについて学ぶことにしましょう。

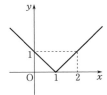

　まず，$y=|x-1|$ のグラフは，$y=|x|$ のグラフを x 軸方向に 1 だけ平行移動したもので，右図のようになります。絶対値はその中身が正であればそのままはずし，負であればマイナスを付けてはずせばよかったので

$$y=|x-1|$$

すなわち　　$y=\begin{cases} x-1 & (x\geqq 1 \text{ のとき}) \\ -(x-1) & (x<1 \text{ のとき}) \end{cases}$

$\therefore$　$y=\begin{cases} x-1 & (x\geqq 1 \text{ のとき}) \\ -x+1 & (x<1 \text{ のとき}) \end{cases}$

のように変形してみると，$y=|x-1|$ のグラフが確かに図のようになることが確認できます。

　それでは，$y=|x|+|x-1|$ のグラフはどうなるでしょうか。絶対値をはずすには，$|x|$ については $x\geqq 0$ または $x<0$ で場合分けをし，$|x-1|$ については $x\geqq 1$ または $x<1$ で場合分けをすることになるので，全体としては $x<0$, $0\leqq x\leqq 1$, $1<x$ のように場合分けすることになります。

$\begin{cases} x<0 \text{ のとき} & y=-x-(x-1) & y=-2x+1 \\ 0\leqq x\leqq 1 \text{ のとき} & y=x-(x-1) & y=1 \\ x>1 \text{ のとき} & y=x+x-1 & y=2x-1 \end{cases}$

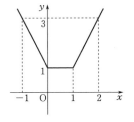

　結局，$y=|x|+|x-1|$ のグラフは右図のようになりました。これを見ると折れ線になっていますが，どうしてでしょうか。

$$y=|ax+b|+|cx+d|+\cdots+|ex+f|$$

タイプの方程式で，場合分けをして絶対値をはずしていくと，各区間で右辺は x の 1 次式を足していくことになるので，$y=mx+n$ の形になります。もちろん，このグラフは直線ですから，各区間が直線の一部となるようなグラフ，つまり折れ線になるのです。

　このことがわかってしまうと，もう少し効率のよいグラフの描き方があることに気づきます。$y=|x|+|x-1|$ を例にとって考えてみることにしましょう。

　まず，場合分けが $x<0$, $0\leqq x\leqq 1$, $1<x$ となることを確認するのは同じです。次に，場合分けの境界の 1 つに注目して関数値を調べます。場合分けの境界は $x=0$ のところと $x=1$ のところですから，ここでは $x=0$ のときを調べましょう。

　$y=|x|+|x-1|$ で $x=0$ とすると

　　　$y=|-1|$　　$\therefore$　$y=1$

　これで，グラフが $(0, 1)$ を通ることがわかりました。次は各区間における傾きを調べます。各区間で x の係数がどうなるかを調べればよいのです。

$x<0$ では，$|x|$ と $|x-1|$ のどちらもマイナスでくくって絶対値をはずすことになるので，x の係数は -2 になります。これで $x<0$ でのグラフが次の左図のようになっていることがわかりました。

$0\leqq x\leqq 1$ では，$|x|$ はそのままはずし，$|x-1|$ はマイナスでくくって絶対値をはずすので，x の係数は 0 になります。次の左のグラフに $0\leqq x\leqq 1$ の部分を付け足すと，次の中央の図のようになりました。

$x>1$ では，$|x|$ も $|x-1|$ もそのままはずすことになるので，x の係数は 2 になります。この区間を付け足してグラフが完成です（次の右図）。

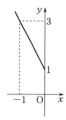 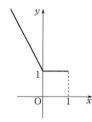 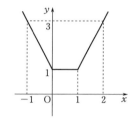

例題 61

　$y=|x|+|x-1|+|x-2|$ のグラフを描け。

場合分けの境界における関数値と傾きを調べるやり方でグラフを描いてみましょう。

⇓

解答　$x=0$ とすると

$$y=|-1|+|-2| \qquad \therefore \quad y=3$$

よって，$(0,\ 3)$ を通る。

次に，x の各区間における折れ線の傾きを調べると

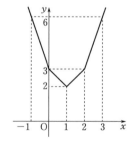

区間	$\cdots$	0	$\cdots$	1	$\cdots$	2	$\cdots$
傾き	-3		-1		1		3

よって，グラフは右図のようになる。

演習 61

　$y=|2x|+|x-1|-|x-2|$ のグラフを描け。

⇓

解答 $x=0$ のとき

$$y=|-1|-|-2| \qquad \therefore \quad y=-1$$

よって，$(0,-1)$ を通る。

次に，x の各区間における折れ線の傾きを調べると

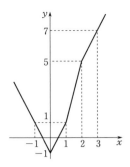

区間	$\cdots$ 0	$\cdots$ 1	$\cdots$ 2	$\cdots$
傾き	-2	2	4	2

よって，グラフは右図のようになる。

例題 62

$y=|x(x-1)|$ のグラフを描け。

まず，$y=x(x-1)$ のグラフは下に凸の放物線で x 切片が 0 と 1 ですから，右図のようになります。この右辺の全体に絶対値がついているので，$y \geqq 0$ の部分はそのままで，$y<0$ の部分はマイナス倍して正にする，つまり x 軸に関して折り返せばよいのです。したがって，グラフは次図のようになります。

$\Downarrow$
解答

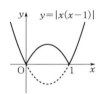

演習 62

$y=-|(x-1)(2-x)|$ のグラフを描け。

例題 62 と同様，$y=(x-1)(2-x)$ のグラフを考えて，それをもとに $y=|(x-1)(2-x)|$ のグラフを描きます。

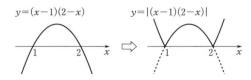

これをマイナス倍するということは，x 軸に関して折り返すということですから，$y=-|(x-1)(2-x)|$ のグラフは次図のようになります。

解答

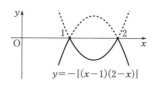

ところで，$|-x|=|x|$ ですから，$y=-|(x-1)(2-x)|$ は $y=-|(x-1)(x-2)|$ として考えても同じことです。

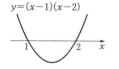 $\Rightarrow$ 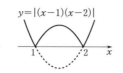 $\Rightarrow$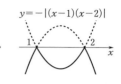

例題 63

$y=x|x-1|$ のグラフを描け。

まず，$y=x(x-1)$ のグラフを考えます。

これに対して，$y=x|x-1|$ のグラフは $x\geqq1$ では，絶対値がそのままはずれるので，$y=x(x-1)$ のグラフと同じです。$x<1$ では，絶対値がマイナス倍ではずれるので，x 軸に関して折り返すことになります。

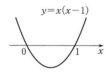

解答

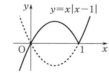

演習 63

$y=(1-x)|x-2|$ のグラフを描け。

$y=(1-x)(x-2)$ は上に凸の放物線です。

$x\geqq2$ では，これと同じで，$x<2$ では，これを x 軸に関して折り返せばよいのです。

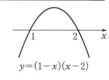

解答

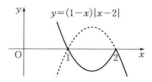

例題 64

$y=|x(x-1)|+x$ のグラフを描け。

これは地道に絶対値をはずしていくしかありません。

↓

解答　・$x\leqq 0$，$1\leqq x$ のとき

$y=x(x-1)+x$　　∴　$y=x^2$

・$0<x<1$ のとき

$y=-x(x-1)+x$　　∴　$y=-x^2+2x$

よって，グラフは右図のようになる。

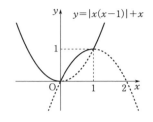

演習 64

$y=|x(x-1)|+|x-2|$ のグラフを描け。

解答　まず，絶対値の中身の符号を調べて表にすると

x	$\cdots$	0	$\cdots$	1	$\cdots$	2	$\cdots$
$x(x-1)$	+		$-$		+		+
$x-2$	$-$		$-$		$-$		+

よって

$x\leqq 0$，$1\leqq x\leqq 2$ のとき

$\quad y=x(x-1)-(x-2)$　　∴　$y=x^2-2x+2$

$0<x<1$ のとき

$\quad y=-x(x-1)-(x-2)$　　∴　$y=-x^2+2$

$x>2$ のとき

$\quad y=x(x-1)+(x-2)$　　∴　$y=x^2-2$

よって，グラフは右図のようになる。

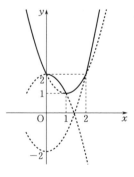

例題 65

x についての不等式 $|x|+2|x-1|<a$ を解け。

$y=|x|+2|x-1|$ のグラフが，$y=a$ のグラフの下方にあるような x の範囲を考えることになります。

一方，$y=a$ のグラフは横一直線ですから，a の値によって両者の交点の状況が変わることがわかります。

↓
解答　まず

$$|x|+2|x-1|=\begin{cases} -3x+2 & (x\leqq 0 \text{ のとき}) \\ -x+2 & (0<x<1 \text{ のとき}) \\ 3x-2 & (x\geqq 1 \text{ のとき}) \end{cases}$$

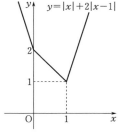

であり，$y=|x|+2|x-1|$ のグラフは右図のようになる。

次に，$y=|x|+2|x-1|$，$y=a$ のグラフの交点の x 座標を調べる。

$\begin{cases} y=-x+2 \\ y=a \end{cases}$ より，y を消去して

$$-x+2=a \quad \therefore \quad x=2-a$$

$\begin{cases} y=3x-2 \\ y=a \end{cases}$ より，y を消去して

$$3x-2=a \quad \therefore \quad x=\frac{2+a}{3}$$

$\begin{cases} y=-3x+2 \\ y=a \end{cases}$ より，y を消去して

$$-3x+2=a \quad \therefore \quad x=\frac{2-a}{3}$$

$1<a<2$ のとき

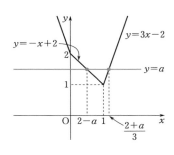

$a\geqq 2$ のとき

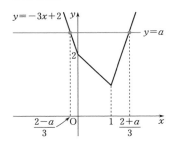

よって，不等式の解は

$$\begin{cases} a\leqq 1 \text{ のとき} & \text{解なし} \\ 1<a<2 \text{ のとき} & 2-a<x<\dfrac{2+a}{3} \\ a\geqq 2 \text{ のとき} & \dfrac{2-a}{3}<x<\dfrac{2+a}{3} \end{cases}$$

x についての不等式 $|x(x-2)|+x<a$ を解け。

解答 $y=|x(x-2)|+x$ のグラフが $y=a$ のグラフの下方にあるような x の範囲を考えればよい。まず

・$x\leqq0$, $2\leqq x$ のとき
$$|x(x-2)|+x=x^2-x$$

・$0<x<2$ のとき
$$|x(x-2)|+x=-x^2+3x$$

となるから，$y=|x(x-2)|+x$ のグラフは右図のようになる。また

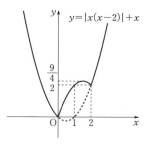

$$x^2-x=a \qquad \therefore \quad x=\frac{1\pm\sqrt{1+4a}}{2}$$

$$-x^2+3x=a \qquad \therefore \quad x=\frac{3\pm\sqrt{9-4a}}{2}$$

であるから

$$
\begin{cases}
a\leqq0 \text{ のとき} & \text{解なし} \\[2mm]
0<a\leqq2 \text{ のとき} & \dfrac{1-\sqrt{1+4a}}{2}<x<\dfrac{3-\sqrt{9-4a}}{2} \\[4mm]
2<a\leqq\dfrac{9}{4} \text{ のとき} & \dfrac{1-\sqrt{1+4a}}{2}<x<\dfrac{3-\sqrt{9-4a}}{2}, \\[4mm]
& \dfrac{3+\sqrt{9-4a}}{2}<x<\dfrac{1+\sqrt{1+4a}}{2} \\[4mm]
a>\dfrac{9}{4} \text{ のとき} & \dfrac{1-\sqrt{1+4a}}{2}<x<\dfrac{1+\sqrt{1+4a}}{2}
\end{cases}
$$

11 対称移動と対称性のあるグラフ

2次関数のグラフは放物線で，「軸対称である」ということが重要な特徴でした。ここでは，対称性についての理解を深めるために，関数のグラフが「y 軸に平行な直線に関して対称であるための条件」及び「ある点に関して対称であるための条件」を学びます。また，それに関連して様々な対称移動についても学ぶことにしましょう。

1 ・ 変換

　まず，実数 x を実数 y に対応させる関係を調べるのが関数だとしたら，実数 x, y の組 (x, y) を実数 x', y' の組 (x', y') に対応させる関係を調べることを変換と呼びます。この変換も 1 つの大きな分野になっていますが，その中で，身近で視覚的にわかりやすいものを挙げておくことにしましょう。

> $(x, y) \to (x+a, y+b)$ ：平行移動
> $(x, y) \to (-x, y)$ ：y 軸に関する対称移動
> $(x, y) \to (x, -y)$ ：x 軸に関する対称移動
> $(x, y) \to (-x, -y)$ ：原点に関する対称移動
> $(x, y) \to (y, x)$ ：直線 $y=x$ に関する対称移動
> $(x, y) \to k(x, y)$ $(k>0)$：原点を中心とする k 倍の相似変換

　ほぼ明らかなものばかりですが，直線 $y=x$ に関する対称移動についてだけ少しコメントしておきます。直線 $y=x$ に関して対称移動すると，x 軸が y 軸のところにきて，y 軸が x 軸のところにきます。これにより，右図を見れば，$(X, Y)=(y, x)$ になっていることがわかります。

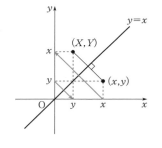

　また，直線 $y=x$ に関する対称移動と原点に関する対称移動を組合せて，直線 $y=-x$ に関する対称移動を作ることもできます。

> $(x, y) \to (-y, -x)$ ：直線 $y=-x$ に関する対称移動

　また，数直線上で x の a に関する対称点を X とすると

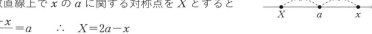

$$\frac{X+x}{2}=a \qquad \therefore \quad X=2a-x$$

になっています。これを利用すると

> $(x, y) \to (2a-x, y)$ ：直線 $x=a$ に関する対称移動
> $(x, y) \to (x, 2a-y)$ ：直線 $y=a$ に関する対称移動
> $(x, y) \to (2a-x, 2b-y)$：点 (a, b) に関する対称移動

・ グラフの対称移動

以上は点の移動の話ですが, 点の集合としての関数のグラフを移動することもできます。$p.88$～89 で関数のグラフを平行移動したグラフの方程式を求めましたが, これはその一例です。

例題 66

$y=x^2-2x+3$ のグラフを $(2, 1)$ に関して対称移動したグラフの方程式を求めよ。

直観的には, $y=x^2-2x+3$ のグラフは $y=x^2$ のグラフを平行移動したもので, $y=x^2$, $y=-x^2$ のグラフは原点対称ですから, 求めるグラフは $y=-x^2$ のグラフを平行移動したものになります。

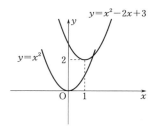
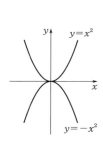
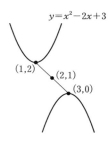

$y=x^2-2x+3$ の頂点が $(1, 2)$ で, これを $(2, 1)$ に関して対称移動すると $(3, 0)$ になりますから, 求めるグラフの方程式は

$$y=-(x-3)^2 \qquad \therefore \quad y=-x^2+6x-9$$

です。

一応, 答えが出ましたが, もう少し正確に解くと次のようになります。

$\Downarrow$

解答　求めるグラフ上の点を (x, y) とおく。

これの $(2, 1)$ に関する対称点は $(4-x, 2-y)$ となり, この点が $y=x^2-2x+3$ 上にあるので

$$2-y=(4-x)^2-2(4-x)+3$$

$$\therefore \quad \boldsymbol{y=-x^2+6x-9}$$

これが求めるグラフの方程式である。

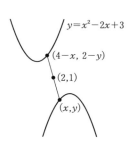

演習 66

 $y=2|x-1|-|x|$ のグラフを直線 $x=-1$ に関して対称移動したグラフの方程式を求めよ。

解答 求めるグラフ上の点を $(x,\ y)$ とおく。

 これを $x=-1$ に関して対称移動した点は $(-2-x,\ y)$ となり，これが $y=2|x-1|-|x|$ 上にあるから

$$y=2|-2-x-1|-|-2-x| \qquad \therefore\ \ \boldsymbol{y=2|x+3|-|x+2|}$$

 これが求めるグラフの方程式である。

3 ・ 対称性のあるグラフ

 以上，対称移動について見てきましたが，ある直線に関して，グラフ上のどの点を対称移動しても，やはりグラフ上の点であるという性質を満たすとき，そのグラフは線対称であると言います。同様に，ある点に関して，グラフ上のどの点を対称移動しても，やはりグラフ上の点であるという性質を満たすとき，そのグラフは点対称であると言えます。以下は，このような対称性のあるグラフについて学ぶことにしましょう。対称性のあるグラフをもつ関数としては偶関数と奇関数が代表格です。

> **偶関数** ▶
>
> $y=f(x)$ のグラフが y 軸対称。
> $f(x)=f(-x)$ が定義域内のすべての実数 x で成り立つ。

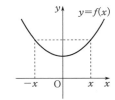

 数直線上で x と $-x$ は原点対称の位置にありますが，その x のところの関数値と $-x$ のところの関数値がいつも等しければ，グラフは y 軸対称になります。このような関数を偶関数と言います。

> **奇関数** ▶
>
> $y=f(x)$ のグラフが原点対称。
> $f(x)+f(-x)=0$ が定義域内のすべての実数 x で成り立つ。

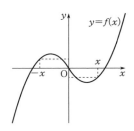

 x のところの関数値と $-x$ のところの関数値が異符号，別の言い方をすれば，$f(x)$ と $f(-x)$ の真ん中が 0 になっているような関数を奇関数と言います。

この 2 つをもう少し一般化してみましょう。

> $y=f(x)$ のグラフが直線 $x=a$ に関して対称。
> $f(x)=f(2a-x)$ が定義域内のすべての実数 x で成り立つ。
> $\iff f(a+t)=f(a-t)$ が、$a+t$ が定義域内であるようなすべての実数 t で成り立つ。

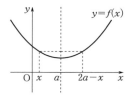

数直線上で x と $2a-x$ は a に関して対称な位置にありますから、x における関数値と $2a-x$ における関数値がいつも等しければ、グラフは直線 $x=a$ に関して対称になります。これは偶関数の応用になっています。また、x と $2a-x$ の代わりに、$a+t$ と $a-t$ を用いることもできます。これだと、a からいくらか進んだところと、同じだけ戻ったところという意味になり、数直線上で a に関して対称な位置にあるということが、よりわかりやすいかもしれません。

次は奇関数の応用です。

> $y=f(x)$ のグラフが点 $(a,\ b)$ に関して対称。
> $f(x)+f(2a-x)=2b$ が定義域内のすべての実数 x で成り立つ。
> $\iff f(a+t)+f(a-t)=2b$ が、$a+t$ が定義域内であるようなすべての実数 t で成り立つ。

$f(x)$ と $f(2a-x)$ の相加平均が b だという式になっています。x と $2a-x$ の代わりに、$a+t$ と $a-t$ にしてもよいのは上と同じです。

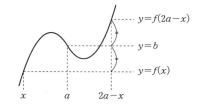

例題 67

$f(x)=ax^2+bx+c\ (a \neq 0)$ とする。$y=f(x)$ のグラフがある直線に関して対称であることを示せ。

解答　$f(x)=ax^2+bx+c=a\left(x+\dfrac{b}{2a}\right)^2-\dfrac{b^2}{4a}+c$

と変形できるので

$$\begin{cases} f\left(-\dfrac{b}{2a}+t\right)=at^2-\dfrac{b^2}{4a}+c \\[2mm] f\left(-\dfrac{b}{2a}-t\right)=at^2-\dfrac{b^2}{4a}+c \end{cases}$$

となり，$f\left(-\dfrac{b}{2a}+t\right)=f\left(-\dfrac{b}{2a}-t\right)$ がすべての実数 t で成立する。

よって，$y=f(x)$ のグラフは $x=-\dfrac{b}{2a}$ に関して対称である。

$p.89$ で「$y=ax^2$ のグラフは y 軸対称であり，$y=ax^2+bx+c$ のグラフはこれを平行移動して得られるので，$x=-\dfrac{b}{2a}$ に関して対称だ」という説明をしましたが，証明するとなると，上に示した解答のようにするのがベターです。$p.89$ の説明では，「それでは，どうして $y=ax^2$ のグラフが y 軸対称なのか」ということに対しては言及されていないからです。

次に，点対称のグラフについても，例を挙げておきましょう。実は，3 次関数のグラフは点対称であることが知られています。詳しいことは「微分」のところで学びますが，ここでは，3 次関数のグラフが点対称であるということだけを学んでおきます。

2 次関数のグラフが軸対称であることを示すために，平方完成をしました。

$$y=ax^2+bx+c \quad (a \neq 0) \qquad \therefore \quad y=a\left(x+\dfrac{b}{2a}\right)^2-\dfrac{b^2}{4a}+c$$

これにより，偶関数のグラフを平行移動したものが 2 次関数のグラフだということがわかりました。つまり，平方完成する前の式では x の 1 次の項 bx がじゃまだったので，x の 2 次の項 ax^2 に組み入れたということです。

同じように，3 次関数のグラフが点対称だと確認するためには，「奇関数のグラフを平行移動したものが 3 次関数のグラフだ」とわかる形に変形することが大切です。つまり，$y=ax^3+bx^2+cx+d$ では bx^2 の項がじゃまなので，ax^3 の項に組み入れることを考えます。

$$f(x)=ax^3+bx^2+cx+d \quad (a \neq 0)$$
$$=a\left(x+\dfrac{b}{3a}\right)^3+\left(c-\dfrac{b^2}{3a}\right)x+d-\dfrac{b^3}{27a^2}$$

これを<ruby>立方完成<rt>りっぽうかんせい</rt></ruby>と言います。$a\left(x+\dfrac{b}{3a}\right)^3$ を展開したときに $ax^3+bx^2+\cdots$ になることを確認してください。しかし，この展開では，元の式になかった $\dfrac{b^2}{3a}x+\dfrac{b^3}{27a^2}$ が出てくるので，これが相殺できるように式を調整したということです。

この段階で，じゃまだった bx^2 の項を ax^3 の項に組み入れることには成功しましたが，まだ「奇関数を平行移動した形」にはなっていません。そこで，さらに変形を続けて

$$f(x)=a\left(x+\dfrac{b}{3a}\right)^3+\left(c-\dfrac{b^2}{3a}\right)x+d-\dfrac{b^3}{27a^2}$$
$$=a\left(x+\dfrac{b}{3a}\right)^3+\left(c-\dfrac{b^2}{3a}\right)\left(x+\dfrac{b}{3a}\right)+\boxed{定数}$$

とします。ここで，$x=-\dfrac{b}{3a}$ としてみると，$\boxed{\text{定数}}=f\left(-\dfrac{b}{3a}\right)$ になっていることが
わかるので

$$f(x)=a\left(x+\frac{b}{3a}\right)^3+\left(c-\frac{b^2}{3a}\right)\left(x+\frac{b}{3a}\right)+f\left(-\frac{b}{3a}\right)$$

となります。これで，$y=f(x)$ のグラフは奇関数 $y=ax^3+\left(c-\dfrac{b^2}{3a}\right)x$ のグラフを x
軸方向に $-\dfrac{b}{3a}$，y 軸方向に $f\left(-\dfrac{b}{3a}\right)$ だけ平行移動したものであることがわかるよ
うになりました。

演習 67

$f(x)=ax^3+bx^2+cx+d \ (a\neq0)$ とする。$y=f(x)$ のグラフが点対称である
ことを示せ。

解答
$$f(x)=ax^3+bx^2+cx+d$$
$$=a\left(x+\frac{b}{3a}\right)^3+\left(c-\frac{b^2}{3a}\right)\left(x+\frac{b}{3a}\right)+f\left(-\frac{b}{3a}\right)$$

と変形できるので

$$f\left(-\frac{b}{3a}+t\right)+f\left(-\frac{b}{3a}-t\right)$$
$$=\left\{at^3+\left(c-\frac{b^2}{3a}\right)t+f\left(-\frac{b}{3a}\right)\right\}+\left\{-at^3-\left(c-\frac{b^2}{3a}\right)t+f\left(-\frac{b}{3a}\right)\right\}$$
$$\therefore \quad f\left(-\frac{b}{3a}+t\right)+f\left(-\frac{b}{3a}-t\right)=2f\left(-\frac{b}{3a}\right)$$

がすべての実数 t で成立する。

よって，$y=f(x)$ のグラフは $\left(-\dfrac{b}{3a},\ f\left(-\dfrac{b}{3a}\right)\right)$ に関して点対称である。

第3章

論理

第1章
第2章
第3章
第4章
第5章
第6章
第7章
第8章
第9章
第10章
第11章
第12章
第13章
第14章

1 命題と真偽

数学で使う論理用語と論理的な言いまわしに慣れるところから始めましょう。

- ・真：正しいこと。
- ・偽：誤っていること。
- ・命題：真偽を明確に述べることのできる文。
- ・x を変数とする条件：x の内容が決まれば命題となる $P(x)$。
- ・x を変数とする条件 $P(x)$ の真理集合：$P(x)$ が真となるような x の全体集合。

ここで A ならば B であるという命題において，A, B はある条件になっています。この A, B の真理集合を $[A]$, $[B]$ と表すとして，命題の真偽を判定する方法の 1 つに

$$A \Longrightarrow B \text{ が真} \iff [A] \subset [B]$$

があります。たとえば，人は動物ですが，これは人という集合が動物の集合に含まれているということを意味しています。

1 つ例題を挙げておきましょう。

例題 68

命題：「$x^2 < 2x$ ならば $x^2 < 4$」の真偽を述べよ。

解答　$x^2 < 2x$ は $x^2 - 2x < 0$ すなわち $x(x-2) < 0$ と変形でき，この解は

$$0 < x < 2$$

これを満たす x の集合を A とする。

$x^2 < 4$ の解は　$-2 < x < 2$

これを満たす x の集合を B とする。

$A \subset B$ であるから，この命題は**真**である。

次は，よくある 2 つのタイプの命題について整理しておきます。
1 つは全称命題です。

- ・すべての何々に対して何々である。
- ・どんな何々をとっても何々である。
- ・任意の何々について何々である。

　　　：

第1章
第2章
第3章
第4章
第5章
第6章
第7章
第8章
第9章
第10章
第11章
第12章
第13章
第14章

表現はいろいろありますが，こういった命題を全称命題と言い，これが真であるためには，1つでも例外があってはなりません。

もう1つは存在命題です。

・何々であるような何々がある。

・ある何々について何々である。

・適当な何々をとると何々である。

　　　　⋮

これもいろいろな表現がありますが，この存在命題が真であるためには，1つでも「何々である」ようなものがあればよいのです。

 例題 69

　すべての実数 x に対して，$ax^2+bx+c>0$ となるための実数 a, b, c の条件を求めよ。

これは全称命題ですから，例外がないように議論します。

解答　$y=ax^2+bx+c$ ……(*) のグラフが x 軸の上方にあるための条件を考えればよい。

・$a>0$ のとき，(*)のグラフは下に凸の放物線になるから，頂点の y 座標が正であればよい。その条件は
$ax^2+bx+c=0$ が実数解をもたない条件と一致し
　　　$D=b^2-4ac<0$

・$a=0$ のとき，(*)のグラフは直線となり，$b\neq0$ では条件を満たさない。
$b=0$ のときは $c>0$ であれば条件を満たす。

・$a<0$ のとき，(*)のグラフは上に凸の放物線になるから条件を満たさない。

以上より　$\begin{cases} a>0 \text{ かつ } b^2-4ac<0 \\ \text{または} \\ a=b=0 \text{ かつ } c>0 \end{cases}$

演習 69

　ある実数 x に対して，$ax^2+bx+c>0$ となるための実数 a, b, c の条件を求めよ。

これは存在命題ですから，$ax^2+bx+c>0$ となる実数 x が1つでもあればよいのです。

解答 $y=ax^2+bx+c$ ……（∗）のグラフで，x 軸の上方にあるような部分が存在すればよい。

・$a>0$ のとき，（∗）のグラフは下に凸の放物線になるから条件を満たす。

・$a=0$ のとき，（∗）のグラフは直線になるから，$b\neq0$ のとき条件を満たし，$b=0$ のときは $c>0$ であればよい。

・$a<0$ のとき，（∗）のグラフは上に凸の放物線になるから，x 軸と 2 交点をもつときに条件を満たす。つまり，
$ax^2+bx+c=0$ が相異なる 2 実数解をもてばよいので
$$D=b^2-4ac>0$$

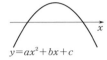
$y=ax^2+bx+c$

以上より

$$\begin{cases} a>0 \\ \text{または} \\ a=0 \ \text{かつ} \ b\neq0 \\ \text{または} \\ a=b=0 \ \text{かつ} \ c>0 \\ \text{または} \\ a<0 \ \text{かつ} \ b^2-4ac>0 \end{cases}$$

$A\cap B$ は「A かつ B」，$A\cup B$ は「A または B」を表しますが，次のド・モルガンの法則が成立します。

> **ド・モルガンの法則**
>
> $$\overline{A\cap B}=\overline{A}\cup\overline{B}, \quad \overline{A\cup B}=\overline{A}\cap\overline{B}$$

ある条件 A の否定は $\overline{A}$ で表します。$A:x\geqq1$ のとき，$\overline{A}:x<1$ といった具合です。ベン図を描いてド・モルガンの法則を確認してみることにしましょう。

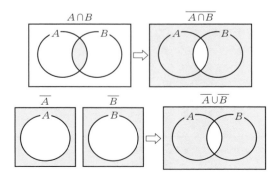

これを見れば，$\overline{A \cap B} = \overline{A} \cup \overline{B}$ であることがわかります。

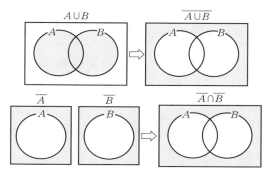

上図より，$\overline{A \cup B} = \overline{A} \cap \overline{B}$ も確認できます。

例題 70

　「$a > 0$ または $b > 0$」の否定を述べよ。

ド・モルガンの法則です。

$\Downarrow$

解答　　$a \leqq 0$ **かつ** $b \leqq 0$

　「かつ」の否定は「または」で，「または」の否定は「かつ」だということです。

演習 70

　「$a < b < 0$」の否定を述べよ。

　「$a < b < 0$」は「$a < b$ かつ $b < 0$」ということですから

$\Downarrow$

解答　　$a \geqq b$ **または** $b \geqq 0$

となります。

　ド・モルガンの法則を発展させると，全称命題の否定が存在命題で，存在命題の否定が全称命題であることがわかります。

例題 71

　「ある素数 p をとれば，p は 3 の倍数である」の否定を述べよ。

　「素数の中に 3 の倍数であるものがある」と言い換えることもでき，これは存在命題です。この否定は

$\Downarrow$

解答　**すべての素数 p について，p は 3 の倍数ではない。**

となりますが，素数 3 は 3 の倍数ですから，問題文の命題は真で，その否定は偽になっています。

> **演習 71**
> 「どんな実数 a，b，c をとっても，$|a+b+c| \leqq |a|+|b|+|c|$ である」の否定を述べよ。

三角不等式を 2 回使って

$$|a+b+c| \leqq |a+b|+|c| \leqq |a|+|b|+|c|$$

ですから，これは真なる命題ですが，この否定は

解答 　適当な実数 a，b，c をとれば，$|a+b+c| > |a|+|b|+|c|$ となる。

となります。元の命題が真なので，その否定は偽です。また

別解 1 　$|a+b+c| > |a|+|b|+|c|$ となる実数 a，b，c がある。

だとか

別解 2 　ある実数 a，b，c について，$|a+b+c| > |a|+|b|+|c|$ である。

のように言うこともできます。

2 逆，裏，対偶

「A ならば B である」……($*$) という命題に対して

「B ならば A である」を($*$)の逆，

「A でないならば B でない」を($*$)の裏，

「B でないならば A でない」を($*$)の対偶と言います。

記号を使って整理しておきます。

> $p：A \Longrightarrow B$ のとき
> 　p の逆　：$B \Longrightarrow A$
> 　p の裏　：$\overline{A} \Longrightarrow \overline{B}$
> 　p の対偶：$\overline{B} \Longrightarrow \overline{A}$

$p.130$ で

$$A \Longrightarrow B \text{ が真} \iff [A] \subset [B]$$

であることを学びましたが，ベン図を見ると
$$A \subset B \iff \overline{B} \subset \overline{A}$$

であることがわかります。結局

$$A \Longrightarrow B \text{ が真} \iff [A] \subset [B]$$
$$\iff [\overline{B}] \subset [\overline{A}] \iff \overline{B} \Longrightarrow \overline{A} \text{ が真}$$

となっています。これは，「元の命題が真のとき，その対偶も真である」ことを示しています。また

$$A \Longrightarrow B \text{ が偽} \iff [A] \not\subset [B]$$
$$\iff [\overline{B}] \not\subset [\overline{A}] \iff \overline{B} \Longrightarrow \overline{A} \text{ が偽}$$

であることも容易に確認できるので

$$A \Longrightarrow B \text{ と } \overline{B} \Longrightarrow \overline{A} \text{ は真偽において一致している。}$$

となります。さらに，「逆」と「裏」も互いに対偶の関係になっているので，その真偽は一致します。

　　　「明日晴れならテニスをする。逆に雨だったらテニスをしない」
などと言うことがありますが，これはどうでしょうか。「雨だったら（晴れでないなら）テニスをしない」は「晴れならテニスをする」の「裏」ですが，「逆」と「裏」は真偽が同じ命題なので，間違っているわけではないことがわかります。むしろ

　　　「明日晴れならテニスをする。裏に雨だったらテニスをしない」
などと言えば，その方が変な感じがします。

● 例題 72

　命題「n が p の倍数かつ q の倍数であるならば，n は pq の倍数である」の逆，裏，対偶を述べ，真偽を調べよ。ただし，n, p, q は自然数である。

　まず，この命題は偽です。一見真のように見えますが，そうではありません。たとえば，4 は 2 の倍数かつ 4 の倍数ですが，8（$= 2 \times 4$）の倍数にはなっていません。代わりに，「p と q が互いに素で，n が p の倍数かつ q の倍数であるならば，n は pq の倍数である」とすれば真になります。

解答　**逆：n が pq の倍数であるならば，n は p の倍数かつ q の倍数である。**

　　　n が pq の倍数のとき，$n = pqk$ と表され，n が p の倍数かつ q の倍数である

ことが確認できる。よって，この命題は**真**である。

裏：n が p の倍数でない，または q の倍数でないならば，n は pq の倍数ではない。

　　逆が真であるから，裏も**真**である。

対偶：n が pq の倍数でないならば，n は p の倍数でないか，q の倍数でないかのいずれかである。

　　元の命題が偽であるから，対偶も**偽**である。

　命題 $A \Longrightarrow B$ の真偽を考えるとき，$[A] \subset [B]$ となっているかどうかを考えるという方法が有力でした。ところで，「$A \Longrightarrow B$」とその対偶「$\overline{B} \Longrightarrow \overline{A}$」は真偽において一致していましたから，$[A] \subset [B]$ となっているかどうかを考えることと，$[\overline{B}] \subset [\overline{A}]$ となっているかどうかを考えることは同じことです。

　ところが，2つの集合 $[A]$ と $[\overline{A}]$ について，一方がとらえやすく，他方はとらえにくくなっていることが多いので，その結果，$[A] \subset [B]$ となっているかどうかを考えるのと，$[\overline{B}] \subset [\overline{A}]$ となっているかどうかを考えるのは，どちらかが容易で他方は難しいとなりやすいのです。

　実際，上の例で見ると，「逆」はわかりやすく「裏」はわかりにくくなっています。ですから，ある命題の真偽を判定しなければならないとき，その対偶の真偽を考えてもよく，元の命題かその対偶か，どちらが扱いやすいかを見極めることが大事です。

演習 72

　命題「ある正の実数 a に対して $b > a$ ならば，$b > 0$ である」の逆，裏，対偶を述べ，真偽を調べよ。

　この命題とその逆が真であることは自明でしょう。したがって，裏も対偶も真となりますが，裏と対偶を考えるときに，「ある正の実数 a に対して $b > a$」の否定を作らねばならず，そこが難しいところです。

　そこで，「ある正の実数 a に対して $b > a$」を「$b > a$ となる正の実数 a がある」と言い換えておくことにしましょう。すると，この否定は「$b > a$ となる正の実数 a がない」つまり「すべての正の実数 a に対して $b \leqq a$」となります。「正の実数 a」まで否定して「$a \leqq 0$ である実数 a」などとするとおかしなことになります。身近な例を挙げれば，「このクラスのある人は背が高い」を否定するとき，「このクラスのすべての人は背が低い」とするのであって，「このクラス」を否定するのではないのと同じです。

解答　逆：$b > 0$ ならば，ある正の実数 a に対して $b > a$ である。

　　裏：すべての正の実数 a に対して $b \leqq a$ ならば，$b \leqq 0$ である。

　　対偶：$b \leqq 0$ ならば，すべての正の実数 a に対して $b \leqq a$ である。

　　逆，裏，対偶ともに**真**である。

3 必要条件と十分条件

　命題「A ならば B である」が真のとき，B を A の**必要条件**と言い，A を B の**十分条件**と言います。また

$$A \Longrightarrow B \text{ が真} \iff [A] \subset [B]$$

ですから，$[A] \subset [B]$ のとき，B は A の必要条件で，A は B の十分条件だと言うこともできます。たとえば，人は動物なので，動物は人の必要条件で，人は動物の十分条件です。ところが，これは日常的な日本語ではなく，少し違和感を感じますので，補足説明をしておきます。

　通常，「〜が必要だ」と言えば，「〜がなければダメだ」とか，「〜しないと困る」という意味です。例を挙げれば，「テストを受けに行くのに鉛筆が必要だ」と言えば，「テストを受けに行くのに鉛筆がなければダメだ」ということです。結論として

　　　「必要」＝「外側はダメ」

と理解すれば，わかりやすいと思います。そうすると，「動物は人の必要条件」は，「動物（という集合）の外側には人はいない」ということになります。

　もう１つ重要な注意点があります。「外側はダメ」という表現は「内側でもダメになるところがあるかもしれない」という意味を含んでいることです。テストを受けるのに鉛筆は必要ですが，「鉛筆があればよいというわけではない」ということです。

　同様に「十分」についても別の解釈をしておきます。

　　　「十分」＝「内側なら大丈夫だが，外側が全部ダメだというわけではない」

です。また，A が B の必要条件であり，かつ十分条件であるとき，A は B の**必要十分条件**であると言います。A が B の必要十分条件であるとき，A と B は**同値**であるとも言い，$A \iff B$ で表します。本書では，この**同値記号** $\iff$ を $p.25$ の因数定理のところを出発点として何度か使ってきましたが，今一度その意味を確認しておいてください。

例題 73

　次の条件 A は条件 B の何条件か。

(1)　$A : x > 3$　　$B : x^2 > 9$

(2)　$A : n$ は pq の約数　　$B : n$ は p の約数または q の約数

　（ただし，n, p, q は自然数）

　このタイプの問題では，まず真なる命題を探すことが第１歩になります。$A \Longrightarrow B$ が真であるなら，A は B の十分条件であると判断します。$B \Longrightarrow A$ が偽であること

からは何もわかりません。

解答 (1) $x>3$ ならば，$x^2>9$ となるので，$A\Longrightarrow B$ は真。

　　　逆に，$x^2>9$ $(x<-3$ または $3<x)$ のとき，$x>3$ とは限らないので，

　　　$B\Longrightarrow A$ は偽。

　　　よって，A は B の十分条件である。

(2) 6 は $2\cdot3$ の約数であるが，2 の約数でも 3 の約数でもないという反例があ

　　　るから，$A\Longrightarrow B$ は偽。

　　　$B\Longrightarrow A$ が真であることは明らかである。

　　　よって，A は B の必要条件である。

演習 73

次の条件 A は条件 B の何条件か。

(1) $A：x>y$ 　　$B：x^2>y^2$

(2) $A：n$ は pq の約数 　　$B：n$ は p の約数または q の約数

　　（ただし，$n,\ p,\ q$ は自然数で，n は素数）

解答 (1) $-1>-2$ であるが，$(-1)^2<(-2)^2$ という反例があるので，$A\Longrightarrow B$ は偽。

　　　また，$(-2)^2>1^2$ であるが，$-2<1$ という反例があるので，$B\Longrightarrow A$ は偽。

　　　よって，A は B の必要条件でも十分条件でもない。

(2) n が pq の約数のとき，n は素数だから，n は p の約数または q の約数とな

　　　る。よって，$A\Longrightarrow B$ は真。

　　　$B\Longrightarrow A$ が真であることは明らかだから 　　$A\Longleftrightarrow B$

　　　よって，A は B の必要十分条件である。

(2)は**例題 73** の(2)とそっくりですが，「n は素数」という条件が加わりました。まず，n は pq の約数であるとき，n がもっている素因数を全部，pq がもっているということです。したがって，n が $6(=2\cdot3)$ のような合成数であれば，2 については p がもっており，3 については q がもっているということが起こりうるので，**例題 73** の(2)では $A\Longrightarrow B$ が偽となりました。しかし，今回は n が素数なので（分割不能），n が pq の約数のとき，p か q のいずれかが素数 n をもっていることになります。

---

4 対偶証明法と背理法

元の命題とその対偶は真偽において一致しますから，元の命題が真であることを証

明するときに，その対偶が真であることを示してもよく，それにより元の命題が真であることを示す方法を対偶証明法と言います。また

$$A \Longrightarrow B \text{ が真} \iff [A] \subset [B]$$
$$\iff [\overline{B}] \subset [\overline{A}]$$
$$\iff \overline{B} \Longrightarrow \overline{A} \text{ が真}$$
$$\iff \overline{B} \cap A = \varnothing \quad (\varnothing : \text{空集合を表す})$$

より，$A \Longrightarrow B$ が真のとき，A と $\overline{B}$ は同時には成立しないので，A のもとで結論 B を否定すると，$\overline{B} \cap A = \varnothing$ による矛盾が生じます。これを示すことにより，$A \Longrightarrow B$ が真であることを示す方法は背理法です。

背理法では，結論を否定しておいて，それが何かに矛盾することを示すわけですが，「A ならば B」の形の命題で背理法を用いれば，A に矛盾することを示すことになり，それは言いまわしを少し変えた対偶証明法になっています。

例題 74

$f(x) = x^2 + ax + b$ （a, b は実数）とする。$f(x) < 0$ となる実数 x が存在するならば，$D = a^2 - 4b > 0$ であることを示せ。

対偶証明法を用いることにしましょう。

解答　$D = a^2 - 4b \leqq 0$ とすると

$$f(x) = \left(x + \frac{a}{2} \right)^2 - \frac{a^2}{4} + b = \left(x + \frac{a}{2} \right)^2 - \frac{a^2 - 4b}{4} \geqq 0$$

よって，$f(x) < 0$ となる実数 x は存在しない。
これにより，対偶が示されたので，題意も示された。

演習 74

$p = 2^q - 1$ （q は自然数）のとき，p が素数であるならば，q も素数であることを示せ。

まず，準備として $p.15$ で出てきた
$$a^n - b^n = (a - b)(a^{n-1} + a^{n-2}b + \cdots + ab^{n-2} + b^{n-1})$$
を確認しておいてください。やはり，対偶証明法で証明することにしましょう。

解答　q が素数でないとすると，$q = 1$ または $q = k\ell$ （k, ℓ は整数で $k \geqq 2$, $\ell \geqq 2$）と表される。
・$q = 1$ のとき，$p = 1$ となり，p は素数ではない。

・$q=k\ell$ のとき
$$p=2^q-1=2^{k\ell}-1=(2^k-1)(2^{k(\ell-1)}+2^{k(\ell-2)}+\cdots+2^k+1)$$
と変形できるが，$2^k-1\geqq3$，$2^{k(\ell-1)}+\cdots+1\geqq5$ であるから，p は素数ではない。

以上により，題意の対偶が示されたので証明された。

例題 75

$n+1$ 羽の鳩が n 個の巣箱に入っている。このとき，少なくとも 1 つの巣箱には 2 羽以上の鳩が入っていることを示せ。

これは「鳩の巣原理」と呼ばれる内容です。背理法で示してみましょう。

解答　どの巣箱にも 2 羽以上の鳩は入っていないとする。すると，各巣箱に入っている鳩は 1 羽か 0 羽ということになるから，n 個の巣箱に入っている鳩の合計は n 羽以下となる。これは矛盾であるから，いずれかの巣箱には 2 羽以上の鳩が入っていることがわかった。

演習 75

a，b がともに奇数であるとする。このとき，$x^2+ax+b=0$ は有理数解をもたないことを示せ。

$p.85$ で「整数係数の代数方程式が有理数解 $\dfrac{q}{p}$ をもつときの p，q の条件」を学びましたが，それに関連する内容です。

解答　$x^2+ax+b=0$ が有理数解 $\dfrac{q}{p}$（p は自然数，q は整数，p, q は互いに素）をもつ

とすると　　$\left(\dfrac{q}{p}\right)^2+a\left(\dfrac{q}{p}\right)+b=0$

両辺に p^2 をかけて　　$q^2+apq+bp^2=0$　　∴　$q^2=-p(aq+bp)$

これより，p は q^2 の約数であるが，p, q は互いに素であるから，$p=1$ に限られる。このとき，有理数解は $\dfrac{q}{p}=q$：整数となり

$$q^2+aq+b=0 \quad \cdots\cdots(\ast)$$

となる。ところが，a，b はともに奇数であるから，q の偶奇によらず，$(\ast)$ の左辺は奇数となる。一方，$(\ast)$ の右辺は偶数であるから，これは矛盾。

よって，$x^2+ax+b=0$ は有理数解をもたない。

第4章

場合の数と確率

第1章
第2章
第3章
第4章
第5章
第6章
第7章
第8章
第9章
第10章
第11章
第12章
第13章
第14章

1 順列

ここからは確率を学びます。確率は $\dfrac{\text{注目事象の場合の数}}{\text{全事象の場合の数}}$ を計算して求めるのが基本ですから，まずその基礎として場合の数を学ぶことにしましょう。

n 個の異なるものから r 個を取って1列に並べる並べ方の総数を $_nP_r$ で表し

> **順列の総数**
> $$_nP_r = n(n-1)(n-2)\cdots(n-r+1)$$

となります。

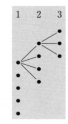

たとえば，5人から3人を選んで1列に並べる並べ方だと $_5P_3 = 5\cdot4\cdot3$ 通りになりますが，これは1番左に並べる人の決め方が5通りあり，そのそれぞれに対して2番目の人の決め方が4通り，3番目が3通りになるからです（右図）。

また，$_nP_n = n(n-1)(n-2)\cdots3\cdot2\cdot1$ ですが，この $n(n-1)(n-2)\cdots3\cdot2\cdot1$ を $n!$ と表し n の階乗と読みます。これを用いると

$$_nP_r = n(n-1)(n-2)\cdots(n-r+1)$$
$$= \frac{n(n-1)(n-2)\cdots(n-r+1)(n-r)(n-r-1)\cdots3\cdot2\cdot1}{(n-r)(n-r-1)\cdots3\cdot2\cdot1} = \frac{n!}{(n-r)!}$$

となり

$$_nP_r = \frac{n!}{(n-r)!}$$

です。この式で $r=n$ とすると，$_nP_n = \dfrac{n!}{0!}$ となりますが，これが $n!$ であるために $0!=1$ と約束します。

例題 76

男子5人と女子3人を1列に並べるとき，女子どうしが隣り合わないような並べ方は何通りあるか。

解答 まず男子を1列に並べる並べ方が $5!$ 通りある。この間及び両端の6カ所から3カ所を選び女子3人を並べればよい。この並べ方は $_6P_3 = 6\cdot5\cdot4$ 通りになるので，求める並べ方は

$$5! \times 6\cdot5\cdot4 = 14400 \text{ 通り}$$

　女子が隣り合わないようにするために，「まず男子を並ばせて，その間及び両端に女子を並ばせる」というやり方は定番の方法です。

　また，男子の間及び両端に女子を並べる並べ方についても説明しておきましょう。女子の1人目の位置の決め方が6通りで，そのそれぞれに対して2人目の位置の決め方が5通り，3人目が4通りになるので6・5・4通りですが，位置が決まっていてそこに女子を並べる代わりに，女子3人に対して位置を対応させると考えると次のようになります。

　まず男子の間及び両端の6カ所にA，B，C，D，E，Fと名前を付け，ここから3つを選んで女子3人に対応させます。わかりやすくするために，女子3人を1列に並べておけば，A，B，C，D，E，Fの6つから3つを選んで並べる並べ方になるので $_6\mathrm{P}_3$ 通りです。

> 女子1，女子2，女子3
> ⬆ 3つ選んで並べる
> A, B, C, D, E, F

演習 76

　男子5人と女子3人を1列に並べるとき，女子3人が隣り合う並べ方は何通りあるか。

解答　女子3人で1かたまりを作る作り方が3! 通り。

　この1かたまりと男子5人を合わせて，6個の異なるものを1列に並べる並べ方を考えると6! 通り。

　よって　　$3! \times 6! = \textbf{4320 通り}$

1 ・ 円順列とじゅず順列

　いくつかのものを円状に並べるとき，回転させて重なり合うような並べ方は同じ並べ方だとみなすような順列を円順列と言います。結局，n（$n \geqq 3$）個がすべて異なる場合の円順列の個数は，1個を固定して，これに対する他の順列を考えることになるので，$(n-1)!$ 通りになります。たとえばA，B，C，Dの4個を円状に並べる並べ方は，Aを固定しておいて，残る3個を並べる並べ方を考えればよいので，$3! = 6$ 通りになります。

　また，A，B，C，Dが球のようなもので，これらにひもを通してじゅずを作る作り方を考えると，1個を固定し，これに対する順列を考えるところまでは円順列と同じですが，どの順列についてもそれを逆向きに並べたものが同じじゅずを表します。結局

固定

ここにB, C, Dを並べる

同じじゅず

すべてが異なる場合は円順列を 2 で割ったものがじゅず順列の個数になります。したがって，A，B，C，D のじゅず順列は $\frac{6}{2}=3$ 通りになります。

ただし，1 個の円順列，じゅず順列はともに 1 通りで，2 個の円順列，じゅず順列もともに 1 通りになっていますし，$n \geqq 3$ でも同じものを含む場合は，複雑になるのでよく考えなければなりません。

> **円順列，じゅず順列**
>
> $n \geqq 3$ のとき
>
>   相異なる n 個の円順列は $(n-1)!$ 通り
>
>   相異なる n 個のじゅず順列は $\dfrac{(n-1)!}{2}$ 通り

> **例題 77**
>
>   立方体の各面を 1 つの色で塗り，特定の 6 色をすべて用いて塗り分ける方法は何通りあるか。

解答 6 色に A，B，C，D，E，F と名前を付ける。まず，立方体の 1 つの面に A を塗る。A の対面に塗る色の選び方が 5 通りあり，たとえばここに B を塗ったとき，残る 4 面の塗り方は C，D，E，F 4 色の円順列になるから 3! 通り。

    よって，求める方法は $5 \times 3! = \mathbf{30\ 通り}$

> **演習 77**
>
>   立方体の各面を 1 つの色で塗り，特定の 5 色をすべて用いて塗り分ける方法は何通りあるか。ただし，隣り合う面は異なる色で塗るとする。

解答 どれか 1 色は 2 面に塗ることになり，この色の選び方が 5 通り。この色は 1 組の対面に塗られることになり，他の 4 面の塗り方は 4 色のじゅず順列になるから $\dfrac{3!}{2}=3$ 通り。

    よって，求める方法は $5 \times 3 = \mathbf{15\ 通り}$

2 重複順列

  n 個の異なるものから重複を許して r 個取り，1 列に並べる順列を<ruby>重複順列<rt>ちょうふくじゅんれつ</rt></ruby>と言い，その並べ方の総数は n^r 通りです。1 番左に並べるものの決め方が n 通りで，2 番目の決め方も n 通り，…，r 番目も n 通りとなるので明らかだと思います。

たとえば，大，中，小3個のサイコロを同時にふるとき，出る目のパターンは 6^3 通りになります。これ自体は順列ではありませんが，3つのサイコロをふっておいてから大，中，小のサイコロの出た目を左から順に並べると決めておけば，出る目のパターンと順列1つ1つが1対1対応しているので，重複順列として考えればよいでしょう。

2 組合せ

n 個の異なるものから r 個を取る取り方を $_nC_r$ 通りと表すと，取った r 個を並べれば $_nP_r$ 通りになるので

$$_nC_r \times r! = {}_nP_r \qquad \therefore \quad {}_nC_r = \frac{{}_nP_r}{r!} = \frac{n!}{(n-r)!r!}$$

となります。$_nC_r = \dfrac{{}_nP_r}{r!}$ の結果は，r 個を取るだけで並べないので，r 個を取って並べる並べ方，つまり $_nP_r$ に対して，$r!$ 通りを同一視することになるということです。

たとえば，1，2，3，4，5の5つから3つを取る取り方，$_5C_3$ を考えてみましょう。この中には $(1, 2, 3)$，$(1, 2, 4)$，… のようにいろいろな取り方が含まれますが，このそれぞれに対して $_5P_3$ を考えるときは，3個の順列，$3! = 6$ 通りを別々のものとして考えるので，6倍することになります。つまり

$$\begin{bmatrix} 123 & 124 \\ 132 & 142 \\ 213 & 214 \\ 231 & 241 \\ 312 & 412 \\ 321 & 421 \end{bmatrix} \cdots$$

$$_5C_3 \times 3! = {}_5P_3 \qquad \therefore \quad {}_5C_3 = \frac{{}_5P_3}{3!}$$

です。

> **組合せの総数**
>
> $$_nC_r = \frac{{}_nP_r}{r!} = \frac{n!}{(n-r)!r!}$$

例題 78

男子4人，女子5人の合わせて9人のグループから3人の代表を選ぶとき，代表の少なくとも1人は男子であるような選び方は何通りあるか。

解答 9人から3人の代表を選ぶ選び方は $_9C_3$ 通りで，このうち女子ばかりから代表が選ばれているのは $_5C_3$ 通りだから

$$_9C_3 - _5C_3 = \frac{9 \cdot 8 \cdot 7}{3 \cdot 2 \cdot 1} - \frac{5 \cdot 4 \cdot 3}{3 \cdot 2 \cdot 1} = \textbf{74 通り}$$

あるいは

別解 代表の 1 人が男子の場合は　　$_4C_1 \times _5C_2 = 40$ 通り

代表の 2 人が男子の場合は　　$_4C_2 \times _5C_1 = 30$ 通り

代表の 3 人ともが男子の場合は　　$_4C_3 = 4$ 通り

以上より　　$40 + 30 + 4 = \textbf{74 通り}$

のように場合分けして考えても同じことです。

演習 78

平面上に 10 本の直線があり，平行な 2 直線の組が 2 組含まれている。つまり，直線 ℓ_1，ℓ_2，$\cdots$，ℓ_{10} において $\ell_1 \parallel \ell_2$，$\ell_3 \parallel \ell_4$ であり，これ以外には平行な 2 直線はないとする。また，どの 3 本も同一点では交わらないとすると，これら 10 本の直線によってできる交点の個数は何個か。

解答 平行な 2 直線には交点がないが，それ以外の 2 直線の組に対して交点が 1 個ずつ対応する。

よって　　$_{10}C_2 - 2 = \frac{10 \cdot 9}{2} - 2 = \textbf{43 個}$

あるいは

別解 ℓ_1 上に ℓ_2 以外の 8 本の直線との交点が 8 個ある。

ℓ_2，ℓ_3，ℓ_4 上にも同様に 8 個の交点がある。

ℓ_5，ℓ_6，$\cdots$，ℓ_{10} 上にはそれぞれ 9 個ずつの交点がある。

このように交点を数えていくと，1 つの交点について 2 回ずつ数えることになるので，求める交点の個数は

$$\frac{8 \times 4 + 9 \times 6}{2} = \textbf{43 個}$$

のように考えることもできます。

---

① 同じものを含む順列

たとえば，1, 1, 2, 3, 4 の 5 個の数字を 1 列に並べる場合を考えることにしましょう。1 が 2 個あることに注目して，まず 5 個の場所から 1 のための 2 個の場所を選びます。$_5C_2 = \frac{5 \cdot 4}{2 \cdot 1} = 10$ 通りです。次に残りの場所に 2, 3, 4 を並べると，$3! = 6$ 通りで

す。よって，$10 \times 6 = 60$ 通りになりますが，${}_5C_2 \times 3! = \dfrac{5!}{3!2!} \times 3! = \dfrac{5!}{2!}$ と変形してみると，次のように考えることもできることがわかります。

　いったん 2 個の 1 を異なるものと考えて，全部で 5 個の異なるものの順列を考えると 5! 通り。これは 2 個の 1 の入れ替わりを別々のものとして考えた結果なので，これを同一視すると $\dfrac{5!}{2!}$ 通りになります。

　一般化すると

> **同じものを含む順列**
>
> n 個の中に a 個，b 個，$\cdots$，c 個の同じものが含まれるとき，
> これを 1 列に並べる並べ方は　　$\dfrac{n!}{a!b!\cdots c!}$ 通り

です。

例題 79

　a, b, c, d, e, f の 6 文字を 1 列に並べるとき，子音 b, c, d, f がアルファベット順に並ぶような並べ方は，何通りあるか。

b, c, d, f はこの順に並んでいなければなりません。つまりこの 4 文字の入れ替えが許されていないので，この 4 文字が同じ文字である場合と同じです。結局

$\Downarrow$

解答　b，c，d，f を同じ文字だと考えればよく

$$\dfrac{6!}{4!} = 6 \cdot 5 = \textbf{30 通り}$$

です。また，この結果を見ると ${}_6P_2$ と同じ式になっていますが，これは「6 個の場所から 2 個を選び，そこに a, e を配列する。残る 4 カ所には左から b, c, d, f を並べる」と考えることにより妥当であることがわかります。

演習 79

　m, a, t, h, e, m, a, t, i, c, s の 11 文字を 1 列に並べる並べ方は何通りあるか。

解答　m，a，t が 2 個ずつあるので

$$\dfrac{11!}{2!2!2!} = \textbf{4989600 通り}$$

2 ・ グループ分け

たとえば，1，2，3，4 を 2 個ずつの 2 グループに分ける分け方は $\{(1, 2), (3, 4)\}$，$\{(1, 3), (2, 4)\}$，$\{(1, 4), (2, 3)\}$ の 3 通りですが，2 グループに名前がついていれば，話が変わってきます。2 グループの名前が A，B であるとすると，A に入る 2 個の選び方は $_4C_2=6$ 通りになります。つまり，各組に名前がついている組分けではA：$(1, 2)$，B：$(3, 4)$ と，A：$(3, 4)$，B：$(1, 2)$ を別のものと考えるのに対し，グループ分けではこれらを同じ 1 つの分け方だと考えます。

グループ分けの仕方を数える方法は 2 通りあります。1 つは各組に名前がついている組分けをもとにして考える考え方です。各組に名前がついている組分けの仕方は，1 つのグループ分けに対して組の入れ替え分を別々のものとして数えていった結果なので，各組に名前がついている組分けの仕方を組の入れ替え分（組の順列）で割ったものがグループ分けの仕方になります。

上の例では，各組に名前がついている組分けの仕方 $_4C_2=6$ 通りを A，B の入れ替わり分 2! で割れば，$\dfrac{6}{2}=3$ 通りとしてグループ分けの仕方がわかります。

もう 1 つの方法は，1 個の要素に注目して，これと同じグループに入る要素を選んでいくやり方です。

上の例では，1 と同じグループに入る数を 2，3，4 から選ぶので $_3C_1=3$ 通りになります。

概して後者の考え方の方が効率的です。

> **例題 80**
> 9 人を 3 人ずつの 3 グループに分ける分け方は何通りか。

解答　まず 3 グループに A，B，C の名前がついている場合を考える。

A に入る 3 人の選び方が $_9C_3$ 通り。

次に残る 6 人から B に入る 3 人を選ぶ選び方が $_6C_3$ 通り。

残った 3 人は C に入れるとして，この組分けの仕方が $_9C_3 \times _6C_3$ 通りであることがわかった。

これは 1 つのグループ分けについて A，B，C の順列分 3!＝6 通りを別々のものとして数えた結果なので，求める分け方は

$$\frac{_9C_3 \times _6C_3}{3!}=280 \text{ 通り}$$

↓↓

別解　9人の中の1人に注目して，この人と同じグループに入る2人を，残りの8人
から選ぶと，$_8C_2$ 通り。

残る6人の中の1人に注目して同様に考えると，$_5C_2$ 通り。

よって，求める分け方は　　$_8C_2 \times _5C_2 = \textbf{280 通り}$

演習 80

12人を4人ずつの3グループに分ける分け方は何通りか。

解答　1人に注目し，この人と同じグループに入る3人を選ぶと，$_{11}C_3$ 通り。
残る8人についても同様に考えて，求める分け方は

$_{11}C_3 \times _7C_3 = \textbf{5775 通り}$

3 ・ トーナメント

4人で右図のようなトーナメントを組む組み方は，4人を2人ず
つに分けるグループ分けです。したがって，注目した1人をたとえ
ば①に配列しておいて，②に入る1人を残り3人から選ぶとして
$_3C_1 = 3$ 通りになります。

①，②のために2人を選んで $_4C_2 = 6$ 通りとすれば，（①，②）と（③，④）が入れ替
わっても同じトーナメントなので，トーナメントの組み方は $\dfrac{6}{2} = 3$ 通りになります。

また，おもしろい考え方としては，「①～④に4人を並べる順列を考
えて 4! 通り。①と②，③と④，（①，②）と（③，④）が入れ替わって
もよいが，このような回転軸がトーナメントの縦棒（右図）に注目し
て3通りあるので，2^3 で割って $\dfrac{4!}{2^3} = 3$ 通り」のような方法もあります。

では，8人で右図のようなトーナメントを組む組
み方は何通りあるでしょうか。上の4人のときと同
様に考えると

(ⅰ)　1番目の方法では「注目した1人を①に配列し，
②を決めると $_7C_1$ 通り。次に③，④を決めると
$_6C_2$ 通り。⑤～⑧の決め方は4人のトーナメントと同じで $_3C_1$ 通り。よって，
$_7C_1 \times _6C_2 \times _3C_1$ 通り」のようになります。

(ⅱ)　2番目の方法では，いったん組分けと考えて $_8C_2 \times _6C_2 \times _4C_2$ 通りとしておいてか
ら，入れ替えによって同じトーナメントになるものについての考察をします。具体

的には，（①，②）と（③，④），（⑤，⑥）と（⑦，⑧），（①〜④）と（⑤〜⑧）を入れ替えても同じトーナメントになるので 2^3 で割ればよく，$\dfrac{{}_8C_2 \times {}_6C_2 \times {}_4C_2}{2^3}$ 通りになります。

(iii) 3番目の方法を採用すると，$\dfrac{8!}{2^7}$ 通りになります。

　いろいろな考え方ができることは大切ですが，より安全で確実な方法を選ぶとすれば(i)がおすすめです。(ii)，(iii)のやり方はミスをしそうな不安を感じてしまいます。

　さらにもう1つ別の方法を示しておきましょう。

　まず，8人を2人ずつの4グループに分けると，${}_7C_1 \times {}_5C_1 \times {}_3C_1$ 通り。次に，この4グループを2グループずつセットにして2セットに分けると，${}_3C_1$ 通り。すると，${}_7C_1 \times {}_5C_1 \times {}_3C_1 \times {}_3C_1 = 315$ 通りになりますが，これがトーナメントの組み方になっています。

④　重複組合せ

　n 個の異なるものから重複を許して r 個を取る取り方を ${}_nH_r$ で表します。

　まず具体例を見てみましょう。かき，りんご，みかんの3種類の果物から重複を許して10個取る取り方を考えます。10個取るので最初に丸（○）10個を書きます。

　　　○○○○○○○○○○

　これを3つの部分に分けるために2個の仕切り（｜）で区切ります。

　　　かき　　りんご　　みかん
　　　○○○｜○○○｜○○○○

　これだと，かきを3個，りんごを3個，みかんを4個取ったことになります。

　　　○○○｜｜○○○○○○○

　同じ場所に2個の仕切りを入れてもかまいません。上の場合だと，かきを3個取り，りんごは取らず，みかんを7個取ったことになります。

　　　｜○○○○○○○○○○｜

　端に仕切りを入れてもかまいません。上の場合だと，りんごばかりを10個取ったことになります。

　結局，丸10個と仕切り2個の順列の数だけ，取り方があることがわかります。これは丸と仕切りを合わせて12個のものを並べる並べ方ですが，「12個の場所から丸10個のための場所を選ぶ」と考えると ${}_{12}C_{10}$ 通りになります。同じものを含む順列と考えて $\dfrac{12!}{10!2!}$ 通りとしても正解ですが，「2種類のものの順列はコンビネーションで考える」方が簡明です。

一般化しましょう。n 個の異なるものから重複を許して r 個取る場合，「まず r 個の丸を書き，これに $n-1$ 個の仕切りを入れて n 個の部分に分ければよいので，r 個の丸と $n-1$ 個の仕切りの順列分だけ取り方がある」ということになります。よって

> **重複組合せ**
>
> $$_n\mathrm{H}_r = {}_{n-1+r}\mathrm{C}_r$$

です。

例題 81

　10 個のコインを 3 人で分けるとき，1 個ももらえない人があってもよい場合，何通りの分け方があるか。

　3 人を A，B，C としましょう。「A ばかりが 10 個のコインをもらってもよいし，B ばかりが 10 個のコインをもらってもよいし，…という設定で A，B，C が 10 個のコインを分け合う」という状況は「かきばかり 10 個取ってもよいし，りんごばかり 10 個取ってもよいし，…という設定で，かき，りんご，みかんから 10 個取る」という状況と同じです。したがって

⇓
解答　3 人から重複を許して 10 回取る取り方に対応し

$$_3\mathrm{H}_{10} = {}_{12}\mathrm{C}_{10} = {}_{12}\mathrm{C}_2 = \frac{12\cdot 11}{2\cdot 1} = 66 \text{ 通り}$$

となります。

　また，3 人とも少なくとも 1 個はもらえる場合の分け方は，$_9\mathrm{C}_2$ 通りになります。まず 10 個の丸を書くところは同じですが，2 個の仕切りを入れて区切る際に，同じ場所に仕切りを入れたり，端に仕切りを入れるのはだめです。結局，10 個の丸の間の 9 個から 2 個を選んで仕切りを入れることになるので，$_9\mathrm{C}_2$ 通りです。

　これについては次のように考えることもできます。

　最初に 3 人に 1 個ずつコインを配り，残る 7 個のコインについては，**例題 81** と同様の条件で 3 人に分ける分け方を考えればよく，$_3\mathrm{H}_7 = {}_9\mathrm{C}_7 = {}_9\mathrm{C}_2$ 通りとなります。

演習 81A

　$x+y+z=10$（x, y, z は整数，$x \geqq 0$, $y \geqq 0$, $z \geqq 0$）の解の組 (x, y, z) は何組あるか。

　「かき，りんご，みかんの個数を x 個，y 個，z 個として，かき，りんご，みかんの 3 つから重複を許して 10 個取る取り方」と同じように考えればよいので

解答 3個の整数 x, y, z から重複を許して 10 個取る取り方に対応し

$$_3H_{10} = {}_{12}C_{10} = {}_{12}C_2 = \textbf{66 組}$$

演習 81B

$(a+b+c)^{10}$ の展開式に現れる同類項の種類は何通りあるか。

解答 a, b, c の 3 個から重複を許して 10 個取る取り方に対応し

$$_3H_{10} = \textbf{66 通り}$$

3 ${}_nC_r$ の性質

1 二項定理

まず，$(a+b)^3$ の展開について考えてみましょう。3 乗ということは 3 回かけるので，$(a+b)^3 = (a+b)(a+b)(a+b)$ ですが，3 つのかっこの中にはそれぞれ a と b が入っています。展開において，まず 3 つのかっこそれぞれから a か b のいずれか 1 個ずつを取り出し，合計 3 つの文字を取り出してそれらをかけます。すると，展開式のうちの 1 つの項ができるのです。たとえば，(a, a, b) と取り出すと a^2b という項が出てきて，(b, a, b) と取り出すと ab^2 という項が出てきます。結局，a と b を合わせて 3 つ取るので，出てくる項は a^3, a^2b, ab^2, b^3 に限られることがわかります。

次に，係数について考えます。たとえば，a^2b は a を 2 個，b を 1 個取った結果なので，取り方は (a, a, b), (a, b, a), (b, a, a) の 3 通りあります。b に注目すると，3 つのかっこのどれから b を取ったのかと考えて ${}_3C_1$ 通りです。

以下同様に考えて

$$(a+b)^3 = {}_3C_0a^3 + {}_3C_1a^2b + {}_3C_2ab^2 + {}_3C_3b^3$$
$$= a^3 + 3a^2b + 3ab^2 + b^3$$

のように展開することができました。これを一般化すると

$$(a+b)^n = {}_nC_0a^n + {}_nC_1a^{n-1}b + {}_nC_2a^{n-2}b^2 + \cdots + {}_nC_ka^{n-k}b^k + \cdots + {}_nC_nb^n$$

となります。n 乗ですから，n 個のかっこから a と b を合わせて n 個取ってかけるので，展開項の 1 つ 1 つは必ず $a^{n-k}b^k$ の形になります。ここで b に注目すれば，n 個のかっこのどの k 個から b を取ったかを考えるので，その取り方は ${}_nC_k$ 通りとなり，$a^{n-k}b^k$ の係数は ${}_nC_k$ になります。

また，上の展開式の途中に，「…」という部分が出てきますが，数学ではこのような

曖昧な表記を嫌うので，次のように表現します。

二項定理

$$(a+b)^n = \sum_{k=0}^{n} {}_n\mathrm{C}_k a^{n-k} b^k \quad \cdots\cdots①$$

$\sum$ は**シグマ記号**と言い，$\sum_{k=\ell}^{n} a_k$ は k が ℓ から 1 ずつ大きくなって n に至るまで変化するときの a_k の和を表します。例を挙げると

$$\sum_{k=5}^{8} k = 5+6+7+8$$

$$\sum_{k=2}^{7} (3k^2+1)$$
$$= (3\cdot 2^2+1)+(3\cdot 3^2+1)+(3\cdot 4^2+1)+(3\cdot 5^2+1)+(3\cdot 6^2+1)+(3\cdot 7^2+1)$$

のようになります。

また，①では，b に注目して $a^{n-k}b^k$ の係数が ${}_n\mathrm{C}_k$ であると考えましたが，a に注目して

$$(a+b)^n = \sum_{k=0}^{n} {}_n\mathrm{C}_k a^k b^{n-k} \quad \cdots\cdots②$$

のように展開しても同じ式になります。実際に①と②をシグマ記号を用いずに書き出してみると

$$\sum_{k=0}^{n} {}_n\mathrm{C}_k a^{n-k} b^k = {}_n\mathrm{C}_0 a^n + {}_n\mathrm{C}_1 a^{n-1}b + {}_n\mathrm{C}_2 a^{n-2}b^2 + \cdots + {}_n\mathrm{C}_n b^n \quad \cdots\cdots①$$

$$\sum_{k=0}^{n} {}_n\mathrm{C}_k a^k b^{n-k} = {}_n\mathrm{C}_0 b^n + {}_n\mathrm{C}_1 ab^{n-1} + {}_n\mathrm{C}_2 a^2 b^{n-2} + \cdots + {}_n\mathrm{C}_n a^n \quad \cdots\cdots②$$

となり，一見違う式のように見えますが，${}_n\mathrm{C}_k = \dfrac{n!}{(n-k)!k!} = {}_n\mathrm{C}_{n-k}$ ですから，①の式を右から左に向かって並べ替えたものが②の式になっているのです。

ここで，この ${}_n\mathrm{C}_k = {}_n\mathrm{C}_{n-k}$ の意味について確認しておきます。n 個から k 個を取ると，$n-k$ 個が残っており，取られずに残っている方に注目して数え上げていけば，「n 個から k 個取る取り方」が「n 個から $n-k$ 個を取らずに残す残し方」と同じであることが確認できます。

$${}_n\mathrm{C}_k = {}_n\mathrm{C}_{n-k}$$

例題 82

$(x^3+2)^{10}$ の展開式における x^{21} の係数を求めよ。

解答 $\quad (x^3+2)^{10} = \sum_{k=0}^{10} {}_{10}\mathrm{C}_k (x^3)^k 2^{10-k} = \sum_{k=0}^{10} {}_{10}\mathrm{C}_k x^{3k} 2^{10-k}$

であるから，$3k=21$ すなわち $k=7$ のとき x^{21} の項が出てくる。

よって，x^{21} の係数は

$$_{10}C_7 \times 2^3 = {}_{10}C_3 \times 2^3 = \frac{10 \cdot 9 \cdot 8}{3 \cdot 2 \cdot 1} \times 2^3 = \mathbf{960}$$

演習 82

$\left(2x^2 - \dfrac{3}{x}\right)^7$ の展開式における x^5 の係数を求めよ。

解答

$$\left(2x^2 - \frac{3}{x}\right)^7 = \sum_{k=0}^{7} {}_7C_k (2x^2)^k \left(-\frac{3}{x}\right)^{7-k} = \sum_{k=0}^{7} {}_7C_k \frac{2^k(-3)^{7-k}x^{2k}}{x^{7-k}}$$

であるから，$2k-(7-k)=5$ すなわち $k=4$ のときに x^5 の項が出てくる。

よって，x^5 の係数は

$$_7C_4 \times 2^4(-3)^3 = {}_7C_3 \times 2^4(-3)^3 = -\frac{7 \cdot 6 \cdot 5 \cdot 2^4 \cdot 3^3}{3 \cdot 2 \cdot 1} = \mathbf{-15120}$$

2 · 多項定理

二項定理を発展させてみましょう。まず，$(a+b+c)^n$ を展開すればどのような項が出てくるでしょうか。二項定理のときと同様に考えてみると，a，b，c が入っている n 個のかっこそれぞれから，a，b，c のうちの 1 個ずつを選び出し，それらをかけることにより展開項の 1 つができるので，a，b，c の指数の和は n になります。したがって展開項の 1 つ 1 つは

$a^k b^\ell c^m$ $(k+\ell+m=n,\ k \geqq 0,\ \ell \geqq 0,\ m \geqq 0)$

のように表すことができます。

次に，これの係数を考えてみます。n 個のかっこから a を k 個取り出すので，a を取り出すかっこの選び方が $_nC_k$ 通りになります。このとき残りのかっこは $n-k$ 個であり，ここから ℓ 個の b を選べばよいので，結局 $a^k b^\ell c^m$ の係数は

$$_nC_k \times {}_{n-k}C_\ell = \frac{n!}{(n-k)!k!} \times \frac{(n-k)!}{(n-k-\ell)!\ell!} = \frac{n!}{k!\ell!m!}$$

$(\because\ \ k+\ell+m=n$ より，$n-k-\ell=m)$

になります。これを一般化したものを多項定理と言います。

多項定理 ▶

$(a+b+\cdots+c)^n$ の展開式中，$a^k b^\ell \cdots c^m$ $(k+\ell+\cdots+m=n)$ の係数は

$\dfrac{n!}{k!\ell!\cdots m!}$ となる。

例題 83

$(x+2y-3z)^5$ の展開式における x^2y^2z の係数を求めよ。

解答 x^2y^2z が出てくる項を取り出すと

$$\frac{5!}{2!2!1!}x^2(2y)^2(-3z)=-360x^2y^2z$$

となるので，求める係数は **-360**

演習 83

$\left(2+x-\dfrac{3}{x}\right)^5$ の展開式における定数項を求めよ。

解答 展開項の 1 つ 1 つは $\quad\dfrac{5!}{k!\ell!m!}2^k x^\ell\left(-\dfrac{3}{x}\right)^m\quad(k+\ell+m=5)$

の形で表されるが，これが定数項となるのは $\ell=m$ のときである。

また，$0\leqq k\leqq 5$ であるから $\ell=m=0$，1，2 に限られることがわかる。

よって，求める定数項は

$$2^5+\frac{5!}{3!1!1!}\cdot 2^3\cdot(-3)+\frac{5!}{1!2!2!}\cdot 2\cdot(-3)^2=32-480+540=\textbf{92}$$

3 · $_nC_r$ の公式

組合せに関する重要な公式がいくつかありますので，それを確認しておきましょう。

例題 84

$_nC_k+{_nC_{k+1}}={_{n+1}C_{k+1}}$ を示せ。

解答 $\quad _nC_k+{_nC_{k+1}}=\dfrac{n!}{(n-k)!k!}+\dfrac{n!}{(n-k-1)!(k+1)!}$

$\qquad\qquad\qquad\quad =\dfrac{n!(k+1+n-k)}{(n-k)!(k+1)!}=\dfrac{n!(n+1)}{(n-k)!(k+1)!}$

$\qquad\qquad\qquad\quad =\dfrac{(n+1)!}{(n-k)!(k+1)!}={_{n+1}C_{k+1}}$

よって，示された。

これは $p.13$ で出てきた**パスカルの三角形**の説明になっています。つまり，$(a+b)^{n+1}$ の展開式中 $a^{n-k}b^{k+1}$ の係数は二項定理により $_{n+1}C_{k+1}$ ですが，同時に $a^{n-k}b^{k+1}$ の項は

$$(a+b)^{n+1}=(a+b)^n(a+b)$$

$$=(\cdots+{}_nC_k a^{n-k}b^k+{}_nC_{k+1}a^{n-k-1}b^{k+1}+\cdots)(a+b)$$

の計算によって出てくるので

$$_nC_k+{}_nC_{k+1}={}_{n+1}C_{k+1}$$

が成り立つということです。

　これは $(a+b)^{n+1}$ の $n+1$ 個のかっこの中から b を $k+1$ 個取る取り方を考えるとき（$_{n+1}C_{k+1}$ 通り），特定のかっこ $(a+b)$ に注目し，ここから b を取る場合は残りの $(a+b)^n$ から b を k 個取り（$_nC_k$ 通り），注目した $(a+b)$ から b を取らない場合は $(a+b)^n$ から b を $k+1$ 個取る（$_nC_{k+1}$ 通り）と場合分けして考えているのです。

	$(a+b)^n$	$(a+b)$	
b を取る個数	k 個	1 個	$\cdots$ $_nC_k$ 通り
	$k+1$ 個	0 個	$\cdots$ $_nC_{k+1}$ 通り

演習 84

$$\sum_{k=1}^{n}(a_{k+1}-a_k)=(a_2-a_1)+(a_3-a_2)+(a_4-a_3)+\cdots+(a_{n+1}-a_n)$$

$$=\boxed{\begin{array}{l}a_2+a_3+\cdots+a_n+a_{n+1}\\-a_1-a_2-a_3-\cdots-a_n\end{array}}$$

$$=a_{n+1}-a_1$$

　この計算を参考にして，$\displaystyle\sum_{k=\ell}^{n}{}_kC_\ell$ （$n>\ell$）を計算せよ（ただし，$_\ell C_{\ell+1}=0$ とする）。

解答

$$\sum_{k=\ell}^{n}{}_kC_\ell=\sum_{k=\ell}^{n}({}_{k+1}C_{\ell+1}-{}_kC_{\ell+1})\quad(\because \text{パスカルの三角形})$$

$$={}_{n+1}C_{\ell+1}-{}_\ell C_{\ell+1}$$

$$={}_{n+1}C_{\ell+1}$$

　この右辺は 1, 2, 3, $\cdots$, n, $n+1$ の $n+1$ 個から $\ell+1$ 個を取る取り方を表しています。この取った $\ell+1$ 個の数のうち一番大きい数は $\ell+1$ から $n+1$ までの値が取れますが，そのそれぞれで場合分けして，数え上げていくと左辺になります。

$$\sum_{k=\ell}^{n}{}_kC_\ell={}_{n+1}C_{\ell+1}$$

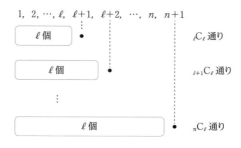

$$1, \ 2, \ \cdots, \ \ell, \ \ell+1, \ \ell+2, \ \cdots, \ n, \ n+1$$

第1章
第2章
第3章
第4章
第5章
第6章
第7章
第8章
第9章
第10章
第11章
第12章
第13章
第14章

例題 85

$\sum\limits_{k=0}^{n} {}_n\mathrm{C}_k$ を計算せよ。

解答　$\sum\limits_{k=0}^{n} {}_n\mathrm{C}_k = \sum\limits_{k=0}^{n} {}_n\mathrm{C}_k 1^{n-k} \cdot 1^k = (1+1)^n = \boldsymbol{2^n}$

　二項定理 $(a+b)^n = \sum\limits_{k=0}^{n} {}_n\mathrm{C}_k a^{n-k} b^k$ で $a=b=1$ とした式になっていますが，次のように考えることもできます。n 人を A，B 2 組に分けるとき（どちらかの組が 0 人になってもよい），A に注目すると，ここに入る人が 0 人のとき ${}_n\mathrm{C}_0=1$ 通りで，1 人のとき ${}_n\mathrm{C}_1$ 通り，2 人のとき ${}_n\mathrm{C}_2$ 通り，…となるので，全部で $\sum\limits_{k=0}^{n} {}_n\mathrm{C}_k$ 通りになります。また同じ内容を 1 人 1 人に注目して考えると，A か B の 2 通りずつあるので全部で 2^n 通りになります。これより，$\sum\limits_{k=0}^{n} {}_n\mathrm{C}_k$ と 2^n が等しいことがわかります。

$$\sum\limits_{k=0}^{n} {}_n\mathbf{C}_k = \boldsymbol{2^n}$$

演習 85A

${}_n\mathrm{C}_0 - {}_n\mathrm{C}_1 + {}_n\mathrm{C}_2 - {}_n\mathrm{C}_3 + \cdots + (-1)^n {}_n\mathrm{C}_n$ を計算せよ。

解答　${}_n\mathrm{C}_0 - {}_n\mathrm{C}_1 + \cdots + (-1)^n {}_n\mathrm{C}_n = \sum\limits_{k=0}^{n} {}_n\mathrm{C}_k 1^{n-k} (-1)^k = (1-1)^n = \boldsymbol{0}$

演習 85B

$\sum\limits_{k=0}^{n} {}_n\mathrm{C}_k 2^k$ を計算せよ。

解答　$\sum\limits_{k=0}^{n} {}_n\mathrm{C}_k 2^k = \sum\limits_{k=0}^{n} {}_n\mathrm{C}_k 1^{n-k} \cdot 2^k = (1+2)^n = \boldsymbol{3^n}$

$k \geqq 1$ のとき，$k \cdot {}_n\mathrm{C}_k = n \cdot {}_{n-1}\mathrm{C}_{k-1}$ であることを示せ。

解答　　$k \cdot {}_n\mathrm{C}_k = k \cdot \dfrac{n!}{(n-k)!k!} = \dfrac{n \cdot (n-1)!}{(n-k)!(k-1)!} = n \cdot {}_{n-1}\mathrm{C}_{k-1}$

よって，示された。

いくつか注意点があります。まず

$k! = k(k-1)(k-2)\cdots 3 \cdot 2 \cdot 1 = k \cdot (k-1)!$

ですから，$\dfrac{k}{k!} = \dfrac{1}{(k-1)!}$ となります。それから ${}_n\mathrm{C}_k = \dfrac{n!}{(n-k)!k!}$ の式を見ると，分

母に $n-k$ と k，分子に n が出てきていますが，分母に出てきている 2 数を足すと

$(n-k) + k = n$ となり，分子に出てきている数になります。これがコンビネーション

を階乗で表したときの形だと覚えておいてください。ですから，$\dfrac{n!}{(n-k)!(k-1)!}$ で

はコンビネーションの形になっていない，つまり，$(n-k) + (k-1) = n-1 \neq n$ なので，

$\dfrac{n!}{(n-k)!(k-1)!} = \dfrac{n \cdot (n-1)!}{(n-k)!(k-1)!} = n \cdot {}_{n-1}\mathrm{C}_{k-1}$ と変形しています。

$k \geqq 1$ のとき　　$k \cdot {}_n\mathbf{C}_k = n \cdot {}_{n-1}\mathbf{C}_{k-1}$

この式の意味について触れておきます。n 人から k 人の委員を
選ぶ選び方は ${}_n\mathrm{C}_k$ 通りで，選んだ k 人から 1 人の委員長を選ぶ選
び方は k 通りです。結局，n 人から k 人の委員を選び，その中か
ら 1 人の委員長を選ぶ選び方は $k \cdot {}_n\mathrm{C}_k$ 通りになります。

$$\begin{matrix} n & & n \\ \downarrow & & \downarrow \\ k & & 1, \ n-1 \\ \downarrow & & \downarrow \\ 1 & & k-1 \end{matrix}$$

一方，n 人からまず 1 人の委員長を選び（n 通り），残りの $n-1$ 人から，委員長では
ない $k-1$ 人の委員を選んでも（${}_{n-1}\mathrm{C}_{k-1}$ 通り），同じ結果になるので，
$k \cdot {}_n\mathrm{C}_k = n \cdot {}_{n-1}\mathrm{C}_{k-1}$ であることがわかります。

$\displaystyle\sum_{k=1}^{n} k \cdot {}_n\mathrm{C}_k$ を計算せよ。

解答　　$\displaystyle\sum_{k=1}^{n} k \cdot {}_n\mathrm{C}_k = \sum_{k=1}^{n} n \cdot {}_{n-1}\mathrm{C}_{k-1}$　　……①

$= n \displaystyle\sum_{k=1}^{n} {}_{n-1}\mathrm{C}_{k-1}$

$= n \displaystyle\sum_{k=0}^{n-1} {}_{n-1}\mathrm{C}_k$　　②

$= n \displaystyle\sum_{k=0}^{n-1} {}_{n-1}\mathrm{C}_k \, 1^{n-1-k} \cdot 1^k$

$$=n(1+1)^{n-1}$$
$$=\boldsymbol{n \cdot 2^{n-1}}$$

慣れてくれば，①からいきなり $\sum_{k=1}^{n} n \cdot {}_{n-1}\mathrm{C}_{k-1}=n \cdot 2^{n-1}$ とすればよいと思いますが，少していねいに書きました。②の変形では $k-1$ を 1 つの文字と見ています。k が 1 から n まで変化するとき，$k-1$ は 0 から $n-1$ まで変化するので，上のようになります。

4 確率の基礎

最初に問題です。コインを投げたとき，表が出る確率はいくらでしょうか。大半の諸君が $\frac{1}{2}$ だと答えると思いますが，ではどうして $\frac{1}{2}$ なのでしょうか。「それは表か裏の 2 通りの出方があってそのうちの 1 つだからじゃないか…」という返答が聞こえてきそうですが，この考え方には重大な見落としがあります。

たとえば，このコインがイナリ王国のコインだとして，表に王様の顔が彫ってあり，その高い鼻がじゃまをして裏面が滅多に出ないとしたらどうでしょうか。

結局，確率を考える上で最初にチェックすべき重要事項は，「同様に確からしい事象に注目する」ということになります。

> **例題 87**
>
> 2 つの引き出しをもつたんすが 3 つある。第 1 のたんすの一方の引き出しには金貨が 1 枚，他方の引き出しにも金貨が 1 枚入っている。第 2 のたんすの一方の引き出しには金貨が 1 枚，他方の引き出しには銀貨が 1 枚入っている。第 3 のたんすの一方の引き出しには銀貨が 1 枚，他方の引き出しにも銀貨が 1 枚入っている。外見上，3 つのたんすは全く区別がつかないとする。
>
> | 金 | 金 |
> |---|---|
> | 金 | 銀 |
> | 銀 | 銀 |
>
> いま，1 つのたんすの 1 つの引き出しを開けたら金貨が入っていたとするとき，このたんすの他方の引き出しにも金貨が入っている確率を求めよ。

まず，よくある誤答を見てみましょう。

① 他方の引き出しにも金貨が入っているためには，第 1 のたんすを選んでいなければならないから $\frac{1}{3}$

② 最初に開けた引き出しに金貨が入っていたのだから，第1のたんすか第2のたんすのいずれかを選んでいたことになる。このうち他方の引き出しにも金貨が入っているのは第1のたんすだから $\dfrac{1}{2}$

「1つのたんすの1つの引き出しを開けたら，金貨が入っていた」という状況下で考えているので，第3のたんすは候補外になります。したがって，①が誤りであることはすぐにわかるでしょう。しかし，②はどうして誤りなのでしょうか。②では，第1のたんすを選んでいたことと，第2のたんすを選んでいたことが同様に確からしいとしていますが，「いま，1つのたんすの1つの引き出しを開けたら，金貨が入っていた」という状況下では，第1のたんすを選んでいた確率が，第2のたんすを選んでいた確率より高いのです。

解答 合計6つの引き出しは，どれも選ばれる確率が等しい。

　　よって，1つの引き出しを開けたら金貨が入っていたというとき，金貨の入っていた3つの引き出しのいずれかを開けたことになり，これらは同様に確からしい。

　　これら3つの引き出しのうち，同じたんすの他方の引き出しにも金貨が入っているのは2つの引き出しだから，求める確率は $\dfrac{2}{3}$

演習87

　　3つの黒玉と3つの白玉の合計6つを円状に並べるとき，3つの黒玉が隣り合う確率を求めよ。

解答 1つの白玉を固定し，これに対する順列を考えると ${}_5C_2 = 10$ 通りの順列があるが（2種類のものの順列はコンビネーションで考える），これらは同様に確からしい。

　　このうち，3つの黒玉が隣り合うのは下図の3通りだから，求める確率は

$\dfrac{3}{10}$

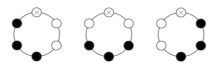

6つの玉の円順列は次の図のように4種類になりますが，これを数え上げても意味がありません。なぜならばこれらが同様に確からしくはないからです。

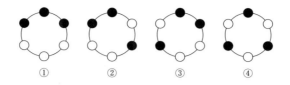

①　　　　　②　　　　　③　　　　　④

　ところで，①と④はどちらが起こりやすく見えるでしょうか。①は黒玉がかたまっていて，④はばらけています。一見④の方が起こりやすく見えます。しかし，実際には①の方が④より3倍も起こりやすいのです。いずれにせよ，この考え方は同様に確からしい事象に注目していないので「危ない」と感じることが大切です。

　同様に確からしい事象に注目することが大切であることがわかったと思います。そしてこれをチェックしたならば，その上で

　　　注目事象の場合の数
　　　全事象の場合の数

とすれば，注目事象の起こる確率を求めることができるわけですが，ここでもう1つ重要な注意事項があります。全事象を数え上げたときの数え上げの仕方，すなわち1つの白玉を固定し，それに対する順列を，同色の玉は区別しないで考えたことと，同じ仕方で注目事象の場合の数を数え上げなければならないということです。

> **例題 88**
>
> 　3つの黒玉と3つの白玉，合計6つの玉の入った箱がある。この箱から3つの玉を同時に取り出すとき，3つのうち2つが黒玉で残る1つが白玉であるような取り出し方となる確率を求めよ。

　3つの玉の取り出し方は右図の4通りで，このうち黒玉　　　　⑦　●●●　　④　●●○

2つ，白玉1つが取り出されているのは1通りだから　$\dfrac{1}{4}$　　　　⑦　●○○　　④　○○○

というような解答はだめです。この4通りが同様に確からしくはないからです。たとえば，6つの玉に，①②③①②③のように番号を付けてみると，⑦の取り出し方は1通りであるのに対し，④は①②①，①③①，②③①，①②②，①③②，②③②，①②③，①③③，②③③のように9通りもあるのです。

⇓

解答　6つの玉をすべて異なるものだと考えたとき，3つの玉の取り出し方は

　　　${}_6C_3 = 20$ 通りである。

　　　このうち2つが黒玉で，1つが白玉であるような取り出し方は ${}_3C_2 \times {}_3C_1 = 9$ 通りである。

　　　よって，求める確率は　$\dfrac{9}{20}$

また，次のように考えることもできます。

$\Downarrow$

別解1 6つの玉をすべて異なるものと見て，ここから3つの玉を取り出して並べると考えてもよく，この並べ方の総数は $_6P_3=120$ 通り。

このうち，黒玉2つと白玉1つによる順列は $_3C_2 \times _3C_1 \times 3! = 54$ 通りである。

よって，求める確率は $\dfrac{54}{120} = \dfrac{9}{20}$

分母を組合せで考えたならば，分子も組合せで考えます。分母を順列で考えたならば，分子も順列で考えます。まとめておくと

> **確率の問題を考える上で大切なこと** ▶
> ・同様に確からしい事象に注目する。
> ・分母，分子で数え上げの仕方を統一する。

です。

さらにもう1点付け加えておくと，「3つの玉を同時に取り出す」と書いてありますが，これは「取った玉を箱に戻さずに，連続して3個取る」のと同じことです。実際，3つの玉を同時に取ったと思っても，写真判定してみれば微妙な前後関係があり，連続して3個取ったのと変わりがないことがわかります。この立場で解答を作ると次のようになります。

$\Downarrow$

別解2 連続して3個の玉を取ると考えてもよい。まず最初の2つが黒玉で3つめが白玉である確率は

$$\frac{3}{6} \cdot \frac{2}{5} \cdot \frac{3}{4} = \frac{3}{20} \quad \cdots\cdots (*)$$

このほかに，白玉が2回目に取り出される場合と，1回目に取り出される場合があるが，どちらも$(*)$の分子のかける順序が変わるだけで結果は同じなので，求める確率は

$$\frac{3}{20} \times 3 = \frac{9}{20}$$

このように確率の問題では，他の分野以上に様々な考え方で解答を作ることができます。したがって，いきなり式を書いてしまうと，どのような考え方をしたのかが採点者に伝わらないことがあります。特に不正解の場合は，じっくりと見てもらえない可能性が高く，部分点さえもらえないということになってしまいます。ということで，これは実戦的なアドバイスになりますが

> **確率の問題の解答を作る際の注意点**
>
> ・考え方を書く。
> ・「全事象は何通り。注目事象は何通り。よって，確率はこれこれ」
> 　のように１つずつていねいに書く。
> ・場合分けがあるときも，１つずつていねいに書く。

に気をつけてください。

演習88

　　10本のくじのうちに3本の当たりくじが含まれている。このくじを1本ずつ引いていくとき（引いたくじは戻さない），5本目に引いたくじが2本目の当たりくじになる確率を求めよ。

解答　当たりくじを「○」，はずれくじを「×」として，10本のくじを引いた結果を考えられる限り順に書き出すと，それらは「○」3個と「×」7個を1列に並べる順列と1対1に対応している。したがって

$$\dfrac{\text{注目事象が起こる順列}}{\text{全順列}}$$

とすれば，求める確率が得られる。

　　ところで，10本のくじを1列に並べる並べ方は $_{10}C_3 = 120$ 通りで，5本目のくじが2本目の当たりくじになるような順列は，$_4C_1 \times _5C_1 = 20$ 通りだから，求める確率は

$1 \sim 4$	5	$6 \sim 10$
○が1個	○	○が1個

$$\frac{20}{120} = \frac{1}{6}$$

　　このように，くじの出方を順列と対応させて考える考え方は，非常に有効なので覚えておいてください。この考え方は，5番目のくじの出方が問題になっているのに，それ以降のくじの出方まで考えるところが特徴的になっています。

　　別の考え方も紹介しておきます。

別解1　10本をすべて異なるものと考えて，4本のくじの引き方は $_{10}C_4 = 210$ 通り。

　　このうち，当たり1本とはずれ3本を引く引き方は $_3C_1 \times _7C_3 = 105$ 通り。

　　よって，この確率は　　$\dfrac{105}{210} = \dfrac{1}{2}$

　　このとき，残る6本のくじのうち当たりくじは2本含まれているから，5本目に2番目の当たりくじを引く確率は

$$\frac{1}{2} \times \frac{2}{6} = \frac{1}{6}$$

⇓

別解2 1本目と5本目が当たりくじで，残りがはずれくじとなる確率は

$$\frac{3}{10} \cdot \frac{7}{9} \cdot \frac{6}{8} \cdot \frac{5}{7} \cdot \frac{2}{6} = \frac{1}{24} \quad \cdots\cdots(*)$$

このほかに2本目と5本目，3本目と5本目，4本目と5本目が当たりくじである場合があるが，それぞれの確率は(*)の分子のかける順序を変えるだけなので結果は同じになる。

よって，求める確率は $\dfrac{1}{24} \times 4 = \dfrac{1}{6}$

この最後の解答は $_nP_r$, $_nC_r$ を用いて書くと $\dfrac{_3P_2 \times _7P_3}{_{10}P_5} \times _4C_1$ になります。このような立式ができれば，より一般的な問題に対応することができるようになります。

5 独立試行

「事象 A と事象 B が独立に起こる」とは，それぞれの結果が他の結果に影響を与えないということです。たとえばサイコロを2回ふるとき，1回目に1の目が出るという事象と2回目に1の目が出るという事象は独立です。

それに対して，くじを引いていくとき，1人目が当たるという事象と2人目が当たるという事象は独立ではありません。サイコロでは前回の結果が次の結果に影響を与えませんが，くじでは前の人が当たれば自分が当たる確率が下がり，前の人がはずれれば自分が当たる確率が上がります。

サイコロは独立な試行の典型例で，くじは独立でない（従属である）試行の典型例であるということができます。

もう少し詳しく見てみることにしましょう。A が起こったという条件のもとで B が起こる確率を $P_A(B)$ で表し，$P_A(B) = \dfrac{P(A \cap B)}{P(A)}$ と定義します。すると

$$A \text{ と } B \text{ が独立} \iff P_A(B) = P(B)$$
$$\iff \frac{P(A \cap B)}{P(A)} = P(B)$$
$$\iff P(A \cap B) = P(A)P(B)$$

であると一般には説明されていますが，これは少しわかりにくいので**カルノー図**を描いてみることにしましょう。

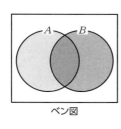

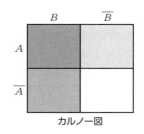

	B	$\overline{B}$
A		
$\overline{A}$		

ベン図　　　　　　　　　　　　　カルノー図

　カルノー図はベン図と対応していることがわかりますが，カルノー図だと
$\dfrac{P(A \cap B)}{P(A)} = P(B)$ の意味を視覚的にとらえることができます。つまりこの式は，A の中で B が占める割合が全体の中で B が占める割合と等しくなっていることを示しています。

　上の説明に「A が起こったという条件のもとで B が起こる確率 $P_A(B)$」という内容が出てきますが，この条<ruby>件<rt>じょうけん</rt></ruby>付き確<ruby>率<rt>かくりつ</rt></ruby>を具体例を通して見ておくことにしましょう。

例題 89

　3 本の当たりくじを含む 10 本のくじがあり，このくじを 10 人の人が順に引いていった。2 番目の人が当たりくじを引いたとき，1 番目の人も当たりくじを引いていた確率を求めよ。ただし，引いたくじは戻さないものとする。

解答　まず 2 番目の人が当たりくじを引く確率は

$$\frac{3}{10} \cdot \frac{2}{9} + \frac{7}{10} \cdot \frac{3}{9}$$

$$= \frac{3}{10}$$

	1 番目の人が 当たりくじを引く		
2 番目の人が 当たりくじを引く	$\dfrac{2}{30}$		$\dfrac{3}{10}$

このうち，1 番目の人も当たりくじを引いていた確率は

$$\frac{3}{10} \cdot \frac{2}{9} = \frac{2}{30}$$

よって，求める確率は　　$\dfrac{\dfrac{2}{30}}{\dfrac{3}{10}} = \dfrac{2}{9}$

$P_A(B) = \dfrac{P(A \cap B)}{P(A)}$ に従ってカルノー図を描いて考えます。

　しかし，**演習 88** で使った「くじの出方をくじを並べる順列と対応させて考える」方法に従えば，これは当然の結果です。別解を示しておきます。

↓↓

別解　10本のくじを順に引いていくときのくじの出方と，10本のくじを1列に並べる並べ方とは1対1に対応しているので，まず，くじを1列に並べておき，それを左から順に引いていくと考えてもよい。

　　　問われている内容は，左から2番目に当たりくじを配列したとき，1番左に当たりくじが配列される確率であり，2番目に配列したくじ以外の9本中2本が当たりくじなので，それは $\dfrac{2}{9}$ である。

演習 89

　　3カ所に落とし穴がある直線コースにボールを転がす。各落とし穴では，そこにボールがはまって進めなくなる確率は $\dfrac{1}{5}$ である。いま，このコースにボールを転がしたら，どこかの落とし穴にはまったらしく，ボールはゴールしなかった。2番目の落とし穴にはまっている確率を求めよ。

解答　落とし穴にはまらず，そこを通過する確率は $1-\dfrac{1}{5}=\dfrac{4}{5}$ である。

　　ボールがどこかの落とし穴にはまる確率は，ボールがゴールする場合の余事象を考えて，$1-\left(\dfrac{4}{5}\right)^{3}$ である。

2番目の穴
にはまる

| ゴール
しない | $\dfrac{4}{5}\cdot\dfrac{1}{5}$ | | $1-\left(\dfrac{4}{5}\right)^{3}$ |

　　このうち，2番目の穴にボールがはまる確率は $\dfrac{4}{5}\cdot\dfrac{1}{5}$ である。

　　よって，求める確率は　　$\dfrac{\dfrac{4}{5}\cdot\dfrac{1}{5}}{1-\left(\dfrac{4}{5}\right)^{3}}=\dfrac{20}{61}$

次に，独立な試行を繰り返し行う場合について考えます。

反復試行の確率

　　1回の試行で事象 A が起こる確率が p であるような独立試行を n 回繰り返し行うとき，n 回中 k 回 A が起こる確率は
$$\,_{n}C_{k}\,p^{k}(1-p)^{n-k}$$

と表されます。

　　まず，はじめから k 回続けて A が起こり，残る $n-k$ 回は1度も A が起こらない

確率は $p^k(1-p)^{n-k}$ です。このほかにも n 回中 k 回 A が起こるような場合はいろいろあり，その場合の数は n 個の場所から A のための k 個の場所を選ぶ選び方，つまり ${}_nC_k$ 通りであることがわかります。

$$\left.\begin{array}{c}\underbrace{A\ A\cdots A}_{k\,回}\underbrace{\overline{A}\ \overline{A}\cdots\overline{A}}_{n-k\,回}\\[3mm]\vdots\\[3mm]\underbrace{\overline{A}\ \overline{A}\cdots\overline{A}}_{n-k\,回}\underbrace{A\ A\cdots A}_{k\,回}\end{array}\right\}{}_nC_k\,通り$$

次に，これら1つ1つの確率を考えると，かける順序はそれぞれ違いますが，結果的に p を k 回かけ，$1-p$ を $n-k$ 回かけることになるので，すべて $p^k(1-p)^{n-k}$ になります。よって，これらすべての場合を合わせて，n 回中 k 回 A が起こる確率は ${}_nC_k p^k(1-p)^{n-k}$ になります。

例題 90

1枚のコインを4回投げるとき，2回以上表が出る確率を求めよ。

解答　表が出る回数が2回未満となる確率は

$$ {}_4C_0\left(\frac{1}{2}\right)^4 + {}_4C_1\left(\frac{1}{2}\right)\left(\frac{1}{2}\right)^3 = \frac{5}{16} $$

よって，求める確率は　$1 - \dfrac{5}{16} = \dfrac{11}{16}$

「表の出た回数が2回以上」であることの余事象は，「表の出た回数が2回未満」になりますが，余事象の確率の計算の方が楽なので，それを求めて全事象の確率1から引くというやり方を使いました。

ちなみに，全事象の確率は

$$ \sum_{k=0}^{4} {}_4C_k\left(\frac{1}{2}\right)^k\left(\frac{1}{2}\right)^{4-k} = \left(\frac{1}{2}+\frac{1}{2}\right)^4 = 1 $$

のように二項定理を用いて計算することもできます。

演習 90

サイコロを1回ふったとき，1の目が出る確率は $\dfrac{1}{6}$ である。これは「サイコロを6回ふれば1回ぐらい1の目が出るような確率」だと考えることができるが，実際にサイコロを6回ふったとき，そのうち1回だけ1の目が出る確率は50％を超えるか。

解答　サイコロを6回ふったとき，そのうち1回だけ1の目が出る確率は

$$ {}_6C_1\frac{1}{6}\left(\frac{5}{6}\right)^5 = \frac{5^5}{6^5} = \frac{3125}{7776} < \frac{1}{2} $$

よって，6回中1回だけ1の目が出る確率は**50％を超えない。**

サイコロを6回ふったとき1の目が出る回数は，0回から6回までの可能性がありますが，その中では1回だけ1の目が出る確率が一番高いと言うことができます。し

かし，他のすべての場合を寄せ集めたときの確率よりは高くないということです。

さて，$p_k = {}_nC_k p^k(1-p)^{n-k}$ は，k（$=0, 1, 2, \cdots, n$）に対して定まるので k の関数だと言うことができます（$p.88$ 参照）。ただし，このように定義域が整数値だけに限定される関数は離散関数<small>（りさんかんすう）</small>と呼ばれ，少し特徴的です。その中で p_k の増減を調べる方法について学んでおきましょう。**演習 90** とも通じる内容になりますが，どのような k に対して p_k が最大になるのかということを知るために，p_k の増減を調べるのです。

まず，$p_k < p_{k+1}$（$0 \leq k \leq n-1$）となる k を調べます。

$${}_nC_k p^k(1-p)^{n-k} < {}_nC_{k+1} p^{k+1}(1-p)^{n-k-1}$$

$$\frac{n!}{(n-k)!k!}(1-p) < \frac{n!}{(n-k-1)!(k+1)!}p$$

両辺を $\dfrac{n!}{(n-k-1)!k!}$ で割って

$$\frac{1-p}{n-k} < \frac{p}{k+1}$$

$$(1-p)(k+1) < p(n-k)$$

$$\therefore \quad k < (n+1)p-1 \quad \cdots\cdots(*)$$

これを満たす k では，p_k に対して p_{k+1} は増えます。同様に，$p_k > p_{k+1} \Longleftrightarrow k > (n+1)p-1$ を満たす k では，p_k に対して p_{k+1} は減ります。また，$(n+1)p-1$ が整数となるときは，$p_k = p_{k+1}$ となる k が存在することになり，この k では p_{k+1} は増えも減りもしません。

> **p_kの増減を調べる方法**
>
> **$p_k < p_{k+1}$ となる k を調べる。**

演習 90 で，サイコロを 6 回ふったとき，1 の目が 0 回，1 回，$\cdots$，6 回出ることになる確率を比較すれば，$6 \times \dfrac{1}{6} = 1$ 回出ることになる確率が一番大きいと考えたように，p_k は np 付近の k で最大になることが予想されます。実際 $(*)$ を見れば

$$(n+1)p-1 = np+p-1 < np \quad (\because \quad 0 < p < 1)$$

ですから，この予想が正しいことがわかりますが，以上の説明は少し難しいので，具体例を通して確認することにします。

例題 91

サイコロを 18 回ふるとき，そのうち k 回 1 の目が出る確率を p_k とする。p_k を最大にする k を求めよ。

$18 \cdot \dfrac{1}{6} = 3$ ですから，おそらく，$k=3$ で p_k は最大になるだろうと予想されます。

↓↓

解答 まず $p_k = {}_{18}C_k\left(\dfrac{1}{6}\right)^k\left(\dfrac{5}{6}\right)^{18-k}$ である。次に $p_k < p_{k+1}\ (0 \leqq k \leqq 17)$ となる k を考える。

$$ {}_{18}C_k\left(\frac{1}{6}\right)^k\left(\frac{5}{6}\right)^{18-k} < {}_{18}C_{k+1}\left(\frac{1}{6}\right)^{k+1}\left(\frac{5}{6}\right)^{17-k} $$

$$ \frac{18!}{(18-k)!k!}\cdot\frac{5}{6} < \frac{18!}{(17-k)!(k+1)!}\cdot\frac{1}{6} $$

$$ \frac{5}{18-k} < \frac{1}{k+1} $$

$$ 5(k+1) < 18-k \qquad \therefore \quad k < \frac{13}{6} $$

よって　　$p_k < p_{k+1} \iff k \leqq 2$

同様に　　$p_k > p_{k+1} \iff k \geqq 3$

したがって，p_k は次のように増減する。

$$ p_0 < p_1 < p_2 < p_3 > p_4 > p_5 > \cdots > p_{18} $$

よって，p_k は $\boldsymbol{k=3}$ で最大になる。

演習 91

サイコロを 101 回ふるとき，そのうち k 回 1 の目が出る確率を p_k とする。p_k を最大にする k を求めよ。

↓

解答 $p_k = {}_{101}C_k\left(\dfrac{1}{6}\right)^k\left(\dfrac{5}{6}\right)^{101-k}$ であるが，$p_k < p_{k+1}\ (0 \leqq k \leqq 100)$ となる k を調べると

$$ {}_{101}C_k\left(\frac{1}{6}\right)^k\left(\frac{5}{6}\right)^{101-k} < {}_{101}C_{k+1}\left(\frac{1}{6}\right)^{k+1}\left(\frac{5}{6}\right)^{100-k} $$

$$ \frac{101!}{(101-k)!k!}\cdot\frac{5}{6} < \frac{101!}{(100-k)!(k+1)!}\cdot\frac{1}{6} $$

$$ \frac{5}{101-k} < \frac{1}{k+1} $$

$$ 5(k+1) < 101-k \qquad \therefore \quad k < 16 $$

よって　　$p_k < p_{k+1} \iff k \leqq 15$

同様に　　$p_k = p_{k+1} \iff k = 16$

　　　　　$p_k > p_{k+1} \iff k \geqq 17$

したがって，p_k は次のように増減する。

$$ p_0 < p_1 < \cdots < p_{15} < p_{16} = p_{17} > p_{18} > \cdots > p_{101} $$

これより，p_k を最大にする k は　**16, 17**

6 期待値

p.167 で，サイコロを 1 回ふったとき 1 の目が出る確率が $\frac{1}{6}$ であることを「サイコロを 6 回ふれば 1 回ぐらい 1 の目が出るような確率」だと書きましたが，この意味をもう少し正確に表現すれば，「サイコロを 6 回ふったとき 1 の目が出る回数の期待値は 1」のようになります。それでは期待値とは何でしょうか。

期待値を一言で表現すれば，「平均」だということになります。そこでまず平均について見ておきましょう。

ある試験を受けて，数学が 80 点で英語が 60 点だったとき平均は $\frac{80+60}{2}$ 点になりますが，この式を見ると 80 と 60 の係数がともに $\frac{1}{2}$ で，それらを足して 1 になっています。

また，ある大学の入学試験は数学が 200 点満点，英語が 100 点満点の計 300 点満点で実施されるとき，この大学では数学に英語の 2 倍の重みがかけられています。この試験を受けた人の得点を 100 点満点に換算するとすれば，単純に 3 で割ればよいわけですが，たとえば数学が 160 点で英語が 60 点だった場合 $\frac{160+60}{3} = \frac{2 \cdot 80+60}{3}$ 点になります。数学は 8 割の得点だったので，100 点満点に換算すると 80 点になり，この 80 点と英語の 60 点の係数がそれぞれ $\frac{2}{3}$ と $\frac{1}{3}$ になるので，やはり足して 1 になっています。このような平均を加重化平均と呼びますが，いずれにせよ，「係数を足して 1」の形が平均の形だということになります。

期待値もやはり係数を足して 1 の形をしており，期待値は平均だと言うことができます。まず，具体的な定義式に入る前に，新しく出てくる用語について説明しておきます。サイコロを 1 回ふるとき，1 の目の出る確率は $\frac{1}{6}$ で，2 の目，3 の目，…，6 の目が出る確率も $\frac{1}{6}$ であるというとき，サイコロの目は 1 から 6 までの値をとり，それぞれが起こる確率が与えられています。このように，いくつかの値をとり，それぞれが起こる確率が与えられているような変数を確率変数と言います。

それでは期待値の定義式です。

> 確率変数 X の期待値 $E(X)$ は，$X=k$ が起こる確率を $P(X=k)$ として
> $$E(X)=\sum_k kP(X=k)$$

ここで，$\sum_k kP(X=k)$ の記号は，k がとる値すべてについて $kP(X=k)$ を足すという意味です。この k の係数 $P(X=k)$ を足すと，X のとりうる値それぞれに対する確率をすべて足すことになるので $\sum_k P(X=k)=1$ です。したがって，期待値の式も平均の形であると言うことができるのです。

例題 92

サイコロを1回ふるとき，出る目の期待値を求めよ。

解答

X	1	2	3	4	5	6
$P(X=k)$	$\dfrac{1}{6}$	$\dfrac{1}{6}$	$\dfrac{1}{6}$	$\dfrac{1}{6}$	$\dfrac{1}{6}$	$\dfrac{1}{6}$

サイコロの目を X とすると，確率分布は表のようになるので，X の期待値 $E(X)$ は

$$E(X)=1\cdot\frac{1}{6}+2\cdot\frac{1}{6}+3\cdot\frac{1}{6}+4\cdot\frac{1}{6}+5\cdot\frac{1}{6}+6\cdot\frac{1}{6}=\frac{7}{2}(=3.5)$$

確率変数 X のとりうる値と，それに対応する $P(X=k)$ を表にしたものを**確率分布**と言います。

演習 92

2個のサイコロを同時に1回ふるとき，出る目の和の期待値を求めよ。

解答 出る目の和を X とすると，確率分布は次のようになる。

X	2	3	4	5	6	7	8	9	10	11	12
$P(X=k)$	$\dfrac{1}{36}$	$\dfrac{2}{36}$	$\dfrac{3}{36}$	$\dfrac{4}{36}$	$\dfrac{5}{36}$	$\dfrac{6}{36}$	$\dfrac{5}{36}$	$\dfrac{4}{36}$	$\dfrac{3}{36}$	$\dfrac{2}{36}$	$\dfrac{1}{36}$

よって，X の期待値 $E(X)$ は

$$E(X)=2\cdot\frac{1}{36}+3\cdot\frac{2}{36}+4\cdot\frac{3}{36}+5\cdot\frac{4}{36}+6\cdot\frac{5}{36}+7\cdot\frac{6}{36}$$
$$+8\cdot\frac{5}{36}+9\cdot\frac{4}{36}+10\cdot\frac{3}{36}+11\cdot\frac{2}{36}+12\cdot\frac{1}{36}$$
$$=\frac{252}{36}=7$$

この結果を別の観点から考察してみましょう。2個のサイコロの目について，期待値がそれぞれ $\dfrac{7}{2}$ ですから，目の和の期待値が $\dfrac{7}{2}+\dfrac{7}{2}=7$ となるのが当然であるように見えます。実は

$$E(X+Y)=E(X)+E(Y)$$

が成立します。「和の期待値は期待値の和」と覚えてください。期待値の問題ではよく使う公式で，これを用いると，処理が楽になることがあります。証明は次のようになります。

　2つの確率変数 X，Y があり，それぞれが次のような値をとるとします。

$$\begin{cases} X : X_1,\ X_2,\ \cdots,\ X_m \\ Y : Y_1,\ Y_2,\ \cdots,\ Y_n \end{cases}$$

また，$(X,\ Y)=(X_i,\ Y_j)$ となる確率を $P_{i,j}$ と表すことにします。このとき

$$\begin{aligned}
E(X+Y)=&\sum_{i,j}(X_i+Y_j)P_{i,j} \\
=&(X_1+Y_1)P_{1,1}+(X_2+Y_1)P_{2,1}+(X_3+Y_1)P_{3,1}+\cdots+(X_m+Y_1)P_{m,1} \\
&+(X_1+Y_2)P_{1,2}+(X_2+Y_2)P_{2,2}+(X_3+Y_2)P_{3,2}+\cdots+(X_m+Y_2)P_{m,2} \\
&+(X_1+Y_3)P_{1,3}+(X_2+Y_3)P_{2,3}+(X_3+Y_3)P_{3,3}+\cdots+(X_m+Y_3)P_{m,3} \\
&\qquad\qquad\qquad\vdots \\
&+(X_1+Y_n)P_{1,n}+(X_2+Y_n)P_{2,n}+(X_3+Y_n)P_{3,n}+\cdots+(X_m+Y_n)P_{m,n} \\
=&X_1(P_{1,1}+P_{1,2}+\cdots+P_{1,n})+X_2(P_{2,1}+P_{2,2}+\cdots+P_{2,n})+\cdots \\
&\qquad\qquad\qquad\cdots+X_m(P_{m,1}+P_{m,2}+\cdots+P_{m,n}) \\
&+Y_1(P_{1,1}+P_{2,1}+\cdots+P_{m,1})+Y_2(P_{1,2}+P_{2,2}+\cdots+P_{m,2})+\cdots \\
&\qquad\qquad\qquad\cdots+Y_n(P_{1,n}+P_{2,n}+\cdots+P_{m,n})
\end{aligned}$$

ここで，$P_{1,1}+P_{1,2}+\cdots+P_{1,n}$ は，$Y=Y_1,\ Y_2,\ \cdots,\ Y_n$ の場合で場合分けして $X=X_1$ となる確率を考え，その結果を足し合わせたものなので，
$P_{1,1}+P_{1,2}+\cdots+P_{1,n}=P(X=X_1)$ と表すことができます。他も同様なので

$$\begin{aligned}
E(X+Y)=&X_1P(X=X_1)+X_2P(X=X_2)+\cdots+X_mP(X=X_m) \\
&+Y_1P(Y=Y_1)+Y_2P(Y=Y_2)+\cdots+Y_nP(Y=Y_n) \\
=&\sum_{i=1}^{m}X_iP(X=X_i)+\sum_{j=1}^{n}Y_jP(Y=Y_j) \\
=&E(X)+E(Y)
\end{aligned}$$

　これを用いて**演習 92** を解き直してみると次のようになります。

$\Downarrow$

別解　2個のサイコロの目をそれぞれ X，Y とする。これらの和の期待値は

$$\begin{aligned}
E(X+Y)&=E(X)+E(Y)=2E(X)\quad \cdots\cdots(\ast) \\
&=2\left(1\cdot\dfrac{1}{6}+2\cdot\dfrac{1}{6}+3\cdot\dfrac{1}{6}+4\cdot\dfrac{1}{6}+5\cdot\dfrac{1}{6}+6\cdot\dfrac{1}{6}\right)=7
\end{aligned}$$

$(*)$ で $E(X)+E(Y)=2E(X)$ としていますが，これは $E(X)=E(Y)$ が自明なので，特に断る必要はないと思います。

また，$E(X+Y)=E(X)+E(Y)$ は解答の中で証明なく用いても問題ありません。

● 例題 93

　　25 本のくじの中に 5 本の当たりくじが含まれている。ここから引いたくじは戻さないことにして 3 本のくじを引くとき，当たりくじの本数の期待値を求めよ。

解答　5 本の当たりくじそれぞれについて X_i $(i=1,\ 2,\ 3,\ 4,\ 5)$ を次のように定める。

$$X_i=\begin{cases} 1 & (\text{その当たりくじが，引いた 3 本の中に入っているとき}) \\ 0 & (\text{その当たりくじが，引いた 3 本の中に入っていないとき}) \end{cases}$$

　このとき，引いた 3 本の中に含まれる当たりくじの本数 X は $X=X_1+X_2+X_3+X_4+X_5$ となるから

$$\begin{aligned} E(X)&=E(X_1+X_2+X_3+X_4+X_5) \\ &=E(X_1)+E(X_2)+E(X_3)+E(X_4)+E(X_5)=5E(X_1) \\ &=5\left(1\cdot\frac{3}{25}+0\cdot\frac{22}{25}\right)=\frac{3}{5} \end{aligned}$$

「和の期待値は期待値の和」についてですが，「和」が 3 つ，4 つ，… の確率変数の和であっても

$$\begin{aligned} E(X+Y+Z)&=E((X+Y)+Z)=E(X+Y)+E(Z) \quad \cdots\cdots(*) \\ &=E(X)+E(Y)+E(Z) \end{aligned}$$

のようにできるので，2 つの確率変数の和のときと同様に扱うことができます。$(*)$ の変形では $X+Y$ を 1 つの確率変数と見ているということです。

　さらに，当たりくじ 1 本に注目したとき，それが引いた 3 本の中に含まれる確率を $\dfrac{3}{25}$ と書きましたが，これは少しわかりにくいので説明しておきます。

　25 本のくじから 3 本が取り出されるので，1 本 1 本のくじそれぞれについては $\dfrac{3}{25}$ の確率で取り出されることになるのです。実際 3 本のくじの取り出し方は $_{25}C_3$ 通りで，注目している 1 本とあと 2 本が取り出される場合は $_{24}C_2$ 通りですから

$$\frac{_{24}C_2}{_{25}C_3}=\frac{\dfrac{24\cdot23}{2\cdot1}}{\dfrac{25\cdot24\cdot23}{3\cdot2\cdot1}}=\frac{3}{25}$$

のように計算しても $\dfrac{3}{25}$ になります。ここでは「引いたくじは戻さずに 3 本引く」を

「同時に 3 本引く」と考えて式を作っていますが，このようにしてよいことは *p.162* で説明しました。

　もうひとつ，「和の期待値は期待値の和」を用いないで解答する方法も確認しておきましょう。

↓↓
別解

引いた 3 本の中に含まれる当たりくじの本数	0	1	2	3
確率	$\dfrac{_{20}C_3}{_{25}C_3}$	$\dfrac{_5C_1\times_{20}C_2}{_{25}C_3}$	$\dfrac{_5C_2\times_{20}C_1}{_{25}C_3}$	$\dfrac{_5C_3}{_{25}C_3}$

よって，求める期待値は

$$0\cdot\frac{_{20}C_3}{_{25}C_3}+1\cdot\frac{_5C_1\times_{20}C_2}{_{25}C_3}+2\cdot\frac{_5C_2\times_{20}C_1}{_{25}C_3}+3\cdot\frac{_5C_3}{_{25}C_3}$$

$$=\frac{3\cdot2\left\{5\cdot\dfrac{20\cdot19}{2}+2\cdot\dfrac{5\cdot4}{2}\cdot20+3\cdot\dfrac{5\cdot4}{2}\right\}}{25\cdot24\cdot23}$$

$$=\frac{3}{5}$$

演習 93

　1 回の試行で事象 A が起こる確率が p であるような独立試行がある。この試行を n 回行うとき，そのうち A が起こる回数の期待値を求めよ。

　まず具体例を考えて見通しを立ててみましょう。サイコロを 1 回ふると 1 の目は $\dfrac{1}{6}$ の確率で出ます。したがって，サイコロを 6 回ふると，平均的に 1 回 1 の目が出ると期待できます。つまりサイコロを 6 回ふったとき 1 の目が出る回数の期待値は 1 です。サイコロを 12 回ふるのであれば，1 の目が出る回数の期待値は $12\times\dfrac{1}{6}=2$ 回のはずです。この話を発展させて答えは np になると予想することができます。

解答　n 回の試行各回において X_i $(i=1,\ 2,\ \cdots,\ n)$ を次のように定める。

$$X_i=\begin{cases}1 & (i\,\text{回目に}\,A\,\text{が起こったとき})\\0 & (i\,\text{回目に}\,A\,\text{が起こらなかったとき})\end{cases}\quad\cdots\cdots(*)$$

　このとき，n 回の試行中 A が起こった回数 X は

$$X=X_1+X_2+\cdots+X_n$$

と表されるから

$$E(X)=E(X_1+X_2+\cdots+X_n)$$
$$=E(X_1)+E(X_2)+\cdots+E(X_n)$$

$$= nE(X_1)$$
$$= n\{1 \cdot p + 0 \cdot (1-p)\}$$
$$= \boldsymbol{np}$$

初めに予想した通りの結論になりました。しかし，$E(X+Y) = E(X) + E(Y)$ を用いるために，確率変数を和の形に書き換える(*)のところが自力では気づきにくい方法です。**例題 93**，**演習 93** で使ったこれらの方法は，個数や回数の期待値を考えるときのもので，1個1個あるいは1回1回に注目して確率変数を和の形に書き換える1つの技術として覚えておいてください。

この問題も $E(X+Y) = E(X) + E(Y)$ を使わない解き方を示しておきましょう。

⇓

別解　n 回中 A が k 回起こる確率は $_nC_k\, p^k(1-p)^{n-k}$ となる。

よって，求める期待値は

$$\sum_{k=0}^{n} k \cdot {}_nC_k\, p^k(1-p)^{n-k} = \sum_{k=1}^{n} k \cdot {}_nC_k\, p^k(1-p)^{n-k}$$
$$= \sum_{k=1}^{n} n \cdot {}_{n-1}C_{k-1}\, p^k(1-p)^{n-k}$$
$$= np \sum_{k=1}^{n} {}_{n-1}C_{k-1}\, p^{k-1}(1-p)^{n-1-(k-1)}$$
$$= np \sum_{k=0}^{n-1} {}_{n-1}C_k\, p^k(1-p)^{n-1-k}$$
$$= np(p+1-p)^{n-1}$$
$$= \boldsymbol{np}$$

次は，常識的な判断で結論が予測できるような問題を考えておきましょう。

例題 94

数字の 1 が書かれたカード，2 が書かれたカード，…，n $(n \geqq 4)$ が書かれたカードが各 1 枚ずつ合計 n 枚のカードがある。ここから 4 枚のカードを同時に取り出すとき，取り出された 4 枚のカードに書かれた数字のうち 2 番目に大きい数字を X とする。

X の期待値を求めよ。

期待値は平均ですから，平均的なカードの出方を考えてみましょう。

$$1,\ 2,\ \cdots,\ \frac{n-4}{5} \qquad\qquad \boxed{1} \qquad \boxed{2} \qquad \boxed{X} \qquad \boxed{4} \qquad\qquad \cdots,\ n-1,\ n$$

取り出されたカードを小さい方から $\boxed{1}$，$\boxed{2}$，$\boxed{X}$，$\boxed{4}$ としたとき，残りは $n-4$ 枚になりますが，この $n-4$ 枚が $\boxed{1}$，$\boxed{2}$，$\boxed{X}$，$\boxed{4}$ の間及び両端に同数だけ存在するとき，

「平均的だ」と言うことができます。$n-4$ 枚を 5 等分すると $\dfrac{n-4}{5}$ 枚となり，$\dfrac{n-4}{5}$ が整数であるかどうかはわかりませんが，平均の話をしているので気にする必要はありません。

このとき，$\boxed{X}$ は小さい方から数えて何番目になるでしょうか。$\dfrac{n-4}{5}$ 枚の組が 3 組と，$\boxed{1}$，$\boxed{2}$ があって，その次が $\boxed{X}$ なので

$$X=\frac{n-4}{5}\times 3+3=\frac{3(n+1)}{5}$$

となりますが，この X が $E(X)$ になっているはずです。

⇓⇓

解答　4 枚のカードの取り出し方は $_n\mathrm{C}_4$ 通り。

$X=k$ となるカードの取り出し方は $_{k-1}\mathrm{C}_2\times _{n-k}\mathrm{C}_1$ 通り。　……(＊)

したがって，$X=k$ となる確率は　　$\dfrac{_{k-1}\mathrm{C}_2\times _{n-k}\mathrm{C}_1}{_n\mathrm{C}_4}$

よって，求める期待値 E は

$$E=\sum_{k=3}^{n-1}k\cdot\frac{_{k-1}\mathrm{C}_2\times _{n-k}\mathrm{C}_1}{_n\mathrm{C}_4}$$

　　　　　①

$$=\frac{3}{_n\mathrm{C}_4}\sum_{k=3}^{n-1}{_k\mathrm{C}_3}(n-k)$$

$$=\frac{3}{_n\mathrm{C}_4}\sum_{k=3}^{n-1}\{(n+1)-(k+1)\}{_k\mathrm{C}_3}$$

　　　　　　　②

$$=\frac{3}{_n\mathrm{C}_4}\left\{(n+1)\sum_{k=3}^{n-1}{_k\mathrm{C}_3}-4\sum_{k=3}^{n-1}{_{k+1}\mathrm{C}_4}\right\}$$

　　　　　　　　　　　③

$$=\frac{3}{_n\mathrm{C}_4}\left\{(n+1)\sum_{k=3}^{n-1}({_{k+1}\mathrm{C}_4}-{_k\mathrm{C}_4})-4\sum_{k=3}^{n-1}({_{k+2}\mathrm{C}_5}-{_{k+1}\mathrm{C}_5})\right\}$$

　　　　　　　　　　　　　　④

$$=\frac{3}{_n\mathrm{C}_4}\{(n+1)({_n\mathrm{C}_4}-{_3\mathrm{C}_4})-4({_{n+1}\mathrm{C}_5}-{_4\mathrm{C}_5})\}$$

$$(_3\mathrm{C}_4=0,\ _4\mathrm{C}_5=0 \text{ とする})$$

$$=\frac{3}{_n\mathrm{C}_4}\{(n+1){_n\mathrm{C}_4}-4{_{n+1}\mathrm{C}_5}\}$$

$$=3(n+1)-12\cdot\frac{(n+1)n(n-1)(n-2)(n-3)\cdot 4!}{5!n(n-1)(n-2)(n-3)}$$

$$=3(n+1)-\frac{12(n+1)}{5}=\frac{3(n+1)}{5}$$

まず(＊)で $X=k$ となるのは，k が取り出され，その他 3 枚については 1，2，…，$k-1$ から 2 枚が取り出され（$_{k-1}\mathrm{C}_2$ 通り），$k+1$，$k+2$，…，n から 1 枚が取り出されるので（$_{n-k}\mathrm{C}_1$ 通り），$_{k-1}\mathrm{C}_2\times _{n-k}\mathrm{C}_1$ 通りになります。

①，②では　$k\cdot _n\mathrm{C}_k=n\cdot _{n-1}\mathrm{C}_{k-1}$（$k\geqq 1$）（**p.158**）を用い，③では

$_n\mathrm{C}_k+{}_n\mathrm{C}_{k+1}={}_{n+1}\mathrm{C}_{k+1}$（*p.***156**）を用いて，隣り合う項の差の形に変形しました。そうすると④では *p.***156** で説明した方法を用いてシグマの計算をすることができました。

シグマの計算は，これ自体が重要なテーマなので，また「数列」（*p.***270**）のところで学び直します。

演習 94

　数字の 1 が書かれたカード，2 が書かれたカード，$\cdots$，n（$n \geqq 2$）が書かれたカードが各 1 枚ずつ，合計 n 枚のカードがある。ここから 2 枚のカードを同時に取り出すとき，2 枚のカードに書かれた数字の和の期待値を求めよ。

解答　2 枚のカードを連続して取り出すと考えてよく，カードに書かれた数字を X_1，X_2 とする。

$$E(X_1+X_2)=E(X_1)+E(X_2)$$

$$=\sum_{k=1}^{n} k\cdot\frac{1}{n}+\sum_{k=1}^{n} k\cdot\frac{n-1}{n}\cdot\frac{1}{n-1}$$

$$=\frac{2}{n}\sum_{k=1}^{n} k=\frac{2}{n}\cdot\frac{n(n+1)}{2} \quad\cdots\cdots(*)$$

$$=\boldsymbol{n+1}$$

$(*)$について説明しておきましょう。

$$\begin{cases}\displaystyle\sum_{k=1}^{n} k=1+2+3+\cdots+n\\[2mm]\displaystyle\sum_{k=1}^{n} k=n+(n-1)+(n-2)+\cdots+1\end{cases}$$

の辺々を足して

$$2\sum_{k=1}^{n} k=n(n+1) \qquad \therefore \quad \sum_{k=1}^{n} k=\frac{n(n+1)}{2}$$

です。また，2 枚目のカードの数字が k になるのは 1 枚目が k ではなく，1 枚目を除いた $n-1$ 枚の中から k の書かれたカードを選ぶときですから，その確率は

$\dfrac{n-1}{n}\cdot\dfrac{1}{n-1}=\dfrac{1}{n}$ となります。

n 枚のカードの数字の和が $\displaystyle\sum_{k=1}^{n} k=\dfrac{n(n+1)}{2}$ ですから，2 枚のカードの数字の和は，

この $\dfrac{2}{n}$ 倍で $\dfrac{n(n+1)}{2}\cdot\dfrac{2}{n}=n+1$ になるような気がしませんか。

別解です。

↓

別解　2 枚のカードの取り出し方は $_n\mathrm{C}_2$ 通りで，どの取り出し方も同様に確からしいので，特定の 2 枚のカードが取り出される確率はどれも $\dfrac{1}{_n\mathrm{C}_2}$ である。

よって，求める期待値 E は

$$E = \{(1+2)+(1+3)+(1+4)+\cdots+(1+n)$$
$$+(2+3)+(2+4)+\cdots+(2+n)$$
$$+(3+4)+\cdots+(3+n)$$
$$\vdots$$
$$+(n-1+n)\}\frac{1}{{}_n\mathrm{C}_2}$$

この $\{\ \}$ の中には 1 から n までの各数字が $n-1$ 回ずつ出てくるので

$$E = (1+2+\cdots+n)(n-1)\frac{1}{{}_n\mathrm{C}_2} = \frac{n(n+1)}{2}(n-1)\frac{2}{n(n-1)}$$
$$= \boldsymbol{n+1}$$

第5章

データの分析

第1章
第2章
第3章
第4章
第5章
第6章
第7章
第8章
第9章
第10章
第11章
第12章
第13章
第14章

1 度数分布表とヒストグラム

　身長や気温など，人や物の特性を数量的に表すものを変量と言います。調査などで得られた変量の観測値や測定値の集まりをデータ，データの個数のことをデータの大きさと言います。たとえば，ある A 地点の平均気温を表すデータが単位を ℃ として

21.7，19.9，18.1，15.8，14.7，13.3，12.9，13.7，16.5，18.8，

11.2，10.5，17.9，14.1，17.1，14.9，19.5，15.5，16.2，15.2

だった場合，データの大きさは 20 です。下の表にもこの 20 個のデータを用いました。

　データの散らばりの様子を見る方法として度数分布表があり，区切られた各区間を階級，各区間の幅を階級の幅，各階級の真ん中の値を階級値，各階級に入るデータの値の個数を度数と言います。また，各階級の度数の全体に対する割合を相対度数と言います。度数分布表はヒストグラムを用いて視覚化することができます。ヒストグラムは横軸に階級，縦軸に度数をとって柱状に表したもので，度数が柱の面積と比例します。

度数分布表

階級 (℃)	階級値	度数	相対度数
10 以上 12 未満	11	2	0.1
12～14	13	3	0.15
14～16	15	6	0.3
16～18	17	4	0.2
18～20	19	4	0.2
20～22	21	1	0.05

ヒストグラム

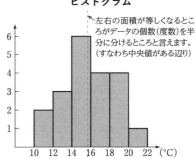

左右の面積が等しくなるところがデータの個数（度数）を半分に分けるところと言えます。（すなわち中央値がある辺り）

2 代表値

　データ全体の特徴を 1 つの数値で表す代表値として，平均値，中央値（メジアン），最頻値（モード）というものがあります。まず，変量 x の平均値は $\bar{x}$ で表し，次のように定義されます。

> **平均値**
>
> $$\bar{x} = \frac{合計}{データの個数} = \frac{1}{n}(x_1 + x_2 + x_3 + \cdots + x_{n-1} + x_n)$$

A 地点の気温が次のように高めで安定しているときは，仮平均法を用いると計算が楽になります。

28, 29, 27, 30, 26, 31, 32, 25, 33, 30（℃）

まず，平均に近そうな値や，データの中で最もよく登場する値（最頻値）などを仮平均として設定します。ここで，最頻値の 30 を仮平均とすると，各データの仮平均との差はそれぞれ

-2, -1, -3, 0, -4, 1, 2, -5, 3, 0

となり，この平均は

$$\frac{1}{10}\{(-2)+(-1)+(-3)+0+(-4)+1+2+(-5)+3+0\}=-0.9$$

よって，平均値は $30-0.9=29.1$ です。

> **仮平均法** ▶
>
> 仮平均を c として
> $$\overline{x}=（仮平均）+（仮平均との差の平均）=c+\overline{x-c}$$

$$c+\overline{x-c}=c+\frac{1}{n}\{(x_1-c)+(x_2-c)+(x_3-c)+\cdots+(x_n-c)\}$$

$$=c+\frac{1}{n}(x_1+x_2+x_3+\cdots+x_n-nc)=c+\overline{x}-c=\overline{x}$$

となります。

ところで，平均値には，たった 1 つの外れ値のせいで大きく変化してしまうという弱点があります。たとえば 5 人の所持金が 1,000 円，2,000 円，3,000 円，4,000 円，1,000,000 円だった場合，平均は 202,000 円ですが，これが実態を表しているとは言いづらく，このようなとき平均値はデータを代表する値としてあまり適切とは言えません。そのようなときは，データを小さい順に並べたときの中央の値を代表値とするのが解決策となり得ます。これが中央値で，上の例の場合は 3,000 円です。データの個数が偶数個になっていて，ちょうど真ん中の値がない場合は，中央に並ぶ 2 つの値の平均値を中央値とします。また，上の例での 1,000,000 円のように他の値から極端に離れた値のことを外れ値と言います。

> **中央値** ▶
>
> $\begin{cases} データの数が奇数個のとき，ちょうど真ん中の値 \\ データの数が偶数個のとき，真ん中の 2 つの値の平均値 \end{cases}$
>
> 例）1000, 2000, 3000, 4000, 1000000 の中央値　3000
>
> 　　1000, 2000, 3000, 4000, 6000, 1000000 の中央値　3500
>
> $$\left(\because \quad \frac{3000+4000}{2}\right)$$

例題 95

40 人のクラスで数学の試験を行い，男子 25 人の平均は 60 点，女子 15 人の平均は 50 点であった。クラス全体の平均点を求めよ。

解答
$$\frac{60 \times 25 + 50 \times 15}{40} = \frac{2250}{40} = 56.25$$

よって，平均点は **56.25 点**。

男女の人数が異なるので，$\frac{60 + 50}{2} = 55$ ではないことに注意します。

演習 95

40 人のクラスで模擬試験を行い，全教科の総合点について男子 25 人の平均は 398 点，女子 15 人の平均は 406 点であった。クラス全体の平均点を求めよ。

解答
$398 - 400 = -2$, $406 - 400 = 6$

$$400 + \frac{-2 \times 25 + 6 \times 15}{40} = 400 + 1 = 401$$

よって，平均点は **401 点**。

400 を仮平均として，仮平均法を使いました。

例題 96

以下のデータにおいて，x が自然数の値をとって動くとき，中央値は何通り考えられるか。

39, 25, 13, 51, x

解答
$$\wedge \overset{13}{} \wedge \overset{25}{} \wedge \overset{39}{} \wedge \overset{51}{} \wedge$$

x がどこに入るかで，中央値がどうなるかを考える。データの個数が 5 つであることに注意すると

$$\begin{cases} x & 13 & 25 & 39 & 51 \\ 13 & x & 25 & 39 & 51 \end{cases}$$

のとき，すなわち $1 \leqq x \leqq 25$ のとき，中央値は　25

$$13 \quad 25 \quad x \quad 39 \quad 51$$

のとき，すなわち $26 \leqq x \leqq 38$ のとき，中央値は x であり，13 通りの値がとれる。

$$\begin{cases} 13 & 25 & 39 & x & 51 \\ 13 & 25 & 39 & 51 & x \end{cases}$$

のとき，すなわち $39 \leqq x$ のとき，中央値は　39

以上より，考えられる中央値は

$$1 + 13 + 1 = \mathbf{15\ 通り}$$

第1章
第2章
第3章
第4章
第5章
第6章
第7章
第8章
第9章
第10章
第11章
第12章
第13章
第14章

演習96

以下のデータにおいて，x が自然数の値をとって動くとき，中央値は何通り考えられるか。

$$41, \ 29, \ 22, \ 35, \ 14, \ x$$

解答　$\wedge \overset{14}{} \wedge \overset{22}{} \wedge \overset{29}{} \wedge \overset{35}{} \wedge \overset{41}{} \wedge$

x がどこに入るかで中央値がどうなるかを考える。データの個数が 6 つであることに注意すると

$$\begin{cases} x & 14 & 22 & 29 & 35 & 41 \\ 14 & x & 22 & 29 & 35 & 41 \end{cases}$$

のとき，すなわち $1 \leq x \leq 22$ のとき，中央値は　$\dfrac{22+29}{2}=25.5$

$$\begin{cases} 14 & 22 & x & 29 & 35 & 41 \\ 14 & 22 & 29 & x & 35 & 41 \end{cases}$$

のとき，すなわち $23 \leq x \leq 34$ のとき，中央値は　$\dfrac{x+29}{2}$

であり，12 通り考えられる。

$$\begin{cases} 14 & 22 & 29 & 35 & x & 41 \\ 14 & 22 & 29 & 35 & 41 & x \end{cases}$$

のとき，すなわち $35 \leq x$ のとき，中央値は　$\dfrac{29+35}{2}=32$

以上より，考えられる中央値は

$$1+12+1=\textbf{14 通り}$$

3　5数要約と箱ひげ図

平均値や中央値などの 1 つの値だけでデータを表すと，違いがわかりにくい場合があります。たとえば，次の度数分布表を見てみましょう。

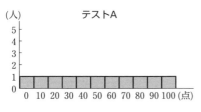

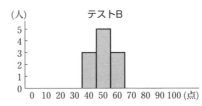

テスト A，テスト B ではどちらも平均値が 50 点，中央値も 50 点になっていますが，データの散らばりはずいぶん違います。そこで最大値と最小値を考えると，データの特徴をとらえやすくなります。最大値と最小値の差を範囲と言います。

　さらに次の度数分布表を見てみましょう。

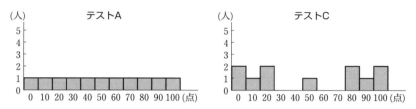

　テスト A，テスト C では平均値，中央値に加え，最大値と最小値も同じです。そこでデータの特徴をとらえるために四分位数を考えます。データの値を小さいものから順に並べるとき，4 等分する 3 つの値を四分位数と呼び，小さい方から Q_1：第 1 四分位数，Q_2：第 2 四分位数，Q_3：第 3 四分位数と言います。Q_2 は中央値でもあります。ただ，4 等分する値がない場合があるので次のように定めます。まずデータの値を小さい方から順に並べ，値が小さい半分を下位のデータ，値が大きい半分を上位のデータと呼びます。ただし，データの大きさが奇数のときは，中央値は上位のデータにも下位のデータにも入れません。このとき，Q_1：第 1 四分位数を下位のデータの中央値，Q_3：第 3 四分位数を上位のデータの中央値とします。

　すると，テスト A では $(Q_1, Q_3) = (20, 80)$ となり，テスト C では $(Q_1, Q_3) = (10, 90)$ です。

> **四分位数** ▶
>
> | 第 1 四分位数 | Q_1 | 下位のデータの中央値 |
> |---|---|---|
> | 第 2 四分位数 | Q_2 | 中央値 |
> | 第 3 四分位数 | Q_3 | 上位のデータの中央値 |
>
> 　また，$Q_3 - Q_1$ のことを四分位範囲，$\dfrac{Q_3 - Q_1}{2}$ のことを四分位偏差と言う。
> **どちらもデータの散らばりの度合を表す指標であり，これらが大きいほど散らばりの度合が大きいと考えられる。**

　最小値，第 1 四分位数，中央値，第 3 四分位数，最大値を箱と線（ひげ）で表現する図を箱ひげ図と呼び，複数のデータを比較する際に便利です。なお，箱ひげ図に平均値を記入することもあり，その場合，平均値に対応するところに ＋ 印をつけます。また，最小値，第 1 四分位数，中央値，第 3 四分位数，最大値の 5 つの数でデータを表すことを 5 数要約と言います。

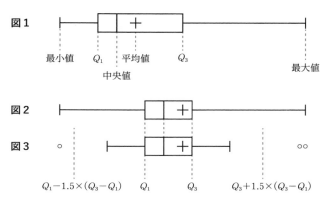

通常は図1のようになりますが，外れ値を含む場合は，図3のような箱ひげ図が用いられることがあります。外れ値の基準は複数ありますが，たとえば次のような値を外れ値とします。

> **外れ値**
>
> （第1四分位数）－1.5×（四分位範囲）以下の値，
> （第3四分位数）＋1.5×（四分位範囲）以上の値

図3で外れ値は○で示しており，上側外れ値が2点，下側外れ値が1点あることがわかります。また，箱ひげ図の左右のひげは，データから外れ値を除いたときの最小（大）値まで引いています。ただし，四分位数は外れ値を除かないすべてのデータの四分位数であり，その値にもとづいて箱を描きます（図2の通常のものと比較しています）。

以下にはヒストグラムと箱ひげ図の対応例を載せました。箱ひげ図とヒストグラムの対応を見る際には，まず最大値と最小値が合致しているかどうかを見るのが基本です。その後は，ヒストグラムがデータの個数（度数）を面積で表していることを利用して，面積を4等分している位置として Q_1，Q_2，Q_3 の目安をつけていきます。ヒストグラムの中央値付近の柱が長いほど中央値付近にデータが密集していることになり，箱ひげ図の箱の幅は小さくなります。

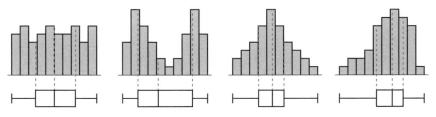

以下のデータについて，5 数要約，範囲，四分位範囲，四分位偏差を求めよ。

(1)　1，2，3，4，5，6，7，8，9，10，11，12

(2)　1，2，3，4，5，6，7，8，9，10，11，12，13

(3)　1，2，3，4，…，$4m+3$　（m は自然数）

解答　(1)

下位のデータ	上位のデータ
1，2，3，4，5，6，	7，8，9，10，11，12

最小値：**1**，　Q_1：$\dfrac{3+4}{2}=3.5$，　中央値：$\dfrac{6+7}{2}=6.5$，　Q_3：$\dfrac{9+10}{2}=9.5$，

最大値：**12**，　範囲：**11**，　四分位範囲：$Q_3-Q_1=6$，　四分位偏差：$\dfrac{Q_3-Q_1}{2}=3$

(2)

下位のデータ	上位のデータ
1，2，3，4，5，6，　7，	8，9，10，11，12，13

最小値：**1**，　Q_1：$\dfrac{3+4}{2}=3.5$，　中央値：**7**，　Q_3：$\dfrac{10+11}{2}=10.5$，　最大値：**13**，

範囲：**12**，　四分位範囲：$Q_3-Q_1=7$，　四分位偏差：$\dfrac{Q_3-Q_1}{2}=3.5$

(3)

下位のデータ		上位のデータ
1，2，…，$m+1$，…，$2m+1$，	$2m+2$	$2m+3$，…，$3m+3$，…，$4m+3$

最小値：**1**，　Q_1：$m+1$，　中央値：$2m+2$，　Q_3：$3m+3$，　最大値：$4m+3$，

範囲：$4m+2$，　四分位範囲：$Q_3-Q_1=2m+2$，　四分位偏差：$\dfrac{Q_3-Q_1}{2}=m+1$

　結局，データの個数を 4 で割った余りが 0，1，2，3 の場合で状況が異なっていることがわかります。

演習 97

次の A～D のヒストグラムが表すデータと対応する箱ひげ図は①～④のどれかそれぞれ答えよ。

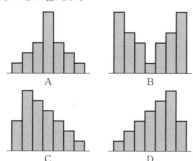

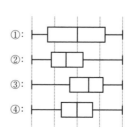

↓↓
解答　A－④　B－①　C－②　D－③

　最大値と最小値はすべてのグラフで一致しているので，違う部分に注目します。まず，左右対称なのは A と B です。両者とも中央値はど真ん中にありますが，A は中央付近の柱が長くなっているので，$Q_1 \sim Q_3$ の間を表す箱の幅が小さいとわかります。

よって，A は④です。そして B は①となります。Q_1，Q_3 の位置は結局 4 等分の位置ですから，最小値と中央値の間の面積を半分に分けるところに線を引けば，Q_1 の目星がつきます。

　残るは C と D ですが，面積を 2 等分するところが中央値であるので，C は左寄り，D は右寄りにあることがわかります。よって，C は②，D は③です。

4　分散，標準偏差

　平均値からのデータの散らばり具合を数値でとらえることを考えます。まず，各値と平均との差の合計を考えてみます。各値と平均との差のことを，**平均値からの偏差**または単に**偏差**と言います。すると

$$(x_1 - \overline{x}) + (x_2 - \overline{x}) + (x_3 - \overline{x}) + \cdots + (x_n - \overline{x}) = x_1 + x_2 + \cdots + x_n - n\overline{x} = 0$$

平均とはそうなるように設定したのだから当然です。しかし，これでは散らばり具合がわかりません。そこで，1 つの方法として偏差を 2 乗してみます。

$$(x_1 - \overline{x})^2 + (x_2 - \overline{x})^2 + (x_3 - \overline{x})^2 + \cdots + (x_n - \overline{x})^2$$

　しかし，偏差の 2 乗の和を考えただけでは，データが多くなればなるほど和が大きくなるため，データの個数が異なるデータの散らばり具合を比較できません。よって，偏差の 2 乗の和をデータの個数で割った値，すなわち偏差の 2 乗の平均値を考えます。これを**分散**と呼び，s^2 で表します。

$$s^2 = \frac{1}{n}\{(x_1 - \overline{x})^2 + (x_2 - \overline{x})^2 + (x_3 - \overline{x})^2 + \cdots + (x_n - \overline{x})^2\}$$

　分散は散らばりを表す値として適切ですが，単位が元の値と変わってしまうという問題があるので，$\sqrt{\text{分散}}$ を考え，これを**標準偏差**と呼びます。標準偏差は s で表します。

$$s = \sqrt{\frac{1}{n}\{(x_1 - \overline{x})^2 + (x_2 - \overline{x})^2 + (x_3 - \overline{x})^2 + \cdots + (x_n - \overline{x})^2\}}$$

　ここで，分散の定義の式を展開して整理してみましょう。

$$s^2 = \frac{1}{n}\{(x_1 - \overline{x})^2 + (x_2 - \overline{x})^2 + (x_3 - \overline{x})^2 + \cdots + (x_n - \overline{x})^2\}$$

$$= \frac{1}{n}\{(x_1{}^2+x_2{}^2+x_3{}^2+\cdots+x_n{}^2)-2\overline{x}(x_1+x_2+x_3+\cdots+x_n)+n(\overline{x})^2\}$$

$$= \frac{1}{n}(x_1{}^2+x_2{}^2+x_3{}^2+\cdots+x_n{}^2)-2\overline{x}\cdot\frac{1}{n}(x_1+x_2+x_3+\cdots+x_n)+(\overline{x})^2$$

$$=\overline{x^2}-2\overline{x}\cdot\overline{x}+(\overline{x})^2=\overline{x^2}-(\overline{x})^2$$

すなわち，分散は $s^2 =(2\text{乗の平均})-(\text{平均の}2\text{乗})$ とも表すことができます。

分散と標準偏差

分散：
$$s^2 =(\text{偏差の}2\text{乗の平均値})$$
$$= \frac{1}{n}\{(x_1-\overline{x})^2+(x_2-\overline{x})^2+(x_3-\overline{x})^2+\cdots+(x_n-\overline{x})^2\}$$

分散の別公式　　$s^2 =(2\text{乗の平均})-(\text{平均の}2\text{乗})=\overline{x^2}-(\overline{x})^2$

標準偏差：
$$s=\sqrt{\text{分散}}=\sqrt{\frac{1}{n}\{(x_1-\overline{x})^2+(x_2-\overline{x})^2+(x_3-\overline{x})^2+\cdots+(x_n-\overline{x})^2\}}$$

　ところで，分散の別公式 $(2\text{乗の平均})-(\text{平均の}2\text{乗})$ は，どちらからどちらを引くのかを忘れがちです。そこで，分散が必ず 0 以上の値であることを確認し，その上で平均 0 のまわりに正負に散らばっているデータ $(1,\ 2,\ 5,\ -2,\ -3,\ -3)$ をイメージするようにします。そうすると $(\text{平均の}2\text{乗})-(2\text{乗の平均})$ では負になるので，$(2\text{乗の平均})-(\text{平均の}2\text{乗})$ が正しいことがわかります。

例題 98

　次のデータの分散と標準偏差を求めよ。

(1)　16，26，16，26，31

(2)　3，6，4，6，2

解答　(1)

x	$x-\overline{x}$	$(x-\overline{x})^2$
16	-7	49
26	3	9
16	-7	49
26	3	9
31	8	64
合計　115	0	180
平均　23	0	36

表より　　$s^2 =36$

よって　　$s=6$

第1章
第2章
第3章
第4章
第5章
第6章
第7章
第8章
第9章
第10章
第11章
第12章
第13章
第14章

(2)

	x	x^2
	3	9
	6	36
	4	16
	6	36
	2	4
合計	21	101
平均	4.2	20.2

表より　　$s^2=20.2-4.2^2=20.2-17.64=\mathbf{2.56}$
よって　　$s=\mathbf{1.6}$

　表を書いて求めるのがよいでしょう。$x-\overline{x}$ の合計や平均が 0 となることを必ず確認しましょう。

　(2)のように平均が小数になった場合，偏差の 2 乗の計算が面倒です。このような場合は，分散の別公式が有効です。

演習98

　25 個の値からなるデータがあり，そのうちの 10 個の値の平均値は 4，分散は 14，残りの 15 個の値の平均値は 9，分散は 19 である。このデータの平均値と分散を求めよ。

解答　25 個のデータのうち 10 個のデータを変量 x，15 個のデータを変量 y とする。

まず　　（全体の平均）$=\dfrac{4\times10+9\times15}{25}=\mathbf{7}$

また，変量 x の分散 $s_x^2=\overline{x^2}-4^2=14$ より　　$\overline{x^2}=30$

よって，x^2 の合計は　　300

変量 y の分散 $s_y^2=\overline{y^2}-9^2=19$ より　　$\overline{y^2}=100$

よって，y^2 の合計は　　1500

したがって

　　（全体の分散）$=\dfrac{1}{25}(300+1500)-7^2=72-49=\mathbf{23}$

　2 つのデータを合わせたときの平均と分散を求める問題です。まず，各データの値がわからないので分散の別公式に頼るしかありません。2 つのデータを合わせると平均値が変わってしまうので，平均値まわりのデータの散らばり具合である分散も影響を受けます。

5 共分散，相関係数

2つの変量 x と y の関係について調べたいとき，(x, y) を座標としたグラフを描きます。このような図を散布図と言います。次図 A，B の場合，x が増えるにつれて y も増えるという傾向が見てとれ，そのようなとき2つの変量に「正の相関関係がある」と言います。直線により近い A の方が，B より「強い正の相関関係がある」と言います。C，D のように，x が増えるにつれて y が減る傾向があるとき，「負の相関関係がある」と言い，E のように，どちらの関係も認められないとき，「相関関係がない」と言います。

しかしながら，相関関係の有無を図の見た目だけで判断するのでは不十分です。そこで，目安となる数値を考えてみましょう。2つの変量 (x, y) のデータが次のように n 組与えられているとします。

$$(x_1, y_1), (x_2, y_2), (x_3, y_3), \cdots, (x_n, y_n)$$

このとき，x，y の平均値 $\overline{x}$，$\overline{y}$ をもとに，座標平面を4分割することを考え，上記の n 組を点としてプロットしていきます。

そうすると，点が①，③の領域に多くあるほど正の相関関係があると考えられ，②，④の領域に多くあるほど負の相関関係があると考えられます。ところで，①，③の領域において偏差の積 $(x-\overline{x})(y-\overline{y})$ は正となり，②，④の領域においては偏差の積は負となることがわかります。よって

$$(x_1-\overline{x})(y_1-\overline{y})+(x_2-\overline{x})(y_2-\overline{y})+\cdots+(x_n-\overline{x})(y_n-\overline{y})$$

を考えて，全体として値が正になっていれば，①，③の領域により多くの点がプロットされている（正の相関関係がある）と考えられ，負になっていれば②，④の領域により多くの点がプロットされている（負の相関関係がある）と考えられます。このように，偏差の積の和は相関の見当をつけるのには適切な値ですが，データが多くなればなるほど値が大きくなるので，分散のときのように平均値を考えます。この偏差の積の平均値を共分散と言い，s_{xy} で表します。

$$s_{xy}=\frac{1}{n}\{(x_1-\overline{x})(y_1-\overline{y})+(x_2-\overline{x})(y_2-\overline{y})+\cdots+(x_n-\overline{x})(y_n-\overline{y})\}$$

共分散にも，分散と同様に別公式があります。上式を展開してみると

$$s_{xy} = \frac{1}{n}\{(x_1-\overline{x})(y_1-\overline{y})+(x_2-\overline{x})(y_2-\overline{y})+\cdots+(x_n-\overline{x})(y_n-\overline{y})\}$$

$$= \frac{1}{n}\{(x_1y_1+x_2y_2+x_3y_3+\cdots+x_ny_n)-(x_1+x_2+x_3+\cdots+x_n)\overline{y}$$
$$-(y_1+y_2+y_3+\cdots+y_n)\overline{x}+n\overline{x}\cdot\overline{y}\}$$

$$= \frac{1}{n}(x_1y_1+x_2y_2+x_3y_3+\cdots+x_ny_n)-\frac{1}{n}(x_1+x_2+x_3+\cdots+x_n)\overline{y}$$
$$-\frac{1}{n}(y_1+y_2+y_3+\cdots+y_n)\overline{x}+\overline{x}\cdot\overline{y}$$

$$= \overline{xy}-\overline{x}\cdot\overline{y}-\overline{y}\cdot\overline{x}+\overline{x}\cdot\overline{y}$$
$$= \overline{xy}-\overline{x}\cdot\overline{y}$$

すなわち，共分散は $s_{xy}=(積の平均)-(平均の積)$ とも表せることがわかりました。

共分散 ▶

$s_{xy}=(偏差の積の平均値)$

$$=\frac{1}{n}\{(x_1-\overline{x})(y_1-\overline{y})+(x_2-\overline{x})(y_2-\overline{y})+\cdots+(x_n-\overline{x})(y_n-\overline{y})\}$$

共分散の別公式　　$s_{xy}=(積の平均)-(平均の積)=\overline{xy}-\overline{x}\cdot\overline{y}$

　共分散はその正負でデータの相関がわかる有用な数値です。しかし，欠点もあります。たとえばデータの個数が一緒で，本質的にデータの散らばりに違いがないような

$$(1, 2)\quad(2, 4)\quad(3, 6)\quad(4, 8)\quad(5, 10)$$

と

$$(10, 20)\quad(20, 40)\quad(30, 60)\quad(40, 80)\quad(50, 100)$$

を考えたとき，後者の共分散が前者のそれの 100 倍になってしまいます。これを解決するために，共分散を標準偏差の積で割ったものを考えます。これを相関係数と呼びます。相関係数にはいくつかの性質があり，どれぐらいの値のときにどのような図になるのかも知っておくべきです。

相関係数 ▶

$$r_{xy}=\frac{s_{xy}}{s_x\times s_y}=\frac{(共分散)}{(x\text{ の標準偏差})\times(y\text{ の標準偏差})}$$

$$=\frac{\dfrac{1}{n}\{(x_1-\overline{x})(y_1-\overline{y})+(x_2-\overline{x})(y_2-\overline{y})+\cdots+(x_n-\overline{x})(y_n-\overline{y})\}}{\sqrt{\dfrac{1}{n}\{(x_1-\overline{x})^2+(x_2-\overline{x})^2+\cdots+(x_n-\overline{x})^2\}}\sqrt{\dfrac{1}{n}\{(y_1-\overline{y})^2+(y_2-\overline{y})^2+\cdots+(y_n-\overline{y})^2\}}}$$

(i) $-1 \leqq r_{xy} \leqq 1$

(ii) $r_{xy}=1$ のとき，右上がりの直線に沿って分布。
r_{xy} の値が 1 に近いほど強い正の相関関係がある。

(iii) $r_{xy}=-1$ のとき，右下がりの直線に沿って分布。
r_{xy} の値が -1 に近いほど強い負の相関関係がある。

(iv) r_{xy} の値が 0 に近いとき相関関係がない。

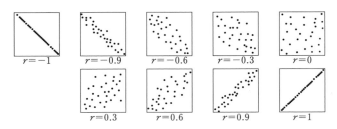

$(x_1,\ y_1),\ (x_2,\ y_2),\ (x_3,\ y_3),\ \cdots,\ (x_n,\ y_n)$ の相関係数が $-1 \leqq r_{xy} \leqq 1$ となる理由を考えてみましょう。まず一般に，コーシー・シュワルツの不等式が n 項の場合にも成立します。

$$(x_1^2+x_2^2+\cdots+x_n^2)(y_1^2+y_2^2+\cdots+y_n^2) \geqq (x_1y_1+x_2y_2+\cdots+x_ny_n)^2$$

$$\therefore\ \ 1 \geqq \frac{(x_1y_1+x_2y_2+\cdots+x_ny_n)^2}{(x_1^2+x_2^2+\cdots+x_n^2)(y_1^2+y_2^2+\cdots+y_n^2)} \quad \cdots\cdots①$$

ここで，$X_i=x_i-\overline{x}$，$Y_i=y_i-\overline{y}$ とします。このとき

$$s_x^2 = \frac{1}{n}\{(x_1-\overline{x})^2+(x_2-\overline{x})^2+\cdots+(x_n-\overline{x})^2\} = \frac{1}{n}(X_1^2+X_2^2+\cdots+X_n^2)$$

$$s_y^2 = \frac{1}{n}\{(y_1-\overline{y})^2+(y_2-\overline{y})^2+\cdots+(y_n-\overline{y})^2\} = \frac{1}{n}(Y_1^2+Y_2^2+\cdots+Y_n^2)$$

$$s_{xy} = \frac{1}{n}\{(x_1-\overline{x})(y_1-\overline{y})+(x_2-\overline{x})(y_2-\overline{y})+\cdots+(x_n-\overline{x})(y_n-\overline{y})\}$$

$$= \frac{1}{n}(X_1Y_1+X_2Y_2+\cdots+X_nY_n)$$

よって

$$r_{xy} = \frac{s_{xy}}{s_x \cdot s_y} = \frac{s_{xy}}{\sqrt{s_x^2}\sqrt{s_y^2}}$$

$$= \frac{\dfrac{1}{n}(X_1Y_1+X_2Y_2+\cdots+X_nY_n)}{\sqrt{\dfrac{1}{n}(X_1^2+X_2^2+\cdots+X_n^2)}\sqrt{\dfrac{1}{n}(Y_1^2+Y_2^2+\cdots+Y_n^2)}}$$

$$= \frac{(X_1Y_1 + X_2Y_2 + \cdots + X_nY_n)}{\sqrt{(X_1{}^2 + X_2{}^2 + \cdots + X_n{}^2)}\sqrt{(Y_1{}^2 + Y_2{}^2 + \cdots + Y_n{}^2)}}$$

$$\therefore \quad r_{xy}{}^2 = \frac{(X_1Y_1 + X_2Y_2 + \cdots + X_nY_n)^2}{(X_1{}^2 + X_2{}^2 + \cdots + X_n{}^2)(Y_1{}^2 + Y_2{}^2 + \cdots + Y_n{}^2)}$$

よって，①より，$1 \geqq r_{xy}{}^2 \iff -1 \leqq r_{xy} \leqq 1$ となり，相関係数が -1 から 1 の間にあることがわかりました。

2つの変量の間の関係を調べるときに，2つの度数分布表を組合せた相関表と呼ばれる表を用いることがあります。以下のようなもので，データの値の組が多く，散布図だと点がいくつも重なって，相関関係をとらえにくいときに有用です。

x(cm) \ y(kg)	170 以上 175 未満	175〜180	180〜185	185〜190	計
90 以上 100 未満		1	1	2	4
80〜90		4	6		10
70〜80	7	4	4		15
60〜70	1				1
計	8	9	11	2	30

例題 99

次の変量 (x, y) に対する相関係数を求めよ。

$(4, 6)$, $(3, 8)$, $(2, 12)$, $(6, 10)$, $(5, 4)$

解答

x	y	$x - \bar{x}$	$y - \bar{y}$	$(x - \bar{x})^2$	$(y - \bar{y})^2$	$(x - \bar{x})(y - \bar{y})$
4	6	0	-2	0	4	0
3	8	-1	0	1	0	0
2	12	-2	4	4	16	-8
6	10	2	2	4	4	4
5	4	1	-4	1	16	-4
合計	20	40	0	0	10	40	-8
平均	4	8	0	0	2	8	-1.6

表より $\quad r_{xy} = \dfrac{s_{xy}}{s_x \cdot s_y} = \dfrac{-1.6}{\sqrt{2}\sqrt{8}} = \dfrac{-1.6}{4} = \mathbf{-0.4}$

相関係数を求めるには，分散や標準偏差，共分散を求めなければならず，ばらばらに計算するとミスをしやすいので，表を利用するようにします。

次の変量 (x, y) に対する相関係数を求めよ。

$(1, 3)$, $(3, 4)$, $(5, 5)$, $(9, 7)$, $(11, 8)$

解答

x	y	x^2	y^2	xy
1	3	1	9	3
3	4	9	16	12
5	5	25	25	25
9	7	81	49	63
11	8	121	64	88
合計 29	27	237	163	191
平均 5.8	5.4	47.4	32.6	38.2

表より

$$s_{xy} = \overline{xy} - \overline{x} \cdot \overline{y} = 38.2 - 5.8 \times 5.4 = 6.88$$
$$s_x{}^2 = \overline{x^2} - (\overline{x})^2 = 47.4 - 5.8^2 = 13.76$$
$$s_y{}^2 = \overline{y^2} - (\overline{y})^2 = 32.6 - 5.4^2 = 3.44$$
$$\therefore \quad r_{xy} = \frac{6.88}{\sqrt{13.76}\sqrt{3.44}} = \frac{688}{\sqrt{1376}\sqrt{344}} = 1$$

例題 99 のように分散や共分散を計算しようとして偏差を考えると，$\overline{x}$ や $\overline{y}$ が小数になっているため，かなり大変です。このようなときは分散や共分散の別公式を使います。

また，**演習 99** では相関係数が 1 になりました。(x, y) の散布図を描いてみると右図のようになっており，$y = \dfrac{1}{2}x + \dfrac{5}{2}$ という直線上にすべての点があることがわかります。

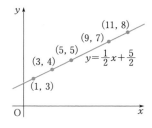

結局，傾きが正の直線上にすべての点があれば相関係数 1 ということです。負の直線上なら -1 で，相関係数の 1 という数字はこの直線の傾きの大きさや切片には関係がありません。

6 変量の変換

データの各値に一斉に同じ数を加えたりかけたりしたときに（変量の変換），平均値・分散・標準偏差がどうなるのかを考えます。変量 x について，$p=ax+b$ で新たな変量 p を考えると

$$\bar{p}=\frac{1}{n}(p_1+p_2+p_3+\cdots+p_n)$$

$$=\frac{1}{n}\{(ax_1+b)+(ax_2+b)+\cdots+(ax_n+b)\}$$

$$=\frac{1}{n}\{a(x_1+x_2+\cdots+x_n)+bn\}=a\bar{x}+b$$

ここで，p の偏差を考えると

$$p_k-\bar{p}=ax_k+b-(a\bar{x}+b)=a(x_k-\bar{x})$$

であることより

$$s_p{}^2=\frac{1}{n}\{(p_1-\bar{p})^2+(p_2-\bar{p})^2+\cdots+(p_n-\bar{p})^2\}$$

$$=\frac{1}{n}\{a^2(x_1-\bar{x})^2+a^2(x_2-\bar{x})^2+\cdots+a^2(x_n-\bar{x})^2\}$$

$$=a^2\frac{1}{n}\{(x_1-\bar{x})^2+(x_2-\bar{x})^2+\cdots+(x_n-\bar{x})^2\}=a^2s_x{}^2$$

$$s_p=\sqrt{a^2s_x{}^2}=|a|s_x$$

となります。

データの各値に b を加えると，平均値も b だけ増加します。一方で，分散や標準偏差は平均値まわりの散らばり具合ですから，各値が b 増加しても変わりません。また，各値に a をかけた場合は，平均値も a 倍になるので，各値と平均値との偏差も a 倍となり，分散が a^2 倍，標準偏差が $|a|$ 倍になります。意味を理解して覚えておきましょう。

変量の変換による平均値，分散，標準偏差の変化

元の変量	平均値	分散	標準偏差
b 加える	b 加わる	変化なし	変化なし
a 倍する	a 倍になる	a^2 倍になる	$|a|$ 倍になる

5 人の身長 $x(\mathrm{cm})$ のデータ

$$176, \quad 170, \quad 167, \quad 179, \quad 168$$

に対して $x_0 = 170$ として，新たな変量 u を $u = x - x_0$ で定める。

変量 u の平均値と分散を求めよ。また，変量 x の平均値と分散は，変量 u の平均値と分散とどのように違うかを述べよ。

解答

$$\overline{u} = \frac{1}{5}\{6 + 0 + (-3) + 9 + (-2)\} = \mathbf{2}$$

$$s_u{}^2 = \overline{u^2} - (\overline{u})^2 = \frac{1}{5}(36 + 0 + 9 + 81 + 4) - 2^2 = 26 - 4 = \mathbf{22}$$

$x = u + x_0$ より

$$\overline{x} = \overline{u} + x_0 = 2 + 170 = 172$$

x の平均値は，u の平均値より **170 大きい**。

$$s_x{}^2 = s_u{}^2 = 22$$

x の分散は，u の分散と**同じ**。

仮平均を 170 としたときの仮平均との差の平均値，分散を求めているわけです。

仮平均の公式からも明らかですが，x は u のそれぞれのデータに 170 を足したものですから，平均値は 170 増えることになります。

一方で，分散は平均値まわりの散らばり具合のことなので，それぞれのデータに 170 を足した場合，平均値も 170 増えるため，そこからの散らばり具合には変化がありません。

変量 x のデータが次のように与えられている。

$$750, \quad 740, \quad 720, \quad 770, \quad 750, \quad 740$$

ここで，$c = 10$，$x_0 = 740$，$u = \dfrac{x - x_0}{c}$ として新たな変量 u をつくる。

(1) 変量 u のデータの平均値と標準偏差を求めよ。

(2) 変量 x のデータの平均値と標準偏差を求めよ。

解答 (1) u は

$$\frac{10}{10}, \quad \frac{0}{10}, \quad \frac{-20}{10}, \quad \frac{30}{10}, \quad \frac{10}{10}, \quad \frac{0}{10} \quad \text{つまり} \quad 1, \quad 0, \quad -2, \quad 3, \quad 1, \quad 0$$

よって $\overline{u} = \dfrac{1}{6}\{1 + 0 + (-2) + 3 + 1 + 0\} = \dfrac{1}{2}$

$$s_u{}^2 = \overline{u^2} - (\overline{u})^2 = \frac{1}{6}(1 + 0 + 4 + 9 + 1 + 0) - \left(\frac{1}{2}\right)^2 = \frac{9}{4}$$

$$\therefore \quad s_u = \sqrt{\frac{9}{4}} = \frac{3}{2}$$

(2) $\quad x = cu + x_0$

$$\therefore \quad \overline{x} = c\overline{u} + x_0 = 10 \times \frac{1}{2} + 740 = \textbf{745}$$

また $\quad s_x = |c| s_u = 10 \times \frac{3}{2} = \textbf{15}$

仮平均 740 を定めて，さらに 10 で割ることで，随分とデータが扱いやすくなりました。

(1)の別解は次のようになります。

↓↓

別解 $(u, \overline{u}$ を求めるところまでは同じ$)$

$$s_u{}^2 = \frac{1}{6}\left\{\left(1 - \frac{1}{2}\right)^2 + \left(0 - \frac{1}{2}\right)^2 + \left(-2 - \frac{1}{2}\right)^2 \right.$$
$$\left. + \left(3 - \frac{1}{2}\right)^2 + \left(1 - \frac{1}{2}\right)^2 + \left(0 - \frac{1}{2}\right)^2\right\}$$
$$= \frac{1}{6}\left(\frac{1}{4} + \frac{1}{4} + \frac{25}{4} + \frac{25}{4} + \frac{1}{4} + \frac{1}{4}\right) = \frac{9}{4}$$
$$\therefore \quad s_u = \sqrt{\frac{9}{4}} = \frac{3}{2}$$

演習 100B

試験の得点 x 点（平均値 $\overline{x}$，標準偏差 s_x）に対して偏差値 T は次の式で計算される。

$$T = 10 \times \frac{x - \overline{x}}{s_x} + 50$$

(1) 偏差値 T の平均値と標準偏差を求めよ。

(2) 45 人が試験を受けて結果が以下のようになった。テストの得点の平均値，標準偏差を求めよ。また，偏差値が 60 以上の生徒の人数をそれぞれ求めよ。

得点	0点	10点	20点	30点	40点	50点	60点	70点
人数	1	3	5	9	13	7	5	2

解答 (1) $\quad T = \frac{10}{s_x} x - \frac{10}{s_x} \overline{x} + 50$

$$\therefore \quad \overline{T} = \frac{10}{s_x} \overline{x} - \frac{10}{s_x} \overline{x} + 50 = \textbf{50}$$

$$s_T = \left|\frac{10}{s_x}\right| s_x = \frac{10}{s_x} s_x = \textbf{10}$$

(2)　　$\bar{x}=40+\dfrac{1}{45}\{(-40)\cdot1+(-30)\cdot3+(-20)\cdot5+(-10)\cdot9$

$$+0\cdot13+10\cdot7+20\cdot5+30\cdot2\}$$

　　　$=\boldsymbol{38}$

また，$X=x-40$ とすると　　　$\overline{X}=\bar{x}-40=-2$

よって

$$s_x{}^2=s_x{}^2=\overline{X^2}-(\overline{X})^2$$

$$=\dfrac{1}{45}\{(-40)^2\cdot1+(-30)^2\cdot3+(-20)^2\cdot5+(-10)^2\cdot9$$

$$+0^2\cdot13+10^2\cdot7+20^2\cdot5+30^2\cdot2\}-(-2)^2$$

$$=\dfrac{1}{45}(1600+2700+2000+900+700+2000+1800)-4$$

$$=260-4=256$$

$\therefore\quad s_x=\boldsymbol{16}$

$$10\cdot\dfrac{x-38}{16}+50\geqq60\qquad\therefore\quad x\geqq54$$

よって，偏差値 60 以上の人数は，54 点以上の **7 人**。

(1)は，$x-\bar{x}$ の平均値は 0 なので，$10\times\dfrac{x-\bar{x}}{s_x}$ の部分の平均値が 0 となり，その部分を除いて平均値は 50 と考えても構いません。偏差値は平均が 50，標準偏差が 10 になるように変量を変換したものです。

(2)は，最頻値である 40 を仮平均として計算しました。$s_x{}^2$ は $\overline{x^2}-(\bar{x})^2$ として計算してもよいのですが，仮平均を設定して変量の変換の知識を使って計算をすると，楽に求めることができる場合があります。

結局，平均点のとき偏差値が 50 となり，偏差値の定義式から偏差値を 10 上げるには標準偏差の分（本問だと 16 点）だけ点数を上げる必要があるということです。

偏差値により，平均点や散らばり具合が異なるテストにおいても，集団のおおよそどの辺りに位置しているかが把握できます。たとえば，平均点より 10 点上だった場合，標準偏差の小さい分布の方がより上位に位置することになり，偏差値が高くなります。

次に，共分散 s_{xy} と相関係数 r_{xy} についても考察します。$p=ax+b$，$q=cy+d$ で新たな変量 p，q を考えます。まず，p と同様にして

$$\bar{q}=c\bar{y}+d,\ s_q{}^2=c^2s_y{}^2,\ s_q=|c|s_y$$

よって

$$s_{pq}=\dfrac{1}{n}\{(p_1-\bar{p})(q_1-\bar{q})+(p_2-\bar{p})(q_2-\bar{q})+\cdots+(p_n-\bar{p})(q_n-\bar{q})\}$$

$$=\dfrac{1}{n}\{a(x_1-\bar{x})c(y_1-\bar{y})+a(x_2-\bar{x})c(y_2-\bar{y})+\cdots+a(x_n-\bar{x})c(y_n-\bar{y})\}$$

$$=ac\cdot\frac{1}{n}\{(x_1-\overline{x})(y_1-\overline{y})+(x_2-\overline{x})(y_2-\overline{y})+\cdots+(x_n-\overline{x})(y_n-\overline{y})\}$$

$$=acs_{xy}$$

結局，共分散は元の ac 倍になります。

また

$$r_{pq}=\frac{s_{pq}}{s_ps_q}=\frac{acs_{xy}}{|a|s_x|c|s_y}=\frac{ac}{|ac|}\cdot\frac{s_{xy}}{s_xs_y}$$

$$=\begin{cases} ac>0 \text{ のとき} & \dfrac{s_{xy}}{s_xs_y} & (r_{pq}=r_{xy}) \\[2mm] ac<0 \text{ のとき} & -\dfrac{s_{xy}}{s_xs_y} & (r_{pq}=-r_{xy}) \end{cases}$$

x, y の一方に負の数をかけると相関の正負が逆転するけれども，相関係数の絶対値については定数をかけたり足したりしても変化しないという性質があることがわかります。

変量の変換による共分散，相関係数の変化

変量	x	y	$p=ax+b$	$q=cy+d$
平均値	$\overline{x}$	$\overline{y}$	$\overline{p}=a\overline{x}+b$	$\overline{q}=c\overline{y}+d$
分散	$s_x{}^2$	$s_y{}^2$	$s_p{}^2=a^2s_x{}^2$	$s_q{}^2=c^2s_y{}^2$
標準偏差	s_x	s_y	$s_p=|a|s_x$	$s_q=|c|s_y$
共分散	s_{xy}		$s_{pq}=acs_{xy}$	
相関係数	r_{xy}		$r_{pq}=r_{xy}$ $(ac>0$ のとき$)$, $r_{pq}=-r_{xy}$ $(ac<0$ のとき$)$	

例題 101

変量 x, y について，それぞれ平均値は 5，4，分散は 4，16，共分散は 6.8 であるとする。$p=2x+1$，$q=-y+3$ を定めるとき，p, q の平均値・分散・標準偏差・共分散・相関係数を求めよ。

解答　まず　　$s_x=\sqrt{4}=2$, $s_y=\sqrt{16}=4$, $r_{xy}=\dfrac{s_{xy}}{s_x\times s_y}=\dfrac{6.8}{2\times4}=0.85$

$$\overline{p}=\overline{2x+1}=2\overline{x}+1=2\cdot5+1=\mathbf{11}$$
$$\overline{q}=\overline{-y+3}=-\overline{y}+3=-4+3=\mathbf{-1}$$
$$s_p{}^2=2^2s_x{}^2=2^2\times4=\mathbf{16}$$
$$s_q{}^2=(-1)^2s_y{}^2=(-1)^2\times16=\mathbf{16}$$
$$s_p=|2|s_x=2\cdot2=\mathbf{4}$$
$$s_q=|-1|s_y=|-1|\cdot4=\mathbf{4}$$

$$s_{pq} = 2 \times (-1)s_{xy} = -2 \times 6.8 = \boldsymbol{-13.6}$$

$2 \cdot (-1) = -2 < 0$ より $\quad r_{pq} = -r_{xy} = \boldsymbol{-0.85}$

$s_p = \sqrt{s_p{}^2} = \sqrt{16} = 4, \quad s_q = \sqrt{s_q{}^2} = \sqrt{16} = 4, \quad r_{pq} = \dfrac{s_{pq}}{s_p s_q} = \dfrac{-13.6}{4 \times 4} = -0.85$ として計算

することもできます。変量の具体的な数値が与えられていないので，$p = 2x + 1$，$q = -y + 3$ という関係からそれぞれの値がどのように変化するのかを計算しなければなりません。

演習 101

(1)　2つの変量 x, y の n 組の値からなるデータ

$$(x_1,\ y_1),\ (x_2,\ y_2),\ (x_3,\ y_3),\ \cdots,\ (x_n,\ y_n)$$

がある。変量 x, y の平均値をそれぞれ $\overline{x}$, $\overline{y}$ とし，分散をそれぞれ $s_x{}^2$, $s_y{}^2$ とする。ただし $s_x{}^2 \neq 0$ とする。また，x と y の共分散を s_{xy}，相関係数を r_{xy} とする。

　　実数 a に対して $f(x) = a(x - \overline{x}) + \overline{y}$ とするとき

$$L(a) = \frac{1}{n}\left[\{y_1 - f(x_1)\}^2 + \{y_2 - f(x_2)\}^2 + \cdots + \{y_n - f(x_n)\}^2 \right]$$

が最小となるような a の値を $s_x{}^2$, s_{xy} を用いて表せ。また，そのときの $L(a)$ の値を $s_y{}^2$ と r_{xy} を用いて表せ。

(2)　(1)で求めた a に対して，直線 $y = f(x)$ を y の x への回帰直線という。変量 x, y の 10 組の値からなるデータ

$$(2,\ 2),\ (3,\ 5),\ (5,\ 8),\ (8,\ 4),\ (10,\ 5),$$
$$(10,\ 6),\ (13,\ 5),\ (14,\ 12),\ (17,\ 8),\ (18,\ 15)$$

に対し，回帰直線の方程式を求めよ。

(3)　(2)の 10 組のデータ $(x,\ y)$ を元に $X = 2x$, $Y = -y + 5$ で定める $(X,\ Y)$ に対し，回帰直線の方程式を求めよ。また，このときの $L(a)$ の最小値は(2)の $L(a)$ の最小値の何倍か。

解答　(1)　$\quad y_i - f(x_i) = y_i - \{a(x_i - \overline{x}) + \overline{y}\} = y_i - \overline{y} - a(x_i - \overline{x})$

　　よって

$$L(a) = \frac{1}{n}\left[\{y_1 - \overline{y} - a(x_1 - \overline{x})\}^2 + \{y_2 - \overline{y} - a(x_2 - \overline{x})\}^2 \right.$$
$$\left. + \cdots + \{y_n - \overline{y} - a(x_n - \overline{x})\}^2 \right]$$
$$= \frac{1}{n}\left[\{(y_1 - \overline{y})^2 + (y_2 - \overline{y})^2 + \cdots + (y_n - \overline{y})^2\} \right.$$
$$+ a^2\{(x_1 - \overline{x})^2 + (x_2 - \overline{x})^2 + \cdots + (x_n - \overline{x})^2\}$$
$$\left. - 2a\{(x_1 - \overline{x})(y_1 - \overline{y}) + (x_2 - \overline{x})(y_2 - \overline{y}) + \cdots + (x_n - \overline{x})(y_n - \overline{y})\} \right]$$

$$=s_y{}^2+a^2s_x{}^2-2as_{xy}$$

$$=s_x{}^2\left(a^2-\frac{2s_{xy}}{s_x{}^2}a\right)+s_y{}^2$$

$$=s_x{}^2\left(a-\frac{s_{xy}}{s_x{}^2}\right)^2-\frac{s_{xy}{}^2}{s_x{}^2}+s_y{}^2$$

よって，$a=\dfrac{\boldsymbol{s_{xy}}}{\boldsymbol{s_x{}^2}}$ のとき，$L(a)$ は最小となる。このとき

$$L(a)=s_y{}^2\left(1-\frac{s_{xy}{}^2}{s_x{}^2 s_y{}^2}\right)=\boldsymbol{s_y{}^2(1-r_{xy}{}^2)}$$

(2)

x	y	$x-\overline{x}$	$y-\overline{y}$	$(x-\overline{x})^2$	$(x-\overline{x})(y-\overline{y})$
2	2	-8	-5	64	40
3	5	-7	-2	49	14
5	8	-5	1	25	-5
8	4	-2	-3	4	6
10	5	0	-2	0	0
10	6	0	-1	0	0
13	5	3	-2	9	-6
14	12	4	5	16	20
17	8	7	1	49	7
18	15	8	8	64	64
合計 100	70	0	0	280	140
平均 10	7	0	0	28	14

表より　　$s_x{}^2=28$, $s_{xy}=14$

よって，$a=\dfrac{s_{xy}}{s_x{}^2}=\dfrac{14}{28}=\dfrac{1}{2}$ のとき，$L(a)$ は最小となる。

このとき　　$f(x)=\dfrac{1}{2}(x-10)+7=\dfrac{1}{2}x+2$

よって　　$\boldsymbol{y=\dfrac{1}{2}x+2}$

(3)　　$X=2x$, $Y=-y+5$

より

$$\overline{X}=2\overline{x}=20,\ \ \overline{Y}=-\overline{y}+5=-2$$

また　　$s_X{}^2=4s_x{}^2$, $s_Y{}^2=s_y{}^2$, $s_{XY}=-2s_{xy}$, $r_{XY}=-r_{xy}$

よって　　$a=\dfrac{s_{XY}}{s_X{}^2}=\dfrac{-2s_{xy}}{4s_x{}^2}=-\dfrac{1}{4}$

このとき　　$f(x)=-\dfrac{1}{4}(x-20)-2=-\dfrac{1}{4}x+3$

$$\therefore \quad y=-\frac{1}{4}x+3$$

また

$$L(a)=s_Y{}^2(1-r_{XY}{}^2)=s_y{}^2(1-r_{xy}{}^2)$$

である。したがって，このときの $L(a)$ の最小値は(2)の $L(a)$ の最小値の **1 倍**。

　ところで，(2)のデータの散布図に求めた直線を重ねると次図のようになります。$L(a)$ はデータの各値と直線との y 方向の距離 $|y_i-f(x_i)|$ の 2 乗の平均値であり，この値が小さいほど「回帰 直線が x，y の関係をよく表している」と言えます。このように，$|y_i-f(x_i)|$ の 2 乗の平均値が最小になるように $y=f(x)$ を定める方法を最 小 2 乗 法と言います。

　また，$L(a)$ の最小値は $s_y{}^2(1-r_{xy}{}^2)$ と表せるので，$r_{xy}=\pm1$ のとき最小値が 0，すなわちデータを構成するすべての $(x,\ y)$ の組が回帰直線上にあることがわかります。

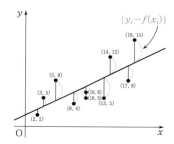

第6章

三角比と三角関数

第1章
第2章
第3章
第4章
第5章
第6章
第7章
第8章
第9章
第10章
第11章
第12章
第13章
第14章

三角比の定義

まず，右図を見てください。この図で BH の長さを a，b，c で表すとどうなるでしょうか。△ABC∽△HBA より

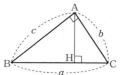

$$\frac{\mathrm{BH}}{\mathrm{BA}} = \frac{\mathrm{BA}}{\mathrm{BC}} = \frac{c}{a} \qquad \therefore \quad \mathrm{BH} = \mathrm{BA} \cdot \frac{c}{a} = \frac{c^2}{a}$$

同様に，$\mathrm{CH} = \dfrac{b^2}{a}$ と表されますから，BC＝BH＋CH より

$$a = \frac{c^2}{a} + \frac{b^2}{a} \qquad \therefore \quad a^2 = b^2 + c^2$$

となります。これは三平方の定理です。この説明の中で $\dfrac{\mathrm{BA}}{\mathrm{BC}}$ という直角三角形の辺の比が出てきましたが，こういった比を簡単に表す方法を決めておくと，何かと便利です。

直角三角形には斜辺の他にあと 2 つの辺が存在していますが，これを底辺と高さと呼ぶとき，三角形の置き方によって底辺だったものが高さになってしまうようでは混乱が生じます。

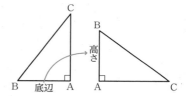

そこで 1 つの鋭角に注目して，これを斜辺とではさむ辺を底辺，はさまない辺を高さと呼ぶことにします。なお，角の大きさを表す文字は，慣例上ギリシャ文字を使うことが多く，θ はシータ（theta）と読みます。

三角比で出てくる比は 3 種類あり，$\dfrac{底辺}{斜辺}$，$\dfrac{高さ}{斜辺}$，$\dfrac{高さ}{底辺}$ です。順に $\cos\theta$，$\sin\theta$，$\tan\theta$ と表します。右図では

$$\cos\theta = \frac{b}{a}, \ \sin\theta = \frac{c}{a}, \ \tan\theta = \frac{c}{b}$$

です。$\cos\theta$ はコサイン θ，$\sin\theta$ はサイン θ，$\tan\theta$ はタンジェント θ と読みます。覚え方は，$\cos\theta$ は c から始まるので筆記体の c を と書いて斜辺と底辺の比を表し，$\sin\theta$ は s から始まるので筆記体の s を と書いて斜辺と高さの比を表すと覚えます。さらに $\tan\theta$ は t から始まるので筆記体の t を と書けばよいでしょう。また

$$\tan\theta = \frac{\sin\theta}{\cos\theta}$$

となっていることも確認しておいてください。

　それでは，最初に取り上げた三平方の定理の話を三角比を用いて表しておきましょう。はじめに約束事ですが，辺の長さ，角度を簡潔に表すために $BC=a$，$\angle BAC=A$ などとします。

　$A=90°$ のとき，A から BC に下ろした垂線の足を H とすると

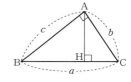

$$BH = c\cos B = c\cdot\frac{c}{a} = \frac{c^2}{a}$$

$$CH = b\cos C = b\cdot\frac{b}{a} = \frac{b^2}{a}$$

$BC = BH + CH$ より

$$a = \frac{c^2}{a} + \frac{b^2}{a} \qquad \therefore \quad a^2 = b^2 + c^2$$

　まず慣れることが必要で，そのために，よく知っている直角三角形に三角比を適用してみることにしましょう。

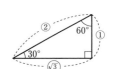

$$\cos 30° = \frac{\sqrt{3}}{2}, \quad \sin 30° = \frac{1}{2}, \quad \tan 30° = \frac{1}{\sqrt{3}}$$

$$\cos 60° = \frac{1}{2}, \quad \sin 60° = \frac{\sqrt{3}}{2}, \quad \tan 60° = \sqrt{3}$$

$$\cos 45° = \frac{1}{\sqrt{2}}, \quad \sin 45° = \frac{1}{\sqrt{2}}, \quad \tan 45° = 1$$

　ここで，コサイン，サインには $\frac{1}{2}$，$\frac{1}{\sqrt{2}}$，$\frac{\sqrt{3}}{2}$ の 3 つの値，タンジェントにも $\frac{1}{\sqrt{3}}$，1，$\sqrt{3}$ の 3 つの値が出てきていますが，これに小，中，大の順序をつけて覚えておきましょう。

小	中	大
$\frac{1}{2} <$	$\frac{1}{\sqrt{2}} <$	$\frac{\sqrt{3}}{2}$
$\frac{1}{\sqrt{3}} <$	$1 <$	$\sqrt{3}$

2 定義の拡張

　さて，三角比の定義を学んだばかりですが，これを拡張します。まず，直角三角形の 1 鋭角を定めると，それに対してコサイン，サイン，タンジェントの値が決まるので，三角比は角度の関数だと言うことができます。「関数」という言葉が出てきたので

復習をしておくと

> **定義域内の実数 x に対して，実数 y が 1 個対応するとき，このxをyに対応させる規則を関数と言う。**

です。

ところが，この関数は三角比が直角三角形で定義されているので，定義域が $0°$ から $90°$ の範囲に限定されており，もう少し自由度を高めたいのです。

三角比は辺の比ですから，相似な三角形であれば，大きな直角三角形で考えても小さな直角三角形で考えても同じ値になります。そこで，斜辺の長さが 1 の直角三角形で考えることにして単位円を導入します。単位円とは，xy 座標平面上で原点を中心とする半径 1 の円ですが，この円で，x 軸の正方向を始線，動いていく 1 つの半径を動径と呼びます。また，図の角度 θ は，始線から動径に向かって反時計まわりを正方向として測ります。動径を図の角度 θ のところで止めて右図のような直角三角形を作ると，斜辺が 1 になっているというわけです。

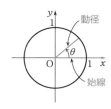

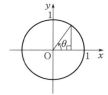

この三角形でコサイン，サインを考えると，「斜辺分の」という分母が 1 ですから，底辺そのものがコサインで，高さそのものがサインになります。その結果，x 軸の正方向から反時計まわりを正方向として測った角度が θ のときの動径が指す単位円周上の点の x 座標が $\cos\theta$ で，y 座標が $\sin\theta$ になります。これがコサイン，サインの拡張された定義になります。

> **x 軸の正方向から反時計まわりを正方向として測った角度が θ のときの動径が指す単位円周上の点において**
> **x 座標：$\cos\theta$, y 座標：$\sin\theta$**

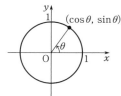

どうして「拡張された」定義なのかと言えば，$0°<\theta<90°$ では直角三角形での定義と全く同じですが，θ はこれ以外の範囲も自由に動くことができ，それに対して $\cos\theta$, $\sin\theta$ を定めることができるからです。

それでは $\tan\theta$ はどのように定義すればよいでしょうか。$\cos\theta$, $\sin\theta$ を考えたときと同じように，分母（底辺）が 1 になるような直角三角形を作ってみましょう。結局次のようになります。

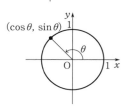

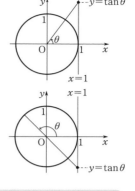

> x 軸の正方向から反時計まわりを正方向として測った角度が θ のときの動径を延ばし, 直線 $x=1$ と交わった点の y 座標を $\tan\theta$ とする。

θ が第 2 象限の位置を表すときは, 動径を反対側に延ばします (右図)。また, θ が y 軸上の点を表す角度のときは動径をどのように延ばしても $x=1$ と交点をもたないので, このときは $\tan\theta$ が定義されません。

1 · 弧度法

x 軸の正方向から反時計まわりを正方向として測った角度の関数として三角比を定義し直しましたが, この角度を表すには, これまで使ってきた 1 周を 360° で表す方法よりも都合のよい方法があるのでそれを学びましょう。

> 単位円で弧の長さが θ のとき, その弧に対する中心角を θ と表す。

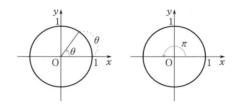

ちょっとわかりにくい定義ですが, 要するに 360° を 2π と表すということです。感覚的に言えば, 半周 (180°) を表す角が π で, これを基準にその半分が $\dfrac{\pi}{2}=90°$, $\dfrac{1}{3}$ が $\dfrac{\pi}{3}=60°$, $\dfrac{1}{4}$ が $\dfrac{\pi}{4}=45°$, $\dfrac{1}{6}$ が $\dfrac{\pi}{6}=30°$, …という具合です。

もう少し整理しておきます。$\dfrac{\pi}{6}$, $\dfrac{\pi}{4}$, $\dfrac{\pi}{3}$ のように, 分母には主に 6, 4, 3 の 3 つが出てきます。

・0 (2π) のところから $\dfrac{\pi}{6}$ だけ進んだところと $\dfrac{\pi}{6}$ だけ戻ったところ, 及び π のところから $\dfrac{\pi}{6}$ だけ進んだところと $\dfrac{\pi}{6}$ だけ戻ったところは, 分母が 6 になり, x 軸に近

いところを表します。

・分母が4のところは，x軸とy軸の真ん中のところになります。

・0（2π）のところとπのところから$\dfrac{\pi}{3}$だけ進んだところと$\dfrac{\pi}{3}$だけ戻ったところは，

分母が3になり，y軸に近いところを表します。

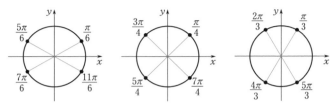

　ここまでに出てきた角が議論の出発点になるので，角度とそれが表す単位円周上の位置が瞬間的に結びつくようにしておいてください。

3　三角関数の値

1 ・ $\cos\theta$

　$\cos\theta$は単位円周上の点のx座標でした。「弧度法」のところで出てきた基準となる点を書き込んで，まずx座標の符号をチェックします。次に絶対値が小さいもの：$\dfrac{1}{2}$，真ん中のもの：$\dfrac{1}{\sqrt{2}}$，大きいもの：$\dfrac{\sqrt{3}}{2}$の

3種類が出てくるので，6本の直線：$x=\pm\dfrac{1}{2}$，

$x=\pm\dfrac{1}{\sqrt{2}}$，$x=\pm\dfrac{\sqrt{3}}{2}$を書き込みましょう（右図）。

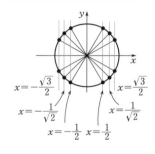

　これらの直線がはじめに書き込んだ基準点を通ることを確認しておいてください。これを見れば，$\cos\theta$の値は次のようになることがわかります。

$$\frac{1}{2} < \frac{1}{\sqrt{2}} < \frac{\sqrt{3}}{2}$$
小　　　中　　　大

θ	0	$\dfrac{\pi}{6}$	$\dfrac{\pi}{4}$	$\dfrac{\pi}{3}$	$\dfrac{\pi}{2}$	$\dfrac{2\pi}{3}$	$\dfrac{3\pi}{4}$	$\dfrac{5\pi}{6}$	π	$\dfrac{7\pi}{6}$	$\dfrac{5\pi}{4}$	$\dfrac{4\pi}{3}$	$\dfrac{3\pi}{2}$	$\dfrac{5\pi}{3}$	$\dfrac{7\pi}{4}$	$\dfrac{11\pi}{6}$	2π
$\cos\theta$	1	$\dfrac{\sqrt{3}}{2}$	$\dfrac{1}{\sqrt{2}}$	$\dfrac{1}{2}$	0	$-\dfrac{1}{2}$	$-\dfrac{1}{\sqrt{2}}$	$-\dfrac{\sqrt{3}}{2}$	-1	$-\dfrac{\sqrt{3}}{2}$	$-\dfrac{1}{\sqrt{2}}$	$-\dfrac{1}{2}$	0	$\dfrac{1}{2}$	$\dfrac{1}{\sqrt{2}}$	$\dfrac{\sqrt{3}}{2}$	1

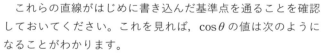

第1章
第2章
第3章
第4章
第5章
第6章
第7章
第8章
第9章
第10章
第11章
第12章
第13章
第14章

チェックするべきことがいくつかありますが，まず，$\cos\theta$ は x 座標ですから，θ が x 軸対称の位置を表す角度のときは $\cos\theta$ の値が同じになります。たとえば $\cos\dfrac{5\pi}{6}=\cos\dfrac{7\pi}{6}=-\dfrac{\sqrt{3}}{2}$ という具合です。

ところで，$\dfrac{5\pi}{6}$ と $\dfrac{7\pi}{6}$ は $\dfrac{\dfrac{5\pi}{6}+\dfrac{7\pi}{6}}{2}=\pi$，つまり真ん中が π ですから x 軸対称の位置を表す角度ですが，逆に，x 軸対称の位置を表す角度とはどんなものでしょうか。これに答えるには少し準備が必要です。

② ・ 一般角

0 と 2π は同じ位置を表していますが，2π が 1 周を表す角度なので，2π の整数倍だけ進んだところ（あるいは戻ったところ）は同じ位置を表します。

$$\theta+2\pi n \ (n \text{ は整数}) ：\theta \text{ のところ}$$

という具合です。たとえば $\dfrac{13\pi}{6}$ は $\dfrac{13\pi}{6}=\dfrac{\pi}{6}+2\pi$ ですから，$\dfrac{\pi}{6}$ と同じ位置を表しています。すると $\dfrac{13\pi}{6}$ と $\dfrac{11\pi}{6}$ も x 軸対称の位置を表すことになりますが，真ん中は

$$\dfrac{\dfrac{13\pi}{6}+\dfrac{11\pi}{6}}{2}=2\pi \text{ です。}$$

また，時計まわりの方向はマイナスの角度で表しますので，$-\dfrac{\pi}{6}$ とは $\dfrac{11\pi}{6}$ と同じ位置を表す角度だということになり，$\dfrac{\pi}{6}$ と $-\dfrac{\pi}{6}$ も x 軸対称の位置を表す角度だということになります。$\dfrac{\pi}{6}$ と $-\dfrac{\pi}{6}$ の真ん中は 0 ですから，同じ x 軸対称の位置といっても，真ん中が π だったり 2π だったり，0 だったりといろいろあることに気づきます。

それでは，そもそも x 軸のところを表す角度はどのように表現すればよいのでしょうか。0，π，2π，$\cdots$ これらはすべて x 軸のところを表していますが，π が半周を表す角度で，これの整数倍だけ進んだり，戻ったりするところはやはり x 軸のところを表しますから，x 軸のところを表す角度は πn と表現されることがわかります。一般的に

$$\theta+\pi n \ (n \text{ は整数}) ：\theta \text{ のところを起点に 1 周を 2 等分するところ}$$

となります。さらに k をある自然数とするとき

$$\theta+\frac{2\pi n}{k} \quad (n \text{ は整数}) : \theta \text{ のところを起点に 1 周を } k \text{ 等分するところ}$$

のようになります。

　結局，α と β が x 軸対称の位置を表すとは，α と β の真ん中が x 軸上の位置を表す角度になっているということであり，これを式で表すと

$$\frac{\alpha+\beta}{2}=\pi n \quad (n \text{ は整数}) \qquad \therefore \quad \beta=-\alpha+2\pi n$$

となります。$-\alpha$ が α と x 軸対称の位置を表し，$-\alpha+2\pi n$（n は整数）とすれば，α と x 軸対称のところを一般的に表現したことになるわけです。

α, β が x 軸対称の位置を表す角度 $\Longleftrightarrow$ $\beta=-\alpha+2\pi n$ （n は整数）

3 ・ $\sin\theta$

$\sin\theta$ は θ のところの y 座標です。

$\dfrac{1}{2}<\dfrac{1}{\sqrt{2}}<\dfrac{\sqrt{3}}{2}$ に気をつけて，6本の直線：

$y=\pm\dfrac{1}{2},\ \pm\dfrac{1}{\sqrt{2}},\ \pm\dfrac{\sqrt{3}}{2}$ を単位円にプラスして書

き込んでみましょう（右図）。

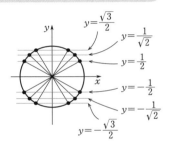

　これを見れば $\sin\theta$ の値が次のようになることがわかります。

θ	0	$\frac{\pi}{6}$	$\frac{\pi}{4}$	$\frac{\pi}{3}$	$\frac{\pi}{2}$	$\frac{2\pi}{3}$	$\frac{3\pi}{4}$	$\frac{5\pi}{6}$	π	$\frac{7\pi}{6}$	$\frac{5\pi}{4}$	$\frac{4\pi}{3}$	$\frac{3\pi}{2}$	$\frac{5\pi}{3}$	$\frac{7\pi}{4}$	$\frac{11\pi}{6}$	2π
$\sin\theta$	0	$\frac{1}{2}$	$\frac{1}{\sqrt{2}}$	$\frac{\sqrt{3}}{2}$	1	$\frac{\sqrt{3}}{2}$	$\frac{1}{\sqrt{2}}$	$\frac{1}{2}$	0	$-\frac{1}{2}$	$-\frac{1}{\sqrt{2}}$	$-\frac{\sqrt{3}}{2}$	-1	$-\frac{\sqrt{3}}{2}$	$-\frac{1}{\sqrt{2}}$	$-\frac{1}{2}$	0

　チェックポイントは，θ が y 軸対称の位置を表す角度のときは $\sin\theta$ の値が同じになるということです。

　そして，y 軸のところを表す角度は $\dfrac{\pi}{2}+\pi n$（n は整数）ですから，α, β が y 軸対称の位置を表す角度のとき

$$\frac{\alpha+\beta}{2}=\frac{\pi}{2}+\pi n \quad (n \text{ は整数}) \qquad \therefore \quad \beta=\pi-\alpha+2\pi n$$

となります。少し復習をしておくと，数直線上で X が a に関して x と対称な位置にあるとき，$X=2a-x$ と表され

ました。これは，$\dfrac{X+x}{2}=a$ すなわち $X=2a-x$ として確認できますが，要するに X と x の真ん中が a になっているための条件です。そうすると $\pi-\alpha$ は $\dfrac{\pi}{2}$ に関して α と対称なところ，つまり α と y 軸対称の位置を表す角度であり，$\pi-\alpha+2\pi n$（n は整数）は，その位置を一般的に表したものであることがわかります。

> α，β が y 軸対称の位置を表す角度 $\Longleftrightarrow$ $\beta=\pi-\alpha+2\pi n$ （n は整数）

④ tan θ

第 1〜第 4 の各象限に 3 つずつ，議論の出発点となる角度が表す点がありました。この 12 個の位置にきたときの動径を延ばし，$x=1$ と交わるようにすると，y 座標が正のところと負のところに 3 つずつ計 6 個の交点ができます（右図）。

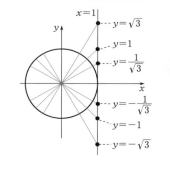

その y 座標の絶対値に注目すると，$\dfrac{1}{\sqrt{3}}<1<\sqrt{3}$ となっています。これを見れば，$\tan\theta$ の値が次のようになっていることがわかります。

θ	0	$\dfrac{\pi}{6}$	$\dfrac{\pi}{4}$	$\dfrac{\pi}{3}$	$\dfrac{\pi}{2}$	$\dfrac{2\pi}{3}$	$\dfrac{3\pi}{4}$	$\dfrac{5\pi}{6}$	π	$\dfrac{7\pi}{6}$	$\dfrac{5\pi}{4}$	$\dfrac{4\pi}{3}$	$\dfrac{3\pi}{2}$	$\dfrac{5\pi}{3}$	$\dfrac{7\pi}{4}$	$\dfrac{11\pi}{6}$	2π
$\tan\theta$	0	$\dfrac{1}{\sqrt{3}}$	1	$\sqrt{3}$	╱	$-\sqrt{3}$	-1	$-\dfrac{1}{\sqrt{3}}$	0	$\dfrac{1}{\sqrt{3}}$	1	$\sqrt{3}$	╱	$-\sqrt{3}$	-1	$-\dfrac{1}{\sqrt{3}}$	0

$\tan\theta$ の値は θ が原点対称の位置を表すときに等しくなります。また $\tan\theta$ は θ が y 軸上の点を表す角度のときには定義されないことも注意しておきましょう。

4 相互関係

よく使う公式をまとめておきます。

(ア)
$$\begin{cases} \cos(-\theta)=\cos\theta \\ \sin(-\theta)=-\sin\theta \\ \tan(-\theta)=-\tan\theta \end{cases}$$
θ，$-\theta$ は x 軸対称の位置を表す角度。

$$(イ) \begin{cases} \cos(\pi-\theta)=-\cos\theta \\ \sin(\pi-\theta)=\sin\theta \\ \tan(\pi-\theta)=-\tan\theta \end{cases} \quad \theta,\ \pi-\theta\ は\ y\ 軸対称の位置を表す角度。$$

$$(ウ) \begin{cases} \cos\left(\dfrac{\pi}{2}-\theta\right)=\sin\theta \\[2mm] \sin\left(\dfrac{\pi}{2}-\theta\right)=\cos\theta \\[2mm] \tan\left(\dfrac{\pi}{2}-\theta\right)=\dfrac{1}{\tan\theta} \end{cases} \quad \begin{aligned}&\theta,\ \dfrac{\pi}{2}-\theta\ は\ y=x\ に関して対称な位置\\&を表す角度。\end{aligned}$$

$$(エ) \begin{cases} \cos(\theta+\pi)=-\cos\theta \\ \sin(\theta+\pi)=-\sin\theta \\ \tan(\theta+\pi)=\tan\theta \end{cases} \quad \theta,\ \theta+\pi\ は原点対称の位置を表す角度。$$

説明は以下の通りです。

(ア)　$\theta,\ -\theta$ は x 軸対称の位置を表す角度ですから，この位置の x 座標は等しく，$\cos(-\theta)=\cos\theta$ であることはすでに説明しました。またこのとき y 座標は異符号になっていることがわかるので $\sin(-\theta)=-\sin\theta$ です。すると

$$\tan(-\theta)=\frac{\sin(-\theta)}{\cos(-\theta)}=\frac{-\sin\theta}{\cos\theta}=-\tan\theta$$

となります。

(イ)　$\theta,\ \pi-\theta$ は y 軸対称の位置を表す角度ですから，この位置の y 座標は等しく $\sin(\pi-\theta)=\sin\theta$ でした。またこのときの x 座標は異符号になっているので $\cos(\pi-\theta)=-\cos\theta$ です。したがって

$$\tan(\pi-\theta)=\frac{\sin(\pi-\theta)}{\cos(\pi-\theta)}=\frac{\sin\theta}{-\cos\theta}=-\tan\theta$$

となります。

(ウ)　$\dfrac{\pi}{2}-\theta=2\cdot\dfrac{\pi}{4}-\theta$ ですから，$\dfrac{\pi}{2}-\theta$ は $\dfrac{\pi}{4}$ に関して θ と対称な位置を表す角度です。$\dfrac{\pi}{4}$ は直線 $y=x$ の方向を表す角度ですから，$\dfrac{\pi}{2}-\theta,\ \theta$ は $y=x$ に関して対称な位置を表す角度になっています。ところで，x 軸を $y=x$ に関して対称移動すると y 軸のところに重なり，y 軸を $y=x$ に関して対称移動すると x 軸と重なります。結局

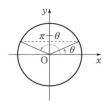

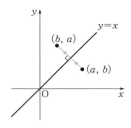

$y=x$ に関する対称移動では x 座標と y 座標が入れ替わることになります。

したがって，$\dfrac{\pi}{2}-\theta$ のところの x 座標：

$\cos\left(\dfrac{\pi}{2}-\theta\right)$ は θ のところの y 座標：$\sin\theta$ と等し

く，$\cos\left(\dfrac{\pi}{2}-\theta\right)=\sin\theta$ となります。

同様に，$\sin\left(\dfrac{\pi}{2}-\theta\right)=\cos\theta$ となるので

$$\tan\left(\dfrac{\pi}{2}-\theta\right)=\dfrac{\sin\left(\dfrac{\pi}{2}-\theta\right)}{\cos\left(\dfrac{\pi}{2}-\theta\right)}=\dfrac{\cos\theta}{\sin\theta}=\dfrac{1}{\tan\theta}$$

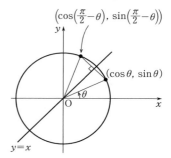

です。

(エ) π が半周を表す角度ですから，$\theta+\pi$ は θ から半周進んだ
位置を表し，$\theta+\pi$ と θ は原点対称の位置を表す角度になり
ます。原点対称の位置では，x 座標も y 座標も異符号になり
ます。

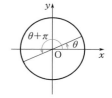

もう 1 つよく使う公式を確認しておきます。座標平面上
で $(0,0)$ と $(\cos\theta,\ \sin\theta)$ の 2 点間の距離は 1 ですが，
このことを三平方の定理を用いて表すと

$$\cos^2\theta+\sin^2\theta=1 \quad \cdots\cdots(*)$$

となります。$\cos\theta$，$\sin\theta$，$\tan\theta$ を 2 乗するときは
$(\cos\theta)^2=\cos^2\theta$ のように表します。

また，$(*)$ の両辺を $\cos^2\theta$ で割ると $1+\tan^2\theta=\dfrac{1}{\cos^2\theta}$ と

なり，$(*)$ の両辺を $\sin^2\theta$ で割ると $1+\dfrac{1}{\tan^2\theta}=\dfrac{1}{\sin^2\theta}$ となります。

$$\cos^2\theta+\sin^2\theta=1 \qquad 1+\tan^2\theta=\dfrac{1}{\cos^2\theta} \qquad 1+\dfrac{1}{\tan^2\theta}=\dfrac{1}{\sin^2\theta}$$

例題 102

$\sin\theta=\dfrac{4}{5}$ のとき，$\cos\theta$，$\tan\theta$ の値を求めよ。

$\cos^2\theta = 1 - \sin^2\theta = 1 - \left(\dfrac{4}{5}\right)^2 = \left(\dfrac{3}{5}\right)^2$ のようにして計算する方法も

あります。もう1つは元々の定義に戻って，サインは $\dfrac{\text{高さ}}{\text{斜辺}}$ でしたか

ら，右図のように斜辺が5で高さが4の直角三角形を考えると，底辺

が3であることがわかります。しかし，いずれの方法でコサインを求

めたとしても，それは絶対値の情報を得たにすぎず，単位円に戻って符号をチェック

することが必要です。

↓↓

解答 $\sin\theta = \dfrac{4}{5} > 0$ より，θ は第1象限または第2象

限の位置を表す角度である。よって

$$(\cos\theta,\ \tan\theta) = \pm\left(\dfrac{3}{5},\ \dfrac{4}{3}\right)$$

絶対値は直角三角形を描いて考え，符号は単位円でチェックする。

少し補足しておきます。三平方の定理を満たす整数の組を**ピタゴラス数**と呼びます

が，$(3,\ 4,\ 5)$，$(5,\ 12,\ 13)$ などは非常に有名で，このほかにも $(8,\ 15,\ 17)$，

$(7,\ 24,\ 25)$，…のように無数にあることが知られています。

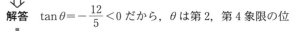

演習 102

$\tan\theta = -\dfrac{12}{5}$ のとき，$\cos\theta$，$\sin\theta$ の値を求めよ。

↓

解答 $\tan\theta = -\dfrac{12}{5} < 0$ だから，θ は第2，第4象限の位

置を表す角度である。よって

$$(\cos\theta,\ \sin\theta) = \left(\mp\dfrac{5}{13},\ \pm\dfrac{12}{13}\right)\ \textbf{(複号同順)}$$

ここで，複号同順（ふくごうどうじゅん）という言葉が出てきています。これは，「∓」や「±」のような複

数の符号のうち，同じ順序のときだけを有効と考えるという意味です。つまり，

$-\dfrac{5}{13}$ には $+\dfrac{12}{13}$ が対応し，$+\dfrac{5}{13}$ には $-\dfrac{12}{13}$ が対応するということです。

例題 103

$\left(\cos\dfrac{3\pi}{5} + \sin\dfrac{3\pi}{5}\right)^2 + \left(\cos\dfrac{\pi}{10} + \sin\dfrac{\pi}{10}\right)^2$ の値を求めよ。

$\dfrac{3\pi}{5}$ と $\dfrac{\pi}{10}$ の2種類の角度が出てきていますが，このままでは両者の関係がわかりません。$p.212$ の公式を使って，$0 \leqq \theta \leqq \dfrac{\pi}{4}$ の角度の三角比で言い換えることを考えます。

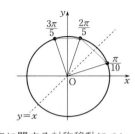

$\Downarrow$
解答

$$\left(\cos\dfrac{3\pi}{5}+\sin\dfrac{3\pi}{5}\right)^2+\left(\cos\dfrac{\pi}{10}+\sin\dfrac{\pi}{10}\right)^2$$

$$=\left(-\cos\dfrac{2\pi}{5}+\sin\dfrac{2\pi}{5}\right)^2+\left(\cos\dfrac{\pi}{10}+\sin\dfrac{\pi}{10}\right)^2$$

$$=\left(-\sin\dfrac{\pi}{10}+\cos\dfrac{\pi}{10}\right)^2+\left(\cos\dfrac{\pi}{10}+\sin\dfrac{\pi}{10}\right)^2$$

$$=2\left(\cos^2\dfrac{\pi}{10}+\sin^2\dfrac{\pi}{10}\right)=2$$

$p.211$，212 の公式は x 軸と y 軸，及び $y=x$，それに原点に関する対称移動についてのものでした。これを用いると，$\dfrac{3\pi}{5}$ は y 軸に関して対称移動して $\dfrac{2\pi}{5}$ のところに移り，$\dfrac{2\pi}{5}$ は $y=x$ に関して対称移動して $\dfrac{\pi}{10}$ のところに移ります。結局，$\dfrac{3\pi}{5}$ と $\dfrac{\pi}{10}$ は深い関係にあったのです。

演習 103

$\tan\left(\dfrac{\pi}{4}+\theta\right)\tan\left(\dfrac{\pi}{4}-\theta\right)$ の値を求めよ。

解答

$$\tan\left(\dfrac{\pi}{4}+\theta\right)\tan\left(\dfrac{\pi}{4}-\theta\right)=\tan\left(\dfrac{\pi}{4}+\theta\right)\dfrac{1}{\tan\left(\dfrac{\pi}{4}+\theta\right)}=1$$

$\left(\dfrac{\pi}{4}+\theta\right)+\left(\dfrac{\pi}{4}-\theta\right)=\dfrac{\pi}{2}$ ですから，$\dfrac{\pi}{4}+\theta$ と $\dfrac{\pi}{4}-\theta$ は $y=x$ に関して対称な位置を表す角度になっているのです。

例題 104

$\left(\cos\theta-\dfrac{1}{\cos\theta}\right)^2+\left(\sin\theta-\dfrac{1}{\sin\theta}\right)^2-\left(\tan\theta-\dfrac{1}{\tan\theta}\right)^2$ を計算せよ。

解答

$$\left(\cos\theta-\dfrac{1}{\cos\theta}\right)^2+\left(\sin\theta-\dfrac{1}{\sin\theta}\right)^2-\left(\tan\theta-\dfrac{1}{\tan\theta}\right)^2$$

$$=(\cos^2\theta+\sin^2\theta)+\left(\dfrac{1}{\cos^2\theta}-\tan^2\theta\right)+\left(\dfrac{1}{\sin^2\theta}-\dfrac{1}{\tan^2\theta}\right)-2=1$$

$p.213$ の公式 $\cos^2\theta+\sin^2\theta=1$，$1+\tan^2\theta=\dfrac{1}{\cos^2\theta}$，$1+\dfrac{1}{\tan^2\theta}=\dfrac{1}{\sin^2\theta}$ を使いました。

演習 104

$(\cos\theta+\sin\theta)^2+\dfrac{(1-\tan\theta)^2}{1+\tan^2\theta}$ を計算せよ。

解答 $(\cos\theta+\sin\theta)^2+\dfrac{(1-\tan\theta)^2}{1+\tan^2\theta}=(\cos\theta+\sin\theta)^2+\dfrac{(\cos\theta-\sin\theta)^2}{\cos^2\theta+\sin^2\theta}$ ……(*)

$$=2(\cos^2\theta+\sin^2\theta)=2$$

(*) の変形では分母，分子に $\cos^2\theta$ をかけました。

5 方程式，不等式

　ここまでに学んできたことは，「θ が与えられたときに $\cos\theta$ の値はいくらになるか」というような内容でしたが，方程式では，逆に「$\cos\theta$ の値が与えられたときに，そのようになるための θ はどのようなものか」ということを考えます。

　通常は「$0\leqq\theta<2\pi$ の範囲で答えよ」のような制限つきで問われることが多いのですが，はじめは一般角で考えてみることにして，まず基本的なパターンを整理しておきます。

$$\cos\theta=\frac{1}{2}\iff\theta=\pm\frac{\pi}{3}+2\pi n \quad (n\text{ は整数})$$

　単位円周上で x 座標が $\dfrac{1}{2}$ になる点を表す角度が問われています。$\theta=\dfrac{\pi}{3}+2\pi n$，$\dfrac{5\pi}{3}+2\pi n$ と分けて表すこともあります。いずれにしても x 軸対称の点を表現します（次図 左）。

$$\sin\theta=\frac{1}{2}\iff\theta=\frac{\pi}{6}+2\pi n,\ \frac{5\pi}{6}+2\pi n \quad (n\text{ は整数})$$

　y 座標が $\dfrac{1}{2}$ になる点を考えます。y 軸対称の点を表現していることを確認してください（次図 中）。

$$\tan\theta=\frac{1}{\sqrt{3}}\iff\theta=\frac{\pi}{6}+\pi n \quad (n\text{ は整数})$$

　原点対称の点を表現することになります（次図 右）。

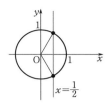 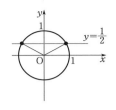 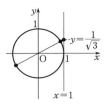

理解を深めるために不等式についても考えておきましょう。

$$\cos\theta\geqq\frac{1}{2} \iff -\frac{\pi}{3}+2\pi n\leqq\theta\leqq\frac{\pi}{3}+2\pi n \quad (n \text{ は整数}) \qquad (\text{下図 左})$$

$$\sin\theta\geqq\frac{1}{2} \iff \frac{\pi}{6}+2\pi n\leqq\theta\leqq\frac{5\pi}{6}+2\pi n \quad (n \text{ は整数}) \qquad (\text{下図 中})$$

$$\tan\theta\geqq\frac{1}{\sqrt{3}} \iff \frac{\pi}{6}+\pi n\leqq\theta<\frac{\pi}{2}+\pi n \quad (n \text{ は整数}) \qquad (\text{下図 右})$$

　最後のタンジェントの不等式は間違えやすいので十分気をつけてください。以上を基礎知識として具体的な問題を解いてみましょう。

例題 105

$\cos 2\theta=-\dfrac{\sqrt{3}}{2}$ （$0\leqq\theta<2\pi$）を解け。

解答　　　$\cos 2\theta=-\dfrac{\sqrt{3}}{2}$

$2\theta=\pm\dfrac{5\pi}{6}+2\pi n$ （n は整数）　　$\therefore$　$\theta=\pm\dfrac{5\pi}{12}+\pi n$

$0\leqq\theta<2\pi$ で考えて　　$\theta=\dfrac{5\pi}{12},\ \dfrac{7\pi}{12},\ \dfrac{17\pi}{12},\ \dfrac{19\pi}{12}$

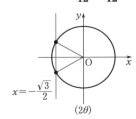 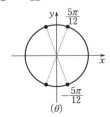

(2θ)　　　　　　　(θ)

一般角で解いた θ の位置を確認した後に，$0 \leqq \theta < 2\pi$ を満たすものを答えます。

$\theta = \dfrac{5\pi}{12} + \pi n$ と $\theta = -\dfrac{5\pi}{12} + \pi n$ からそれぞれ 2 個の位置が指定されますから，計 4 個の解が出てきます。

演習 105A

$\sin 3\theta = -\dfrac{1}{\sqrt{2}}$ $(0 \leqq \theta < 2\pi)$ を解け。

解答

$\sin 3\theta = -\dfrac{1}{\sqrt{2}}$

$3\theta = \dfrac{5\pi}{4} + 2\pi n,\ \dfrac{7\pi}{4} + 2\pi n$ $(n は整数)$

$\therefore\quad \theta = \dfrac{5\pi}{12} + \dfrac{2\pi n}{3},\ \dfrac{7\pi}{12} + \dfrac{2\pi n}{3}$

$0 \leqq \theta < 2\pi$ で考えて

$\theta = \dfrac{5\pi}{12},\ \dfrac{7\pi}{12},\ \dfrac{13\pi}{12},\ \dfrac{5\pi}{4},$

$\dfrac{7\pi}{4},\ \dfrac{23\pi}{12}$

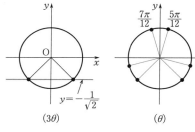

$\theta = \dfrac{5\pi}{12} + \dfrac{2\pi n}{3}$ と $\theta = \dfrac{7\pi}{12} + \dfrac{2\pi n}{3}$ からそれぞれ 3 個ずつの解が出てくるので，計 6 個の解になります。

演習 105B

$\tan 3\theta = -\sqrt{3}$ $(0 \leqq \theta < 2\pi)$ を解け。

解答

$\tan 3\theta = -\sqrt{3}$

$3\theta = \dfrac{2\pi}{3} + \pi n$ $(n は整数)$ $\therefore\quad \theta = \dfrac{2\pi}{9} + \dfrac{\pi n}{3}$

$0 \leqq \theta < 2\pi$ で考えて $\theta = \dfrac{2\pi}{9},\ \dfrac{5\pi}{9},\ \dfrac{8\pi}{9},\ \dfrac{11\pi}{9},\ \dfrac{14\pi}{9},\ \dfrac{17\pi}{9}$

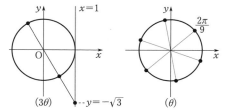

例題 106

$\cos 2\theta = \cos 3\theta$ $(0 \leqq \theta < 2\pi)$ を解け。

「2θ のところの x 座標と 3θ のところの x 座標が等しい」と読みます。2θ がどこにあるのかがわかりませんから，仮に 2θ を決めてみます。そうすると 3θ は 2θ と同じ位置であるか，x 軸対称の位置であればよいことがわかります。

⇓
解答　　　$\cos 2\theta = \cos 3\theta$

$3\theta = \pm 2\theta + 2\pi n$ 　（n は整数）

∴　$\theta = 2\pi n,\ \dfrac{2\pi n}{5}$

$2\pi n$ は $\dfrac{2\pi n}{5}$ に含まれるので

$\theta = \dfrac{2\pi n}{5}$

$0 \leqq \theta < 2\pi$ で考えて

$\theta = 0,\ \dfrac{2\pi}{5},\ \dfrac{4\pi}{5},\ \dfrac{6\pi}{5},\ \dfrac{8\pi}{5}$

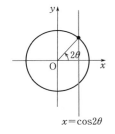

$x = \cos 2\theta$

演習 106A

$\sin 3\theta = \cos 2\theta$ $(0 \leqq \theta < 2\pi)$ を解け。

コサインとサインが統一されていないので困ります。p.212 の(ウ)を用いて

$\cos 2\theta = \sin\left(\dfrac{\pi}{2} - 2\theta\right)$ とすれば，サインにそろえることができます。

⇓
解答　　　$\sin 3\theta = \cos 2\theta$

$\sin 3\theta = \sin\left(\dfrac{\pi}{2} - 2\theta\right)$ ———————————————— ①

$3\theta = \dfrac{\pi}{2} - 2\theta + 2\pi n,\ \ \pi - \left(\dfrac{\pi}{2} - 2\theta\right) + 2\pi n$ 　（n は整数） ←———

∴　$\theta = \dfrac{\pi}{10} + \dfrac{2\pi n}{5},\ \ \dfrac{\pi}{2} + 2\pi n$

$\dfrac{\pi}{2} + 2\pi n$ は $\dfrac{\pi}{10} + \dfrac{2\pi n}{5}$ に含まれるので 　②

$\theta = \dfrac{\pi}{10} + \dfrac{2\pi n}{5}$ ←———

$0 \leqq \theta < 2\pi$ で考えて

$\theta = \dfrac{\pi}{10},\ \dfrac{\pi}{2},\ \dfrac{9\pi}{10},\ \dfrac{13\pi}{10},\ \dfrac{17\pi}{10}$

①では，$\dfrac{\pi}{2}-2\theta$ を仮に決めてみて，それと同じところか，それと y 軸対称のところに 3θ があれば，3θ のところと $\dfrac{\pi}{2}-2\theta$ のところの y 座標が等しくなると考えています。

②では，$\dfrac{\pi}{10}+\dfrac{2\pi n}{5}$ が $\dfrac{\pi}{10}$ のところを起点に 1 周を 5 等分するところを表しますが，その中に $\dfrac{\pi}{2}$ のところが含まれるので，1 つの式にまとめることができます。

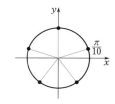

 演習 106B

$\tan\theta=\tan 3\theta$ （$0\leqq\theta<2\pi$）を解け。

解答 $\tan\theta=\tan 3\theta$ より

$$3\theta=\theta+\pi n,\quad \theta\neq\dfrac{\pi}{2}+\pi n \quad (\text{n は整数}) \qquad \therefore\quad \theta=\dfrac{\pi n}{2},\quad \theta\neq\dfrac{\pi}{2}+\pi n$$

すなわち　　$\theta=\pi n$

$0\leqq\theta<2\pi$ で考えて　　$\boldsymbol{\theta=0,\ \pi}$

$3\theta=\theta+\pi n$ の意味は，「θ のところを起点に 1 周を 2 等分するところのどちらかに 3θ がある」ということですが，たとえば θ が $\dfrac{\pi}{2}$ のところにあり，3θ が $\dfrac{3\pi}{2}$ のところにあるような場合は，タンジェントが定義されないので除かなければなりません。このような場合を除くための条件としては，θ と 3θ のどちらか一方が y 軸のところにはきていないことを確認すれば十分なので，$\theta\neq\dfrac{\pi}{2}+\pi n$ という条件を付け加えておきます。

6　正弦定理

ここからしばらくは三角比を図形に応用する内容を学びます。

サインのことを正弦とも言います。したがって，**正弦定理**はサインに関する定理で，次のようになっています。

> **正弦定理**
>
> $\triangle ABC$ において
> $$\frac{a}{\sin A}=\frac{b}{\sin B}=\frac{c}{\sin C}=2R \quad (R：\triangle ABC \text{ の外接円の半径})$$

証明

・$A\leqq\dfrac{\pi}{2}$ のとき

$\triangle ABC$ の外接円を描き，B を通る直径 BA' を引く。このとき，$A=\angle BA'C$ だから

$$\sin A=\sin\angle BA'C=\frac{a}{2R} \qquad \therefore \quad \frac{a}{\sin A}=2R$$

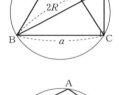

・$A>\dfrac{\pi}{2}$ のとき

上と同様に，$\triangle ABC$ の外接円を描き，B を通る直径 BA' を引く。このとき，$A=\pi-\angle BA'C$ となるから

$$\sin A=\sin(\pi-\angle BA'C)=\sin\angle BA'C$$
$$=\frac{a}{2R} \qquad \therefore \quad \frac{a}{\sin A}=2R$$

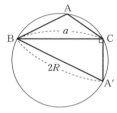

以上いずれの場合も，$\dfrac{a}{\sin A}=2R$ が成立する。

同様の議論により，$\dfrac{a}{\sin A}=\dfrac{b}{\sin B}=\dfrac{c}{\sin C}=2R$ が成立する。

正弦定理により，$a=2R\sin A$ などと表されますから

$$a:b:c=2R\sin A:2R\sin B:2R\sin C=\sin A:\sin B:\sin C$$

となります。つまり

辺の比は正弦の比

です。

また，三角形の外接円の半径を求める手段は，ほぼ正弦定理に限られています。たとえば右図の円の半径を求めたいときは，正弦定理を用いて

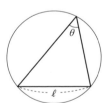

$$\frac{\ell}{\sin\theta}=2R \qquad \therefore \quad R=\frac{\ell}{2\sin\theta}$$

のようにします。これは右図のような直角三角形を作っても確認することができます。

外接円の半径が問われれば正弦定理

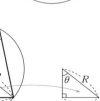

7 余弦定理

コサインのことを余弦とも言います。余弦定理についても学んでおきましょう。

余弦定理

	角度を求めるときは
$a^2 = b^2 + c^2 - 2bc\cos A$	$\cos A = \dfrac{b^2 + c^2 - a^2}{2bc}$
$b^2 = c^2 + a^2 - 2ca\cos B$	$\cos B = \dfrac{c^2 + a^2 - b^2}{2ca}$
$c^2 = a^2 + b^2 - 2ab\cos C$	$\cos C = \dfrac{a^2 + b^2 - c^2}{2ab}$

⇓ 証明

・$A \leqq \dfrac{\pi}{2}$ のとき

B から AC に下ろした垂線の足を H とすると

$$AH = c\cos A \qquad \therefore \quad CH = |b - c\cos A|$$

よって

$$BH^2 = c^2 - c^2\cos^2 A = a^2 - |b - c\cos A|^2$$
$$c^2 - c^2\cos^2 A = a^2 - b^2 + 2bc\cos A - c^2\cos^2 A$$
$$\therefore \quad a^2 = b^2 + c^2 - 2bc\cos A$$

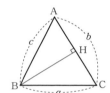

・$A > \dfrac{\pi}{2}$ のとき

$$AH = c\cos(\pi - A) = -c\cos A$$
$$\therefore \quad CH = b - c\cos A$$

よって，$BH^2 = c^2 - c^2\cos^2 A = a^2 - (b - c\cos A)^2$

より

$$a^2 = b^2 + c^2 - 2bc\cos A$$

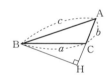

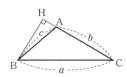

以上，いずれの場合も $a^2 = b^2 + c^2 - 2bc\cos A$ が成立する。

同様に $b^2 = c^2 + a^2 - 2ca\cos B$，$c^2 = a^2 + b^2 - 2ab\cos C$ も成立する。

$A = \dfrac{\pi}{2}$ のとき，$\cos\dfrac{\pi}{2} = 0$ ですから，$a^2 = b^2 + c^2 - 2bc\cos A$ は $a^2 = b^2 + c^2$ となります。つまり余弦定理は，三平方の定理の拡張になっているということです。

例題 107

> $\triangle ABC$ において $a:b:c=3:5:7$ のとき，最大の内角の大きさを求めよ。

「チェビシェフの不等式」のところでも出てきましたが，
三角形の内角が大，中，小であるとき，対辺の長さは「大」
に対するところが「長」となり，「小」に対するところが
「短」になります（*p.*66）。

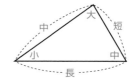

それから，$a:b:c=3:5:7$ と書いてありますが，相似
な三角形では，大きな三角形で考えても，小さな三角形で考えても角は同じになりま
すから，$(a,\ b,\ c)=(3,\ 5,\ 7)$ のときで考えてもよいことがわかります。

$\Downarrow$

解答　$(a,\ b,\ c)=(3,\ 5,\ 7)$ のときで考えてよい。C が最大の内角であり，余弦定理
により

$$\cos C=\frac{9+25-49}{2\cdot 3\cdot 5}=\frac{-15}{2\cdot 3\cdot 5}=-\frac{1}{2}\qquad\therefore\quad C=\frac{2\pi}{3}$$

演習 107

> $\triangle ABC$ において $A=\dfrac{\pi}{3}$，$a=9$，$c=10$ のとき，b を求めよ。

$\Downarrow$

解答　余弦定理により

$$81=b^2+100-20b\cos\frac{\pi}{3}$$

$$b^2-10b+19=0\qquad\therefore\quad b=5\pm\sqrt{6}$$

これらはともに条件を満たす。したがって

$$b=5\pm\sqrt{6}$$

「$A=\dfrac{\pi}{3}$，$a=9$，$c=10$」の条件は「2 辺夾角」の条件にはなっ

ていないので，三角形が唯一に定まるかどうかがわかりません。

いま，「$A=\dfrac{\pi}{3}$，$c=10$」としてみると，右図で $BH=5\sqrt{3}$ です

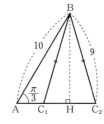

から $a\geqq 5\sqrt{3}$ でなければ三角形を作ることができませんが，

$5\sqrt{3}<a<10$ であれば H の両側に C をとることができ，

$a\geqq 10$ であれば H の右側にのみ C をとることができるのです。

上の問題では $a=9$ で，$5\sqrt{3}<9<10$ になっていますから，条件を満たす三角形を 2
つ作ることができ，b の値も 2 通り出てくるのです。

三角形の面積

三角比を図形に応用する例として正弦定理と余弦定理を学びましたが，今度は三角形の面積を表す方法を考えます。

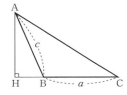

まず，A から BC に垂線の足 H を下ろしたとき AH の長さは

・$B \leqq \dfrac{\pi}{2}$ のとき　　$AH = c \sin B$

・$B > \dfrac{\pi}{2}$ のとき　　$AH = c \sin(\pi - B) = c \sin B$

より，いずれの場合も $AH = c \sin B$ となります。したがって $\triangle ABC$ の面積 S は $S = \dfrac{1}{2} ac \sin B$ と表され，同様の議論により

> **三角形の面積** ▶
>
> $$S = \dfrac{1}{2} ab \sin C = \dfrac{1}{2} bc \sin A = \dfrac{1}{2} ca \sin B$$

のように表されることがわかります。

また，$\cos^2 \theta + \sin^2 \theta = 1$ より，$\sin^2 \theta = 1 - \cos^2 \theta$ ですから

$$
\begin{aligned}
S &= \frac{1}{2} ab \sin C = \frac{1}{2} ab \sqrt{1 - \cos^2 C} \quad (\because \quad 0 < C < \pi \text{ より } \sin C > 0) \\
&= \frac{1}{2} ab \sqrt{(1 + \cos C)(1 - \cos C)} \\
&= \frac{1}{2} ab \sqrt{\left(1 + \frac{a^2 + b^2 - c^2}{2ab}\right)\left(1 - \frac{a^2 + b^2 - c^2}{2ab}\right)} \\
&= \frac{1}{2} ab \sqrt{\frac{(a^2 + 2ab + b^2) - c^2}{2ab} \cdot \frac{c^2 - (a^2 - 2ab + b^2)}{2ab}} \\
&= \frac{1}{2} \sqrt{\frac{(a+b+c)(a+b-c)}{2} \cdot \frac{(c+a-b)(c-a+b)}{2}} \\
&= \sqrt{\frac{a+b+c}{2} \cdot \frac{-a+b+c}{2} \cdot \frac{a-b+c}{2} \cdot \frac{a+b-c}{2}}
\end{aligned}
$$

のように $\triangle ABC$ の面積を辺の長さだけで表すこともできます。ここで $\dfrac{a+b+c}{2} = s$ とおくと，$\dfrac{-a+b+c}{2} = s - a$ などと書き換えることができますから，次のように整理することができ，これを**ヘロンの公式**と呼びます。

ヘロンの公式

$$S=\sqrt{s(s-a)(s-b)(s-c)}\quad\left(s=\frac{a+b+c}{2}\right)$$

9 円に内接する四角形

円に内接する四角形の4辺の長さを a, b, c, d とし，$s=\dfrac{a+b+c+d}{2}$ とおきます。このときこの四角形の面積 S は

$$S=\sqrt{(s-a)(s-b)(s-c)(s-d)}$$

と表されます。ヘロンの公式とよく似ていますが，これについて説明する前に少し復習をしておきましょう。

まず，三角形の3辺は平行ではありませんから，その垂直二等分線も平行ではありません。したがって △ABC において，BC の垂直二等分線と AB の垂直二等分線は交わります。この交点を O とすると，O は BC の垂直二等分線上の点ですから，OB＝OC が確認できます。同様に O は AB の垂直二等分線上の点ですから OA＝OB となります。結局 OA＝OB＝OC となるので，この長さを半径に O を中心とした円を描くと，△ABC の外接円が描けたことになります。

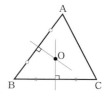

そうすると四角形 ABCD の場合，△ABC の外接円上に D がなければ，この四角形に外接する円が描けないということになります。そういうわけで円に内接する四角形は特別な四角形ですが，では，どんな条件を満たす四角形が円に内接するのでしょうか。

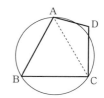

結論は，下図のような2つの条件のうちのいずれかが成立するときに，四角形は円に内接します。つまり1つは対角の和が π である四角形で，もう1つは，まず対角線を引いてみて，外接円が描けたとしたときの同じ弧に対する円周角にあたるところが等しくなる四角形です。

$$\alpha+\beta=\pi$$

これらはどちらも円周角の定理からきているので，円周角の定理も確認しておきましょう。

左下図で $\overset{\frown}{AB}$ に対する円周角 $\angle ACB$ と中心角 $\angle AOB$ を考えます。C を通る直径 CD を引くと，$\triangle OAC$，$\triangle OBC$ は二等辺三角形ですから $\angle OAC = \angle OCA = \alpha$，$\angle OBC = \angle OCB = \beta$ とおけて，$\angle AOD = 2\alpha$，$\angle BOD = 2\beta$ となります。したがって，$\angle ACB : \angle AOB = \alpha + \beta : 2(\alpha + \beta) = 1 : 2$ となります。

これより，「同じ弧に対する円周角と中心角は $1 : 2$ である」となり，「同じ弧に対する円周角は一定である」という円周角の定理が導かれます。すると，右下図のように，円に内接する四角形では，$2\alpha + 2\beta = 2\pi$ すなわち $\alpha + \beta = \pi$ より，対角の和が π になります。

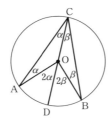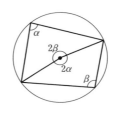

ここで 1 つ問題です。同じ弧に対する円周角と中心角は $1 : 2$ であることを上で説明しましたが，これが右図のような場合でも成立することを示してみてください。意外に多くの諸君が苦戦しますが，上の説明図と図は少し違っていても内容はほぼ同じです。

$\Downarrow$

証明　直径 CD を引く。$\triangle OAC$，$\triangle OBC$ は二等辺三角形だから
$$\angle OAC = \angle OCA = \alpha, \quad \angle OBC = \angle OCB = \beta$$
とおけて，$\angle AOD = 2\alpha$，$\angle BOD = 2\beta$ となる。
$$\therefore \quad \angle ACB : \angle AOB = \beta - \alpha : 2\beta - 2\alpha = 1 : 2$$

以上で基本事項の復習ができたので，円に内接する四角形の面積の話に戻り，証明をしておきます。

$\Downarrow$

証明　右図の $\triangle ABC$ と $\triangle ACD$ で余弦定理を用いて
$$AC^2 = a^2 + b^2 - 2ab\cos B = c^2 + d^2 - 2cd\cos D$$
ここで，$\cos D = \cos(\pi - B) = -\cos B$ だから
$$a^2 + b^2 - 2ab\cos B = c^2 + d^2 + 2cd\cos B$$
$$\therefore \quad \cos B = \frac{a^2 + b^2 - c^2 - d^2}{2(ab + cd)}$$

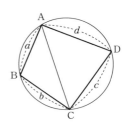

よって，四角形 ABCD の面積 S は

$$S=\frac{1}{2}ab\sin B+\frac{1}{2}cd\sin D=\frac{1}{2}ab\sin B+\frac{1}{2}cd\sin(\pi-B)$$

$$=\frac{1}{2}(ab+cd)\sin B=\frac{1}{2}(ab+cd)\sqrt{1-\cos^2B}$$

$$=\frac{1}{2}(ab+cd)\sqrt{(1+\cos B)(1-\cos B)}$$

$$=\frac{1}{2}(ab+cd)\sqrt{\left(1+\frac{a^2+b^2-c^2-d^2}{2(ab+cd)}\right)\left(1-\frac{a^2+b^2-c^2-d^2}{2(ab+cd)}\right)}$$

$$=\frac{1}{2}\sqrt{\frac{(a^2+2ab+b^2)-(c^2-2cd+d^2)}{2}\cdot\frac{(c^2+2cd+d^2)-(a^2-2ab+b^2)}{2}}$$

$$=\frac{1}{2}\sqrt{\frac{(a+b+c-d)(a+b-c+d)}{2}\cdot\frac{(c+d+a-b)(c+d-a+b)}{2}}$$

$$=\sqrt{\frac{-a+b+c+d}{2}\cdot\frac{a-b+c+d}{2}\cdot\frac{a+b-c+d}{2}\cdot\frac{a+b+c-d}{2}}$$

ここで，$\dfrac{a+b+c+d}{2}=s$ とおくと，$\dfrac{-a+b+c+d}{2}=s-a$ などとなるから

$$S=\sqrt{(s-a)(s-b)(s-c)(s-d)}$$

これを**ブラーマグプタの公式**と呼びます。

　また，$AC\cdot BD=ac+bd$（**トレミーの定理**）も成り立つので示しておきます。上の証明の途中から

⇓
証明

$$\begin{cases}AC^2=a^2+b^2-2ab\cos B\\[4pt]\cos B=\dfrac{a^2+b^2-c^2-d^2}{2(ab+cd)}\end{cases}\quad\text{より}$$

$$AC^2=a^2+b^2-2ab\cdot\frac{a^2+b^2-c^2-d^2}{2(ab+cd)}$$

$$=\frac{(a^2+b^2)(ab+cd)-ab(a^2+b^2-c^2-d^2)}{ab+cd}$$

$$=\frac{cda^2+b(c^2+d^2)a+b^2cd}{ab+cd}$$

$$=\frac{(ca+bd)(da+bc)}{ab+cd}=\frac{(ac+bd)(ad+bc)}{ab+cd}\quad\cdots\cdots①$$

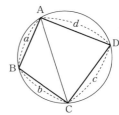

同様に

$$BD^2 = \frac{(ac+bd)(ab+cd)}{ad+bc} \quad \cdots\cdots ②$$

となるから

$$AC^2 \cdot BD^2 = \frac{(ac+bd)(ad+bc)}{ab+cd} \cdot \frac{(ac+bd)(ab+cd)}{ad+bc} = (ac+bd)^2$$

$$\therefore \quad AC \cdot BD = ac+bd$$

②では一から BD^2 を計算するのではなく，①をよく見て文字の対応関係に注意すれば結論を得ることができます。

> **トレミーの定理**
>
> 円に内接する四角形の 4 辺の長さを順に a，b，c，d とし，
> 対角線の長さを m，n とすると
> $$mn = ac+bd$$

トレミーの定理については幾何による証明もできるので紹介しておきます。

証明　AC 上に E を $\angle ADB = \angle CDE$ となるようにとる。

$\triangle ABD \backsim \triangle ECD$ より

$$\frac{a}{BD} = \frac{EC}{c} \quad \therefore \quad ac = EC \cdot BD \quad \cdots\cdots ①$$

$\triangle AED \backsim \triangle BCD$ より

$$\frac{d}{AE} = \frac{BD}{b} \quad \therefore \quad bd = AE \cdot BD \quad \cdots\cdots ②$$

①＋② より

$$ac + bd = (EC + AE) \cdot BD \quad \therefore \quad ac + bd = AC \cdot BD$$

10 三角形の形状

説明が多かったので少し例題と演習をしましょう。

例題 108

$\triangle ABC$ で $\sin A \cos A + \sin B \cos B = \sin C \cos C$ の関係が成り立つとき，$\triangle ABC$ はどのような形状であるか調べよ。

辺と角の混じった条件は，そのままでうまく処理できる場合もありますが，サインは正弦定理，コサインは余弦定理を用いて辺の条件に整理するのが基本です。ただし各項でサインの次数がそろっていないときは，そのままで正弦定理 $\left(\sin A=\dfrac{a}{2R}\ \text{など}\right)$ を用いると，R が消去されず困ることになります。

解答　　　　　$\sin A\cos A+\sin B\cos B=\sin C\cos C$

△ABC の外接円の半径を R とおくと

$$\frac{a}{2R}\cdot\frac{b^2+c^2-a^2}{2bc}+\frac{b}{2R}\cdot\frac{a^2+c^2-b^2}{2ac}=\frac{c}{2R}\cdot\frac{a^2+b^2-c^2}{2ab}$$

$$a^2(b^2+c^2-a^2)+b^2(a^2+c^2-b^2)=c^2(a^2+b^2-c^2)$$

$$a^4-2a^2b^2+b^4-c^4=0$$

$$(a^2-b^2)^2-c^4=0$$

$$\therefore\quad (a^2-b^2+c^2)(a^2-b^2-c^2)=0$$

よって，$A=\dfrac{\pi}{2}$ または $B=\dfrac{\pi}{2}$ の直角三角形。

演習 108

△ABC で $a\cos A=b\cos B$ の関係が成り立つとき，△ABC はどのような形状であるか調べよ。

解答　$a\cos A=b\cos B$ より

$$a\cdot\frac{b^2+c^2-a^2}{2bc}=b\cdot\frac{a^2+c^2-b^2}{2ac}$$

$$a^2(b^2+c^2-a^2)=b^2(a^2+c^2-b^2)$$

$$c^2(a^2-b^2)-a^4+b^4=0 \quad\longleftarrow\ (*)$$

$$c^2(a^2-b^2)-(a^2-b^2)(a^2+b^2)=0$$

$$\therefore\quad (a^2-b^2)(c^2-a^2-b^2)=0$$

よって，$a=b$ の二等辺三角形または $C=\dfrac{\pi}{2}$ の直角三角形。

$(*)$ の変形では c の次数が a，b より低いので，c について整理しています。

例題 109

△ABC で $b^2\sin^2 C+c^2\sin^2 B=2bc\cos B\cos C$ の関係が成り立つとき，△ABC はどのような形状であるか調べよ。

各項でのサインの次数が違うので正弦定理を用いてもうまくいきません。

↓↓

解答　A から BC に垂線の足 H を下ろす。

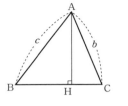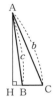

・$B \leqq \dfrac{\pi}{2}$ のとき

$$AH = c \sin B$$

・$B > \dfrac{\pi}{2}$ のとき

$$AH = c \sin(\pi - B) = c \sin B$$

いずれの場合も $AH = c \sin B$ となる。

同様に $AH = b \sin C$ である。よって　$b^2 \sin^2 C + c^2 \sin^2 B = 2bc \cos B \cos C$ は

$AH^2 + AH^2 = 2bc \cos B \cos C$ となる。すなわち

$$AH^2 = bc \cos B \cos C \quad \cdots\cdots (*)$$

ここで，$AH^2 > 0$ だから，$\cos B > 0$，$\cos C > 0$ が確認でき

$$bc \cos B \cos C = b \cos C \cdot c \cos B = BH \cdot CH$$

と表されるので，$(*)$ より

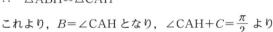

$$AH^2 = BH \cdot CH \qquad \dfrac{AH}{BH} = \dfrac{CH}{AH}$$

$\therefore$　$\triangle ABH \backsim \triangle CAH$

これより，$B = \angle CAH$ となり，$\angle CAH + C = \dfrac{\pi}{2}$ より

$$B + C = \dfrac{\pi}{2} \qquad \therefore \quad A = \dfrac{\pi}{2}$$

よって，$A = \dfrac{\pi}{2}$ **の直角三角形。**

別解を示しておきます。

↓↓

別解　$b^2 \sin^2 C + c^2 \sin^2 B = 2bc \cos B \cos C$ より

$$b^2(1 - \cos^2 C) + c^2(1 - \cos^2 B) = 2bc \cos B \cos C$$
$$b^2 + c^2 = b^2 \cos^2 C + 2bc \cos B \cos C + c^2 \cos^2 B$$
$$b^2 + c^2 = (b \cos C + c \cos B)^2 \quad \cdots\cdots (*)$$
$$b^2 + c^2 = \left(b \cdot \dfrac{a^2 + b^2 - c^2}{2ab} + c \cdot \dfrac{a^2 + c^2 - b^2}{2ac} \right)^2$$

$\therefore$　$b^2 + c^2 = a^2$

よって，$A = \dfrac{\pi}{2}$ **の直角三角形。**

$(*)$ から余弦定理を用いて，$b \cos C + c \cos B = a$ を導きましたが，実はこれ自体を第一余弦定理と呼びます（これに対して余弦定理は第二余弦定理と言います）。

第一余弦定理

$$a = b\cos C + c\cos B$$
$$b = c\cos A + a\cos C$$
$$c = a\cos B + b\cos A$$

証明は次の通りです。少しマイナーな定理ですが覚えておいても損はないでしょう。

証明　A から BC に垂線の足 H を下ろす。

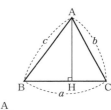

・$B \leqq \dfrac{\pi}{2}$, $C \leqq \dfrac{\pi}{2}$ のとき

　　$a = CH + BH = b\cos C + c\cos B$

・$B > \dfrac{\pi}{2}$ のとき

　　$a = CH - BH = b\cos C - c\cos(\pi - B)$
　　　　$= b\cos C + c\cos B$

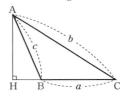

・$C > \dfrac{\pi}{2}$ のときも同様である。

以上により，示された。

演習109

　△ABC で $\cos^2 A + \sin A \sin B + \sin A \sin B \cos C - \sin^2 B \cos C = 1$ の関係が成り立つとき，△ABC はどのような形状であるか調べよ。

解答　$\cos^2 A + \sin A \sin B + \sin A \sin B \cos C - \sin^2 B \cos C = 1$ より

　　$-1 + \cos^2 A + \sin A \sin B + \sin A \sin B \cos C - \sin^2 B \cos C = 0$

　　$-\sin^2 A + \sin A \sin B + \sin A \sin B \cos C - \sin^2 B \cos C = 0$

△ABC の外接円の半径を R とおくと

$$-\left(\frac{a}{2R}\right)^2 + \frac{a}{2R}\cdot\frac{b}{2R} + \frac{a}{2R}\cdot\frac{b}{2R}\cdot\frac{a^2+b^2-c^2}{2ab} - \left(\frac{b}{2R}\right)^2\frac{a^2+b^2-c^2}{2ab} = 0$$

　　$-2a^3 + 2a^2 b + a(a^2+b^2-c^2) - b(a^2+b^2-c^2) = 0$

　　$(b-a)c^2 - a^3 + a^2 b + ab^2 - b^3 = 0$　　　(*)

　　$(b-a)c^2 + a^2(b-a) - b^2(b-a) = 0$

∴　$(b-a)(c^2 + a^2 - b^2) = 0$

よって，**$a = b$ の二等辺三角形または $B = \dfrac{\pi}{2}$ の直角三角形。**

　やはり各項でサインの次数が違うので，このままの形で正弦定理を用いてもうまくいきません。しかし，$\cos^2 A$ と右辺の 1 以外の項はサインの次数が 2 次で，$\cos^2 A$ と

1 を結びつけると $1-\cos^2 A = \sin^2 A$ となり，サインの次数が 2 次となるのでサインの次数をそろえることができます。

また，(*)の変形では，c の次数が a，b より低いので，c について整理しています。さらに，最後の結論ですが「$b-a=0$ または $c^2+a^2-b^2=0$」であって，「$b-a=0$ かつ $c^2+a^2-b^2=0$」ではないことにも注意してください。

11 三角関数のグラフ

三角比の定義を確認した後，正弦定理，余弦定理を中心に，三角比を図形に応用する話をしてきました。今度は関数としての側面を学ぶことにしましょう。

1 ● $y=\sin x$

関数といえばまずグラフです。三角関数のグラフがどのようになっているのかを考えてみます。

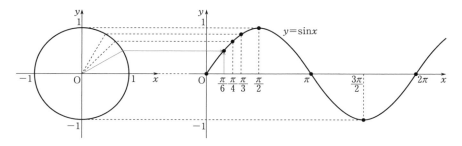

単位円と並べて xy 平面を上図のように描き，x 軸上に 0 から 2π まで主要な値を目盛ります。角が $\dfrac{\pi}{6}$ のときの単位円周上の点の y 座標は $\dfrac{1}{2}$ ですが，その点から x 軸に平行な線を引き，右の xy 平面上で $x=\dfrac{\pi}{6}$ とぶつかるところに点を打ちます。以下，角が $\dfrac{\pi}{4}$，$\dfrac{\pi}{3}$，$\dfrac{\pi}{2}$，…のときも同様にしていき，打った点をなめらかにつなぐと，$y=\sin x$ のグラフができます。こういった曲線を**サインカーブ**と呼びますが，その特徴は，まず振動していることです。振動の中心（この場合は x 軸）からの振れ幅を振幅といい，$y=\sin x$ の振幅は 1 です。もう 1 つは，グラフが周期的に繰り返していることも大きな特徴です。ここで周期と周期関数の定義を書いておきます。

> $f(x+a)=f(x)$, $a>0$ が定義域内のすべての x で成立するとき,
> $f(x)$ は周期関数であると言い，このような a の値のうち最小のものを
> 周期と言う。

少しわかりにくいところがあるので補足しておきます。$f(x)=\sin x$ は，
$f(x+2\pi)=f(x)$ がすべての実数 x で成立するので周期関数です。同様に
$f(x+4\pi)=f(x)$, $f(x+6\pi)=f(x)$, … も成立するので，グラフは 4π ごとに繰り返
しているとか，6π ごとに繰り返していると言うこともできるのです。しかし，このよ
うな繰り返しの単位の中で最小のものを考えると 2π になっているので，周期は 2π と
定めるということです。

それでは，$y=\sin 2x$ の周期はいくらでしょうか。$y=\sin x$ の x の代わりに $2x$ が
入っているので周期は 2π の半分の π になります。つまり $y=\sin 2x$ の場合，角度 $2x$
が 0 から 2π まで変化すれば，角が 1 周して元の位置に戻るので，x としては 0 から π
まで変化するだけで 1 周したことになるのです。同じことで $y=\sin 3x$ の周期は $\dfrac{2\pi}{3}$
になります。

2 • $y=\cos x$

次に $y=\cos x$ のグラフを考えます。

$y=\cos x$ を変形すると，$y=\sin\left(\dfrac{\pi}{2}-x\right)$ すなわち $y=-\sin\left(x-\dfrac{\pi}{2}\right)$ ですが，まず
$y=\sin\left(x-\dfrac{\pi}{2}\right)$ のグラフは $y=\sin x$ のグラフを x 軸方向に $\dfrac{\pi}{2}$ だけ平行移動したも
のです。

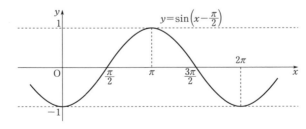

これにマイナスをつけるということは，グラフを x 軸に関して折り返すということ
ですから，$y=-\sin\left(x-\dfrac{\pi}{2}\right)$ のグラフは次のようになります。

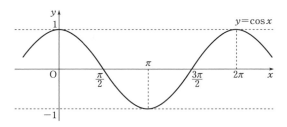

これが $y=\cos x$ のグラフです。振幅は $y=\sin x$ と同じで 1，周期は 2π です。また，$y=\sin x$ のグラフは原点対称で，そのような関数を奇関数と言いましたが，それに対して $y=\cos x$ のグラフは y 軸対称で，このような関数を偶関数と呼びました。復習をしておきます。

・$f(x)$ が奇関数のとき，$f(-x)=-f(x)$ が定義域内のすべての実数 x で成立する。
・$f(x)$ が偶関数のとき，$f(-x)=f(x)$ が定義域内のすべての実数 x で成立する。

③・$y=\tan x$

$y=\sin x$ のグラフを描いたときと同じやり方を使います。

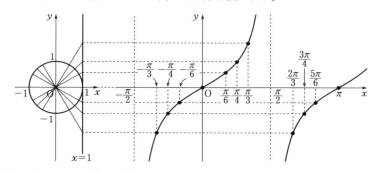

$\tan(x+\pi)=\tan x$ が定義域内のすべての x で成立するので，$y=\tan x$ は周期が π の周期関数です。

関数	$\cos x$	$\sin x$	$\tan x$	$\cos 2x$	$\cos 3x$
周期	2π	2π	π	π	$\dfrac{2\pi}{3}$

また，$y=\tan x$ のグラフでは直線 $x=\dfrac{\pi}{2}$ などに限りなく近づいていっていますが，このような直線を漸近線（ぜんきんせん）と呼びます。過去に習ったグラフの中で例を挙げると，$y=\dfrac{1}{x}$ は x 軸と y 軸が漸近線になっていました。

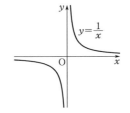

$$y=\tan x \text{ の漸近線：} x=\dfrac{\pi}{2}+\pi n \quad (n \text{ は整数})$$

12 加法定理

　三角比，三角関数について，図形に応用する話や関数としての側面を学んできましたが，さらに自在に使いこなすための一連の公式群があるので，それを学びましょう。

　まず出発点となる公式を証明しておきます。

$$\cos(\alpha-\beta)=\cos\alpha\cos\beta+\sin\alpha\sin\beta$$

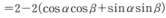

証明　単位円周上に A$(\cos\alpha,\ \sin\alpha)$，B$(\cos\beta,\ \sin\beta)$ をとると

$$\begin{aligned}
\mathrm{AB}^2 &= (\cos\alpha-\cos\beta)^2+(\sin\alpha-\sin\beta)^2 \\
&= (\cos^2\alpha+\sin^2\alpha)+(\cos^2\beta+\sin^2\beta) \\
&\qquad -2(\cos\alpha\cos\beta+\sin\alpha\sin\beta) \\
&= 2-2(\cos\alpha\cos\beta+\sin\alpha\sin\beta)
\end{aligned}$$

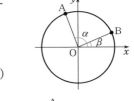

A，B を原点の周りに $-\beta$ だけ回転した点を A$'$，B$'$ とすると

$$\mathrm{A}'(\cos(\alpha-\beta),\ \sin(\alpha-\beta)),\ \mathrm{B}'(1,\ 0)$$

したがって

$$\begin{aligned}
\mathrm{A'B'}^2 &= (\cos(\alpha-\beta)-1)^2+\sin^2(\alpha-\beta) \\
&= \cos^2(\alpha-\beta)+\sin^2(\alpha-\beta)-2\cos(\alpha-\beta)+1 \\
&= 2-2\cos(\alpha-\beta)
\end{aligned}$$

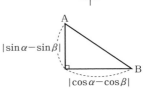

$\mathrm{AB}^2=\mathrm{A'B'}^2$ だから

$$2-2(\cos\alpha\cos\beta+\sin\alpha\sin\beta)=2-2\cos(\alpha-\beta)$$

$\therefore\ \cos(\alpha-\beta)=\cos\alpha\cos\beta+\sin\alpha\sin\beta$

以上により，成立する。

これを用いることにより

$$\cos 15° = \cos(45° - 30°) = \cos 45° \cos 30° + \sin 45° \sin 30°$$

$$= \frac{1}{\sqrt{2}} \cdot \frac{\sqrt{3}}{2} + \frac{1}{\sqrt{2}} \cdot \frac{1}{2} = \frac{\sqrt{6} + \sqrt{2}}{4}$$

のように，今まではわからなかった三角比の値を求めることができるようになります。また，これを出発点としてさまざまな公式が出てくるので，それを見ておきましょう。

$\cos(\alpha - \beta) = \cos\alpha\cos\beta + \sin\alpha\sin\beta$ は任意の α，β について成立するので，特に β の代わりに $-\beta$ を代入しても成立します。

$$\therefore \quad \cos(\alpha + \beta) = \cos\alpha\cos(-\beta) + \sin\alpha\sin(-\beta)$$

$$= \cos\alpha\cos\beta - \sin\alpha\sin\beta$$

$$\therefore \quad \sin(\alpha + \beta) = \cos\left(\frac{\pi}{2} - (\alpha + \beta)\right) = \cos\left(\left(\frac{\pi}{2} - \alpha\right) - \beta\right)$$

$$= \cos\left(\frac{\pi}{2} - \alpha\right)\cos\beta + \sin\left(\frac{\pi}{2} - \alpha\right)\sin\beta$$

$$= \sin\alpha\cos\beta + \cos\alpha\sin\beta$$

この式で β の代わりに $-\beta$ を代入すると

$$\sin(\alpha - \beta) = \sin\alpha\cos(-\beta) + \cos\alpha\sin(-\beta)$$

$$= \sin\alpha\cos\beta - \cos\alpha\sin\beta$$

以上をまとめると

> **加法定理** ▶
>
> $$\cos(\alpha + \beta) = \cos\alpha\cos\beta - \sin\alpha\sin\beta$$
> $$\cos(\alpha - \beta) = \cos\alpha\cos\beta + \sin\alpha\sin\beta$$
> $$\sin(\alpha + \beta) = \sin\alpha\cos\beta + \cos\alpha\sin\beta$$
> $$\sin(\alpha - \beta) = \sin\alpha\cos\beta - \cos\alpha\sin\beta$$

$$\left.\begin{array}{l} c_+ = cc - ss \\ c_- = cc + ss \end{array}\right\} \text{コサインは} \\ \text{コスコスサインサイン}$$

$$\left.\begin{array}{l} s_+ = sc + cs \\ s_- = sc - cs \end{array}\right\} \text{サインは} \\ \text{サインコスコスサイン}$$

右上のように書いておくと覚えやすいです。

① · 2倍角の公式

さらに続けます。$\cos(\alpha + \beta) = \cos\alpha\cos\beta - \sin\alpha\sin\beta$ で $\alpha = \beta = \theta$ とおくと

$$\cos 2\theta = \cos^2\theta - \sin^2\theta$$

$$= 2\cos^2\theta - 1 \quad (\because \quad \sin^2\theta = 1 - \cos^2\theta)$$

$$= 1 - 2\sin^2\theta \quad (\because \quad \cos^2\theta = 1 - \sin^2\theta)$$

$\sin(\alpha + \beta) = \sin\alpha\cos\beta + \cos\alpha\sin\beta$ で $\alpha = \beta = \theta$ とおくと

$$\sin 2\theta = 2\sin\theta\cos\theta$$

> **2倍角の公式**
>
> $$\cos 2\theta = \cos^2\theta - \sin^2\theta = 2\cos^2\theta - 1 = 1 - 2\sin^2\theta$$
> $$\sin 2\theta = 2\sin\theta\cos\theta$$

2 ・ 半角の公式

コサインの2倍角の公式より

$$\cos 2\theta = 2\cos^2\theta - 1 \qquad \therefore \quad \cos^2\theta = \frac{1+\cos 2\theta}{2}$$

$$\cos 2\theta = 1 - 2\sin^2\theta \qquad \therefore \quad \sin^2\theta = \frac{1-\cos 2\theta}{2}$$

> **半角の公式**
>
> $$\cos^2\theta = \frac{1+\cos 2\theta}{2} \qquad \sin^2\theta = \frac{1-\cos 2\theta}{2}$$

3 ・ 3倍角の公式

また

$$\begin{aligned}
\cos 3\theta &= \cos(2\theta + \theta) = \cos 2\theta\cos\theta - \sin 2\theta\sin\theta \\
&= (2\cos^2\theta - 1)\cos\theta - 2\sin^2\theta\cos\theta \\
&= 2\cos^3\theta - \cos\theta - 2(1-\cos^2\theta)\cos\theta \\
&= 4\cos^3\theta - 3\cos\theta
\end{aligned}$$

$$\begin{aligned}
\sin 3\theta &= \sin(2\theta + \theta) = \sin 2\theta\cos\theta + \cos 2\theta\sin\theta \\
&= 2\sin\theta\cos^2\theta + (1-2\sin^2\theta)\sin\theta \\
&= 2\sin\theta(1-\sin^2\theta) + \sin\theta - 2\sin^3\theta \\
&= 3\sin\theta - 4\sin^3\theta
\end{aligned}$$

より

> **3倍角の公式**
>
> $$\cos 3\theta = 4\cos^3\theta - 3\cos\theta$$
> $$\sin 3\theta = 3\sin\theta - 4\sin^3\theta$$

⇒「サンシャイン引いて夜風が身にしみる」と覚えます。

4 ・ タンジェントについて

$$\tan(\alpha+\beta)=\frac{\sin(\alpha+\beta)}{\cos(\alpha+\beta)}$$

$$=\frac{\sin\alpha\cos\beta+\cos\alpha\sin\beta}{\cos\alpha\cos\beta-\sin\alpha\sin\beta}$$

$$=\frac{\tan\alpha+\tan\beta}{1-\tan\alpha\tan\beta}$$

分母，分子を $\cos\alpha\cos\beta$ で割る。

β の代わりに $-\beta$ を代入して

$$\tan(\alpha-\beta)=\frac{\tan\alpha+\tan(-\beta)}{1-\tan\alpha\tan(-\beta)}=\frac{\tan\alpha-\tan\beta}{1+\tan\alpha\tan\beta}$$

$$\cos 2\theta=\cos^2\theta-\sin^2\theta$$

$$=\frac{\cos^2\theta-\sin^2\theta}{\cos^2\theta+\sin^2\theta}$$

$$=\frac{1-\tan^2\theta}{1+\tan^2\theta}$$

分母，分子を $\cos^2\theta$ で割る。

$$\sin 2\theta=2\sin\theta\cos\theta=\frac{2\sin\theta\cos\theta}{\cos^2\theta+\sin^2\theta}=\frac{2\tan\theta}{1+\tan^2\theta}$$

$$1+\tan^2\theta=\frac{1}{\cos^2\theta} \qquad\qquad 1+\frac{1}{\tan^2\theta}=\frac{1}{\sin^2\theta}$$

$$\tan(\alpha+\beta)=\frac{\tan\alpha+\tan\beta}{1-\tan\alpha\tan\beta} \qquad \tan(\alpha-\beta)=\frac{\tan\alpha-\tan\beta}{1+\tan\alpha\tan\beta}$$

$$\cos 2\theta=\frac{1-\tan^2\theta}{1+\tan^2\theta} \qquad\qquad \sin 2\theta=\frac{2\tan\theta}{1+\tan^2\theta}$$

　タンジェントはコサインとサインに比べて使用頻度が低いのでまとめて覚えておくのがおすすめです。

5 ・ 積和公式

$$\begin{cases} \cos(\alpha+\beta)=\cos\alpha\cos\beta-\sin\alpha\sin\beta & \cdots\cdots① \\ \cos(\alpha-\beta)=\cos\alpha\cos\beta+\sin\alpha\sin\beta & \cdots\cdots② \end{cases}$$

①＋② より　　$\cos(\alpha+\beta)+\cos(\alpha-\beta)=2\cos\alpha\cos\beta$

①－② より　　$\cos(\alpha+\beta)-\cos(\alpha-\beta)=-2\sin\alpha\sin\beta$

$$\therefore \begin{cases} \cos\alpha\cos\beta=\dfrac{1}{2}\{\cos(\alpha+\beta)+\cos(\alpha-\beta)\} \\ \sin\alpha\sin\beta=-\dfrac{1}{2}\{\cos(\alpha+\beta)-\cos(\alpha-\beta)\} \end{cases}$$

また

$$\begin{cases} \sin(\alpha+\beta)=\sin\alpha\cos\beta+\cos\alpha\sin\beta \quad \cdots\cdots ③ \\ \sin(\alpha-\beta)=\sin\alpha\cos\beta-\cos\alpha\sin\beta \quad \cdots\cdots ④ \end{cases}$$

$\dfrac{③+④}{2}$ より　　$\sin\alpha\cos\beta=\dfrac{1}{2}\{\sin(\alpha+\beta)+\sin(\alpha-\beta)\}$

$\dfrac{③-④}{2}$ より　　$\cos\alpha\sin\beta=\dfrac{1}{2}\{\sin(\alpha+\beta)-\sin(\alpha-\beta)\}$

積和公式

$$\cos\alpha\cos\beta=\frac{1}{2}\{\cos(\alpha+\beta)+\cos(\alpha-\beta)\}$$

$$\sin\alpha\sin\beta=-\frac{1}{2}\{\cos(\alpha+\beta)-\cos(\alpha-\beta)\}$$

$$\sin\alpha\cos\beta=\frac{1}{2}\{\sin(\alpha+\beta)+\sin(\alpha-\beta)\}$$

$$\cos\alpha\sin\beta=\frac{1}{2}\{\sin(\alpha+\beta)-\sin(\alpha-\beta)\}$$

$$\begin{array}{rl} \mathbf{c_+} & =\mathbf{cc-ss} \\ \pm\,)\ \mathbf{c_-} & =\mathbf{cc+ss} \\ \hline \mathbf{c_++c_-} & =\mathbf{2cc} \\ \mathbf{c_+-c_-} & =\mathbf{-2ss} \\ \mathbf{s_+} & =\mathbf{sc+cs} \\ \pm\,)\ \mathbf{s_-} & =\mathbf{sc-cs} \\ \hline \mathbf{s_++s_-} & =\mathbf{2sc} \\ \mathbf{s_+-s_-} & =\mathbf{2cs} \end{array}$$

右上のように書いて「加法定理から作る」と覚えるとよいです。

6 ・ 和積公式

積和公式で，$\begin{cases} \alpha+\beta=A \\ \alpha-\beta=B \end{cases}$　とおくと，$\begin{cases} \alpha=\dfrac{A+B}{2} \\ \beta=\dfrac{A-B}{2} \end{cases}$　と表されるので

和積公式

$$\cos A+\cos B=2\cos\frac{A+B}{2}\cos\frac{A-B}{2}$$

$$\cos A-\cos B=-2\sin\frac{A+B}{2}\sin\frac{A-B}{2}$$

$$\sin A+\sin B=2\sin\frac{A+B}{2}\cos\frac{A-B}{2}$$

$$\sin A-\sin B=2\cos\frac{A+B}{2}\sin\frac{A-B}{2}$$

　たくさん出てきましたが，これらはすべて覚えておかなければなりません。覚え方としては，加法定理からの流れがあるのでそれを理解することと，実際にこれらの公式を使って解くような問題で演習をすることです。それでは，いくつか演習をしてみ

ましょう。

例題 110

$0<\alpha<\dfrac{\pi}{2}$, $0<\beta<\dfrac{\pi}{2}$ とする。$\cos\alpha=\dfrac{1}{7}$, $\cos\beta=\dfrac{11}{14}$ のとき, $\alpha+\beta$ を求めよ。

解答 右図より $\sin\alpha=\dfrac{4\sqrt{3}}{7}$, $\sin\beta=\dfrac{5\sqrt{3}}{14}$

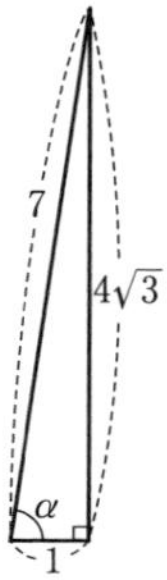

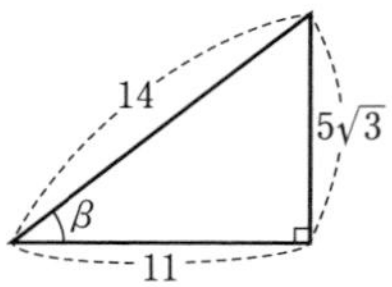

$\therefore\ \cos(\alpha+\beta)=\cos\alpha\cos\beta-\sin\alpha\sin\beta$

$\qquad\qquad\quad =\dfrac{1}{7}\cdot\dfrac{11}{14}-\dfrac{4\sqrt{3}}{7}\cdot\dfrac{5\sqrt{3}}{14}$

$\qquad\qquad\quad =\dfrac{11-60}{7\cdot14}=-\dfrac{1}{2}$

$0<\alpha<\dfrac{\pi}{2}$, $0<\beta<\dfrac{\pi}{2}$ より, $0<\alpha+\beta<\pi$

であるから

$\qquad \alpha+\beta=\dfrac{\mathbf{2\pi}}{\mathbf{3}}$

$\cos(\alpha+\beta)$ の値を調べる代わりに $\sin(\alpha+\beta)$ の値を調べると次のようになります。

別解 $\sin(\alpha+\beta)=\sin\alpha\cos\beta+\cos\alpha\sin\beta$

$\qquad\qquad =\dfrac{4\sqrt{3}}{7}\cdot\dfrac{11}{14}+\dfrac{1}{7}\cdot\dfrac{5\sqrt{3}}{14}=\dfrac{49\sqrt{3}}{7\cdot14}=\dfrac{\sqrt{3}}{2}$

ここで, $\cos\alpha=\dfrac{1}{7}<\dfrac{1}{2}=\cos\dfrac{\pi}{3}$ より $\quad \alpha>\dfrac{\pi}{3}$

よって, $\dfrac{\pi}{3}<\alpha+\beta<\pi$ となるから $\quad \alpha+\beta=\dfrac{\mathbf{2\pi}}{\mathbf{3}}$

演習 110

$\begin{cases} \cos\alpha+\cos\beta=\dfrac{8}{5} & \cdots\cdots① \\[2mm] \sin\alpha-\sin\beta=\dfrac{6}{5} & \cdots\cdots② \end{cases}$ $\qquad (0\leqq\alpha<2\pi,\ 0\leqq\beta<2\pi)$

のとき, $\alpha+\beta$ を求めよ。

$\cos(\alpha+\beta)=\cos\alpha\cos\beta-\sin\alpha\sin\beta$ の形が $①^2+②^2$ から出てくることがわかる必要があります。

解答 ①²+②² より

$$\left(\cos\alpha+\cos\beta\right)^2+\left(\sin\alpha-\sin\beta\right)^2=\left(\frac{8}{5}\right)^2+\left(\frac{6}{5}\right)^2$$

$$\left(\cos^2\alpha+\sin^2\alpha\right)+\left(\cos^2\beta+\sin^2\beta\right)+2\left(\cos\alpha\cos\beta-\sin\alpha\sin\beta\right)=4$$

∴ $\cos(\alpha+\beta)=1$

ここで，$0\leqq\alpha<2\pi$，$0\leqq\beta<2\pi$ より，$0\leqq\alpha+\beta<4\pi$ であるから

$\alpha+\beta=0,\ 2\pi$

ところが，$\alpha+\beta=0$ となるのは $\alpha=\beta=0$ に限られ，これは①，②を満たさない。
$\alpha+\beta=2\pi$ すなわち $\beta=2\pi-\alpha$ のとき，$(\cos\beta,\ \sin\beta)=(\cos\alpha,\ -\sin\alpha)$ となるから，①，②は $(\cos\alpha,\ \sin\alpha)=\left(\frac{4}{5},\ \frac{3}{5}\right)$ となり，これを満たす $\alpha,\ \beta$ は確かに存在する。

∴ $\boldsymbol{\alpha+\beta=2\pi}$

途中の計算で，$\left(\frac{8}{5},\ \frac{6}{5}\right)=2\left(\frac{4}{5},\ \frac{3}{5}\right)$ であり，3，4，5 はピタゴラス数ですから，$\left(\frac{8}{5}\right)^2+\left(\frac{6}{5}\right)^2=2^2\left\{\left(\frac{4}{5}\right)^2+\left(\frac{3}{5}\right)^2\right\}=4$ となることなどは瞬時にわかるようにしておきましょう。

また，①，②から①²+②² を作る作業は必要条件の変形です。少し復習をしておくと

> ・$A\Longrightarrow B$ が真のとき，B は A の必要条件である。
>
> ・$A\Longrightarrow B$ が真 $\iff$ $[A]\subset[B]$

でした。たとえば人は動物ですから，動物であることが人であることの必要条件であり，その意味は，「動物の外には人はいない。しかし，動物の内にも，人でないものが含まれるかもしれない」です。これを適用すると

①，② $\Longrightarrow$ ①²+②² が真

ですから，①²+②² は①，②の必要条件です。したがって，①²+②² から出てくる答え以外に答えが出てくることはありませんが，①²+②² から出てくる答えに①，②を満たさないものが含まれるかもしれないということです。この問題の場合，①²+②² から出てきた $\alpha+\beta=0,\ 2\pi$ のうち，$\alpha+\beta=0$ は①，②を満たさず，$\alpha+\beta=2\pi$ は①，②を満たしたということです。

このように，必要条件の変形をしたときには，<u>十分性のチェック</u>を必ずするようにしなければなりません。

2 直線 $y=3x$, $y=\dfrac{1}{2}x$ のなす角 θ を求めよ。

　2 直線が交わって作る 2 つの角のうち, 大きくない方を「2 直線のなす角」と呼びます。

⇓

解答　右図のように α, β を定めると

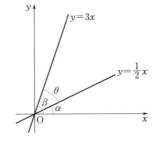

$$\tan\alpha=\frac{1}{2}, \quad \tan\beta=3$$

$$\therefore \quad \tan\theta=\tan(\beta-\alpha)=\frac{\tan\beta-\tan\alpha}{1+\tan\beta\tan\alpha}$$

$$=\frac{3-\dfrac{1}{2}}{1+3\cdot\dfrac{1}{2}}=1$$

$$\therefore \quad \theta=\frac{\pi}{4}$$

　直線の傾きは $\dfrac{y\text{の増加量}}{x\text{の増加量}}$ ですからタンジェントで表すことができます。これを用いて,「2 直線のなす角はタンジェントで測る」と覚えておきましょう。

2 直線 $(2+\sqrt{3})x+y+1=0$, $x+y-3=0$ のなす角 θ を求めよ。

解答　右図のように α, β を定めると

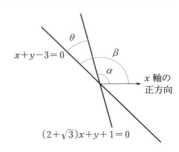

$$\tan\alpha=-(2+\sqrt{3}), \quad \tan\beta=-1$$

$$\therefore \quad \tan\theta=\tan(\beta-\alpha)=\frac{\tan\beta-\tan\alpha}{1+\tan\beta\tan\alpha}$$

$$=\frac{-1+2+\sqrt{3}}{1+2+\sqrt{3}}=\frac{1}{\sqrt{3}}$$

$$\therefore \quad \theta=\frac{\pi}{6}$$

例題 112

$\theta=18°$ とする。$3\theta=90°-2\theta$ であることを用いて $\sin 18°$ の値を求めよ。

解答　$3\theta=90°-2\theta$ より

$$\sin 3\theta=\sin(90°-2\theta)$$

$$3\sin\theta-4\sin^3\theta=\cos 2\theta$$

$$\therefore \quad 3\sin\theta-4\sin^3\theta=1-2\sin^2\theta$$

これを整理すると

$$4\sin^3\theta-2\sin^2\theta-3\sin\theta+1=0$$

$$(\sin\theta-1)(4\sin^2\theta+2\sin\theta-1)=0 \quad (*)$$

$\sin\theta\neq 1$ だから　　$4\sin^2\theta+2\sin\theta-1=0$

$\sin\theta>0$ だから　　$\sin\theta=\dfrac{-1+\sqrt{5}}{4}$

$$\begin{array}{c|cccc} & 4 & -2 & -3 & 1 \\ 1 & & 4 & 2 & -1 \\ \hline & 4 & 2 & -1 & \| \quad 0 \end{array}$$

(*) の因数分解のところで因数定理を用いました。すなわち $f(x)=4x^3-2x^2-3x+1$ とおくとき，$f(1)=0$ ですから，$f(x)$ は $x-1$ を因数にもちます。$f(x)$ を $x-1$ で割るときは組み立て除法を用いています。

　この問題に関連して少し余談をしておきます。右図は正五角形ですが，青色の三角形は黄金の三角形と呼ばれています。底辺に対する 2 等辺の長さが黄金比になっているからですが，実際に底辺を 1，2 等辺の長さを x とおいてみると，相似関係を用いて

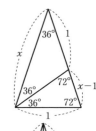

$$\frac{x}{1}=\frac{1}{x-1} \qquad x(x-1)=1$$

$$\therefore \quad x^2-x-1=0$$

$x>0$ だから　　$x=\dfrac{1+\sqrt{5}}{2}\fallingdotseq 1.6$

となります。この $1:\dfrac{1+\sqrt{5}}{2}$ を黄金比（おうごんひ）と言います。

　この三角形を用いて $\sin 18°$ を求めてみましょう。2 等辺の長さを 1 とし，底辺を $2x$ とすれば，この x が $\sin 18°$ になっていることが確認できると思います。あとは相似関係を用いて

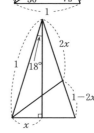

$$\frac{1}{2x}=\frac{2x}{1-2x} \qquad 1-2x=4x^2$$

$$\therefore \quad 4x^2+2x-1=0$$

$x>0$ だから　　$x=\dfrac{-1+\sqrt{5}}{4} \quad (=\sin 18°)$

とすればよいのです。

$\theta=36°$ とする。$3\theta=180°-2\theta$ であることを用いて $\cos 36°$ の値を求めよ。

解答　$3\theta=180°-2\theta$ より　　$\cos 3\theta=\cos(180°-2\theta)$

すなわち

$$4\cos^3\theta-3\cos\theta=-\cos 2\theta$$
$$4\cos^3\theta-3\cos\theta=-(2\cos^2\theta-1)$$

これを整理して

$$4\cos^3\theta+2\cos^2\theta-3\cos\theta-1=0$$
$$\therefore \quad (\cos\theta+1)(4\cos^2\theta-2\cos\theta-1)=0$$

$\cos\theta\neq-1$, $\cos\theta>0$ より　　$\cos\theta=\dfrac{1+\sqrt{5}}{4}$

$$-1\begin{array}{|rrrr}4 & 2 & -3 & -1 \\ & -4 & 2 & 1 \\ \hline 4 & -2 & -1 & \| \quad 0\end{array}$$

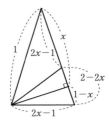

　やはり黄金の三角形を用いて $\cos 36°$ の値を求める方法を示しておきましょう。右図の x がちょうど $\cos 36°$ になっています。相似関係により

$$\frac{1}{2x-1}=\frac{2x-1}{2-2x}\qquad 2-2x=(2x-1)^2$$

$$\therefore \quad 4x^2-2x-1=0$$

$x>0$ だから　　$x=\dfrac{1+\sqrt{5}}{4}$　$(=\cos 36°)$

となります。

$\cos\theta+\cos 3\theta+\cos 5\theta=0$　$(0\leqq\theta<2\pi)$ を解け。

　方程式は左辺が因数分解されている方が解きやすいので，そのような形に変形することを考えます。

解答　　$\underline{\cos\theta}+\cos 3\theta+\underline{\cos 5\theta}=0$
　　　　$\underline{2\cos 3\theta\cos 2\theta}+\cos 3\theta=0$　　　$(*)$
　　　　$\cos 3\theta(2\cos 2\theta+1)=0$

$$\therefore \quad \cos 3\theta=0, \ \cos 2\theta=-\frac{1}{2}$$

これを解いて

$$3\theta=\frac{\pi}{2}+\pi n, \ 2\theta=\pm\frac{2\pi}{3}+2\pi n \quad (n \text{ は整数})$$

$$\therefore \quad \theta=\frac{\pi}{6}+\frac{\pi n}{3}, \ \pm\frac{\pi}{3}+\pi n$$

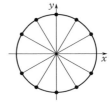

$0 \leqq \theta < 2\pi$ で考えて

$$\theta = \frac{\pi}{6}, \ \frac{\pi}{3}, \ \frac{\pi}{2}, \ \frac{2\pi}{3}, \ \frac{5\pi}{6}, \ \frac{7\pi}{6}, \ \frac{4\pi}{3}, \ \frac{3\pi}{2}, \ \frac{5\pi}{3}, \ \frac{11\pi}{6}$$

(*)の変形では和積公式を用いましたが，1つ注意しておくことは，$\cos\theta + \cos 5\theta$ とは見ず，$\cos 5\theta + \cos\theta$ と見た方が得だということです。角度の大きい方を先にもってくるようにすれば，変形した後に角度にマイナスがつかず処理しやすいからです。

演習 113

$\sin\theta + \sin 3\theta + \sin 5\theta \geqq 0 \ (0 \leqq \theta < 2\pi)$ を解け。

解答

$\sin\theta + \sin 3\theta + \sin 5\theta \geqq 0$

$2\sin 3\theta \cos 2\theta + \sin 3\theta \geqq 0$

$\therefore \quad \sin 3\theta(2\cos 2\theta + 1) \geqq 0 \quad \cdots\cdots(*)$

ここで，まず $\sin 3\theta(2\cos 2\theta + 1) = 0$ となる θ を

考える。$\sin 3\theta = 0$ または $\cos 2\theta = -\dfrac{1}{2}$ を解いて

$$3\theta = \pi n, \quad 2\theta = \pm\frac{2\pi}{3} + 2\pi n \quad (n \text{ は整数})$$

$$\therefore \quad \theta = \frac{\pi n}{3}, \quad \theta = \pm\frac{\pi}{3} + \pi n$$

これをもとに(*)を解くと

$$0 \leqq \theta \leqq \pi, \quad \theta = \frac{4\pi}{3}, \ \frac{5\pi}{3} \quad (\because \ \text{右図})$$

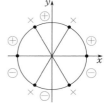

$\left(\begin{array}{l} \bullet : \sin 3\theta = 0 \text{ となる } \theta \\ \times : 2\cos 2\theta + 1 = 0 \text{ となる } \theta \end{array} \right)$

(*)，つまり左辺が正または零になる θ の範囲を考える際に，まず，その境界となるところを調べると状況がわかりやすくなります。もう少していねいに説明すると，次のようになります。

θ	0	$\cdots$	$\dfrac{\pi}{3}$	$\cdots$	$\dfrac{2\pi}{3}$	$\cdots$	π	$\cdots$	$\dfrac{4\pi}{3}$	$\cdots$	$\dfrac{5\pi}{3}$	$\cdots$	2π
$\sin 3\theta$	0	+	0	$-$	0	+	0	$-$	0	+	0	$-$	0
$2\cos 2\theta + 1$	+	+	0	$-$	0	+	+	+	0	$-$	0	+	+
$\sin 3\theta(2\cos 2\theta + 1)$	0	+	0	+	0	+	0	$-$	0	$-$	0	$-$	0

θ に伴って $\sin 3\theta$ と $2\cos 2\theta + 1$ の符号がどのように推移するのかを調べれば，$\sin 3\theta(2\cos 2\theta + 1)$ の符号の推移がわかるということです。このとき，各因数が 0 になるところを境に必ず符号を変えるようになっています。したがって，このとき全体の符号も変わるはずですが，2 つの因数を 0 にする θ の値が重なるときは，その前後で全体の符号は変化しません。これは 1 つの技術ですが，もちろん

$\sin 3\theta(2\cos 2\theta+1)\geqq 0$ となるのは, $\begin{cases} \sin 3\theta\geqq 0 \\ 2\cos 2\theta+1\geqq 0 \end{cases}$ または $\begin{cases} \sin 3\theta\leqq 0 \\ 2\cos 2\theta+1\leqq 0 \end{cases}$

のように解く方法もあります。

例題 114

$\dfrac{\cos 2\theta}{1+\sin 2\theta}=\dfrac{1}{3}$ のとき $\tan\theta$ の値を求めよ。

解答

$$\frac{\cos 2\theta}{1+\sin 2\theta}=\frac{1}{3} \qquad \frac{\dfrac{1-\tan^2\theta}{1+\tan^2\theta}}{1+\dfrac{2\tan\theta}{1+\tan^2\theta}}=\frac{1}{3}$$

$$\frac{1-\tan^2\theta}{1+\tan^2\theta+2\tan\theta}=\frac{1}{3} \quad \cdots\cdots ①$$

$$\therefore \quad \frac{(1+\tan\theta)(1-\tan\theta)}{(\tan\theta+1)^2}=\frac{1}{3}$$

$\tan\theta+1\neq 0$ だから

$$\frac{1-\tan\theta}{\tan\theta+1}=\frac{1}{3}$$

$$3(1-\tan\theta)=\tan\theta+1 \quad\longleftarrow \quad ②$$

$$\therefore \quad \tan\theta=\frac{1}{2}$$

一般に, $\dfrac{B}{A}=C$ と $B=AC$ とは同値ではありません。$\dfrac{B}{A}=C$ では $A\neq 0$ でなければなりませんが, $B=AC$ では $A=B=0$ の場合を含んでいます。したがって

$$\boxed{\frac{B}{A}=C \iff B=AC, \; A\neq 0}$$

であることに注意しましょう。ですから, ①を変形して

$$\frac{1-\tan^2\theta}{1+\tan^2\theta+2\tan\theta}=\frac{1}{3} \qquad 3(1-\tan^2\theta)=1+\tan^2\theta+2\tan\theta$$

$$4\tan^2\theta+2\tan\theta-2=0 \qquad (2\tan\theta-1)(\tan\theta+1)=0$$

$$\therefore \quad \tan\theta=\frac{1}{2}, \; -1$$

とするのは誤りです。分母を払うときに $1+\tan^2\theta+2\tan\theta\neq 0$ の条件を付け加えて議論しなければならないのに, それを忘れているからです。

一方, ②の変形は同値です。分母を払った後の $3(1-\tan\theta)=\tan\theta+1$ が $\tan\theta+1=0$ を許していないからです。

細かいことですが, とても重要なところなので, 正しい議論ができるようにしてく

ださい。意識して取り組めば自然にできるようになります。

演習114

$\cos\theta+\sin\theta=\dfrac{1}{\sqrt{2}}$ のとき $\tan\theta$ の値を求めよ。

解答　　　$\cos\theta+\sin\theta=\dfrac{1}{\sqrt{2}}$

$\cos\theta(\neq 0)$ で両辺を割って

$$1+\tan\theta=\dfrac{1}{\sqrt{2}\cos\theta}$$

両辺を2乗して

$$1+2\tan\theta+\tan^2\theta=\dfrac{1}{2\cos^2\theta}$$

$$1+2\tan\theta+\tan^2\theta=\dfrac{1}{2}(1+\tan^2\theta)$$

$$\tan^2\theta+4\tan\theta+1=0$$

$$\therefore\quad \tan\theta=-2\pm\sqrt{3} \quad\cdots\cdots(*)$$

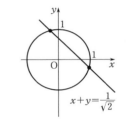

ここで，$\cos\theta+\sin\theta=\dfrac{1}{\sqrt{2}}$ のとき，

$(\cos\theta,\ \sin\theta)$ は $x+y=\dfrac{1}{\sqrt{2}}$ 上の点であり，かつ

単位円周上の点であるから右上図の2点を表す。

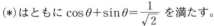

　したがって，$\cos\theta+\sin\theta=\dfrac{1}{\sqrt{2}}$ のとき，

$\tan\theta$ は2通りの負の値をとることがわかるので，

$(*)$ はともに $\cos\theta+\sin\theta=\dfrac{1}{\sqrt{2}}$ を満たす。

$$\therefore\quad \tan\theta=-2\pm\sqrt{3}$$

2乗の変形は必要条件の変形です。したがって，与えられた条件式を2乗することによって得られた結論$(*)$は必要条件にすぎません。ですから，$(*)$のところで，これが答えだとするわけにはいかず，その後は十分性をチェックしているのです。

なお，$\cos\theta+\sin\theta=\dfrac{1}{\sqrt{2}}$ の両辺を2乗して　　$1+2\sin\theta\cos\theta=\dfrac{1}{2}$

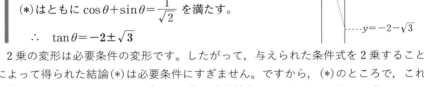

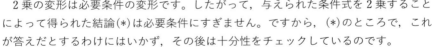

$2\sin\theta\cos\theta=\dfrac{2\tan\theta}{1+\tan^2\theta}$ を代入して

$$\dfrac{2\tan\theta}{1+\tan^2\theta}=-\dfrac{1}{2}\qquad \tan^2\theta+4\tan\theta+1=0\qquad \therefore\quad \tan\theta=-2\pm\sqrt{3}$$

とする方法もあります。

7 ・ 三角関数の合成

　同じ角度に対するコサインとサインの和をコサインかサインのどちらか一方で表す方法があります。具体的には $a\cos\theta+b\sin\theta$ の変形ですが，これを加法定理：$\cos(\theta-\alpha)=\cos\theta\cos\alpha+\sin\theta\sin\alpha$ と対応させて考えます。

$$a\cos\theta+b\sin\theta$$
$$\cos\theta\cos\alpha+\sin\theta\sin\alpha$$

　つまり，$(a,\ b)$ を $(\cos\alpha,\ \sin\alpha)$ と見立てるわけですが，$\cos^2\alpha+\sin^2\alpha=1$ であるのに対して a^2+b^2 の値が 1 とは限らないので調整が必要です。

$$a\cos\theta+b\sin\theta=\sqrt{a^2+b^2}\left(\cos\theta\cdot\frac{a}{\sqrt{a^2+b^2}}+\sin\theta\cdot\frac{b}{\sqrt{a^2+b^2}}\right)$$

　このように変形すると，$\left(\dfrac{a}{\sqrt{a^2+b^2}}\right)^2+\left(\dfrac{b}{\sqrt{a^2+b^2}}\right)^2=1$ になりますから，

$\left(\dfrac{a}{\sqrt{a^2+b^2}},\ \dfrac{b}{\sqrt{a^2+b^2}}\right)=(\cos\alpha,\ \sin\alpha)$ とおくことができます。すると

$$a\cos\theta+b\sin\theta=\sqrt{a^2+b^2}(\cos\theta\cos\alpha+\sin\theta\sin\alpha)=\sqrt{a^2+b^2}\cos(\theta-\alpha)$$

のように合成できます。サインに合成する場合は

$$a\cos\theta+b\sin\theta=\sqrt{a^2+b^2}\left(\sin\theta\cdot\frac{b}{\sqrt{a^2+b^2}}+\cos\theta\cdot\frac{a}{\sqrt{a^2+b^2}}\right)$$

をサインの加法定理と見て，$\left(\dfrac{b}{\sqrt{a^2+b^2}},\ \dfrac{a}{\sqrt{a^2+b^2}}\right)=(\cos\beta,\ \sin\beta)$ とおけばよいことがわかります。つまり

$$a\cos\theta+b\sin\theta=\sqrt{a^2+b^2}(\sin\theta\cos\beta+\cos\theta\sin\beta)=\sqrt{a^2+b^2}\sin(\theta+\beta)$$

です。

> **三角関数の合成**
>
> $$a\cos\theta+b\sin\theta=\sqrt{a^2+b^2}\cos(\theta-\alpha)\quad\left(\cos\alpha=\frac{a}{\sqrt{a^2+b^2}},\ \sin\alpha=\frac{b}{\sqrt{a^2+b^2}}\right)$$
>
> $$a\cos\theta+b\sin\theta=\sqrt{a^2+b^2}\sin(\theta+\beta)\quad\left(\cos\beta=\frac{b}{\sqrt{a^2+b^2}},\ \sin\beta=\frac{a}{\sqrt{a^2+b^2}}\right)$$

　一般にはサインに合成することが多く，サインに合成する方法だけを覚えておいたとしても問題はありません。少し具体例を見ておきましょう。

$$\sin\theta+\cos\theta=\sqrt{2}\left(\sin\theta\cdot\frac{1}{\sqrt{2}}+\cos\theta\cdot\frac{1}{\sqrt{2}}\right)=\sqrt{2}\sin\left(\theta+\frac{\pi}{4}\right)$$

$$\sin\theta-\sqrt{3}\cos\theta=2\left(\sin\theta\cdot\frac{1}{2}-\cos\theta\cdot\frac{\sqrt{3}}{2}\right)=2\sin\left(\theta-\frac{\pi}{3}\right)$$

といった具合です。

● 例題 115

$y=(5\sin x+12\cos x)\cos x$ の最大値と最小値を求めよ。

解答

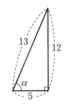

$y=(5\sin x+12\cos x)\cos x$

$y=13\sin(x+\alpha)\cos x$

$y=\dfrac{13}{2}\{\sin(2x+\alpha)+\sin\alpha\}$ ← $(*)$

$y=\dfrac{13}{2}\left\{\sin(2x+\alpha)+\dfrac{12}{13}\right\}$

$\therefore\quad y=\dfrac{13}{2}\sin(2x+\alpha)+6$

$-1\leqq\sin(2x+\alpha)\leqq1$ であるから

最大値は $\dfrac{25}{2}$，最小値は $-\dfrac{1}{2}$

$(*)$ の変形では積和公式を用いました。この問題は別解を示しておきます。

別解

$y=(5\sin x+12\cos x)\cos x$

$y=5\sin x\cos x+12\cos^2 x$

$y=\dfrac{5}{2}\sin 2x+6(1+\cos 2x)$ ← $(*)$

$y=\dfrac{1}{2}(5\sin 2x+12\cos 2x)+6$

$\therefore\quad y=\dfrac{13}{2}\sin(2x+\alpha)+6$

（以下〔解答〕に同じ）

$(*)$ の変形では，2倍角の公式 $\sin 2\theta=2\sin\theta\cos\theta$ の逆と，半角の公式 $\cos^2\theta=\dfrac{1+\cos 2\theta}{2}$ を用いています。

$$y=10\cos^2 x+2\sin^2 x+6\sin x\cos x \left(0\leqq x\leqq \frac{\pi}{2}\right)$$ の最大値と最小値を求めよ。

解答

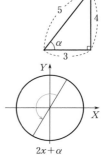

$$y=10\cos^2 x+2\sin^2 x+6\sin x\cos x$$

$$y=5(1+\cos 2x)+1-\cos 2x+3\sin 2x$$

$$y=4\cos 2x+3\sin 2x+6 \quad \cdots\cdots①$$

$$\therefore \quad y=5\sin(2x+\alpha)+6 \quad \cdots\cdots②$$

ここで，$0\leqq x\leqq \frac{\pi}{2}$ のとき，$\alpha\leqq 2x+\alpha\leqq \alpha+\pi$ であるから

$2x+\alpha=\frac{\pi}{2}$ のとき，**最大値 11** をとり，

$2x=\pi$ のとき，**最小値 2** をとる。

　最大値は $\sin(2x+\alpha)=1$ のときにとりますが，最小値は少しわかりにくいです。$2x+\alpha$ が最も大きいとき，つまり $2x=\pi$ のとき $\sin(2x+\alpha)$ の値が最小になります。このときに y は最小になることが②を見ればわかりますが，最小値の計算は①で $2x=\pi$ とした方が簡単です。

　また，定義域のチェックは以下のように図で処理するのが簡明です。

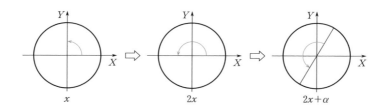

　三角比，三角関数の最後にあたって応用演習をしておきましょう。

　x についての方程式 $\cos 2x+2\sin x+a=0$ の $0\leqq x<2\pi$ における解の個数を求めよ。

解答

$$\cos 2x+2\sin x+a=0$$

$$1-2\sin^2 x+2\sin x+a=0$$

$$\therefore \quad a=2\sin^2 x-2\sin x-1$$

ここで，$\sin x=t$ とおき，$f(t)=2t^2-2t-1$ を考える。$y=f(t)$ と $y=a$ のグラ

フの交点の個数を調べればよいが，$-1 \leqq t \leqq 1$ であり，$t = \pm 1$ のとき t と x は 1 対 1 に対応し，$-1 < t < 1$ のとき t と x は 1 対 2 に対応することに注意する。

$y = f(t)$ のグラフは右図のようになるから

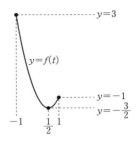

a	$\cdots$	$-\dfrac{3}{2}$	$\cdots$	-1	$\cdots$	3	$\cdots$
解の個数	0	2	4	3	2	1	0

途中で $\sin x = t$ と変数を変換しましたが，変数変換をしたら新しい変数 t の定義域をチェックしなければなりません。それが $-1 \leqq t \leqq 1$ であり，この問題のように解の個数が問われているときは，定義域のチェックに加えて，t に対して x がどのように対応してくるのかという対応のチェックも必要になります。右図を見れば $-1 < t < 1$ の t に対して角度 x が 2 個対応していることがわかりますが，$t = 1$ または $t = -1$ のときはそれに対応する x が 1 個しかないことが確認できます。問われているのは x の個数ですから，t の個数を調べて終わりにしてはいけないのです。

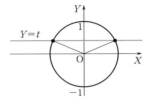

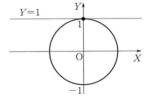

たとえば，$-\dfrac{3}{2} < a < -1$ のとき，$y = f(t)$ と $y = a$ のグラフの交点の t 座標は，$-1 < \alpha < \beta < 1$ として，$t = \alpha$, β となりますが，$t = \alpha$（$\sin x = \alpha$）から x が 2 個決まり，$t = \beta$（$\sin x = \beta$）からも x が 2 個決まるので，計 4 個の x が決まります。

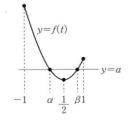

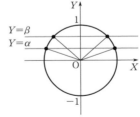

さらに，$a = -1$ だと，$y = f(t)$ と $y = -1$ のグラフの交点の t 座標は，$t = 0$, 1 となり，$t = 0$（$\sin x = 0$）からは $x = 0$, π の 2 個の x が決まり，$t = 1$（$\sin x = 1$）からは $x = \dfrac{\pi}{2}$ の 1 個の x が決まるので，計 3 個の x が決まります。

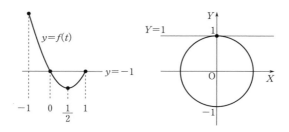

・変数変換をしたら，定義域のチェックをする。

・解の個数が問われているときは，対応もチェックする。

演習116

x についての方程式 $\sin 3x + 2\sin 2x + a\sin x = 0$ の $0 \le x < 2\pi$ における解の個数を求めよ。

解答　$\sin 3x + 2\sin 2x + a\sin x = 0$

$3\sin x - 4\sin^3 x + 4\sin x \cos x + a\sin x = 0$

$\sin x\{3 - 4(1 - \cos^2 x) + 4\cos x + a\} = 0$

∴　$\sin x = 0$,　$a = -4\cos^2 x - 4\cos x + 1$

$\sin x = 0$ から $x = 0$, π の 2 解が出てくるので，これに

$a = -4\cos^2 x - 4\cos x + 1$ から何個の解が加わるかを考える。

$\cos x = t$ とおき，$f(t) = -4t^2 - 4t + 1$ を考え，$y = f(t)$ と $y = a$ のグラフの交点の個数を調べればよいが，$-1 \le t \le 1$ であり $-1 < t < 1$ のとき t と x は 1 対 2 に対応し，$t = \pm 1$ のとき t と x は 1 対 1 に対応することに注意する。ただし，$x = 0$ のとき $t = 1$ で，$x = \pi$ のとき 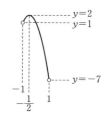 $t = -1$ であるが，$x = 0$, π 以外の解がいくつ加わるかを考えているので，結局 $t = \pm 1$ からは新しい解は出てこない。

よって，求める解の個数は次のようになる。

a	$\cdots$	-7	$\cdots$	1	$\cdots$	2	$\cdots$
解の個数	2	2	4	4	6	4	2

第 7 章

指数・
対数関数

第1章
第2章
第3章
第4章
第5章
第6章
第7章
第8章
第9章
第10章
第11章
第12章
第13章
第14章

比例，反比例に始まり，1次関数，2次関数などの多項式で表された関数，それに三角関数と，さまざまな関数を学んできました。今回はそれに加えて指数関数と対数関数を学ぶことにしましょう。

　まず，指数法則は

$$a^b a^c = a^{b+c} \qquad \frac{a^b}{a^c} = a^{b-c} \qquad (a^b)^c = a^{bc} \qquad (ab)^c = a^c b^c$$

でした（*p.*13）。ここでの指数は自然数の範囲に限定されていました。これを実数の範囲に拡張します。手始めに $\frac{a^b}{a^c} = a^{b-c}$ で $b = c$ とすると $a^0 = 1$ になります。実際，2の累乗の場合，$2^1 = 2$，$2^2 = 4$，$2^3 = 8$，… のように指数が1増えると2倍されますから，逆に指数が1減ると $\frac{1}{2}$ 倍されることになり，$2^1 = 2$ から指数を1だけ減らすと $2^0 = 1$ になります。

　さらに指数を減らし続けると，$2^{-1} = \frac{1}{2}$，$2^{-2} = \frac{1}{2^2}$，… のようになるので，$\frac{a^b}{a^c} = a^{b-c}$ で $b = 0$ としたときの $a^{-c} = \frac{1}{a^c}$ が妥当であることがわかります。

　これで整数の範囲で指数を運用できるようになりました。

　次に，$(a^b)^c = a^{bc}$ を用いると，$\left(2^{\frac{1}{2}}\right)^2 = 2^{\frac{1}{2} \cdot 2} = 2^1 = 2$ ですから，$2^{\frac{1}{2}}$ は2乗すると2になる数だということになります。これより $2^{\frac{1}{2}} = \sqrt{2}$ と定めます。同様に $2^{\frac{1}{3}} = \sqrt[3]{2}$，$2^{\frac{1}{4}} = \sqrt[4]{2}$，… です。一般に $a^{\frac{c}{b}} = \sqrt[b]{a^c}$ として指数を有理数の範囲で使えるようになりました。

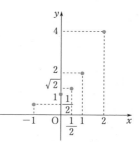

　ここまでに出てきた指数を x とし，2^x を y とおいて x と y の対応関係を xy 平面上にプロットしていくと右上の図のようになります。これらの点をなめらかな曲線でつなぐということは，指数を実数の範囲で使うということですが，このようにしてよいことを高校数学では説明できません。いまは直観的に認めることにして $y = 2^x$ のグラフを考えると右図のようになります。

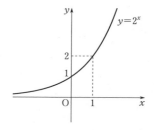

このように指数を実数の範囲で使い，指数関数を考えていく上でひとつ重要な注意点があります。a^b において b を指数，a を底と呼びますが，底は正の数でなければならないということです。指数が自然数に限定されているときは $(-2)^2=4$，$(-2)^3=-8$，$\cdots$ のように底が負でも問題はなかったのですが，指数法則を実数の範囲に拡張すると，数学の規則を使う上で不都合が生じてしまうのです。たとえば $(-2)^{\frac{1}{2}}$ は 2 乗すると -2 になる数ですから実数ではありません。それだけなら $y=(-2)^x$ を考えるときに x のとる値を限定することで対応できる可能性がありますが

$$(-2)^{\frac{1}{2}}=(-2)^{\frac{2}{4}}=\{(-2)^2\}^{\frac{1}{4}}=4^{\frac{1}{4}}$$

と変形すると $(-2)^{\frac{1}{2}}$ が実数のように見えてくるので，わけがわかりません。結局

指数法則を実数の範囲に拡張するときは，底は正

でなければなりません。

それでは少し問題を解いて，拡張された指数法則に慣れることにしましょう。

例題 117

$\left\{\left(\dfrac{8}{27}\right)^{\frac{1}{2}}\right\}^{-\frac{4}{3}}$ を簡単にせよ。

解答

$$\left\{\left(\dfrac{8}{27}\right)^{\frac{1}{2}}\right\}^{-\frac{4}{3}}=\left(\dfrac{8}{27}\right)^{-\frac{2}{3}}=\left\{\left(\dfrac{2}{3}\right)^3\right\}^{-\frac{2}{3}}=\left(\dfrac{2}{3}\right)^{-2}$$
$$=\dfrac{9}{4}$$

演習 117

$5^0+3^{-\frac{3}{2}}+9^{\frac{1}{4}}+27^{-\frac{1}{6}}$ を簡単にせよ。

解答

$$5^0+3^{-\frac{3}{2}}+9^{\frac{1}{4}}+27^{-\frac{1}{6}}=1+3^{\frac{1}{2}-2}+(3^2)^{\frac{1}{4}}+(3^3)^{-\frac{1}{6}}$$
$$=1+3^{\frac{1}{2}}\cdot3^{-2}+3^{\frac{1}{2}}+3^{\frac{1}{2}-1}$$
$$=1+\left(\dfrac{1}{9}+1+\dfrac{1}{3}\right)3^{\frac{1}{2}}$$
$$=1+\dfrac{13}{9}\cdot3^{\frac{1}{2}}\quad\left(=1+\dfrac{13\sqrt{3}}{9}\right)$$

マイナス乗は逆数だと理解しましょう。また，$3^{-\frac{3}{2}}$ などは

$$3^{-\frac{3}{2}}=\dfrac{1}{3^{\frac{3}{2}}}=\dfrac{1}{\sqrt{3^3}}=\dfrac{1}{3\sqrt{3}}=\dfrac{\sqrt{3}}{9}$$

のように根号の形にした方がわかりやすいかもしれません。

例題 118

$\sqrt[3]{24} + \sqrt[6]{9} + \sqrt[3]{-\dfrac{1}{9}}$ を簡単にせよ。

解答

$$\sqrt[3]{24} + \sqrt[6]{9} + \sqrt[3]{-\dfrac{1}{9}} = \sqrt[3]{2^3 \cdot 3} + \sqrt[6]{3^2} - \sqrt[3]{\dfrac{3}{27}}$$

$$= 2\sqrt[3]{3} + \sqrt[3]{3} - \dfrac{\sqrt[3]{3}}{3} \quad (\because \quad \sqrt[6]{3^2} = 3^{\frac{2}{6}} = 3^{\frac{1}{3}} = \sqrt[3]{3})$$

$$= \dfrac{8\sqrt[3]{3}}{3}$$

演習 118

$\dfrac{\sqrt{2}\ \sqrt[3]{9}}{\sqrt[3]{2}\ \sqrt[6]{6}}$ を簡単にせよ。

今度はかけ算と割り算ですから，指数の形に変形した方が得です。

解答

$$\dfrac{\sqrt{2}\ \sqrt[3]{9}}{\sqrt[3]{2}\ \sqrt[6]{6}} = \dfrac{2^{\frac{1}{2}} \cdot 3^{\frac{2}{3}}}{2^{\frac{1}{3}}(2 \cdot 3)^{\frac{1}{6}}} = 2^{\frac{1}{2} - \frac{1}{3} - \frac{1}{6}} \cdot 3^{\frac{2}{3} - \frac{1}{6}} = 2^0 \cdot 3^{\frac{1}{2}} = \sqrt{3}$$

2　指数関数のグラフ

$p.254$ に $y = 2^x$ のグラフが出てきましたが，$y = \left(\dfrac{1}{2}\right)^x$ はどのようになるでしょうか。

$y = \left(\dfrac{1}{2}\right)^x$ は $y = 2^{-x}$ と変形できるので，$y = 2^x$ の x の代わり

に $-x$ が入っていることになります。したがって，$y = \left(\dfrac{1}{2}\right)^x$

のグラフは $y = 2^x$ のグラフを y 軸に関して対称移動したもの

になります。結局 $y = \left(\dfrac{1}{2}\right)^x$ のグラフは右図のようになります

が，ここで $y = a^x$ のグラフの特徴をまとめておきましょう。

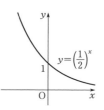

$y = a^x$ のグラフの特徴

・$(0,\ 1)$ を通る

・値域が $y > 0$

・x 軸が漸近線

・$0 < a < 1$ のとき単調減少，$a > 1$ のとき単調増加

例題 119

$3\sqrt{3}$ と $\sqrt[3]{243}$ の大小を比較せよ。

解答
$$\begin{cases} 3\sqrt{3} = 3^{\frac{3}{2}} \\ \sqrt[3]{243} = 3^{\frac{5}{3}} \end{cases} \text{であり,} \quad \frac{3}{2} < \frac{5}{3} \text{ であるから}$$

$$3\sqrt{3} < \sqrt[3]{243}$$

$y = 3^x$ のグラフは単調増加ですから x が大きくなればなるほど y は大きくなります。

演習 119

$\dfrac{1}{9^x} - \dfrac{4}{3^x} + 3 \geqq 0$ を解け。

$\dfrac{1}{9^x} = \dfrac{1}{3^{2x}} = \left(\dfrac{1}{3^x}\right)^2$ ですから $\dfrac{1}{3^x}$ を1つの文字と見て2次不等式の形になっています。

解答
$$\frac{1}{9^x} - \frac{4}{3^x} + 3 \geqq 0$$

$$\left(\frac{1}{3^x} - 1\right)\left(\frac{1}{3^x} - 3\right) \geqq 0$$

$$\frac{1}{3^x} \leqq 1, \quad 3 \leqq \frac{1}{3^x}$$

$$\left(\frac{1}{3}\right)^x \leqq \left(\frac{1}{3}\right)^0, \quad \left(\frac{1}{3}\right)^{-1} \leqq \left(\frac{1}{3}\right)^x \quad \Big] (*)$$

$$x \geqq 0, \quad -1 \geqq x$$

∴ $\boldsymbol{x \leqq -1, \quad 0 \leqq x}$

$y = \left(\dfrac{1}{3}\right)^x$ のグラフは単調減少ですから,x が大きくなれば y は小さくなります。

このことに気をつけて,(*)では不等号の向きを間違わないようにしなければなりません。これを煩わしいと思えば,はじめに両辺に 9^x をかけてしまう方法もあります。別解です。

別解
$$\frac{1}{9^x} - \frac{4}{3^x} + 3 \geqq 0$$

$$3 \cdot 9^x - 4 \cdot 3^x + 1 \geqq 0$$

$$(3 \cdot 3^x - 1)(3^x - 1) \geqq 0$$

$$3^x \leqq \frac{1}{3}, \quad 1 \leqq 3^x$$

∴ $\boldsymbol{x \leqq -1, \quad 0 \leqq x}$

方程式 $2^x=8$ は $8=2^3$ ですから，$x=3$ ですが，$2^x=7$ だと両辺で底をそろえることができないので困ります。

　指数 x を定めたとき 2^x の値はいくらになるのかを考える演算を指数演算と呼びますが，逆に 2^x の値に対する x の値を表す方法を決めておかないと，上に書いたように困ることが起こります。この指数演算の逆演算を対数演算と言い

$$a^c=b \iff c=\log_a b \quad (a>0,\ a\neq 1)$$

で定義されています（$\log_a b$ はログ a の b と読みます）。また，$\log_a b$ において a を底，b を真数と言います。

　まず定義に慣れるために少し練習をしてみます。$\log_2 8$ であれば 2 を何乗すれば 8 になるかと考えて $\log_2 8=3$ です。同様に $\log_2 4=2$，$\log_2 2=1$，$\log_2 1=0$，$\cdots$ です。

$$\log_a a=1,\ \log_a 1=0$$

　次に注意事項です。指数演算において底を 1 とすると，1^x は x が何であれ 1 になります。ということはこの逆演算が定義できないということです。実際に $\log_1 a$ を考えてみると，1 は何乗しても 1 になることより a は 1 以外の値をとりえず，$a=1$ としてみても $\log_1 1$ の値は定まりません。これでは演算とは言えないので，対数の底は 1 にすることができません。

　また，$\log_a b=c \iff a^c=b$ において a^c を考えるときに $a>0$ でなければなりませんでしたから，対数の底も正になります。さらに $\log_a b=c \iff a^c=b>0$ より対数の真数も正の数でなければなりません。これらを底の条件及び真数条件と言います。

> **底の条件と真数条件**
>
> $\log_a b$ において
> 　$a>0,\ a\neq 1$：底の条件　　　$b>0$：真数条件

指数に指数法則があるように対数にも対数法則があります。

> **対数法則**
>
> $\log_a b+\log_a c=\log_a bc$ 　　　 $\log_a b-\log_a c=\log_a \dfrac{b}{c}$
>
> $\log_a b^c=c\log_a b$ 　　　 $\log_a b=\dfrac{\log_c b}{\log_c a}$ 　（底の変換公式）

これらはいずれも指数法則と対応しています。順に簡単な説明をしておきます。

・$\log_a b = p$, $\log_a c = q$, $\log_a bc = r$ とおくと

$a^p = b$, $a^q = c$, $a^r = bc$

よって　　$a^p a^q = bc$　　$a^{p+q} = bc$　　$a^{p+q} = a^r$　　$\therefore$　$p + q = r$

つまり　　$\log_a b + \log_a c = \log_a bc$

・$\log_a b = p$, $\log_a c = q$, $\log_a \dfrac{b}{c} = r$ とおくと

$a^p = b$, $a^q = c$, $a^r = \dfrac{b}{c}$

よって　　$\dfrac{a^p}{a^q} = \dfrac{b}{c}$　　$a^{p-q} = \dfrac{b}{c}$　　$a^{p-q} = a^r$　　$\therefore$　$p - q = r$

つまり　　$\log_a b - \log_a c = \log_a \dfrac{b}{c}$

・$\log_a b^c = p$, $\log_a b = q$ とおくと

$a^p = b^c$, $a^q = b$

よって　　$(a^q)^c = b^c$　　$a^{cq} = b^c$　　$a^{cq} = a^p$　　$\therefore$　$cq = p$

つまり　　$\log_a b^c = c \log_a b$

・$\log_a b = p$, $\log_c a = q$, $\log_c b = r$ とおくと

$a^p = b$, $c^q = a$, $c^r = b$

$a = c^q$ を $a^p = b$ に代入して

$(c^q)^p = b$　　$c^{pq} = b$　　$c^{pq} = c^r$　　$pq = r$　　$\therefore$　$p = \dfrac{r}{q}$

つまり　　$\log_a b = \dfrac{\log_c b}{\log_c a}$

例題 120

$2\log_6 \sqrt{3} - \log_6 \dfrac{1}{2}$ を簡単にせよ。

解答　　$2\log_6 \sqrt{3} - \log_6 \dfrac{1}{2} = \log_6 (\sqrt{3})^2 \cdot 2 = \log_6 6 = \mathbf{1}$

演習 120

$\log_2 \sqrt{3} + \log_4 \dfrac{1}{3}$ を簡単にせよ。

底がそろっていないので，2 か 4 のどちらかに統一しなければなりませんが，基本は大きい方（この場合だと 4）にそろえると覚えておいてください。

底の変換公式を用いて

$$\log_2\sqrt{3}=\frac{\log_4\sqrt{3}}{\log_4 2}=2\log_4\sqrt{3}=\log_4(\sqrt{3})^2=\log_4 3$$

とすればよいわけですが，少し煩わしいです。実は $\log_a b=\log_{a^c}b^c$ という便利な公式があります。底の変換公式を用いて

$$\log_{a^c}b^c=\frac{\log_a b^c}{\log_a a^c}=\frac{c\log_a b}{c}=\log_a b$$

としてこの公式の成立が確認できますが，これを用いると $\log_2\sqrt{3}=\log_4 3$ のようにいきなり底を 4 に変換することができます。

解答
$$\log_2\sqrt{3}+\log_4\frac{1}{3}=\log_4 3+\log_4\frac{1}{3}=\log_4 3\cdot\frac{1}{3}$$
$$=\log_4 1=\mathbf{0}$$

対数法則に加えて，比較的よく使う便利な公式をまとめておきます。

$$\mathbf{\log_a b=\log_{a^c}b^c}$$
$$\mathbf{\log_{a^b}a^c=\frac{c}{b}}$$
$$\mathbf{\log_a b=\frac{1}{\log_b a}}$$
$$\mathbf{a^{\log_a b}=b}$$
$$\mathbf{a^b=e^{b\log_e a}}$$

簡単な説明をしておきます。

・$\log_{a^b}a^c=\dfrac{c}{b}$ については，$(a^b)^{\frac{c}{b}}=a^c$ ですから明らかです。

・$\log_a b=\dfrac{\log_b b}{\log_b a}=\dfrac{1}{\log_b a}$

・$a^c=b$ すなわち $c=\log_a b$ より $a^{\log_a b}=b$

・$a^b=e^{\log_e a^b}=e^{b\log_e a}$

4 # 対数関数のグラフ

関数を x と y の対応の仕方で類別するとき

　$\begin{cases}\text{・1 対 1 対応の関数}\\ \text{・多対 1 対応の関数}\end{cases}$

に分けることができます。$y=2x+3$ は 1 対 1 対応の関数で，$y=x^2$ は多対 1 対応の関数ですが，1 対 1 対応の関数の場合，値域内の y に対して，その y に対応する x を 1

個定めることができます。この関係を

$$y=f(x) \iff x=f^{-1}(y) \quad （f \text{ インバース } y \text{ と読む}）$$

と表すとき，x と y を入れ替えて $y=f^{-1}(x)$ を $y=f(x)$ の逆関数と呼びます。

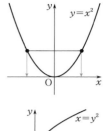

少しわかりにくいところもあるので，説明を加えます。$y=x^2$ は 1 対 1 対応の関数ではありませんから，y に対して x を 1 個定めるということができず，$y=x^2$ は逆関数をもちません。$y=x^2$ でも x と y を入れ替えることはできますが，そうして作った $x=y^2$ のグラフは右図のようになり，x に対して y を 1 個対応させる形にはなっていないので，これは関数ではありません。

ところが，$y=2^x$ のようにグラフが単調になっているとき，x と y は 1 対 1 対応しているので逆関数を考えることができるのです。具体的には

$$y=2^x \iff x=\log_2 y$$

ですから，x と y を入れ替えて，$y=\log_2 x$ が $y=2^x$ の逆関数です。

また，逆関数は x と y を入れ替えて作るので，グラフは元の関数のグラフを $y=x$ に関して対称移動した形になります。したがって $y=\log_2 x$ のグラフは右下図のようになります。

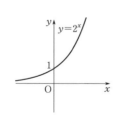

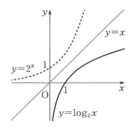

それでは 1 つ問題を考えてみましょう。$y=\left(\dfrac{1}{2}\right)^x$ のグラフは次頁の左図のようになっていましたが，これを $y=x$ に関して対称移動してみてください。それが $y=\log_{\frac{1}{2}} x$ のグラフになっているわけですが，意外に苦戦する諸君が多いのです。「$y=\left(\dfrac{1}{2}\right)^x$ は $(0,\ 1)$ を通るので $y=\log_{\frac{1}{2}} x$ は $(1,\ 0)$ を通る」「$y=\left(\dfrac{1}{2}\right)^x$ は x 軸の $x>0$ のところが漸近線になっているので，$y=\log_{\frac{1}{2}} x$ は y 軸の $y>0$ の部分が漸近線になっている」「$y=\left(\dfrac{1}{2}\right)^x$ の値域は $y>0$ だから $y=\log_{\frac{1}{2}} x$ の定義域は $x>0$」のよう

に順に考えていくと正しく描くことができると思います。

結局，右下図のようになります。対数関数のグラフの特徴をまとめておきましょう。

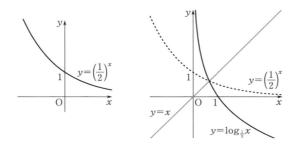

> **$y=\log_a x$ のグラフの特徴**
>
> ・$(1,\ 0)$ を通る
> ・定義域が $x>0$
> ・y 軸が漸近線
> ・$0<a<1$ のとき単調減少，$a>1$ のとき単調増加

5 方程式，不等式

対数法則を学びましたが，それを使う上で重要な注意事項があります。たとえば

$$\log_a b+\log_a c=\log_a bc$$

を見てください。左辺の真数条件は $b>0$，$c>0$ であるのに対して右辺の真数条件は $bc>0$ です。つまり右辺では $b<0$，$c<0$ でもよいわけで，左辺を右辺に変形すれば前提条件自体が変わってしまうことになるのです。

対数法則は真数条件を保存しない

ということは，真数が具体的な正の数であれば，対数法則を使っても何も問題は起こりませんが，真数に文字が含まれるときは，十分注意して，対数法則を使わなければならないということです。

例題 121

$\log_2(x-1)+\log_2(x-2)=1$ を解け。

解答 まず，$x-1>0$，$x-2>0$ すなわち $x>2$ であり，このとき

$$\log_2(x-1)+\log_2(x-2)=1 \qquad \log_2(x-1)(x-2)=1$$
$$(x-1)(x-2)=2 \qquad x^2-3x=0$$
$$\therefore \quad x(x-3)=0$$

$x>2$ より $\qquad x=3$

$\log_2(x-1)+\log_2(x-2)=1$ では $x>2$ の範囲で考えなければなりませんが，$\log_2(x-1)(x-2)=1$ と変形してしまうと，$x<1$，$2<x$ の範囲で考えることになり，このままでは余分の解が出てきてしまいます。これを防ぐために最初に真数条件をチェックして $x>2$ の範囲で考えるのです。

演習 121

$\log_9(2x-3)^2=\log_3 x$ を解け。

底をそろえないといけませんが，$\log_9(2x-3)^2=\log_3(2x-3)$ とするのはまずいです。$\log_9(2x-3)^2$ が $x \neq \dfrac{3}{2}$ で定義されているのに対して，$\log_3(2x-3)$ は $x>\dfrac{3}{2}$ でしか定義されていないからです。

⇓

解答 まず，$2x-3\neq0$，$x>0$ すなわち $x\neq\dfrac{3}{2}$，$x>0$ であり，このとき

$$\log_9(2x-3)^2=\log_3 x \qquad \log_9(2x-3)^2=\log_9 x^2$$
$$(2x-3)^2=x^2 \qquad (3x-3)(x-3)=0$$
$$\therefore \quad x=1,\ 3$$

別解を示しておきます。

⇓

別解 $\log_9(2x-3)^2=\log_3 x$ より

$$\log_3|2x-3|=\log_3 x \qquad \therefore \quad |2x-3|=x$$

まず，$x\neq\dfrac{3}{2}$，$x>0$ であるが

$$\begin{cases} \cdot\ 0<x<\dfrac{3}{2}\ \text{のとき} \qquad -(2x-3)=x \qquad \therefore \quad x=1 \\ \cdot\ x>\dfrac{3}{2}\ \text{のとき} \qquad 2x-3=x \qquad \therefore \quad x=3 \end{cases}$$

以上より $\qquad x=1,\ 3$

x の不等式 $\log_a(x-1)+\dfrac{1}{\log_x a}\geqq\log_a 2$ を解け。

解答　まず，$x-1>0$, $x>0$, $x\neq1$ すなわち $x>1$ であり，このとき

$$\log_a(x-1)+\dfrac{1}{\log_x a}\geqq\log_a 2 \qquad \log_a(x-1)+\log_a x\geqq\log_a 2$$

$\therefore$　$\log_a x(x-1)\geqq\log_a 2$

・$0<a<1$ のとき

$\qquad x(x-1)\leqq2$　　$x^2-x-2\leqq0$　　$\therefore$　$(x-2)(x+1)\leqq0$

$\quad x>1$ より　　$1<x\leqq2$

・$a>1$ のとき

$\qquad x(x-1)\geqq2$　　$\therefore$　$(x-2)(x+1)\geqq0$

$\quad x>1$ より　　$x\geqq2$

$y=\log_a x$ のグラフは $0<a<1$ のときには単調減少で，真数が大きくなれば y が小さくなりますが，$a>1$ のときには単調増加で，真数が大きくなれば y も大きくなります。このことに注意して場合分けをすることが必要です。

演習122

x の不等式 $\log_a(4a^2-x^2)\geqq1+\log_a 3x$ を解け。

解答　まず，$4a^2-x^2>0$, $x>0$ すなわち $0<x<2a$ であり，このとき

$$\log_a(4a^2-x^2)\geqq1+\log_a 3x \qquad \therefore\quad \log_a(4a^2-x^2)\geqq\log_a 3ax$$

・$0<a<1$ のとき

$\qquad 4a^2-x^2\leqq3ax$　　$x^2+3ax-4a^2\geqq0$　　$\therefore$　$(x+4a)(x-a)\geqq0$

$\quad 0<x<2a$ より　　$a\leqq x<2a$

・$a>1$ のとき

$\qquad 4a^2-x^2\geqq3ax$　　$\therefore$　$(x+4a)(x-a)\leqq0$

$\quad 0<x<2a$ より　　$0<x\leqq a$

a は対数の底になっているので，$a>0$, $a\neq1$ の範囲で考えてよいということです。

---

6 常用対数

底が 10 の対数を常用対数（じょうようたいすう）と言います。対数は指数を表す形式ですから，常用対数

の値を考えるということは 10^x の x の値を考えることになり，大きな数の桁数を計算するときなどに有効です。

まず，基本となる常用対数の値を確認します。最初に $y=\log_{10}x$ のグラフがすごい勢いで横になびいていることを理解しておいてください。このことを使って $\log_{10}2$ の値を考えてみます。

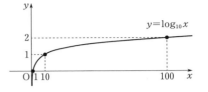

$2^{10}=1024>10^3$ より

$$\log_{10}2^{10}>\log_{10}10^3 \qquad 10\log_{10}2>3 \qquad \therefore \quad \log_{10}2>0.3$$

ですが，これは非常に良い近似になっています。実際 x が 1000 付近では $y=\log_{10}x$ の関数値の変化は非常に小さく，$\log_{10}1024\fallingdotseq\log_{10}1000$ ですから，$\log_{10}2\fallingdotseq0.3$ であることがわかります。ここで，「$\fallingdotseq$」は「ニアリーイコール」と読み，「ほとんど等しい」という意味です。

さらに，$2^{11}=2048,\ 2^{12}=4096,\ 2^{13}=8192<10^4$ より

$$\log_{10}2^{13}<\log_{10}10^4 \qquad 13\log_{10}2<4 \qquad \therefore \quad \log_{10}2<\frac{4}{13}=0.307\cdots$$

よって，$0.3<\log_{10}2<0.307$ です。もっと大きな値を使って近似すれば，どんどん精度が上がりますが

> $\log_{10}2\fallingdotseq0.3010,\ \ \log_{10}3\fallingdotseq0.4771,\ \ \log_{10}7\fallingdotseq0.8451$
> $(10^{0.3010}\fallingdotseq2,\ \ 10^{0.4771}\fallingdotseq3,\ \ 10^{0.8451}\fallingdotseq7)$

は覚えておきましょう。$\log_{10}7$ は「ハヨコイ」とゴロで覚えますが，特に重要なのは $\log_{10}2$ と $\log_{10}3$ です。この 2 つを用いて

$$\log_{10}4=2\log_{10}2\fallingdotseq0.602$$

$$\log_{10}5=\log_{10}\frac{10}{2}=1-\log_{10}2\fallingdotseq0.699$$

$$\log_{10}6=\log_{10}2+\log_{10}3\fallingdotseq0.778$$

$$\log_{10}8=3\log_{10}2\fallingdotseq0.903$$

$$\log_{10}9=2\log_{10}3\fallingdotseq0.954$$

のように他の常用対数の値を計算します。

それでは，例題と演習に入りますが，その前に桁数について確認しておきます。x が 2 桁の数のとき $10\leqq x<10^2$ ですが，これを一般化して

> **x が n 桁の数のとき** $\qquad 10^{n-1}\leqq x<10^n$

となります。

例題 123

6^{55} の桁数と最高位の数字を求めよ。ただし，$\log_{10}2=0.3010$，$\log_{10}3=0.4771$，$\log_{10}7=0.8451$ とする。

解答　$6^{55}=10^x$ とおくと

$$\log_{10}6^{55}=\log_{10}10^x$$

すなわち

$$x=55(\log_{10}2+\log_{10}3)=55(0.3010+0.4771)=42.7955$$

$$\therefore \quad 10^{42}<6^{55}<10^{43}$$

よって，6^{55} は **43 桁**の数である。

また，$6^{55}=10^{42.7955}=10^{42}\cdot10^{0.7955}$ であるが

$$\log_{10}6=\log_{10}2+\log_{10}3=0.3010+0.4771=0.7781$$

より　　$6=10^{0.7781}<10^{0.7955}<10^{0.8451}=7$

よって，$10^{0.7955}$ の整数部分は 6 で，これを 10^{42} 倍したもの（小数点を右に 42 個移動したもの）が 6^{55} だから，6^{55} の最高位の数は **6** である。

演習 123

5^{-99} を小数で表したとき，小数第何位にはじめて 0 でない数字が現れるか。ただし $\log_{10}2=0.3010$ とする。

たとえば，0.03 は小数第 2 位にはじめて 0 でない数が現れますが，$0.01<0.03<0.1$ すなわち $10^{-2}<0.03<10^{-1}$ より，それを確かめることができます。これを一般化して

> x は，小数第 n 位にはじめて 0 でない数が現れるとき
> $$10^{-n}\leqq x<10^{-(n-1)}$$

となります。

解答　$5^{-99}=10^x$ とおくと

$$\log_{10}5^{-99}=\log_{10}10^x$$

すなわち

$$x=-99\log_{10}5=-99\log_{10}\frac{10}{2}$$

$$=-99(1-\log_{10}2)=-99(1-0.3010)=-69.201$$

$$\therefore \quad 10^{-70}<5^{-99}<10^{-69}$$

よって，**小数第 70 位**にはじめて 0 でない数が現れる。

第 **8** 章

数列

第1章
第2章
第3章
第4章
第5章
第6章
第7章
第8章
第9章
第10章
第11章
第12章
第13章
第14章

1 数列

　数学的なある規則で数字が一列に並んでいるものを数列と言いますが，他の分野に応用されることも多く，入試においても出題頻度が高い重要分野です。

　まず，必ず出発点があって，そこから 2 番目，3 番目と順番がつけられています。この順番を添字で表して a_1，a_2，a_3，… のように数列を表現します。添字は通常自然数を並べますが，大学では自然数を 0 以上の整数だと定義することも多いので，a_0，a_1，a_2，… のように数列を表現することもあります。いずれにしても最初の数字を初項，2 番目を第 2 項，…のように呼びます。また，a_n を n の式で表したものを一般項と呼びます。

2 等差数列

　隣り合う 2 項の差が一定であるような数列を等差数列と呼びます。この規則を式で表すと $a_{n+1}-a_n=d$ となり，d を公差と呼びます。たとえば

$$a_n：1，2，3，4，\cdots$$

は初項が 1 で公差が 1 の等差数列で，一般項は $a_n=n$ と表すことができます。

$$a_n：10，8，6，4，\cdots$$

は，初項が 10 で公差が -2 です。10 から始まって 2 ずつ減っていきますが，第 2 項は 10 から 2 を 1 回減らせばよく，$a_2=10-2=8$，第 3 項は 2 回減らすので，$a_3=10-2\cdot2=6$ です。では，第 n 項だとどうなるでしょうか。2 を $n-1$ 回減らすので，$a_n=10-2(n-1)$ です。一般化すると

> **等差数列の一般項**
>
> $$a_{n+1}-a_n=d \iff a_n=a_1+(n-1)d$$

です。このように，一般項が n の 1 次式で表されるとき，つまり a_n が直線的に変化するとき，それは等差数列です。

　また，$S_n=a_1+a_2+\cdots+a_n$ を数列の和と呼びますが，等差数列の和は，ちょうど台形の面積を計算するような状況になります。したがって

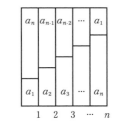

> **等差数列の和**
>
> $a_n = an + b$ のとき　　$S_n = \dfrac{n(a_1 + a_n)}{2}$

です。たとえば

$$1 + 2 + 3 + 4 + \cdots + 100 = \frac{100(1 + 100)}{2} = 5050$$

$$1 + 3 + 5 + 7 + \cdots + 2n - 1 = \frac{n(1 + 2n - 1)}{2} = n^2$$

のようになります。

3　等比数列

　隣り合う 2 項の比が一定であるような数列を**等比数列**と言います。式で表すと $a_{n+1} = r a_n$ となり，r を**公比**と呼びます。たとえば

$$a_n : 1,\ 2,\ 4,\ 8,\ \cdots$$

は初項が 1 で公比が 2 の等比数列で，一般項は $a_n = 2^{n-1}$ と表すことができます。

$$a_n : 5,\ -15,\ 45,\ -135,\ \cdots$$

は，初項が 5 で公比が -3 です。5 から始まって -3 をかけていきますが，第 2 項は 5 に -3 を 1 回かければよく，$a_2 = 5(-3) = -15$，第 3 項は 5 に -3 を 2 回かけるので $a_3 = 5(-3)^2 = 45$ です。第 n 項だと 5 に -3 を $n-1$ 回かければよく，$a_n = 5(-3)^{n-1}$ です。等差数列の一般項を考えたときと，考え方が似ていると気づいたはずです。一般化すると，次のようになります。

> **等比数列の一般項**
>
> $a_{n+1} = r a_n \iff a_n = a_1 r^{n-1}$

　ここで，少し注意をしておきます。

・等比数列で公比が 0 だと

$$a_n : a,\ 0,\ 0,\ 0,\ \cdots$$

のように，第 2 項以降がすべて 0 になります。

・等比数列で初項が 0 だと，公比が何であれ，すべての項が 0 になります。

　これらは等比数列の例外パターンだと言えますが，特に重要な性質が含まれているわけではないので，問題にされることはまずないと考えてよいでしょう。

　しかし，公比が 1 だと

3　等比数列　**269**

$$a_n : a, \ a, \ a, \ a, \ \cdots$$

のように同じ数字が並ぶことになり，これは等比数列であると同時に公差が 0 の等差数列でもあります。等比数列の例外として理解しておいてください。

それでは，等比数列の和を考えます。

$a_n = ar^{n-1}$（$r \neq 1$）のとき

$$S_n = a + ar + ar^2 + ar^3 + \cdots + ar^{n-1} \quad \cdots\cdots ①$$

ですが，この両辺に r をかけると

$$rS_n = ar + ar^2 + ar^3 + ar^4 + \cdots + ar^n \quad \cdots\cdots ②$$

となります。①－② より

$$(1-r)S_n = a(1-r^n) \qquad \therefore \quad S_n = \frac{a(1-r^n)}{1-r}$$

です。

$r = 1$ のときは，最後の式で両辺を $1-r$ で割ることができませんが，

① : $S_n = a + a + \cdots + a = na$ のように和を求めることができます。

等比数列の和

$a_n = ar^{n-1}$ のとき

$$S_n = \begin{cases} \dfrac{a(1-r^n)}{1-r} = \dfrac{a(r^n-1)}{r-1} & (r \neq 1 \text{ のとき}) \\ na & (r = 1 \text{ のとき}) \end{cases}$$

これを見ても，$r = 1$ のときの等比数列は例外であることがわかると思います。$r \neq 1$ のときの等比数列の和については，次の「シグマ記号」のところでもう少し深く学ぶことにします。

4 シグマ記号

二項定理のところで

$$(a+b)^n = {}_nC_0 a^n + {}_nC_1 a^{n-1}b + {}_nC_2 a^{n-2}b^2 + \cdots + {}_nC_n b^n$$

をシグマ記号を用いて

$$(a+b)^n = \sum_{k=0}^{n} {}_nC_k a^{n-k}b^k$$

と表すことを学びました（$p.\mathbf{153}$）。この右辺は k が 0 から 1 ずつ増えて n に至るまで変化するときの ${}_nC_k a^{n-k}b^k$ の和を表す記号だったわけですが，数列の和を表すときにも用いることができます。

まず，慣れるために例を挙げておきます。

$$\sum_{k=1}^{100} k = \frac{100(1+100)}{2} = 5050$$

$$\sum_{k=1}^{n}(2k-1) = \frac{n(1+2n-1)}{2} = n^2$$

これらは $p.269$ に出てきた等差数列の和をシグマ記号を用いて表し直したことになっています。

また，$\sum_{k=1}^{n} k = \frac{n(n+1)}{2}$ は公式ですが，シグマ記号の右に k の1次式がくれば，それは等差数列の和ですから，台形の面積をイメージしてください。つまり

$$\sum_{k=\ell}^{m}(ak+b) = \frac{(m-\ell+1)(am+b+a\ell+b)}{2}$$

といった具合です。1つ注意することは，k が ℓ から m まで変化するときに数列の項が何項出てくるかといえば，$m-\ell+1$ 項であって $m-\ell$ 項ではないということです。たとえば $\{3, 4, 5, 6\}$ の中には $6-3+1=4$ 個の数字が含まれており，$6-3=3$ 個の数字ではありません。

次に，シグマの計算をする上で最も重要な考え方を学びます。それは

$$\sum_{k=1}^{n}(a_{k+1}-a_k) = (a_2-a_1)+(a_3-a_2)+(a_4-a_3)+\cdots+(a_{n+1}-a_n)$$

$$= a_{n+1}-a_1$$

です。この右辺で $(a_{k+1}-a_k)$ を $_{-a_k}{}^{a_{k+1}}$ のように斜めに書くと見やすくなります。

$$\sum_{k=1}^{n}(a_{k+1}-a_k) = \boxed{\begin{array}{l} a_2+a_3+a_4+\cdots+a_{n+1} \\ -a_1-a_2-a_3-\cdots-a_n \end{array}}$$

ただし枠は a_2 から a_{n+1} までと $-a_2$ から $-a_n$ まで

$$= a_{n+1}-a_1$$

これを見れば四角で囲ったところが消えることがわかります。同様に

$$\sum_{k=1}^{n}(a_{k+2}-a_k) = \boxed{\begin{array}{l} a_3+a_4+a_5+\cdots \\ -a_1-a_2-a_3-\cdots-a_{n-1}-a_n \end{array}} + a_{n+1}+a_{n+2}$$

$$= a_{n+1}+a_{n+2}-a_1-a_2$$

となります。まとめると，次のようになります。

$$\sum_{k=1}^{n}(a_{k+1}-a_k) = a_{n+1}-a_1 \iff \sum_{k=1}^{n}(a_k-a_{k+1}) = a_1-a_{n+1}$$

$$\sum_{k=1}^{n}(a_{k+2}-a_k) = a_{n+1}+a_{n+2}-a_1-a_2$$

シグマの計算をするときは，ほぼすべての場合でこの考え方を基礎にしており，隣り合う項の差のシグマは最初と最後しか残りません。ただし，「若い方に最初が入る」

と覚えます。$\sum\limits_{k=1}^{n}(a_{k+1}-a_k)$ であれば，a_k が若いので a_k の k に最初の 1 が入り，a_{k+1} の k に最後の n が入ります。その結果 $a_{n+1}-a_1$ になります。これと

$\sum\limits_{k=1}^{n}(a_k-a_{k+1})=a_1-a_{n+1}$ は両辺を -1 倍しただけなので同値ですが，a_k と a_{k+1} では a_k が若い方なので a_k の k に 1 が入り，a_{k+1} の k には n が入るということです。

　また，$a_{k+2}-a_k$ は「隣り合う項の差」の形に似ていますが，1 つ飛んでいます。こういう場合は最初の 2 つと最後の 2 つが残ることになります。なお，

$\sum\limits_{k=1}^{n}(a_{k+2}-a_k)=a_{n+1}+a_{n+2}-a_1-a_2$ の左辺において，$n=1$ のときは a_3-a_1 で 2 項しか出てこないので「最初の 2 つと最後の 2 つが残る」という言い方は変ですが，右辺で $n=1$ とすると，$a_2+a_3-a_1-a_2=a_3-a_1$ となり，左辺と一致するので，この場合もこの式は成立しています。

　それでは，この考え方の具体例に入りますが，一番はじめは等比数列です。$r\neq1$ のとき，分母，分子に $r-1$ をかけると

$$ar^{n-1}=ar^{n-1}\cdot\frac{r-1}{r-1}=\frac{a}{r-1}(r^n-r^{n-1})$$

のように隣り合う項の差の形に変形することができます。したがって

$$\sum_{k=1}^{n}ar^{k-1}=\frac{a}{r-1}\sum_{k=1}^{n}(r^k-r^{k-1})=\frac{a(r^n-1)}{r-1}$$

のように計算して *p.270* の公式が導かれます。

$\sum\limits_{k=1}^{n}k=\dfrac{n(n+1)}{2}$ についても，k の 1 次式は等差数列で，等差数列の和は台形の面積だと説明しましたが，次のようにすることもできます。

$$\sum_{k=1}^{n}k=\frac{1}{4}\sum_{k=1}^{n}\{(k+1)^2-(k-1)^2\}=\frac{1}{4}\{(n+1)^2+n^2-1^2-0^2\}$$

$$=\frac{1}{4}(2n^2+2n)=\frac{n(n+1)}{2}$$

　この計算自体は，台形の面積だと考えるより損をしていますが，考え方は発展性を含んでいます。たとえば

$$\sum_{k=1}^{n}\{(k+1)^3-(k-1)^3\}=(n+1)^3+n^3-1^3-0^3$$

$$\sum_{k=1}^{n}(6k^2+2)=2n^3+3n^2+3n$$

$$6\sum_{k=1}^{n}k^2+2n=2n^3+3n^2+3n \quad\left.\rule{0pt}{30pt}\right\}①$$

$$\therefore\quad\sum_{k=1}^{n}k^2=\frac{2n^3+3n^2+n}{6}=\frac{n(n+1)(2n+1)}{6}$$

のようにすれば新しい公式を導くことができます。この結論を少し見やすくしておく

と

$$1^2+2^2+3^2+\cdots+n^2=\frac{n(n+1)(2n+1)}{6}$$

ということですが，これもよく使う公式です。計算について少し補足説明をしておきます。

$$\sum_{k=1}^{n}(a_k+b_k)=(a_1+b_1)+(a_2+b_2)+\cdots+(a_n+b_n)$$
$$=(a_1+a_2+\cdots+a_n)+(b_1+b_2+\cdots+b_n)$$
$$=\sum_{k=1}^{n}a_k+\sum_{k=1}^{n}b_k$$
$$\sum_{k=1}^{n}pa_k=pa_1+pa_2+\cdots+pa_n=p(a_1+a_2+\cdots+a_n)$$
$$=p\sum_{k=1}^{n}a_k$$

が成立します。整理すると

$$\sum_{k=1}^{n}(a_k+b_k)=\sum_{k=1}^{n}a_k+\sum_{k=1}^{n}b_k$$
$$\sum_{k=1}^{n}pa_k=p\sum_{k=1}^{n}a_k$$

こういった性質を線形性と呼びますが，今後何度となく出てくる性質なので覚えておいてください。①の変形では，これを用いています。

同様にして，$\sum_{k=1}^{n}k^3$ も計算することができます。以下を見ないで自分で公式を作ってみてください。

$$\sum_{k=1}^{n}\{(k+1)^4-(k-1)^4\}=(n+1)^4+n^4-1^4-0^4$$
$$\sum_{k=1}^{n}(8k^3+8k)=2n^4+4n^3+6n^2+4n$$
$$8\sum_{k=1}^{n}k^3+8\sum_{k=1}^{n}k=2n^4+4n^3+6n^2+4n$$
$$8\sum_{k=1}^{n}k^3+4n(n+1)=2n^4+4n^3+6n^2+4n$$
$$\therefore\quad\sum_{k=1}^{n}k^3=\frac{n^4+2n^3+n^2}{4}=\frac{n^2(n+1)^2}{4}$$

見やすくしておくと

$$1^3+2^3+3^3+\cdots+n^3=\frac{n^2(n+1)^2}{4}$$

です。できたでしょうか。以上をまとめると

$$\sum_{k=1}^{n} k = \frac{n(n+1)}{2}$$

$$\sum_{k=1}^{n} k^2 = \frac{n(n+1)(2n+1)}{6}$$

$$\sum_{k=1}^{n} k^3 = \frac{n^2(n+1)^2}{4}$$

$\sum_{k=1}^{n} \{(k+1)^3 - (k-1)^3\}$ の計算ができることを用いて $\sum_{k=1}^{n} k^2$ の公式を導きましたが,次のようにすることもできます。

$$\sum_{k=1}^{n} \{(k+1)^3 - k^3\} = (n+1)^3 - 1^3$$

$$\sum_{k=1}^{n} (3k^2 + 3k + 1) = n^3 + 3n^2 + 3n$$

$$3\sum_{k=1}^{n} k^2 + \frac{n(3n+1+4)}{2} = n^3 + 3n^2 + 3n$$

$$\sum_{k=1}^{n} k^2 = \frac{2(n^3 + 3n^2 + 3n) - n(3n+5)}{6}$$

$$\therefore \quad \sum_{k=1}^{n} k^2 = \frac{2n^3 + 3n^2 + n}{6} = \frac{n(n+1)(2n+1)}{6}$$

また

①

$$\sum_{k=1}^{n} k^2 = \sum_{k=1}^{n} \left\{ \frac{k(k+1)(2k+1)}{6} - \frac{(k-1)k(2k-1)}{6} \right\}$$

$$= \frac{n(n+1)(2n+1)}{6} - \frac{0 \cdot 1 \cdot 1}{6} = \frac{n(n+1)(2n+1)}{6}$$

と導くこともできますが,①の変形が,あたかも結果を知っているかのようで,うまくやりすぎです。

シグマの計算をするために「隣り合う項の差の形」を利用するという方法を学んでいますが,もう少しこれを続けます。

$\sum_{k=1}^{n} k$ を求めるために $(k+1)^2 - (k-1)^2$ を利用しました。$\sum_{k=1}^{n} k^2$ を求めるためには $(k+1)^3 - (k-1)^3$,$\sum_{k=1}^{n} k^3$ を求めるためには $(k+1)^4 - (k-1)^4$ を用いました。k の 1 次式の場合は k の 2 次式で「隣り合う項の差の形」を作り,$k^2 : k$ の 2 次式の場合は k の 3 次式で,$k^3 : k$ の 3 次式の場合は k の 4 次式で「隣り合う項の差の形」を作りました。厳密には,$(k+1)^2 - (k-1)^2$ のように 1 つ飛んでいますが,これも含めて「隣り合う項の差の形」と呼んでおきたいと思います。

それでは,$k(k+1)$:連続 2 整数の積はどのように変形すればよいでしょうか。こ

れは次のように変形します。

$$k(k+1) = \frac{1}{3}\{k(k+1)(k+2)-(k-1)k(k+1)\}$$

$(k-1)k(k+1)$ の式で k の代わりに $k+1$ を代入すれば $k(k+1)(k+2)$ になりますから，これでちょうど隣り合う項の差の形に変形できたことになります。よって

$$\sum_{k=1}^{n} k(k+1) = \frac{1}{3}\sum_{k=1}^{n}\{k(k+1)(k+2)-(k-1)k(k+1)\}$$

$$= \frac{1}{3}\{n(n+1)(n+2)-0\cdot1\cdot2\} = \frac{n(n+1)(n+2)}{3}$$

となります。それでは $k(k+1)(k+2)$：連続 3 整数の積だとどのようにすればよいでしょうか。以下を見る前に自分で考えてみてください。

$$\sum_{k=1}^{n} k(k+1)(k+2) = \frac{1}{4}\sum_{k=1}^{n}\{k(k+1)(k+2)(k+3)-(k-1)k(k+1)(k+2)\}$$

$$= \frac{1}{4}\{n(n+1)(n+2)(n+3)-0\cdot1\cdot2\cdot3\}$$

$$= \frac{n(n+1)(n+2)(n+3)}{4}$$

これらは一連の公式群です。

$$\sum_{k=1}^{n} k = \frac{n(n+1)}{2}$$

$$\sum_{k=1}^{n} k(k+1) = \frac{n(n+1)(n+2)}{3}$$

$$\sum_{k=1}^{n} k(k+1)(k+2) = \frac{n(n+1)(n+2)(n+3)}{4}$$

$$\sum_{k=1}^{n} k(k+1)(k+2)\cdots(k+m) = \frac{n(n+1)(n+2)\cdots(n+m+1)}{m+2}$$

例題 124

$\displaystyle\sum_{k=1}^{n} \frac{1}{k(k+1)}$ を計算せよ。

解答
$$\sum_{k=1}^{n} \frac{1}{k(k+1)} = \sum_{k=1}^{n}\left(\frac{1}{k}-\frac{1}{k+1}\right)$$

$$= 1 - \frac{1}{n+1} = \frac{n}{n+1}$$

$\dfrac{1}{k(k+1)} = \dfrac{1}{k} - \dfrac{1}{k+1}$ のように，分数を，分母を形成する各因数を分母にする分数に分けることを部分分数に分けると言いますが，この場合は，部分分数に分けることがちょうど隣り合う項の差の形に変形することになっていたのです。

$\displaystyle\sum_{k=1}^{n} \dfrac{1}{k(k+1)(k+2)}$ を計算せよ。

$\dfrac{1}{k(k+1)(k+2)}$ は $\dfrac{a}{k}+\dfrac{b}{k+1}+\dfrac{c}{k+2}$ の形に変形できます。この変形を「部分分数に分ける」と呼んだわけですが，部分分数に分けること自体には，シグマの計算をする上での意味はありません。大切なのは隣り合う項の差の形に変形することです。

⇓
解答

$$\sum_{k=1}^{n} \dfrac{1}{k(k+1)(k+2)} = \dfrac{1}{2}\sum_{k=1}^{n}\left\{\dfrac{1}{k(k+1)} - \dfrac{1}{(k+1)(k+2)}\right\}$$

$$= \dfrac{1}{2}\left\{\dfrac{1}{1\cdot2} - \dfrac{1}{(n+1)(n+2)}\right\} \quad ①$$

$$= \dfrac{n(n+3)}{4(n+1)(n+2)}$$

①の通分は省略してもかまいません。

例題 125

$\displaystyle\sum_{k=1}^{n} \dfrac{1}{k(k+2)}$ を計算せよ。

⇓
解答

$$\sum_{k=1}^{n} \dfrac{1}{k(k+2)} = \dfrac{1}{2}\sum_{k=1}^{n}\left\{\dfrac{1}{k} - \dfrac{1}{k+2}\right\} = \dfrac{1}{2}\left\{\dfrac{1}{1} + \dfrac{1}{2} - \dfrac{1}{n+1} - \dfrac{1}{n+2}\right\}$$

$$= \dfrac{n(3n+5)}{4(n+1)(n+2)}$$

$\dfrac{1}{k} - \dfrac{1}{k+2}$ は 1 つ飛んだ「隣り合う項の差の形」ですから，最初の 2 つと最後の 2 つが残ります。

演習 125

$\displaystyle\sum_{k=1}^{n} \dfrac{k+1}{k^2(k+2)^2}$ を計算せよ（通分は不要）。

分母を形成する因数が k^2 と $(k+2)^2$ ですから，$\dfrac{1}{k^2} - \dfrac{1}{(k+2)^2}$ と変形されるのではないかと期待されます。もしそれでできなければ分子を調整する必要がありますが，$\dfrac{1}{k^2} - \dfrac{1}{(k+2)^2}$ を通分してみると元の式の 4 倍になっているので，これでいけることがわかります。

⇓
解答

$$\sum_{k=1}^{n} \dfrac{k+1}{k^2(k+2)^2} = \dfrac{1}{4}\sum_{k=1}^{n}\left\{\dfrac{1}{k^2} - \dfrac{1}{(k+2)^2}\right\}$$

$$= \frac{1}{4} \left\{ \frac{1}{1^2} + \frac{1}{2^2} - \frac{1}{(n+1)^2} - \frac{1}{(n+2)^2} \right\}$$

$$= \frac{1}{4} \left\{ \frac{5}{4} - \frac{1}{(n+1)^2} - \frac{1}{(n+2)^2} \right\}$$

　ここまで演習してくると，知らない数列のシグマ計算をしなければならないときは，とりあえず隣り合う項の差の形を目指すのだということがわかったと思います。もう少し続けます。

例題 126

$\displaystyle\sum_{k=1}^{n} k \cdot k!$ を計算せよ。

解答　　$\displaystyle\sum_{k=1}^{n} k \cdot k! = \sum_{k=1}^{n} \{(k+1)! - k!\}$

$$= (n+1)! - 1$$

　$k \cdot k!$ を $(k+1)! - k!$ と変形することを知っている人はいないでしょう。しかし，「隣り合う項の差の形を目指す」ということを知っているので，$k \cdot k! = (k+1)! - k!$ の変形を見つけられるのです。

演習 126

$\displaystyle\sum_{k=1}^{n} \frac{1}{\sqrt{2k-1} + \sqrt{2k+1}}$ を計算せよ。

$$\frac{1}{\sqrt{2k-1} + \sqrt{2k+1}} = \frac{\sqrt{2k+1} - \sqrt{2k-1}}{(\sqrt{2k+1} + \sqrt{2k-1})(\sqrt{2k+1} - \sqrt{2k-1})}$$

$$= \frac{1}{2}(\sqrt{2k+1} - \sqrt{2k-1})$$

と変形して，隣り合う項の差の形を作ります。

解答　　$\displaystyle\sum_{k=1}^{n} \frac{1}{\sqrt{2k-1} + \sqrt{2k+1}} = \frac{1}{2} \sum_{k=1}^{n} (\sqrt{2k+1} - \sqrt{2k-1})$

$$= \frac{1}{2}(\sqrt{2n+1} - 1)$$

　$\sqrt{2k+1} - \sqrt{2k-1}$ を見て1つ飛んでいると勘違いした人はいませんか。確かに $2k+1$ と $2k-1$ の差は2ですが，大切なのは k が連続しているのか，1つ飛んでいるのかということです。つまり $\sqrt{2k-1}$ の k の代わりに $k+1$ を代入したとき $\sqrt{2(k+1)-1} = \sqrt{2k+1}$ となるので，$\sqrt{2k+1} - \sqrt{2k-1}$ は隣り合う項の差だということです。実際にシグマを展開してみると

$$\sum_{k=1}^{n}(\sqrt{2k+1}-\sqrt{2k-1})=\boxed{\begin{array}{l}\sqrt{3}+\sqrt{5}+\sqrt{7}+\cdots \qquad +\sqrt{2n+1}\\ -\sqrt{1}-\sqrt{3}-\sqrt{5}-\cdots-\sqrt{2n-1}\end{array}}$$

$$=\sqrt{2n+1}-1$$

のようになります。

例題 127

$\displaystyle\sum_{k=1}^{n}kr^{k}$ $(r\neq1)$ を計算せよ。

---

r^{k} に k がかかっていなければ等比数列ですが，kr^{k} は等比数列ではありません。また，これを $\displaystyle\sum_{k=1}^{n}k\sum_{k=1}^{n}r^{k}$ と変形する人がときどきいますが，それは誤りです。実際

$$\begin{cases}\displaystyle\sum_{k=1}^{n}kr^{k}=r+2r^{2}+3r^{3}+\cdots+nr^{n}\\[2mm]\displaystyle\sum_{k=1}^{n}k\sum_{k=1}^{n}r^{k}=(1+2+3+\cdots+n)(r+r^{2}+r^{3}+\cdots+r^{n})\end{cases}$$

ですから，両者がまるで違うことがわかります。次のようにします。

⇓
解答

$$\sum_{k=1}^{n}kr^{k}=\frac{1}{r-1}\sum_{k=1}^{n}k(r^{k+1}-r^{k})=\frac{1}{r-1}\sum_{k=1}^{n}\{(k+1)r^{k+1}-kr^{k}-r^{k+1}\}$$

$$=\frac{1}{r-1}\left\{(n+1)r^{n+1}-r-\frac{r^{2}(r^{n}-1)}{r-1}\right\}$$

$$=\frac{nr^{n+2}-(n+1)r^{n+1}+r}{(r-1)^{2}}$$

等比数列を隣り合う項の差の形に変形したときと同じように $\dfrac{r-1}{r-1}$ をかけます。

しかし，$k(r^{k+1}-r^{k})=kr^{k+1}-kr^{k}$ では隣り合う項の差の形にはなっていません。そこで kr^{k+1} を $(k+1)r^{k+1}$ とする代わりに余分の r^{k+1} を引いておきます。すると

$$k(r^{k+1}-r^{k})=kr^{k+1}-kr^{k}=\underbrace{(k+1)r^{k+1}-kr^{k}}_{①}-\underbrace{r^{k+1}}_{②}$$

となり，①の部分は隣り合う項の差の形で，②は等比数列なのでシグマ計算をすることができます。それから

$$\sum_{k=1}^{n}r^{k+1}=\frac{1}{r-1}\sum_{k=1}^{n}(r^{k+2}-r^{k+1})=\frac{1}{r-1}(r^{n+2}-r^{2})=\frac{r^{2}(r^{n}-1)}{r-1}$$

ですが，等比数列の和の公式を次のように覚えておくと応用が効きます。

$r\neq1$ のとき　$\displaystyle\sum_{k=1}^{n}ar^{k-1}=\dfrac{a(r^{n}-1)}{r-1}$

（初項・項数・公比）

これを用いると

$$\sum_{k=1}^{n} r^{k+1} = \frac{\boxed{r^2}(r^{\boxed{n}}-1)}{r-1}$$

項数

$k=1$ のときが初項なので初項は r^2

のようにいきなり結論に至ることができます。

演習 127

$\sum\limits_{k=1}^{n} \dfrac{2k-1}{3^k}$ を計算せよ。

$\dfrac{2k-1}{3^k} = (2k-1)\left(\dfrac{1}{3}\right)^k$ ですから $\dfrac{1-\dfrac{1}{3}}{1-\dfrac{1}{3}}$ をかけます。

$\Downarrow$
解答

$$\sum_{k=1}^{n} \frac{2k-1}{3^k} = \frac{3}{2} \sum_{k=1}^{n} \left\{ (2k-1)\left(\frac{1}{3^k} - \frac{1}{3^{k+1}}\right) \right\}$$

$$= \frac{3}{2} \sum_{k=1}^{n} \left\{ \frac{2k-1}{3^k} - \frac{2k+1}{3^{k+1}} + \frac{2}{3^{k+1}} \right\}$$

$$= \frac{3}{2} \left\{ \frac{1}{3} - \frac{2n+1}{3^{n+1}} + \frac{\frac{2}{9}\left(1-\frac{1}{3^n}\right)}{1-\frac{1}{3}} \right\} = 1 - \frac{n+1}{3^n}$$

---

5 数列の和が与えられたときの一般項

数列の和を計算することを学んできましたが，逆に数列の和が与えられたときに一般項がどのように表されるのかを考えてみます。

$$S_n = a_1 + a_2 + \cdots + a_n$$

ですから

> ・$a_1 = S_1$
> ・$n \geqq 2$ のとき　$a_n = S_n - S_{n-1}$

となります。初項は初項までの和と等しいので $a_1 = S_1$ は当然ですが，$n \geqq 2$ のときは

$$\begin{cases} S_n = a_1 + a_2 + \cdots + a_{n-1} + a_n \\ S_{n-1} = a_1 + a_2 + \cdots + a_{n-1} \end{cases}$$

の辺々を引いて $a_n = S_n - S_{n-1}$ と表されます。注意しなければならないのは，$n=1$ のときと $n \geqq 2$ のときで表現が異なることです。もし $a_n = S_n - S_{n-1}$ $(n \geqq 2)$ の式で $n=1$ とすると $a_1 = S_1 - S_0$ となり，定義されていない S_0 が出てきてまずいことになるからです。このような事情で

> **和で数列が定義されているときは，初項が $n \geqq 2$ の規則性から**
> **はずれる可能性がある。**

ということに気をつけておきましょう。

例題 128

$S_n = \sum_{k=1}^{n} a_k$ とする。$S_n = 3^n$ のとき，a_n を求めよ。

解答　・$a_1 = S_1 = 3$

　　　・$n \geqq 2$ のとき　　$a_n = S_n - S_{n-1} = 3^n - 3^{n-1} = 2 \cdot 3^{n-1}$

以上より　　$a_n = \begin{cases} 3 & (n=1 \text{ のとき}) \\ 2 \cdot 3^{n-1} & (n \geqq 2 \text{ のとき}) \end{cases}$

演習 128

$\sum_{k=1}^{n} a_k = (n+1)^2$ のとき，$\sum_{k=1}^{n} \dfrac{1}{a_k a_{k+1}}$ を計算せよ。

解答　まず，$n=1$ として　　$a_1 = 4$

また，$n \geqq 2$ のとき $\begin{cases} \sum_{k=1}^{n} a_k = (n+1)^2 \\ \sum_{k=1}^{n-1} a_k = n^2 \end{cases}$ の辺々を引いて

$a_n = (n+1)^2 - n^2 = 2n+1$

よって，$n \geqq 2$ のとき

$$\sum_{k=1}^{n} \frac{1}{a_k a_{k+1}} = \frac{1}{a_1 a_2} + \sum_{k=2}^{n} \frac{1}{(2k+1)(2k+3)}$$

$$= \frac{1}{4 \cdot 5} + \frac{1}{2} \sum_{k=2}^{n} \left(\frac{1}{2k+1} - \frac{1}{2k+3} \right)$$

$$= \frac{1}{20} + \frac{1}{2} \left(\frac{1}{5} - \frac{1}{2n+3} \right)$$

これは $n=1$ のときも表す。

$\therefore \quad \sum_{k=1}^{n} \dfrac{1}{a_k a_{k+1}} = \dfrac{3}{20} - \dfrac{1}{2(2n+3)}$

6 群数列

　数列を何項かずつのグループ（群と呼ぶ）に分けて考えるような数列を**群数列**と言います。このとき，第1番目のグループを第1群，第2番目のグループを第2群，…のように呼びます。たとえば，第 n 群には n 個の整数が含まれ，第 n 群の k 番目（$k=1, 2, \cdots, n$）は k であるような群数列は次のようになります。

n	1	2	3	4	5	6	7	8	9	10	11	12	13	14	15	16	…
a_n	1	1	2	1	2	3	1	2	3	4	1	2	3	4	5	1	…

　これを見ると $a_{12}=2$ になっていますが，なぜ $a_{12}=2$ なのでしょうか。「a_{12} は最初から数えて12番目だから2だ」という説明では，すぐには納得することができません。そうではなく，「第4群が終わるまでに $1+2+3+4=10$ の項が出てきており，$12>10$ だから a_{12} は第5群以降に出てくる。さらに $12-10=2$ であるから a_{12} は第5群の2番目である。よって $a_{12}=2$ である」と説明されて初めて納得することができるのです。

例題 129

　第 n 群には n 個の整数が含まれ，第 n 群の k 番目（$k=1, 2, \cdots, n$）は k であるような群数列で a_{100} を求めよ。

解答　a_{100} が第 n 群に属するとすると

$$\sum_{k=1}^{n-1} k < 100 \quad \therefore \quad \frac{(n-1)n}{2} < 100 \quad \cdots\cdots (*)$$

ここで，$\begin{cases} \dfrac{13 \cdot 14}{2} = 91 < 100 \\ \dfrac{14 \cdot 15}{2} = 105 > 100 \end{cases}$ であるから，$(*)$ を満たす最大の n は14である。

よって，a_{100} は第14群に属している。

また，$100-91=9$ より，a_{100} は第14群の9番目であるので　　$a_{100}=9$

　a_{12} がどうして2であるのかを考えた内容を応用しています。つまり，$(*)$ の式は第 $n-1$ 群の最後までに出てくる項数の和より100が大きいという条件になっています。

第 n 群の k 番目（$1 \leqq k \leqq 2^{n-1}$）が $\dfrac{2k-1}{2^n}$ である群数列において第 1000 項を求めよ。また，$\dfrac{77}{256}$ は第何項か。

解答 第 n 群は 2^{n-1} 項でできている。したがって，第 1000 項が第 n 群に属するとすると

$$\sum_{k=1}^{n-1} 2^{k-1} < 1000 \qquad \frac{2^{n-1}-1}{2-1} < 1000$$

$$\therefore \quad 2^{n-1} < 1001 \quad \cdots\cdots(*)$$

が成り立つ。

ここで，$\begin{cases} 2^9 = 512 < 1001 \\ 2^{10} = 1024 > 1001 \end{cases}$ であるから，$(*)$ を満たす最大の n は 10 であり，

$1001 - 512 = 489$ より第 1000 項は第 10 群の 489 番目である。

よって，第 1000 項は $\dfrac{2 \cdot 489 - 1}{2^{10}} = \dfrac{\mathbf{977}}{\mathbf{1024}}$

また，$\dfrac{77}{256} = \dfrac{2 \cdot 39 - 1}{2^8}$ より，$\dfrac{77}{256}$ は第 8 群の 39 番目である。よって

$$\sum_{k=1}^{7} 2^{k-1} + 39 = \frac{2^7 - 1}{2-1} + 39 = 166$$

より，$\dfrac{77}{256}$ は**第 166 項**である。

7 漸化式

　等差数列を表すときに $a_{n+1} = a_n + d$ という表現を用いました。これは a_1 を決めると a_2 が決まり，a_2 が決まるとそれにより a_3 が決まり，…のように数列の各項が決まっていく式になっています。このような式を漸化式と呼びます。また，漸化式が与えられたとき，それにより一般項を求めることを漸化式を解くと言います。

　すべての基本は等差数列と等比数列なので，もう一度これを確認しておきます。

$$a_{n+1} = a_n + d \iff a_n = a_1 + (n-1)d$$
$$a_{n+1} = r a_n \iff a_n = a_1 r^{n-1}$$

　次は，これがどのように応用されていくかを見ていきます。

1 特殊解による解法

例題 130

$$\begin{cases} a_1 = 1 \\ a_{n+1} = 3a_n + 2 \end{cases} \text{ を解け。}$$

$a_{n+1} = 3a_n$ であれば等比数列です。つまり「＋2」がじゃまです。このじゃま者を a_n と a_{n+1} に平等に分配して $a_{n+1} - \alpha = 3(a_n - \alpha)$ の形に変形することができれば，$a_n - \alpha$ を 1 つのかたまりと考えて，等比数列になります。この形に変形するために，$a_{n+1} = 3a_n + 2$ と $a_{n+1} - \alpha = 3(a_n - \alpha)$ の辺々を引くと $\alpha = 3\alpha + 2$ すなわち $\alpha = -1$ となるので，$a_{n+1} + 1 = 3(a_n + 1)$ のように等比数列の形に変形できます。

ここで，$\alpha = 3\alpha + 2$ は，はじめの漸化式 $a_{n+1} = 3a_n + 2$ の a_n の代わりに α を代入した式になっているので，$\alpha = -1$ を $a_{n+1} = 3a_n + 2$ の**特殊解**と言います。つまり，$c_n : -1, \ -1, \ \cdots$ という数列を考えると，この c_n は $c_{n+1} = 3c_n + 2$ という漸化式を満たすということです。

⇓

解答　　　$\alpha = 3\alpha + 2$　　∴　$\alpha = -1$

よって，$a_{n+1} + 1 = 3(a_n + 1)$ と変形できる。

$$a_n + 1 = (a_1 + 1)3^{n-1} = 2 \cdot 3^{n-1}$$

∴　$\boldsymbol{a_n = 2 \cdot 3^{n-1} - 1}$

演習 130

$$\begin{cases} a_1 = 1 \\ a_{n+1} = -3a_n + 8 \end{cases} \text{ を解け。}$$

解答　　　$\alpha = -3\alpha + 8$　　∴　$\alpha = 2$

よって，$a_{n+1} - 2 = -3(a_n - 2)$ と変形できる。

$$a_n - 2 = (a_1 - 2)(-3)^{n-1} = -(-3)^{n-1}$$

∴　$\boldsymbol{a_n = 2 - (-3)^{n-1}}$

例題 131

$$\begin{cases} a_1 = 1 \\ a_{n+1} = 3a_n + 2^n \end{cases} \text{ を解け。}$$

今度は 2^n がじゃまです。これを a_n と a_{n+1} に平等に分配して

$$a_{n+1} - \alpha \cdot 2^{n+1} = 3(a_n - \alpha \cdot 2^n) \quad \cdots\cdots (*)$$

の形に変形すれば，$a_n - \alpha \cdot 2^n$ を 1 つのかたまりと考えて，等比数列になります。注意

することは，2^n を分配するので $\alpha \cdot 2^n$ の形になるということと，左辺が $a_n - \alpha \cdot 2^n$ の次の項になっていなければならない，つまり，$a_n - \alpha \cdot 2^n$ の n の代わりに $n+1$ を代入した式になっていなければならないので，$a_{n+1} - \alpha \cdot 2^{n+1}$ になるということです。はじめの漸化式と $(*)$ の辺々を引くと

$$\alpha \cdot 2^{n+1} = 3\alpha \cdot 2^n + 2^n \qquad 2\alpha = 3\alpha + 1 \qquad \therefore \quad \alpha = -1$$

よって，$a_{n+1} + 2^{n+1} = 3(a_n + 2^n)$ のように等比数列の形に変形できました。

ここで，$\alpha \cdot 2^{n+1} = 3\alpha \cdot 2^n + 2^n$ は，はじめの漸化式 $a_{n+1} = 3a_n + 2^n$ の a_n の代わりに $\alpha \cdot 2^n$ を代入した式になっているので（a_{n+1} の代わりには $\alpha \cdot 2^{n+1}$ を代入しています），$c_n = -2^n$ を $a_{n+1} = 3a_n + 2^n$ の特殊解と言います。つまり，$c_n : -2, \ -2^2, \ -2^3, \ \cdots$ は $a_{n+1} = 3a_n + 2^n$ と同じ形の $c_{n+1} = 3c_n + 2^n$ という漸化式を満たすということです。

解答 　　　$\alpha \cdot 2^{n+1} = 3\alpha \cdot 2^n + 2^n \qquad 2\alpha = 3\alpha + 1 \qquad \therefore \quad \alpha = -1$

よって，$a_{n+1} + 2^{n+1} = 3(a_n + 2^n)$ と変形できる。

$$a_n + 2^n = (a_1 + 2)3^{n-1} = 3^n$$

$$\therefore \quad \boldsymbol{a_n = 3^n - 2^n}$$

演習 131

$$\begin{cases} a_1 = 1 \\ a_{n+1} = -3a_n + (-2)^n \end{cases} \text{を解け。}$$

解答 　　　$\alpha(-2)^{n+1} = -3\alpha(-2)^n + (-2)^n$

$$-2\alpha = -3\alpha + 1 \qquad \therefore \quad \alpha = 1$$

よって，$a_{n+1} - (-2)^{n+1} = -3\{a_n - (-2)^n\}$ と変形できる。

$$a_n - (-2)^n = \{a_1 - (-2)\}(-3)^{n-1} = -(-3)^n$$

$$\therefore \quad \boldsymbol{a_n = (-2)^n - (-3)^n}$$

ここで，$a_{n+1} = ra_n + b_n$ 型の漸化式の解き方の基本を整理しておきます。

$a_{n+1} = ra_n + b_n$ 型の漸化式の解き方

$a_{n+1} = ra_n + b_n$ ……①

・$c_{n+1} = rc_n + b_n$ ……② を満たす c_n を見つける。

（c_n は①の特殊解と呼ばれ，b_n と似た形で見つかることが多い）

・①−② より 　　$a_{n+1} - c_{n+1} = r(a_n - c_n)$

と変形すれば，$a_n - c_n$ は公比が r の等比数列になっている。これより

$$a_n - c_n = (a_1 - c_1)r^{n-1} \qquad \therefore \quad \boldsymbol{a_n = c_n + (a_1 - c_1)r^{n-1}}$$

のように解くことができる。

第8章

例題 132

$$\begin{cases} a_1=1 \\ a_{n+1}=3a_n+4n \end{cases}$$ を解け。

$4n$ がじゃまです。これを a_n と a_{n+1} に平等に分配したものが特殊解 c_n ですから，c_n は $4n$ と同じ形，つまり，n の 1 次式の形であるはずです。

解答

$\alpha(n+1)+\beta=3(\alpha n+\beta)+4n$

$\alpha n+\alpha+\beta=(3\alpha+4)n+3\beta$

係数比較をして

$$\begin{cases} \alpha=3\alpha+4 \\ \alpha+\beta=3\beta \end{cases} \quad \therefore \quad \begin{cases} \alpha=-2 \\ \beta=-1 \end{cases}$$

よって，$a_{n+1}+2(n+1)+1=3(a_n+2n+1)$ と変形できる。

$a_n+2n+1=(a_1+2+1)3^{n-1}=4\cdot 3^{n-1}$

$\therefore \quad \boldsymbol{a_n=4\cdot 3^{n-1}-2n-1}$

演習 132

$$\begin{cases} a_1=1 \\ a_{n+1}=2a_n+n+1 \end{cases}$$ を解け。

解答

$\alpha(n+1)+\beta=2(\alpha n+\beta)+n+1$

$\alpha n+\alpha+\beta=(2\alpha+1)n+2\beta+1$

係数比較をして

$$\begin{cases} \alpha=2\alpha+1 \\ \alpha+\beta=2\beta+1 \end{cases} \quad \therefore \quad \begin{cases} \alpha=-1 \\ \beta=-2 \end{cases}$$

よって，$a_{n+1}+(n+1)+2=2(a_n+n+2)$ と変形できる。

$a_n+n+2=(a_1+1+2)2^{n-1}=2^{n+1}$

$\therefore \quad \boldsymbol{a_n=2^{n+1}-n-2}$

② ・ 特殊解が見つからない場合

次は特殊解が見つからない例外パターンです。

例題 133

$$\begin{cases} a_1=1 \\ a_{n+1}=3a_n+3^n \end{cases}$$ を解け。

$a_{n+1}=3a_n+3^n$ を見ると 3^n がじゃまで，これを a_n と a_{n+1} に分配して $a_{n+1}-\alpha\cdot3^{n+1}$ $=3(a_n-\alpha\cdot3^n)$ の形に変形できそうに見えます。しかし実際にやってみると

$$\alpha\cdot3^{n+1}=3\alpha\cdot3^n+3^n \qquad \therefore \quad 3\alpha=3\alpha+1$$

となり，これを満たす α は存在しません。

このように，じゃまなところが指数の形で，その底が，等比数列の形に変形できた場合の公比とそろっているときは，特殊解を見つけることができず，その場合は別の方法を用いることになります。実は $a_{n+1}=3a_n+3^n$ の両辺を 3^{n+1} で割ると，等差数列の形になるのです。

⇓

解答　$a_{n+1}=3a_n+3^n$ より　　　$\dfrac{a_{n+1}}{3^{n+1}}=\dfrac{a_n}{3^n}+\dfrac{1}{3}$

$$\dfrac{a_n}{3^n}=\dfrac{a_1}{3}+\dfrac{n-1}{3}=\dfrac{n}{3}$$

$$\therefore \quad \boldsymbol{a_n=n\cdot3^{n-1}}$$

$\dfrac{a_{n+1}}{3^{n+1}}=\dfrac{a_n}{3^n}+\dfrac{1}{3}$ において，$\dfrac{a_n}{3^n}$ を1つのかたまりと見ると，これは等差数列になっています。

演習 133

$\begin{cases} a_1=1 \\ a_{n+1}=-3a_n+(-3)^{n+1} \end{cases}$ を解け。

解答　$a_{n+1}=-3a_n+(-3)^{n+1}$ より　　　$\dfrac{a_{n+1}}{(-3)^{n+1}}=\dfrac{a_n}{(-3)^n}+1$

$$\dfrac{a_n}{(-3)^n}=\dfrac{a_1}{-3}+n-1=n-\dfrac{4}{3}$$

$$\therefore \quad \boldsymbol{a_n=\left(n-\dfrac{4}{3}\right)(-3)^n}$$

---

③ $a_{n+1}=a_n+b_n$ 型

もう1つ，特殊解を用いる方法以外のやり方を採用した方がよいと思われる例を挙げておきましょう。

例題 134

$\begin{cases} a_1=1 \\ a_{n+1}=a_n+2^n \end{cases}$ を解け。

$\Downarrow$

解答 $\qquad \alpha \cdot 2^{n+1}=\alpha \cdot 2^n+2^n \qquad 2\alpha=\alpha+1 \qquad \therefore \quad \alpha=1$

よって，$a_{n+1}-2^{n+1}=a_n-2^n$ と変形できる。

$\qquad a_n-2^n=a_1-2=-1 \qquad \therefore \quad \boldsymbol{a_n=2^n-1}$

このように特殊解を用いて解くこともできますが，a_n と a_{n+1} の係数が同じなので，a_n を移項すると，左辺は隣り合う項の差の形になっています。

$\Downarrow$

別解 $\quad a_{n+1}=a_n+2^n$ より $\qquad a_{n+1}-a_n=2^n$

$\qquad \therefore \quad \sum_{k=1}^{n-1}(a_{k+1}-a_k)=\sum_{k=1}^{n-1}2^k \quad (n\geqq 2)$

すなわち $\qquad a_n-a_1=\dfrac{2(2^{n-1}-1)}{2-1}=2^n-2$

これは $n=1$ のときも表す。

$\qquad \therefore \quad \boldsymbol{a_n=2^n-1}$

いくつか注意事項があります。$\sum_{k=}(a_{k+1}-a_k)=\sum_{k=}2^k$ のところまで書いて，シグマの k の範囲を決めなければならないのですが，$\sum_{k=p}^{q}(a_{k+1}-a_k)=a_{q+1}-a_p=a_n-a_1$ となればよいので $p=1$，$q=n-1$ です。また，$\sum_{k=p}^{q}$ では $p\leqq q$ でなければならないので，$\sum_{k=1}^{n-1}(a_{k+1}-a_k)$ においては $n-1\geqq 1$ すなわち $n\geqq 2$ です。この方法は特殊解を見つけるのが面倒なときに特に有効だと理解しておいてください。

演習 134

$\begin{cases} a_1=1 \\ a_{n+1}=a_n+n^3 \end{cases}$ を解け。

$\Downarrow$

解答 $\quad a_{n+1}=a_n+n^3$ より $\qquad a_{n+1}-a_n=n^3$

$\qquad \therefore \quad \sum_{k=1}^{n-1}(a_{k+1}-a_k)=\sum_{k=1}^{n-1}k^3 \quad (n\geqq 2)$

すなわち $\qquad a_n-a_1=\dfrac{n^2(n-1)^2}{4}$

これは $n=1$ のときも表す。

$\qquad \therefore \quad \boldsymbol{a_n=1+\dfrac{n^2(n-1)^2}{4}}$

一般には

$$a_{n+1}=a_n+b_n \iff a_n=a_1+\sum_{k=1}^{n-1}b_k \quad (n\geqq 2)$$

ですが，これを公式として覚えるのは少し危険です。たとえば

$$\begin{cases} a_1 = 1 \\ a_n = a_{n-1} + n^2 \quad (n \geqq 2) \end{cases} \text{を解け。}$$

という問題に対して公式を適用したつもりで

$$a_n = a_1 + \sum_{k=1}^{n-1} k^2 \quad (n \geqq 2)$$
$$= \cdots$$

のような誤答が続出します。$a_{n+1} = a_n + b_n$ すなわち $a_{n+1} - a_n = b_n$ において，$\{b_n\}$ を $\{a_n\}$ の**階差数列**と言いますが，b_n の添字は $a_{n+1} - a_n$ の a_n の添字と一致します。したがって，$a_n = a_{n-1} + n^2$ であれば，$\{a_n\}$ の階差数列は $b_n = (n+1)^2$ で表されることになり

$$a_n = a_1 + \sum_{k=1}^{n-1} (k+1)^2 \quad (n \geqq 2)$$

としなければなりません。非常に間違いやすいところなので，次のように解くことをおすすめします。

$a_n = a_{n-1} + n^2$ より　　$a_n - a_{n-1} = n^2$

$\therefore \quad \displaystyle\sum_{k=2}^{n} (a_k - a_{k-1}) = \sum_{k=2}^{n} k^2 \quad (n \geqq 2)$

すなわち　　$a_n - a_1 = \displaystyle\sum_{k=1}^{n} k^2 - 1$

これは $n = 1$ のときも表す。

$\therefore \quad a_n = \displaystyle\sum_{k=1}^{n} k^2 = \frac{n(n+1)(2n+1)}{6}$

教科書では，漸化式が $a_{n+1} = f(a_n)$ の形で表されますが，実際の入試では $a_n = f(a_{n-1})$ の形になっていることも多く，対応を誤ることがないように原理をしっかりと理解しておくことが大切です。

また，*p.268* に書いたように数列が

$a_n : a_0,\ a_1,\ a_2,\ \cdots$

のように表されて出題されることも少なくありません。このような細かい違いにも戸惑うことのないようにしておいてください。

4 ・ 隣接 3 項間漸化式

それでは今度は隣接 3 項間漸化式を学ぶことにしましょう。$a_{n+2} + p a_{n+1} + q a_n = 0$ の形の漸化式です。3 つの関係はとらえにくいので a_{n+1} を分割し

$$a_{n+2} - \alpha a_{n+1} = \beta(a_{n+1} - \alpha a_n)$$

の形を目指します。このように変形できたとすれば，$a_{n+1} - \alpha a_n$ を 1 つのかたまりと

考えて，それは等比数列になっています。元の式と比較するために

$$a_{n+2}-\alpha a_{n+1}=\beta(a_{n+1}-\alpha a_n) \qquad \therefore \quad a_{n+2}-(\alpha+\beta)a_{n+1}+\alpha\beta a_n=0$$

のように整理すると

$$\begin{cases} \alpha+\beta=-p \\ \alpha\beta=q \end{cases}$$

となっているので，解と係数の関係の逆により，α，β は $x^2+px+q=0$ の解です。

結局この2次方程式を解いて α，β を求めれば，等比数列の形に変形できるということです。ところで，元の漸化式とこの2次方程式を並べて書いてみると

$$a_{n+2}+pa_{n+1}+qa_n=0$$
$$x^2+px+q=0$$

となりますが，似たような形になっているのが興味深いところです。

例題 135

$$\begin{cases} a_1=0, \ a_2=1 \\ a_{n+2}-8a_{n+1}+15a_n=0 \end{cases} \text{を解け。}$$

解答　　　$x^2-8x+15=0 \qquad (x-3)(x-5)=0 \qquad \therefore \quad x=3,\ 5$

よって，$a_{n+2}-8a_{n+1}+15a_n=0$ は

$$\begin{cases} a_{n+2}-3a_{n+1}=5(a_{n+1}-3a_n) \\ a_{n+2}-5a_{n+1}=3(a_{n+1}-5a_n) \end{cases}$$

と変形できる。したがって

$$\begin{cases} a_{n+1}-3a_n=(a_2-3a_1)5^{n-1}=5^{n-1} \\ a_{n+1}-5a_n=(a_2-5a_1)3^{n-1}=3^{n-1} \end{cases}$$

辺々引いて　　$\boldsymbol{a_n=\dfrac{5^{n-1}-3^{n-1}}{2}}$

α，β が 3 と 5 となりましたが，$(\alpha,\ \beta)=(3,\ 5)$，$(5,\ 3)$ のどちらでもよいので等比数列の形には2通りに変形することができます。上の解答ではこの2通りを両方用いて漸化式を解きましたが，どちらか一方のみを用いて解くこともできます。

別解　　$a_{n+2}-8a_{n+1}+15a_n=0$ は $a_{n+2}-3a_{n+1}=5(a_{n+1}-3a_n)$ と変形できるので

$$a_{n+1}-3a_n=(a_2-3a_1)5^{n-1}=5^{n-1}$$

$$\alpha\cdot5^n-3\alpha\cdot5^{n-1}=5^{n-1} \qquad 5\alpha-3\alpha=1 \qquad \therefore \quad \alpha=\frac{1}{2}$$

したがって　　$a_{n+1}-\dfrac{5^n}{2}=3\left(a_n-\dfrac{5^{n-1}}{2}\right)$

$$a_n-\frac{5^{n-1}}{2}=\left(a_1-\frac{1}{2}\right)3^{n-1}=-\frac{3^{n-1}}{2} \qquad \therefore \quad \boldsymbol{a_n=\frac{5^{n-1}-3^{n-1}}{2}}$$

$p.283$ の**例題 131** と $p.284$ の**演習 131** と同じパターンになることを確認しておいてください。

演習 135

$$\begin{cases} a_1=0, \quad a_2=1 \\ a_{n+2}-a_{n+1}-6a_n=0 \end{cases} \text{を解け。}$$

解答　　$x^2-x-6=0$　　$(x-3)(x+2)=0$　　$\therefore\quad x=3,\ -2$

よって，$a_{n+2}-a_{n+1}-6a_n=0$ は

$$\begin{cases} a_{n+2}-3a_{n+1}=-2(a_{n+1}-3a_n) \\ a_{n+2}+2a_{n+1}=3(a_{n+1}+2a_n) \end{cases}$$

と変形できる。したがって

$$\begin{cases} a_{n+1}-3a_n=(a_2-3a_1)(-2)^{n-1}=(-2)^{n-1} \\ a_{n+1}+2a_n=(a_2+2a_1)3^{n-1}=3^{n-1} \end{cases}$$

辺々引いて　　$a_n=\dfrac{3^{n-1}-(-2)^{n-1}}{5}$

$\alpha,\ \beta$ を求めるための 2 次方程式が重解をもつ場合も考えておきましょう。

例題 136

$$\begin{cases} a_1=0, \quad a_2=1 \\ a_{n+2}-10a_{n+1}+25a_n=0 \end{cases} \text{を解け。}$$

解答　　$x^2-10x+25=0$　　$(x-5)^2=0$　　$\therefore\quad x=5$

よって，$a_{n+2}-10a_{n+1}+25a_n=0$ は

$$a_{n+2}-5a_{n+1}=5(a_{n+1}-5a_n)$$

と変形できる。したがって

$$a_{n+1}-5a_n=(a_2-5a_1)5^{n-1}=5^{n-1}$$

$$\dfrac{a_{n+1}}{5^{n+1}}-\dfrac{a_n}{5^n}=\dfrac{1}{25}$$

$$\dfrac{a_n}{5^n}=\dfrac{a_1}{5}+\dfrac{n-1}{25}=\dfrac{n-1}{25}$$

$\therefore\quad a_n=(n-1)5^{n-2}$

$p.285$ の**例題 133** と $p.286$ の**演習 133** のパターンになることに注意しておいてください。

演習 136

$$\begin{cases} a_1=0, \ a_2=1 \\ a_{n+2}+4a_{n+1}+4a_n=0 \end{cases} \text{を解け。}$$

解答 $x^2+4x+4=0$ $(x+2)^2=0$ $\therefore$ $x=-2$

よって，$a_{n+2}+4a_{n+1}+4a_n=0$ は $a_{n+2}+2a_{n+1}=-2(a_{n+1}+2a_n)$ と変形できるので

$$a_{n+1}+2a_n=(a_2+2a_1)(-2)^{n-1}=(-2)^{n-1}$$

$$\frac{a_{n+1}}{(-2)^{n+1}}-\frac{a_n}{(-2)^n}=\frac{1}{4}$$

$$\frac{a_n}{(-2)^n}=\frac{a_1}{-2}+\frac{n-1}{4}=\frac{n-1}{4}$$

$$\therefore \quad \boldsymbol{a_n=(n-1)(-2)^{n-2}}$$

5 ・ その他の漸化式

例題 137

$$\begin{cases} a_1=1 \\ na_{n+1}=2(n+2)a_n \end{cases} \text{を解け。}$$

解答 $na_{n+1}=2(n+2)a_n$ を $a_{n+1}=\dfrac{2(n+2)}{n}a_n$ と変形して，この漸化式を繰り返し用いると

$$a_{n+1}=\frac{2(n+2)}{n}a_n=\frac{2(n+2)}{n}\cdot\frac{2(n+1)}{n-1}a_{n-1}=\cdots$$

$$=\frac{2(n+2)}{n}\cdot\frac{2(n+1)}{n-1}\cdot\frac{2n}{n-2}\cdots\frac{2\cdot3}{1}a_1$$

$$=\frac{2^n(n+2)(n+1)}{2\cdot1}\cdot1=2^{n-1}(n+2)(n+1)$$

$\therefore$ $a_n=2^{n-2}(n+1)n$ $(n\geqq2)$

これは $n=1$ のときも表す。

$\therefore$ $\boldsymbol{a_n=2^{n-2}n(n+1)}$

のように解いたり

別解1 漸化式より $a_n>0$

よって，$na_{n+1}=2(n+2)a_n$ の両辺を na_n で割ると

$$\frac{a_{n+1}}{a_n}=\frac{2(n+2)}{n}$$

$$\frac{a_{n+1}}{a_n} \cdot \frac{a_n}{a_{n-1}} \cdots \frac{a_2}{a_1} = \frac{2(n+2)}{n} \cdot \frac{2(n+1)}{n-1} \cdots \frac{2 \cdot 3}{1}$$

$$\therefore \quad \frac{a_{n+1}}{a_1} = \frac{2^n(n+2)(n+1)}{2 \cdot 1} \qquad \text{(以下〔解答〕に同じ)}$$

のように解いたりする方法もあります。しかし，このタイプは，より大きなかたまりに注目して，次のように処理するのがおすすめです。

↓↓

別解2　$na_{n+1} = 2(n+2)a_n$ より

$$\frac{a_{n+1}}{(n+2)(n+1)} = 2 \cdot \frac{a_n}{(n+1)n} \quad \cdots\cdots(*)$$

$$\frac{a_n}{(n+1)n} = \frac{a_1}{2 \cdot 1} \cdot 2^{n-1} = 2^{n-2}$$

$$\therefore \quad \boldsymbol{a_n = 2^{n-2}n(n+1)}$$

$(*)$ の変形では両辺を $n(n+1)(n+2)$ で割っているわけですが，そうすると隣り合う項の関係が出現し，$\dfrac{a_n}{(n+1)n}$ が等比数列であることがわかります。このような変形ははじめは見えにくいですが，必ずすっきりした形になるはずだと思って見れば，次第に見えるようになってきます。

演習 137

$$\begin{cases} a_1 = 1 \\ (n+2)a_{n+1} = na_n + \dfrac{1}{(n+1)^2(n+2)} \end{cases} \text{を解け。}$$

↓

解答　$(n+2)a_{n+1} = na_n + \dfrac{1}{(n+1)^2(n+2)}$ より

$$(n+1)(n+2)a_{n+1} = n(n+1)a_n + \frac{1}{(n+1)(n+2)}$$

$$(n+1)(n+2)a_{n+1} + \frac{1}{n+2} = n(n+1)a_n + \frac{1}{n+1}$$

$$n(n+1)a_n + \frac{1}{n+1} = 1 \cdot 2a_1 + \frac{1}{2} = \frac{5}{2}$$

$$\therefore \quad \boldsymbol{a_n = \frac{1}{n(n+1)}\left(\frac{5}{2} - \frac{1}{n+1}\right) = \frac{5n+3}{2n(n+1)^2}}$$

例題 138

$$\begin{cases} a_1 = 1, \ a_2 = 2 \\ a_{n+2} = 2a_n \end{cases} \text{を解け。}$$

a_n と a_{n+2} の関係が与えられています。隣接 2 項間漸化式ではなく，1 つ飛んだ形になっています。こういう場合は，n を奇偶で場合分けすると隣り合う項の関係になります。

⇓

解答 ・$n = 2k-1$ のとき

$$a_{2k+1} = 2a_{2k-1}$$
$$a_{2k-1} = a_1 \cdot 2^{k-1} = 2^{k-1}$$
$$\therefore \quad a_n = 2^{\frac{n-1}{2}}$$

・$n = 2k$ のとき

$$a_{2k+2} = 2a_{2k}$$
$$a_{2k} = a_2 \cdot 2^{k-1} = 2^k$$
$$\therefore \quad a_n = 2^{\frac{n}{2}}$$

以上より

$$a_n = \begin{cases} 2^{\frac{n-1}{2}} & （\boldsymbol{n} \text{ が奇数のとき}） \\ 2^{\frac{n}{2}} & （\boldsymbol{n} \text{ が偶数のとき}） \end{cases}$$

$a_{2k+1} = 2a_{2k-1}$ のところから $a_{2k-1} = a_1 2^{k-1}$ としていますが，ここは間違いやすいところなので説明しておきます。$2k-1$ と $2k+1$ の差は 2 ですが，そのことが問題ではなく，$2k+1 = 2(k+1)-1$ ですから，$2k-1$ と $2k+1$ は隣り合った奇数であるということが大事なところです。もう 1 つは，$1 = 2 \cdot 1 - 1$ を 1 番目の奇数と見て，$2k-1$ は k 番目の奇数だということです。

$$a_1 = a_{2 \cdot ①-1} \quad a_3 = a_{2 \cdot ②-1} \quad a_5 = a_{2 \cdot ③-1} \quad \cdots\cdots \quad a_{2k-3} = a_{2(⑯-1)-1} \quad a_{2⑯-1}$$
$$\underset{\times 2}{} \quad \underset{\times 2}{} \quad \underset{\times 2}{} \quad \underset{\times 2}{} \quad \underset{\times 2}{}$$

$a_{2k+1} = 2a_{2k-1}$ つまり次の奇数番目が，手前の奇数番目の 2 倍になるということを続けていけば，a_{2k-1} は a_1 から見て 2 を $k-1$ 回かけることになることが確認できます。

演習 138

$\begin{cases} a_1 = 1, \ a_2 = 2, \ a_3 = 3 \\ a_{n+3} = a_n + 2 \end{cases}$ を解け。

解答 ・$n = 3k-2$ のとき

$$a_{3k+1} = a_{3k-2} + 2$$
$$a_{3k-2} = a_1 + 2(k-1) = 2k-1$$
$$\therefore \quad a_n = \frac{2n+1}{3}$$

・$n=3k-1$ のとき

$$a_{3k+2}=a_{3k-1}+2$$

$$a_{3k-1}=a_2+2(k-1)=2k$$

$$\therefore \quad a_n=\frac{2(n+1)}{3}$$

・$n=3k$ のとき

$$a_{3k+3}=a_{3k}+2$$

$$a_{3k}=a_3+2(k-1)=2k+1$$

$$\therefore \quad a_n=\frac{2n+3}{3}$$

よって

$$a_n=\begin{cases} \dfrac{2n+1}{3} & （\textbf{\textit{n}} \textbf{ を 3 で割って 1 余るとき}） \\[2mm] \dfrac{2n+2}{3} & （\textbf{\textit{n}} \textbf{ を 3 で割って 2 余るとき}） \\[2mm] \dfrac{2n+3}{3} & （\textbf{\textit{n}} \textbf{ が 3 で割り切れるとき}） \end{cases}$$

例題 139

$$\begin{cases} a_1=1, \quad b_1=0 \\ a_{n+1}=a_n+2b_n \quad \text{を解け。} \\ b_{n+1}=4a_n+3b_n \end{cases}$$

　最後に連立漸化式を解いておきましょう。解き方の 1 つは，b_n を消去するという方法です。つまり，$a_{n+1}=a_n+2b_n$ から $b_n=\dfrac{a_{n+1}-a_n}{2}$，$b_{n+1}=\dfrac{a_{n+2}-a_{n+1}}{2}$ となるので，これを $b_{n+1}=4a_n+3b_n$ に代入するというやり方です。すると

$$\frac{a_{n+2}-a_{n+1}}{2}=4a_n+3\cdot\frac{a_{n+1}-a_n}{2} \qquad \therefore \quad a_{n+2}-4a_{n+1}-5a_n=0$$

となり，3 項間漸化式を解くことになります。もう 1 つは，$(a_n,\ b_n)$ の組と $(a_{n+1},\ b_{n+1})$ の組で隣り合う項の関係を作る方法です。

⇓

解答　　　$a_{n+1}+kb_{n+1}=a_n+2b_n+k(4a_n+3b_n)$

$$=(1+4k)a_n+(2+3k)b_n \quad \cdots\cdots(*)$$

であるが，$(*)$ が $\ell(a_n+kb_n)$ と変形できるような k，ℓ の組を考える。

係数を比較して　　　$\begin{cases} 1+4k=\ell \\ 2+3k=\ell k \end{cases}$

よって

$$2+3k=(1+4k)k$$
$$4k^2-2k-2=0$$
$$(2k+1)(k-1)=0$$
$$\therefore \quad k=-\frac{1}{2},\ 1$$

このとき $\quad \ell=-1,\ 5$

$$\begin{cases} a_{n+1}-\dfrac{1}{2}b_{n+1}=-\left(a_n-\dfrac{1}{2}b_n\right) \\ a_{n+1}+b_{n+1}=5(a_n+b_n) \end{cases}$$

$$\therefore \quad \begin{cases} a_n-\dfrac{1}{2}b_n=\left(a_1-\dfrac{1}{2}b_1\right)(-1)^{n-1}=(-1)^{n-1} \\ a_n+b_n=(a_1+b_1)5^{n-1}=5^{n-1} \end{cases}$$

よって $\quad a_n=\dfrac{5^{n-1}+2(-1)^{n-1}}{3},\ \ b_n=\dfrac{2\{5^{n-1}-(-1)^{n-1}\}}{3}$

演習 139

$$\begin{cases} a_1=1,\ \ b_1=0 \\ a_{n+1}=3a_n+b_n \\ b_{n+1}=a_n+3b_n \end{cases} \quad \text{を解け。}$$

例題 139 と同じように解いてもよいのですが，a_n と b_n の係数が逆になっていることに注目しましょう。

⇓
解答

$$\begin{cases} a_{n+1}+b_{n+1}=4(a_n+b_n) \\ a_{n+1}-b_{n+1}=2(a_n-b_n) \end{cases}$$

$$\therefore \quad \begin{cases} a_n+b_n=(a_1+b_1)4^{n-1}=4^{n-1} \\ a_n-b_n=(a_1-b_1)2^{n-1}=2^{n-1} \end{cases}$$

よって $\quad a_n=\dfrac{4^{n-1}+2^{n-1}}{2},\ \ b_n=\dfrac{4^{n-1}-2^{n-1}}{2}$

---

8 数学的帰納法

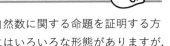

　1, 2, 3, …と，どこまでもつながっていっている自然数に関する命題を証明する方法の 1 つに数学的帰納法があります。数学的帰納法にはいろいろな形態がありますが，その中で基本的なものを 3 種類だけ学ぶことにしましょう。

自然数 n に関する命題 $P(n)$ について $P(n)$ が真であることを示す方法(ア)

- $P(1)$ が真であることを示す。
- ある自然数 n で $P(n)$ が真であると仮定し,
  そのもとでは $P(n+1)$ が真であることを示す。

例題 140

$\displaystyle\sum_{k=1}^{n} k^2 = \frac{n(n+1)(2n+1)}{6}$ を示せ。

$\displaystyle\sum_{k=1}^{n} k^2$ の計算結果がこのようになることは $p.272$ で示しましたが,いまは結果が与えられていて,それを示せばよいだけなので,数学的帰納法を用いて証明しましょう。

$\Downarrow$

解答　・$n=1$ のとき

$$\sum_{k=1}^{1} k^2 = 1, \quad \frac{1\cdot 2\cdot 3}{6}=1$$

であるから,$\displaystyle\sum_{k=1}^{n} k^2 = \frac{n(n+1)(2n+1)}{6}$　……(∗)は成立する。

・また,ある n で(∗)が成立すると仮定すると

$$\sum_{k=1}^{n+1} k^2 = \sum_{k=1}^{n} k^2 + (n+1)^2$$

$$= \frac{n(n+1)(2n+1)}{6} + (n+1)^2 \quad (\because \quad 仮定)$$

$$= \frac{(n+1)\{n(2n+1)+6(n+1)\}}{6}$$

$$= \frac{(n+1)(2n^2+7n+6)}{6}$$

$$= \frac{(n+1)(n+2)(2n+3)}{6}$$

$$\therefore \quad \sum_{k=1}^{n+1} k^2 = \frac{(n+1)(n+2)(2n+3)}{6}$$

よって,数学的帰納法により,すべての自然数 n で(∗)が成立することがわかった。

数学的帰納法を用いた解答では

　　①何を仮定したのか $\implies$ ②その仮定を用いて何を示したいのか
　　　　　仮定　　　　　　　　　　　　　　　　　　目標

ということを,形の上でも意識の上でも明確にすることが大切です。

　例題 140 の場合だと,①は,「ある n で $\displaystyle\sum_{k=1}^{n} k^2 = \frac{n(n+1)(2n+1)}{6}$ が成立すること」

であり，②は，①の n の代わりに $n+1$ を代入した式が成立すること，つまり
「$\sum\limits_{k=1}^{n+1} k^2 = \dfrac{(n+1)(n+2)(2n+3)}{6}$ を示すこと」になります。

　この 仮定 $\Longrightarrow$ 目標 のフォームにおける 目標 が，いまは等式の証明になっているので，「左辺を変形して右辺になることを示す」というやり方を採用しました。また 目標 を示す過程で必ず 仮定 を用いなければならないということも大事なポイントです。

演習140

$\displaystyle\sum_{k=1}^{n} \dfrac{1}{\sqrt{2k-1}} \leqq \sqrt{2n-1}$ が成立することを示せ。

解答　$\displaystyle\sum_{k=1}^{1} \dfrac{1}{\sqrt{2k-1}} = 1$ より，$n=1$ のときは等号が成立。

また，ある n で $\displaystyle\sum_{k=1}^{n} \dfrac{1}{\sqrt{2k-1}} \leqq \sqrt{2n-1}$ ……(*)が成立すると仮定すると

$$\sqrt{2n+1} - \sum_{k=1}^{n+1} \dfrac{1}{\sqrt{2k-1}} = \sqrt{2n+1} - \left(\sum_{k=1}^{n} \dfrac{1}{\sqrt{2k-1}} + \dfrac{1}{\sqrt{2n+1}}\right)$$

$$\geqq \sqrt{2n+1} - \left(\sqrt{2n-1} + \dfrac{1}{\sqrt{2n+1}}\right) \quad (\because \ \ 仮定)$$

$$= \dfrac{2}{\sqrt{2n+1} + \sqrt{2n-1}} - \dfrac{1}{\sqrt{2n+1}}$$

$$> \dfrac{2}{\sqrt{2n+1} + \sqrt{2n+1}} - \dfrac{1}{\sqrt{2n+1}}$$

$$= 0$$

よって，$\displaystyle\sum_{k=1}^{n+1} \dfrac{1}{\sqrt{2k-1}} \leqq \sqrt{2n+1}$ となるので，数学的帰納法により，すべての自然数 n で(*)が成立することがわかった。

　今度の場合，仮定 が「ある n で $\displaystyle\sum_{k=1}^{n} \dfrac{1}{\sqrt{2k-1}} \leqq \sqrt{2n-1}$ が成立すること」で 目標 は「$\displaystyle\sum_{k=1}^{n+1} \dfrac{1}{\sqrt{2k-1}} \leqq \sqrt{2n+1}$ を示すこと」になります。目標 が不等式の証明なので「大きい方から小さい方を引いて正または零になることを示す」というやり方を採用しました。また，不等式の証明のところで

$$\dfrac{2}{\sqrt{2n+1} + \sqrt{2n-1}} - \dfrac{1}{\sqrt{2n+1}} = \dfrac{2\sqrt{2n+1} - (\sqrt{2n+1} + \sqrt{2n-1})}{(\sqrt{2n+1} + \sqrt{2n-1})\sqrt{2n+1}}$$

$$= \dfrac{\sqrt{2n+1} - \sqrt{2n-1}}{(\sqrt{2n+1} + \sqrt{2n-1})\sqrt{2n+1}} > 0$$

のようにすることもできます。

> ・$P(1)$, $P(2)$ が真であることを示す。
> ・ある n で $P(n)$, $P(n+1)$ が真であることを仮定し,
> そのもとでは $P(n+2)$ が真であることを示す。

(ア)のパターン ($P(1)$ が真, $P(n)$ が真 $\Longrightarrow$ $P(n+1)$ が真) では, $P(1)$ が真であることを示すところから始めて, 以下 $P(n)$ が真 $\Longrightarrow$ $P(n+1)$ が真を繰り返し用いて, $P(1)$ が真であることより $P(2)$ が真であることが確認され, $P(2)$ が真であることより $P(3)$ が真であることが確認され, …のようにすべての自然数 n で $P(n)$ が真であることが確認されます。これを

①$\Longrightarrow$②$\Longrightarrow$③$\Longrightarrow$…

のように表しておくとして, (イ)のパターンを同様に表すと, 次のようになります。

①　②$\Longrightarrow$③$\Longrightarrow$④$\Longrightarrow$⑤…

$P(1)$ が真, $P(2)$ が真を示すところから始めて, 以下 $P(n)$ が真, $P(n+1)$ が真 $\Longrightarrow$ $P(n+2)$ が真を繰り返し用いることにより $P(3)$ が真, $P(4)$ が真, … が次々に示されていくことを確認してください。

例題 141

漸化式 $a_1=1$, $a_2=1$, $a_{n+2}=\dfrac{a_{n+1}+a_n{}^2}{3}$ で定まる数列 $\{a_n\}$ について,

$0<a_n\leqq 1$ であることを示せ。

この漸化式は解くことができませんが, 解けとは要求されておらず, $0<a_n\leqq 1$ を示せばよいだけです。隣接 3 項間漸化式の形になっており, 手前 2 項によって次の項が決まるので, (イ)のパターンの数学的帰納法を用いることにしましょう。

$\Downarrow$

解答　$0<a_1\leqq 1$, $0<a_2\leqq 1$ であり, ある n で $0<a_n\leqq 1$, $0<a_{n+1}\leqq 1$ であると仮定すると

$$0<\frac{a_{n+1}+a_n{}^2}{3}\leqq\frac{1+1^2}{3}\leqq 1$$

よって, $0<a_{n+2}\leqq 1$ となるので, すべての自然数 n に対して $0<a_n\leqq 1$ である。

演習 141

$x^2-5x+2=0$ の 2 解を α, β とする。$\alpha^n+\beta^n$ (n は自然数) は整数で, 奇数になることを示せ。

↓↓

解答 解と係数の関係により，$\alpha+\beta=5$，$\alpha\beta=2$ である。

$\quad\therefore\quad \alpha^2+\beta^2=(\alpha+\beta)^2-2\alpha\beta=25-4=21$

よって，$n=1$，2 で $\alpha^n+\beta^n$ は整数で，奇数になる。

また，ある n で $\alpha^n+\beta^n$ と $\alpha^{n+1}+\beta^{n+1}$ が整数で，奇数になると仮定すると

$$\alpha^{n+2}+\beta^{n+2}=(\alpha^{n+1}+\beta^{n+1})(\alpha+\beta)-\alpha\beta(\alpha^n+\beta^n)$$
$$=5(\alpha^{n+1}+\beta^{n+1})-2(\alpha^n+\beta^n)$$

より，$\alpha^{n+2}+\beta^{n+2}$ も整数で，奇数になる。

したがって，数学的帰納法により，$\alpha^n+\beta^n$ は整数で奇数になる。

(ア)のパターンかなと考えて $\alpha^{n+1}+\beta^{n+1}$ を $\alpha^n+\beta^n$ で表そうとしてみます。

$(\alpha+\beta)(\alpha^n+\beta^n)$ から $\alpha^{n+1}+\beta^{n+1}$ が出てきますが，余分も出てくるのでそれを調整して

$$\alpha^{n+1}+\beta^{n+1}=(\alpha+\beta)(\alpha^n+\beta^n)-\alpha\beta(\alpha^{n-1}+\beta^{n-1})$$

と変形してみると，結局 $\alpha^n+\beta^n$ と $\alpha^{n-1}+\beta^{n-1}$ で $\alpha^{n+1}+\beta^{n+1}$ が表されていることがわかります。つまり手前 2 つで次が決まる形になっているので，(イ)のパターンを用いることになります。

> **自然数 n に関する命題 $P(n)$ について $P(n)$ が真であることを示す方法(ウ)**
>
> $\begin{cases} \cdot\ P(1) \text{ が真であることを示す。} \\ \cdot\ P(1) \sim P(n) \text{ が真であることを仮定し，} \\ \quad \text{そのもとでは } P(n+1) \text{ が真であることを示す。} \end{cases}$

このパターンを $p.298$ に示したようなやり方で視覚化しておくと

のようになります。

例題 142

$2\sum_{k=1}^{n} a_k = a_n{}^2 + n$，$a_n > 0$ を満たす数列 $\{a_n\}$ の一般項を求めよ。

↓

解答　$n=1$ として

$$2a_1 = a_1{}^2 + 1 \qquad (a_1-1)^2 = 0 \qquad \therefore\quad a_1 = 1$$

$n=2$ として

$$2(a_1+a_2) = a_2{}^2 + 2 \qquad 2(1+a_2) = a_2{}^2 + 2 \qquad \therefore\quad a_2(a_2-2) = 0$$

$a_2 > 0$ より　　$a_2 = 2$

$n=3$ として

$$2(1+2+a_3)=a_3{}^2+3 \qquad a_3{}^2-2a_3-3=0 \qquad \therefore \quad (a_3-3)(a_3+1)=0$$

$a_3>0$ より $\qquad a_3=3$

以上より，$a_n=n$ と予想される。

これは $n=1$ のとき正しく，また，ある n までで正しいと仮定すると，

$2\displaystyle\sum_{k=1}^{n+1}a_k=a_{n+1}{}^2+n+1$ より

$$2(1+2+\cdots+n+a_{n+1})=a_{n+1}{}^2+n+1$$

$$n(n+1)+2a_{n+1}=a_{n+1}{}^2+n+1$$

$$\therefore \quad (a_{n+1}-n-1)(a_{n+1}+n-1)=0$$

$a_n>0$ より $\qquad a_{n+1}=n+1$

よって，数学的帰納法により，上の予想は正しいことがわかった。

したがって $\qquad \boldsymbol{a_n=n}$

　もちろん「$2\displaystyle\sum_{k=1}^{n}a_k=a_n{}^2+n,\ a_n>0$」は解けない漸化式ですから，「漸化式を用いて a_1, a_2, a_3 を求め，a_n を予想し，その予想が正しいことを証明する」という方法を採用しました。

演習 142

$a_1=2$, $a_{n+1}<2(n+1)^2+\dfrac{1}{n+1}\displaystyle\sum_{k=1}^{n}a_k$ を満たす数列 $\{a_n\}$ について，$a_n<3n^2$ が成立することを示せ。

解答　$a_1=2<3$ より，$a_n<3n^2$ は $n=1$ で成立する。

また，ある n までで $a_n<3n^2$ が成立すると仮定すると

$$3(n+1)^2-a_{n+1}>3(n+1)^2-\left\{2(n+1)^2+\frac{1}{n+1}\sum_{k=1}^{n}a_k\right\}$$

$$>(n+1)^2-\frac{1}{n+1}\sum_{k=1}^{n}3k^2 \quad (\because \quad 仮定)$$

$$=(n+1)^2-\frac{1}{n+1}\cdot\frac{n(n+1)(2n+1)}{2}$$

$$=\frac{3n+2}{2}$$

$$>0$$

より，$a_{n+1}<3(n+1)^2$ となるので，数学的帰納法により，すべての自然数 n で $a_n<3n^2$ であることがわかった。

第1章
第2章
第3章
第4章
第5章
第6章
第7章
第8章
第9章
第10章
第11章
第12章
第13章
第14章

第 9 章

ベクトル

1 ベクトルの定義

高校数学において「図形」は大きな分野です。中学数学の幾何を基礎にして，三角比やベクトル，図形と方程式，複素数平面などの各分野へ発展していきます。このうちベクトルは，図形と方程式と複素数平面の基礎理論にもなっており，非常に応用範囲が広いと言えます。

さて，これまでは「大きい，小さい」，「長い，短い」，あるいは「重い，軽い」のように大小を比較することのできる量について学んできました。こういった量を**スカラー**と呼びます。これに対して「向き」も同時に表現するような量もあり，たとえば，力や速度などは，単に強い力か弱い力かということだけではなく，どちら向きの力かということも大切な要素になってきます。

このように「大，小」に加えて「向き」も同時に扱う量を**ベクトル**と言います。このうち力や速度については物理で学ぶことになり，高校数学では主に図形の問題を処理する道具としてベクトルを学びます。

- ・2点 A，B があるとき，A から B に向かうベクトルは $\overrightarrow{AB}$ と表します。このとき A を始点，B を終点と言います。
- ・2点 A，B 間の距離は $|\overrightarrow{AB}|$ で表し，$\overrightarrow{AB}$ の大きさとか $\overrightarrow{AB}$ の長さ，$\overrightarrow{AB}$ の絶対値と呼びます。
- ・始点が違っても，同じ向きで同じ大きさのベクトルは等しいベクトルとします。
- ・始点，終点を定めて $\overrightarrow{AB}$ のようにベクトルを表す方法のほかに，$\vec{a}$ のような記号でベクトルを表すこともあります。
- ・$-\vec{a}$ は，$\vec{a}$ と反対向きで $\vec{a}$ と同じ大きさをもつベクトルを表します。

次にベクトルの計算について学びます。

1 $\vec{a}+\vec{b}$

まず，$\vec{a}$ と $\vec{b}$ の始点をそろえて，平行四辺形を作ります。このとき，平行四辺形の対角線方向を $\vec{a}+\vec{b}$ と定義します。

$\vec{b}$ が作る平行四辺形の辺の対辺も平行で長さが等しいので，$\vec{a}$ の終点に $\vec{b}$ の始点をもっていくと，この対辺と $\vec{b}$ が重なります。そうすると，京都から大阪に行って，大阪から和歌山に行けば，京都から和歌山に行ったことになるのと同じで，$\vec{a}+\vec{b}$ は，「$\vec{a}$ と行ってから $\vec{b}$ と行く」と考えて，$\vec{a}$ と $\vec{b}$ で作った平行

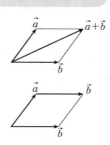

四辺形の対角線方向を表すベクトルになります。

これを「平行四辺形の法則」と呼んでおきます。

② ・ $\vec{a}-\vec{b}$

$-\vec{b}$ は $\vec{b}$ の反対向きのベクトルだったので，$\vec{a}-\vec{b}=\vec{a}+(-\vec{b})$ として，平行四辺形の法則を用いてみます。すると $\vec{a}+(-\vec{b})$ は $\vec{b}$ の終点から $\vec{a}$ の終点に向かうベクトルと等しいことがわかります。

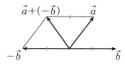 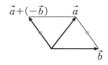

結局 $\vec{a}-\vec{b}$ は，$\vec{b}$ の終点から $\vec{a}$ の終点に向かうベクトルです。

これを「後ろから前の法則」と呼んでおきます。

③ ・ $k\vec{a}$

$k>0$ のときは，$\vec{a}$ の向きは変えずに，大きさだけを k 倍にし，$k<0$ のときは $\vec{a}$ を反対向きにし，大きさを $|k|$ 倍にします。

$k=0$ のときは零ベクトルになります。零ベクトルは，大きさが 0 のベクトルなので向きはありません。

④ ・ その他

始点と終点でベクトルが表されている場合を補足しておきます。

・$\overrightarrow{AB}+\overrightarrow{BC}=\overrightarrow{AC}$

$\vec{a}+\vec{b}$ の説明のところにも出てきましたが，A から B に行って B から C に行けば，結果として A から C に行ったことになるということです。

・$\overrightarrow{AB}=\overrightarrow{OB}-\overrightarrow{OA}$

$\vec{a}-\vec{b}$ のところで出てきた「後ろから前の法則」です。$\overrightarrow{AB}$ の始点は A ですが，これを別の始点 O を用いて書き換えたいときに使います。

2 内分点，外分点のベクトル

Pが線分 AB を $m:n$ $(m>0,\ n>0)$ に**内分する**とは，Pが線分 AB 上にあって AP：BP＝$m:n$ を満たすことです。

また，Pが線分 AB を $m:n$ $(m>0,\ n>0)$ に**外分する**とは，Pが線分 AB を除く直線 AB 上にあって AP：BP＝$m:n$ を満たすことです。

まず，**内分点，外分点**の作図の仕方から確認します。例として AB を 3：1 に内分する点を考えます。3＋1＝4 より AB を 4 等分した 1 つを基準として A から 3 だけ進めば，AB を 3：1 に内分する点が得られます。

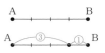

次に，AB を 3：1 に外分する点を考えます。3－1＝2 より AB を 2 等分した 1 つを基準として A から 3 だけ進めば AB を 3：1 に外分する点が得られます。

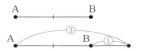

作図の仕方がわかったところで，内分点，外分点を表すベクトルを考えてみます。

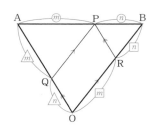

AB を $m:n$ $(m>0,\ n>0)$ に内分する点をPとして $\overrightarrow{\mathrm{OP}}$ を $\overrightarrow{\mathrm{OA}}$ と $\overrightarrow{\mathrm{OB}}$ で表す方法を考えます。Pを通り，OA，OB と平行な直線を引き，OP が対角線になるような平行四辺形を $\overrightarrow{\mathrm{OA}}$ 方向と $\overrightarrow{\mathrm{OB}}$ 方向で作ります。すると右図では，相似関係を用いて

$$\overrightarrow{\mathrm{OQ}}=\frac{n}{m+n}\overrightarrow{\mathrm{OA}},\ \ \overrightarrow{\mathrm{OR}}=\frac{m}{m+n}\overrightarrow{\mathrm{OB}}$$

であることがわかるので

$$\overrightarrow{\mathrm{OP}}=\overrightarrow{\mathrm{OQ}}+\overrightarrow{\mathrm{OR}}=\frac{n}{m+n}\overrightarrow{\mathrm{OA}}+\frac{m}{m+n}\overrightarrow{\mathrm{OB}}$$

となります。

ここで，**分配法則** $k\vec{a}+k\vec{b}=k(\vec{a}+\vec{b})$ が成立するので，簡単な説明をしておきます。

$\Downarrow$

証明　・$k>0$，$\overrightarrow{\mathrm{OA}}\ \not\!\!/\ \overrightarrow{\mathrm{OB}}$ のとき

まず，平行四辺形 OACB を作り，次に $\overrightarrow{\mathrm{OA'}}=k\overrightarrow{\mathrm{OA}}$，$\overrightarrow{\mathrm{OB'}}=k\overrightarrow{\mathrm{OB}}$ として平行四辺形 OA'C'B' を作る。

すると

$$\begin{cases} \overrightarrow{\mathrm{OA'}}/\!/\overrightarrow{\mathrm{OA}} \\ \mathrm{OA:OA'}=1:k \end{cases} \quad \begin{cases} \overrightarrow{\mathrm{OB'}}/\!/\overrightarrow{\mathrm{OB}} \\ \mathrm{OB:OB'}=1:k \end{cases}$$

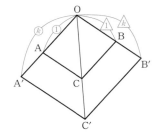

により，△OAC∽△OA′C′ となるから

$$\begin{cases} \overrightarrow{OC'} /\!/ \overrightarrow{OC} \\ OC : OC' = 1 : k \end{cases}$$

すなわち

$$\overrightarrow{OC'} = k\overrightarrow{OC}$$
$$\overrightarrow{OA'} + \overrightarrow{OB'} = k(\overrightarrow{OA} + \overrightarrow{OB})$$
$$\therefore \quad k\overrightarrow{OA} + k\overrightarrow{OB} = k(\overrightarrow{OA} + \overrightarrow{OB})$$

・$k > 0$，$\overrightarrow{OA} \not/\!/ \overrightarrow{OB}$ 以外のときも同様である。

この分配法則を使うと

$$\overrightarrow{OP} = \frac{n}{m+n}\overrightarrow{OA} + \frac{m}{m+n}\overrightarrow{OB} = \frac{n\overrightarrow{OA} + m\overrightarrow{OB}}{m+n}$$

のようにまとめることができます。

AB を $m : n$ に内分するときは，AB を $m+n$ 等分した 1 つを基準
に考えるので分母が $m+n$ になると覚えてください。分子は右図の
ようにたすきにかけて $n\overrightarrow{OA} + m\overrightarrow{OB}$ となります。

ここで注意すべきことは，$\overrightarrow{OA}$，$\overrightarrow{OB}$ の係数を足すと 1 になっていることです。

$$\frac{n}{m+n} + \frac{m}{m+n} = 1$$

次に，AB を $m : n$（$m > 0$，$n > 0$，$m \neq n$）に外
分する点を P として，$\overrightarrow{OP}$ を $\overrightarrow{OA}$ と $\overrightarrow{OB}$ で表してみ
ます。内分点のときと同様に，$\overrightarrow{OQ}$ と $\overrightarrow{OR}$ で作られ
る平行四辺形の対角線に $\overrightarrow{OP}$ がなるように Q，R を
作図してみます。すると右図では

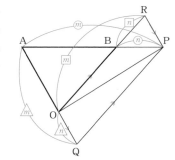

$$\overrightarrow{OQ} = -\frac{n}{m-n}\overrightarrow{OA}, \quad \overrightarrow{OR} = \frac{m}{m-n}\overrightarrow{OB}$$

であることがわかるので

$$\overrightarrow{OP} = \frac{-n\overrightarrow{OA} + m\overrightarrow{OB}}{m-n}$$

となります。

AB を $m : n$ に外分するときは，AB を $m-n$ 等分（$m < n$ のとき
は $n-m$ 等分）した 1 つを基準に考えるので，分母は $m-n$ になりま
す。また，$\overrightarrow{OA}$，$\overrightarrow{OB}$ の係数を足して 1 になっていることも大切な
チェックポイントです。

$$\frac{-n}{m-n} + \frac{m}{m-n} = 1$$

結局，「$m : n$ に外分」は，「$m : -n$ に内分」と考えて式を立てたことになります。

P が AB を $m:n$ $(m>0,\ n>0)$ に内分するとき

$$\overrightarrow{\mathrm{OP}}=\frac{n\overrightarrow{\mathrm{OA}}+m\overrightarrow{\mathrm{OB}}}{m+n}$$

P が AB を $m:n$ $(m>0,\ n>0,\ m \neq n)$ に外分するとき

$$\overrightarrow{\mathrm{OP}}=\frac{-n\overrightarrow{\mathrm{OA}}+m\overrightarrow{\mathrm{OB}}}{m-n}$$

注意事項です。「AB を $m:n$ に外分」は「AB を $m:-n$ に内分」と考えればよいと書きましたが，「AB を $-m:n$ に内分」と考えても同じ式になります。つまり

$$\frac{-n\overrightarrow{\mathrm{OA}}+m\overrightarrow{\mathrm{OB}}}{m-n}=\frac{n\overrightarrow{\mathrm{OA}}-m\overrightarrow{\mathrm{OB}}}{-m+n}$$

です。要するに m と n のどちらか一方にマイナスをつければよいということですが，分母がマイナスにならないように，小さい方にマイナスをつけるのが普通です。

少し練習をしてみましょう。△OAB において AB を $3:2$ に内分する点を P とすると，$\overrightarrow{\mathrm{OP}}=\dfrac{2\overrightarrow{\mathrm{OA}}+3\overrightarrow{\mathrm{OB}}}{5}$ と表されます。さらに OP を $2:1$ に内分する点 Q を考えると，$\overrightarrow{\mathrm{OQ}}$ と $\overrightarrow{\mathrm{OP}}$ は同じ向きで，$\overrightarrow{\mathrm{OQ}}$ の長さ $|\overrightarrow{\mathrm{OQ}}|$ が $\overrightarrow{\mathrm{OP}}$ の長さ $|\overrightarrow{\mathrm{OP}}|$ の $\dfrac{2}{3}$ 倍になっているので

$$\overrightarrow{\mathrm{OQ}}=\frac{2}{3}\overrightarrow{\mathrm{OP}}=\frac{2}{3}\cdot\frac{2\overrightarrow{\mathrm{OA}}+3\overrightarrow{\mathrm{OB}}}{5}=\frac{4\overrightarrow{\mathrm{OA}}+6\overrightarrow{\mathrm{OB}}}{15}$$

と表されます。

ここで内分点のベクトルと長さを調整するための実数倍を用いましたが，ある点をベクトルで表すときには，この 2 つの見方がとても大切です。

例題 143

正六角形 ABCDEF において CD を $1:2$ に内分する点を G とし，AG と BF の交点を H とする。次の各ベクトルを $\overrightarrow{\mathrm{AB}}$ と $\overrightarrow{\mathrm{AF}}$ で表せ。

(1) $\overrightarrow{\mathrm{AC}}$　　(2) $\overrightarrow{\mathrm{AD}}$　　(3) $\overrightarrow{\mathrm{CE}}$　　(4) $\overrightarrow{\mathrm{AG}}$　　(5) $\overrightarrow{\mathrm{AH}}$

まず，正六角形の外接円の中心を O とすると

AB∥FO，AB＝FO　つまり　$\overrightarrow{\mathrm{AB}}=\overrightarrow{\mathrm{FO}}$

になっています。

(1) 「$\overrightarrow{\mathrm{AC}}$ を $\overrightarrow{\mathrm{AB}}$ と $\overrightarrow{\mathrm{AF}}$ で表す」とは，「A から C に行く道を $\overrightarrow{\mathrm{AB}}$ 方向と $\overrightarrow{\mathrm{AF}}$ 方向

で作る」ことだと考えることができます。A から C に行く
には，A から F に行って F から C に行けばよいのですが，
$\overrightarrow{FC}=2\overrightarrow{FO}=2\overrightarrow{AB}$ と表されることに注意します。ですから

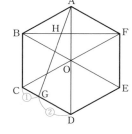

$$\overrightarrow{AC}=\overrightarrow{AF}+\overrightarrow{FC}=\overrightarrow{AF}+2\overrightarrow{AB}$$

です。

(2) $\overrightarrow{AD}=2\overrightarrow{AO}$ ですが，$\overrightarrow{AO}$ は $\overrightarrow{AB}$ と $\overrightarrow{AF}$ で作られる平
行四辺形の対角線方向ですから，$\overrightarrow{AO}=\overrightarrow{AB}+\overrightarrow{AF}$ です。し
たがって

$$\overrightarrow{AD}=2\overrightarrow{AO}=2(\overrightarrow{AB}+\overrightarrow{AF})$$

です。

(3) $\overrightarrow{CE}=\overrightarrow{BF}$ ですが，ここで「後ろから前の法則」を使って
$$\overrightarrow{CE}=\overrightarrow{BF}=\overrightarrow{AF}-\overrightarrow{AB}$$

となります。

(4) (1), (2)で $\overrightarrow{AC}$, $\overrightarrow{AD}$ を $\overrightarrow{AB}$ と $\overrightarrow{AF}$ で表しましたが，この CD を 1：2 に内分する
点が G ですから，内分点のベクトルを使います。

$$\overrightarrow{AG}=\frac{2\overrightarrow{AC}+\overrightarrow{AD}}{3}=\frac{2(\overrightarrow{AF}+2\overrightarrow{AB})+2(\overrightarrow{AB}+\overrightarrow{AF})}{3}=\frac{6\overrightarrow{AB}+4\overrightarrow{AF}}{3}$$

(5) 最後に $\overrightarrow{AH}$ ですが，ひとつは H, G から AD に垂線の足を下ろして相似関係を
使うことにより AH：AG を求める方法があります。しかしここでは，もう少しうま
い方法を学ぶことにしましょう。

(4)で $\overrightarrow{AG}$ を求めましたが，それを縮めたところに H があります。つまり $\overrightarrow{AG}$ は
$\overrightarrow{AH}$ の実数倍で表されているはずです。また，H は BF を内分する点ですから $\overrightarrow{AH}$
は「$\overrightarrow{AB}$ と $\overrightarrow{AF}$ の係数を足して 1」の形で表されているはずです。結局

$$\overrightarrow{AG}=\frac{3\overrightarrow{AB}+2\overrightarrow{AF}}{5}\times\frac{10}{3}$$

と変形すればよいことがわかり，$\overrightarrow{AH}=\dfrac{3\overrightarrow{AB}+2\overrightarrow{AF}}{5}$ です。

↓

解答　(1)　$\overrightarrow{AC}=\overrightarrow{AF}+\overrightarrow{FC}=\mathbf{\overrightarrow{AF}+2\overrightarrow{AB}}$

(2)　$\overrightarrow{AD}=\mathbf{2(\overrightarrow{AB}+\overrightarrow{AF})}$

(3)　$\overrightarrow{CE}=\overrightarrow{BF}=\mathbf{\overrightarrow{AF}-\overrightarrow{AB}}$

(4)　$\overrightarrow{AG}=\dfrac{2\overrightarrow{AC}+\overrightarrow{AD}}{3}=\dfrac{2(\overrightarrow{AF}+2\overrightarrow{AB})+2(\overrightarrow{AB}+\overrightarrow{AF})}{3}=\mathbf{\dfrac{6\overrightarrow{AB}+4\overrightarrow{AF}}{3}}$

(5)　$\overrightarrow{AG}=\dfrac{3\overrightarrow{AB}+2\overrightarrow{AF}}{5}\times\dfrac{10}{3}$ と変形できるので

$$\overrightarrow{AH}=\mathbf{\dfrac{3\overrightarrow{AB}+2\overrightarrow{AF}}{5}}$$

ベクトルを用いて図形の問題を考えるときの注意点を確認しておきます。まず，始点は視点であり，そこから見るということです。したがって，具体的な点に始点を統一し（視点が定まらないとよく見えません），基本ベクトルを2つ定めて（平面は2次元なので2つの基本ベクトルを定め，空間では3次元なので3つの基本ベクトルを定めることになります），その2つで見ていくことになります。見方は次の2通りです。

$\left\{\begin{array}{l}\text{・伸ばす，縮める：実数倍}\\ \text{・はさむ：内分点，外分点のベクトルを用いて，係数を足して1の形を作る}\end{array}\right.$

　例題143の(5)では，これら2通りの見方が使えるように変形しましたが，このような基本変形ができると，1つのベクトル表現から多くの情報を引き出すことができるようになります。実際，ベクトルは大きさと向きを同時に扱うので，スカラーと比較してより多くの情報を含んでいます。

　ところで，この基本変形には次の2つのパターンしかないことを注意しておきましょう。

　㋐　はさんで伸ばす（縮める）

　㋑　伸ばしたものとで（縮めたものとで）はさむ

　例題143の(5)では㋐のパターンを用いましたが，㋑のパターンも練習しておきます。

演習143

　$\triangle$OAB に対して，$\overrightarrow{\mathrm{OP}}=\dfrac{2\overrightarrow{\mathrm{OA}}+3\overrightarrow{\mathrm{OB}}}{7}$ で表される点 P がある。AP と OB の交点を Q とするとき，$\overrightarrow{\mathrm{OQ}}$ を $\overrightarrow{\mathrm{OB}}$ で表せ。

　Q は B を縮めたところにあり，つまり $\overrightarrow{\mathrm{OQ}}$ は $\overrightarrow{\mathrm{OB}}$ の実数倍で表され，「この点と A で P がはさまれる」と変形すればよいのです。

$\Downarrow$

解答

$$\overrightarrow{\mathrm{OP}}=\frac{2\overrightarrow{\mathrm{OA}}+3\overrightarrow{\mathrm{OB}}}{7}$$

$$=\frac{2\overrightarrow{\mathrm{OA}}+5\cdot\dfrac{3}{5}\overrightarrow{\mathrm{OB}}}{7}$$

と変形できるから　　$\overrightarrow{\mathrm{OQ}}=\dfrac{3}{5}\boldsymbol{\overrightarrow{\mathrm{OB}}}$

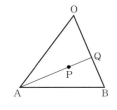

　ちなみに，この変形により OQ：QB＝3：2，AP：PQ＝5：2 であることもわかります。

　「ベクトルで幾何の問題を考えることができる」ということがわかりましたが，逆に幾何の知識を使ってベクトルを求めることもあります。ベクトルの問題でよく使う幾何の定理を2つ確認しておきます。

メネラウスの定理 ▶

　　△ABC と直線 ℓ があり，ℓ は BC，CA，AB と P，Q，R で交わると
する（ただし P，Q，R は A，B，C とは異なる点である）。このとき
$$\frac{BP}{PC}\cdot\frac{CQ}{QA}\cdot\frac{AR}{RB}=1$$

　　△ABC と ℓ の交わり方は大きく分けて下図の 2 通りがあります。すなわち P，Q，R のうちの 2 つが，BC，CA，AB の内分点で，1 つが外分点になっている場合と，P，Q，R が 3 つとも BC，CA，AB の外分点になっている場合です。

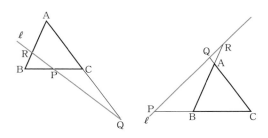

　　いずれの場合も証明は同じで，次のようにします。

$\Downarrow$

証明　A，B，C から ℓ に垂線を下ろし，その長さを x，y，z とするとき，相似関係を
用いて
$$\frac{BP}{PC}=\frac{y}{z},\quad \frac{CQ}{QA}=\frac{z}{x},\quad \frac{AR}{RB}=\frac{x}{y}$$

よって　　$\dfrac{BP}{PC}\cdot\dfrac{CQ}{QA}\cdot\dfrac{AR}{RB}=\dfrac{y}{z}\cdot\dfrac{z}{x}\cdot\dfrac{x}{y}=1$

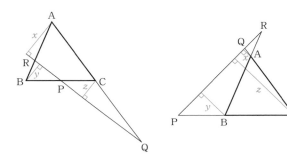

もちろんベクトルで証明することもできますが，上に示した証明の方が簡明です。3つの比をかけて1になるので，「3つの比のうち2つがわかっていれば残る1つの比がわかる」という主張になっています。

O が △ABC の内部にあるとき，3つの比 $\dfrac{BP}{PC}$，$\dfrac{CQ}{QA}$，$\dfrac{AR}{RB}$ はいずれも内分の比になり，O が △ABC の外部にあるときは，3つの比のうち2つが外分の比になります。

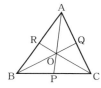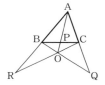

証明はいずれの場合も同じになりますが，少し難しい内容を含むので，まず補足説明をしておきます。

右図で △ABP と △ACP の面積比は BP：CP になりますが，これは △ABP と △ACP の共通底辺を AP と見たとき，高さの比が BP：CP になっていることを意味します。したがって AP 上に O 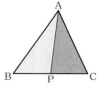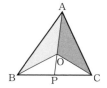をとるとき，△ABO と △ACO も AO を共通底辺と考えれば高さの比は BP：CP になります。結局，△ABO と △ACO の面積比も BP：CP になります。この事情は，図1のように O が △ABC 外にあっても同じです。

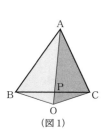

(図1)

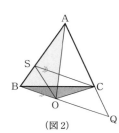

(図2)

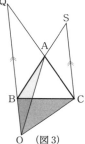

(図3)

次に，図2，図3で AB 上に S をとり SC∥BQ になるようにすると，△BCO の面積と △BSO の面積が等しくなります。したがって △BCO と △BAO の面積比は △BSO と △BAO の面積比と一致し，それは BS：BA つまり QC：QA になります。

それでは証明です。

⤵

証明　△BCO，△CAO，△ABO の面積を x, y, z とおくと

$$\frac{BP}{PC} = \frac{z}{y}, \quad \frac{CQ}{QA} = \frac{x}{z}, \quad \frac{AR}{RB} = \frac{y}{x}$$

よって　$\dfrac{BP}{PC} \cdot \dfrac{CQ}{QA} \cdot \dfrac{AR}{RB} = \dfrac{z}{y} \cdot \dfrac{x}{z} \cdot \dfrac{y}{x} = 1$

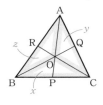 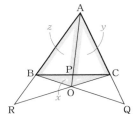

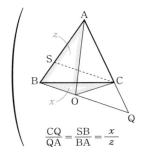

$$\frac{CQ}{QA} = \frac{SB}{BA} = \frac{x}{z}$$

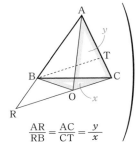

$$\frac{AR}{RB} = \frac{AC}{CT} = \frac{y}{x}$$

例題 144

　△OAB において OA を 2：1 に内分する点を C，OB を 1：3 に内分する点を D とし，AD と BC の交点を P とする。$\overrightarrow{OP}$ を $\overrightarrow{OA}$ と $\overrightarrow{OB}$ で表せ。

⤵

解答　メネラウスの定理により

$$\frac{OC}{CA} \cdot \frac{AP}{PD} \cdot \frac{DB}{BO} = 1$$

$$\frac{2}{1} \cdot \frac{AP}{PD} \cdot \frac{3}{4} = 1$$

$$\therefore \quad \frac{AP}{PD} = \frac{2}{3}$$

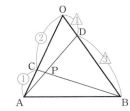

したがって

$$\overrightarrow{OP} = \frac{3\overrightarrow{OA} + 2\overrightarrow{OD}}{5} = \frac{3\overrightarrow{OA} + 2 \cdot \frac{1}{4}\overrightarrow{OB}}{5} = \frac{6\overrightarrow{OA} + \overrightarrow{OB}}{10}$$

右図のように，三角形が2つ重なっているときは，「メネラウスの定理が使えそうだ」と感じてください。

演習144

△OABの辺 OA，OB 上に C，D があり，AD，BC の交点を P とすると，AP：PD＝3：2，BP：PC＝2：1 である。このとき $\overrightarrow{OP}$ を $\overrightarrow{OA}$ と $\overrightarrow{OB}$ で表せ。

解答　メネラウスの定理により

$$\frac{PC}{CB} \cdot \frac{BO}{OD} \cdot \frac{DA}{AP} = 1$$

$$\frac{1}{3} \cdot \frac{BO}{OD} \cdot \frac{5}{3} = 1$$

$$\therefore \quad \frac{BO}{OD} = \frac{9}{5}$$

よって

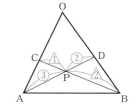

$$\overrightarrow{OP} = \frac{2\overrightarrow{OA} + 3\overrightarrow{OD}}{5} = \frac{2\overrightarrow{OA} + 3 \cdot \frac{5}{9}\overrightarrow{OB}}{5} = \frac{6\overrightarrow{OA} + 5\overrightarrow{OB}}{15}$$

三角形 PBD と直線 OA でメネラウスの定理を使っています。

しかし，この問題では次のように考える方が簡明です。

別解　OA 上に E をとり，EP∥OD となるようにすると，

△AEP∽△AOD となるから

AE：EO＝AP：PD＝3：2

$$\therefore \quad \overrightarrow{OE} = \frac{2}{5}\overrightarrow{OA}$$

同様に，OB 上に F をとり，FP∥OC となるようにすると

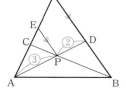

$$\overrightarrow{OF} = \frac{1}{3}\overrightarrow{OB}$$

よって

$$\overrightarrow{OP} = \overrightarrow{OE} + \overrightarrow{OF} = \frac{2}{5}\overrightarrow{OA} + \frac{1}{3}\overrightarrow{OB}$$

3 1次独立

いくつかのベクトルがあり，それぞれを実数倍して足し合わせた式を1次結合と言います。

$$k\vec{a}+\ell\vec{b}+\cdots+m\vec{c} : \vec{a},\ \vec{b},\ \cdots,\ \vec{c} \text{ の1次結合}$$

また

> いくつかのベクトルがあり，そのいずれもが他の1次結合で表されないとき，それらは1次独立である。

と言います。さらに

> 1次独立なベクトルは「ある空間を張る」と言い，その空間内のすべてのベクトルは，その空間を張る1次独立なベクトルの1次結合で一意的に表される。

となっています。つまり $\vec{0}$ でないベクトルは直線という「空間」を張り，平行でない2つのベクトルは平面という「空間」を張り，…ということです。

少しわかりにくいので，平面ベクトル（2次元）と空間ベクトル（3次元）の場合で説明を補足しておきます。

1 平面ベクトルの場合

$\vec{a} \not\parallel \vec{b}$ であれば，$\vec{a}$ と $\vec{b}$ は1次独立です。$\vec{a} \not\parallel \vec{b}$ であれば，$\vec{a}=k\vec{b}$ とか $\vec{b}=k\vec{a}$ のように表されることはありません。つまり，$\vec{a}$ も $\vec{b}$ も他の1次結合では表されないということです。

> 平面ベクトルでは，$\vec{a} \not\parallel \vec{b}$ であれば $\vec{a}$, $\vec{b}$ は1次独立である。

このとき，$\vec{a}$ と $\vec{b}$ はある平面を張っており，この平面上のすべてのベクトルは $k\vec{a}+\ell\vec{b}$ の形で一意的に表されます。

まず，「表される」ということについては，この平面上のベクトル $\vec{c}$ と $\vec{a}$, $\vec{b}$ の始点をそろえて，$\vec{c}$ の終点から $\vec{a}$ と平行に進んで $\vec{b}$ の延長方向と交わるようにし，また $\vec{b}$ と平行に進んで $\vec{a}$ の延長方向と交わるようにすれば（右図），$\vec{c}=k\vec{a}+\ell\vec{b}$ の形で表されることがわかります。

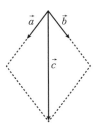

次に，もしあるベクトルが $\vec{a}$, $\vec{b}$ の1次結合で2通り以上の表現をもったとすれば，つまり，$k\vec{a}+\ell\vec{b}$ と $m\vec{a}+n\vec{b}$ の2通りに表現され，$k\neq m$ または $\ell\neq n$ が成立するとすれば

$$k\vec{a}+\ell\vec{b}=m\vec{a}+n\vec{b} \qquad \therefore \quad (k-m)\vec{a}=(n-\ell)\vec{b}$$

において，$\begin{cases} k\neq m \text{ ならば} & \vec{a}=\dfrac{n-\ell}{k-m}\vec{b} \\[2mm] n\neq\ell \text{ ならば} & \vec{b}=\dfrac{k-m}{n-\ell}\vec{a} \end{cases}$

となり，$\vec{a}$ と $\vec{b}$ が1次独立であることに反します。よって，平面上のベクトル $\vec{c}$ が $\vec{c}=k\vec{a}+\ell\vec{b}$ と $\vec{a}$, $\vec{b}$ の1次結合で表される表され方は一意的です。

さらにそうすると，この平面上のどんなベクトル $\vec{c}$ をとっても $\vec{c}=k\vec{a}+\ell\vec{b}$ と表されることになるので，$\vec{a}$, $\vec{b}$, $\vec{c}$ は1次独立にはなりません。

平面ベクトルでは，3つ以上のベクトルは1次独立にはならない。

②・ 空間ベクトルの場合

$\vec{a}$, $\vec{b}$, $\vec{c}$ が1次独立であるためには，まず $\vec{a}\times\vec{b}$, $\vec{b}\times\vec{c}$, $\vec{c}\times\vec{a}$ が必要ですが，これだけでは1次独立になりません。$\vec{a}\times\vec{b}$, $\vec{b}\times\vec{c}$, $\vec{c}\times\vec{a}$ であっても $\vec{c}=k\vec{a}+\ell\vec{b}$ と表されるような場合があるからです。

$\vec{a}\times\vec{b}$ であれば，$\vec{a}$, $\vec{b}$ はある平面を張り，この平面上のベクトルは $k\vec{a}+\ell\vec{b}$ の形で表されます。いま，$\vec{c}$ が $k\vec{a}+\ell\vec{b}$ の形で表されないということは，$\vec{c}$ が，$\vec{a}$ と $\vec{b}$ で張られる平面上のベクトルではないということです。結局，「$\vec{a}$, $\vec{b}$, $\vec{c}$ が1次独立である」とは「$\vec{a}\times\vec{b}$ で，$\vec{c}$ が $\vec{a}$ と $\vec{b}$ で張られる平面上のベクトルではないこと」と言い換えることができます。

空間ベクトルでは，$\vec{a}\times\vec{b}$ で，$\vec{c}$ が $\vec{a}$, $\vec{b}$ で張られる平面上の
ベクトルではないとき，$\vec{a}$, $\vec{b}$, $\vec{c}$ は1次独立である。

このとき，$\vec{a}$, $\vec{b}$, $\vec{c}$ はある空間を張っており，この空間上のすべてのベクトルは $k\vec{a}+\ell\vec{b}+m\vec{c}$ の形で一意的に表されます。

もし，あるベクトルが $\vec{a}$, $\vec{b}$, $\vec{c}$ の1次結合で2通り以上の表現をもったとすれば，平面ベクトルの場合と同様の議論により矛盾が導かれます。すると，平面ベクトルの場合と同様に

空間ベクトルでは，4つ以上のベクトルは1次独立とはならない。

となります。この1次独立の考え方を用いて *p.*312 の**演習144**をもう一度考えてみ

たいと思います。

↓

別解 $\overrightarrow{OC}=s\overrightarrow{OA}$ とおくと

$$\overrightarrow{OP}=\frac{2\overrightarrow{OC}+\overrightarrow{OB}}{3}=\frac{2s\overrightarrow{OA}+\overrightarrow{OB}}{3}$$

$\overrightarrow{OD}=t\overrightarrow{OB}$ とおくと

$$\overrightarrow{OP}=\frac{2\overrightarrow{OA}+3\overrightarrow{OD}}{5}=\frac{2\overrightarrow{OA}+3t\overrightarrow{OB}}{5}$$

ここで，$\overrightarrow{OA}$，$\overrightarrow{OB}$ は1次独立だから

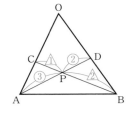

$$\begin{cases} \dfrac{2s}{3}=\dfrac{2}{5} \\ \dfrac{1}{3}=\dfrac{3t}{5} \end{cases} \qquad \therefore \begin{cases} s=\dfrac{3}{5} \\ t=\dfrac{5}{9} \end{cases}$$

$$\therefore \quad \overrightarrow{OP}=\frac{2\cdot\dfrac{3}{5}\overrightarrow{OA}+\overrightarrow{OB}}{3}=\frac{6\overrightarrow{OA}+5\overrightarrow{OB}}{15}$$

$\overrightarrow{OA}$ と $\overrightarrow{OB}$ は1次独立ですから，$\overrightarrow{OP}$ を $\overrightarrow{OA}$ と $\overrightarrow{OB}$ の1次結合で表すときの表現はただ1通りです。s と t を用いて2通りに表現されているように見えますが，実はそれらは同じものなので，係数比較をすればよいのです。

内分，外分の比を求めるために，幾何の知識を用いるやり方と，1次独立の考え方を用いるやり方の2通りの方法を示しましたが，幾何的に処理できる場合はその方が楽になることが多いです。幾何的な処理がうまくいかないときの方法として，1次独立の考え方を理解しておいてください。

それでは，2つのやり方のどちらでも解くことができる問題で少し練習をしてみましょう。

例題 145

平行四辺形 ABCD において，BC を 2：1 に内分する点を E，CD の中点を F とする。AC と EF の交点を P とするとき，$\overrightarrow{AP}$ を $\overrightarrow{AB}$ と $\overrightarrow{AD}$ で表せ。

解答　EF と AD の交点を G とすると，

△EFC≡△GFD となるから

EC＝GD

これより，AG：CE＝4：1 となる。

△AGP∽△CEP より　　　AP：CP＝4：1

$$\therefore \quad \overrightarrow{AP}=\frac{4}{5}\overrightarrow{AC}=\frac{4}{5}(\overrightarrow{AB}+\overrightarrow{AD})$$

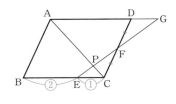

これが幾何を用いる方法で，1次独立の考え方を用いる方法は次のようになります。

別解 　　　$\overrightarrow{\mathrm{AP}}=s\overrightarrow{\mathrm{AC}}=s(\overrightarrow{\mathrm{AB}}+\overrightarrow{\mathrm{AD}})$ ……①

とおく。

また，$\mathrm{EP:PF}=t:1-t$ とおくと

$$\overrightarrow{\mathrm{AP}}=(1-t)\overrightarrow{\mathrm{AE}}+t\overrightarrow{\mathrm{AF}}$$

$$=(1-t)\left(\overrightarrow{\mathrm{AB}}+\frac{2}{3}\overrightarrow{\mathrm{AD}}\right)+t\left(\overrightarrow{\mathrm{AD}}+\frac{1}{2}\overrightarrow{\mathrm{AB}}\right)$$

$$=\left(1-\frac{t}{2}\right)\overrightarrow{\mathrm{AB}}+\frac{2+t}{3}\overrightarrow{\mathrm{AD}}\quad\text{……②}$$

①，②より　$\begin{cases}s=1-\dfrac{t}{2}\\[2mm] s=\dfrac{2+t}{3}\end{cases}\quad\therefore\quad\begin{cases}s=\dfrac{4}{5}\\[2mm] t=\dfrac{2}{5}\end{cases}$

$$\therefore\quad \overrightarrow{\mathrm{AP}}=\frac{4}{5}(\boldsymbol{\overrightarrow{\mathrm{AB}}+\overrightarrow{\mathrm{AD}}})$$

平行四辺形の問題では，相似関係に注目するのが得策であることが多いです。

演習 145

　△OAB において，OA を 2:1 に内分する点を C とし，AB の中点を D，OB を 1:2 に内分する点を E とする。AE と CD の交点を P とするとき，$\overrightarrow{\mathrm{OP}}$ を $\overrightarrow{\mathrm{OA}}$ と $\overrightarrow{\mathrm{OB}}$ で表せ。

解答　OA を 1:2 に内分する点を F とし，AE と BF の

交点を G とする。

　このとき，△ABG∽△EFG となるから

$$\mathrm{AG:GE}=3:1\quad\text{……①}$$

また，BF∥DC となるから

$$\triangle\mathrm{ACP}\infty\triangle\mathrm{AFG}$$

$$\therefore\quad \mathrm{AP}=\mathrm{PG}\quad\text{……②}$$

①，②より　　$\mathrm{AP:PE}=3:5$

$$\therefore\quad \overrightarrow{\mathrm{OP}}=\frac{5\overrightarrow{\mathrm{OA}}+3\overrightarrow{\mathrm{OE}}}{8}=\frac{5\overrightarrow{\mathrm{OA}}+\overrightarrow{\mathrm{OB}}}{8}$$

　与えられている比の特徴により，うまく処理することができましたが，いつもうまくいくとは限りません。次に，1 次独立の考え方を用いてみます。

別解　$\begin{cases}\mathrm{CP:PD}=s:1-s\\ \mathrm{AP:PE}=t:1-t\end{cases}$ とおくと

$$\overrightarrow{\mathrm{OP}}=(1-s)\overrightarrow{\mathrm{OC}}+s\overrightarrow{\mathrm{OD}}$$

$$= (1-s) \cdot \frac{2}{3}\overrightarrow{OA} + s \cdot \frac{\overrightarrow{OA} + \overrightarrow{OB}}{2}$$

$$= \left(\frac{2}{3} - \frac{s}{6} \right)\overrightarrow{OA} + \frac{s}{2}\overrightarrow{OB} \quad \cdots\cdots \text{①}$$

$$\overrightarrow{OP} = (1-t)\overrightarrow{OA} + t\overrightarrow{OE}$$

$$= (1-t)\overrightarrow{OA} + t \cdot \frac{1}{3}\overrightarrow{OB} \quad \cdots\cdots \text{②}$$

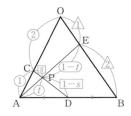

①，②より
$$\begin{cases} \dfrac{2}{3} - \dfrac{s}{6} = 1-t \\ \dfrac{s}{2} = \dfrac{t}{3} \end{cases} \qquad \therefore \begin{cases} s = \dfrac{1}{4} \\ t = \dfrac{3}{8} \end{cases}$$

$$\therefore \quad \overrightarrow{OP} = \frac{5}{8}\overrightarrow{OA} + \frac{1}{8}\overrightarrow{OB}$$

---

4 三角不等式

　ベクトルの使われ方が大分わかってきたところで，少し補足をしておきます。

　まず $\vec{a} \not\parallel \vec{b}$ のとき，$\vec{a}$, $\vec{b}$ の始点をそろえて右図のような平行
四辺形を作ることができますが，青色の三角形に注目して三角
形の成立条件を考えると次のようになります。

$$||\vec{a}| - |\vec{b}|| < |\vec{a} + \vec{b}| < |\vec{a}| + |\vec{b}|$$

　ここで，もし $\vec{a} /\!/ \vec{b}$ で同じ向きなら $|\vec{a} + \vec{b}| = |\vec{a}| + |\vec{b}|$ になり，$\vec{a} /\!/ \vec{b}$ で反対向きな
ら $||\vec{a}| - |\vec{b}|| = |\vec{a} + \vec{b}|$ になります。

　さらに，$\vec{a}$, $\vec{b}$ のいずれかが零ベクトルであれば

$$||\vec{a}| - |\vec{b}|| = |\vec{a} + \vec{b}| = |\vec{a}| + |\vec{b}|$$

が成立します。以上を総合して

> **三角不等式**
> $$||\vec{a}| - |\vec{b}|| \leqq |\vec{a} + \vec{b}| \leqq |\vec{a}| + |\vec{b}|$$

が成立します。これは，平面ベクトルでも空間ベクトルでもベクトル一般で成立し，
1 次元ベクトル（数直線）で考えると

$$||a| - |b|| \leqq |a + b| \leqq |a| + |b|$$

になります。p.62 でコメントしていましたが，三角形の成立条件からきている不等
式だから，「三角不等式」と呼ぶことになったのです。

図形の問題を考える上での有力な定理として，余弦定理がありました。この余弦定理をベクトルの中で表現した内容を内積と言います。まず余弦定理は

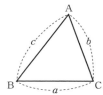

$$a^2=b^2+c^2-2bc\cos A \qquad bc\cos A=\frac{b^2+c^2-a^2}{2}$$

と表されていました。

ここで，$a^2=b^2+c^2-2bc\cos A$ において，$A=0$ としてみると，$\cos 0=1$ ですから

$$a^2=b^2+c^2-2bc \qquad a^2=(b-c)^2 \qquad \therefore \quad a=|b-c|$$

また，$A=\pi$ としてみると，$\cos\pi=-1$ ですから

$$a^2=b^2+c^2+2bc \qquad a^2=(b+c)^2 \qquad \therefore \quad a=b+c$$

結局，$bc\cos A=\dfrac{b^2+c^2-a^2}{2}$ は $\overrightarrow{AB} /\!/ \overrightarrow{AC}$ となる場合も表していることがわかります。したがって，左辺に出てくる b, c, $\cos A$ は，$|\overrightarrow{AC}|$, $|\overrightarrow{AB}|$, $\overrightarrow{AB}$ と $\overrightarrow{AC}$ のなす角の余弦だと言い換えることができ，この $bc\cos A$ を $\overrightarrow{AB}\cdot\overrightarrow{AC}$ と表して $\overrightarrow{AB}$ と $\overrightarrow{AC}$ の内積と呼びます。一般には次のように表されます。

> **内積** ▷
> $$\vec{a}\cdot\vec{b}=|\vec{a}||\vec{b}|\cos\theta \quad (\theta \text{ は } \vec{a} \text{ と } \vec{b} \text{ のなす角})$$
> $$=\frac{|\vec{a}|^2+|\vec{b}|^2-|\vec{a}-\vec{b}|^2}{2}$$

1 ベクトルの成分表示

ベクトルは大きさと向きを同時にもつ量ですが，これを x 軸方向と y 軸方向に分けて

$$\vec{p}=(a,\ b)$$

のように表すこともできます。これをベクトルの成分表示と言います。この場合，大きさは

$$|\vec{p}|=\sqrt{a^2+b^2}$$

となり

> $$(a,\ b)+(c,\ d)=(a+c,\ b+d)$$
> $$k(a,\ b)=(ka,\ kb)$$

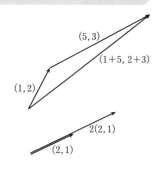

が成立します。

また，内積は，$\begin{cases} \vec{p}=(a,\ b) \\ \vec{q}=(c,\ d) \end{cases}$ のとき

$$\vec{p}\cdot\vec{q}=\frac{|\vec{p}|^2+|\vec{q}|^2-|\vec{p}-\vec{q}|^2}{2}=\frac{a^2+b^2+c^2+d^2-\{(a-c)^2+(b-d)^2\}}{2}$$
$$=ac+bd$$

となります。

$$(a,\ b)\cdot(c,\ d)=ac+bd$$

② · 内積の性質

$$\vec{a}\cdot\vec{b}=|\vec{a}||\vec{b}|\cos\theta=|\vec{b}||\vec{a}|\cos\theta=\vec{b}\cdot\vec{a}$$
$$(a,\ b)\cdot\{(c,\ d)+(e,\ f)\}=(a,\ b)\cdot(c+e,\ d+f)=a(c+e)+b(d+f)$$
$$=(ac+bd)+(ae+bf)$$
$$=(a,\ b)\cdot(c,\ d)+(a,\ b)\cdot(e,\ f)$$
$$\vec{a}\cdot\vec{a}=|\vec{a}||\vec{a}|\cos 0°=|\vec{a}|^2$$

により

$$\vec{a}\cdot\vec{b}=\vec{b}\cdot\vec{a}$$
$$\vec{a}\cdot(\vec{b}+\vec{c})=\vec{a}\cdot\vec{b}+\vec{a}\cdot\vec{c}$$
$$\vec{a}\cdot\vec{a}=|\vec{a}|^2$$

が成立します。また，これらを使うことにより

$$|\vec{a}+\vec{b}|^2=(\vec{a}+\vec{b})\cdot(\vec{a}+\vec{b})=\vec{a}\cdot\vec{a}+\vec{a}\cdot\vec{b}+\vec{b}\cdot\vec{a}+\vec{b}\cdot\vec{b}=|\vec{a}|^2+2\vec{a}\cdot\vec{b}+|\vec{b}|^2$$

のように計算できることもわかります。

$$|\vec{a}+\vec{b}|^2=|\vec{a}|^2+2\vec{a}\cdot\vec{b}+|\vec{b}|^2$$

さらに，$\vec{a}\cdot\vec{b}>0 \iff |\vec{a}||\vec{b}|\cos\theta>0 \iff \vec{a}\neq\vec{0},\ \vec{b}\neq\vec{0},\ \cos\theta>0$ ですから

$$\vec{a}\cdot\vec{b}>0 \iff \vec{a} \ と \ \vec{b} \ のなす角は鋭角$$
$$\vec{a}\cdot\vec{b}<0 \iff \vec{a} \ と \ \vec{b} \ のなす角は鈍角$$

また，$\vec{a}\cdot\vec{b}=0 \iff |\vec{a}|=0$ または $|\vec{b}|=0$ または $\vec{a}\perp\vec{b}$ ですが，特に

$$\vec{a}\neq\vec{0},\ \vec{b}\neq\vec{0} \ のとき \quad \vec{a}\cdot\vec{b}=0 \iff \vec{a}\perp\vec{b}$$

となります。以上で内積についての基本事項が確認できたので，ここからは内積の応用を学ぶことにしましょう。

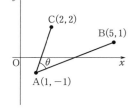

3 · 2つのベクトルのなす角

内積の定義式 $\vec{a}\cdot\vec{b}=|\vec{a}||\vec{b}|\cos\theta$ より，2つのベクトルの内積と絶対値の積がわかれば，なす角の余弦が計算できます。

たとえば A$(1,\ -1)$，B$(5,\ 1)$，C$(2,\ 2)$ のとき，$\overrightarrow{AB}=(4,\ 2)$，$\overrightarrow{AC}=(1,\ 3)$ ですから，$\angle BAC=\theta$ として

$$\cos\theta=\frac{\overrightarrow{AB}\cdot\overrightarrow{AC}}{|\overrightarrow{AB}||\overrightarrow{AC}|}=\frac{4+6}{2\sqrt{5}\,\sqrt{10}}=\frac{1}{\sqrt{2}}$$

$\therefore\quad \theta=45°$

のようにして2つのベクトルのなす角を考えることができます。

これを使えば，2直線のなす角についても考えることができます。p.242 では2直線のなす角をタンジェントで測る方法を学びましたが，これを内積を用いる方法でやり直しておきます。

まず，準備です。$y=mx+n$ の傾きは m です。この傾きをベクトル的に考えると，x 軸方向に1だけ進めば y 軸方向に m だけ進むような方向ということになります。直線の方向を表すベクトルを**方向ベクトル**と呼びますが（p.328），$y=mx+n$ の場合，方向ベクトルは $(1,\ m)$ と表すことができます。

$y=mx+n$ の傾きが m のとき，$y=mx+n$ の方向ベクトルは $(1,\ m)$

それでは，p.242 で解いた**例題 111**，**演習 111** をこのやり方で解いてみましょう。

例題 111

2直線 $y=3x$，$y=\dfrac{1}{2}x$ のなす角 θ を求めよ。

別解　2直線の方向ベクトルは $(1,\ 3)$，$(2,\ 1)$ と表され，これらのなす角が θ である。

$$\cos\theta=\frac{2+3}{\sqrt{10}\,\sqrt{5}}=\frac{1}{\sqrt{2}}\qquad \therefore\quad \boldsymbol{\theta=45°}$$

演習 111

2直線 $(2+\sqrt{3}\,)x+y+1=0$，$x+y-3=0$ のなす角 θ を求めよ。

別解　$(2+\sqrt{3}\,)x+y+1=0\qquad y=-(2+\sqrt{3}\,)x-1$

$x+y-3=0\qquad y=-x+3$

であるから，これらの方向ベクトルは $(1,\ -(2+\sqrt{3}\,))$，$(1,\ -1)$ と表せる。

これらのなす角が θ になっているので

$$\cos\theta = \frac{1+2+\sqrt{3}}{\sqrt{1+(2+\sqrt{3})^2}\sqrt{2}} = \frac{3+\sqrt{3}}{\sqrt{8+4\sqrt{3}}\sqrt{2}} = \cdots = \frac{\sqrt{3}}{2}$$

$$\therefore \quad \theta = 30°$$

4 ・ ベクトルの 90° 回転

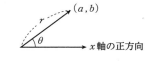

ベクトル (a, b) を，これの絶対値 r と x 軸の正方向とのなす角 θ を用いて，$(a, b) = r(\cos\theta, \sin\theta)$ と書き直すことができます。すると，これを 90° 回転したベクトルは

$$r(\cos(\theta+90°), \sin(\theta+90°)) = r(-\sin\theta, \cos\theta) = (-b, a)$$

と表されることがわかります。(a, b) と $(-b, a)$ は絶対値が等しく，内積が 0 になっていることを確認しておいてください。

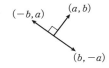

> **(a, b) を 90° 回転したベクトルは $(-b, a)$ で，**
> **$-90°$ 回転したベクトルは $(b, -a)$**

これを用いると，あるベクトルが与えられたとき，これを θ 回転した方向を表すベクトルが求められます。

たとえば，$(4, 1)$ を 45° 回転した方向を表すベクトルであれば，$(4, 1)$ を 90° 回転したベクトル $(-1, 4)$ と $(4, 1)$ で作られる正方形の対角線方向を考えて，$(4, 1) + (-1, 4) = (3, 5)$ とすればよいのです。

$(4, 1)$ を 60° 回転した方向を表すベクトルであれば，$(-1, 4)$ の長さを $\sqrt{3}$ 倍したベクトル $\sqrt{3}(-1, 4)$ を用いて

$$(4, 1) + \sqrt{3}(-1, 4) = (4-\sqrt{3}, 1+4\sqrt{3})$$

のようにして作ることができます。

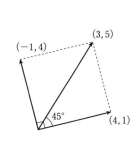

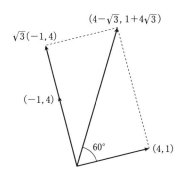

⑤ ・ 面積

$\vec{a}$, $\vec{b}$ で作られる平行四辺形の面積 S は, $\vec{a}$, $\vec{b}$ のなす角を θ として

$$S=|\vec{a}||\vec{b}|\sin\theta=|\vec{a}||\vec{b}|\sqrt{1-\cos^2\theta}$$
$$=\sqrt{|\vec{a}|^2|\vec{b}|^2-(|\vec{a}||\vec{b}|\cos\theta)^2}=\sqrt{|\vec{a}|^2|\vec{b}|^2-(\vec{a}\cdot\vec{b})^2}$$

と表されます。

> **$\vec{a}$, $\vec{b}$ で作られる平行四辺形の面積 S は**
> $$S=\sqrt{|\vec{a}|^2|\vec{b}|^2-(\vec{a}\cdot\vec{b})^2}$$

また, $\vec{a}=(p,\ q)$, $\vec{b}=(r,\ s)$ のとき

$$|\vec{a}|^2|\vec{b}|^2-(\vec{a}\cdot\vec{b})^2=(p^2+q^2)(r^2+s^2)-(pr+qs)^2=(ps-qr)^2 \quad\cdots\cdots(*)$$

ですから

> **$(a,\ b)$, $(c,\ d)$ で作られる平行四辺形の面積 S は**
> $$S=|ad-bc|$$

です。これは非常に便利な公式です。

ところで, $(*)$ を見ていると, コーシー・シュワルツの不等式（$p.58$）を思い出しませんか？

$$(a^2+b^2)(c^2+d^2)\geqq(ac+bd)^2$$

が, コーシー・シュワルツの不等式で, 証明は

$$(a^2+b^2)(c^2+d^2)-(ac+bd)^2=(ad-bc)^2\geqq0$$

のようにしましたが, 次のようにすることもできます。

⇓

証明　$(a,\ b)=\vec{p}$, $(c,\ d)=\vec{q}$, $\vec{p}$ と $\vec{q}$ のなす角を θ とおくと

$$|\vec{p}|^2|\vec{q}|^2\geqq|\vec{p}|^2|\vec{q}|^2\cos^2\theta=(|\vec{p}||\vec{q}|\cos\theta)^2=(\vec{p}\cdot\vec{q})^2$$

よって　$(a^2+b^2)(c^2+d^2)\geqq(ac+bd)^2$

　結局, コーシー・シュワルツの不等式は, 絶対値の 2 乗の積と, 内積の 2 乗を比較した不等式だったのです。

例題 146

A$(2,\ 1)$, B$(7,\ 3)$, C$(5,\ 4)$ とするとき, △ABC の面積を求めよ。

⇓

解答　$\overrightarrow{AB}=(5,\ 2)$, $\overrightarrow{AC}=(3,\ 3)$ だから　$\dfrac{1}{2}|5\cdot3-2\cdot3|=\dfrac{9}{2}$

三角形の面積ですから, 平行四辺形の面積の $\dfrac{1}{2}$ 倍です。

演習 146

OA＝1，OB＝2，∠AOB＝60° とする。

いま，$\overrightarrow{\mathrm{OP}}=3\overrightarrow{\mathrm{OA}}+\overrightarrow{\mathrm{OB}}$，$\overrightarrow{\mathrm{OQ}}=\overrightarrow{\mathrm{OA}}+2\overrightarrow{\mathrm{OB}}$ であるとき，△OPQ の面積を求めよ。

解答 OA＝1，OB＝2，∠AOB＝60° より $\overrightarrow{\mathrm{OA}}=(1,\ 0)$，$\overrightarrow{\mathrm{OB}}=(1,\ \sqrt{3}\,)$ とおいて考えてよい。このとき

$$\overrightarrow{\mathrm{OP}}=3(1,\ 0)+(1,\ \sqrt{3}\,)=(4,\ \sqrt{3}\,)$$

$$\overrightarrow{\mathrm{OQ}}=(1,\ 0)+2(1,\ \sqrt{3}\,)=(3,\ 2\sqrt{3}\,)$$

よって，求める面積は

$$\frac{1}{2}\,|4\cdot2\sqrt{3}-\sqrt{3}\cdot3|=\frac{5\sqrt{3}}{2}$$

A を O のまわりにどのように回転したとしても，O，A，B に対する P，Q の位置関係は変わらず，したがって △OPQ の面積も変わりません。ということは，計算がやりやすいように $\overrightarrow{\mathrm{OA}}=(1,\ 0)$ などとおいて考えてもよいということです。

別解

$$|\overrightarrow{\mathrm{OP}}|^2=|3\overrightarrow{\mathrm{OA}}+\overrightarrow{\mathrm{OB}}|^2=9|\overrightarrow{\mathrm{OA}}|^2+6\overrightarrow{\mathrm{OA}}\cdot\overrightarrow{\mathrm{OB}}+|\overrightarrow{\mathrm{OB}}|^2$$

$$=9+6\cdot1\cdot2\cdot\cos60°+4=19$$

$$|\overrightarrow{\mathrm{OQ}}|^2=|\overrightarrow{\mathrm{OA}}+2\overrightarrow{\mathrm{OB}}|^2=|\overrightarrow{\mathrm{OA}}|^2+4\overrightarrow{\mathrm{OA}}\cdot\overrightarrow{\mathrm{OB}}+4|\overrightarrow{\mathrm{OB}}|^2$$

$$=1+4\cdot1\cdot2\cdot\cos60°+16=21$$

$$\overrightarrow{\mathrm{OP}}\cdot\overrightarrow{\mathrm{OQ}}=(3\overrightarrow{\mathrm{OA}}+\overrightarrow{\mathrm{OB}})\cdot(\overrightarrow{\mathrm{OA}}+2\overrightarrow{\mathrm{OB}})=3|\overrightarrow{\mathrm{OA}}|^2+7\overrightarrow{\mathrm{OA}}\cdot\overrightarrow{\mathrm{OB}}+2|\overrightarrow{\mathrm{OB}}|^2$$

$$=3+7\cdot1\cdot2\cdot\cos60°+8=18$$

よって，求める面積は

$$\frac{1}{2}\sqrt{|\overrightarrow{\mathrm{OP}}|^2|\overrightarrow{\mathrm{OQ}}|^2-(\overrightarrow{\mathrm{OP}}\cdot\overrightarrow{\mathrm{OQ}})^2}=\frac{1}{2}\sqrt{19\cdot21-18^2}=\frac{5\sqrt{3}}{2}$$

のようにすることもできますが，計算が大変です。

6 ・ 直線の一般型

直線を表す方程式としては

> 関数型：$y=ax+b$
> 一般型：$ax+by+c=0$

の2種類がありますが，このうち関数型は傾きと y 切片がわかる形になっており，直線の形状がイメージしやすいです。しかし，直線を表すという意味では，関数型は y 軸に平行な直線を表すことができないという欠点がありますので，一般型についても

理解しておくことにしましょう。

　まず，具体例を見てみましょう。直線 $2x+3y-7=0$ は $(2,\ 1)$ を通りますが

$$2x+3y-7=0 \quad を \quad 2(x-2)+3(y-1)=0$$

と変形してみると内積の式に見えませんか？　さらに

$$2(x-2)+3(y-1)=0 \quad を \quad (2,\ 3)\cdot(x-2,\ y-1)=0$$

と書き直してみると，直線上の定点 $(2,\ 1)$ と直線上の
動点 $(x,\ y)$ を結んだベクトル $(x-2,\ y-1)$ と $(2,\ 3)$
の内積が 0 になっています。これより $(2,\ 3)$ がこの直
線に垂直なベクトルであることがわかります。直線に垂
直なベクトルを直線の法線ベクトルと言います。結局

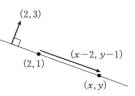

$$ax+by+c=0 \ は内積からきた式で，法線ベクトルは \ (a,\ b)$$

ということになります。

7 ・ 正射影ベクトル

　射影とは影を射ると書きますが，「正」とは「90°に」という意味なので，正射影と
は 90° に影を射るということになります。

　右図で $\vec{p}$ は $\vec{a}$ の $\vec{b}$ への正射影ベクトル
になっていますが，$\vec{b}$ に垂直に光をあてた
とき，$\vec{b}$ 上にできる $\vec{a}$ の影が $\vec{p}$ だというこ
とです。

　それでは，$\vec{p}$ を $\vec{a}$ と $\vec{b}$ で表してみましょ
う。まず $\vec{p}$ は $\vec{b}$ 方向のベクトルですから，
$\vec{b}$ の実数倍で表されます。考えやすいよう

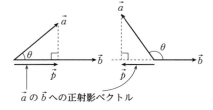

$\vec{a}$ の $\vec{b}$ への正射影ベクトル

に $\vec{b}$ を $|\vec{b}|$ で割って $\dfrac{\vec{b}}{|\vec{b}|}$ を作っておくと，このベクトルは大きさが 1 になっている
ので，$\vec{b}$ 方向の単位ベクトルと呼ばれます。$\vec{b}$ 方向の単位ベクトルを作れば，あとは
これに $\vec{p}$ の大きさをかければいいのですが，1 つ注意することは，$\vec{a}$ と $\vec{b}$ のなす角 θ
が鋭角のときは $\vec{p}$ は $\vec{b}$ と同じ向きで，θ が鈍角のときは $\vec{p}$ と $\vec{b}$ が反対向きになるこ
とです。

・$\theta \leqq 90°$ のとき

　$|\vec{p}|=|\vec{a}|\cos\theta$ ですから

$$\vec{p}=|\vec{a}|\cos\theta \times \frac{\vec{b}}{|\vec{b}|}=\frac{|\vec{a}||\vec{b}|\cos\theta}{|\vec{b}|^2}\vec{b}=\frac{\vec{a}\cdot\vec{b}}{|\vec{b}|^2}\vec{b}$$

・$\theta > 90°$ のとき

$$|\vec{p}| = |\vec{a}|\cos(180° - \theta) = -|\vec{a}|\cos\theta$$

$$\therefore \quad \vec{p} = -|\vec{a}|\cos\theta \times \left(-\frac{\vec{b}}{|\vec{b}|}\right) = \frac{\vec{a} \cdot \vec{b}}{|\vec{b}|^2}\vec{b}$$

いずれの場合も同じ式で表されることがわかりました。

正射影ベクトル

> $\vec{p}$ が，$\vec{a}$ の $\vec{b}$ への正射影ベクトルであるとき
>
> $$\vec{p} = \frac{\vec{a} \cdot \vec{b}}{|\vec{b}|^2}\vec{b}$$

たとえば，直線 $\ell : y = 2x$ に A$(6, 2)$ から下ろした垂線の足が B であるとき，ℓ の方向ベクトルを $\vec{\ell} = (1, 2)$ として，$\overrightarrow{OB}$ は $\overrightarrow{OA}$ を $\vec{\ell}$ に正射影したベクトルになっています。よって

$$\overrightarrow{OB} = \frac{\overrightarrow{OA} \cdot \vec{\ell}}{|\vec{\ell}|^2}\vec{\ell} = \frac{6+4}{5}(1, 2) = (2, 4)$$

となり，B$(2, 4)$ です。

8 垂線のベクトル

正射影ベクトルの応用で，垂線のベクトルがあります。平面上の点 A(p, q) から直線 $\ell : ax + by + c = 0$ に下ろした垂線の足を B として，$\overrightarrow{AB}$ を垂線のベクトルと呼びますが，これを求めてみましょう。

まず，ℓ の法線ベクトルは $\vec{n} = (a, b)$ と表されます。次に ℓ 上に P(x, y) をとると

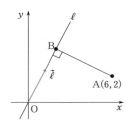

$$\overrightarrow{AP} = \overrightarrow{OP} - \overrightarrow{OA} = (x, y) - (p, q) = (x - p, y - q)$$

ですが，$\vec{n}$ の始点を A にもっていくと，$\overrightarrow{AB}$ は $\overrightarrow{AP}$ を $\vec{n}$ に正射影したベクトルになっていることがわかります。よって

$$\overrightarrow{AB} = \frac{\overrightarrow{AP} \cdot \vec{n}}{|\vec{n}|^2}\vec{n} = \frac{(x-p, \ y-q) \cdot (a, \ b)}{a^2 + b^2}(a, \ b)$$

$$= \frac{a(x-p) + b(y-q)}{a^2 + b^2}(a, \ b) = \frac{ax + by - ap - bq}{a^2 + b^2}(a, \ b)$$

$$= -\frac{ap + bq + c}{a^2 + b^2}(a, \ b)$$

最後の変形で，P(x, y) が ℓ 上の点ですから，$ax + by = -c$ を満たすことを使いました。

> **垂線のベクトル**
>
> $A(p, q)$ から直線 $ax+by+c=0$ に下ろした垂線の足を B とするとき
> $$\overrightarrow{AB}=-\frac{ap+bq+c}{a^2+b^2}(a, b)$$

ここで 1 つ問題です。$\vec{p}=(-24, -10)$ であるとき，$|\vec{p}|$ はいくらでしょうか？
$|\vec{p}|=\sqrt{(-24)^2+(-10)^2}$ と計算するのでは芸がなさすぎます。

これは $\vec{p}=-2(12, 5)$ と変形して
$$|\vec{p}|=|-2|\times 13=26$$
とやってほしいところです。5，12，13 のピタゴラス数の知識から $(12, 5)$ の大きさが 13 であることはすぐにわかりますし，前にくっついている実数倍の -2 は反対向きに長さを 2 倍にすることを意味していますから，結局 $|\vec{p}|$ は $|-2|\times 13$ で計算できます。

それでは上の $|\overrightarrow{AB}|$ はどのように計算すればよいのでしょうか。
$$|\overrightarrow{AB}|=\left|-\frac{ap+bq+c}{a^2+b^2}\right|\sqrt{a^2+b^2}=\frac{|ap+bq+c|}{\sqrt{a^2+b^2}}$$

と計算すればよいことがわかったと思います。

> **点と直線の距離の公式**
>
> $A(p, q)$ から直線 $ax+by+c=0$ に下ろした垂線の足を B とするとき
> $$|\overrightarrow{AB}|=\frac{|ap+bq+c|}{\sqrt{a^2+b^2}}$$

この点と直線の距離の公式は，今後学習を進める中で，垂線のベクトルよりもずっと使用頻度が高いことがわかってきます。

> **例題 147**
>
> 直線 $\ell : y=2x+3$ に関して，$A(3, 4)$ と対称な点 B の座標を求めよ。

解答 A から ℓ に下ろした垂線の足を H とすると

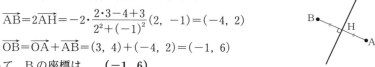

$$\overrightarrow{AB}=2\overrightarrow{AH}=-2\cdot\frac{2\cdot 3-4+3}{2^2+(-1)^2}(2, -1)=(-4, 2)$$

$$\therefore \quad \overrightarrow{OB}=\overrightarrow{OA}+\overrightarrow{AB}=(3, 4)+(-4, 2)=(-1, 6)$$

よって，B の座標は　　$(-1, 6)$

垂線のベクトルは，関数型ではなく一般型で用いるものなので，$y=2x+3$ を
$2x-y+3=0$ と変形してから垂線のベクトルを使っています。

次に，直線に関する点の対称点を考えるような問題の典型例を学んでおきます。

第1章

第2章

第3章

第4章

第5章

第6章

第7章

第8章

第9章

第10章

第11章

第12章

第13章

第14章

反射の問題

直線 ℓ に関して2点 A，B が同じ側にあるとき

・A から出た光が ℓ 上の点 P で反射して B を通過した。P を求めよ。

・ℓ 上に点 P をとり AP＋BP を考える。AP＋BP を最小にする P はどこか。

・ℓ 上の点 P を通り，ℓ に垂直な直線 m を考える。m に関して A，B が反対側にあり，かつ AP と m のなす角と BP と m のなす角が等しくなるようにしたい。P をどこにとればよいか。

表現はいろいろありますが，これらを反射の問題と呼び，扱い方はどれも同じで以下のようにします。

> A の ℓ に関する対称点 A′ を求め，A′ と B を結ぶ線分と ℓ の交点をP とすればよい。

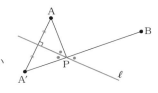

どうしてこのように扱えばよいのかという理由については，右図を見れば明らかだろうと思います。

演習147

A$(1, 2)$ から出た光が直線 $\ell : 2x+3y+5=0$ 上の点 P で反射して B$(9, 1)$ を通過した。P の座標を求めよ。

解答　A の ℓ に関する対称点を A′ とするとき，A′B と ℓ の交点を P とすればよい。

$$\overrightarrow{AA'} = -2 \cdot \frac{2+6+5}{4+9}(2, 3) = (-4, -6)$$

$$\therefore \quad \overrightarrow{OA'} = \overrightarrow{OA} + \overrightarrow{AA'} = (1, 2) + (-4, -6)$$
$$= (-3, -4)$$

ここで相似関係に注目すると，A，B から ℓ に下ろした垂線の足を H，I として

$$A'P : PB = AH : BI$$
$$= \frac{|2+6+5|}{\sqrt{4+9}} : \frac{|18+3+5|}{\sqrt{4+9}}$$
$$= 1 : 2$$

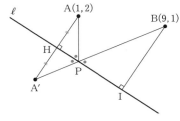

$$\therefore \quad \overrightarrow{OP} = \frac{2(-3, -4)+(9, 1)}{3} = \left(1, -\frac{7}{3}\right)$$

よって，P の座標は　　$\left(1, -\dfrac{7}{3}\right)$

1 直線のベクトル方程式

　直線上の動点 P の満たす条件をベクトルで表現したものを直線のベクトル方程式と言います。直線の決定の仕方を大きく分けると次の 3 通りになるので，直線のベクトル方程式も 3 通りの表現があります。

① 　通る点と方向を定める。
② 　直線上にある相異なる 2 点を定める。
③ 　通る点と直線に垂直な方向を定める。

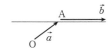

① 　A を通り，$\vec{b}$ を方向ベクトルとする直線
（$\overrightarrow{\mathrm{OA}}=\vec{a}$，$\overrightarrow{\mathrm{OP}}=\vec{p}$ とする）
　　$\vec{p}=\vec{a}+t\vec{b}$ 　（$\vec{b}\neq\vec{0}$）

　$t=0$ のとき P＝A であり，ここから t が正，負の実数値をとって動けば，P も直線上を動いていくことがわかります。これが直線のベクトル方程式の基本型です。
　次に，2 点 A，B を通る直線は A を通り，$\overrightarrow{\mathrm{AB}}$ を方向ベクトルとする直線と考えます。すると
$$\overrightarrow{\mathrm{OP}}=\overrightarrow{\mathrm{OA}}+t\overrightarrow{\mathrm{AB}}=\overrightarrow{\mathrm{OA}}+t(\overrightarrow{\mathrm{OB}}-\overrightarrow{\mathrm{OA}})=(1-t)\overrightarrow{\mathrm{OA}}+t\overrightarrow{\mathrm{OB}}$$
となり，$\overrightarrow{\mathrm{OA}}$，$\overrightarrow{\mathrm{OB}}$ の係数を足すと 1 になっていますから，結局 A，B を内分，外分する点の集合として P が表されています。

② 　相異なる 2 点 A，B を通る直線
　　$\overrightarrow{\mathrm{OP}}=s\overrightarrow{\mathrm{OA}}+t\overrightarrow{\mathrm{OB}}$ 　（$s+t=1$）

　最後に，$\vec{p}=\vec{a}+t\vec{b}$ すなわち $\vec{p}-\vec{a}=t\vec{b}$ の両辺と，$\vec{n}\perp\vec{b}$ であるような $\vec{n}$ との内積を考えると，$\vec{n}\cdot\vec{b}=0$ ですから $\vec{n}\cdot(\vec{p}-\vec{a})=0$ となります。

③ 　A を通り，$\vec{n}$ を法線ベクトルとする直線
（$\overrightarrow{\mathrm{OA}}=\vec{a}$，$\overrightarrow{\mathrm{OP}}=\vec{p}$ とする）
　　$\vec{n}\cdot(\vec{p}-\vec{a})=0$

　③で $\vec{n}=(a,\ b)$，$\vec{p}=(x,\ y)$，$\vec{a}=(k,\ \ell)$ とおくと
　　$(a,\ b)\cdot(x-k,\ y-\ell)=0$ 　　∴　$a(x-k)+b(y-\ell)=0$
となり，直線の一般型が出てきます。
　また，$\vec{p}=\vec{a}+t\vec{b}$ を $(x,\ y)=(a,\ b)+t(p,\ q)$ のように成分表示で表すことも可能

です。たとえば，$y=ax+b$ ならば
$$(x,\ y)=(0,\ b)+t(1,\ a)$$
といった具合です。

2 ・ 円のベクトル方程式

円は中心からの距離が一定であるような点の集合であり，中心を C，半径を r とすると
$$|\overrightarrow{\mathrm{CP}}|=r \qquad \therefore \quad |\overrightarrow{\mathrm{OP}}-\overrightarrow{\mathrm{OC}}|=r$$
と表されます。

> **中心半径型の円** ▶
>
> **中心を C，半径を r とする円**
> $$|\overrightarrow{\mathrm{OP}}-\overrightarrow{\mathrm{OC}}|=r$$

これを中心半径型の円と呼ぶことにして，これに対して直径型の円も考えることができます。

P が AB を直径とする円上を動くとき，P＝A であれば $\overrightarrow{\mathrm{AP}}=\vec{0}$ となり，P＝B であれば，$\overrightarrow{\mathrm{BP}}=\vec{0}$，さらに，P≠A，B であれば，$\overrightarrow{\mathrm{AP}}\perp\overrightarrow{\mathrm{BP}}$ ですから，いずれの場合も
$$\overrightarrow{\mathrm{AP}}\cdot\overrightarrow{\mathrm{BP}}=0 \qquad \therefore \quad (\overrightarrow{\mathrm{OP}}-\overrightarrow{\mathrm{OA}})\cdot(\overrightarrow{\mathrm{OP}}-\overrightarrow{\mathrm{OB}})=0$$
が成り立ちます。

> **直径型の円** ▶
>
> **AB を直径とする円**
> $$(\overrightarrow{\mathrm{OP}}-\overrightarrow{\mathrm{OA}})\cdot(\overrightarrow{\mathrm{OP}}-\overrightarrow{\mathrm{OB}})=0$$

ここで，$|\overrightarrow{\mathrm{OP}}-\overrightarrow{\mathrm{OC}}|=r$ の両辺を 2 乗すると
$$|\overrightarrow{\mathrm{OP}}-\overrightarrow{\mathrm{OC}}|^2=r^2 \qquad \therefore \quad |\overrightarrow{\mathrm{OP}}|^2-2\overrightarrow{\mathrm{OC}}\cdot\overrightarrow{\mathrm{OP}}+|\overrightarrow{\mathrm{OC}}|^2-r^2=0$$
となります。

また，$(\overrightarrow{\mathrm{OP}}-\overrightarrow{\mathrm{OA}})\cdot(\overrightarrow{\mathrm{OP}}-\overrightarrow{\mathrm{OB}})=0$ の左辺を展開すると
$$|\overrightarrow{\mathrm{OP}}|^2-(\overrightarrow{\mathrm{OA}}+\overrightarrow{\mathrm{OB}})\cdot\overrightarrow{\mathrm{OP}}+\overrightarrow{\mathrm{OA}}\cdot\overrightarrow{\mathrm{OB}}=0$$
となりますが，両者は $\overrightarrow{\mathrm{OP}}$ の 2 次方程式型のベクトル方程式になっています。

$\overrightarrow{\mathrm{OP}}$ の 2 次方程式型のベクトル方程式は円を表す。

問題によっては，$\overrightarrow{\mathrm{OP}}$ の 2 次方程式型のベクトル方程式が与えられていて，そこから考え始めるように設定されていることもあります。その場合，平方完成すれば中心半径型になり，因数分解すれば直径型になるということを知っておいてください。た

とえば，$(\overrightarrow{\text{OP}}-\overrightarrow{\text{OA}})\cdot(\overrightarrow{\text{OP}}-\overrightarrow{\text{OB}})=0$ を中心半径型にするには

$$(\overrightarrow{\text{OP}}-\overrightarrow{\text{OA}})\cdot(\overrightarrow{\text{OP}}-\overrightarrow{\text{OB}})=0$$

$$|\overrightarrow{\text{OP}}|^2-(\overrightarrow{\text{OA}}+\overrightarrow{\text{OB}})\cdot\overrightarrow{\text{OP}}+\overrightarrow{\text{OA}}\cdot\overrightarrow{\text{OB}}=0$$

$$\left|\overrightarrow{\text{OP}}-\frac{\overrightarrow{\text{OA}}+\overrightarrow{\text{OB}}}{2}\right|^2=\left|\frac{\overrightarrow{\text{OA}}+\overrightarrow{\text{OB}}}{2}\right|^2-\overrightarrow{\text{OA}}\cdot\overrightarrow{\text{OB}}$$

$$\left|\overrightarrow{\text{OP}}-\frac{\overrightarrow{\text{OA}}+\overrightarrow{\text{OB}}}{2}\right|^2=\left|\frac{\overrightarrow{\text{OA}}-\overrightarrow{\text{OB}}}{2}\right|^2 \quad \therefore \quad \left|\overrightarrow{\text{OP}}-\frac{\overrightarrow{\text{OA}}+\overrightarrow{\text{OB}}}{2}\right|=\frac{\text{AB}}{2}$$

と変形すると，中心が AB の中点で，半径が AB の半分であることがわかります。このように平方完成して中心半径型にすることが圧倒的に多いのですが，直径型に変形することもあります。

例題 148

△ABC が与えられており，点 P が

$$2|\overrightarrow{\text{AP}}|^2-(\overrightarrow{\text{AB}}+\overrightarrow{\text{AC}})\cdot\overrightarrow{\text{AP}}=0$$

を満たすとき，P はどのような図形上を動くか。

$\overrightarrow{\text{AP}}$ の 2 次方程式型のベクトル方程式ですから，円だということがわかりますが，どのように変形するのが得策でしょうか。

⇓

解答
$$2|\overrightarrow{\text{AP}}|^2-(\overrightarrow{\text{AB}}+\overrightarrow{\text{AC}})\cdot\overrightarrow{\text{AP}}=0$$

$$\overrightarrow{\text{AP}}\cdot\{2\overrightarrow{\text{AP}}-(\overrightarrow{\text{AB}}+\overrightarrow{\text{AC}})\}=0$$

$$\therefore \quad \overrightarrow{\text{AP}}\cdot\left(\overrightarrow{\text{AP}}-\frac{\overrightarrow{\text{AB}}+\overrightarrow{\text{AC}}}{2}\right)=0$$

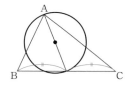

よって，点 P は **A と BC の中点を直径の両端とする円上を動く。**

左辺の定数項が 0 ですから，いきなり因数分解が見えます。この場合は直径型に変形する方が得策です。

演習 148

2 点 A，B からの距離の比が $m:n$（$m>n>0$）である点 P の軌跡を求めよ。

これは有名な**アポロニウスの円**で，AB を $m:n$ に内分する点と AB を $m:n$ に外分する点を直径の両端とする円になります。ということは，ベクトル方程式を作った後は直径型に変形する方がよいということです。

⇓

解答　AP：BP＝$m:n$ より

$n\text{AP}=m\text{BP}$

2乗して

$$m^2|\overrightarrow{OP}-\overrightarrow{OB}|^2-n^2|\overrightarrow{OP}-\overrightarrow{OA}|^2=0$$
$$\{m(\overrightarrow{OP}-\overrightarrow{OB})+n(\overrightarrow{OP}-\overrightarrow{OA})\}\cdot\{m(\overrightarrow{OP}-\overrightarrow{OB})-n(\overrightarrow{OP}-\overrightarrow{OA})\}=0$$
$$\{(m+n)\overrightarrow{OP}-(m\overrightarrow{OB}+n\overrightarrow{OA})\}\cdot\{(m-n)\overrightarrow{OP}-(m\overrightarrow{OB}-n\overrightarrow{OA})\}=0$$
$$\therefore\ \left(\overrightarrow{OP}-\frac{n\overrightarrow{OA}+m\overrightarrow{OB}}{m+n}\right)\cdot\left(\overrightarrow{OP}-\frac{-n\overrightarrow{OA}+m\overrightarrow{OB}}{m-n}\right)=0$$

よって，点 P の軌跡は **AB を $m:n$ に内分する点と AB を $m:n$ に外分する点を直径の両端とする円**。

3 ・ 補題

「$\triangle OAB$ に対して $\overrightarrow{OP}=s\overrightarrow{OA}+t\overrightarrow{OB}$ で表される点 P を考える」という設定で s と t の条件が与えられている問題があります。たとえば，s，t の条件が $s+t=1$ であれば，これは A，B を通る直線のベクトル方程式ですから，P は A，B を通る直線上を動きます。$s+t=1$，$s\geqq0$，$t\geqq0$ であれば，外分点を考えないということですから，線分 AB 上（端点も含む）を P は動くということになります。

さらに $s+2t=2$ であれば，両辺を 2 で割って

$$\frac{s}{2}+t=1$$

ですが

$$\overrightarrow{OP}=s\overrightarrow{OA}+t\overrightarrow{OB} \quad を \quad \overrightarrow{OP}=\frac{s}{2}\cdot2\overrightarrow{OA}+t\overrightarrow{OB}$$

と変形すると，点 P は OA を $2:1$ に外分する点と B を通る直線となります。

このように，s と t の条件が複雑になっても，これまでに学習した知識を総動員すれば対応することができます。しかし，もう 1 つ重要な見方があり，それを知っておくとより楽に対応することができるようになるので，その内容を学んでおきましょう。

まず，座標 (x, y) とは何でしょうか。

$$(x, y)=x(1, 0)+y(0, 1)=x\vec{e_x}+y\vec{e_y} \qquad (\vec{e_x}=(1, 0),\ \vec{e_y}=(0, 1))$$

と変形してみると，「座標軸を形成する基本ベクトル $\vec{e_x}$ と $\vec{e_y}$ にくっついている実数 x と y で組を作り，(x, y) としたものが座標」だと言うことができます。この場合，1 次独立なベクトル $\vec{e_x}$ と $\vec{e_y}$ によって xy 平面が張られていると考えているわけです。しかし，「座標軸を形成する…が座標」などと意識するのは大変で，またその必要もないので，座標は単に「座標」と理解しているのです。

同じことで，「$\triangle OAB$ に対して $\overrightarrow{OP}=s\overrightarrow{OA}+t\overrightarrow{OB}$ で表される点 P を考える」という設定を見れば，「$\overrightarrow{OA}=(1, 0)$，$\overrightarrow{OB}=(0, 1)$ を基本ベクトルとする st 座標があり，P の座標は (s, t)」だと見る方が，楽になることが多いのです。ただし，注意点がいく

つかあるのでそれを確認しておきます。まず，$\overrightarrow{OA} \perp \overrightarrow{OB}$ とは限らないので，この st 座標は直交座標ではないかもしれません。座標軸が直交していない場合の座標を斜交座標と言います。次に，$\overrightarrow{OA}=(1,\ 0)$，$\overrightarrow{OB}=(0,\ 1)$ と書いていますが，これは $|\overrightarrow{OA}|=1$，$|\overrightarrow{OB}|=1$ という意味ではなく，$\overrightarrow{OA}$ と $\overrightarrow{OB}$ を単位として考えるということです。

それでは，この斜交座標の考え方に慣れるために，上に挙げた例をもう一度考えてみることにしましょう。

△OAB に対して $\overrightarrow{OP}=s\overrightarrow{OA}+t\overrightarrow{OB}$ $(s+t=1)$ で表される点 P の存在範囲を考えるとき，s と t を x と y に置き換えて $x+y=1$ を考えます。

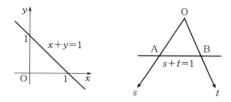

すると，これは x 切片，y 切片がともに1の直線になりますが，これとの対応から $s+t=1$ は s 切片，t 切片が1の直線，つまり A と B を通る直線であることがわかります。

$s+t=1$，$s \geqq 0$，$t \geqq 0$ であれば，$x+y=1$，$x \geqq 0$，$y \geqq 0$ を考えます。

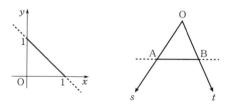

これは直線 $x+y=1$ の第1象限部分（座標軸上の点も含む）を表すので，これと対応させて $s+t=1$，$s \geqq 0$，$t \geqq 0$ は線分 AB を表すことがわかります。

次第に慣れてくると，$(s,\ t)$ を $(x,\ y)$ に置き換えなくても状況がわかるようになります。たとえば，$s+2t=2$ であれば，s 切片が2で t 切片が1の直線ですから右図のようになるのです。

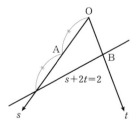

例題 149

△OAB に対して，$\overrightarrow{OP}=s\overrightarrow{OA}+t\overrightarrow{OB}$ $(1\leqq s+t\leqq 2,\ s\geqq 0,\ t\geqq 0)$ で表される点 P の存在範囲を図示せよ。

解答 OA を 2：1 に外分する点を C，OB を 2：1 に外分する点を D とすると，2 直線 AB，CD にはさまれた部分のうち ∠AOB 内にある部分になり，これを図示すると右図の台形部分になる（境界を含む）。

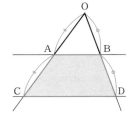

不等式が表す領域については，次の「図形と方程式」の章で学びますが，この問題で関連する内容が出てきているので，少しだけ学んでおきます。

まず，$1\leqq x+y$ すなわち $y\geqq -x+1$ が表す領域ですが，$x=0$ とすると $y\geqq 1$ となり，$x=1$ とすると $y\geqq 0$，$x=2$ とすると $y\geqq -1$，…のようになります。x を連続的に動かすと，$y\geqq -x+1$ が表す領域は，直線 $y=-x+1$ を境界として，この直線の上部になることがわかります。

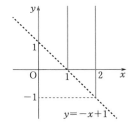

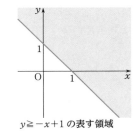

$y\geqq -x+1$ の表す領域

同様に考えて，$1\leqq x+y\leqq 2$ が表す領域は 2 直線 $x+y=1$，$x+y=2$ にはさまれた部分になります。これと対応させて，**例題 149** の $1\leqq s+t\leqq 2$ では，2 直線 AB，CD にはさまれた部分になりました。

△OAB に対して，$\overrightarrow{\mathrm{OP}}=s\overrightarrow{\mathrm{OA}}+t\overrightarrow{\mathrm{OB}}$ $(0\leqq 2s-3t\leqq 1)$ で表される点 P の存在範囲を図示せよ。

解答 $\overrightarrow{\mathrm{OA}}=(1,\ 0)$，$\overrightarrow{\mathrm{OB}}=(0,\ 1)$ とする st 座標を考える。このとき P は 2 直線 $2s-3t=0$，$2s-3t=1$ ではさまれた領域を動きうるので，右図の青色部分のようになる（境界を含む）。ただし，C は OA の中点，D は OB を $1:4$ に外分する点，E，F は AB をそれぞれ $1:4$，$2:3$ に内分する点である。

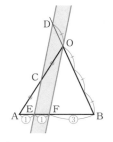

C, D は $2s-3t=1$ の s 切片と，t 切片を考えて，$\mathrm{C}\left(\dfrac{1}{2},\ 0\right)$, $\mathrm{D}\left(0,\ -\dfrac{1}{3}\right)$ と求まりますが，E は $2s-3t=1$ と $s+t=1$ の連立方程式，F は $2s-3t=0$，$s+t=1$ の連立方程式を解いて求めることになります。

また，相似関係を用いて $\mathrm{EF}:\mathrm{FB}=1:3$ であり，メネラウスの定理を用いて

$$\frac{\mathrm{BE}}{\mathrm{EA}}\cdot\frac{\mathrm{AC}}{\mathrm{CO}}\cdot\frac{\mathrm{OD}}{\mathrm{DB}}=1 \qquad \frac{\mathrm{BE}}{\mathrm{EA}}\cdot\frac{1}{1}\cdot\frac{1}{4}=1 \qquad \therefore\quad \frac{\mathrm{BE}}{\mathrm{EA}}=\frac{4}{1}$$

ですから，これらより $\mathrm{AE}:\mathrm{EF}:\mathrm{FB}=1:1:3$ を求めてもかまいません。

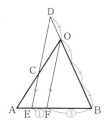
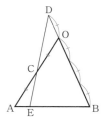

ちなみに，「△OAB に対して，$\overrightarrow{\mathrm{OP}}=s\overrightarrow{\mathrm{OA}}+t\overrightarrow{\mathrm{OB}}$ $(2s-3t=1)$ で表される点 P」であれば

$$\overrightarrow{\mathrm{OP}}=2s\cdot\frac{\overrightarrow{\mathrm{OA}}}{2}-3t\cdot\left(-\frac{\overrightarrow{\mathrm{OB}}}{3}\right)$$

と変形して，$\dfrac{\overrightarrow{\mathrm{OA}}}{2}$ が表す点と $-\dfrac{\overrightarrow{\mathrm{OB}}}{3}$ が表す点を通る直線上に P があると解釈することもできます。しかし，s と t の条件が，$2s-3t=1$ のような等式ではなく $0\leqq 2s-3t\leqq 1$ のように複雑になってくると，ベクトル方程式の知識だけで処理するのはかなり大変になります。**演習 149** の解答のようにするのがおすすめです。

7 幾何への応用

まず基本事項として三角形の五心について学んでおきます。

1・重心

　3つの中線（頂点と対辺の中点を結んだ直線）の交点が重心：Gだと定義されていますが，そもそも，3つの中線は1点で交わるのでしょうか。そのことから調べてみることにしましょう。

証明　いま，BCの中点をD，CAの中点をEとし，ADとBE
　　　の交点をGとおくと，メネラウスの定理により

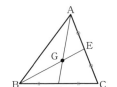

$$\frac{CE}{EA} \cdot \frac{AG}{GD} \cdot \frac{DB}{BC} = 1$$

$$\frac{1}{1} \cdot \frac{AG}{GD} \cdot \frac{1}{2} = 1 \qquad \therefore \quad \frac{AG}{GD} = \frac{2}{1}$$

　　　よって　　$\overrightarrow{AG} = \frac{2}{3}\overrightarrow{AD} = \frac{2}{3} \cdot \frac{\overrightarrow{AB}+\overrightarrow{AC}}{2} = \frac{\overrightarrow{AB}+\overrightarrow{AC}}{3}$

　　　と表される。これは

$$\overrightarrow{AG} = \frac{2 \cdot \frac{1}{2}\overrightarrow{AB}+\overrightarrow{AC}}{3}$$

　　　と変形できるから，GはABの中点とCを通る直線上の点でもある。
　　　これで3つの中線が1点で交わることがわかりました。

> **重心のベクトル**
>
> **△ABCの重心をGとするとき**
> $$\overrightarrow{AG} = \frac{\overrightarrow{AB}+\overrightarrow{AC}}{3}$$

　また，これを一般の点Oを始点にして書き直すと

$$\overrightarrow{AG} = \frac{\overrightarrow{AB}+\overrightarrow{AC}}{3}$$

$$\overrightarrow{OG}-\overrightarrow{OA} = \frac{\overrightarrow{OB}-\overrightarrow{OA}+\overrightarrow{OC}-\overrightarrow{OA}}{3}$$

$$\therefore \quad \overrightarrow{OG} = \frac{\overrightarrow{OA}+\overrightarrow{OB}+\overrightarrow{OC}}{3}$$

となります。こちらの表現の方が，「G が △ABC の重心である」ことをよく表していると言うことができます。

② ・ 内心

3つの角の二等分線の交点が内心：I です。内心の話に入る前に角の二等分線について確認しておきましょう。

証明1 △ABC において ∠BAC の二等分線と BC の交点を D とし，∠BAD＝∠CAD＝θ とする。
また，△ABD と △ACD の面積を S_1，S_2 とすると

$$BD : CD = S_1 : S_2$$
$$= \frac{1}{2}AB \cdot AD\sin\theta : \frac{1}{2}AC \cdot AD\sin\theta$$
$$= AB : AC$$

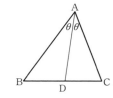

> **2辺の長さが a，b である三角形がある。**
> **これら2辺にはさまれる角の二等分線が対辺を内分する比を $m:n$ とすると**
> $$m : n = a : b$$

この性質はほかにもいろいろな証明の仕方があり，そのうちの1つを紹介しておきます。

証明2 △ABC において ∠BAC の二等分線と BC の交点を D とする。また，C を通り AD と平行な直線と AB との交点を E とすると

$$∠BAD = ∠AEC，∠CAD = ∠ACE$$

であるが，∠BAD＝∠CAD なので

$$∠AEC = ∠ACE$$

よって，△ACE は二等辺三角形になるので

$$AC = AE$$

△BAD∽△BEC より

$$BD : DC = BA : AE = BA : AC$$

よって　　　$BD : CD = AB : AC$

それでは △ABC の内心を I として，$\overrightarrow{AI}$ を表してみることにしましょう。

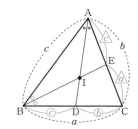

証明　△ABC において ∠A の二等分線と BC の交点を D, ∠B の二等分線と CA の交点を E とする。AD と BE の交点を I とすると

$$BD : DC = c : b, \quad CE : EA = a : c$$

よって，メネラウスの定理により

$$\frac{CE}{EA} \cdot \frac{AI}{ID} \cdot \frac{DB}{BC} = 1$$

$$\frac{a}{c} \cdot \frac{AI}{ID} \cdot \frac{c}{b+c} = 1$$

$$\frac{AI}{ID} = \frac{b+c}{a}$$

$$\therefore \quad \overrightarrow{AI} = \frac{b+c}{a+b+c} \overrightarrow{AD} = \frac{b+c}{a+b+c} \cdot \frac{b\overrightarrow{AB} + c\overrightarrow{AC}}{b+c} = \frac{b\overrightarrow{AB} + c\overrightarrow{AC}}{a+b+c}$$

> **内心のベクトル**
>
> △ABC の内心を I とすると
>
> $$\overrightarrow{AI} = \frac{b\overrightarrow{AB} + c\overrightarrow{AC}}{a+b+c}$$

これは

$$\overrightarrow{AI} = \frac{(a+b) \cdot \dfrac{b}{a+b} \overrightarrow{AB} + c\overrightarrow{AC}}{a+b+c}$$

と変形できるので，I が ∠C の二等分線上の点でもあることが確認できます。つまり，3 つの角の二等分線は 1 点で交わります。

また，△ABC の内接円と AB との接点を P とすると，$\overrightarrow{AP}$ は $\overrightarrow{AI}$ を $\overrightarrow{AB}$ に正射影したベクトルになるので

$$\overrightarrow{AP} = \frac{\overrightarrow{AI} \cdot \overrightarrow{AB}}{|\overrightarrow{AB}|^2} \overrightarrow{AB} = \frac{1}{c^2} \cdot \frac{(b\overrightarrow{AB} + c\overrightarrow{AC}) \cdot \overrightarrow{AB}}{a+b+c} \overrightarrow{AB}$$

$$= \frac{b|\overrightarrow{AB}|^2 + c\overrightarrow{AB} \cdot \overrightarrow{AC}}{c^2(a+b+c)} \overrightarrow{AB}$$

$$= \frac{bc^2 + c \cdot \dfrac{b^2+c^2-a^2}{2}}{c^2(a+b+c)} \overrightarrow{AB} = \frac{(b+c)^2 - a^2}{2c(a+b+c)} \overrightarrow{AB} = \frac{b+c-a}{2c} \overrightarrow{AB}$$

$$\therefore \quad |\overrightarrow{AP}| = \frac{b+c-a}{2c} c = \frac{b+c-a}{2}$$

となります。この結論は，幾何を用いると次のように容易に確認することができます。

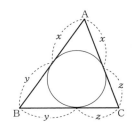

↓↓

証明 円外の1点から円に2接線を引いたとき，接点までの距離は等しくなる。

　したがって，△ABC に内接円を描くとき，各頂点から接点までの長さを右図のように x, y, z と表すことができる。よって

$$\begin{cases} 2(x+y+z)=a+b+c \\ y+z=a \end{cases}$$

これより　　$x=\dfrac{-a+b+c}{2}$

3 ・ 傍心

　∠B，∠C の外角の二等分線の交点を ∠A 内の傍心：I_A と言います。I_A から AB, BC, CA に下ろした垂線の足を P，Q，R とおくと

　　$\triangle I_A BP \equiv \triangle I_A BQ$，$\triangle I_A CQ \equiv \triangle I_A CR$

となりますから，$I_A P = I_A Q = I_A R$ です。つまり，I_A を中心に AB, BC, CA に接する円が描けて，この円を ∠A 内の傍接円と言います。

　また，このとき $\triangle I_A AP \equiv \triangle I_A AR$ となりますから，I_A は ∠A の二等分線上の点にもなっています。よって，A, I, I_A は一直線上にあります。

　次に AP の長さを考えてみましょう。

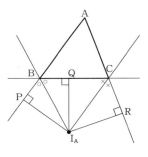

↓↓

証明　AP＝AR＝x とおくことができ，BP＝BQ，CQ＝CR より

$$\begin{cases} x=AB+BP=c+BQ \\ x=AC+CR=b+CQ \end{cases}$$

辺々足して

$$2x=b+c+BQ+CQ=b+c+a$$

∴　$x=\dfrac{a+b+c}{2}$

これより，相似関係を用いて

$$AI : AI_A = \dfrac{-a+b+c}{2} : \dfrac{a+b+c}{2}$$

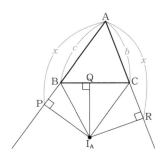

$$= -a+b+c : a+b+c$$

よって

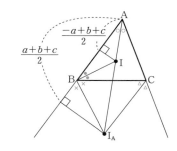

$$\overrightarrow{AI_A} = \frac{a+b+c}{-a+b+c}\overrightarrow{AI}$$

$$= \frac{a+b+c}{-a+b+c}\cdot\frac{b\overrightarrow{AB}+c\overrightarrow{AC}}{a+b+c}$$

$$= \frac{b\overrightarrow{AB}+c\overrightarrow{AC}}{-a+b+c}$$

です。

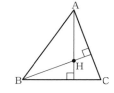

傍心のベクトル

$\triangle ABC$ の傍心を I_A とすると

$$\overrightarrow{AI_A} = \frac{b\overrightarrow{AB}+c\overrightarrow{AC}}{-a+b+c}$$

4 ・ 垂心

各頂点から対辺に下ろした垂線の交点を垂心：H と言います。3 つの垂線が 1 点で交わることも示しておきましょう。

↓

証明　A から BC に下ろした垂線と，B から AC に下ろした垂線の交点を H とすると

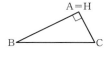

$$\begin{cases} \overrightarrow{AH}\cdot\overrightarrow{BC}=0 \\ \overrightarrow{BH}\cdot\overrightarrow{AC}=0 \end{cases} \begin{cases} \overrightarrow{AH}\cdot(\overrightarrow{AC}-\overrightarrow{AB})=0 \\ (\overrightarrow{AH}-\overrightarrow{AB})\cdot\overrightarrow{AC}=0 \end{cases}$$

$$\therefore \begin{cases} \overrightarrow{AH}\cdot\overrightarrow{AC}=\overrightarrow{AH}\cdot\overrightarrow{AB} \\ \overrightarrow{AH}\cdot\overrightarrow{AC}=\overrightarrow{AB}\cdot\overrightarrow{AC} \end{cases}$$

が成立する。辺々引いて

$$\overrightarrow{AH}\cdot\overrightarrow{AB}-\overrightarrow{AB}\cdot\overrightarrow{AC}=0 \qquad \overrightarrow{AB}\cdot(\overrightarrow{AH}-\overrightarrow{AC})=0 \qquad \therefore \quad \overrightarrow{AB}\cdot\overrightarrow{CH}=0$$

これは C から AB に下ろした垂線上に H があることを示している。以上より，3 つの垂線は 1 点 H で交わる。

1 つ注意点があります。たとえば，$\angle A=90°$ のとき $\triangle ABC$ の垂心は A と一致します。このときは $\overrightarrow{AH}=\vec{0}$ となりますから $\overrightarrow{AH}\cdot\overrightarrow{BC}=0$ が成り立ちます。つまり，$\overrightarrow{AH}\cdot\overrightarrow{BC}=0$ の意味するところは，「H＝A または AH⊥BC」であり，「A から BC に下ろした垂線上に H があるための条件」とするのが便利な表現です。

A から BC に下ろした垂線と B から AC に下ろした垂線の交点を H とすると，

AH⊥BC，BH⊥AC だから

$$\begin{cases} \overrightarrow{AH}\cdot\overrightarrow{BC}=0 \\ \overrightarrow{BH}\cdot\overrightarrow{AC}=0 \end{cases}$$

のような書き方は，H＝A または H＝B の場合を議論していないことになるのでだめ
です。

5 ・ 外心

重心，内心，傍心，垂心について書きました。三角形の五
心にはもう1つ**外心**：O があります。これは各辺の垂直二等
分線の交点と定義されています。

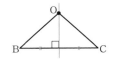

O が BC の垂直二等分線上にあれば OB＝OC になります。
O が CA の垂直二等分線上にあれば OC＝OA になり，O が
BC の垂直二等分線と CA の垂直二等分線の交点であるとき，
OB＝OC，OC＝OA すなわち OA＝OB＝OC となりますか
ら，O は AB の垂直二等分線上の点でもあることが確認でき
ます。結局，3つの垂直二等分線は1点 O で交わるというこ
とです。

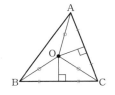

6 ・ 外心，重心，垂心の関係

右図のように，△ABC の外接円に直径 BA′ を引き
ます。このとき，四角形 AHCA′ は平行四辺形になる
ので，$\overrightarrow{AH}=\overrightarrow{A'C}$ です。よって

$$\overrightarrow{OH}=\overrightarrow{OA}+\overrightarrow{AH}=\overrightarrow{OA}+\overrightarrow{A'C}$$
$$=\overrightarrow{OA}+2\overrightarrow{OD}$$

（D は O から BC に下ろした垂線の足）

$$=\overrightarrow{OA}+2\cdot\dfrac{\overrightarrow{OB}+\overrightarrow{OC}}{2}$$

（D は BC の中点になっている）

$$=\overrightarrow{OA}+\overrightarrow{OB}+\overrightarrow{OC}$$

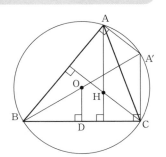

という関係が成立します。

△ABC の外心を O，垂心を H とすると
$$\overrightarrow{OH}=\overrightarrow{OA}+\overrightarrow{OB}+\overrightarrow{OC}$$

実際，$\overrightarrow{OH}=\overrightarrow{OA}+\overrightarrow{OB}+\overrightarrow{OC}$ で表される点 H を考えると

$$\overrightarrow{\mathrm{AH}} \cdot \overrightarrow{\mathrm{BC}} = (\overrightarrow{\mathrm{OH}} - \overrightarrow{\mathrm{OA}}) \cdot (\overrightarrow{\mathrm{OC}} - \overrightarrow{\mathrm{OB}})$$
$$= (\overrightarrow{\mathrm{OB}} + \overrightarrow{\mathrm{OC}}) \cdot (\overrightarrow{\mathrm{OC}} - \overrightarrow{\mathrm{OB}})$$
$$= |\overrightarrow{\mathrm{OC}}|^2 - |\overrightarrow{\mathrm{OB}}|^2$$
$$= 0$$

となりますから，H は A から BC に下ろした垂線上の点であることがわかります。同様に H が B から CA に下ろした垂線上の点でもあることが示されるので，H は確かに垂心です。

また

$$\overrightarrow{\mathrm{OH}} = \overrightarrow{\mathrm{OA}} + \overrightarrow{\mathrm{OB}} + \overrightarrow{\mathrm{OC}} = 3 \cdot \frac{\overrightarrow{\mathrm{OA}} + \overrightarrow{\mathrm{OB}} + \overrightarrow{\mathrm{OC}}}{3} = 3\overrightarrow{\mathrm{OG}}$$

より

> **O，G，H は一直線上にあり，G は OH を 1：2 に内分する。**

こともわかります。

7 · 九点円

△ABC の外心を O，BC の中点を D，CA の中点を E，AB の中点を F とすると

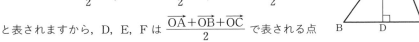

$$\overrightarrow{\mathrm{OD}} = \frac{\overrightarrow{\mathrm{OB}} + \overrightarrow{\mathrm{OC}}}{2}, \quad \overrightarrow{\mathrm{OE}} = \frac{\overrightarrow{\mathrm{OC}} + \overrightarrow{\mathrm{OA}}}{2}, \quad \overrightarrow{\mathrm{OF}} = \frac{\overrightarrow{\mathrm{OA}} + \overrightarrow{\mathrm{OB}}}{2}$$

と表されますから，D，E，F は $\dfrac{\overrightarrow{\mathrm{OA}} + \overrightarrow{\mathrm{OB}} + \overrightarrow{\mathrm{OC}}}{2}$ で表される点

からの距離が等しいことがわかります。実際，$\overrightarrow{\mathrm{OS}} = \dfrac{\overrightarrow{\mathrm{OA}} + \overrightarrow{\mathrm{OB}} + \overrightarrow{\mathrm{OC}}}{2}$ とおくと

$$|\overrightarrow{\mathrm{DS}}| = |\overrightarrow{\mathrm{OS}} - \overrightarrow{\mathrm{OD}}| = \left| \frac{\overrightarrow{\mathrm{OA}} + \overrightarrow{\mathrm{OB}} + \overrightarrow{\mathrm{OC}}}{2} - \frac{\overrightarrow{\mathrm{OB}} + \overrightarrow{\mathrm{OC}}}{2} \right|$$

$$= \left| \frac{\overrightarrow{\mathrm{OA}}}{2} \right| = \frac{R}{2} \quad (R : \triangle \mathrm{ABC} \text{ の外接円の半径})$$

となり，同様に $\mathrm{DS} = \mathrm{ES} = \mathrm{FS} = \dfrac{R}{2}$ となることがわかります。

ところで，$\overrightarrow{\mathrm{OS}} = \dfrac{\overrightarrow{\mathrm{OA}} + \overrightarrow{\mathrm{OB}} + \overrightarrow{\mathrm{OC}}}{2} = \dfrac{\overrightarrow{\mathrm{OH}}}{2}$ ですから，S は外心と垂心の中点になっています。結局 △ABC の各辺の中点は

　　　外心と垂心の中点を中心とする，半径が $\dfrac{R}{2}$ の円　……(*)

の周上にあることがわかりました。

また，上の計算により

$$\overrightarrow{\mathrm{DS}}=\frac{\overrightarrow{\mathrm{OA}}}{2} \qquad \therefore \quad \overrightarrow{\mathrm{SD}}=-\frac{1}{2}\overrightarrow{\mathrm{OA}}$$

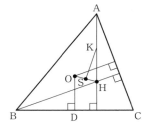

ですが，AH の中点を K とすると，中点連結定理により

$$\overrightarrow{\mathrm{SK}}=\frac{1}{2}\overrightarrow{\mathrm{OA}}=-\overrightarrow{\mathrm{SD}}$$ となっています。したがって，K も
(*)上の点であることを示しています。同様に，BH の
中点も，CH の中点も(*)上にあります。つまり，(*)は，
垂心と各頂点の中点も通ることがわかりました。

さらに，$\overrightarrow{\mathrm{SK}}=-\overrightarrow{\mathrm{SD}}$ より，DK はこの円の直径になっているので，A から BC に下
ろした垂線の足を X とおくと，∠DXK＝90° より X もこの円上の点だとわかります。
B から CA に下ろした垂線の足，C から AB に下ろした垂線の足も同様なので，(*)
は各頂点から対辺に下ろした垂線の足も通ります。

以上より，外心と垂心の中点を中心とし，半径が $\dfrac{R}{2}$

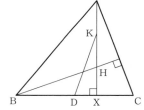

の円は，各辺の中点，垂心と各頂点の中点，各頂点から
対辺に下ろした垂線の足の9個の点を通ることがわかり
ました。この円を九点円と呼びます。ベクトル方程式
で表すと

> **九点円**
>
> $$\left|\overrightarrow{\mathrm{OP}}-\frac{\overrightarrow{\mathrm{OA}}+\overrightarrow{\mathrm{OB}}+\overrightarrow{\mathrm{OC}}}{2}\right|=\frac{R}{2}\quad(R：\triangle\mathrm{ABC}\ \text{の外接円の半径})$$

となります。

（鋭角三角形のとき）

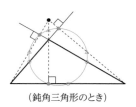

（鈍角三角形のとき）

九点円を幾何でも考えておきましょう。

↓

証明　BC の中点を D，CA の中点を E，AB の中点を F，AH の中点を K，BH の中
点を L，CH の中点を M，A から BC に下ろした垂線の足を X，B から CA に下
ろした垂線の足を Y，C から AB に下ろした垂線の足を Z とおく。

△ABC，△HBC で中点連結定理を用いて

$$FE /\!/ LM /\!/ BC, \quad FE = LM = \frac{1}{2}BC$$

また，△CAH で中点連結定理を用いて

$$EM /\!/ AX$$

ところが，AX⊥BC だから　　FE⊥EM

よって，四角形 EFLM は長方形である。これ
より E，F，L，M は同一円周上にあるが，FM は
この円の直径になっている。

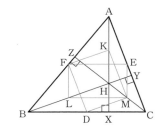

同様に四角形 DFKM も長方形で，D，F，K，M も FM を直径とする円周上に
あることがわかる。

以上より，D，E，F，K，L，M は FM を直径とする円上にあることがわかっ
たが，∠FZM＝90° により，Z もまたこの円上にあることが確認できる。同様に
X，Y もこの円上にある。

それでは，少し例題と演習をしておきましょう。

例題 150

　△ABC において，BC を $c:b$ に内分する点を P とす
ると，AP は ∠BAC の二等分線になっている。これを
ベクトルを用いて証明せよ。

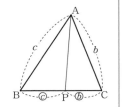

解答　$\overrightarrow{AP} = \dfrac{b\overrightarrow{AB} + c\overrightarrow{AC}}{b+c}$ と表され，AP は $\dfrac{b\overrightarrow{AB}}{b+c}$ と $\dfrac{c\overrightarrow{AC}}{b+c}$ で作られる平行四辺形の

対角線を表す。したがって，$\left|\dfrac{b\overrightarrow{AB}}{b+c}\right| = \left|\dfrac{c\overrightarrow{AC}}{b+c}\right|$ を示せば，この平行四辺形がひし

形であることがわかり，AP は ∠BAC の二等分線になる。

　ところで

$$\left|\frac{b\overrightarrow{AB}}{b+c}\right| = \frac{bc}{b+c}, \quad \left|\frac{c\overrightarrow{AC}}{b+c}\right| = \frac{bc}{b+c}$$

より，確かに $\left|\dfrac{b\overrightarrow{AB}}{b+c}\right| = \left|\dfrac{c\overrightarrow{AC}}{b+c}\right|$ である。よって，示された。

内積を用いて次のように示すこともできます。

別解　　$\cos\angle BAP = \dfrac{\overrightarrow{AB}\cdot\overrightarrow{AP}}{|\overrightarrow{AB}||\overrightarrow{AP}|} = \dfrac{1}{c|\overrightarrow{AP}|}\overrightarrow{AB}\cdot\dfrac{b\overrightarrow{AB} + c\overrightarrow{AC}}{b+c}$

$$= \frac{1}{c(b+c)|\overrightarrow{AP}|}(b|\overrightarrow{AB}|^2 + c\overrightarrow{AB}\cdot\overrightarrow{AC})$$

$$= \frac{1}{c(b+c)|\overrightarrow{AP}|}(bc^2 + c\overrightarrow{AB}\cdot\overrightarrow{AC}) = \frac{bc + \overrightarrow{AB}\cdot\overrightarrow{AC}}{(b+c)|\overrightarrow{AP}|}$$

$$\cos\angle CAP = \frac{\overrightarrow{AC}\cdot\overrightarrow{AP}}{|\overrightarrow{AC}||\overrightarrow{AP}|} = \frac{1}{b|\overrightarrow{AP}|}\overrightarrow{AC}\cdot\frac{b\overrightarrow{AB} + c\overrightarrow{AC}}{b+c}$$

$$= \frac{1}{b(b+c)|\overrightarrow{AP}|}(b\overrightarrow{AB}\cdot\overrightarrow{AC} + c|\overrightarrow{AC}|^2)$$

$$= \frac{1}{b(b+c)|\overrightarrow{AP}|}(b\overrightarrow{AB}\cdot\overrightarrow{AC} + cb^2) = \frac{bc + \overrightarrow{AB}\cdot\overrightarrow{AC}}{(b+c)|\overrightarrow{AP}|}$$

よって

$$\cos\angle BAP = \cos\angle CAP \qquad \therefore \quad \angle BAP = \angle CAP$$

したがって，AP は $\angle BAC$ の二等分線である。

演習 150

中線定理をベクトルを用いて証明せよ。

中線定理は中線に関する定理で，右図において

$$a^2 + b^2 = 2(c^2 + \ell^2)$$

が成立するという内容です。中線で三角形を 2 つに分割し，左右の三角形で余弦定理を使うと

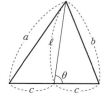

$$a^2 = c^2 + \ell^2 - 2c\ell\cos(\pi - \theta)$$

$$= c^2 + \ell^2 + 2c\ell\cos\theta \quad \cdots\cdots ①$$

$$b^2 = c^2 + \ell^2 - 2c\ell\cos\theta \quad \cdots\cdots ②$$

① + ② より

$$a^2 + b^2 = 2(c^2 + \ell^2)$$

のように証明することができました。これをベクトルで証明することが要求されています。

$\Downarrow$

解答 $\triangle OAB$ において，AB の中点を M とする。

$$\overrightarrow{AM} = \frac{1}{2}\overrightarrow{AB} = \frac{1}{2}(\overrightarrow{OB} - \overrightarrow{OA})$$

$$\overrightarrow{OM} = \frac{\overrightarrow{OA} + \overrightarrow{OB}}{2}$$

であるから

$$2(|\overrightarrow{AM}|^2 + |\overrightarrow{OM}|^2)$$

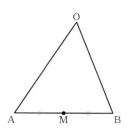

$$=2\left(\left|\frac{\overrightarrow{OB}-\overrightarrow{OA}}{2}\right|^2+\left|\frac{\overrightarrow{OA}+\overrightarrow{OB}}{2}\right|^2\right)$$

$$=2\left(\frac{|\overrightarrow{OB}|^2-2\overrightarrow{OA}\cdot\overrightarrow{OB}+|\overrightarrow{OA}|^2}{4}+\frac{|\overrightarrow{OA}|^2+2\overrightarrow{OA}\cdot\overrightarrow{OB}+|\overrightarrow{OB}|^2}{4}\right)$$

$$=|\overrightarrow{OA}|^2+|\overrightarrow{OB}|^2$$

よって，示された。

例題 151

△OAB において，OA を $s:1-s$ に内分する点を P，AB を $t:1-t$ に内分する点を Q，BO を $(1-s)(1-t):st$ に外分する点を R とするとき，P，Q，R が一直線上にあることを示せ。ただし $0<s<1$，$0<t<1$ である。

$\dfrac{s}{1-s}\cdot\dfrac{t}{1-t}\cdot\dfrac{(1-s)(1-t)}{st}=1$ ですから，これはメネラウスの定理の逆になっています。

また，3 点が一直線上にあるための条件を共線条件と言います。

共線条件

相異なる 3 点 P，Q，R が同一直線上にある
$$\Longleftrightarrow PQ /\!/ PR \Longleftrightarrow \overrightarrow{PQ}=k\overrightarrow{PR}$$

これを使いましょう。

さらに，平面ベクトル（2 次元）の問題では，具体的な点に始点を統一し（この問題であれば O），2 本のベクトル（この問題では $\overrightarrow{OA}$, $\overrightarrow{OB}$）ですべてのベクトルを表すことが基本になります。

⇓
解答

$$\overrightarrow{OP}=s\overrightarrow{OA}$$

$$\overrightarrow{OQ}=(1-t)\overrightarrow{OA}+t\overrightarrow{OB}$$

$$\overrightarrow{OR}=\frac{st}{st-(1-s)(1-t)}\overrightarrow{OB}$$

$$=\frac{st}{s+t-1}\overrightarrow{OB}$$

であるから

$$\overrightarrow{PQ}=\overrightarrow{OQ}-\overrightarrow{OP}$$

$$=(1-t)\overrightarrow{OA}+t\overrightarrow{OB}-s\overrightarrow{OA}$$

$$=(1-s-t)\overrightarrow{OA}+t\overrightarrow{OB}$$

$$\overrightarrow{PR}=\overrightarrow{OR}-\overrightarrow{OP}=\frac{st}{s+t-1}\overrightarrow{OB}-s\overrightarrow{OA}$$

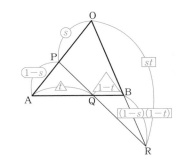

$$= \frac{s}{s+t-1}\{(1-s-t)\overrightarrow{OA}+t\overrightarrow{OB}\}=\frac{s}{s+t-1}\overrightarrow{PQ}$$

よって，$\overrightarrow{PQ}/\!/\overrightarrow{PR}$ であることがわかるので，P，Q，R は一直線上にある。

演習 151

△OAB の内部に P があり，$\overrightarrow{OP}=s\{(1-t)\overrightarrow{OA}+t\overrightarrow{OB}\}$ と表されている（$0<s<1$，$0<t<1$）。OP と AB の交点を K，AP と OB の交点を L，BP と OA の交点を M とするとき，$\dfrac{AK}{KB}\cdot\dfrac{BL}{LO}\cdot\dfrac{OM}{MA}=1$ であることを示せ。

これはチェバの定理です。

解答 まず，$\overrightarrow{OP}=s\{(1-t)\overrightarrow{OA}+t\overrightarrow{OB}\}$ より

$$\overrightarrow{OK}=(1-t)\overrightarrow{OA}+t\overrightarrow{OB}$$

$$\therefore \quad AK:KB=t:1-t$$

次に

$$\overrightarrow{OP}=s(1-t)\overrightarrow{OA}+\{1-s(1-t)\}\cdot\frac{st}{1-s(1-t)}\overrightarrow{OB}$$

と変形できるから

$$BL:LO=1-s(1-t)-st:st=1-s:st$$

また

$$\overrightarrow{OP}=(1-st)\cdot\frac{s(1-t)}{1-st}\overrightarrow{OA}+st\overrightarrow{OB}$$

と変形できるから

$$OM:MA=s(1-t):1-st-s(1-t)=s(1-t):1-s$$

以上より，$\dfrac{AK}{KB}\cdot\dfrac{BL}{LO}\cdot\dfrac{OM}{MA}=\dfrac{t}{1-t}\cdot\dfrac{1-s}{st}\cdot\dfrac{s(1-t)}{1-s}=1$ である。

8 反転

C を端点とする半直線上に P，Q があり，$CP\cdot CQ=r^2$ を満たすとき，P と Q は，中心が C で半径が r の円に関して反転であると言います。

P がこの反転の円上にあれば，$CP=r$ ですから $CQ=r$ となり，Q＝P であることが確認できます。もし，$CP=\dfrac{1}{2}r$ であれば $CQ=2r$ となりますから，P は反転の円の内側で，Q は外側です。さらに P が C にどんどん近づけば，Q はどんどんと遠ざ

かっていくことがわかると思います。逆に，P が反転の円の外側にあれば，Q は内側にきます。

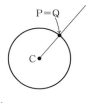

このような関係で P と Q が動くことを反転と言い，座標でも扱うことができますが，計算が面倒になることが多いので，「反転はベクトルで扱う」と覚えておいてください。

次に，P と Q の関係を式で表してみましょう。$\overrightarrow{CP} /\!/ \overrightarrow{CQ}$ ですから $\overrightarrow{CP}$ は $\overrightarrow{CQ}$ の実数倍で表されます。まず，$\overrightarrow{CQ}$ を自身の大きさ $|\overrightarrow{CQ}|$ で割ると $\overrightarrow{CP}$ 方向の単位ベクトル（大きさ 1 のベクトル）ができますから，これに $\overrightarrow{CP}$ の大きさ $|\overrightarrow{CP}|$ をかければ $\overrightarrow{CP}$ が得られます。つまり

$$\overrightarrow{CP} = |\overrightarrow{CP}| \times \frac{\overrightarrow{CQ}}{|\overrightarrow{CQ}|} = \frac{r^2}{|\overrightarrow{CQ}|^2}\overrightarrow{CQ} \quad (\because \quad CP \cdot CQ = r^2)$$

です。

> **反転**
>
> **中心が C で半径が r の円に関して P，Q が反転であるとき**
> $$\overrightarrow{CP} = \frac{r^2}{|\overrightarrow{CQ}|^2}\overrightarrow{CQ} \quad \text{すなわち} \quad \overrightarrow{OP} = \overrightarrow{OC} + \frac{r^2}{|\overrightarrow{CQ}|^2}(\overrightarrow{OQ} - \overrightarrow{OC})$$

例題 152

単位円周上に定点 A があり，P は中心が A で半径 r（$0 < r < 1$）の円周上を動く。また，O を端点とする半直線 OP 上に Q があり，$OP \cdot OQ = 1$ を満たす。このとき，Q の描く図形を求めよ。

解答　まず，$|\overrightarrow{OP} - \overrightarrow{OA}| = r$ である。

また

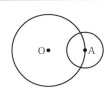

$$\overrightarrow{OP} = OP \times \frac{\overrightarrow{OQ}}{OQ} = \frac{1}{OQ^2}\overrightarrow{OQ}$$

を満たすから

$$\left| \frac{1}{OQ^2}\overrightarrow{OQ} - \overrightarrow{OA} \right| = r$$

2 乗して

$$\frac{1}{OQ^2} - \frac{2}{OQ^2}\overrightarrow{OA} \cdot \overrightarrow{OQ} + OA^2 = r^2$$

ここで，$OA^2 = 1$ だから

$$\frac{1}{OQ^2} - \frac{2}{OQ^2}\overrightarrow{OA} \cdot \overrightarrow{OQ} + 1 - r^2 = 0$$

$$(1-r^2)|\overrightarrow{OQ}|^2 - 2\overrightarrow{OA}\cdot\overrightarrow{OQ} + |\overrightarrow{OA}|^2 = 0$$
$$\{(1-r)\overrightarrow{OQ} - \overrightarrow{OA}\}\cdot\{(1+r)\overrightarrow{OQ} - \overrightarrow{OA}\} = 0$$
$$\therefore \left(\overrightarrow{OQ} - \frac{1}{1-r}\overrightarrow{OA}\right)\cdot\left(\overrightarrow{OQ} - \frac{1}{1+r}\overrightarrow{OA}\right) = 0$$

よって，Q は OA を $1:r$ に内分する点と OA を

$1:r$ に外分する点を直径の両端とする円上を動く。

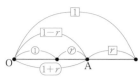

OP・OQ＝1 ですから P，Q は単位円に関して反転です。このように入試問題では，反転の円の中心は原点になっていることがほとんどです。なお，$\overrightarrow{OQ}$ の 2 次方程式型のベクトル方程式を因数分解して直径型に変形しましたが，平方完成して中心半径型に変形してもかまいません。

演習 152

O を端点とする半直線上に P，Q があり，OP・OQ＝9 を満たすとする。A$(4, 3)$ として，P が OA を直径とする円周上を動くとき，Q の描く軌跡を求めよ。ただし P≠O とする。

解答 まず

$$\overrightarrow{OP}\cdot(\overrightarrow{OP} - \overrightarrow{OA}) = 0 \quad \cdots\cdots(*)$$

である。

次に

$$\overrightarrow{OP} = OP \times \frac{\overrightarrow{OQ}}{OQ} = \frac{9}{OQ^2}\overrightarrow{OQ}$$

であるから，これを$(*)$に代入して

$$\frac{9}{OQ^2}\overrightarrow{OQ}\cdot\left(\frac{9}{OQ^2}\overrightarrow{OQ} - \overrightarrow{OA}\right) = 0$$
$$\overrightarrow{OQ}\cdot\left(\frac{9}{OQ^2}\overrightarrow{OQ} - \overrightarrow{OA}\right) = 0$$
$$\therefore \quad 9 - \overrightarrow{OA}\cdot\overrightarrow{OQ} = 0$$

ここで，$\overrightarrow{OQ} = (x, y)$ とおくと

$$9 - (4, 3)\cdot(x, y) = 0 \quad \therefore \quad 4x + 3y = 9$$

よって，Q の軌跡は**直線 $4x + 3y = 9$** である。

例題 152，**演習 152** ではどちらも円を反転させましたが，一方は円になり，他方は直線になりました。どこが違うのでしょうか。反転ではその扱い方とともに，反転された図形がどのような図形になるのかという結果も知っておいてください。

反転の円の中心を通らない円は円に反転され，
反転の円の中心を通る円は直線に反転される。

演習 152 では，P が反転の円の中心を通る円上を動きますから，Q の軌跡は直線になります。また，P が動く円と，反転の円が交点をもちますが，この点は自分自身に反転されますから，Q の軌跡はこれら 2 点を通る直線になります。

9 空間ベクトル

定義から始まって，内分点，外分点のベクトルを経て内積へと続く内容は，空間ベクトルも平面ベクトルと同じです。まず準備をしておきます。

・$\vec{p}=(a,\ b,\ c)$ のとき，$|\vec{p}|$ について，右図で

$$OP^2 = OD^2 + DP^2$$
$$= OA^2 + AD^2 + DP^2$$
$$= a^2 + b^2 + c^2$$

よって

$$|\vec{p}| = \sqrt{a^2 + b^2 + c^2}$$

です。

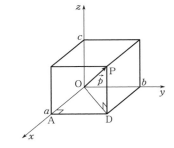

> **$\vec{p}=(a,\ b,\ c)$ のとき**
> $$|\vec{p}| = \sqrt{a^2 + b^2 + c^2}$$

・$\vec{p}=(a,\ b,\ c)$，$\vec{q}=(d,\ e,\ f)$ のとき，$\vec{p}\cdot\vec{q}$ について

$$\vec{p}\cdot\vec{q} = |\vec{p}||\vec{q}|\cos\theta \quad (\theta は \vec{p},\ \vec{q} のなす角)$$
$$= \frac{|\vec{p}|^2 + |\vec{q}|^2 - |\vec{p}-\vec{q}|^2}{2}$$

と定義されているのは平面ベクトルのときと同じです。したがって

$$\vec{p}\cdot\vec{q} = \frac{a^2+b^2+c^2+d^2+e^2+f^2 - \{(a-d)^2 + (b-e)^2 + (c-f)^2\}}{2}$$
$$= ad + be + cf$$

となります。

> **$(a,\ b,\ c)\cdot(d,\ e,\ f) = ad + be + cf$**

結局，平面ベクトルのときと同様になります。それでは，新しい内容に入ります。

① 平面のベクトル方程式

p.328 で直線のベクトル方程式を学びました。

① A を通り，$\vec{b}$ を方向ベクトルとする直線
　　$\vec{p}=\vec{a}+t\vec{b}$　$(\vec{b}\neq\vec{0})$

② 相異なる2点 A，B を通る直線
　　$\overrightarrow{OP}=s\overrightarrow{OA}+t\overrightarrow{OB}$　$(s+t=1)$

③ A を通り，$\vec{n}$ を法線ベクトルとする直線
　　$\vec{n}\cdot(\vec{p}-\vec{a})=0$

という内容でしたが，平面のベクトル方程式もこれと対応させて理解します。

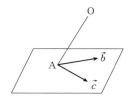

① A を通り，$\vec{b}$ と $\vec{c}$ $(\vec{b}\not\parallel\vec{c})$ で張られる平面
（$\overrightarrow{OA}=\vec{a}$，$\overrightarrow{OP}=\vec{p}$ とする）
　　$\vec{p}=\vec{a}+s\vec{b}+t\vec{c}$

　直線は1次元ですから1つのパラメーターで表され，平面は2次元ですから2つのパラメーターで表されています。これが平面のベクトル方程式の基本型です。

　次に，3点 A，B，C を通る平面は，A を通り，$\overrightarrow{AB}$ と $\overrightarrow{AC}$ で張られる平面と考えます。すると

$$\begin{aligned}\overrightarrow{OP}&=\overrightarrow{OA}+s\overrightarrow{AB}+t\overrightarrow{AC}\\&=\overrightarrow{OA}+s(\overrightarrow{OB}-\overrightarrow{OA})+t(\overrightarrow{OC}-\overrightarrow{OA})\\&=(1-s-t)\overrightarrow{OA}+s\overrightarrow{OB}+t\overrightarrow{OC}\end{aligned}$$

となり，$\overrightarrow{OA}$，$\overrightarrow{OB}$，$\overrightarrow{OC}$ の係数を足して1になっています。

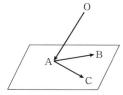

② 一直線上にない3点 A，B，C を通る平面
　　$\overrightarrow{OP}=r\overrightarrow{OA}+s\overrightarrow{OB}+t\overrightarrow{OC}$
　　　　　　$(r+s+t=1)$

　最後に $\vec{p}=\vec{a}+s\vec{b}+t\vec{c}$ すなわち $\vec{p}-\vec{a}=s\vec{b}+t\vec{c}$ の両辺と，$\vec{n}\perp\vec{b}$，$\vec{n}\perp\vec{c}$ となる $\vec{n}$ との内積を考えると，$\vec{n}\cdot\vec{b}=\vec{n}\cdot\vec{c}=0$ ですから $\vec{n}\cdot(\vec{p}-\vec{a})=0$ となります。

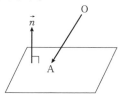

③ A を通り，$\vec{n}$ を法線ベクトルとする平面
（$\overrightarrow{OA}=\vec{a}$，$\overrightarrow{OP}=\vec{p}$ とする）
　　$\vec{n}\cdot(\vec{p}-\vec{a})=0$

　③で $\vec{n}=(a,\ b,\ c)$，$\vec{p}=(x,\ y,\ z)$，$\vec{a}=(k,\ \ell,\ m)$ とおくと

　　$(a,\ b,\ c)\cdot(x-k,\ y-\ell,\ z-m)=0$
∴　$a(x-k)+b(y-\ell)+c(z-m)=0$

となります。結局，平面の方程式は，内積からきた式であり

$ax+by+cz+d=0 : (a,\ b,\ c)$ を法線ベクトルとする平面

となっています。

平面の方程式では法線ベクトルが重要な働きをしますから、これについて整理しておきましょう。

平面ベクトルでは、あるベクトルに垂直な方向は1つの方向に定まりましたが、空間ベクトルではそのようにはなりません（右図）。では、どのようにして平面の法線ベクトルを決めるのかというと、平面上に平行でない2つのベクトルをとって、これらのどちらにも垂直な方向を考えることにより決定します。

この平面上の平行でない2つのベクトルを $\vec{a}$, $\vec{b}$ とすると、平面上のすべてのベクトルは $s\vec{a}+t\vec{b}$ の形で表され、$\vec{n}\perp\vec{a}$, $\vec{n}\perp\vec{b}$ とすると

$$\vec{n}\cdot(s\vec{a}+t\vec{b})=s\vec{n}\cdot\vec{a}+t\vec{n}\cdot\vec{b}=0$$

となります。つまり、$\vec{a}$, $\vec{b}$ のどちらにも垂直であるという条件により決定された平面の法線ベクトルは、平面上の $\vec{0}$ でないすべてのベクトルと垂直であるということです。

> **平面の法線ベクトル**
>
> ・平面上の平行でない2つのベクトルのどちらにも垂直という条件により決定される。
> ・平面上の $\vec{0}$ でないすべてのベクトルと垂直である。

例題 153

3点 A$(1,\ 1,\ 2)$, B$(2,\ 3,\ 4)$, C$(3,\ 2,\ 1)$ を通る平面の方程式を求めよ。

通る点は与えられているので法線ベクトルがわかれば、平面の方程式を求めることができます。法線ベクトルを求めるためには、平面上の平行でない2つのベクトルを作る必要があります。

解答

$\overrightarrow{AB}=\overrightarrow{OB}-\overrightarrow{OA}=(2,\ 3,\ 4)-(1,\ 1,\ 2)=(1,\ 2,\ 2)$

$\overrightarrow{AC}=\overrightarrow{OC}-\overrightarrow{OA}=(3,\ 2,\ 1)-(1,\ 1,\ 2)=(2,\ 1,\ -1)$

$\overrightarrow{AB}+2\overrightarrow{AC}=(1,\ 2,\ 2)+2(2,\ 1,\ -1)=(5,\ 4,\ 0)$

であるが、$\overrightarrow{AB}+2\overrightarrow{AC}$ に垂直なベクトルは $(4,\ -5,\ t)$ と表され、これが $\overrightarrow{AB}$ と垂直であるために

$$(1,\ 2,\ 2)\cdot(4,\ -5,\ t)=0 \qquad 4-10+2t=0 \qquad \therefore \quad t=3$$

よって，A, B, C を通る平面上の平行でない 2 つのベクトル $\overrightarrow{AB}$, $\overrightarrow{AB}+2\overrightarrow{AC}$ の
どちらにも $(4, -5, 3)$ は垂直なベクトルである。

　これより，求める平面の方程式は

$$4(x-1)-5(y-1)+3(z-2)=0$$

$$\therefore \quad \boldsymbol{4x-5y+3z-5=0}$$

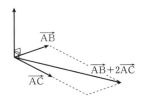

　$\overrightarrow{AB}$ と $\overrightarrow{AC}$ のどちらにも垂直な方向と，$\overrightarrow{AB}$ と $\overrightarrow{AB}+$
$2\overrightarrow{AC}$ のどちらにも垂直な方向は同じ方向です。

　$\overrightarrow{AB}=(1, 2, 2)$ と $\overrightarrow{AC}=(2, 1, -1)$ のどちらにも垂
直な方向はすぐには求めることはできませんが，
$\overrightarrow{AB}=(1, 2, 2)$ と $\overrightarrow{AB}+2\overrightarrow{AC}=(5, 4, 0)$ のどちらにも
垂直な方向は，解答に示したようにすぐに求めることが

できます。それは $\overrightarrow{AB}+2\overrightarrow{AC}$ の z 成分が 0 になっているからですが，実際，$\overrightarrow{AB}$ と
$\overrightarrow{AC}$ の 1 次結合：$s\overrightarrow{AB}+t\overrightarrow{AC}$ を作って，その x 成分，y 成分，z 成分のいずれかが 0 に
なるようにすることは簡単な作業です。これを作ってたとえば $(5, 4, 0)$ となったと
すれば，これと内積が 0 になるようなベクトルは $(4, -5, t)$ と表されます。あとは
この $(4, -5, t)$ が $\overrightarrow{AB}$ と垂直になるように t を決めればよいのです。

演習 153

　直線 $\ell:\overrightarrow{OP}=(1, 2, 3)+t(2, 1, 3)$ を含み，$A(3, 4, 4)$ を通る平面の方程
式を求めよ。

　法線ベクトルを求めるために，まず平面上の平行でな
い 2 つのベクトルを見つけなければなりません。1 つは
ℓ の方向ベクトル $(2, 1, 3)$ を選べばよいですが，もう 1
つはどうすればよいのでしょうか。

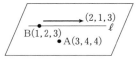

$\Downarrow$

解答　ℓ 上に $B(1, 2, 3)$ をとる。

$$\overrightarrow{BA}=\overrightarrow{OA}-\overrightarrow{OB}=(3, 4, 4)-(1, 2, 3)=(2, 2, 1)$$

　これと，ℓ の方向ベクトル $\vec{\ell}=(2, 1, 3)$ のどちらにも垂直なベクトルが，求め
る平面の法線ベクトルになる。

$$\overrightarrow{BA}-\vec{\ell}=(2, 2, 1)-(2, 1, 3)=(0, 1, -2)$$

だから，求める法線ベクトルは $(t, 2, 1)$ とおけて，これと $\overrightarrow{BA}$ が垂直であるた
めに

$$(2, 2, 1)\cdot(t, 2, 1)=0 \qquad 2t+5=0 \qquad \therefore \quad t=-\frac{5}{2}$$

よって，法線ベクトルは $\left(-\dfrac{5}{2}, 2, 1\right)=-\dfrac{1}{2}(5, -4, -2)$ と表せる。

したがって，求める平面の方程式は

$$5(x-3)-4(y-4)-2(z-4)=0$$
$$\therefore \quad 5x-4y-2z+9=0$$

$-\dfrac{1}{2}(5, -4, -2)$ に垂直であることと，$(5, -4, -2)$ に垂直であることは同じことです。ですから，法線ベクトルの選び方は一意ではありませんが，慣例上，簡単な整数比になり，x 成分が正になるようにします。

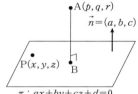

2 ‧ 垂線のベクトル

$\vec{a}$ の $\vec{b}$ への正射影ベクトルは $\dfrac{\vec{a}\cdot\vec{b}}{|\vec{b}|^2}\vec{b}$ と表されました。これは平面ベクトルでも空間ベクトルでも同じです。この正射影ベクトルを用いて垂線のベクトルを求めてみましょう。

平面 $\pi : ax+by+cz+d=0$ に点 $A(p, q, r)$ から下ろした垂線の足を B として，$\overrightarrow{AB}$ を考えます。まず π の法線ベクトルは $\vec{n}=(a, b, c)$ と表されました。π 上に点 $P(x, y, z)$ をとると，$\overrightarrow{AB}$ は $\overrightarrow{AP}$ を $\vec{n}$ に正射影したベクトルですから

$$
\begin{aligned}
\overrightarrow{AB} &= \frac{\overrightarrow{AP}\cdot\vec{n}}{|\vec{n}|^2}\vec{n} \\
&= \frac{(x-p,\ y-q,\ z-r)\cdot(a,\ b,\ c)}{a^2+b^2+c^2}(a,\ b,\ c) \\
&= \frac{a(x-p)+b(y-q)+c(z-r)}{a^2+b^2+c^2}(a,\ b,\ c) \\
&= \frac{ax+by+cz-ap-bq-cr}{a^2+b^2+c^2}(a,\ b,\ c) \\
&= -\frac{ap+bq+cr+d}{a^2+b^2+c^2}(a,\ b,\ c) \quad (\because\ \ ax+by+cz+d=0)
\end{aligned}
$$

です。このベクトルの大きさを考えると

$$
\begin{aligned}
|\overrightarrow{AB}| &= \left| -\frac{ap+bq+cr+d}{a^2+b^2+c^2} \right|\sqrt{a^2+b^2+c^2} \\
&= \frac{|ap+bq+cr+d|}{\sqrt{a^2+b^2+c^2}}
\end{aligned}
$$

となりますが，これを点と平面の距離の公式と言います。

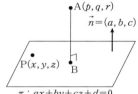

平面 $ax+by+cz+d=0$ に $A(p, q, r)$ から下ろした垂線の
足を B とすると

$$\overrightarrow{AB}=-\frac{ap+bq+cr+d}{a^2+b^2+c^2}(a, b, c)$$

$$|\overrightarrow{AB}|=\frac{|ap+bq+cr+d|}{\sqrt{a^2+b^2+c^2}}$$

$p.326$ に出てきた，垂線のベクトルと，点と直線の距離の公式とほぼ同じ内容であることを確認しておいてください。

例題 154

平面 $2x-y+z+3=0$ に $A(1, 2, 3)$ から下ろした垂線の足 B の座標を求めよ。

解答　　$\overrightarrow{AB}=-\dfrac{2-2+3+3}{2^2+(-1)^2+1^2}(2, -1, 1)=(-2, 1, -1)$

∴　$\overrightarrow{OB}=\overrightarrow{OA}+\overrightarrow{AB}=(1, 2, 3)+(-2, 1, -1)=(-1, 3, 2)$

よって，求める B の座標は　　**(-1, 3, 2)**

演習 154

平面 $\pi : 2x+y+2z-2=0$ と 2 点 $A(1, 1, 1)$，$B(2, 0, 2)$ が与えられている。いま π 上に点 P をとり，$AP+BP$ を考えるとき，この $AP+BP$ の値を最小にするには P をどこにとればよいか。P の座標を求めよ。

$p.327$ で出てきた反射の問題です。

⇓

解答　まず，π の左辺を $f(x, y, z)$ とおくと

$$\begin{cases} f(1, 1, 1)=2+1+2-2=3>0 \\ f(2, 0, 2)=4+0+4-2=6>0 \end{cases}$$

より，A，B は π に関して同じ側にある。

A の π に関する対称点を A′ とするとき，
$AP=A'P$ となるから

$$AP+BP=A'P+BP$$

よって，A′B と π の交点を P とすれば $AP+BP$ は最小になる。

A から π に下ろした垂線の足を H とすれば

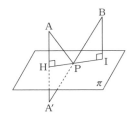

$$\overrightarrow{\mathrm{AA'}}=2\overrightarrow{\mathrm{AH}}=-2\cdot\frac{2+1+2-2}{2^2+1^2+2^2}(2,\ 1,\ 2)=-\frac{2}{3}(2,\ 1,\ 2)$$

$$\therefore\quad \overrightarrow{\mathrm{OA'}}=\overrightarrow{\mathrm{OA}}+\overrightarrow{\mathrm{AA'}}=(1,\ 1,\ 1)-\frac{2}{3}(2,\ 1,\ 2)$$

$$=\left(-\frac{1}{3},\ \frac{1}{3},\ -\frac{1}{3}\right)$$

ここで相似関係に注目すると，B から π に下ろした垂線の足を I として

$$\mathrm{A'P}:\mathrm{PB}=\mathrm{AH}:\mathrm{BI}=\frac{|2+1+2-2|}{\sqrt{2^2+1^2+2^2}}:\frac{|4+0+4-2|}{\sqrt{2^2+1^2+2^2}}=1:2$$

$$\therefore\quad \overrightarrow{\mathrm{OP}}=\frac{2\overrightarrow{\mathrm{OA'}}+\overrightarrow{\mathrm{OB}}}{3}=\frac{2\left(-\dfrac{1}{3},\ \dfrac{1}{3},\ -\dfrac{1}{3}\right)+(2,\ 0,\ 2)}{3}$$

$$=\left(\frac{4}{9},\ \frac{2}{9},\ \frac{4}{9}\right)$$

よって，求める P の座標は $\quad\left(\dfrac{4}{9},\ \dfrac{2}{9},\ \dfrac{4}{9}\right)$

③ 球のベクトル方程式

*p.*329 に出てきた円のベクトル方程式と同様で，中心半径型と直径型の 2 種類があります。

中心半径型の球

中心を C，半径を r とする球
$$|\overrightarrow{\mathrm{OP}}-\overrightarrow{\mathrm{OC}}|=r$$

直径型の球

AB を直径とする球
$$(\overrightarrow{\mathrm{OP}}-\overrightarrow{\mathrm{OA}})\cdot(\overrightarrow{\mathrm{OP}}-\overrightarrow{\mathrm{OB}})=0$$

これらのベクトル方程式を成分で表して整理すると，球の方程式になります。

球の方程式

中心半径型：**中心を $(a,\ b,\ c)$，半径を r とする球**
$$(x-a)^2+(y-b)^2+(z-c)^2=r^2$$
直径型：**$(a,\ b,\ c)$，$(d,\ e,\ f)$ を直径の両端とする球**
$$(x-a)(x-d)+(y-b)(y-e)+(z-c)(z-f)=0$$

例題 155

　　球 $S : (x-1)^2+(y-2)^2+(z-3)^2=4$ と平面 $\pi : x+2y-2z+4=0$ が交わる
ことを示し，交わりの円の半径を求めよ。

解答　S の中心は A$(1,\ 2,\ 3)$ であり，これと π の

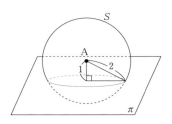

　　距離は

$$\frac{|1+4-6+4|}{\sqrt{1^2+2^2+(-2)^2}}=1<2 : S\ \text{の半径}$$

　　であるから，S と π は交わる。

　　また，交わりの円の半径は

$$\sqrt{2^2-1^2}=\sqrt{3}$$

　球の中心と平面との距離が球の半径より小さければ，球と平面は交わります。

演習 155

　　球 $S : (x-3)^2+(y-2)^2+(z-1)^2=9$ 上の点 A$(5,\ 4,\ 2)$ における S の接平面
の方程式を求めよ。

解答　S の中心を B$(3,\ 2,\ 1)$ とし，求める接平面

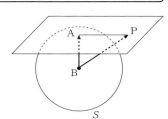

　　上の点を P$(x,\ y,\ z)$ とすると

$$\overrightarrow{\mathrm{BA}}\cdot\overrightarrow{\mathrm{BP}}=|\overrightarrow{\mathrm{BA}}|^2$$

$$(2,\ 2,\ 1)\cdot(x-3,\ y-2,\ z-1)=9$$

$$2(x-3)+2(y-2)+z-1=9$$

$$\therefore\quad \boldsymbol{2x+2y+z=20}$$

　　これが求める方程式である。

　一般的に言えば

> 球 $(x-a)^2+(y-b)^2+(z-c)^2=r^2$ 上の点 $(k,\ \ell,\ m)$ における接平面は
> $(k-a)(x-a)+(\ell-b)(y-b)+(m-c)(z-c)=r^2$

になっています。これは平面ベクトルでも同様のことが言えて

> 円 $(x-a)^2+(y-b)^2=r^2$ 上の点 $(k,\ \ell)$ における接線は
> $(k-a)(x-a)+(\ell-b)(y-b)=r^2$

です。

　2つのベクトルのなす角が鈍角でないとき，内積 $\vec{a}\cdot\vec{b}=|\vec{a}||\vec{b}|\cos\theta$ を $|\vec{a}|$，$|\vec{b}|$，
$\cos\theta$ の3つの実数の積と見るのではなく，$|\vec{a}|$ と $|\vec{b}|\cos\theta$ または $|\vec{b}|$ と $|\vec{a}|\cos\theta$ の
2つの実数の積と見ることは大切な観点です。

たとえば，$\vec{a}$ の $\vec{b}$ への正射影の大きさが k であれば，$\vec{a}\cdot\vec{b}=k|\vec{b}|$ と表されるということです。

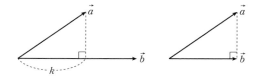

特に，一方の他方への正射影ベクトルが他方そのものになっているときは，他方の大きさの2乗が内積の値になります。右上図では $\vec{a}\cdot\vec{b}=|\vec{b}|^2$ ということであり，右図のように中心が C$(a,\ b)$ で半径が r の円周上の点 T$(k,\ \ell)$ における接線上に P$(x,\ y)$ をとると，$\overrightarrow{\text{CT}}\cdot\overrightarrow{\text{CP}}=|\overrightarrow{\text{CT}}|^2(=r^2)$ になります。

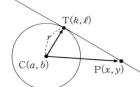

これを成分表示すると
$$(k-a,\ \ell-b)\cdot(x-a,\ y-b)=r^2$$
$$\therefore\quad (k-a)(x-a)+(\ell-b)(y-b)=r^2$$
となり，上の接線の公式が出てきます。

少し応用例を学んでおきましょう。

球 $S:(x-a)^2+(y-b)^2+(z-c)^2=r^2$ 外の点 A$(k,\ \ell,\ m)$ から S に接線を引き，接点を T とすると，T の集合は円になります。この円を含む平面 π を考えます。

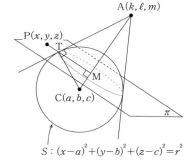

π 上に P$(x,\ y,\ z)$ をとり，T が描く円の中心を M とすると，$\overrightarrow{\text{CA}}\cdot\overrightarrow{\text{CP}}=\text{CA}\cdot\text{CM}$ となります。$\overrightarrow{\text{CP}}$ の $\overrightarrow{\text{CA}}$ への正射影ベクトルが $\overrightarrow{\text{CM}}$ になっているからです。

ここで，$\triangle$CAT$\backsim\triangle$CTM に注目すると
$$\frac{\text{CA}}{\text{CT}}=\frac{\text{CT}}{\text{CM}}\quad\therefore\quad \text{CA}\cdot\text{CM}=\text{CT}^2(=r^2)$$
ですから，$\overrightarrow{\text{CA}}\cdot\overrightarrow{\text{CP}}=r^2$ です。成分表示すると
$$(k-a,\ \ell-b,\ m-c)\cdot(x-a,\ y-b,\ z-c)=r^2$$
$$\therefore\quad (k-a)(x-a)+(\ell-b)(y-b)+(m-c)(z-c)=r^2$$
となり，これが π の方程式です。

④・ 平行四辺形の面積

*p.*322 と全く同じで，$\vec{a}$ と $\vec{b}$ で作られる平行四辺形の面積 S は

$$S=|\vec{a}||\vec{b}|\sin\theta \quad (\theta \text{ は } \vec{a},\ \vec{b} \text{ のなす角})$$

$$=|\vec{a}||\vec{b}|\sqrt{1-\cos^2\theta}=\sqrt{|\vec{a}|^2|\vec{b}|^2-(|\vec{a}||\vec{b}|\cos\theta)^2}$$

$$=\sqrt{|\vec{a}|^2|\vec{b}|^2-(\vec{a}\cdot\vec{b})^2}$$

と表されます。

　これを用いて点と直線の距離を考えてみることにしましょう。

　点 B と直線 $\ell : \overrightarrow{\mathrm{OP}}=\overrightarrow{\mathrm{OA}}+t\vec{\ell}$ の距離を d とすると，$\overrightarrow{\mathrm{AB}}$ と ℓ で作られる平行四辺形の面積を考えることにより

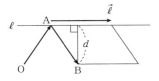

$$\sqrt{|\overrightarrow{\mathrm{AB}}|^2|\vec{\ell}|^2-(\overrightarrow{\mathrm{AB}}\cdot\vec{\ell})^2}=|\vec{\ell}|d$$

の関係が成立することがわかり，これにより d を求めることができます。

例題 156

　A$(3,\ 3,\ 4)$ と直線 $\ell : \overrightarrow{\mathrm{OP}}=(1,\ 2,\ 3)+t(2,\ -2,\ 1)$ の距離を求めよ。

 　ℓ 上に B$(1,\ 2,\ 3)$ をとると

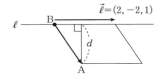

$$\overrightarrow{\mathrm{BA}}=\overrightarrow{\mathrm{OA}}-\overrightarrow{\mathrm{OB}}=(2,\ 1,\ 1)$$

これと ℓ の方向ベクトル $\vec{\ell}=(2,\ -2,\ 1)$ で作られる平行四辺形の面積を考える。A と ℓ の距離を d とすると

$$\sqrt{|\overrightarrow{\mathrm{BA}}|^2\cdot|\vec{\ell}|^2-(\overrightarrow{\mathrm{BA}}\cdot\vec{\ell})^2}=|\vec{\ell}|d$$

$$\sqrt{(2^2+1^2+1^2)(2^2+(-2)^2+1^2)-(4-2+1)^2}=\sqrt{2^2+(-2)^2+1^2}\,d$$

$$\sqrt{6\cdot9-9}=3d \quad \therefore \quad d=\sqrt{5}$$

よって，求める距離は $\sqrt{5}$ である。

　もちろん，このような技術を使わないで，直接計算するやり方もあります。

 　ℓ 上の点 P は P$(2t+1,\ -2t+2,\ t+3)$ と表せる。

$$\overrightarrow{\mathrm{AP}}=\overrightarrow{\mathrm{OP}}-\overrightarrow{\mathrm{OA}}=(2t+1,\ -2t+2,\ t+3)-(3,\ 3,\ 4)$$

$$=(2t-2,\ -2t-1,\ t-1)$$

$$\therefore \quad |\overrightarrow{\mathrm{AP}}|^2=(2t-2)^2+(-2t-1)^2+(t-1)^2$$

$$=9t^2-6t+6=9\left(t-\frac{1}{3}\right)^2+5\geqq5$$

よって，$t=\dfrac{1}{3}$ のとき AP は最小値 $\sqrt{5}$ をとるから，A と ℓ の距離は $\sqrt{5}$ である。

$\overrightarrow{AP}=(2t-2,\ -2t-1,\ t-1)$ を出したあと

↓↓

別解2 ℓ の方向ベクトル $\vec{\ell}=(2,\ -2,\ 1)$ と $\overrightarrow{AP}$ が垂直になるときを考えればよいので

$$(2t-2,\ -2t-1,\ t-1)\cdot(2,\ -2,\ 1)=0$$
$$2(2t-2)-2(-2t-1)+t-1=0$$
$$\therefore\quad t=\dfrac{1}{3}$$

このとき，$\overrightarrow{AP}=\left(-\dfrac{4}{3},\ -\dfrac{5}{3},\ -\dfrac{2}{3}\right)=-\dfrac{1}{3}(4,\ 5,\ 2)$ となるから，求める距離は

$$\left|-\dfrac{1}{3}\right|\sqrt{4^2+5^2+2^2}=\sqrt{5}$$

のように解答してもよいです。

演習 156

直線 $\ell:\overrightarrow{OP}=(-1,\ 0,\ 1)+t(-1,\ 2,\ 2)$ から球 $S:x^2+(y-1)^2+(z-2)^2=4$ が切り取る線分の長さを求めよ。

解答 S の中心を A$(0,\ 1,\ 2)$ とし，A と ℓ の距離を d とする。ℓ 上に B$(-1,\ 0,\ 1)$ をとり，ℓ の方向ベクトルを $\vec{\ell}=(-1,\ 2,\ 2)$ とおく。
$$\overrightarrow{BA}=\overrightarrow{OA}-\overrightarrow{OB}=(1,\ 1,\ 1)$$
であるが，これと $\vec{\ell}$ で作られる平行四辺形の面積を考えて

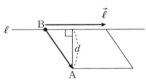

$$\sqrt{|\overrightarrow{BA}|^2|\vec{\ell}|^2-(\overrightarrow{BA}\cdot\vec{\ell})^2}=|\vec{\ell}|d$$
$$\sqrt{3\cdot9-(-1+2+2)^2}=3d$$
$$\therefore\quad d=\sqrt{2}$$

よって，求める線分の長さは
$$2\sqrt{2^2-(\sqrt{2}\,)^2}=\mathbf{2\sqrt{2}}$$

最後に少しだけ補足しておきます。$\vec{a},\ \vec{b}$ で作られる平行四辺形の面積 S は
$$S=\sqrt{|\vec{a}|^2|\vec{b}|^2-(\vec{a}\cdot\vec{b})^2}$$
で表されました。$\vec{a},\ \vec{b}$ が成分表示されているとき，この根号の中身は

$$(a^2+b^2+c^2)(p^2+q^2+r^2)-(ap+bq+cr)^2$$
$$=(br-cq)^2+(cp-ar)^2+(aq-bp)^2 \quad\cdots\cdots(*)$$

となりますが，これよりコーシー・シュワルツの不等式

$$(a^2+b^2+c^2)(p^2+q^2+r^2)\geqq(ap+bq+cr)^2$$

が導かれました。

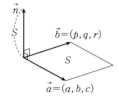

もうひとつ，$\vec{n}=(br-cq,\ cp-ar,\ aq-bp)$ とおくと，
$(*)$ の右辺は $|\vec{n}|^2$，つまり $S=|\vec{n}|$ ですが

$$(br-cq,\ cp-ar,\ aq-bp)\cdot(a,\ b,\ c)$$
$$=(br-cq)a+(cp-ar)b+(aq-bp)c$$
$$=0$$
$$(br-cq,\ cp-ar,\ aq-bp)\cdot(p,\ q,\ r)$$
$$=(br-cq)p+(cp-ar)q+(aq-bp)r$$
$$=0$$

ですから，この $\vec{n}$ は $(a,\ b,\ c)$ と $(p,\ q,\ r)$ のどちらにも垂直なベクトルになっています。

> $\vec{a}=(a,\ b,\ c),\ \vec{b}=(p,\ q,\ r)$ に対して
> $\vec{n}=(br-cq,\ cp-ar,\ aq-bp)$ を考えると，
> $|\vec{n}|$ は $\vec{a}$，$\vec{b}$ で作られる平行四辺形の面積を表し，
> $\vec{n}\cdot\vec{a}=\vec{n}\cdot\vec{b}=0$ となる。

実は，この $\vec{n}$ を $\vec{n}=\vec{a}\times\vec{b}$ と書いて $\vec{a}$ と $\vec{b}$ の外積と呼びますが，物理のいくつかの分野で力を発揮します。

$\vec{n}$ の作り方は，$(a,\ b,\ c)$ と $(p,\ q,\ r)$ を並べて書いてたすきにかけていけばよいのですが，両端どうしのたすきが重なるので，左端の a と p をもう一度右端に書きます。こうして3つのたすきができましたが（右図），$\vec{n}$ の x 成分，y 成分，z 成分は，たすきの中，右，左の順に表れます。

これを用いると2つのベクトルのどちらにも垂直なベクトルを求めることが容易になります。たとえば $p.351$ の**例題153**で $\overrightarrow{AB}=(1,\ 2,\ 2)$ と $\overrightarrow{AC}=(2,\ 1,\ -1)$ のどちらにも垂直なベクトルを求めましたが

$$\overrightarrow{AB}\times\overrightarrow{AC}=(2\cdot(-1)-2\cdot1,\ 2\cdot2-1\cdot(-1),\ 1\cdot1-2\cdot2)$$
$$=(-4,\ 5,\ -3)$$

のようにすることができます。

第 10 章

図形と方程式

第1章
第2章
第3章
第4章
第5章
第6章
第7章
第8章
第9章
第10章
第11章
第12章
第13章
第14章

1 直線

　1次関数のグラフが直線になり，2次関数のグラフは放物線になると学んできましたが，これらは図形を表す方程式の一例です。この章では，図形を表す方程式及び不等式について学び，「幾何」とはまた違った方法で図形にアプローチします。

　*p.*323 で学んだように，直線の方程式には「関数型」と「一般型」の2通りがあります。

> **直線の方程式**
>
> 関数型：$y=ax+b$　（y 軸に平行な直線は表せない）
>
> 一般型：$ax+by+c=0$　（**内積からきた式で，法線ベクトルが** $(a,\ b)$）

両者における，2直線の平行条件，垂直条件を確認しておきます。

> **関数型の2直線の平行条件，垂直条件**
>
> $\begin{cases} y=ax+b & \cdots\cdots① \\ y=cx+d & \cdots\cdots② \end{cases}$ において
>
> $①/\!/② \iff a=c$
>
> $①\perp② \iff ac=-1$

> **一般型の2直線の平行条件，垂直条件**
>
> $\begin{cases} ax+by+c=0 & \cdots\cdots① \\ dx+ey+f=0 & \cdots\cdots② \end{cases}$ において
>
> $①/\!/② \iff ae-bd=0$
>
> $①\perp② \iff ad+be=0$

　一般型において，①，②の平行条件は

　$(a,\ b)/\!/(d,\ e)$

　$a:b=d:e$

　$ae=bd$

$\therefore\ \ ae-bd=0$

ですが，この扱いは今後よく使うので覚えておいてください。

　ところで，1次関数 $y=ax+b$ のグラフはどうして直線になったのでしょうか。まずこれを復習しておきましょう。

　$y=ax+b$ において，$x=0$ とすると $y=b$ となりますから，このグラフは $(0,\ b)$ を通ります。この定数項 b を y 切片と呼びました。

　次に，$x \neq 0$ のとき，$y=ax+b$ より $\dfrac{y-b}{x}=a$（：一定）となりますが，この左辺は 2点 $(0,\ b)$，$(x,\ y)$ を結んで作った線分の $\dfrac{y \text{の増加量}}{x \text{の増加量}}$ になっています。グラフ上の

2点を結んで作った線分の $\dfrac{y\text{の増加量}}{x\text{の増加量}}$ のことを平
均変化率と呼びますが，$y=ax+b$ の場合，平均変
化率が x によらず一定：a なので，グラフは直線に
なります。この x の係数 a を傾きと言います。

復習ついでに整理しておくと

> ・**傾きが m で $(a,\ b)$ を通る直線**：$y=m(x-a)+b$
>
> ・**2点 $(a,\ b)$，$(c,\ d)$ $(a\neq c)$ を通る直線**：$y=\dfrac{b-d}{a-c}(x-a)+b$

です。前者は，傾きが m で原点を通る直線 $y=mx$ を，x 軸方向に a，y 軸方向に b だ
け平行移動したもので，後者は前者を使っただけです。

例題 157

2直線 $ax+(5-a)y+2=0$，$2x+(a+1)y+a=0$ が共有点をもたないように
a の値を定めよ。

解答 2直線が平行であることが必要で

$$a(a+1)-(5-a)\cdot 2=0 \qquad a^2+3a-10=0 \qquad \therefore \quad (a+5)(a-2)=0$$

よって $a=-5,\ 2$

このうち，$a=2$ のときは2直線が一致するので不適。

したがって $\boldsymbol{a=-5}$

演習 157

3直線

$$\begin{cases} x+2y+3=0 & \cdots\cdots① \\ x-y-3=0 & \cdots\cdots② \\ ax+y-1=0 & \cdots\cdots③ \end{cases}$$

で囲まれる部分が三角形になるような a の値の範囲を求めよ。

解答 ①と②は平行ではなく，①－② より

$$3y+6=0 \qquad \therefore \quad y=-2$$

これを①に代入して $x=1$ となるから，交点は $(1,\ -2)$ である。

題意を満たさないのは，③が①または②と平行になる場合，及び③が①，②の
交点を通る場合である。

よって，求める条件は

$$\begin{cases} 1-2a \neq 0 \\ 1+a \neq 0 \\ a-2-1 \neq 0 \end{cases} \qquad \therefore \quad a \neq -1, \ \frac{1}{2}, \ 3$$

1 ・ 直線束

平行でない 2 直線

$$\begin{cases} ax+by+c=0 & \cdots\cdots① \\ dx+ey+f=0 & \cdots\cdots② \end{cases} \quad (ae-bd \neq 0)$$

の交点を通る直線のうち，②でないものをまとめて表現すると

$$ax+by+c+k(dx+ey+f)=0 \quad \cdots\cdots③$$

となります。まず，①，②の交点を $(x_1,\ y_1)$ とおくと

$$\begin{cases} ax_1+by_1+c=0 \\ dx_1+ey_1+f=0 \end{cases}$$

となりますから，③の左辺で $(x,\ y)=(x_1,\ y_1)$ としてみると

$$ax_1+by_1+c+k(dx_1+ey_1+f)=0$$

が成立します。つまり，$(x_1,\ y_1)$ は③上の点でもあります。

ところで，③が表す図形はどんな図形でしょうか。③より

$$(a+kd)x+(b+ke)y+c+kf=0$$

で，これは直線の一般型の形ですから，一応直線を表しているようですが，k の値の選び方によっては，$a+kd=b+ke=0$ となり，$0x+0y+c+kf=0$ のような方程式になることはないのでしょうか。

もし，$0x+0y+c+kf=0$ となったとすれば，これが表す図形は「$c+kf=0$ のときは平面全体で，$c+kf \neq 0$ のときはどのような図形も表さない」となります。いずれにしても，③が直線を表す方程式ではなくなってしまいますが，実は $ae-bd \neq 0$ の条件があるので，このようなことは起こりません。つまり

$$a+kd=b+ke=0 \qquad a=-kd, \ b=-ke \qquad \therefore \quad (a,\ b)=-k(d,\ e)$$

とすると，$(a,\ b) /\!/ (d,\ e)$ すなわち $ae-bd=0$ となり仮定に反するからです。

結局，③はどのような k の値に対しても直線を表します。そして①，②の交点を通ることがわかっているので，③は①，②の交点を通る直線であると言えます。

ただし，③の法線ベクトルについて

$$(a+kd,\ b+ke)=(a,\ b)+k(d,\ e) \quad \cdots\cdots④$$

と変形できますが，これが $(d,\ e)$ に平行だとすると

$$(a,\ b)+k(d,\ e)=\ell(d,\ e) \qquad \therefore \quad (a,\ b)=(\ell-k)(d,\ e)$$

となり，$ae-bd \neq 0$ に反します。よって，$(a+kd,\ b+ke) /\!\!\!/ (d,\ e)$ です。

要するに，④は $(a,\ b)$ を通り，$(d,\ e)$ を方向ベクトルとする直線のベクトル方程

式の形をしており，k の値が変化することにより，いろいろな方向を表すことができますが，(d, e) 方向だけは表すことができないということです。

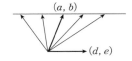

ここで，①，②の交点を通る直線のうち，(d, e) を法線ベクトルにする直線とは，②のことですから，③は②を表すことができないことを上の結論は示しています。

2 直線の交点を通る直線をまとめて（束にして）表現するので，これを直線束と言います。

> **直線束**
>
> $$\begin{cases} ax+by+c=0 \\ dx+ey+f=0 \end{cases} \quad (ae-bd \neq 0) \quad \text{の交点を通る直線は}$$
>
> $$ax+by+c+k(dx+ey+f)=0$$
>
> の形で表される（ただし，$dx+ey+f=0$ は除く）。

■ **例題 158**

2 直線 $4x-3y-1=0$, $2x+5y-1=0$ の交点を通り，直線 $2x+3y+5=0$ に垂直な直線の方程式を求めよ。

解答 $\begin{cases} 4x-3y-1=0 \\ 2x+5y-1=0 \end{cases}$ の交点は $\left(\dfrac{4}{13}, \dfrac{1}{13}\right)$ であり，$2x+3y+5=0$ に垂直な直線の

法線ベクトルは $(3, -2)$ と表されるから，求める方程式は

$$3\left(x-\frac{4}{13}\right)-2\left(y-\frac{1}{13}\right)=0 \quad \therefore \quad \mathbf{39x-26y-10=0}$$

このように解く方法のほかに，直線束の考え方を使う方法もあります。

別解 $2x+5y-1=0$ は $2x+3y+5=0$ に垂直ではないので，除いて考えてよく，この

とき，$\begin{cases} 4x-3y-1=0 \\ 2x+5y-1=0 \end{cases}$ の交点を通る直線は

$$4x-3y-1+k(2x+5y-1)=0$$

$$\therefore \quad (4+2k)x+(-3+5k)y-1-k=0$$

と表される。このうち，$2x+3y+5=0$ に垂直であるものを考えると

$$2(4+2k)+3(-3+5k)=0 \quad \therefore \quad k=\frac{1}{19}$$

よって，求める直線は

$$4x-3y-1+\frac{1}{19}(2x+5y-1)=0 \qquad 19(4x-3y-1)+2x+5y-1=0$$

$$78x-52y-20=0 \quad \therefore \quad \mathbf{39x-26y-10=0}$$

2 直線 $2x-y+1=0$, $9x+y-2=0$ の交点を通る直線のうち，原点からの距離が 1 であるものを求めよ。

解答 $9x+y-2=0$ と原点の距離は $\dfrac{|-2|}{\sqrt{9^2+1^2}}\ne1$ であるから，$9x+y-2=0$ は除いて

考えてよく，このとき，$\begin{cases}2x-y+1=0\\9x+y-2=0\end{cases}$ の交点を通る直線は

$$2x-y+1+k(9x+y-2)=0 \qquad \therefore \quad (9k+2)x+(k-1)y-2k+1=0$$

と表される。これと原点の距離が 1 であるために

$$\frac{|-2k+1|}{\sqrt{(9k+2)^2+(k-1)^2}}=1 \quad \cdots\cdots(*)$$

2 乗して

$$|-2k+1|^2=(9k+2)^2+(k-1)^2$$

整理すると

$$78k^2+38k+4=0 \qquad 39k^2+19k+2=0$$

$$(13k+2)(3k+1)=0 \qquad \therefore \quad k=-\frac{2}{13},\ -\frac{1}{3}$$

よって，求める直線は

$$2x-y+1-\frac{2}{13}(9x+y-2)=0 \qquad 13(2x-y+1)-2(9x+y-2)=0$$

$$\therefore \quad 8x-15y+17=0$$

または

$$2x-y+1-\frac{1}{3}(9x+y-2)=0 \qquad 3(2x-y+1)-(9x+y-2)=0$$

$$\therefore \quad 3x+4y-5=0$$

以上より

$8x-15y+17=0$ または $3x+4y-5=0$

$(*)$ で点と直線の距離の公式（$p.326$）を用いましたが，今後頻繁に使うのでチェックしておいてください。

または，次のように解くこともできますが，計算がやや煩わしくなります。

別解 $2x-y+1=0$ と $9x+y-2=0$ の交点は $\left(\dfrac{1}{11},\ \dfrac{13}{11}\right)$ だから，求める直線は

$$y=k\left(x-\frac{1}{11}\right)+\frac{13}{11} \qquad \therefore \quad 11kx-11y-k+13=0$$

とおける。これと原点との距離が 1 という条件を考えて

$$\frac{|-k+13|}{11\sqrt{k^2+1}}=1$$

2乗して　　$121(k^2+1)=k^2-26k+169$

すなわち　　$60k^2+13k-24=0$　　∴　$(4k+3)(15k-8)=0$

よって　　$k=-\dfrac{3}{4},\ \dfrac{8}{15}$

（以下，省略）

もう1つ，直線束に関連する問題を見ておきましょう。

演習 158B

実数 k がどのような値であっても，直線
$$(k+1)x+(k-3)y-3k+1=0$$
が通る定点を求めよ。

解答　　$(k+1)x+(k-3)y-3k+1=0$　……(*)

すなわち　　$k(x+y-3)+x-3y+1=0$

を k の恒等式と考えて

$\begin{cases} x+y-3=0 \\ x-3y+1=0 \end{cases}$　　∴　$(x,\ y)=(2,\ 1)$

よって，(*)は定点 $(2,\ 1)$ を通る。

(*)を k の恒等式だと考えるところがポイントです。しかし，
$k(x+y-3)+x-3y+1=0$ の式を見れば，これは2直線 $x+y-3=0$，$x-3y+1=0$ の
交点 $(2,\ 1)$ を通る直線束になっているので，定点 $(2,\ 1)$ を通るのは当然のことです。

また，恒等式という言葉が出てきましたが，これは常に等しい式という意味で

$$ax^n+bx^{n-1}+\cdots+cx+d=0\ が\ x\ の恒等式$$
$$\Longleftrightarrow\ a=b=\cdots=c=d=0$$

$$ax^n+bx^{n-1}+\cdots+cx+d=px^n+qx^{n-1}+\cdots+rx+s\ が\ x\ の恒等式$$
$$\Longleftrightarrow\ a=p,\ b=q,\ \cdots,\ c=r,\ d=s$$

のように用います。

2　円と直線

*p.*355 で球のベクトル方程式から球の方程式を作りましたが，これと同じで，円の
ベクトル方程式から円の方程式が出てきます。円のベクトル方程式は

中心半径型：$|\overrightarrow{\mathrm{OP}}-\overrightarrow{\mathrm{OC}}|=r$

直径型：$(\overrightarrow{\mathrm{OP}}-\overrightarrow{\mathrm{OA}})\cdot(\overrightarrow{\mathrm{OP}}-\overrightarrow{\mathrm{OB}})=0$

の 2 種類がありましたが，これらを成分表示して，円の方程式も 2 種類の表現があります。

> **円の方程式**
>
> 中心半径型：中心を $(a,\ b)$，半径を r とする円
> $$(x-a)^2+(y-b)^2=r^2$$
> 直径型：$(a,\ b)$，$(c,\ d)$ を直径の両端とする円
> $$(x-a)(x-c)+(y-b)(y-d)=0$$

1 ・ 円と直線の位置関係

円と直線の位置関係は，交点の個数が 2 個か 1 個か 0 個かで類別します。

> **円と直線の位置関係**
>
> 半径 r の円 C と直線 ℓ があり，C の中心と ℓ の距離を d とすると
> $$\begin{cases} d<r \text{ のとき，} C \text{ と } \ell \text{ は 2 個の交点をもつ。} \\ d=r \text{ のとき，} C \text{ と } \ell \text{ は 1 個の交点をもつ（接する）。} \\ d>r \text{ のとき，} C \text{ と } \ell \text{ は交点をもたない。} \end{cases}$$

　交点の個数を調べるには，「円の中心と直線の距離」と「半径」の大小関係をチェックするのが普通です。円の方程式と直線の方程式から y を消去して判別式を考えるという方法もありますが，計算が煩雑になり，得策ではありません。

例題 159

　円 $x^2+y^2-4x-6y-12=0$ と直線 $kx-y-k-4=0$ の共有点の個数を求めよ。

解答　$x^2+y^2-4x-6y-12=0$ より
$$(x-2)^2+(y-3)^2=25$$
であるから，この円の中心は $(2,\ 3)$ で半径は 5 である。

$(2,\ 3)$ と直線の距離 d は
$$d=\frac{|2k-3-k-4|}{\sqrt{k^2+1}}=\frac{|k-7|}{\sqrt{k^2+1}}$$

よって，$d<5$ であるための条件は　　$\dfrac{|k-7|}{\sqrt{k^2+1}}<5$

2乗して

$$k^2 - 14k + 49 < 25(k^2 + 1) \qquad 12k^2 + 7k - 12 > 0$$

$$(3k + 4)(4k - 3) > 0 \qquad \therefore \quad k < -\frac{4}{3}, \quad \frac{3}{4} < k$$

同様にして，$d = 5$ であるための条件は $\qquad k = -\frac{4}{3}, \quad \frac{3}{4}$

$d > 5$ であるための条件は $\qquad -\frac{4}{3} < k < \frac{3}{4}$

であるから，共有点の個数は

$$\begin{cases} \cdot\ \boldsymbol{k < -\dfrac{4}{3}, \quad \dfrac{3}{4} < k\ \text{のとき，2個。}} \\[3mm] \cdot\ \boldsymbol{k = -\dfrac{4}{3}, \quad \dfrac{3}{4}\ \text{のとき，1個。}} \\[3mm] \cdot\ \boldsymbol{-\dfrac{4}{3} < k < \dfrac{3}{4}\ \text{のとき，0個。}} \end{cases}$$

演習 159

円 $x^2 + y^2 - 6x + 2y + 5 = 0$ に $(0, 3)$ から引いた接線の方程式を求めよ。

解答 $x^2 + y^2 - 6x + 2y + 5 = 0$ より

$$(x - 3)^2 + (y + 1)^2 = 5$$

であるから，この円の中心は $(3, -1)$ で半径は $\sqrt{5}$ である。

$(0, 3)$ を通る直線のうち，$x = 0$ はこの円の接線にはなっていないから，求める接線を

$$y = kx + 3 \qquad \therefore \quad kx - y + 3 = 0$$

とおいて考えてよい。これが接線であるために，円の中心 $(3, -1)$ との距離が $\sqrt{5}$ であればよい。

$$\frac{|3k + 1 + 3|}{\sqrt{k^2 + 1}} = \sqrt{5} \qquad |3k + 4| = \sqrt{5}\sqrt{k^2 + 1}$$

2乗して

$$9k^2 + 24k + 16 = 5(k^2 + 1) \qquad 4k^2 + 24k + 11 = 0$$

$$(2k + 1)(2k + 11) = 0 \qquad \therefore \quad k = -\frac{1}{2}, \ -\frac{11}{2}$$

よって，求める接線は

$$\boldsymbol{y = -\frac{1}{2}x + 3, \ y = -\frac{11}{2}x + 3}$$

2 ・ 円の接線

$p.356$，357 で内積を用いて円の接線の方程式を導きました。もう一度書いておくと

> **円の接線の方程式**
>
> 円 $(x-a)^2+(y-b)^2=r^2$ 上の点 (k,ℓ) における接線は
> $$(k-a)(x-a)+(\ell-b)(y-b)=r^2$$

です。これを用いて $p.369$ の **演習159** で接点の座標を求めてみましょう。円の方程式が $(x-3)^2+(y+1)^2=5$ ですから，接点の座標を (k,ℓ) とすると，接線の方程式は $(k-3)(x-3)+(\ell+1)(y+1)=5$ の形で表されます。求めた接線をこの形に変形します。

$\Downarrow$
解答　　$y=-\dfrac{1}{2}x+3$　　　$x+2y=6$

$x-3+2(y+1)=5$

$\therefore$　$(4-3)(x-3)+(1+1)(y+1)=5$

よって，$y=-\dfrac{1}{2}x+3$ と円の接点の座標は　　**(4, 1)**

$y=-\dfrac{11}{2}x+3$　　　$11x+2y=6$

$11(x-3)+2(y+1)=-25$　　　$-\dfrac{11}{5}(x-3)-\dfrac{2}{5}(y+1)=5$

$\therefore$　$\left(\dfrac{4}{5}-3\right)(x-3)+\left(-\dfrac{7}{5}+1\right)(y+1)=5$

よって，$y=-\dfrac{11}{2}x+3$ と円の接点の座標は　　$\left(\dfrac{4}{5},\ -\dfrac{7}{5}\right)$

もちろん，連立方程式を解いて接点を求めることもできます。

$\Downarrow$
別解　　$\begin{cases}(x-3)^2+(y+1)^2=5 \\ y=-\dfrac{1}{2}x+3\end{cases}$　　　より y を消去して

$(x-3)^2+\left(-\dfrac{1}{2}x+4\right)^2=5$　　　$\dfrac{5}{4}x^2-10x+20=0$

$(x-4)^2=0$　　$\therefore$　$x=4$

このとき　　$y=1$

よって，接点の座標は　　**(4, 1)**

といった具合です。

3 · 極と極線

円 C 外の1点 A から C に2接線を引くとき，2接点を通る直線を C の A を極とする極 線と言います。

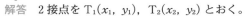

例題 160

円 $C:(x-a)^2+(y-b)^2=r^2$ 外の1点 A(p, q) から C に2接線を引くとき，2接点を通る直線 ℓ の方程式を求めよ。

また，ℓ 上で C 外の部分に B(s, t) をとり，B から C に2接線を引くとき，2接点を通る直線 m は A を通ることを示せ。

解答　2接点を $T_1(x_1, y_1)$，$T_2(x_2, y_2)$ とおく。

T_1 における C の接線は

$$(x_1-a)(x-a)+(y_1-b)(y-b)=r^2$$

であり，これが A を通るので

$$(x_1-a)(p-a)+(y_1-b)(q-b)=r^2$$

$$\therefore \quad (p-a)(x_1-a)+(q-b)(y_1-b)=r^2 \quad \cdots\cdots①$$

同様に，T_2 における接線が A を通る条件を考えて

$$(p-a)(x_2-a)+(q-b)(y_2-b)=r^2 \quad \cdots\cdots②$$

①，②は直線 $(p-a)(x-a)+(q-b)(y-b)=r^2$ が T_1，T_2 を通る条件を表しているから，$\ell:(p-a)(x-a)+(q-b)(y-b)=r^2$ である。

同様にして

$$m:(s-a)(x-a)+(t-b)(y-b)=r^2$$

となる。また，B は ℓ 上の点だから

$$(p-a)(s-a)+(q-b)(t-b)=r^2$$

$$\therefore \quad (s-a)(p-a)+(t-b)(q-b)=r^2$$

これは m が A を通る条件を表している。

よって，示された。

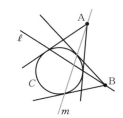

極線の方程式

円 $C:(x-a)^2+(y-b)^2=r^2$ の A(p, q) を極とする極線は
$$\ell:(p-a)(x-a)+(q-b)(y-b)=r^2$$
であり，ℓ 上で C の外の点を極とする C の極線は A を通る。

実はこの極と極線の話は，内積の応用例として $p.357$ で一度学んでいます。

> 中心が $C(a, b, c)$ で半径が r の球 S に，S 外の 1 点 $A(k, \ell, m)$ から接線を引くと，接点の集合は円を描く。この円を含む平面のベクトル方程式は
>
> $$\overrightarrow{CA} \cdot \overrightarrow{CP} = r^2$$
>
> で与えられ，これを成分表示すれば
>
> $$(k-a)(x-a) + (\ell-b)(y-b) + (m-c)(z-c) = r^2$$
>
> となる。

という内容だったわけですが，このときに用いた方法と同じ方法を使って，極線の方程式を求めてみましょう。

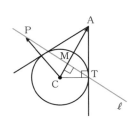

中心が $C(a, b)$，半径が r の円外の 1 点 $A(p, q)$ からこの円に 2 接線を引きます。

2 接点を通る直線を ℓ，ℓ と CA の交点を M，接点の 1 つを T として，ℓ 上に $P(x, y)$ をとると

$$\overrightarrow{CA} \cdot \overrightarrow{CP} = CA \cdot CM$$

ここで，$\triangle CAT \backsim \triangle CTM$ より

$$\frac{CA}{CT} = \frac{CT}{CM} \qquad CA \cdot CM = CT^2 \ (=r^2)$$

$$\therefore \quad \overrightarrow{CA} \cdot \overrightarrow{CP} = r^2$$

成分表示すると

$$(p-a, q-b) \cdot (x-a, y-b) = r^2$$

$$\therefore \quad (p-a)(x-a) + (q-b)(y-b) = r^2$$

この途中に出てきた $\overrightarrow{CA} \cdot \overrightarrow{CP} = r^2$ が A を極とする C の極線のベクトル方程式だったわけです。

> 円：$|\overrightarrow{OP} - \overrightarrow{OC}| = r$ の A を極とする極線は
> $$\overrightarrow{CA} \cdot \overrightarrow{CP} = r^2$$

これを用いた**例題 160** の後半の別解を示しておきます。

↓↓

別解　C の中心を C とする。また，CA と ℓ の交点を M とし，接点の 1 つを T とする。

$$\overrightarrow{CA} \cdot \overrightarrow{CP} = CA \cdot CM$$
$$= r^2 \ (\because \ \triangle CAT \backsim \triangle CTM)$$

すなわち　　$\ell : \overrightarrow{CA} \cdot \overrightarrow{CP} = r^2$

同様に　　　$m : \overrightarrow{CB} \cdot \overrightarrow{CP} = r^2$

いま，B は ℓ 上の点だから

$$\overrightarrow{\text{CA}}\cdot\overrightarrow{\text{CB}}=r^2 \qquad \therefore \quad \overrightarrow{\text{CB}}\cdot\overrightarrow{\text{CA}}=r^2$$

これは m が A を通る条件を表している。

よって，示された。

演習 160

　放物線 $C:y=ax^2$ $(a>0)$ の下方の 1 点 $\text{A}(p, q)$ から C に 2 接線を引くとき，2 接点を通る直線 ℓ の方程式を求めよ。

　また，ℓ 上で C の下方の部分に $\text{B}(r, s)$ をとり，B から C に 2 接線を引くとき，2 接点を通る直線 m は A を通ることを示せ。

解答　C 上に (t, at^2) をとり，これを通る直線を
$$y=k(x-t)+at^2$$
とおく。これが C の接線になるときの k を求める。
$$\begin{cases} y=ax^2 \\ y=k(x-t)+at^2 \end{cases} \quad \text{より，}y\text{を消去して}$$
$$ax^2-kx+kt-at^2=0$$
接する条件より
$$D=k^2-4a(kt-at^2)=0$$
すなわち　　$(k-2at)^2=0$ 　　$\therefore$ 　　$k=2at$

　よって，C 上の点 (t, at^2) における C の接線は
$$y=2at(x-t)+at^2 \qquad \therefore \quad y=2atx-at^2$$

　これより，A から C に引いた 2 接線の接点を $\text{T}_1(x_1, y_1)$，$\text{T}_2(x_2, y_2)$ とおくと，T_1 における接線は
$$y=2ax_1x-y_1$$
と表される。これが A を通るから
$$q=2ax_1p-y_1 \qquad \therefore \quad y_1=2apx_1-q \quad \cdots\cdots\text{①}$$
同様に，T_2 における接線が A を通る条件から
$$y_2=2apx_2-q \quad \cdots\cdots\text{②}$$

①，②は直線 $y=2apx-q$ が T_1，T_2 を通る条件を表しているから
$$\ell:\boldsymbol{y=2apx-q}$$
同様に，$m:y=2arx-s$ となるが，B は ℓ 上の点だから
$$s=2apr-q \qquad \therefore \quad q=2arp-s$$
これは A が m 上の点であることを示している。よって，m は A を通る。

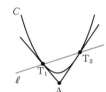

3 2円

1 • 2円の位置関係

2円の位置関係を考える方法の1つに，中心間の距離と半径の関係を調べる方法があります。

> **2円の位置関係** ▶
>
> 2円の半径を r，R とし，中心間の距離を d とすると
>
> $d < |R-r|$ ：一方が他方を内包
>
> $d = |R-r|$ ：内接
>
> $|R-r| < d < R+r$ ：2点を共有
>
> $d = R+r$ ：外接
>
> $d > R+r$ ：円の周及び内部に2円が共有する点はない

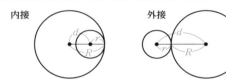

内接   外接

これらは，内接の場合と外接の場合を基準に場合分けしています。

2 • 円束

$p.364$ で学んだ直線束と同様に，円束があります。

> **円束** ▶
>
> 2円 $\begin{cases} (x-a)^2+(y-b)^2=r^2 & \cdots\cdots① \\ (x-c)^2+(y-d)^2=R^2 & \cdots\cdots② \end{cases}$
>
> が2交点をもつとき，それら2交点を通る円は
>
> $$(x-a)^2+(y-b)^2-r^2+k\{(x-c)^2+(y-d)^2-R^2\}=0 \quad \cdots\cdots③$$
>
> と表される（ただし②は除く）。
>
> 　特に $k=-1$ のとき，③は①，②の交点を通る直線（半径が無限大の円）を表す。

①，②の交点を $(x_1,\ y_1)$ とすると $\begin{cases} (x_1-a)^2+(y_1-b)^2=r^2 \\ (x_1-c)^2+(y_1-d)^2=R^2 \end{cases}$

となるので，k の値によらず

$$(x_1-a)^2+(y_1-b)^2-r^2+k\{(x_1-c)^2+(y_1-d)^2-R^2\}=0$$

を満たし，③が (x_1, y_1) を通るということでした。

　この直線束，円束の考え方は，「円と直線の交点を通る円」とか，「放物線と直線の交点を通る放物線」…のように，発展させることができます。

　さらに，$k=-1$ のとき，これは①，②の方程式を辺々引いたということですが，①，②が同心円でなければ（$(a, b)\neq(c, d)$ であれば），①，②が交点をもたなくても，①－② は直線を表します。これは一体どんな直線でしょうか。実は

$$①-②：(x-a)^2+(y-b)^2-r^2=(x-c)^2+(y-d)^2-R^2$$

ですから，平面上の点 (x, y) から2円に接線が引けたとき，接点までの距離が等しくなるような (x, y) を考えているということがわかります。この ①－② を①，②の根軸と呼びます。

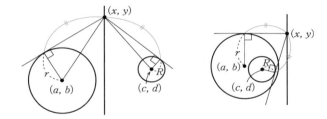

　いま，連立方程式について

$$\begin{cases} A=0 \\ B=0 \end{cases} \iff \begin{cases} A=0 \\ A-B=0 \end{cases}$$

ですが，$A=0$ と $B=0$ が円の方程式であったとすると，$A-B=0$ はそれらの根軸を表しますから，これは「2円の交点」と「一方の円と根軸との交点」が一致することを示しています。

（ⅰ）　　　　（ⅱ）　　　　（ⅲ）　　　　（ⅳ）　　　　（ⅴ）

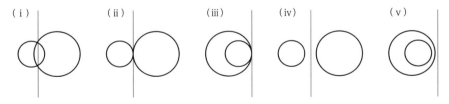

　つまり，2円が2交点をもてば（ⅰ），一方の円と根軸も同じ交点をもち，2円が接すれば（ⅱ，ⅲ），一方の円と根軸も同じ点で接するということです。そして，2円が共有点をもたなければ（ⅳ，ⅴ），一方の円と根軸も共有点をもちません。これは2円の位置関係を調べるためのもう1つの方法になっています。

2 円 $x^2+y^2-9=0$ と $x^2+y^2+2x-2ay+a^2=0$ が共有点をもつように，a の値の範囲を定めよ。

解答　$x^2+y^2-9=0$ より

$$x^2+y^2=9$$

であり，この円の中心は $(0, 0)$ で半径は 3 である。

また，$x^2+y^2+2x-2ay+a^2=0$ より

$$(x+1)^2+(y-a)^2=1$$

であり，この円の中心は $(-1, a)$ で半径は 1 である。

よって，2 円の中心間の距離は $\sqrt{1+a^2}$ となるから，2 円が共有点をもつ条件は

$$3-1\leqq\sqrt{1+a^2}\leqq3+1 \qquad 4\leqq1+a^2\leqq16$$
$$3\leqq a^2\leqq15$$
$$\therefore \quad -\sqrt{15}\leqq a\leqq-\sqrt{3}, \quad \sqrt{3}\leqq a\leqq\sqrt{15}$$

演習 161

2 円 $x^2+y^2=4$，$(x-a)^2+(y+a-1)^2=a^2-a+1$ が接するときの a の値を求めよ。

解答　$x^2+y^2=4$ の中心は $(0, 0)$ で半径は 2 である。

$(x-a)^2+(y+a-1)^2=a^2-a+1$ の中心は $(a, 1-a)$ で半径は $\sqrt{a^2-a+1}$ である。

よって，中心間の距離は $\sqrt{a^2+(1-a)^2}=\sqrt{2a^2-2a+1}$ となるから，求める条件は

$$\sqrt{2a^2-2a+1}=|2\pm\sqrt{a^2-a+1}\,|$$

2 乗して　$2a^2-2a+1=4\pm4\sqrt{a^2-a+1}+a^2-a+1$

すなわち　$a^2-a-4=\pm4\sqrt{a^2-a+1}$

再び 2 乗すると　$(a^2-a-4)^2=16(a^2-a+1)$

すなわち　$(a^2-a)^2-24(a^2-a)=0$

よって　$(a^2-a)(a^2-a-24)=0$

$\therefore \quad a(a-1)(a^2-a-24)=0$

以上の議論は逆にもたどれるので

$$a=0, 1, \ \frac{1\pm\sqrt{97}}{2}$$

根軸を用いた別解も示しておきます。

↓
別解

$$\begin{cases} x^2+y^2=4 \\ (x-a)^2+(y+a-1)^2=a^2-a+1 \end{cases}$$

$$\therefore \begin{cases} x^2+y^2=4 & \cdots\cdots① \\ 2ax-2(a-1)y-a^2+a-4=0 & \cdots\cdots② \end{cases}$$

であるから，①，②が接する条件を考えればよい。

①の中心は $(0,\ 0)$ で，これと②の距離は

$$\frac{|-a^2+a-4|}{2\sqrt{a^2+(a-1)^2}}=\frac{|a^2-a+4|}{2\sqrt{2a^2-2a+1}}$$

となるから，求める条件は

$$\frac{|a^2-a+4|}{2\sqrt{2a^2-2a+1}}=2：①の半径$$

$$|a^2-a+4|^2=16(2a^2-2a+1) \qquad (a^2-a)^2-24(a^2-a)=0$$

$$(a^2-a)(a^2-a-24)=0 \qquad \therefore \quad a(a-1)(a^2-a-24)=0$$

以上の議論は逆にもたどれるので　　$\boldsymbol{a=0,\ 1,\ \dfrac{1\pm\sqrt{97}}{2}}$

4 不等式の表す領域

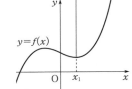

「ベクトル方程式」の補題のところ（$p.331$）でも少し触れましたが，不等式が表す領域について学ぶことにしましょう。

まず，$y>f(x)$ が表す領域を考えます。$x=x_1$ と定めたとき，$y>f(x_1)$ となりますが，これは $x=x_1$ という直線上で y 座標が $f(x_1)$ より大きい部分を表します。x を x_1 以外のどこでとっても同様ですから，結果として $y>f(x)$ が表す領域は $y=f(x)$ のグラフの上方になります。

> $y>f(x)$ **が表す領域：**$y=f(x)$ **のグラフの上方**
> $y<f(x)$ **が表す領域：**$y=f(x)$ **のグラフの下方**

次に，$(x-a)^2+(y-b)^2>r^2$ が表す領域を考えます。この左辺は，2 点 $(x,\ y)$ と $(a,\ b)$ の距離の 2 乗を表しています。したがって，$(x-a)^2+(y-b)^2>r^2$ を満たす $(x,\ y)$ は，$(a,\ b)$ からの距離が r より大きくなるような点になります。結局

> $(x-a)^2+(y-b)^2>r^2$ **が表す領域：円** $(x-a)^2+(y-b)^2=r^2$ **の外部**
> $(x-a)^2+(y-b)^2<r^2$ **が表す領域：円** $(x-a)^2+(y-b)^2=r^2$ **の内部**

ということです。

$y < \sqrt{1-x^2}$ が表す領域を図示せよ。

解答　まず，$y = \sqrt{1-x^2}$ を変形すると

$$y \geqq 0, \quad y^2 = 1 - x^2$$

$$\therefore \quad y \geqq 0, \quad x^2 + y^2 = 1$$

であり，グラフは右図のようになる。

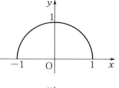

よって，$y < \sqrt{1-x^2}$ が表す領域は右下図の斜線部のようになる。

ただし，境界は $y = \sqrt{1-x^2}$ 上は含まない。

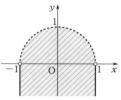

　これは非常に誤答が多い問題です。1つ注意事項は，$1-x^2 \geqq 0$ すなわち $-1 \leqq x \leqq 1$ でなければ $\sqrt{1-x^2}$ が実数ではなくなることです。xy 平面とは x, y がともに実数である平面なので，$y < \sqrt{1-x^2}$ が表す領域を考える上でまず $-1 \leqq x \leqq 1$ が必要です。そのほかは，$y = \sqrt{1-x^2}$ のグラフの下方を考えることになります。また，境界上の点でその点を領域が含む場合と含まない場合があるので，それについてのコメントも必要です。

　さらに，解答の図で $(1, 0)$，$(-1, 0)$ は，$y = \sqrt{1-x^2}$ 上の含まない境界と $x = \pm 1$ $(y < 0)$ 上の含む境界の境界になっていますが，領域はこれらの点を含まないので，白丸を付けておきます。もし，領域がこれらの点を含むのであれば，黒丸を付けることになります。

演習 162

次の不等式が表す領域を図示せよ。

(1)　$y < \dfrac{1}{x}$　　(2)　$xy < 1$　　(3)　$\dfrac{1}{xy} > 1$

解答　(2)　・$x > 0$ のとき　　$y < \dfrac{1}{x}$

　　　　　・$x = 0$ のとき　　$xy < 1$ を満たす。

　　　　　・$x < 0$ のとき　　$y > \dfrac{1}{x}$

　　　(3)　・$xy > 0$ のとき（第1，3象限のとき），$xy < 1$ となり，(2)と同様になる。

　　　　　・$xy \leqq 0$ のときは条件を満たさない。

以上より

(1) 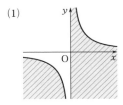　(2) 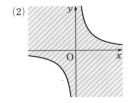　(3)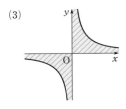

（(1)〜(3)いずれの場合も境界は含まない）

　負の数で割ったり，負の数をかけたりすると，不等号の向きが逆転することに注意しておきましょう。

例題 163

$(x^2+y^2-4)(x+y-1)>0$ が表す領域を図示せよ。

解答　まず，$(x^2+y^2-4)(x+y-1)=0$ より

　　　$x^2+y^2=4$　または　$x+y=1$

が表す曲線は右図のようになる。

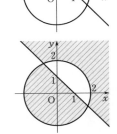

　この曲線で区切られた各領域について，たとえば$(0,\ 0)$ を含むところは，$x^2+y^2-4<0$ かつ $x+y-1<0$ となるので，$(x^2+y^2-4)(x+y-1)>0$ を満たす。

　この領域から境界を 1 つ越えると，左辺の 2 つの因数のどちらか一方の符号が変化するので，左辺の符号も変化する。

　以上の考察により，求める領域は右図の斜線部のようになる（境界は含まない）。

　この問題では，$(x^2+y^2-4)(x+y-1)>0$ より

　　$x^2+y^2-4>0,\ x+y-1>0$　または　$x^2+y^2-4<0,\ x+y-1<0$

として，領域を考える方が簡明です。解答で示した方法は，左辺の因数の数が増えたり，より複雑な場合への応用が効くやり方なので，これも参考にしておいてください。

演習 163

$(y-x^2)(x^2+y^2-2)\left(y-\dfrac{1}{x}\right)\geqq 0$ が表す領域を図示せよ。

解答　まず $x=0$ のときは不適で，$x\neq 0$ のとき

　　$(y-x^2)(x^2+y^2-2)\left(y-\dfrac{1}{x}\right)\geqq 0$

の両辺に $x^2(>0)$ をかけて

$$x^2(y-x^2)(x^2+y^2-2)\left(y-\frac{1}{x}\right)\geqq0$$

$$\therefore \quad x(y-x^2)(x^2+y^2-2)(xy-1)\geqq0$$

この不等式が表す領域の境界は

$$x(y-x^2)(x^2+y^2-2)(xy-1)=0$$

であり，これを図示すると右上図のようになる。

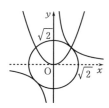

これにより，区分される各領域における
$x(y-x^2)(x^2+y^2-2)(xy-1)$ の符号を調べることにより，
求める領域は右図の斜線部のようになる（ただし境界は，
$x=0$ 上のみ含まない）。

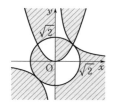

$y-\dfrac{1}{x}>0$ が表す領域が(i)で，$y-\dfrac{1}{x}<0$

が表す領域は(ii)です。

これを見ればわかるように，$y-\dfrac{1}{x}=0$

が作る境界は $y-\dfrac{1}{x}=0$ のグラフに加えて

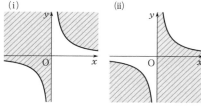

$x=0$（y 軸）があります。うっかりしやすいところなので注意しましょう。解答のように $x\neq0$ のときに両辺に x^2（>0）をかけるか，$x>0$ か $x<0$ で場合分けして考えることになります。

① 正領域と負領域

$y=x+2$ は $x-y+2=0$，　$x^2+y^2=1$ は $x^2+y^2-1=0$ のように，曲線を表す式は，
x と y の式を $f(x, y)$ として，$f(x, y)=0$ の形で表すことができます。この曲線を
境界にして，$f(x, y)>0$ が表す領域を $f(x, y)$ の正領域，
$f(x, y)<0$ が表す領域を $f(x, y)$ の負領域と呼びます。

たとえば，$f(x, y)=x-y+2$ とすると，$f(x, y)$ の正領域は
右図の斜線部のようになります。そして，斜線を引かなかった
部分が $f(x, y)$ の負領域です。

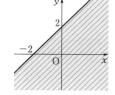

1つ例題を解いておきましょう。

例題 164

直線 $(1-k)x+(1+k)y-2=0$ と，2点 $(1, 2)$，$(3, 1)$ を結ぶ線分（端点は含まない）が共有点をもつような k の値の範囲を求めよ。

解答　$(1-k)x+(1+k)y-2=0$ は

$$x+y-2+k(-x+y)=0 \quad \cdots\cdots(*)$$

と変形でき，これは $x+y-2=0$ と $-x+y=0$ の交点 $(1, 1)$ を通る直線を表している（$-x+y=0$ は除く）。

$(1, 1)$ と $(3, 1)$ を通る直線の傾きは 0 で，$(1, 1)$ と $(1, 2)$ を通る直線は $x=1$ だから，$(*)$の傾きが正であれば条件を満たす。

ところで，$(*)$は $k=-1$ のとき $x=1$ となり，$k\neq-1$ のとき

$y=\dfrac{k-1}{k+1}x+\dfrac{2}{k+1}$ と変形できるから，求める条件は

$$\dfrac{k-1}{k+1}>0$$

$$(k-1)(k+1)>0$$

$$\therefore\quad \boldsymbol{k<-1,\ 1<k}$$

このように解くこともできますが，正領域，負領域の考え方を用いると次のようになります。

別解　$f(x, y)=(1-k)x+(1+k)y-2$ とおくとき，$(1, 2)$ と $(3, 1)$ が $f(x, y)$ の正負別領域にあればよい。よって

$$f(1, 2)f(3, 1)<0$$

すなわち

$$\{1-k+2(1+k)-2\}\{3(1-k)+1+k-2\}<0$$

$$(k+1)(-2k+2)<0$$

$$\therefore\quad \boldsymbol{k<-1,\ 1<k}$$

② 2変数関数の最大，最小

例題 165

連立不等式 $y\geqq x$，$y\leqq -x^2+3x$ が表す領域を D とする。点 (x, y) が D 上を動くとき，$y-x^2+2x$ のとりうる値の最大値と最小値を求めよ。

x, y は D 上を動くという制約はあるものの，$f(x, y)=y-x^2+2x$ は x と y の2変数関数です。これの最大，最小を考えるには，どうすればよいのでしょうか。

解答 D は右図の斜線部のようになり，D 上の (x, y) は
$$x \leqq y \leqq -x^2+3x, \quad 0 \leqq x \leqq 2$$
を満たす。

いま，$0 \leqq x \leqq 2$ の範囲で x を固定して考えると
$$x-x^2+2x \leqq y-x^2+2x \leqq -x^2+3x-x^2+2x$$
$$\therefore \quad -x^2+3x \leqq y-x^2+2x \leqq -2x^2+5x$$

となるから，$0 \leqq x \leqq 2$ で x を動かして，$-2x^2+5x$ の最大値が求める最大値となり，$-x^2+3x$ の最小値が求める最小値となる。

よって，グラフより，**最大値は $\dfrac{25}{8}$，最小値は 0** である。

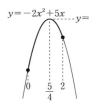 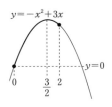

x と y に勝手に動かれては困るので，一方を固定して考えるのが 1 つの方法です。そこで何らかの結論を得たら，固定していた文字を動かします。

もう 1 つ有力な方法があるので，それを紹介しておきます。

別解 D は右図の斜線部のようになる。
$$y-x^2+2x=k$$
すなわち
$$y=x^2-2x+k \quad \cdots\cdots(*)$$
とおくと，(x, y) は D 上にあり，かつ放物線 $(*)$ 上にあることになる。

これより，$(*)$ が D と共有点をもつ範囲で k が動けることがわかる。

$(*)$ は下に凸の放物線で $x=1$ が軸だから，$(*)$ が $y=-x^2+3x$ に接するときに k は最大値をとる。y を消去して
$$-x^2+3x=x^2-2x+k \quad \therefore \quad 2x^2-5x+k=0$$
接する条件より
$$D=25-8k=0 \quad \therefore \quad k=\frac{25}{8}$$

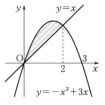

よって，**最大値は $\dfrac{25}{8}$** である。

また，$(*)$ が $(0, 0)$ または $(2, 2)$ を通るときに k は最小値をとるが，$(*)$ が

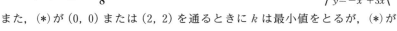

$(0, 0)$ を通るとき $k=0$ であり，$(*)$ が $(2, 2)$ を通るとき $k=2$ であるから，**最小値は 0** である。

この方法を「図形の利用」と呼んでおきます。

> **2 変数関数の最大，最小**
>
> ・文字固定により，1 変数関数と考える。
> ・図形の利用。

このほかに，相加平均と相乗平均の関係のような絶対不等式が利用できたり，文字の置き換えによって 1 変数関数の形に変形できることもあるかもしれません。式の特徴に敏感でありたいところですが，まず基本は「文字固定」と「図形の利用」だと理解してください。

演習 165

連立不等式 $y \geqq x^2$，$x^2+y^2-4y \leqq 0$ が表す領域を D とする。点 (x, y) が D 上を動くとき，$y-2x$ のとりうる値の最大値と最小値を求めよ。

解答 $x^2+y^2-4y \leqq 0$ は $x^2+(y-2)^2 \leqq 4$ と変形でき，

$y=x^2$，$x^2+y^2-4y=0$ より，x を消去すると

$$y+y^2-4y=0$$
$$y(y-3)=0$$
$$\therefore \quad y=0, \ 3$$

よって，D は右図の斜線部のようになる。

$y-2x=k$ すなわち $y=2x+k$ とおくと，

(x, y) はこの直線上にあり，かつ D 上にあることになるから，この直線と D が共有点をもつ範囲で k は動くことができる。

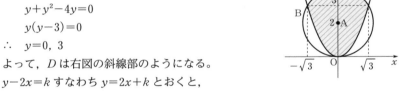

いま，円 $x^2+(y-2)^2=4$ の中心は $A(0, 2)$ であり，この円上に $B(-\sqrt{3}, 3)$ をとると，A，B を通る直線の傾きは $-\dfrac{1}{\sqrt{3}}$ になる。したがって，B における円の接線の傾きは $\sqrt{3}$ (<2) である。

これより，$(x, y)=(-\sqrt{3}, 3)$ のときに k は

最大値 $3+2\sqrt{3}$ をとることがわかる。

また，$-\sqrt{3} \leqq x \leqq \sqrt{3}$ で $y \geqq x^2$ であるから

$$y-2x \geqq x^2-2x \geqq -1 \quad (\because \ \ 右図)$$

よって，**最小値は -1** である。

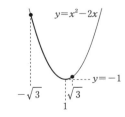

5 軌跡

ある条件を満たす点が描く図形を，その条件を満たす点の軌跡と言います。

たとえば，相異なる2点A，Bからの距離が等しい点の軌跡は，ABの垂直二等分線になり，ある点からの距離が等しい点の軌跡は，その点を中心とする円になるといった具合です。

例題 166

> 2点 $(0, 0)$，$(6, 3)$ からの距離の比が $2:1$ である点Pの軌跡を求めよ。

これは $p.330$ に出てきたアポロニウスの円です。$(0, 0)$ と $(6, 3)$ を $2:1$ に内分する点と同じ比に外分する点を直径の両端とする円になるはずです。$p.330$ ではベクトル方程式を作って考えましたが，ここでは別のやり方を採用してみましょう。

解答　P を (x, y) とおくと

$$\sqrt{x^2+y^2} : \sqrt{(x-6)^2+(y-3)^2} = 2 : 1 \qquad \sqrt{x^2+y^2} = 2\sqrt{(x-6)^2+(y-3)^2}$$

2乗して

$$x^2+y^2 = 4(x^2+y^2-12x-6y+45)$$
$$x^2+y^2-16x-8y+60 = 0 \quad \cdots\cdots(*)$$
$$\therefore \quad (x-8)^2+(y-4)^2 = 20$$

よって，Pの軌跡は**中心が $(8, 4)$ で半径が $2\sqrt{5}$ の円**になる。

$(*)$ から $(x-4)(x-12)+(y-2)(y-6)=0$ と変形してもよいのですが，これは結果がわかっているからできることで，通常，この変形は少し難しいです。ですから，解答のように中心半径型にするのが自然です。

このように，求める軌跡上の点を (x, y) とおいて，与えられている条件を式で表すのは，軌跡を考えるときの有力な方法の1つです。

演習 166

> 直線 $y=-\dfrac{1}{4}$ からの距離と，点 $\left(0, \dfrac{1}{4}\right)$ からの距離が等しい点Pの軌跡を求めよ。

解答　P を (x, y) とおくと

$$\left| y+\frac{1}{4} \right| = \sqrt{x^2+\left(y-\frac{1}{4}\right)^2}$$

2乗して $\qquad y^2+\dfrac{1}{2}y+\dfrac{1}{16}=x^2+y^2-\dfrac{1}{2}y+\dfrac{1}{16}$ $\qquad \therefore \quad y=x^2$

よって，P の軌跡は**放物線 $y=x^2$** になる。

① ● パラメーター表示されている場合の軌跡

軌跡上の点がパラメーター表示されている場合を考えてみましょう。たとえば

$$\begin{cases} x=1+2t \\ y=3-t \end{cases}$$

であれば，これは $(1, 3)$ を通り，$(2, -1)$ を方向ベクトルとする直線のベクトル方程式を成分表示した形になっていますが，パラメーター（媒介変数）t を消去すると，$x+2y=7$ となり，直線の方程式が得られます。t を媒介にして x と y が結びついている連立方程式から t を消去すれば，軌跡の方程式が得られるということです。もう1つ例を挙げておきます。

$$\begin{cases} x=2+5\cos\theta \\ y=3+5\sin\theta \end{cases}$$

であれば，中心が $(2, 3)$ で半径が 5 の円のパラメーター表示です。やはり θ を消去すると

$$(x-2)^2+(y-3)^2=(5\cos\theta)^2+(5\sin\theta)^2 \qquad \therefore \quad (x-2)^2+(y-3)^2=25$$

となり，円の方程式が得られます。

ただし，パラメーターの条件により，x や y がとる値の範囲に制限が生じることがありますが，パラメーターの消去に伴い，そういった条件を無視してしまうことにならないように気をつけましょう。たとえば

$$\begin{cases} x=1+2\sin\theta \\ y=3-\sin\theta \end{cases} \quad \cdots\cdots(*)$$

であれば，$(1, 3)$ を通り $(2, -1)$ を方向ベクトルとする直線のベクトル方程式の形であることは上の例と同じですが，パラメーターの条件により $-1 \leqq x \leqq 3$ のように x がとる値の範囲に制限が生じています。結局，$(*)$ が表す軌跡は，線分 $x+2y=7$ $(-1 \leqq x \leqq 3)$ となります。

例題 167

$\qquad$ P(x, y) が $\begin{cases} x=\dfrac{1-t^2}{1+t^2} \\ y=\dfrac{2t}{1+t^2} \end{cases}$ を満たすとき，P の軌跡を求めよ。

解答 $x=\dfrac{-(1+t^2)+2}{1+t^2}=-1+\dfrac{2}{1+t^2}$ より $\dfrac{2}{1+t^2}=x+1$ ……(*)

$\therefore\quad y=(x+1)t$

(*)より $x+1\neq0$ だから，$x+1$ で割って

$$t=\dfrac{y}{x+1}$$

これを(*)に代入して

$$\dfrac{2}{1+\left(\dfrac{y}{x+1}\right)^2}=x+1 \quad\therefore\quad 2=x+1+\dfrac{y^2}{x+1}$$

$x+1\neq0$ より

$$2(x+1)=(x+1)^2+y^2 \quad\therefore\quad x^2+y^2=1$$

よって，P は円 $x^2+y^2=1$ 上を動く。

また，(*)より，$0<\dfrac{2}{1+t^2}\leqq2$ であるから，$0<x+1\leqq2$ すなわち $-1<x\leqq1$ と

なり，$y=\dfrac{2t}{1+t^2}$ より，t の符号を変えれば y の符号も変わることがわかるので，

求める軌跡は，円 $x^2+y^2=1$ から $(-1,\,0)$ を除いたものになる。

　この問題では，軌跡の方程式が出た後，x と y のとる値の範囲のチェックが非常に難しいです。解答でも大雑把な議論しかできていません。もう少ししっかり書こうとすれば，次のような方法があります。

別解 $t=\tan\theta\left(-\dfrac{\pi}{2}<\theta<\dfrac{\pi}{2}\right)$ とおけて

$$\begin{cases}x=\dfrac{1-\tan^2\theta}{1+\tan^2\theta}=\cos2\theta\\[2mm]y=\dfrac{2\tan\theta}{1+\tan^2\theta}=\sin2\theta\end{cases}\quad\cdots\cdots(*)$$

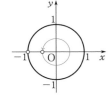

$\therefore\quad(x,\,y)=(\cos2\theta,\,\sin2\theta)\quad(-\pi<2\theta<\pi)$

よって，P の軌跡は単位円から $(-1,\,0)$ を除いたものになる。

(*)では，*p.238* で確認した公式を用いました。また，実際上，この問題で与えられたパラメーター表示は，有名なパラメーター表示なので，覚えておいた方がよいでしょう。

$$\begin{cases}x=\dfrac{1-t^2}{1+t^2}\\[2mm]y=\dfrac{2t}{1+t^2}\end{cases}\Longleftrightarrow x^2+y^2=1\quad(x\neq-1)$$

演習167

(1, 0) を通る直線と放物線 $y=x^2$ が相異なる2点で交わるとき，2交点の中点の軌跡を求めよ。

解答 (1, 0) を通る直線のうち，$x=1$ は $y=x^2$ と2交点をもたず，これを除いて考えてよい。よって，この直線を $y=k(x-1)$ とおいて考える。これと $y=x^2$ より y を消去して，$x^2=k(x-1)$ より

$$x^2-kx+k=0 \quad \cdots\cdots (*)$$

これの解を α, β とすると，2交点の中点を (x, y) として

$$\begin{cases} x=\dfrac{\alpha+\beta}{2}=\dfrac{k}{2} \\ y=k(x-1) \end{cases}$$

k を消去して $y=2x(x-1)$

また，(*) が相異なる2つの実数解をもたなければならないので

$$D=k^2-4k>0 \qquad k(k-4)>0 \qquad \therefore \quad k<0, \; 4<k$$

以上より，求める軌跡は放物線の一部で

$$\boldsymbol{y=2x(x-1)} \quad (\boldsymbol{x<0, \; 2<x})$$

となる。

　まず，2交点の中点を k で表すことから始めますが，軌跡の方程式を求めるために「パラメーターを消去すること」が大切で，「パラメーター表示すること」自体は目標ではないことに注意します。すなわち

$$\begin{cases} x=\dfrac{\alpha+\beta}{2}=\dfrac{k}{2} \\ y=\dfrac{\alpha^2+\beta^2}{2}=\dfrac{(\alpha+\beta)^2-2\alpha\beta}{2}=\dfrac{k^2-2k}{2} \end{cases} \qquad \therefore \quad (x, y)=\left(\dfrac{k}{2}, \; \dfrac{k^2-2k}{2}\right)$$

のようにするのは，間違いではないけれども，遠回りをしていることになります。

2 ・ **幾何の知識を用いる**

例題168

　直線 $y=3x+k$ と円 $(x-1)^2+(y-2)^2=1$ が相異なる2点で交わるとき，2交点の中点の軌跡を求めよ。

　問われている形式は**演習167**とよく似ており，同じように解答することもできます。しかし，次のように解答する方がずっと楽です。

解答 $\quad \ell : y=3x+k$ が A$(1,\ 2)$ を通るとき，2交点の中点 P は

$(1,\ 2)$ である。

$\quad \ell$ が A を通らないとき，AP は ℓ と垂直である。

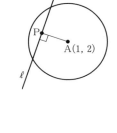

$\quad$以上いずれの場合も，P は A を通り傾きが $-\dfrac{1}{3}$ の直線

上にあることがわかる。

$\quad$また，この直線と円との交点を B，C とすると

$$\overrightarrow{AB}=\frac{1}{\sqrt{10}}(3,\ -1),\quad \overrightarrow{AC}=\frac{1}{\sqrt{10}}(-3,\ 1)$$

であるから

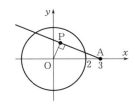

$$\overrightarrow{OB}=\overrightarrow{OA}+\overrightarrow{AB}=(1,\ 2)+\frac{1}{\sqrt{10}}(3,\ -1)$$

$$=\left(1+\frac{3}{\sqrt{10}},\ 2-\frac{1}{\sqrt{10}}\right)$$

$$\overrightarrow{OC}=\overrightarrow{OA}+\overrightarrow{AC}=(1,\ 2)+\frac{1}{\sqrt{10}}(-3,\ 1)$$

$$=\left(1-\frac{3}{\sqrt{10}},\ 2+\frac{1}{\sqrt{10}}\right)$$

$\quad \ell$ と円が相異なる 2 点で交わることより，P の軌跡は **線分 BC になる。ただし，**

B$\left(1+\dfrac{3}{\sqrt{10}},\ 2-\dfrac{1}{\sqrt{10}}\right)$，**C**$\left(1-\dfrac{3}{\sqrt{10}},\ 2+\dfrac{1}{\sqrt{10}}\right)$ **であり，端点は含まない。**

$\quad$線分 BC の表し方としては，$y=-\dfrac{1}{3}(x-1)+2\ \left(1-\dfrac{3}{\sqrt{10}}<x<1+\dfrac{3}{\sqrt{10}}\right)$ のよう

に方程式で表す方法もあります。

演習 168

$\quad$(3, 0) を通る直線と円 $x^2+y^2=4$ が相異なる 2 点で交わるとき，2 交点の中

点の軌跡を求めよ。

解答 $\quad$A$(3,\ 0)$，O$(0,\ 0)$ とし，2 交点の中点を P とする。

$\quad$P＝O または OP⊥AP となるから，P は OA を直

径とする円周上を動く。

$\quad$ただし，A を通る直線が $x^2+y^2=4$ と 2 交点をもつ

条件により，P は円 $x^2+y^2=4$ の内部の点でなければ

ならない。

$\quad$OA を直径とする円は $x(x-3)+y^2=0$ と表され，これと $x^2+y^2=4$ の交点を

通る直線は $3x=4$ すなわち $x=\dfrac{4}{3}$ となる。

　よって，求める軌跡は**円弧 $x(x-3)+y^2=0$，$x<\dfrac{4}{3}$** である。

　これも $p.387$ の**演習167**と同じようにして解くこともできますが，幾何による観点があれば，一目で結論が見えるので，そのような見方も鍛えておいてください。

③ 交点の軌跡

例題 169

　t が $t \neq 0$ であるような実数値をとって動くとき，円：$x^2-2tx+y^2=0$ と直線 $y=tx$ の交点の軌跡を求めよ。

　t によって円も直線も動きますが，「ある点 (x, y) が交点になる」とは，「円も直線もその点を通ることになるような共通の t がある」ということです。

　たとえば，円と直線が $(1, 1)$ を通ることになる t を調べると，どちらも $t=1$ のときであることがわかるので，$(1, 1)$ は交点になります。

　次に，$(1, 2)$ を通ることになる t を調べると

$$\begin{cases} \text{円：} 1-2t+4=0 \quad \therefore \quad t=\dfrac{5}{2} \\ \text{直線：} 2=t \quad \therefore \quad t=2 \neq \dfrac{5}{2} \end{cases}$$

ですから，$(1, 2)$ は交点にはなりません。直線が $(1, 2)$ を通ることになる t は 2 で，t が 2 でなければ，たとえば $t=\dfrac{5}{2}$ であれば，直線は $(1, 2)$ を通りません。しかし，円が $(1, 2)$ を通ることになる t は $\dfrac{5}{2}$ に限られるので，$(1, 2)$ は交点にはなりえないということです。

　いま，$(1, 1)$ と $(1, 2)$ について，これらが交点になるかならないかを調べましたが，同じことを一般の点 (x, y) について行えばよいのです。

$\Downarrow$

解答　円と直線の交点 (x, y) に対して，この点を円と直線がともに通ることになる t（$t \neq 0$）が存在すればよい。すなわち

$$\begin{cases} x^2-2tx+y^2=0 \\ y=tx \end{cases} \quad \therefore \quad \begin{cases} 2tx=x^2+y^2 \quad \cdots\cdots ① \\ tx=y \quad \cdots\cdots ② \end{cases}$$

を t についての連立方程式と考えて $t \neq 0$ であるような共通の解をもつ条件を考えればよい。よって

・$x=0$ のとき，$y=0$ であれば $t \neq 0$ の共通解をもつ。

・$x \neq 0$ のとき，②より $t = \dfrac{y}{x}$（$\neq 0$）であるから，これが①

の解でもあればよい。したがって

$$2 \cdot \dfrac{y}{x} \cdot x = x^2 + y^2 \qquad x^2 + y^2 - 2y = 0$$

$$\therefore \quad x^2 + (y-1)^2 = 1$$

このとき，$y \neq 0$（$\because \ x \neq 0$）であるから条件を満たす。

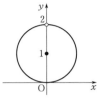

以上より，**求める軌跡は円：$x^2 + (y-1)^2 = 1$ から $(0, 2)$ を除いたもの**になる。

ここで使った考え方を整理しておきます。

(ⅰ)「t（$t \neq 0$）によって $\begin{cases} x^2 - 2tx + y^2 = 0 \\ y = tx \end{cases}$ の交点 (x, y) が動く。(x, y) はどこを動

くか？」

と問われているのに対して

(ⅱ)「交点 (x, y) に対して $\begin{cases} x^2 - 2tx + y^2 = 0 \\ y = tx \end{cases}$ を満たす t（$t \neq 0$）はあるか？」

と逆に問い返すところがポイントです。つまり(ⅰ)で，円と直線の x と y の連立方程式
と見ていた同じ方程式を，(ⅱ)では t の連立方程式だと見方を変えるということです。

　さらに，解答をよく見てみれば，結局パラメーター t を消去しているだけだという
ことがわかります。ですから

$$\begin{cases} x^2 - 2tx + y^2 = 0 \\ y = tx \end{cases} \quad \text{より} \quad (x, y) = (0, 0) \text{ または } \left(\dfrac{2t}{1+t^2}, \ \dfrac{2t^2}{1+t^2} \right)$$

などとパラメーター「表示」しようとするのは回り道です。

演習 169

　t がすべての実数値をとるとき，2 直線

$$\begin{cases} (5t-2)x + (2t-1)y + 7t - 3 = 0 & \cdots\cdots ① \\ (3t-1)x + (7t-3)y - 19t + 6 = 0 & \cdots\cdots ② \end{cases}$$

の交点の軌跡を求めよ。

解答　①：$t(5x + 2y + 7) = 2x + y + 3$

　　　　②：$t(3x + 7y - 19) = x + 3y - 6$

であるが，交点 (x, y) に対して，この点を①，②が通ることになる t があればよ
い。

　つまり，①，②を t の連立方程式と見て共通解をもつ条件を考えればよい。

　①より，$5x + 2y + 7 = 0$ のとき，$2x + y + 3 = 0$ であること，つまり $(-1, -1)$ で
あることが必要で，このとき，②より $-29t = -10$ すなわち $t = \dfrac{10}{29}$ となる。これ

は，$t=\dfrac{10}{29}$ のとき，$(-1, -1)$ が①，②の交点になることを意味している。

また，$5x+2y+7\neq0$ のとき，① : $t=\dfrac{2x+y+3}{5x+2y+7}$ となるから，これを②に代入して

$$\dfrac{2x+y+3}{5x+2y+7}(3x+7y-19)=x+3y-6$$

$$(2x+y+3)(3x+7y-19)-(5x+2y+7)(x+3y-6)=0$$

$$x^2+y^2-6x-7y-15=0$$

$$\therefore\quad (x+1)(x-7)+(y+1)(y-8)=0 \quad\cdots\cdots③$$

結局，直線 $5x+2y+7=0$ $\cdots\cdots④$ 上では $(-1, -1)$ が条件を満たし，④上の点ではないとき，円③上であればよいことになる。

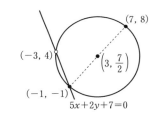

ところで，$(-1, -1)$ は③上の点であるから，③，④の $(-1, -1)$ でない交点を③から除けばよい。

③，④より，y を消去して

$$x^2+\dfrac{(5x+7)^2}{4}-6x+7\cdot\dfrac{5x+7}{2}-15=0$$

$$29x^2+116x+87=0 \qquad x^2+4x+3=0$$

$$(x+1)(x+3)=0 \quad\therefore\quad x=-1, -3$$

よって，③，④の $(-1, -1)$ でない交点は $(-3, 4)$ だから，求める軌跡は $(-1, -1)$，$(7, 8)$ を直径の両端とする円から $(-3, 4)$ を除いたものとなる。

③の変形では，$(x-3)^2+\left(y-\dfrac{7}{2}\right)^2=\dfrac{145}{4}$ と中心半径型に変形するのが普通ですが，少し複雑な式になるのが気になります。そこで，先に求めた $(-1, -1)$ がこの円上の点であることが確認できるのと，中心が $\left(3, \dfrac{7}{2}\right)$ であることより，$(-1, -1)$ を端点とする直径の他端が $(7, 8)$ であることが見えるので，直径型に変形しました。

4 ・ 通過領域

例題 170

a が $0<a<1$ の範囲で動くとき，直線 $y=2ax+1-a^2$ が通過する領域を図示せよ。

右に $a=0$, $\dfrac{1}{2}$, 1 のときの直線を描いてみました。

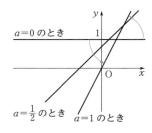

傾きは 0 から 2 へと単調に増加し，y 切片は 1 から 0 へと単調に減少するので，直線が通過する領域がどのようになるのか，大体の状況がわかります。しかし，このやり方では領域の境界について不明な点が残ります。

　結局，通過領域は $p.390$ で学んだ方法で考えることになります。

(i) 「a が $0<a<1$ で動くとき，$y=2ax+1-a^2$ 上の (x, y) はどこを動くか？」
と問われているのに対して

(ii) 「$y=2ax+1-a^2$ 上の (x, y) に対して，そこを直線が通過することになるような $0<a<1$ を満たす a はあるか？」
と逆に問い返すのです。

　(i)で $y=2ax+1-a^2$ を x，y の直線の式と見ているのに対し，(ii)では同じ方程式を a の方程式と見ます。

$\Downarrow$

解答　$y=2ax+1-a^2$ すなわち $a^2-2xa+y-1=0$ 上の (x, y) に対して，この点を通ることになる a $(0<a<1)$ があればよい。

$\quad\quad f(a)=a^2-2xa+y-1$ とおくとき，求める条件は

$\quad\quad\quad f(0)f(1)<0$

$\quad\quad \therefore\quad (y-1)(y-2x)<0$

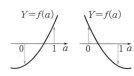

$\quad\quad$または

$$\begin{cases} \dfrac{D}{4}=x^2-y+1\geqq 0 \\ 0<x<1 \\ f(0)=y-1\geqq 0,\ f(1)=y-2x\geqq 0 \quad\cdots\cdots(*) \end{cases}$$

$\quad\quad\quad$（$(*)$の等号が同時に成立する場合は除く）

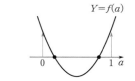

$$\therefore\quad \begin{cases} y\leqq x^2+1 \\ 0<x<1 \\ y\geqq 1,\ y\geqq 2x \quad \left(\left(\dfrac{1}{2},\ 1\right)\text{は除く}\right) \end{cases}$$

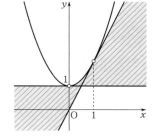

　以上を図示すると，右図の斜線部のようになる。
　境界は $y=x^2+1$ $(0<x<1)$ の部分のみ含む。

演習 170

a が $a>0$ の範囲で動くとき，放物線 $y=-\dfrac{1}{2a}x^2+\dfrac{a}{2}+\dfrac{1}{2a}$ が通過する領域を図示せよ。

解答 $y=-\dfrac{1}{2a}x^2+\dfrac{a}{2}+\dfrac{1}{2a}$ すなわち $a^2-2ya-x^2+1=0$ 上の $(x,\ y)$ に対して，この点を通ることになる a $(a>0)$ があればよい。

$f(a)=a^2-2ya-x^2+1$ とおくとき，求める条件は

$$f(0)=-x^2+1<0 \qquad \therefore \quad x<-1,\ 1<x$$

または

$$\begin{cases} \dfrac{D}{4}=y^2+x^2-1\geqq0 \\ y>0 \\ f(0)=-x^2+1\geqq0 \end{cases}$$

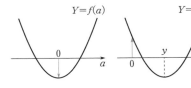

$$\therefore \begin{cases} x^2+y^2\geqq1 \\ y>0 \\ -1\leqq x\leqq1 \end{cases}$$

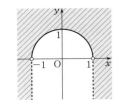

以上を図示すると，右図の斜線部のようになる。境界は $x^2+y^2=1$，$y>0$ 上のみ含む。

6　2次曲線

　反比例のグラフは双曲線であり，2次関数のグラフは放物線でしたが，ここでは関数のグラフとしてではなく，軌跡として，放物線，楕円，双曲線の3つの曲線を学びます。

1・放物線

$p.384$ の**演習 166** が具体例になっていますが

> **放物線**
>
> 定直線からの距離と，この定直線上にない定点からの距離が等しい点の集合
> （この定直線を放物線の準線と呼び，定点を放物線の焦点と呼ぶ）

です。これは横を向いていても斜めを向いていてもよいのですが，わかりやすくするために，y軸が軸になる例で考えてみることにしましょう。

定直線が $y=-p$ で定点が $(0, p)$ のとき，求める点を (x, y) とおくと

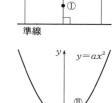

$$|y+p|=\sqrt{x^2+(y-p)^2}$$

2乗して

$$y^2+2py+p^2=x^2+y^2-2py+p^2$$

$$\therefore \quad 4py=x^2$$

となります。

放物線の準線と焦点を考えるときには，チェックポイントが2つあります。1つは焦点から準線に垂線の足を下ろしたとき，この垂線の足と焦点の中点です（図の①）。もう1つは焦点から準線と平行に進んで正方形が作れる点です（図の②）。

具体例で見てみましょう。$y=ax^2$ $(a>0)$ の準線と焦点を考えてみます。①の点は原点です。②の点の x 座標を t とおくと焦点は $(0, at^2)$ となりますから

$$t=2at^2 \qquad t=\frac{1}{2a} \qquad \therefore \quad at^2=\frac{1}{4a}$$

よって，準線は $y=-\dfrac{1}{4a}$ で焦点は $\left(0, \dfrac{1}{4a}\right)$ です。

次は放物線の重要性質です。

> $y=ax^2$ $(a>0)$ の上方から来た y 軸に平行な光線は放物線で反射した後，焦点 $\left(0, \dfrac{1}{4a}\right)$ に集まる。

「放物線で反射する」とは，放物線の接線で反射するということですが，これは $p.327$ で出てきた反射の問題です。

$x=t$ 上を進んできた光線が，(t, at^2) において放物線の接線 ℓ で反射し，その後 $\mathrm{F}\left(0, \dfrac{1}{4a}\right)$ を通るということは，F の ℓ に関する対称点 F' が $x=t$ 上にあるということです。これを示しておきましょう。

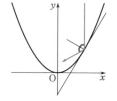

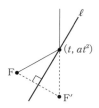

↓↓

証明 ℓ を $y=k(x-t)+at^2$ とおく。これと $y=ax^2$ から y を消去すると

$$ax^2-kx+kt-at^2=0$$

接する条件より

$$D=k^2-4a(kt-at^2)=0 \qquad (k-2at)^2=0 \qquad \therefore \quad k=2at$$

よって　　$\ell : y=2at(x-t)+at^2$　　$\therefore \quad 2atx-y-at^2=0$

F から ℓ に下ろした垂線の足を H とおくと

$$\overrightarrow{FF'}=2\overrightarrow{FH}=-2\cdot\frac{-\dfrac{1}{4a}-at^2}{4a^2t^2+1}(2at,\ -1)=\left(t,\ -\frac{1}{2a}\right)$$

$$\therefore \quad \overrightarrow{OF'}=\overrightarrow{OF}+\overrightarrow{FF'}=\left(0,\ \frac{1}{4a}\right)+\left(t,\ -\frac{1}{2a}\right)=\left(t,\ -\frac{1}{4a}\right)$$

したがって，確かに F′ は $x=t$ 上にある。

この性質により，パラボラ（放物線）アンテナは，人工衛星から来た電波をセンサー
に集めることができるのです。

2 · 楕円

楕円▶

2つの定点からの距離の和が一定である点の集合
（この2つの定点を楕円の焦点と呼ぶ）

2つの定点が $(c,\ 0)$，$(-c,\ 0)$ で 2 定点からの距離の和が $2a$ の場合を考えてみま
す。まず 2 つの定点間の距離が $2c$ ですから，$2a>2c$ すなわち $a>c\ (>0)$ でなけれ
ば楕円の曲線を作ることができません。このとき，求める点を $(x,\ y)$ とおくと

$$\sqrt{(x-c)^2+y^2}+\sqrt{(x+c)^2+y^2}=2a$$

$$\therefore \quad \sqrt{(x-c)^2+y^2}=2a-\sqrt{(x+c)^2+y^2}$$

です。よって，$2a-\sqrt{(x+c)^2+y^2}\geqq 0$ が必要で，このとき両辺を 2 乗すると

$$(x-c)^2+y^2=4a^2-4a\sqrt{(x+c)^2+y^2}+(x+c)^2+y^2$$

$$\therefore \quad a\sqrt{(x+c)^2+y^2}=a^2+cx$$

となります。さらに $a^2+cx\geqq 0$ が必要で

$$a^2\{(x+c)^2+y^2\}=a^4+2a^2cx+c^2x^2$$

$$\therefore \quad (a^2-c^2)x^2+a^2y^2=a^2(a^2-c^2)$$

です。ここで $a^2-c^2>0$ ですから $a^2-c^2=b^2\ (b>0)$ とおくと

$$b^2x^2+a^2y^2=a^2b^2 \qquad \therefore \quad \frac{x^2}{a^2}+\frac{y^2}{b^2}=1$$

となります。これは x 軸及び y 軸に関して対称であり，y 切片
が $\pm b$ で x 切片が $\pm a$ であることを考えると，グラフはおよ
そ図のようになります。

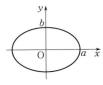

すると，$-a \leqq x \leqq a$ であることより　　$a^2 + cx \geqq a^2 - ca = a(a-c) > 0$

よって，$a^2 + cx \geqq 0$ を満たします。また

$$2a - \sqrt{(x+c)^2 + y^2} \geqq 0 \qquad 2a \geqq \sqrt{(x+c)^2 + y^2}$$

$\therefore \quad 4a^2 \geqq x^2 + 2cx + c^2 + y^2$

ですが

$$\begin{aligned}
4a^2 - (x^2 + 2cx + c^2 + y^2) &= (a^2 - x^2) + 2(a^2 - cx) + a^2 - c^2 - y^2 \\
&\geqq (a^2 - x^2) + 2(a^2 - ca) + (b^2 - y^2) \\
&= (a^2 - x^2) + 2a(a-c) + (b^2 - y^2) \geqq 0
\end{aligned}$$

より，$2a - \sqrt{(x+c)^2 + y^2} \geqq 0$ も満たします。

> **楕円の方程式**
>
> $(c,\ 0),\ (-c,\ 0)$ からの距離の和が $2a\ (a>c>0)$ である点の
> 軌跡の方程式は，$a^2 - c^2 = b^2$ として
> $$\frac{x^2}{a^2} + \frac{y^2}{b^2} = 1$$

　放物線のときと同様，楕円の焦点を考えるときにもチェックポイントが 2 つありま
す。

$\dfrac{x^2}{a^2} + \dfrac{y^2}{b^2} = 1\ (a > b > 0)$ で考えると，1 つは①$(a,\ 0)$ でもう 1 つは⑪$(0,\ b)$ です。

まず①を考えると，$(c,\ 0)$ と $(a,\ 0)$ の距
離は $(-c,\ 0)$ と $(-a,\ 0)$ の距離と等しい
ことより，焦点からの距離の和が $2a$ であ
ることがわかります。

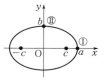

　次に，⑪を見ると，この点から $(c,\ 0)$ ま
での距離と $(-c,\ 0)$ までの距離は等しいので，それぞれの距
離は a となり，$a^2 - b^2 = c^2$ の関係が確認できます。

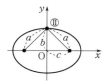

　また，このとき a を長軸半径，b を短軸半径と言います。も
し，焦点を $(0,\ c),\ (0,\ -c)$ のようにとると，縦長の楕円とな
り，焦点からの距離の和を $2b$，$b^2 - c^2 = a^2$ とおくと，方程式は
同じく $\dfrac{x^2}{a^2} + \dfrac{y^2}{b^2} = 1$ となりますが，この場合，長軸半径が b で
短軸半径は a になります。

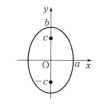

　ところで，$\dfrac{x^2}{a^2} + \dfrac{y^2}{b^2} = 1$ を

$$x^2 + \left(\frac{a}{b} y\right)^2 = a^2 \quad \cdots\cdots (*)$$

と変形してみると，これは円の方程式 $x^2+y^2=a^2$ の y の代わりに $\dfrac{a}{b}y$ を代入した式

になっています。ということは，楕円(*)が円 $x^2+y^2=a^2$ の y 成分を $\dfrac{b}{a}$ 倍に縮小

（拡大）して作った図形であることを意味しています。

　いま，図形を平行な直線で非常に細かく切っていったと
して，切り取った1つ1つは長方形で近似することができ
ます。これらの長方形の面積を足していくと図形の面積を
考えることができますが（後で学ぶ「積分」の考え方），円
と楕円では対応する長方形の面積比が $a:b$ になります。
したがって，円の面積と楕円の面積の比も同じく $a:b$ に
なり，楕円(*)で囲まれた図形の面積は $\pi a^2 \times \dfrac{b}{a} = \pi ab$ に
なります。

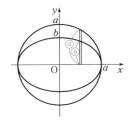

楕円の面積 ▶

$$\frac{x^2}{a^2} + \frac{y^2}{b^2} = 1 \text{ の面積は} \qquad \pi ab$$

ここで1つ例題を解いてみましょう。

例題 171

　楕円： $\dfrac{x^2}{16} + \dfrac{y^2}{9} = 1$ と2点 $(0,\ 3)$, $\left(2,\ -\dfrac{3\sqrt{3}}{2}\right)$ を結

んだ線分で囲まれる図形のうち原点を含む方（図の斜線
部）の面積を求めよ。

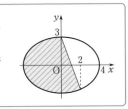

このままでは計算が難しいので，y 成分を $\dfrac{4}{3}$ 倍して楕円を円に変換して考えます。

$\Downarrow$

解答　y 成分を $\dfrac{4}{3}$ 倍にした図形で考える。すると，

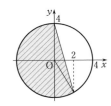

円 $x^2+y^2=4^2$ と2点 $(0,\ 4)$, $(2,\ -2\sqrt{3})$ を結んだ線分と
で囲まれる図形を考えることになる。求める面積を S と
すると，右図の斜線部の面積は $\dfrac{4}{3}S$ になるから

$$\frac{4}{3}S = 16\pi \times \frac{7}{12} + \frac{1}{2} \cdot 4 \cdot 2 = \frac{28\pi}{3} + 4$$

$$\therefore \quad S = 7\pi + 3$$

次は楕円の重要性質です。

楕円の一方の焦点から出た光は，楕円で反射されて他方の焦点を通る。

これを説明する前に楕円の接線を求めておきましょう。
p.370 で学んだ円の接線を用いて，$x^2+y^2=a^2$ 上の点
$\left(k, \dfrac{a\ell}{b}\right)$ における接線は $kx+\dfrac{a\ell y}{b}=a^2$ です。ここで，

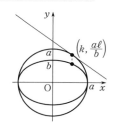

$x^2+y^2=a^2$ の y 成分を $\dfrac{b}{a}$ 倍に縮小したもの，つまり

$x^2+y^2=a^2$ の y の代わりに $\dfrac{a}{b}y$ を代入したものが

$\dfrac{x^2}{a^2}+\dfrac{y^2}{b^2}=1$ でしたから，$kx+\dfrac{a\ell y}{b}=a^2$ の y に $\dfrac{a}{b}y$ を代入したものが，$\dfrac{x^2}{a^2}+\dfrac{y^2}{b^2}=1$
上の点 (k, ℓ) における接線になります。

$kx+\dfrac{a\ell}{b}\left(\dfrac{a}{b}y\right)=a^2$ すなわち $\dfrac{kx}{a^2}+\dfrac{\ell y}{b^2}=1$ より

> **楕円の接線の方程式** ▶
>
> $\dfrac{x^2}{a^2}+\dfrac{y^2}{b^2}=1$ 上の点 (k, ℓ) における接線は
>
> $$\dfrac{kx}{a^2}+\dfrac{\ell y}{b^2}=1$$

です。

それでは，$F(c, 0)$ から出た光が $\dfrac{x^2}{a^2}+\dfrac{y^2}{b^2}=1$ で反射さ

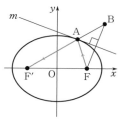

れた後，$F'(-c, 0)$ を通ることを確認したいと思います。
反射点を $A(k, \ell)$ とすると，A における接線は

$m : \dfrac{kx}{a^2}+\dfrac{\ell y}{b^2}=1$ です。m に関する F の対称点を B とし

て $\overrightarrow{F'A} /\!/ \overrightarrow{F'B}$ を示せば，B，A，F' が一直線上にあることを示したことになり，これ
により F から出た光は m で反射して F' を通ることになります。

⇓

証明１　F から m に下ろした垂線の足を H とおくと

$$\overrightarrow{FB}=2\overrightarrow{FH}=-2\cdot\dfrac{\dfrac{kc}{a^2}-1}{\dfrac{k^2}{a^4}+\dfrac{\ell^2}{b^4}}\left(\dfrac{k}{a^2}, \dfrac{\ell}{b^2}\right)=-2\cdot\dfrac{b^2kc-a^2b^2}{b^4k^2+a^4\ell^2}(b^2k, a^2\ell)$$

$$\therefore\quad \overrightarrow{F'B}=\overrightarrow{FB}-\overrightarrow{FF'}=-2\cdot\dfrac{b^2kc-a^2b^2}{b^4k^2+a^4\ell^2}(b^2k, a^2\ell)+(2c, 0)$$

第1章

第2章

第3章

第4章

第5章

第6章

第7章

第8章

第9章

第10章

第11章

第12章

第13章

第14章

$$\sslash -(b^2kc-a^2b^2)(b^2k,\ a^2\ell)+(b^4k^2+a^4\ell^2)(c,\ 0)$$
$$=(a^2b^4k+a^4\ell^2c,\ -(b^2kc-a^2b^2)a^2\ell)$$
$$\sslash (b^4k+a^2\ell^2c,\ -b^2(kc-a^2)\ell)$$
$$=(b^4k+(a^2b^2-b^2k^2)c,\ -b^2(kc-a^2)\ell)$$
$$\left(\because\ \ \frac{k^2}{a^2}+\frac{\ell^2}{b^2}=1\ \ \text{より}\ \ a^2\ell^2=a^2b^2-b^2k^2\right)$$
$$\sslash (-ck^2+b^2k+a^2c,\ -(kc-a^2)\ell)$$
$$=(-ck^2+(a^2-c^2)k+a^2c,\ -(kc-a^2)\ell)$$
$$=(-(kc-a^2)(k+c),\ -(kc-a^2)\ell)$$
$$\sslash (k+c,\ \ell)=\overrightarrow{F'A}$$
$$\therefore\quad \overrightarrow{F'A}\sslash\overrightarrow{F'B}$$

これで F から出た光は楕円で反射して F′ を通ることがわかりました。同様に，F′ から出た光は楕円で反射して F を通ります。

ただ，計算が少し煩わしいので，別のやり方を示しておきます。

$\Downarrow$

証明2　F$(c,\ 0)$，F′$(-c,\ 0)$ とし，楕円上に A$(k,\ \ell)$ をとると，A における楕円の接線は

$$m:\frac{kx}{a^2}+\frac{\ell y}{b^2}=1$$

となる。

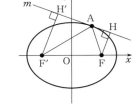

F，F′ から m に下ろした垂線の足を H，H′ とおくとき，$\angle\mathrm{FAH}=\angle\mathrm{F'AH'}$ を示せば，F から出た光が楕円上の点 A で反射して F′ を通ることを示したことになる。

これには △FAH∽△F′AH′ を示せばよく，FH：F′H′＝FA：F′A を示せばよいことがわかる。

まず，$\mathrm{FH}=\dfrac{\left|\dfrac{kc}{a^2}-1\right|}{\sqrt{\dfrac{k^2}{a^4}+\dfrac{\ell^2}{b^4}}}$，$\mathrm{F'H'}=\dfrac{\left|-\dfrac{kc}{a^2}-1\right|}{\sqrt{\dfrac{k^2}{a^4}+\dfrac{\ell^2}{b^4}}}$ より

$$\mathrm{FH:F'H'}=\left|\frac{kc}{a^2}-1\right|:\left|-\frac{kc}{a^2}-1\right|=a^2-kc:a^2+kc$$

また

$$\mathrm{FA}^2-\mathrm{F'A}^2=\{(k-c)^2+\ell^2\}-\{(k+c)^2+\ell^2\}$$
$$(\mathrm{FA}+\mathrm{F'A})(\mathrm{FA}-\mathrm{F'A})=-4kc$$

FA＋F′A＝$2a$ を代入して

$$2a(\mathrm{FA}-\mathrm{F'A})=-4kc\qquad\therefore\quad \mathrm{FA}-\mathrm{F'A}=-\frac{2kc}{a}$$

これと FA+F′A=2a より　　　$FA=a-\dfrac{kc}{a}$,　$F′A=a+\dfrac{kc}{a}$

$\therefore$　$FA:F′A=a-\dfrac{kc}{a}:a+\dfrac{kc}{a}=a^2-kc:a^2+kc=FH:F′H′$

よって，$FA:F′A=FH:F′H′$ となるので，$\triangle FAH \backsim \triangle F′AH′$ である。

これより，$\angle FAH=\angle F′AH′$ となるので，F から出た光は楕円上の点 A で反射して F′ を通る。

3 ・ 双曲線

双曲線

2 つの定点からの距離の差が一定である点の集合
（この 2 定点を双曲線の焦点と呼ぶ）

焦点が $(c,\ 0)$，$(-c,\ 0)$ で焦点からの距離の差が $2a$ の場合を考えてみます。まず 2 つの焦点間の距離が $2c$ ですから，$2c>2a$ すなわち $c>a$（>0）でなければ双曲線を作ることができません。このとき，求める点を $(x,\ y)$ とおくと

$$|\sqrt{(x-c)^2+y^2}-\sqrt{(x+c)^2+y^2}|=2a$$

ですが，求める曲線が y 軸対称になることは明らかなので，$x \geqq 0$ で考えることにします。すると

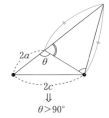

$$\sqrt{(x+c)^2+y^2}=\sqrt{(x-c)^2+y^2}+2a$$

2 乗して

$$(x+c)^2+y^2=(x-c)^2+y^2+4a^2+4a\sqrt{(x-c)^2+y^2}$$

$\therefore$　$cx-a^2=a\sqrt{(x-c)^2+y^2}$

です。よって，$cx-a^2 \geqq 0$ が必要で

$$(cx-a^2)^2=a^2\{(x-c)^2+y^2\}　　c^2x^2-2ca^2x+a^4=a^2(x^2-2cx+c^2+y^2)$$

$\therefore$　$(c^2-a^2)x^2-a^2y^2=a^2(c^2-a^2)$

です。ここで $c^2-a^2>0$ ですから，$c^2-a^2=b^2$（$b>0$）とおくと

$$b^2x^2-a^2y^2=a^2b^2　　\therefore　\dfrac{x^2}{a^2}-\dfrac{y^2}{b^2}=1$$

となります。これより，$\dfrac{x^2}{a^2}-1=\dfrac{y^2}{b^2}\geqq 0$ ですから，$\dfrac{x^2}{a^2}\geqq 1$ すなわち $x \geqq a$（$\because x \geqq 0$）となるので，$cx-a^2 \geqq ca-a^2=a(c-a)>0$ です。よって，$cx-a^2 \geqq 0$ を満たします。

$x \leqq 0$ のときも同様に議論して，結局

双曲線の方程式 ▶

$(c, 0)$, $(-c, 0)$ からの距離の差が $2a$ $(c>a>0)$ である点の軌跡の方程式は, $c^2-a^2=b^2$ として

$$\frac{x^2}{a^2}-\frac{y^2}{b^2}=1$$

となります。焦点を $(0, c)$, $(0, -c)$ のようにとると

$$-\frac{x^2}{a^2}+\frac{y^2}{b^2}=1 \quad (c>b>0)$$

のようになります。

双曲線のグラフを考える上での重要事項があるので, まずそれを見ておきます。

$\dfrac{x^2}{a^2}-\dfrac{y^2}{b^2}=1$ すなわち $\dfrac{1}{a^2}-\dfrac{y^2}{b^2x^2}=\dfrac{1}{x^2}$ において, x の絶対値を大きくしていくと

$\dfrac{1}{x^2}$ は 0 に近づきます。つまり, x の絶対値が大きいところでは, グラフは

$$\frac{1}{a^2}-\frac{y^2}{b^2x^2}=0 \qquad \therefore \quad \left(y+\frac{b}{a}x\right)\left(y-\frac{b}{a}x\right)=0 \quad \cdots\cdots(*)$$

に近づいているということです。

$(*)$ は 2 直線 $y=\dfrac{b}{a}x$, $y=-\dfrac{b}{a}x$ を表しますから, 双曲線は 2 本の漸近線（しだいに近づく線）をもつということです。

$$\boxed{\dfrac{x^2}{a^2}-\dfrac{y^2}{b^2}=1 \text{ は } y=\pm\dfrac{b}{a}x \text{ を漸近線にもつ。}}$$

$\dfrac{x^2}{a^2}-\dfrac{y^2}{b^2}=1$ のグラフが x 軸及び y 軸に関して対称であることと, 漸近線に注意してグラフを描くと, 右図のようになります。

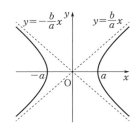

また, これの焦点を考える上でのチェックポイントを 2 つ挙げておきます。1 つは ①$(a, 0)$ で, この点を見れば, 焦点からの距離の差が $2a$ であることがわかります。もう 1 つの点は非常に見えにくいのですが, グラフ上の無限遠点 (⑪) です。

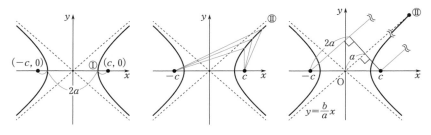

第1象限にあるグラフ上の点と，$(c, 0)$ 及び $(-c, 0)$ とを結んだ線分を作ると，グラフ上の点の x 座標が大きくなるにつれ，2つの線分がしだいに平行な状況に近づきます。したがって，⑪の点を考えると，2つの線分は平行になっていると考えてよく，2線分の長さの差は，$(c, 0)$ から $y=\dfrac{b}{a}(x+c)$ に下ろした垂線の足と $(-c, 0)$ との距離になります。つまり，この距離が $2a$ です。

　ここで，$y=\dfrac{b}{a}x$ の傾きは $\dfrac{b}{a}$ ですから，この直線と x 軸とのなす角を θ とおくと $\tan\theta=\dfrac{b}{a}$ です。これより $(c, 0)$ から $y=\dfrac{b}{a}x$ に下ろした垂線の長さが b

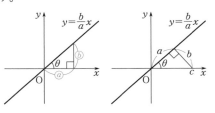

であることがわかるので，$a^2+b^2=c^2$ の関係が確認できます。

　次は双曲線の重要性質です。

> **双曲線の一方の焦点から出た光が双曲線で反射された後の光線を逆にたどると，他方の焦点を通る。**

　これを説明するためには，双曲線の接線を求めておかなければなりませんが，「微分」を学んでからでないとそれは難しいです。今は結論だけを書いておきます。

> **双曲線の接線の方程式**
>
> $\dfrac{x^2}{a^2}-\dfrac{y^2}{b^2}=1$ 上の点 (k, ℓ) における接線は
>
> $\dfrac{kx}{a^2}-\dfrac{\ell y}{b^2}=1$

　それでは上に書いた双曲線の性質を示そうと思いますが，*p.398* で楕円の性質を示した方法（証明1）とほぼ同じになります。

証明　$C:\dfrac{x^2}{a^2}-\dfrac{y^2}{b^2}=1$ 上に A(k, ℓ) をとる $(k>0)$。A における C の接線を $m:\dfrac{kx}{a^2}-\dfrac{\ell y}{b^2}=1$ とする。F$(c, 0)$，F$'(-c, 0)$ とし，F の m に関する対称点を B とする。

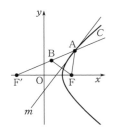

$$\overrightarrow{\mathrm{FB}}=-2\cdot\dfrac{\dfrac{kc}{a^2}-1}{\dfrac{k^2}{a^4}+\dfrac{\ell^2}{b^4}}\left(\dfrac{k}{a^2},\ -\dfrac{\ell}{b^2}\right)$$

$$=-2\cdot\dfrac{b^2(kc-a^2)}{b^4k^2+a^4\ell^2}(b^2k,\ -a^2\ell)$$

$$\therefore \quad \overrightarrow{F'B} = -2 \cdot \frac{b^2(kc-a^2)}{b^4k^2+a^4\ell^2}(b^2k, \ -a^2\ell) + 2(c, \ 0)$$

$$/\!/ \ -b^2(kc-a^2)(b^2k, \ -a^2\ell) + (b^4k^2+a^4\ell^2)(c, \ 0)$$

$$= (a^2b^4k + a^4\ell^2c, \ a^2b^2(kc-a^2)\ell)$$

$$/\!/ \ (b^4k + a^2\ell^2c, \ b^2(kc-a^2)\ell)$$

$$= (b^4k + (b^2k^2-a^2b^2)c, \ b^2(kc-a^2)\ell)$$

$$/\!/ \ (ck^2 + b^2k - a^2c, \ (kc-a^2)\ell)$$

$$= (ck^2 + (c^2-a^2)k - a^2c, \ (kc-a^2)\ell)$$

$$= ((kc-a^2)(k+c), \ (kc-a^2)\ell)$$

$$/\!/ \ (k+c, \ \ell) = \overrightarrow{F'A}$$

F′ から出た光についての議論も同様である。よって，示された。

*p.*399 で示したやり方（証明 2）でも同様に証明することができます。

④・円錐曲線

2 次曲線として，放物線，楕円，双曲線を学びましたが，これらは元々円錐を平面で切ったときに，切り口として現れる曲線として定義されました。それでこれらの曲線は円錐曲線とも呼ばれていますが，この内容を学んでおくことにしましょう。

まず円錐とは，「軸と呼ばれる直線があり，これと交わる直線（母線）を軸のまわりに 1 回転して得られる曲面」と定義されています。

この軸と母線のなす角を α，円錐を切る平面と軸のなす角を β として，切り口として現れる曲線は次のようになります。

・$\alpha = \beta$ のとき，放物線

・$\alpha < \beta$ のとき，楕円

・$\beta < \alpha$ のとき，双曲線

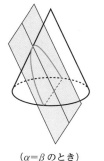
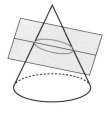
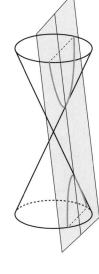

（$\alpha = \beta$ のとき）　　　（$\alpha < \beta$ のとき）　　　（$\beta < \alpha$ のとき）

次にそれぞれの性質を調べてみましょう。

・**放物線**：円錐を切る平面を π，π と F で接し，円錐にも接する球 S を考え，S と円錐の接点が作る円 C を含む平面を π' とします。π，π' の交線を d とし，切り口が作る曲線上の点 P から d に下ろした垂線の足を H，P から π' に下ろした垂線の足を A，P と円錐の頂点を通る直線と C の交点を B とします。

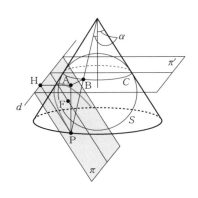

　△PHA≡△PBA より，PH=PB ですが，PB，PF はともに P から S に引いた接線ですから PB=PF，つまり PH=PF です。

　要するに P の軌跡は放物線で，F が焦点，d が準線だったということです。

・**楕円**：円錐を切る平面 π と円錐のどちらにも接する球が 2 個あり（S，S'），π との接点を F，F' とします。S，S' と円錐の接点が作る円を C，C' とし，切り口が作る曲線上の点 P と円錐の頂点を通る直線と C，C' との交点を A，B とします。

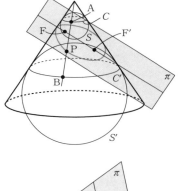

　PA，PF はともに P から S に引いた接線ですから PA=PF です。同様に PB=PF' ですから，PF+PF'=PA+PB=AB：一定になります。

　要するに P の軌跡は楕円で F，F' が焦点だったということです。

・**双曲線**：円錐を切る平面 π と円錐のどちらにも接する球が 2 つあり（S，S'），π との接点を F，F' とします。S，S' と円錐の接点が作る円を C，C' とし，切り口が作る曲線上の点 P と円錐の頂点を通る直線と C，C' との交点を A，B とします。

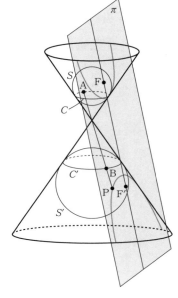

　PA，PF はともに P から S に引いた接線ですから PA=PF です。同様に PB=PF' ですから，|PF−PF'|=|PA−PB|=AB：一定になります。

　要するに P の軌跡は双曲線で F，F' が焦点だったということです。

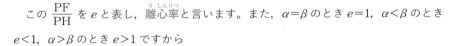

5 ・ 離心率

さて，放物線の説明図に戻り，$\mathrm{PF}=\mathrm{PH} \Longleftrightarrow \dfrac{\mathrm{PF}}{\mathrm{PH}}=1$：一定でしたが，$\mathrm{PF}$ と PH の比は楕円，双曲線でも一定になります。

軸と母線のなす角を α，軸と π のなす角を β として

$$\frac{\mathrm{PF}}{\mathrm{PH}}=\frac{\mathrm{PB}}{\mathrm{PH}}$$

ですが

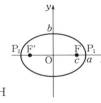

$$\begin{cases} \mathrm{AP}=\mathrm{PB}\cos\alpha \\ \mathrm{AP}=\mathrm{PH}\cos\beta \end{cases}$$

より

$$\mathrm{PB}\cos\alpha=\mathrm{PH}\cos\beta$$

$$\therefore \quad \frac{\mathrm{PB}}{\mathrm{PH}}=\frac{\cos\beta}{\cos\alpha}$$

となりますから

$$\frac{\mathrm{PF}}{\mathrm{PH}}=\frac{\cos\beta}{\cos\alpha} : \text{一定} \quad (\because \quad \mathrm{PB}=\mathrm{PF})$$

です。

この $\dfrac{\mathrm{PF}}{\mathrm{PH}}$ を e と表し，離心率と言います。また，$\alpha=\beta$ のとき $e=1$，$\alpha<\beta$ のとき $e<1$，$\alpha>\beta$ のとき $e>1$ ですから

放物線：$e=1$，楕円：$e<1$，双曲線：$e>1$

です。

さらに，楕円 $\dfrac{x^2}{a^2}+\dfrac{y^2}{b^2}=1$

$(a>b>0)$ との対応を考えてみると，図より

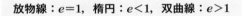

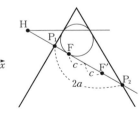

$$\begin{cases} \dfrac{\mathrm{P_1F}}{\mathrm{P_1H}}=e \\ \dfrac{\mathrm{P_2F}}{\mathrm{P_2H}}=e \end{cases} \quad \therefore \quad \begin{cases} \mathrm{P_1F}=e\mathrm{P_1H} \\ \mathrm{P_2F}=e\mathrm{P_2H} \end{cases}$$

よって

$$\mathrm{P_2F}-\mathrm{P_1F}=e(\mathrm{P_2H}-\mathrm{P_1H}) \qquad 2c=e\cdot 2a \qquad \therefore \quad c=ea$$

です。同様に双曲線 $\dfrac{x^2}{a^2}-\dfrac{y^2}{b^2}=1$ との対応を考えてみると，次図より

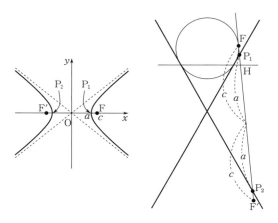

$$\begin{cases} \dfrac{P_1F}{P_1H}=e \\ \dfrac{P_2F}{P_2H}=e \end{cases} \quad \therefore \quad \begin{cases} P_1F=eP_1H \\ P_2F=eP_2H \end{cases}$$

よって

$$P_1F+P_2F=e(P_1H+P_2H) \qquad 2c=e\cdot 2a \qquad \therefore \quad c=ea$$

です。

まとめると次のようになります。

	方程式	離心率	焦点	準線
楕円	$\dfrac{x^2}{a^2}+\dfrac{y^2}{b^2}=1 \ (a>b>0)$	$e=\dfrac{\sqrt{a^2-b^2}}{a}$	$\pm(ea,\ 0)$	$x=\dfrac{a}{e}$
双曲線	$\dfrac{x^2}{a^2}-\dfrac{y^2}{b^2}=1$	$e=\dfrac{\sqrt{a^2+b^2}}{a}$	$\pm(ea,\ 0)$	$x=\dfrac{a}{e}$

第11章

複素数と複素数平面

第1章
第2章
第3章
第4章
第5章
第6章
第7章
第8章
第9章
第10章
第11章
第12章
第13章
第14章

1 複素数の定義と演算

1 複素数の定義

解の公式にあてはめて $x^2+x+1=0$ を解くと，$x=\dfrac{-1\pm\sqrt{-3}}{2}$ になります。この中で $\sqrt{-3}$ は「2乗すると -3 になる数」という意味ですが，実数の範囲ではこのような数は存在しません。そこで，2乗して -1 になる数を虚数単位と呼び，「i」で表すことにしておくと，$x^2+x+1=0$ の解は

$$x=\dfrac{-1\pm\sqrt{3}\,i}{2}$$

となります。

> **虚数単位**
>
> i　$(i^2=-1)$

この i を用いて，$a+bi$ （a, b は実数）で表される数を複素数と言います。

> **複素数**
>
> $a+bi$ （a, b は実数）で表される数

このとき，a を $a+bi$ の実部，b を $a+bi$ の虚部と呼びます。$a+bi$ （a, b は実数）において，$b=0$ であれば $a+bi$ は実数になり，$b\neq0$ であれば $a+bi$ は虚数です。特に，$b\neq0$, $a=0$ のとき，つまり bi （$b\neq0$）で表される数を純虚数と呼びます。

また，$\overline{a+bi}=a-bi$ （a, b は実数）を $a+bi$ の共役複素数と言います。

2 複素数の演算

文字は実数として，以下のように計算します。

$$(a+bi)+(c+di)=a+c+(b+d)i$$
$$(a+bi)-(c+di)=a-c+(b-d)i$$
$$c(a+bi)=ac+bci$$
$$(a+bi)(c+di)=ac-bd+(ad+bc)i$$
$$(a+bi)(a-bi)=a^2+b^2$$
$$\dfrac{a+bi}{c+di}=\dfrac{(a+bi)(c-di)}{(c+di)(c-di)}=\dfrac{ac+bd+(-ad+bc)i}{c^2+d^2}$$

第1章
第2章
第3章
第4章
第5章
第6章
第7章
第8章
第9章
第10章
第11章
第12章
第13章
第14章

③ ・ 共役複素数

上の計算の中で $(a+bi)(a-bi)\left(=(a+bi)\overline{(a+bi)}=|a+bi|^2\right)$ は $a+bi$ の絶対値の 2 乗を表します。

$$|\alpha|^2=\alpha\overline{\alpha}$$

$\overline{\alpha}$ は α の共役複素数で，アルファバーと読みます。

また，$\alpha=a+bi$ （a, b は実数）とおくと，$\overline{\alpha}=a-bi$ ですから，α の実部は $a=\dfrac{\alpha+\overline{\alpha}}{2}$ と表されます。さらに，α の虚部は $b=\dfrac{\alpha-\overline{\alpha}}{2i}$ です。注意としては，虚部は b で，bi ではないということです。つまり，虚部は i にかかっている実数です。

$$\alpha \text{ の実部} : \mathrm{Re}(\alpha)=\frac{\alpha+\overline{\alpha}}{2}$$

$$\alpha \text{ の虚部} : \mathrm{Im}(\alpha)=\frac{\alpha-\overline{\alpha}}{2i}$$

これは α の実数条件や純虚数条件と関連しており，今後繰り返し出てくるので，しっかり覚えておいてください。

$$\alpha \text{ は実数} \iff \alpha=\overline{\alpha}$$
$$\alpha \text{ は純虚数または } 0 \iff \alpha+\overline{\alpha}=0$$

次は共役複素数の性質です。

$$\overline{\alpha+\beta}=\overline{\alpha}+\overline{\beta} \qquad \overline{\alpha\beta}=\overline{\alpha}\,\overline{\beta}$$
$$\overline{\left(\frac{\alpha}{\beta}\right)}=\frac{\overline{\alpha}}{\overline{\beta}} \qquad \overline{\alpha^n}=(\overline{\alpha})^n \quad (\alpha\neq0, \ n \text{ は整数})$$

簡単な証明を示しておきます。

証明　$\alpha=a+bi$, $\beta=c+di$ （a, b, c, d は実数）とおくと

$$\overline{\alpha+\beta}=\overline{(a+bi)+(c+di)}=\overline{a+c+(b+d)i}$$
$$=a+c-(b+d)i=a-bi+c-di=\overline{\alpha}+\overline{\beta}$$
$$\overline{\alpha\beta}=\overline{(a+bi)(c+di)}=\overline{ac-bd+(ad+bc)i}$$
$$=ac-bd-(ad+bc)i=(a-bi)(c-di)=\overline{\alpha}\,\overline{\beta}$$
$$\overline{\left(\frac{\alpha}{\beta}\right)}=\overline{\left(\frac{a+bi}{c+di}\right)}=\overline{\left(\frac{(a+bi)(c-di)}{(c+di)(c-di)}\right)}=\overline{\left(\frac{ac+bd+(-ad+bc)i}{c^2+d^2}\right)}$$
$$=\frac{ac+bd-(-ad+bc)i}{c^2+d^2}$$

$$= \frac{(a-bi)(c+di)}{(c-di)(c+di)} = \frac{a-bi}{c-di} = \frac{\overline{\alpha}}{\overline{\beta}}$$

$\overline{\alpha^n} = (\overline{\alpha})^n$ について示す。これは $n=1$ のときに成立しており，また，ある n で成立すると仮定すると

$$\overline{\alpha^{n+1}} = \overline{\alpha^n \alpha} = \overline{\alpha^n}\,\overline{\alpha} = (\overline{\alpha})^n\,\overline{\alpha} \quad (\because \quad 仮定)$$
$$= (\overline{\alpha})^{n+1}$$

$$\overline{\alpha^{n-1}} = \overline{\left(\frac{\alpha^n}{\alpha}\right)} = \frac{\overline{\alpha^n}}{\overline{\alpha}} = \frac{(\overline{\alpha})^n}{\overline{\alpha}} \quad (\because \quad 仮定)$$
$$= (\overline{\alpha})^{n-1}$$

よって，数学的帰納法により，$\overline{\alpha^n} = (\overline{\alpha})^n$ である。

　自然数に関する命題のときと同様に，整数 n に関する命題 $P(n)$ を数学的帰納法で証明するには次を利用します。

> **$P(n)$ が成り立つ（n は整数）ことを示す方法**
>
> $\Longleftrightarrow$ $\begin{cases} \cdot P(0)\ \text{が成り立つ} \\ \cdot \text{ある } n \text{ で } P(n) \text{ が成り立つと仮定するとき,} \\ \quad \text{このもとでは } P(n+1) \text{ と } P(n-1) \text{ が成り立つ。} \end{cases}$

$\overline{\alpha^n} = (\overline{\alpha})^n$（$n$ は整数）の証明では，これを用いましたが，次のようにすることもできます。

$\Downarrow$

証明　$n=1$ のときは自明。

　　　また，ある n で成立すると仮定すると
$$\overline{\alpha^{n+1}} = \overline{\alpha^n \alpha} = \overline{\alpha^n}\,\overline{\alpha} = (\overline{\alpha})^n\,\overline{\alpha} \quad (\because \quad 仮定)$$
$$= (\overline{\alpha})^{n+1}$$

よって，数学的帰納法により n が自然数のとき成立。

また，$n=0$ のときは両辺 1 となり成立。

$n<0$ のときは $n=-m$ とおくと，m が自然数となるので
$$\overline{\alpha^n} = \overline{\alpha^{-m}} = \overline{\left(\frac{1}{\alpha^m}\right)} = \frac{1}{\overline{\alpha^m}}$$
$$= \frac{1}{(\overline{\alpha})^m} = (\overline{\alpha})^{-m} = (\overline{\alpha})^n$$

よって，$n<0$ のときも成立。

以上より，n が整数のとき $\overline{\alpha^n} = (\overline{\alpha})^n$ が成立する。

　また，$x^2+x+1=0$ の解が $x = \dfrac{-1 \pm \sqrt{3}\,i}{2}$ であるように，実数係数の代数方程式（整式＝0 の形の方程式）の解が虚数解のときは，解として共役複素数がペアになって現れます。

> **実数係数の代数方程式 $ax^n+bx^{n-1}+\cdots+cx+d=0$**
> **が α を解にもてば，$\overline{\alpha}$ も解である。**

これを共役複素数の性質を使って証明してみましょう。

↓↓
証明　α が $ax^n+bx^{n-1}+\cdots+cx+d=0$ の解であるとき

$$a\alpha^n+b\alpha^{n-1}+\cdots+c\alpha+d=0$$

両辺の共役複素数を考えて

$$\overline{a\alpha^n+b\alpha^{n-1}+\cdots+c\alpha+d}=\overline{0}\qquad \overline{a\alpha^n}+\overline{b\alpha^{n-1}}+\cdots+\overline{c\alpha}+\overline{d}=0$$

$$\overline{a}\ \overline{\alpha^n}+\overline{b}\ \overline{\alpha^{n-1}}+\cdots+\overline{c}\ \overline{\alpha}+\overline{d}=0\qquad\therefore\quad a(\overline{\alpha})^n+b(\overline{\alpha})^{n-1}+\cdots+c\overline{\alpha}+d=0$$

$$(\because\quad a,\ b,\ \cdots,\ c,\ d\ \text{は実数より，}\ \overline{a}=a\ \text{等が成立する})$$

よって，$\overline{\alpha}$ も $ax^n+bx^{n-1}+\cdots+cx+d=0$ の解である。

もう 1 つ注意事項を付け加えておきます。α が実数であるとき $\overline{\alpha}=\alpha$ ですから，「$\overline{\alpha}$ も解だ」と言っても，α 以外の別の解があるという意味ではありません。それに対して，α が実数でないときは $\overline{\alpha}\neq\alpha$ ですから，α が解のとき α ではない $\overline{\alpha}$ も解だということになります。具体例を挙げると，$x^3-1=0$ すなわち $(x-1)(x^2+x+1)=0$ を解くと

$$x=1,\ \frac{-1\pm\sqrt{3}\,i}{2}$$

ここで，1 は解ですから $\overline{1}$（$=1$）は確かに解であり，虚数解は $\dfrac{-1+\sqrt{3}\,i}{2}$ と

$\dfrac{-1-\sqrt{3}\,i}{2}$ のように共役複素数がペアになって現れるということです。

ここで，$\sqrt{3}\,i$ は 2 乗して -3 になる数で，$\sqrt{-3}$ のことでしたが，$\sqrt{-2}\sqrt{-3}$ $=\sqrt{2}\,i\sqrt{3}\,i=-\sqrt{6}$ のように計算することになるので，一般には，**$\sqrt{a}\sqrt{b}\neq\sqrt{ab}$** になっています。$\sqrt{a}\sqrt{b}=\sqrt{ab}$ としてよいのは $a\geqq0$ または $b\geqq0$ のときで，実数の範囲に限定して議論しているときです。それに対して複素数の範囲で考えるときは，これまでとは感覚が異なるので，十分気をつけましょう。

$x^3-1=0$ は 1 の立方根を求める方程式ですが，複素数の範囲でこれを解くと 3 つの解が出てきました。複素数の範囲で代数方程式を解くと，2 次方程式は 2 個の解をもち，3 次方程式は 3 個の解をもち，…一般に n 次方程式は n 個の解をもつことになります。それでは復習を兼ねて方程式を解いておきましょう。

● 例題 172

　次の方程式を解け。

(1) $x^4+2x^2+9=0$

(2) $x^4-5x^3+6x^2-5x+1=0$

(1)の左辺は複2次式で，2乗引く2乗の形に変形して因数分解をするというやり方がありました。また，(2)は左辺の係数の並びが，中央対称になっており，この形の方程式を相反方程式と呼びます。偶数次の相反方程式は $x+\dfrac{1}{x}$ の方程式の形に変形することができ，α が解なら $\dfrac{1}{\alpha}$ も解になります。つまり，逆数が対になって解として現れます。奇数次の相反方程式は $x=-1$ と逆数の対が解になります。

$\Downarrow$

解答　(1)　　　　$x^4+2x^2+9=0$　　　$x^4+6x^2+9-4x^2=0$

　　　　　　　　$(x^2+3)^2-(2x)^2=0$　　　$(x^2+2x+3)(x^2-2x+3)=0$

　　　$\therefore$　$\boldsymbol{x=-1\pm\sqrt{2}\,i,\ 1\pm\sqrt{2}\,i}$

　　　(2)　　　　$x^4-5x^3+6x^2-5x+1=0$

　　　両辺を $x^2(\neq0)$ で割って

　　　　　　$x^2+\dfrac{1}{x^2}-5\left(x+\dfrac{1}{x}\right)+6=0$　　　$\left(x+\dfrac{1}{x}\right)^2-5\left(x+\dfrac{1}{x}\right)+4=0$

　　　　　　$\left(x+\dfrac{1}{x}-1\right)\left(x+\dfrac{1}{x}-4\right)=0$

　　　x^2 をかけて

　　　　　　$(x^2-x+1)(x^2-4x+1)=0$

　　　$\therefore$　$\boldsymbol{x=\dfrac{1\pm\sqrt{3}\,i}{2},\ 2\pm\sqrt{3}}$

(2)の最後で $x^2-x+1=0$ と $x^2-4x+1=0$ を解くことになりましたが，解と係数の関係を用いると，これらはいずれも2つの解の積が1になっていることがわかります。つまり，$\dfrac{1+\sqrt{3}\,i}{2}$ と $\dfrac{1-\sqrt{3}\,i}{2}$ 及び $2+\sqrt{3}$ と $2-\sqrt{3}$ は，計算するまでもなく互いに逆数になっているということです。

*p.*103，104 で，代数方程式の左辺で係数の並びを逆にすると，元の方程式の解の逆数を解にもつ方程式が作れるという話が出てきましたが，相反方程式の場合，係数の並びを逆にしても同じ方程式ですから，α が解ならば $\dfrac{1}{\alpha}$ も解であるということになるのです。

さらに，実数係数の代数方程式で解が虚数解のときは，共役複素数がペアになって現れていることも確認しておいてください。ただし，$x^2-(1+i)x+i=0$ すなわち $(x-1)(x-i)=0$ を解くと $x=1$，i のように，係数に虚数が混じれば，「共役複素数がペアとなって現れる」という話は成立しません。

演習 172

　方程式 $x^5-5x^4+5x^3+ax^2+bx+b+6=0$（$a$, b は実数）が $3+i$ を解にもつとき，a と b の値を求めよ。

解答　実数係数の代数方程式だから，$3+i$ を解にもつとき $3-i$ も解にもつ。

　　$3\pm i$ を解にもつ 2 次方程式は

$$\begin{cases} (3+i)+(3-i)=6 \\ (3+i)(3-i)=10 \end{cases}$$

　より　　$x^2-6x+10=0$

　　よって，与えられた方程式の左辺は $x^2-6x+10$ で割り切れる。

$$
\begin{array}{r|cccccc}
 & 1 & -5 & 5 & a & b & b+6 \\
6 & & 6 & 6 & 6 & 6a-24 & \\
-10 & & & -10 & -10 & -10 & -10a+40 \\
\hline
 & 1 & 1 & 1 & a-4 & \| 6a+b-34 & -10a+b+46
\end{array}
$$

　　よって

$$x^5-5x^4+5x^3+ax^2+bx+b+6$$
$$=(x^2-6x+10)(x^3+x^2+x+a-4)+(6a+b-34)x-10a+b+46$$

　と表されるので

$$\begin{cases} 6a+b-34=0 \\ -10a+b+46=0 \end{cases} \quad \therefore \quad (a,\ b)=(5,\ 4)$$

　x に $3+i$ を代入して，$(3+i)^5-5(3+i)^4+5(3+i)^3+a(3+i)^2+b(3+i)+b+6=0$ を整理し，$p+qi=0$（p, q は実数）の形に変形すれば，$p=q=0$ となるので，a と b の連立方程式が得られます。もちろん，このようなやり方でもかまいませんが，計算が煩わしそうです。「実数係数の代数方程式で $3+i$ が解ならば $3-i$ も解である」ということを使って解答のように解くのが得策です。

④ 絶対値

　$|\alpha|^2=\alpha\overline{\alpha}$ で絶対値が定義されており，$\alpha=a+bi$（a, b は実数）のときは $|\alpha|^2=a^2+b^2$ になることは既に学びました。α が実数のとき，つまり $b=0$ のときは $|\alpha|^2=a^2$ になるので，この定義は実数の範囲で絶対値を考えていた内容を含む形になっています。

　また，実数の範囲で考えていたときと同様

$$|\alpha\beta|=|\alpha||\beta| \qquad \left|\frac{\alpha}{\beta}\right|=\frac{|\alpha|}{|\beta|} \quad (\beta\neq 0 \text{ とする}) \qquad |\alpha^n|=|\alpha|^n \quad (n \text{ は自然数})$$

等の性質をもちます。これに加えて，$|-\alpha|=|\alpha|$, $|\overline{\alpha}|=|\alpha|$, さらに三角不等式 $||\alpha|-|\beta||\leqq|\alpha+\beta|\leqq|\alpha|+|\beta|$ も成立します。三角不等式については次の「複素数平

面」を学べば，自然に納得することができるようになると思います。

$$|\alpha\beta|=|\alpha||\beta|$$

$$\left|\frac{\alpha}{\beta}\right|=\frac{|\alpha|}{|\beta|} \quad (\beta \neq 0 \text{ とする})$$

$$|\alpha^n|=|\alpha|^n \quad (n \text{ は自然数})$$

$$|-\alpha|=|\alpha|$$

$$|\overline{\alpha}|=|\alpha|$$

$$||\alpha|-|\beta||\leqq|\alpha+\beta|\leqq|\alpha|+|\beta|$$

それでは上の性質のうち，はじめの 3 つを示しておきましょう。

$\Downarrow$

証明　・$|\alpha\beta|^2=\alpha\beta\overline{\alpha\beta}=\alpha\beta\overline{\alpha}\,\overline{\beta}=\alpha\overline{\alpha}\beta\overline{\beta}=|\alpha|^2|\beta|^2=(|\alpha||\beta|)^2$

より $|\alpha\beta|^2=(|\alpha||\beta|)^2$ であるが，$|\alpha\beta|$ と $|\alpha||\beta|$ は実数，$|\alpha\beta|\geqq 0$,
$|\alpha||\beta|\geqq 0$ だから，$|\alpha\beta|=|\alpha||\beta|$ である。

・$\left|\dfrac{\alpha}{\beta}\right|^2=\dfrac{\alpha}{\beta}\overline{\left(\dfrac{\alpha}{\beta}\right)}=\dfrac{\alpha}{\beta}\cdot\dfrac{\overline{\alpha}}{\overline{\beta}}=\dfrac{|\alpha|^2}{|\beta|^2}$

以下，上と同様にして，$\left|\dfrac{\alpha}{\beta}\right|=\dfrac{|\alpha|}{|\beta|}$ である。

・$n=1$ のとき，$|\alpha^n|=|\alpha|^n$ は自明。

また，ある n で $|\alpha^n|=|\alpha|^n$ が成立すると仮定すると
$$|\alpha^{n+1}|=|\alpha^n\alpha|=|\alpha^n||\alpha|=|\alpha|^n|\alpha|=|\alpha|^{n+1}$$
となるから，数学的帰納法により $|\alpha^n|=|\alpha|^n$ である。

なお，$\alpha\neq 0$ であれば，$|\alpha^n|=|\alpha|^n$ は整数 n で成立します。

例題 173

$|\alpha|=|\beta|=|\gamma|=1$，$\alpha+\beta+\gamma\neq 0$（$\alpha$，$\beta$，$\gamma$ は複素数）のとき，

$\left|\dfrac{\alpha+\beta+\gamma}{\alpha\beta+\beta\gamma+\gamma\alpha}\right|$ の値を求めよ。

解答　$\left|\dfrac{\alpha+\beta+\gamma}{\alpha\beta+\beta\gamma+\gamma\alpha}\right|=\left|\dfrac{\alpha+\beta+\gamma}{\alpha\beta\gamma\left(\dfrac{1}{\alpha}+\dfrac{1}{\beta}+\dfrac{1}{\gamma}\right)}\right|=\left|\dfrac{\alpha+\beta+\gamma}{\alpha\beta\gamma(\overline{\alpha}+\overline{\beta}+\overline{\gamma})}\right|$

$\left(\because \quad |\alpha|=1 \text{ より，} \alpha\overline{\alpha}=1 \text{ すなわち } \dfrac{1}{\alpha}=\overline{\alpha} \text{ 等が成立する}\right)$

$=\left|\dfrac{\alpha+\beta+\gamma}{\alpha\beta\gamma\overline{(\alpha+\beta+\gamma)}}\right|=\dfrac{|\alpha+\beta+\gamma|}{|\alpha||\beta||\gamma||\overline{\alpha+\beta+\gamma}|}$

$=\dfrac{|\alpha+\beta+\gamma|}{|\alpha+\beta+\gamma|}=1$

演習173

$|\alpha|=|\beta|=|\gamma|=1$, $\alpha+\beta+\gamma=0$ (α, β, γ は複素数) のとき, $|\alpha-2i|^2+|\beta-2i|^2+|\gamma-2i|^2$ の値を求めよ。

解答

$|\alpha-2i|^2+|\beta-2i|^2+|\gamma-2i|^2$

$=(\alpha-2i)\overline{(\alpha-2i)}+(\beta-2i)\overline{(\beta-2i)}+(\gamma-2i)\overline{(\gamma-2i)}$

$=(\alpha-2i)(\overline{\alpha}+2i)+(\beta-2i)(\overline{\beta}+2i)+(\gamma-2i)(\overline{\gamma}+2i)$

$=\alpha\overline{\alpha}+\beta\overline{\beta}+\gamma\overline{\gamma}+2i(\alpha+\beta+\gamma)-2i(\overline{\alpha}+\overline{\beta}+\overline{\gamma})+4\times3$

$=15+2i(\alpha+\beta+\gamma)-2i\overline{(\alpha+\beta+\gamma)}$

$=\mathbf{15}$

---

2 複素数平面

直線上の点は実数と対応させることができ, このように実数と対応づけられた直線を数直線と呼びました。そういうことで, 実数は数直線上の点であると考えてよかったわけです。ここで, 実数を -1 倍するということが, 数直線上の点においてどのような意味をもつかを考えてみたいと思います。2 を -1 倍すると -2 になり, -3 を -1 倍すると 3 になりますが, 数直線上だけでこれを見れば, -1 倍は原点対称移動だと考えることができます。

しかし, 数直線の両サイドに広がる平面に注目して -1 倍を原点を中心とする $180°$ 回転だととらえることもできます。つまり -1 倍という「数字をかける」作業を「原点を中心とする回転」と対応させて考えるということですが, この見方をもう 1 歩進めると, $-1=i\times i$ ですから,「-1 倍 ＝ 原点を中心とする $180°$ 回転」ならば「i 倍 ＝ 原点を中心とする $90°$ 回転」ということになります。

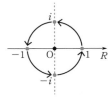

そこで, 数直線に原点で直交する虚軸を設けて複素数平面を定義します。ここでは数直線のことを実軸と呼ぶことにしますが,「実軸上の 1 に i をかけると i になり, さらに i をかけると -1, さらに i をかけると $-i$, さらに i をかけると 1」という動きが,「i 倍 ＝ 原点を中心とする $90°$ 回転」という見方を正当化しているように見えます。

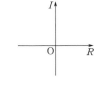

このかけ算と回転の関係は後ほど吟味するとして, このように複素数平面を定義すると,「実数は数直線上の点」と考えたことの自然な拡張として,「複素数は複素数平面上の点」と考えることができます。

すると，複素数平面上で $\alpha = a + bi$（a, b は実数）を考えるということは，xy 平面上で (a, b) を考えたことに対応することになります。また

$$|\alpha|^2 = \alpha\overline{\alpha} = (a+bi)(a-bi) = a^2 + b^2$$

より，$|\alpha| = \sqrt{a^2 + b^2}$ となりますが，これは xy 平面上で (a, b) と原点の距離が $\sqrt{a^2 + b^2}$ であったことに対応し，複素数平面上でも $\alpha = a + bi$ と原点 (O) の距離が $|\alpha| = \sqrt{a^2 + b^2}$ で表されます。

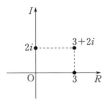

例題 174

複素数平面上で一直線上にない 3 点 α, β, γ を 3 頂点とするような平行四辺形の第 4 の頂点を α, β, γ で表せ。

α, β, γ をベクトルだと見ます。慣れるために $\alpha = \overrightarrow{OA}$，$\beta = \overrightarrow{OB}$，$\gamma = \overrightarrow{OC}$ とおいてみましょう。

題意の点は右図の P, Q, R のようになるので

$$\overrightarrow{OP} = \overrightarrow{OB} + \overrightarrow{BP} = \overrightarrow{OB} + \overrightarrow{AC} = \overrightarrow{OB} + \overrightarrow{OC} - \overrightarrow{OA} = \beta + \gamma - \alpha$$

のように表されます。

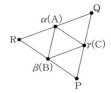

$\Downarrow$

解答　題意の点は右図の 3 点になる。よって

$$\begin{cases} \beta + (\gamma - \alpha) = -\alpha + \beta + \gamma \\ \alpha + (\gamma - \beta) = \alpha - \beta + \gamma \\ \alpha + (\beta - \gamma) = \alpha + \beta - \gamma \end{cases}$$

より　　$-\alpha + \beta + \gamma$,　$\alpha - \beta + \gamma$,　$\alpha + \beta - \gamma$

演習 174

複素数平面上に原点 O とは異なる点 α がある。α と実軸対称の点を β とし，α と虚軸対称の点を γ とする。β, γ を α を用いて表せ。

$\downarrow$

解答　右図より

$$\beta = \overline{\alpha}$$

$$\gamma = -\overline{\alpha}$$

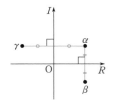

1・ 極形式

$p.321$ で座標 (a, b) を原点との距離 r と x 軸の正方向から反時計まわり方向に測った角 θ によって，$(a, b)=(r\cos\theta, r\sin\theta)$ と表す方法を用いました。平面は 2 次元ですから，平面上の点は x 座標と y 座標の 2 つのパラメーターで表すことができるのですが，同様に，原点との距離と x 軸の正方向から反時計まわり方向に測った角の 2 つのパラメーターで表現することもできるのです。この原点との距離と x 軸の正方向から反時計まわり方向に測った角で平面上の点を表す方法を極形式と言います。

複素数 $\alpha=a+bi$（a, b は実数）も原点と α の距離 $|\alpha|=r$ と偏角 θ（実軸の正方向から α へ，反時計まわりを正方向として測った角度）を用いて，$\alpha=r(\cos\theta+i\sin\theta)$ のように極形式で表すことができます。このとき，$a=r\cos\theta$，$b=r\sin\theta$ になっていることも確認しておいてください。

さて，ここで極形式で表された複素数のかけ算と割り算について調べておきましょう。

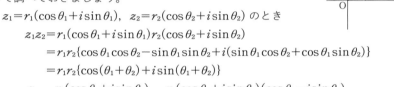

$z_1=r_1(\cos\theta_1+i\sin\theta_1), \ z_2=r_2(\cos\theta_2+i\sin\theta_2)$ のとき

$$z_1 z_2 = r_1(\cos\theta_1+i\sin\theta_1)r_2(\cos\theta_2+i\sin\theta_2)$$
$$= r_1 r_2\{\cos\theta_1\cos\theta_2 - \sin\theta_1\sin\theta_2 + i(\sin\theta_1\cos\theta_2 + \cos\theta_1\sin\theta_2)\}$$
$$= r_1 r_2\{\cos(\theta_1+\theta_2) + i\sin(\theta_1+\theta_2)\}$$

$$\frac{z_1}{z_2} = \frac{r_1(\cos\theta_1+i\sin\theta_1)}{r_2(\cos\theta_2+i\sin\theta_2)} = \frac{r_1(\cos\theta_1+i\sin\theta_1)(\cos\theta_2-i\sin\theta_2)}{r_2(\cos\theta_2+i\sin\theta_2)(\cos\theta_2-i\sin\theta_2)}$$
$$= \frac{r_1\{\cos\theta_1\cos\theta_2 + \sin\theta_1\sin\theta_2 + i(\sin\theta_1\cos\theta_2 - \cos\theta_1\sin\theta_2)\}}{r_2(\cos^2\theta_2+\sin^2\theta_2)}$$
$$= \frac{r_1}{r_2}\{\cos(\theta_1-\theta_2) + i\sin(\theta_1-\theta_2)\}$$

これを見ると，複素数の乗法と除法は次のようになっていることがわかります。

	絶対値	偏角
かけ算	かけ算	足し算
割り算	割り算	引き算

この中で偏角の足し算，引き算が出てきていますが，これは複素数のかけ算，割り算が複素数平面上において原点のまわりの回転に関係していることを示しています。特に絶対値が 1 の複素数 $\cos\theta+i\sin\theta$ をかけたり，これで割ったりしても元の複素数の絶対値は変化しないので，純粋に回転を表します。

> **$\cos\theta+i\sin\theta$ をかける：原点のまわりの θ 回転**
> **$\cos\theta+i\sin\theta$ で割る：原点のまわりの $-\theta$ 回転**

特に，$\cos 180°+i\sin 180°=-1$ は 180° 回転を表し，$\cos 90°+i\sin 90°=i$ は 90° 回転を表すことになりますが，これは $p.415$ で考えていた，かけ算を回転と見る見方が

正しかったことを意味します。

例題 175

$\dfrac{1+i}{\sqrt{3}+i}$ を $a+bi$ （a, b は実数）の形に変形せよ。また，これを用いて

$\cos\dfrac{\pi}{12}$ の値を求めよ。

解答

$$\dfrac{1+i}{\sqrt{3}+i}=\dfrac{(1+i)(\sqrt{3}-i)}{(\sqrt{3}+i)(\sqrt{3}-i)}$$

$$=\dfrac{\sqrt{3}+1+(\sqrt{3}-1)i}{4}\quad\left(=\dfrac{\sqrt{3}+1}{4}+\dfrac{\sqrt{3}-1}{4}i\right)$$

また

$$\dfrac{1+i}{\sqrt{3}+i}=\dfrac{\sqrt{2}\left(\cos\dfrac{\pi}{4}+i\sin\dfrac{\pi}{4}\right)}{2\left(\cos\dfrac{\pi}{6}+i\sin\dfrac{\pi}{6}\right)}=\dfrac{\sqrt{2}}{2}\left\{\cos\left(\dfrac{\pi}{4}-\dfrac{\pi}{6}\right)+i\sin\left(\dfrac{\pi}{4}-\dfrac{\pi}{6}\right)\right\}$$

$$=\dfrac{\sqrt{2}}{2}\left(\cos\dfrac{\pi}{12}+i\sin\dfrac{\pi}{12}\right)$$

であるから

$$\dfrac{\sqrt{3}+1}{4}=\dfrac{\sqrt{2}}{2}\cos\dfrac{\pi}{12}\qquad\therefore\quad\cos\dfrac{\pi}{12}=\dfrac{\sqrt{6}+\sqrt{2}}{4}$$

$1+i$ の絶対値は $\sqrt{2}$ で偏角は $\dfrac{\pi}{4}$ ですから，$1+i=\sqrt{2}\left(\cos\dfrac{\pi}{4}+i\sin\dfrac{\pi}{4}\right)$ と表され，

同様に，$\sqrt{3}+i=2\left(\cos\dfrac{\pi}{6}+i\sin\dfrac{\pi}{6}\right)$ と表されます。このあとの $\dfrac{1+i}{\sqrt{3}+i}$ の計算は，

絶対値は割り算を，偏角は引き算をすることによって求めることができます。

演習 175

$\dfrac{(\sqrt{3}+i)(-2+2i)(3+2i)}{(-1+\sqrt{3}\,i)(1+i)}$ を $a+bi$ （a, b は実数）の形に変形せよ。

解答

$$\dfrac{(\sqrt{3}+i)(-2+2i)(3+2i)}{(-1+\sqrt{3}\,i)(1+i)}$$

$$=\dfrac{2\left(\cos\dfrac{\pi}{6}+i\sin\dfrac{\pi}{6}\right)2\sqrt{2}\left(\cos\dfrac{3\pi}{4}+i\sin\dfrac{3\pi}{4}\right)(3+2i)}{2\left(\cos\dfrac{2\pi}{3}+i\sin\dfrac{2\pi}{3}\right)\sqrt{2}\left(\cos\dfrac{\pi}{4}+i\sin\dfrac{\pi}{4}\right)}$$

$$=2\left\{\cos\left(\dfrac{\pi}{6}+\dfrac{3\pi}{4}-\dfrac{2\pi}{3}-\dfrac{\pi}{4}\right)+i\sin\left(\dfrac{\pi}{6}+\dfrac{3\pi}{4}-\dfrac{2\pi}{3}-\dfrac{\pi}{4}\right)\right\}(3+2i)$$

$$=2(3+2i)=6+4i$$

第1章
第2章
第3章
第4章
第5章
第6章
第7章
第8章
第9章
第10章
第11章
第12章
第13章
第14章

2 · ド・モアブルの定理

$$(\cos\theta+i\sin\theta)^2=(\cos\theta+i\sin\theta)(\cos\theta+i\sin\theta)$$
$$=\cos 2\theta+i\sin 2\theta$$
$$(\cos\theta+i\sin\theta)^3=(\cos\theta+i\sin\theta)^2(\cos\theta+i\sin\theta)$$
$$=(\cos 2\theta+i\sin 2\theta)(\cos\theta+i\sin\theta)$$
$$=\cos 3\theta+i\sin 3\theta$$

これを繰り返すことにより

> **ド・モアブルの定理**
>
> $$(\cos\theta+i\sin\theta)^n=\cos n\theta+i\sin n\theta \quad (n \text{ は整数})$$

が成立することがわかります。厳密には数学的帰納法を用いて次のように証明します。

証明　$n=0$ のときは両辺ともに 1 となり，成立する。

また，ある n で成立すると仮定すると

$$(\cos\theta+i\sin\theta)^{n+1}=(\cos\theta+i\sin\theta)^n(\cos\theta+i\sin\theta)$$
$$=(\cos n\theta+i\sin n\theta)(\cos\theta+i\sin\theta)$$
$$=\cos n\theta\cos\theta-\sin n\theta\sin\theta+i(\sin n\theta\cos\theta+\cos n\theta\sin\theta)$$
$$=\cos(n+1)\theta+i\sin(n+1)\theta$$

$$(\cos\theta+i\sin\theta)^{n-1}=\frac{(\cos\theta+i\sin\theta)^n}{\cos\theta+i\sin\theta}=\frac{\cos n\theta+i\sin n\theta}{\cos\theta+i\sin\theta}$$
$$=(\cos n\theta+i\sin n\theta)(\cos\theta-i\sin\theta)$$
$$=\cos n\theta\cos\theta+\sin n\theta\sin\theta+i(\sin n\theta\cos\theta-\cos n\theta\sin\theta)$$
$$=\cos(n-1)\theta+i\sin(n-1)\theta$$

よって，数学的帰納法により，$(\cos\theta+i\sin\theta)^n=\cos n\theta+i\sin n\theta$（$n$ は整数）が成立する。

例題 176

$z^n=1$（n は自然数）を解け。

解答　$z=r(\cos\theta+i\sin\theta)$（$r>0$）とおくと，$z^n=1$ より

$$r^n(\cos\theta+i\sin\theta)^n=1$$
$$r^n(\cos n\theta+i\sin n\theta)=1$$

$\therefore$　$r=1$, $n\theta=2\pi k$

よって　　$z=\cos\dfrac{2\pi k}{n}+i\sin\dfrac{2\pi k}{n}$　（$k=0,\ 1,\ 2,\ \cdots,\ n-1$）

これは 1 の n 乗根を求めたということですが，解を複素数平面上で図示してみると，単位円周上に等間隔に並んでいます。$n=2$, 3, 4 の場合は次のようになります。

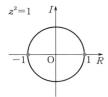 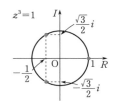 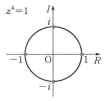

これを見ると $z=1$ は必ず解で，そこを起点に単位円周上を n 等分するところが解になっていることがわかります。

また，$z^n=1$ より

$$(z-1)(z^{n-1}+z^{n-2}+\cdots+z+1)=0$$

$$\therefore \quad z=1, \quad z^{n-1}+z^{n-2}+\cdots+z+1=0$$

ですから，$z^{n-1}+z^{n-2}+\cdots+z+1=0$ は 1 の n 乗根のうちの 1 以外の $n-1$ 個を解にもつ方程式で，解が単位円周上に並ぶので，円分方程式という名前が付いています。

> **円分方程式** ▶
>
> $$z^{n-1}+z^{n-2}+\cdots+z+1=0$$

演習 176

$z=\dfrac{1+i}{\sqrt{2}}$ のとき，$z^7+z^6+z^5+z^4+z^3+z^2$ の値を求めよ。

解答 $z=\cos\dfrac{\pi}{4}+i\sin\dfrac{\pi}{4}$ と表されるので

$$z^8=\left(\cos\dfrac{\pi}{4}+i\sin\dfrac{\pi}{4}\right)^8=\cos 2\pi+i\sin 2\pi=1$$

よって

$$(z-1)(z^7+z^6+z^5+z^4+z^3+z^2+z+1)=0$$

$z\neq 1$ だから

$$z^7+z^6+z^5+z^4+z^3+z^2+z+1=0$$

$$z^7+z^6+z^5+z^4+z^3+z^2=-z-1 \quad \left(=-\dfrac{1+i}{\sqrt{2}}-1\right)$$

$$\therefore \quad z^7+z^6+z^5+z^4+z^3+z^2=-1-\dfrac{1}{\sqrt{2}}-\dfrac{1}{\sqrt{2}}i$$

次のようにすることもできます。

別解 1　$z^4=\left(\cos\dfrac{\pi}{4}+i\sin\dfrac{\pi}{4}\right)^4=\cos\pi+i\sin\pi=-1$

となるから

$$z^7+z^6+z^5+z^4+z^3+z^2=z^4z^3+z^4z^2+z^4z+z^4+z^3+z^2$$
$$=-z^3-z^2-z-1+z^3+z^2=-z-1$$
$$=-\dfrac{1+i}{\sqrt{2}}-1=-1-\dfrac{1}{\sqrt{2}}-\dfrac{1}{\sqrt{2}}i$$

さらに，初項が z^2，公比が z の等比数列の和と見ることもでき，次のようになります。

別解 2　$z^7+z^6+z^5+z^4+z^3+z^2=\dfrac{z^2(z^6-1)}{z-1}=\dfrac{z^8-z^2}{z-1}$

ここで，$z=\dfrac{1+i}{\sqrt{2}}=\cos\dfrac{\pi}{4}+i\sin\dfrac{\pi}{4}$ だから

$$z^8=\left(\cos\dfrac{\pi}{4}+i\sin\dfrac{\pi}{4}\right)^8=\cos 2\pi+i\sin 2\pi=1$$

$$\therefore\quad z^7+z^6+z^5+z^4+z^3+z^2=\dfrac{1-z^2}{z-1}=-(z+1)=-1-\dfrac{1}{\sqrt{2}}-\dfrac{1}{\sqrt{2}}i$$

3　複素数平面上の図形

複素数は回転が扱えるベクトルだと言うことができ，複素数平面で図形を考えるのは，xy 平面で考えるより有利な面があり，同時に不自由な面もあります。順に学んでいきますが，まずは偏角についてです。z の偏角を **arg z**（アーギュメント z）で表します。これを用いて $p.417$ に出てきた「複素数の乗法，除法の性質」を書き直しておくと

$$\arg\alpha\beta=\arg\alpha+\arg\beta\qquad\arg\dfrac{\alpha}{\beta}=\arg\alpha-\arg\beta$$
$$\arg\alpha^n=n\arg\alpha$$

となります。

また，α から β に向かうベクトルを複素数平面上では $\beta-\alpha$ と表します。すると

$$\boldsymbol{\beta-\alpha}\textbf{ から }\boldsymbol{\gamma-\alpha}\textbf{ に測った角は}\qquad\arg\dfrac{\gamma-\alpha}{\beta-\alpha}$$

と表されますが，この形が様々な議論の出発点になります。たとえば，複素数平面上の相異なる 3 点 α, β, γ について

・$\beta - \alpha \parallel \gamma - \alpha$ となる条件は，$\arg \dfrac{\gamma - \alpha}{\beta - \alpha} = \pi k$，すなわち $\dfrac{\gamma - \alpha}{\beta - \alpha}$ は実数

・$\beta - \alpha \perp \gamma - \alpha$ となる条件は，$\arg \dfrac{\gamma - \alpha}{\beta - \alpha} = \dfrac{\pi}{2} + \pi k$，すなわち $\dfrac{\gamma - \alpha}{\beta - \alpha}$ は純虚数

といった具合です。ここで，$p.409$ に出てきた実数条件と純虚数条件を復習しておきましょう。

> **α は実数** $\iff \alpha = \bar{\alpha}$
>
> **α は純虚数または 0** $\iff \alpha + \bar{\alpha} = 0$

これを上の議論に結びつけると

> **複素数平面上の相異なる 3 点 α, β, γ が一直線上にある**
>
> $\iff \dfrac{\gamma - \alpha}{\beta - \alpha}$ は実数
>
> $\iff \dfrac{\gamma - \alpha}{\beta - \alpha} = \overline{\left(\dfrac{\gamma - \alpha}{\beta - \alpha} \right)}$
>
> $\iff (\gamma - \alpha)(\bar{\beta} - \bar{\alpha}) - (\beta - \alpha)(\bar{\gamma} - \bar{\alpha}) = 0$

のようになります。

1 ・ 直線

直線を表す方法は，実数条件を用いる方法，純虚数条件を用いる方法，及び絶対値を用いる方法の 3 種類があります。

まず 1 つめです。相異なる 2 点 α, β を通る直線は

$\dfrac{z - \alpha}{\beta - \alpha}$ は実数

すなわち $\dfrac{z - \alpha}{\beta - \alpha} = \overline{\left(\dfrac{z - \alpha}{\beta - \alpha} \right)}$

$\therefore (\bar{\beta} - \bar{\alpha})(z - \alpha) - (\beta - \alpha)(\bar{z} - \bar{\alpha}) = 0$

と表されます。

> **相異なる 2 点 α, β を通る直線**
>
> $(\bar{\beta} - \bar{\alpha})(z - \alpha) - (\beta - \alpha)(\bar{z} - \bar{\alpha}) = 0$

もう 1 つ，原点を通り α に垂直な直線は

$\dfrac{z}{\alpha}$ は純虚数または 0

すなわち $\quad \dfrac{z}{\alpha} + \overline{\left(\dfrac{z}{\alpha}\right)} = 0$

$\therefore \quad \dfrac{z}{\alpha} + \dfrac{\bar{z}}{\bar{\alpha}} = 0$

と表されます。

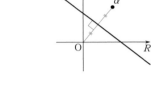

> **原点を通り α に垂直な直線**
>
> $$\dfrac{z}{\alpha} + \dfrac{\bar{z}}{\bar{\alpha}} = 0$$

さらに，O，α の垂直二等分線は

$$\dfrac{z - \dfrac{\alpha}{2}}{\alpha} \text{ は純虚数または } 0$$

すなわち $\quad \dfrac{z - \dfrac{\alpha}{2}}{\alpha} + \overline{\left(\dfrac{z - \dfrac{\alpha}{2}}{\alpha}\right)} = 0$

$\therefore \quad \dfrac{z}{\alpha} + \dfrac{\bar{z}}{\bar{\alpha}} = 1$

となりますが，これが複素数平面で直線を表す方法の中で最もよく使う方法だと言うことができます。

> **O，α （$\alpha \neq 0$）の垂直二等分線**
>
> $$\dfrac{z}{\alpha} + \dfrac{\bar{z}}{\bar{\alpha}} = 1$$

垂直二等分線は絶対値を用いて表すこともでき

$$\dfrac{z}{\alpha} + \dfrac{\bar{z}}{\bar{\alpha}} = 1 \iff |z| = |z - \alpha|$$

です。実際，$|z| = |z - \alpha|$ の両辺を 2 乗すると

$$z\bar{z} = (z - \alpha)(\bar{z} - \bar{\alpha})$$
$$\bar{\alpha}z + \alpha\bar{z} = \alpha\bar{\alpha}$$

$\therefore \quad \dfrac{z}{\alpha} + \dfrac{\bar{z}}{\bar{\alpha}} = 1$

ですが，一般的には次のようになります。

> **α，β （$\alpha \neq \beta$）の垂直二等分線**
>
> $$|z - \alpha| = |z - \beta|$$

例題 177

$(2+i)z-(2-i)\bar{z}=0$ が表す図形を図示せよ。

この方程式が表す図形を求めるには次の 3 つのアプローチ法があります。

(i) 式の意味を解読する力を身につける。

(ii) 公式にあてはめる技術を身につける。

(iii) 機械的に処理する方法を覚える。

　順に見ていきましょう。

⇓

解答　(i)　$(2+i)z-(2-i)\bar{z}=0$ より，$(2+i)z$ は実数　……(*)

$\arg(2+i)=\theta$ とおくと，(*) の条件は z を θ 回転すれば実数になるという条件を表しているから，求める図形は右図の直線になる。

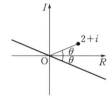

または

⇓

別解　(i)′　$(2+i)z-(2-i)\bar{z}=0$ より

$$\frac{z}{2-i}-\frac{\bar{z}}{2+i}=0$$

よって，$\dfrac{z}{2-i}$ は実数。

　これは原点を通り，$2-i$ を方向ベクトルとする直線を表しているから，求める図形は右図のようになる。

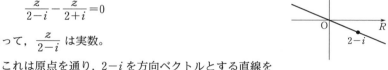

(ii)　$(2+i)z-(2-i)\bar{z}=0$ は O と $2-i$ を通る直線を表す。よって，右図のようになる。

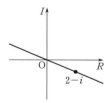

(iii)　$(2+i)z-(2-i)\bar{z}=0$ の両辺に $-i$ をかけて

$$(1-2i)z+(1+2i)\bar{z}=0$$

$$\therefore \quad \frac{z}{1+2i}+\frac{\bar{z}}{1-2i}=0$$

　よって，原点を通り $1+2i$ を法線ベクトルとする直線になる。これを図示すると右図のようになる。

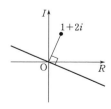

(iii)′　$z = x + yi$（x, y は実数）とおくと

$$(2+i)(x+yi) - (2-i)(x-yi) = 0$$
$$i(2x+4y) = 0$$
$$\therefore \quad x + 2y = 0$$

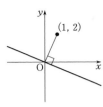

xy 平面において，これが表す図形は右図のような直線である。したがって，$z = x + yi$ の表す図形は右下図のような直線になる。

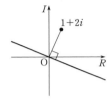

 演習 177

$\left| \dfrac{5}{z} - 1 - 2i \right| = \sqrt{5}$ が表す図形を図示せよ。

解答　$\left| \dfrac{5}{z} - 1 - 2i \right| = \sqrt{5}$　$\left| \dfrac{5 - (1+2i)\bar{z}}{\bar{z}} \right| = \sqrt{5}$

$|\bar{z}|$ をかけて

$$|5 - (1+2i)\bar{z}| = \sqrt{5}\,|\bar{z}|$$
$$|(1-2i)z - 5| = \sqrt{5}\,|z|$$
$$|1-2i|\left| z - \frac{5}{1-2i} \right| = \sqrt{5}\,|z|$$
$$\therefore \quad |z - (1+2i)| = |z|$$

よって，求める図形は O と $1+2i$ の垂直二等分線になる。
これを図示すると右図のようになる。

次のようにすることもできます。

別解　$\left| \dfrac{5}{z} - 1 - 2i \right| = \sqrt{5}$

$$|5 - (1+2i)\bar{z}| = \sqrt{5}\,|\bar{z}|$$

2 乗して　$\{5 - (1+2i)\bar{z}\}\{5 - (1-2i)z\} = 5z\bar{z}$

すなわち　$25 - 5(1-2i)z - 5(1+2i)\bar{z} + 5z\bar{z} = 5z\bar{z}$

$$\therefore \quad \frac{z}{1+2i} + \frac{\bar{z}}{1-2i} = 1$$

よって，求める図形は O と $1+2i$ の垂直二等分線になる。

2 · 円

円を表す方法は中心半径型と直径型の2種類がありますが，それに加えてアポロニウスの円の条件式にも慣れておく必要があります。

まず，中心半径型は $|z-\alpha|=r$ で，これはベクトル方程式と全く同じ形です。

> **中心が α, 半径が r の円**
>
> $$|z-\alpha|=r$$

ただ，これを2乗して展開した式は，ベクトルのときとは大分異なるのでチェックしておきましょう。

$$|z-\alpha|=r$$
両辺を2乗して $\quad |z-\alpha|^2=r^2$
すなわち $\quad (z-\alpha)\overline{(z-\alpha)}=r^2$
よって $\quad (z-\alpha)(\bar{z}-\bar{\alpha})=r^2$
∴ $\quad z\bar{z}-\bar{\alpha}z-\alpha\bar{z}+\alpha\bar{\alpha}-r^2=0$

のようになりますが，結局円の方程式は

> **α を中心とする円**
>
> $$z\bar{z}-\bar{\alpha}z-\alpha\bar{z}+k=0 \quad (k \text{ は実数})$$

です。そして上の計算の逆をたどるのが平方完成です。

次は直径型です。α, β を直径の両端とする円上に z がある場合のうち，図の(i)，(ii)では $\dfrac{z-\alpha}{z-\beta}$ の偏角が異なります。(i)のときでは $\arg\dfrac{z-\alpha}{z-\beta}=-\dfrac{\pi}{2}+2\pi k$ であり，(ii)のときでは $\arg\dfrac{z-\alpha}{z-\beta}=\dfrac{\pi}{2}+2\pi k$ になっています。

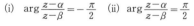

(i) $\arg\dfrac{z-\alpha}{z-\beta}=-\dfrac{\pi}{2}$ (ii) $\arg\dfrac{z-\alpha}{z-\beta}=\dfrac{\pi}{2}$

また，(i)，(ii)それぞれで z を動かすと，$\left|\dfrac{z-\alpha}{z-\beta}\right|=\dfrac{|z-\alpha|}{|z-\beta|}$ の値は正の全実数値をとることがわかります。結局，α, β を直径の両端とする円周上を z が動くとき，$z\neq\alpha$, β では $\dfrac{z-\alpha}{z-\beta}$ は純虚数全体を動くことが確認できます。これに加えて $z=\alpha$ または β ですから

$$\frac{z-\alpha}{z-\beta}+\overline{\left(\frac{z-\alpha}{z-\beta}\right)}=0, \quad z=\beta$$

すなわち　　$\dfrac{z-\alpha}{z-\beta}+\dfrac{\overline{z}-\overline{\alpha}}{\overline{z}-\overline{\beta}}=0,\ z=\beta$

$\therefore\ \ (z-\alpha)(\overline{z}-\overline{\beta})+(\overline{z}-\overline{\alpha})(z-\beta)=0$

が $\alpha,\ \beta$ を直径の両端とする円の方程式になります。

α, β を直径の両端とする円

$$(z-\alpha)(\overline{z}-\overline{\beta})+(\overline{z}-\overline{\alpha})(z-\beta)=0$$

　　以上，中心半径型の円と直径型の円を学びましたが，これに加えて，アポロニウス の円も調べておきましょう。

　　元々アポロニウスの円は「$\alpha,\ \beta$ からの距離の比が $m:n\ (m\neq n)$ である点の軌跡 は，$\alpha,\ \beta$ を $m:n$ に内分する点と，$\alpha,\ \beta$ を $m:n$ に外分する点を直径の両端とする 円になる」という内容でした。これを式にすると

　　　　$|z-\alpha|:|z-\beta|=m:n$　　$\therefore\ \ n|z-\alpha|=m|z-\beta|$

となりますが，この後半の式を見て「アポロニウスの円だ」と気づくことが大切です。

アポロニウスの円

$\alpha,\ \beta$ を $m:n$ に内分する点と，$\alpha,\ \beta$ を $m:n$ に外分する点を直径の両端とする円

$$n|z-\alpha|=m|z-\beta|\quad(\alpha\neq\beta,\ m\neq n,\ m>0,\ n>0)$$

　　$n|z-\alpha|=m|z-\beta|$ は直径型の円ですが，$(z-\alpha)(\overline{z}-\overline{\beta})+(\overline{z}-\overline{\alpha})(z-\beta)=0$ の形 に変形するのは非常に難しいです。$n|z-\alpha|=m|z-\beta|$ のままの形でアポロニウスの 円であることを見抜き，もし変形する必要があるのなら，平方完成をして中心半径型 にします。

例題 178

$z\overline{z}+(3+2i)z+(3-2i)\overline{z}+4=0$ を満たす z の集合を図示せよ。

解答　　　　$z\overline{z}+(3+2i)z+(3-2i)\overline{z}+4=0$

　　　　　　$(z+3-2i)(\overline{z}+3+2i)=9$

$\therefore\ \ |z+3-2i|=3$

よって，中心が $-3+2i$ で半径が 3 の円になる。

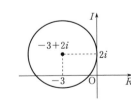

演習 178

$2|z-2+i|=3|z-7-9i|$ を満たす z の集合を図示せよ。

解答　$2|z-2+i|=3|z-7-9i|$ より

$$|z-2+i| : |z-7-9i| = 3 : 2$$

であるから，これはアポロニウスの円であり，$2-i$ と $7+9i$ を $3:2$ に内分，外分する点を直径の両端とする円になる。

$$\frac{2(2-i)+3(7+9i)}{3+2} = 5+5i,$$

$$\frac{-2(2-i)+3(7+9i)}{3-2} = 17+29i$$

であるから，求める z の集合は $5+5i$ と $17+29i$ を直径の両端とする円になる。

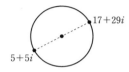

参考までに，中心半径型に変形しておきます。

$$2|z-2+i|=3|z-7-9i|$$

両辺を 2 乗して

$$4(z-2+i)(\bar{z}-2-i)=9(z-7-9i)(\bar{z}-7+9i)$$

$$5z\bar{z}-(55-85i)z-(55+85i)\bar{z}+1150=0$$

$$(z-11-17i)(\bar{z}-11+17i)=180$$

$$\therefore \quad |z-11-17i|=6\sqrt{5}$$

4　幾何への応用

　$p.416$ で複素数を複素数平面上のベクトルだと書きましたが，さらに $p.421$ では回転が扱えるベクトルだという話に発展しました。

　たとえば，右図のように α，β，γ が正三角形を作っている場合，γ を α，β で表す方法を考えてみましょう。$\gamma-\alpha$ は $\beta-\alpha$ を $60°$ 回転したベクトルです。したがって，$60°$ 回転を表す複素数を $w=\cos 60°+i\sin 60°$ すなわち $w=\dfrac{1+\sqrt{3}\,i}{2}$ とおくと

$$\gamma-\alpha=(\beta-\alpha)w \quad \therefore \quad \gamma=\alpha+(\beta-\alpha)w$$

となります。

　もう 1 つやってみましょう。右図のように α, β, γ が直角二等辺三角形を作る場合，$\gamma-\alpha$ は $\beta-\alpha$ を $45°$ 回転してから $\dfrac{1}{\sqrt{2}}$ 倍

428　第11章　複素数と複素数平面

に縮小すればよいので

$$\gamma - \alpha = (\beta - \alpha)\frac{1}{\sqrt{2}}(\cos 45° + i\sin 45°)$$

$$= (\beta - \alpha)\frac{1}{\sqrt{2}}\left(\frac{1}{\sqrt{2}} + \frac{i}{\sqrt{2}}\right)$$

$$= \frac{(\beta - \alpha)(1+i)}{2}$$

$$\therefore \quad \gamma = \alpha + \frac{(\beta - \alpha)(1+i)}{2}$$

のようになります。これはまた次のように考えることもできます。

$$\gamma = \frac{\alpha + \beta}{2} + \frac{\beta - \alpha}{2}i$$

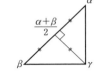

すなわち，α，β の中点から見て $\dfrac{1}{2}(\beta - \alpha)$ を 90° 回転したベク

トルだけ進んだところに γ があるという意味です。

こういった内容を基礎事項として，複素数を幾何に応用することができます。

例題 179

凸四角形 ABCD の外側に正三角形 ABP，BCQ，CDR，DAS を作る。四角形 PQRS が正方形であるための必要十分条件は四角形 ABCD が正方形であることである。これを示せ。

解答 四角形 ABCD が正方形であるとき，
△APS≡△BQP≡△CRQ≡△DSR であること等により，
四角形 PQRS が正方形になることは自明である。

したがって，四角形 PQRS が正方形であるとき，四角形 ABCD が正方形になることを示せばよい。

複素数平面上で考える。A＝O とし，A, B, C, D が反時計まわりに並んでいるときで議論してよい。このとき，$w = \cos 60° + i\sin 60° = \dfrac{1}{2} + \dfrac{\sqrt{3}}{2}i$ として

$$P = B + w(-B), \quad Q = C + w(B - C),$$
$$R = D + w(C - D), \quad S = wD$$

と表される。四角形 PQRS が正方形のとき，「四角形 PQRS は平行四辺形」かつ「PQ＝PS，∠QPS＝90°」であるが，これの表す条件は

$$\frac{P+R}{2} = \frac{Q+S}{2} \quad \therefore \quad P+R = Q+S \quad \cdots\cdots①$$

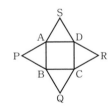

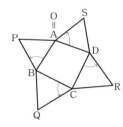

かつ

$$S-P=i(Q-P) \quad \cdots\cdots②$$

である。このとき，①より

$$B+D+w(-B+C-D)=C+w(B-C+D)$$
$$B-C+D=2w(B-C+D)$$
$$(1-2w)(B-C+D)=0$$

$1-2w\neq0$ だから

$$B-C+D=0$$
$$B=C-D$$
$$\therefore \quad \overrightarrow{AB}=\overrightarrow{DC}$$

よって，四角形 ABCD は平行四辺形である。 $\cdots\cdots③$

また，②より

$$-B+w(B+D)=i\{C-B+w(2B-C)\}$$

これに $B-C+D=0$ すなわち $C=B+D$ を代入して

$$-B+w(B+D)=i\{D+w(B-D)\}$$
$$(w-i+iw)D=(1-w+iw)B$$
$$(w-i+iw)D=i(w-i+iw)B$$
$$D=iB$$
$$\therefore \quad AB=AD \quad かつ \quad \angle BAD=90° \quad \cdots\cdots④$$

③，④により，四角形 ABCD は正方形である。

以上により，題意は示された。

　複素数平面上で考えることにより，P，Q，R，S を A，B，C，D で表すことが容易になることを確認しておいてください。

　それともう1点，この問題では①，②の条件から四辺形 ABCD が正方形であることを示すところが少し難しいです。このようなときは目標を分析するようにしましょう。つまり，「四角形 ABCD が正方形になる」とはどういうことなのだろう，これを式で表せばどうなるのだろうかと考えてみるということです。それは解答で示した通り，「四角形 ABCD が正方形」となる条件は

$$B=C-D, \quad D=iB$$

ですが，①，②から「$B=C-D$，$D=iB$」が出てくればよいのだなと思いながら式を変形すれば，比較的容易にたどり着くことができます。

目標の分析：解法の出発点

演習179

△ABC の外側に正三角形 ABD，ACE を作る。AB の中点を K，AC の中点を L，KL の中点を M，DE の中点を N とする。このとき MN⊥BC を示せ。

解答 複素数平面上で考える。A＝O とし，A，B，C が反時計まわりに並んでいるときで考えてよい。このとき

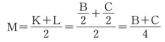

$$M = \frac{K+L}{2} = \frac{\dfrac{B}{2}+\dfrac{C}{2}}{2} = \frac{B+C}{4}$$

また，$w = \cos 60° + i \sin 60° = \dfrac{1}{2} + \dfrac{\sqrt{3}}{2}i$ として

$$D = B + w(-B), \quad E = wC$$

$$\therefore \quad N = \frac{D+E}{2} = \frac{B - wB + wC}{2} = \frac{B - w(B-C)}{2}$$

$$\therefore \quad M - N = \frac{B+C}{4} - \frac{B - w(B-C)}{2} = \frac{-(B-C) + 2w(B-C)}{4}$$

$$= \frac{(2w-1)(B-C)}{4}$$

$$\therefore \quad \frac{M-N}{B-C} = \frac{2w-1}{4} = \frac{\sqrt{3}}{4}i : 純虚数$$

$$\therefore \quad \left| \arg \frac{M-N}{B-C} \right| = 90°$$

すなわち MN⊥BC

よって，示された。

5 変換

「2 次関数」のところで実数 x を実数 y に対応させる対応関係を調べるのが関数で，実数 x，y の組（点）を実数 x'，y' の組（点）に対応させる対応関係を調べるのが変換だということを学びました（*p.***123**）。そこでは平行移動に始まり，点対称移動までの基本的な変換を確認しました。

また，「ベクトル」のところでは反転を学びました（*p.***346**）。反転も変換のうちの 1 つですが，座標で扱うのは計算が煩わしくなりやすいので，ベクトルで扱うことにしようと説明していました。しかし，複素数もベクトルだと考えることができるので，複素数平面で反転を考えるのも有効です。

復習を兼ねて，複素数平面で反転の条件を表す方法を確認しておきます。

中心が C で半径が r の円に関して P，Q が反転の関係にあるとき，C を端点とする半直線上に P，Q があり，$|P-C||Q-C|=r^2$ を満たす。このとき

$$P-C=|P-C| \times \frac{Q-C}{|Q-C|}=\frac{r^2}{|Q-C|^2}(Q-C)$$

$$=\frac{r^2(Q-C)}{(Q-C)(\overline{Q-C})}=\frac{r^2}{\overline{Q-C}}$$

$\dfrac{Q-C}{|Q-C|^2}=\dfrac{1}{\overline{Q-C}}$ と簡素な形で表記されるので，場合によってはベクトルで扱うより複素数で扱う方が有利かもしれません。

1 ・ 1 次分数変換

　複素数は複素数平面上の点（実数 x, y の組として $x+yi$ と表される）ですから，複素数平面上の変換では，複素数を複素数に対応させる対応関係を調べることになります。その中の，z を w に対応させる変換で $w=\dfrac{\alpha z+\beta}{\gamma z+\delta}$ の形で表される変換を1次分数変換と言います。

　1次分数変換は，平行移動，実軸に関する対称移動，単位円に関する反転，原点を中心とする相似変換，原点のまわりの θ 回転を合成した変換になっており，点の動きは非常に複雑です。ですから，1次分数変換によって点がどのように動くのかを理解する必要はありませんが，上に書いた1つ1つの変換については，その内容を理解しておいてください。

$z \rightarrow z+\alpha$ 　　　　　　　　 ：α だけ平行移動
$z \rightarrow \bar{z}$ 　　　　　　　　　 ：実軸に関する対称移動
$z \rightarrow \dfrac{1}{z}$ 　　　　　　　　　 ：単位円に関する反転
$z \rightarrow kz \ (k>0)$ 　　　　　 ：原点を中心とする k 倍の相似変換
$z \rightarrow (\cos\theta+i\sin\theta)z$ 　 ：原点のまわりの θ 回転

　さらに，$|\alpha|=r$, $\arg\alpha=\theta$ とするとき，α を極形式で表して $\alpha=r(\cos\theta+i\sin\theta)$ となりますから，$\alpha z=r(\cos\theta+i\sin\theta)z$ は z を原点のまわりに θ 回転してから，絶対値を r 倍にした点を表します。

$z \rightarrow \alpha z \quad (\alpha=r(\cos\theta+i\sin\theta), \ r>0)$
　　原点のまわりの θ 回転と，原点を中心とする r 倍の相似変換の合成

例題 180

z が $1+i$ を中心とする半径が 1 の円周上を動くとき，$w=\dfrac{1-iz}{1+iz}$ で表される w はどんな図形を描くか。

解答 まず，与えられた条件より
$$|z-1-i|=1 \quad \cdots\cdots(*)$$

を満たす。また，$w=\dfrac{1-iz}{1+iz}$ より

$$(1+iz)w=1-iz \quad (\because \quad z \neq i)$$
$$i(w+1)z=-w+1$$
$$z=\frac{-w+1}{i(w+1)} \quad (\because \quad w \neq -1)$$
$$\therefore \quad z=\frac{i(w-1)}{w+1}$$

これを $(*)$ に代入して

$$\left|\frac{i(w-1)}{w+1}-1-i\right|=1$$
$$\left|\frac{i(w-1)-(1+i)(w+1)}{w+1}\right|=1$$
$$|-w-1-2i|=|w+1|$$
$$\therefore \quad |w+1+2i|=|w+1|$$

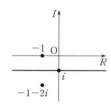

これより，w の描く図形は -1 と $-1-2i$ の**垂直二等分線**になる。

演習 180

z，w は複素数で $w=\dfrac{20z}{5-(2-i)z}$ を満たしている。z が単位円の内部のうち実軸の上方を動くとき，w が動く範囲を図示せよ。

解答
$$w=\frac{20z}{5-(2-i)z}$$
$$\{5-(2-i)z\}w=20z$$
$$\{20+(2-i)w\}z=5w$$
$$\therefore \quad z=\frac{5w}{20+(2-i)w}$$

であるが

$$\begin{cases} |z|<1 \\ \dfrac{z-\bar{z}}{2i}>0 \end{cases}$$

を満たすので

$$\begin{cases} \left|\dfrac{5w}{20+(2-i)w}\right|<1 \quad \cdots\cdots① \\[3mm] \dfrac{\dfrac{5w}{20+(2-i)w}-\dfrac{5\overline{w}}{20+(2+i)\overline{w}}}{2i}>0 \quad \cdots\cdots② \end{cases}$$

①より

$$|5w|<|20+(2-i)w|$$

2乗して

$$25w\overline{w}<\{20+(2-i)w\}\{20+(2+i)\overline{w}\}$$
$$25w\overline{w}<5w\overline{w}+20(2-i)w+20(2+i)\overline{w}+20^2$$
$$|w-2-i|^2<25$$
$$\therefore \quad |w-2-i|<5$$

②より

$$\dfrac{w\{20+(2+i)\overline{w}\}-\overline{w}\{20+(2-i)w\}}{i}>0$$

$$2w\overline{w}+\dfrac{20}{i}w-\dfrac{20}{i}\overline{w}>0$$

$$w\overline{w}-10iw+10i\overline{w}>0$$

$$|w+10i|^2>10^2$$

$$\therefore \quad |w+10i|>10$$

以上より，w が動く範囲は中心が $2+i$ で半径が 5 の円の内部かつ中心が $-10i$ で半径が 10 の円の外部となり，これを図示すると右図のようになる。

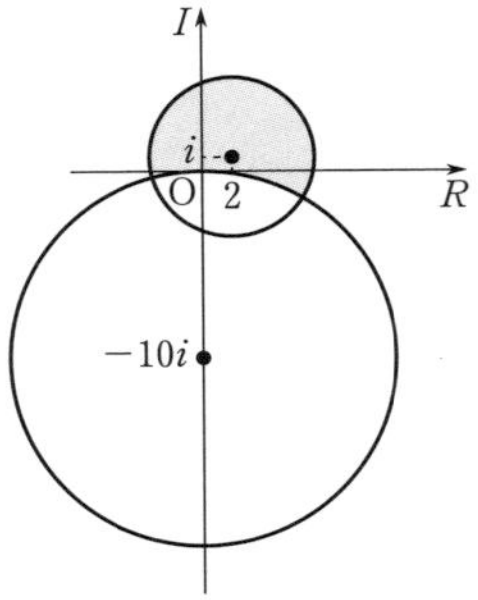

「単位円の内部のうち，実軸の上方を z が動く」を式にすると

$$\begin{cases} |z|<1 \\ \mathrm{Im}(z)>0 \end{cases} \qquad \therefore \quad \begin{cases} |z|<1 \\ \dfrac{z-\overline{z}}{2i}>0 \end{cases}$$

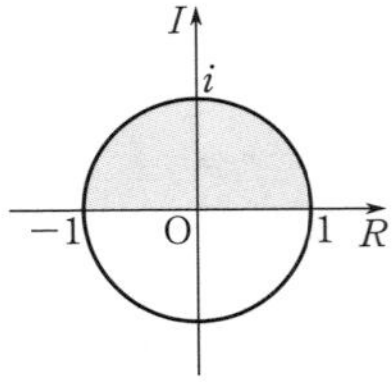

になります。

ここで注意事項ですが，虚数には大小関係がありません。したがって，$\dfrac{z-\overline{z}}{2i}>0$ の不等式に i が含まれていますが，あくまで $\dfrac{z-\overline{z}}{2i}$ は実数であることに注意をしておいてください。ですから，$\dfrac{z-\overline{z}}{2i}>0$ の両辺に $2i$ をかけて $z-\overline{z}>0$ などとするのはナンセンスだということです。

第12章

微分

第1章
第2章
第3章
第4章
第5章
第6章
第7章
第8章
第9章
第10章
第11章
第12章
第13章
第14章

1 微分の定義

　ここから学ぶ微分，積分は，ニュートンやライプニッツらが開拓した分野として有名ですが，それぞれ結構なボリュームです。まず，微分では，関数のグラフの接線や関数の増減に始まり，関数のグラフ全般について深く学びます。

　微分とは「微かく分ける」と書きますが，微かく分けて，関数のグラフの接線の傾きを求める作業のことを微分と言います。

　たとえば，右図で，$y=f(x)$ のグラフ上の $x=a$ の点で接線を引くことを考えてみましょう。

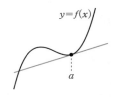

　注目している点 $(a,\ f(a))$ のすぐ近くに $(a+h,\ f(a+h))$ をとり，この2点を結んだ線分の傾きを考えると，$\dfrac{f(a+h)-f(a)}{h}$ になっていますが，この傾きは，求める接線の傾きと同じではありません。ただ，h の絶対値が小さければ小さいほど良い近似になることがわかります。そこで，$|h|$ をどんどんと小さくしたいのですが，あまり小さくしすぎると，見にくくなってしまいます。ですから，逆に注目している点付近を拡大してみることにしましょう。

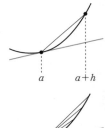

　注目している点付近を1億倍ぐらいの倍率で拡大してみれば，グラフの形状が直線とみなせる状況に近づくのがわかると思います。この状況で $\dfrac{f(a+h)-f(a)}{h}$ を考えれば，それが求める接線の傾きになっていると見てよいわけです。これを式で表すと次のようになります。

$$f'(a)=\lim_{h\to 0}\frac{f(a+h)-f(a)}{h}$$

$a+h=x$ とおき

$$f'(a)=\lim_{x\to a}\frac{f(x)-f(a)}{x-a}$$

と表すこともできます。$f'(a)$ は「エフダッシュ a」と読み，$y=f(x)$ のグラフ上の点 $(a,\ f(a))$ における接線の傾きを表し，これを $f(x)$ の $x=a$ における微分係数と呼びます。$\lim_{h\to 0}$ の記号は，h が限りなく0に近づくときの状況を考えるという意味です。

また，$f'(a)$ の a を動かすと，ある x における $y=f(x)$ のグラフの接線の傾き $f'(x)$ を x の関数として考えることになります。この $f'(x)$ を $f(x)$ の<ruby>導関数<rt>どうかんすう</rt></ruby>と呼びます。

$$f'(x)=\lim_{h\to 0}\frac{f(x+h)-f(x)}{h}$$

具体例で見てみることにしましょう。$y=x^2$ のグラフの $(x,\ x^2)$ における接線の傾きを考えてみます。

$$(x^2)'=\lim_{h\to 0}\frac{(x+h)^2-x^2}{h}=\lim_{h\to 0}\frac{2xh+h^2}{h}$$
$$=\lim_{h\to 0}(2x+h)=2x$$

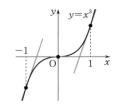

この $2x$ の x に $x=-1,\ 0,\ 1$ を代入すると，$2x=-2,$ $0,\ 2$ となりますが，これは $y=x^2$ のグラフの $x=-1,\ 0,$ 1 における接線の傾きが $-2,\ 0,\ 2$ であることを示しています。グラフを見れば，この結論が妥当だと感じると思います。一般的に言えば，$y=x^2$ のグラフのある x における接線の傾きが $2x$ になっているということであり，これを式で表すと $(x^2)'=2x$ ということになります。

もう 1 つ，$y=x^3$ についても考えておきましょう。

$$(x^3)'=\lim_{h\to 0}\frac{(x+h)^3-x^3}{h}=\lim_{h\to 0}\frac{3x^2h+3xh^2+h^3}{h}$$
$$=\lim_{h\to 0}(3x^2+3xh+h^2)=3x^2$$

$x=\pm1$ とすると，$3x^2=3$ となりますが，これは $y=x^3$ のグラフの $x=\pm1$ における接線の傾きが 3 であることを意味しています。グラフを見る限り，この結論は妥当ですし，他の x について考えても，$(x^3)'=3x^2$ は納得できる結論のようです。ただ，ひとつ気になることは，$x=0$ としてみると，$3x^2=0$ になってしまいます。つまり，$y=x^3$ のグラフの $x=0$ における接線の傾きが 0 だということであり，言い換えると x 軸が $y=x^3$ のグラフの接線になっているということですが，これは少し奇妙な結論です。x 軸は $y=x^3$ のグラフを突き抜けているのであり，「接している」という感じではないからです。

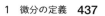

疑問点が少し残りましたが，それは後の「いろいろな関数のグラフの接線」(**p.468**) のところでもう一度考えることにして，その他の点では微分の定義式，すなわち

$$f'(x)=\lim_{h\to 0}\frac{f(x+h)-f(x)}{h}$$

で，$y=f(x)$ のグラフのある x における接線の傾きが求められることがわかりました。

ここで，用語の説明をしておきますと，$(x^2)'=2x,\ (x^3)'=3x^2$ のように，$f(x)$ から

$f'(x)$ を求める作業を「$f(x)$ を微分する」と言います。

さて，x^2 と x^3 を微分しましたが，一般に x^n（n は自然数）を微分するとどうなるかを調べておきましょう。

$$(x^n)'=\lim_{h\to 0}\frac{(x+h)^n-x^n}{h}=\lim_{h\to 0}\frac{\sum\limits_{k=0}^{n}{}_n\mathrm{C}_k x^{n-k}h^k-x^n}{h}$$

$$=\lim_{h\to 0}\frac{\sum\limits_{k=1}^{n}{}_n\mathrm{C}_k x^{n-k}h^k}{h}=\lim_{h\to 0}\sum_{k=1}^{n}{}_n\mathrm{C}_k x^{n-k}h^{k-1}\quad\cdots\cdots(*)$$

$$=nx^{n-1}$$

途中の計算で二項定理 $(a+b)^n=\sum\limits_{k=0}^{n}{}_n\mathrm{C}_k a^{n-k}b^k$ を用いています。また，$(*)$でシグマを使わずに書くと

$$\sum_{k=1}^{n}{}_n\mathrm{C}_k x^{n-k}h^{k-1}={}_n\mathrm{C}_1 x^{n-1}+{}_n\mathrm{C}_2 x^{n-2}h+{}_n\mathrm{C}_3 x^{n-3}h^2+\cdots$$

$$=nx^{n-1}+\frac{n(n-1)}{2}x^{n-2}h+\cdots$$

ということですが，第 2 項以降は h が残るので，h を限りなく 0 に近づけていくと，0 になり消えてしまうのです。

$$(x^n)'=nx^{n-1}\quad（n\text{ は自然数}）$$

さらに，微分の計算を自在に行うためのいくつかの技術を学んでおきます。

$$\{f(x)+g(x)\}'=\lim_{h\to 0}\frac{\{f(x+h)+g(x+h)\}-\{f(x)+g(x)\}}{h}$$

$$=\lim_{h\to 0}\frac{\{f(x+h)-f(x)\}+\{g(x+h)-g(x)\}}{h}$$

$$=f'(x)+g'(x)$$

$$\{kf(x)\}'=\lim_{h\to 0}\frac{kf(x+h)-kf(x)}{h}$$

$$=\lim_{h\to 0}k\frac{f(x+h)-f(x)}{h}$$

$$=kf'(x)$$

この 2 つの計算規則が成立することを微分演算の線形性（せんけいせい）と言います。

微分演算の線形性

$$\begin{cases}\{f(x)+g(x)\}'=f'(x)+g'(x)\\ \{kf(x)\}'=kf'(x)\end{cases}$$

具体的には $(x^3+x^2)'=3x^2+2x$，$(5x^4)'=5\cdot 4x^3=20x^3$ のような計算ができるとい

うことであり、これにより微分することができる関数の幅が一気に広がりました。

もう1つ計算の技術を確認しておきます。

$$\{f(x)g(x)\}' = \lim_{h \to 0} \frac{f(x+h)g(x+h) - f(x)g(x)}{h}$$
$$= \lim_{h \to 0} \frac{\{f(x+h) - f(x)\}g(x+h) + f(x)\{g(x+h) - g(x)\}}{h}$$
$$= f'(x)g(x) + f(x)g'(x)$$

積の関数の微分

$$\{f(x)g(x)\}' = f'(x)g(x) + f(x)g'(x)$$

たとえば、$(4x^2+3x+5)(3x^2-2x+1)$ の導関数を考えるとき、展開してから微分するのが煩わしいことがあります。このようなときに積の関数の微分を用いて次のようにすることができます。

$$\{(4x^2+3x+5)(3x^2-2x+1)\}'$$
$$= (4x^2+3x+5)'(3x^2-2x+1) + (4x^2+3x+5)(3x^2-2x+1)'$$
$$= (8x+3)(3x^2-2x+1) + (4x^2+3x+5)(6x-2)$$
$$= \cdots$$

1つ注意点は、$5'=0$ のように定数を微分すると0になることです。これは $5=5x^0$ と考えて、$(x^n)'=nx^{n-1}$ にあてはめると、$(x^0)'=0$ となるということです。

しかし、そもそも $y=5$ のグラフは直線ですから、微分の定義式により、近隣の2点を結んだ線分の傾きを考えると、それは直線 $y=5$ の傾きと一致し、0になることがわかります。

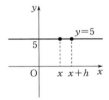

2 接線

接線は直線、つまり基本的に1次関数ですから、通る点と傾きを求めれば決定することができます。$y=f(x)$ の $x=t$ における接線では、通る点が $(t, f(t))$ で傾きは $f'(t)$ ですから、次のような方程式になります。

接線の方程式

$y=f(x)$ の $x=t$ における接線の方程式は
$$y=f'(t)(x-t)+f(t)$$

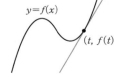

これは非常に便利で，たとえば $y=x^2-2x+3$ の $x=2$ における接線なら

$x=2$ として　　$y=3$

また，$y'=2x-2$ で $x=2$ とすると　　$y'=2$

よって　　$y=2(x-2)+3$　　$\therefore$　$y=2x-1$

のように求めることができます。微分を学ぶ以前は

$x=2$ として　　$y=3$

$(2, 3)$ を通る直線を $y=k(x-2)+3$ すなわち $y=kx-2k+3$ とおき，これと
$y=x^2-2x+3$ から y を消去すると

$\qquad x^2-2x+3=kx-2k+3$　　$\therefore$　$x^2-(k+2)x+2k=0$

接する条件より，判別式を D として

$\qquad D=(k+2)^2-8k=0$　　$k^2-4k+4=0$　　$(k-2)^2=0$　　$\therefore$　$k=2$

よって，求める接線は　　$y=2(x-2)+3$　　$\therefore$　$y=2x-1$

のようにしていたわけですから，随分と楽になりました。

■ 例題 181

$y=x^3+3x^2$ のグラフに $\left(\dfrac{1}{3},\ -2\right)$ から引いた接線の方程式を求めよ。

$\left(\dfrac{1}{3},\ -2\right)$ が曲線上の点になっていません。こういった場合，次のような読み換え
を行うのが原則的なやり方です。

> 「$(a,\ b)$ から $y=f(x)$ に接線を引く」という設定があれば，
> 「$y=f(x)$ の $x=t$ における接線が $(a,\ b)$ を通る」と読み換える。

$\Downarrow$

解答　$y=x^3+3x^2$ を微分して　　$y'=3x^2+6x$

よって，$x=t$ における接線は

$\qquad y=(3t^2+6t)(x-t)+t^3+3t^2$　　$\therefore$　$y=(3t^2+6t)x-2t^3-3t^2$

これが $\left(\dfrac{1}{3},\ -2\right)$ を通るとき

$\qquad -2=(3t^2+6t)\dfrac{1}{3}-2t^3-3t^2$　　$2t^3+2t^2-2t-2=0$

$\qquad (t-1)(t+1)^2=0$　　$\therefore$　$t=1,\ -1$

よって，求める方程式は

$\qquad \boldsymbol{y=9x-5,\quad y=-3x-1}$

演習 181

$y=x^4-2x^3+x^2$ のグラフに $\left(\dfrac{5}{3},\ 0\right)$ から引いた接線の方程式を求めよ。

解答 $y'=4x^3-6x^2+2x$ より，$x=t$ における接線は

$$y=(4t^3-6t^2+2t)(x-t)+t^4-2t^3+t^2$$

$$\therefore \quad y=(4t^3-6t^2+2t)x-3t^4+4t^3-t^2$$

これが $\left(\dfrac{5}{3},\ 0\right)$ を通るとして

$$0=(4t^3-6t^2+2t)\frac{5}{3}-3t^4+4t^3-t^2$$

$$t(9t^3-32t^2+33t-10)=0$$

$$t(t-1)(t-2)(9t-5)=0$$

$$\therefore \quad t=0,\ 1,\ 2,\ \frac{5}{9}$$

よって，求める方程式は

$$y=0,\quad y=12x-20,\quad y=-\frac{40}{729}x+\frac{200}{2187}$$

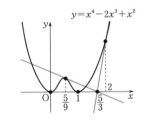

$\left(\dfrac{5}{3},\ 0\right)$ を通る接線のうち，$x=0$ における接線と，$x=1$ における接線はともに $y=0$ になりましたが，これは $y=0$ が相異なる 2 点で $y=x^4-2x^3+x^2$ に接していることを意味します。このような接線を二 重 接線と言い，二重接線がある場合には，接点の個数が 4 個あるのに接線の本数が 3 本であるというようなことが起こります。

3　関数の増減

　$f'(x)$ がわかることにより，グラフの接線を求めることができるようになりましたが，$f'(x)$ による恩恵はそれだけではありません。微分により，関数の増減を調べることができ，より正確なグラフが描けるようになるのです。

1・極値

接線の傾きが正のとき，$f(x)$ はその付近で増加しています。ま
た，接線の傾きが負であれば，その付近で $f(x)$ は減少しています。
つまり，$f'(x)$ の符号を調べることにより，$f(x)$ の増減状況がわか
るのです。

> $f'(x)>0$：その付近で $f(x)$ は増加
> $f'(x)<0$：その付近で $f(x)$ は減少

特に，$f(x)$ の増減状況が変化する点，すなわち，$f'(x)=0$ で，そ
の前後で $f'(x)$ の符号が変化する点は特徴的です。このような点で
は，$f(x)$ の値がその付近における最大値または最小値を与えてい

ます。その $f(x)$ の値が，$f(x)$ 全体で見たときに最大値または最小値になっていなく
ても，「その付近において」最大値または最小値になっていれば，グラフに大きな特徴
を与える点であると言うことができます。

> その付近において，$f(x)$ の値が最大値または最小値を与えるとき，
> その値を極値と言う。
> $f'(x)=0$ で，その前後で $f'(x)$ の符号が変化するとき，その点で
> $f(x)$ は極値をとる。

極値を極大値と極小値に分けて，より正確に表現することもあります。1つ具体
例を挙げてみましょう。

$f(x)=x^3-3x^2$ のとき，$f'(x)=3x^2-6x=3x(x-2)$ です。よって

$$\begin{cases} x=0, \ 2 \ で \ f'(x)=0 \\ x<0, \ 2<x \ で \ f'(x)>0 \\ 0<x<2 \ で \ f'(x)<0 \end{cases}$$

であることがわかりますが，これを次のような表にすると見やすくなります。

x	$\cdots$	0	$\cdots$	2	$\cdots$
$f'(x)$	$+$	0	$-$	0	$+$
$f(x)$	$\nearrow$	0	$\searrow$	-4	$\nearrow$

これを増減表と言い，増減表をもとにグラフを描くこと
ができます。

また，$(0, \ 0)$ と $(2, \ -4)$ が極値をとる点で，極大値が 0，
極小値が -4 です。

さらに，$f'(x)=3x(x-2)$ の式を見れば，$x>2$ で $f'(x)>0$ ですが，x が 2 より大き

くなればなるほど，$f'(x)$ の値もどんどんと大きくなります。これは $f(x)$ の増加の仕方が大きくなることを意味し，グラフの形状が，$x>2$ で 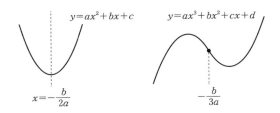 ではなく， のようになっていることを示しています。この辺りは $p.478$ でもう少し詳しく調べてみます。

② ・ 3次関数のグラフ

$p.127$ で学んだように，3次関数のグラフは点対称になっています。2次関数のグラフが放物線で，「軸対称」だということが重要な性質だったのと同様に，3次関数のグラフにおいては「点対称」だということが重要な性質になっています。

そして，$y=ax^2+bx+c$ の軸が $x=-\dfrac{b}{2a}$ で，$y=ax^3+bx^2+cx+d$ の点対称の点の x 座標が $-\dfrac{b}{3a}$ になっていますが，2次関数が2で3次関数が3ですから覚えやすい形になっています。

この点以外のグラフ上の点における接線を考えると

　　接点の x 座標と他の交点の x 座標を点対称の点の x 座標が $1:2$ に内分する

という性質も非常に重要です。

この性質は，$y=ax^3+bx^2+cx+d$ と，これの $x=t$ における接線から y を消去して因数分解をすることでも確かめられますが，もう少し効率よく示しておくことにしましょう。

$p.101$ で学んだ3次方程式の解と係数の関係を使って，3次関数の接線の性質を示しておきます。

⇓
証明

$$\begin{cases} y=ax^3+bx^2+cx+d \quad (a\neq0) \\ y=mx+n \end{cases}$$

が $x=\alpha$ で接し，$x=\beta$ で交わるとする $(\alpha\neq\beta)$。y を消去して

$$ax^3+bx^2+(c-m)x+d-n=0$$

これの解が $x=\alpha$（重解），β だから，3次方程式の解と係数の関係により

$$\alpha+\alpha+\beta=-\frac{b}{a} \qquad \therefore \quad \frac{2\alpha+\beta}{3}=-\frac{b}{3a}$$

これは，点対称の点の x 座標 $-\dfrac{b}{3a}$ が α, β を $1:2$ に内分することを示している。

次に，3次関数のグラフの形の種類について調べておきましょう。

$y=ax^3+bx^2+cx+d$ $(a>0)$ について，$y'=3ax^2+2bx+c$ ですから，$y'=0$ は2次方程式になります。2次方程式の相異なる実数解の個数は2個か1個か0個になりますが，y' は接線の傾きを表しますから，「$y=ax^3+bx^2+cx+d$ の接線の傾きが0になるところは，2個か1個か0個かの3種類に類別される」ということになります。したがって，グラフの形も3種類に分かれ，次のようになります。

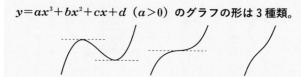

$y=ax^3+bx^2+cx+d$ $(a>0)$ のグラフの形は3種類。

すると，3次方程式 $ax^3+bx^2+cx+d=0$ の相異なる実数解の個数は，$y=ax^3+bx^2+cx+d$ のグラフと x 軸の交点の個数を考えることになりますから，3個か2個か1個になることがわかります。

同様に，$y=ax^4+bx^3+cx^2+dx+e$ $(a>0)$ について，$y'=0$ は3次方程式になりますから，「$y=ax^4+bx^3+cx^2+dx+e$ の接線の傾きが0になるところは，3個か2個か1個かの3種類に類別される」ということになります。したがって，グラフの形も3種類に分かれ，次のようになります。

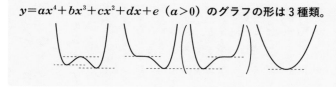

$y=ax^4+bx^3+cx^2+dx+e$ $(a>0)$ のグラフの形は3種類。

3次関数の話に戻り，接線の傾きが0になるところが2個ある場合について考えます。このときに限り3次関数は極値をもつことになりますが，点対称の点付近のグラフの形は次のようになっています。

3次関数が極値をもつ場合の，点対称の点付近のグラフの形状

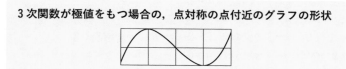

3次関数のグラフが点対称であることと，接線の性質により，このようになります。このことは3次関数の最大・最小の問題を考えるときなどに有効な手がかりになるので，覚えておいてください。

第1章
第2章
第3章
第4章
第5章
第6章
第7章
第8章
第9章
第10章
第11章
第12章
第13章
第14章

4　最大・最小

$f'(x)$ の符号を調べ，$f(x)$ の増減がわかれば，$f(x)$ の最大値と最小値を考えることができます。

例題 182

　　$f(x)=2x^3-15x^2+24x$ $(0 \leqq x \leqq a)$ の最大値と最小値を求めよ。ただし a は正の定数とする。

解答　　　$f'(x)=6x^2-30x+24=6(x-1)(x-4)$

よって，$f(x)$ は表のように増減する。

x	0	$\cdots$	1	$\cdots$	4	$\cdots$
$f'(x)$		$+$	0	$-$	0	$+$
$f(x)$		$\nearrow$		$\searrow$		$\nearrow$

$f(x)=f(1)$ となるのは
$$2x^3-15x^2+24x=11 \qquad (x-1)^2(2x-11)=0$$
$$\therefore \quad x=1, \ \frac{11}{2}$$

のときであり，$f(x)=0$ となるのは
$$x(2x^2-15x+24)=0 \qquad \therefore \quad x=0, \ \frac{15\pm\sqrt{33}}{4}$$

のときであるから，グラフは右図のようになり

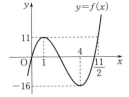

最大値は $\begin{cases} 0<a<1, \ \dfrac{11}{2}<a \ \text{のとき，} \ 2a^3-15a^2+24a \\[2mm] 1 \leqq a \leqq \dfrac{11}{2} \ \text{のとき，} \ 11 \end{cases}$

最小値は $\begin{cases} 0<a \leqq \dfrac{15-\sqrt{33}}{4} \ \text{のとき，} \ 0 \\[2mm] \dfrac{15-\sqrt{33}}{4}<a<4 \ \text{のとき，} \ 2a^3-15a^2+24a \\[2mm] a \geqq 4 \ \text{のとき，} \ -16 \end{cases}$

3次関数 $y=ax^3+bx^2+cx+d$ を見たら，反射的に点対称の

点の x 座標 $-\dfrac{b}{3a}$ を確認するようにしてください。

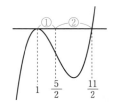

$f(x)=2x^3-15x^2+24x$ の場合は $\dfrac{5}{2}$ です。すると，3次関数の

接線の性質により，極大値と同じ値を関数値にもつ点の x 座標

は $\dfrac{11}{2}$ であることがすぐにわかります。

演習 182

$g(x)=x^3-3x^2$ の $t \leqq x \leqq t+1$ における最大値を $f(t)$ とする。$y=f(t)$ のグラフを描け。

解答　　$g'(x)=3x^2-6x=3x(x-2)$

よって，$g(x)$ は表のように増減し，グラフは図のようになる。

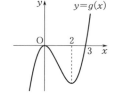

x	$\cdots$	0	$\cdots$	2	$\cdots$
$g'(x)$	$+$	0	$-$	0	$+$
$g(x)$	$\nearrow$		$\searrow$		$\nearrow$

よって

・$t+1<0$ すなわち $t<-1$ のとき　　$f(t)=g(t+1)$

・$t\leqq 0\leqq t+1$ すなわち $-1\leqq t\leqq 0$ のとき　　$f(t)=0$

ここで，$g(t)=g(t+1)$，$t>0$ となる t を考える。

　　$g(t)=g(t+1)$

　　$t^3-3t^2=(t+1)^3-3(t+1)^2$　　$3t^2-3t-2=0$

$\therefore$　$t=\dfrac{3+\sqrt{33}}{6}$

よって

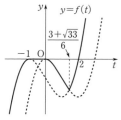

・$0<t<\dfrac{3+\sqrt{33}}{6}$ のとき　　$f(t)=g(t)$

・$t\geqq\dfrac{3+\sqrt{33}}{6}$ のとき　　$f(t)=g(t+1)$

以上より，$y=f(t)$ のグラフは図のようになる。

　以上の解答は普通の解き方ですが，もう少しうまい方法もあります。$y=g(x)$ のグラフを描いたあとの別解を示しておきます。

↓↓

別解　$t≦x≦t+1$ の範囲で極大値をとる場合，すなわち
$t≦0≦t+1$ つまり $-1≦t≦0$ のときは $f(t)=g(0)=0$, そ
れ以外の場合は $f(t)=\max\{g(t),\ g(t+1)\}$ となる。

　ここで，$y=g(t+1)$ のグラフは $y=g(t)$ のグラフを t 軸
方向に -1 だけ平行移動したものだから，$y=f(t)$ のグラ
フは図のようになる。

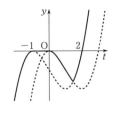

5　方程式への応用

「方程式 $f(x)=g(x)$ の実数解」は「$y=f(x)$, $y=g(x)$ のグラフの交点の x 座標」
ですが，実数解がどのあたりに何個あるのかを視覚的にとらえたいときは，後者への
言い換えをします。

例題 183

　$x^3-ax+a=0$ が相異なる 3 つの実数解をもつとき，定数 a の値の範囲を求
めよ。

解答　$f(x)=x^3-ax+a$ とおく。

　$y=f(x)$ のグラフが x 軸と 3 交点をもつ条件を考えればよい。
$$f'(x)=3x^2-a$$
より，$a≦0$ のとき $f'(x)≧0$ となり，
$f(x)$ は単調に増加するから条件を満
たさない。よって，$a>0$ が必要であ
る。このとき，$f(x)$ は表のように増
減する。

x	$\cdots$	$-\sqrt{\dfrac{a}{3}}$	$\cdots$	$\sqrt{\dfrac{a}{3}}$	$\cdots$
$f'(x)$	$+$	0	$-$	0	$+$
$f(x)$	↗		↘		↗

　したがって，求める条件は
$$f\left(-\sqrt{\frac{a}{3}}\right)f\left(\sqrt{\frac{a}{3}}\right)<0$$
すなわち　$\left(\dfrac{2a}{3}\sqrt{\dfrac{a}{3}}+a\right)\left(-\dfrac{2a}{3}\sqrt{\dfrac{a}{3}}+a\right)<0$

$a>0$ だから　$-\dfrac{2}{3}\sqrt{\dfrac{a}{3}}+1<0$

よって　$\dfrac{3}{2}<\sqrt{\dfrac{a}{3}}$　　∴　$\boldsymbol{a>\dfrac{27}{4}}$

結局

> **3 次方程式 $f(x)=0$ が相異なる 3 つの実数解をもつ。**
> **$\iff$ $f(x)$ が極値をもち，つまり $f'(x)=0$ が相異なる 2 つの実数解**
> **α，β をもち，$f(\alpha)f(\beta)<0$ となる。**

です。$f(\alpha)f(\beta)<0$ は，$f(\alpha)$ と $f(\beta)$ が異符号であるための条件です。

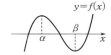

演習 183

$f(x)=x^4-2(t+1)x^3+6tx^2-4x$ が極大値をもつように定数 t の値の範囲を求めよ。

解答 $\quad f'(x)=4x^3-6(t+1)x^2+12tx-4$

であるから，$f'(x)=0$ の解で，その前後で $f'(x)$ の符号が変化するようなものは，1 個または 3 個に限られる。

x	$\cdots$	α	$\cdots$
$f'(x)$	$-$	0	$+$
$f(x)$	$\searrow$		$\nearrow$

　1 個の場合，それを α として $f(x)$ は右表のように増減することになり，極大値はもたない。

　3 個の場合，それらを α，β，γ として $f(x)$ は右表のように増減するから，極大値をもつ。

x	$\cdots$	α	$\cdots$	β	$\cdots$	γ	$\cdots$
$f'(x)$	$-$	0	$+$	0	$-$	0	$+$
$f(x)$	$\searrow$		$\nearrow$		$\searrow$		$\nearrow$

　よって，$f(x)$ が極大値をもつための条件は，$f'(x)=0$ が相異なる 3 つの実数解をもつことになる。

$$f''(x)=12x^2-12(t+1)x+12t=12(x-1)(x-t)$$

（$f'(x)$ をもう 1 回微分したものを $f''(x)$ と書き，$f(x)$ の第 2 次導関数と言う）

　これより，$t=1$ のとき $f''(x)\geqq0$ となり，$f'(x)$ は単調に増加するので，$f'(x)=0$ が相異なる 3 つの実数解をもつことはない。

　したがって，$t\neq1$ が必要で，このとき $f'(x)$ は $x=1$，t で極値をもつので，$f'(1)$ と $f'(t)$ が異符号であればよい。よって

$$f'(1)f'(t)<0$$
$$\{4-6(t+1)+12t-4\}\{4t^3-6(t+1)t^2+12t^2-4\}<0$$
$$(6t-6)(-2t^3+6t^2-4)<0$$
$$(t-1)^2(t^2-2t-2)>0$$
$$\therefore\quad t<1-\sqrt{3}\,,\ 1+\sqrt{3}<t$$

これが求める t の値の範囲である。

これは $p.444$ で確認した 4 次関数のグラフの形に関連する問題でした。

1 · 接線の本数

例題 184

$y=x^4-2x^3-3x^2+5x+2$ のグラフに，$(0,\ a)$ から引ける接線の本数が 1 本になるように a の値を定めよ。

*p.*440 で学んだように，「$(0,\ a)$ から接線を引く」を「$x=t$ における接線が $(0,\ a)$ を通る」と読み換えます。

⇓

解答 　　　$y=x^4-2x^3-3x^2+5x+2$　……(*)

を微分して

$$y'=4x^3-6x^2-6x+5$$

よって，$x=t$ における(*)の接線は

$$y=(4t^3-6t^2-6t+5)(x-t)+t^4-2t^3-3t^2+5t+2$$

$\therefore\ \ y=(4t^3-6t^2-6t+5)x-3t^4+4t^3+3t^2+2$

これが $(0,\ a)$ を通るとして　　　$a=-3t^4+4t^3+3t^2+2$

まず，これの解が 1 個のみになるような a の値を考える。つまり，右辺を $f(t)$ とおいて，$y=a$ と $y=f(t)$ のグラフの交点が 1 個になるような a の値を考える。

$$f'(t)=-12t^3+12t^2+6t$$
$$=-6t(2t^2-2t-1)$$

よって，$f(t)$ は表のように増減する。また

t	$\cdots$	$\dfrac{1-\sqrt3}{2}$	$\cdots$	0	$\cdots$	$\dfrac{1+\sqrt3}{2}$	$\cdots$
$f'(t)$	$+$	0	$-$	0	$+$	0	$-$
$f(t)$	↗		↘		↗		↘

$$f(t)=\left(t^2-t-\frac12\right)\left(-3t^2+t+\frac52\right)+3t+\frac{13}{4}$$

より

$$f\left(\frac{1\pm\sqrt3}{2}\right)=3\cdot\frac{1\pm\sqrt3}{2}+\frac{13}{4}$$
$$=\frac{19\pm6\sqrt3}{4}$$

よって，$y=f(t)$ のグラフは図のようになるので，これと $y=a$ のグラフの交点が 1 個になるような a の値は $\dfrac{19+6\sqrt3}{4}$ である。

次に，(*)に二重接線があるかどうかを調べる。

(*)と $y=mx+n$ が $x=\alpha,\ \beta\ (\alpha<\beta)$ で接するとすると，y を消去して

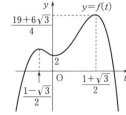

$$x^4-2x^3-3x^2+(5-m)x+2-n=0$$

これの解が $x=\alpha$（重解），β（重解）だから，解と係数の関係により

$$\begin{cases} \alpha+\alpha+\beta+\beta=2 & \cdots\cdots① \\ \alpha^2+4\alpha\beta+\beta^2=-3 & \cdots\cdots② \\ 2(\alpha^2\beta+\alpha\beta^2)=m-5 & \cdots\cdots③ \\ \alpha^2\beta^2=2-n & \cdots\cdots④ \end{cases}$$

①より　　$\alpha+\beta=1$

これを②すなわち $(\alpha+\beta)^2+2\alpha\beta=-3$ に代入して

$\alpha\beta=-2$

よって，α，β は $x^2-x-2=0$ つまり $(x+1)(x-2)=0$ の解だから

$\alpha=-1$，$\beta=2$

このとき③すなわち $2\alpha\beta(\alpha+\beta)=m-5$ より　　　$m=1$

また，④すなわち $n=2-\alpha^2\beta^2$ より　　$n=-2$

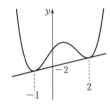

となり，(*)に相異なる2点で接する直線 $y=x-2$ が存在することがわかった。

この直線上に $(0,\ a)$ があるとき，$a=-2$ であるが，このとき，$y=-2$ のグラフと $y=f(t)$ のグラフは2交点をもつ。つまり，相異なる2点における接線が $(0,\ -2)$ を通ることになるが，それらはともに $y=x-2$ という1本の接線を表すので，このときも $(0,\ a)$ から引ける接線の本数が1本になる。

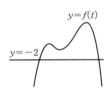

以上より，求める a の値は $a=-2,\ \dfrac{19+6\sqrt{3}}{4}$ である。

「$(a,\ b)$ から $y=f(x)$ に接線を引く」を「$y=f(x)$ の $x=t$ における接線が $(a,\ b)$ を通る」と言い換えるとき，基本的には，そのようになる t の個数が接線の本数を表します。しかし，この問題のように二重接線（相異なる2点で接する直線）が存在する場合は，t の個数が接線の本数と1対1に対応しないことがあります。

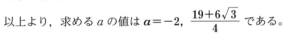

演習 184

$f(x)=ax^3+bx^2+cx+d$ $(a>0)$ とする。点 $(p,\ q)$ から $y=f(x)$ に3本の接線が引けることになるような $(p,\ q)$ の存在範囲を求めよ。

解答　$f'(x)=3ax^2+2bx+c$ より，$x=t$ における $y=f(x)$ の接線は

$$y=(3at^2+2bt+c)(x-t)+at^3+bt^2+ct+d$$

$$\therefore\quad y=(3at^2+2bt+c)x-2at^3-bt^2+d$$

これが $(p,\ q)$ を通るとして

$$q=(3at^2+2bt+c)p-2at^3-bt^2+d$$
$$\therefore\quad 2at^3+(-3ap+b)t^2-2bpt-cp-d+q=0$$

これを満たす t が 3 個あればよい。左辺を $g(t)$ として
$$g'(t)=6at^2+2(-3ap+b)t-2bp=2(3at+b)(t-p)$$

であるから，$-\dfrac{b}{3a}\neq p$ であれば $g(t)$ は極大値と極小値をもつ。

よって，$g(t)=0$ が相異なる 3 つの実数解をもつ条件は
$$g\left(-\frac{b}{3a}\right)g(p)<0$$
$$\therefore\quad \left\{q-\left(c-\frac{b^2}{3a}\right)p-d+\frac{b^3}{27a^2}\right\}(q-ap^3-bp^2-cp-d)<0$$

以上より，$(p,\ q)$ の存在範囲は
$$\left\{\boldsymbol{y}-\left(\boldsymbol{c}-\frac{\boldsymbol{b}^2}{3\boldsymbol{a}}\right)\boldsymbol{x}-\boldsymbol{d}+\frac{\boldsymbol{b}^3}{27\boldsymbol{a}^2}\right\}(\boldsymbol{y}-\boldsymbol{a}\boldsymbol{x}^3-\boldsymbol{b}\boldsymbol{x}^2-\boldsymbol{c}\boldsymbol{x}-\boldsymbol{d})<0$$

を満たす領域である。

いくつかの注意点があります。

まず，多項式で表された関数 $f(x)$ が二重接線 $y=mx+n$ をもつならば，$f(x)-mx-n=0$ の左辺が $(x-\alpha)^2(x-\beta)^2$ を因数にもつので $f(x)$ の次数は 4 次以上です。

したがって，この問題のように，3 次関数においては二重接線は存在せず，$g(t)=0$ を満たす相異なる実数 t の個数がそのまま接線の本数になります。

次に，$\left\{y-\left(c-\dfrac{b^2}{3a}\right)x-d+\dfrac{b^3}{27a^2}\right\}(y-ax^3-bx^2-cx-d)<0$ の条件について説明しておきます。これは 2 つの曲線
$$\begin{cases} y=\left(c-\dfrac{b^2}{3a}\right)x+d-\dfrac{b^3}{27a^2} & \cdots\cdots① \\ y=ax^3+bx^2+cx+d & \cdots\cdots② \end{cases}$$

を考えるとき，①の上方であるときは②の下方で，①の下方であるときは②の上方であるような部分を意味しています。ところで，②は $y=f(x)$ ですが，①は一体どのような直線でしょうか。$f(x)$ を立方完成してみると

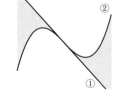

$$f(x)=ax^3+bx^2+cx+d$$
$$=a\left(x+\frac{b}{3a}\right)^3+\left(c-\frac{b^2}{3a}\right)x+d-\frac{b^3}{27a^2}$$

となり，下線部分に①の右辺が現れています。つまり，①と $y=f(x)$ から y を消去すると，$a\left(x+\dfrac{b}{3a}\right)^3=0$ が得られ，$x=-\dfrac{b}{3a}$ という 3 重解が出てくるということです。

$-\dfrac{b}{3a}$ は $y=f(x)$ の点対称の点の x 座標ですから，結局，①は $y=f(x)$ の点対称の点

における接線を表していたのです。

この結論は次のように理解することができます。下に凸の放物線
の下方からは放物線に2本の接線を引くことができ，放物線上の点
では1本の接線が引け，放物線の上方からは接線を引くことができ
ません。

これと同様に，$y=f(x)$ の点対称の点より右側部分には，そ
の下方から2本の接線が引けます。ところが，下に凸の部分が
点対称の点で終わりになりますから，点対称の点における接線
を境界にして，それより下方では，図(i)のように，この右側部
分に1本の接線しか引けなくなっています。

結局，図(ii)の $y=f(x)$ の点対称の点より右側部分と，点対称
の点における接線とではさまれている部分の点からは「右側部
分」に2本の接線が引け，さらに図(iii)のように，「左側部分」に
も1本の接線が引けるので合計3本の接線が引けることになり
ます。この考察を続けていくと，$y=f(x)$ のグラフと点対称の
点における接線とで平面を区分して，各領域及び境界線上の点
から $y=f(x)$ に何本の接線が引けるのかがわかるようになり
ます。結論と解答の結果が一致していることを確認しておいて
ください。

この観点は，平面上の点から曲線に何本の接線が引けるのか
を考える際に，有力な見通しを与えてくれますが，曲線に漸近
線がある場合には少し注意が必要です。ここでは，その例とし
て $y=\dfrac{1}{x}$ を挙げて全体的結論をまとめておきます。

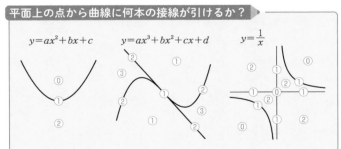

平面上の点から曲線に何本の接線が引けるか？

$y=ax^2+bx+c$　　$y=ax^3+bx^2+cx+d$　　$y=\dfrac{1}{x}$

最後に，上の議論の途中で
$$\begin{cases} y=ax^3+bx^2+cx+d \quad (=f(x)) \\ y=\left(c-\dfrac{b^2}{3a}\right)x+d-\dfrac{b^3}{27a^2} \quad \cdots\cdots ① \end{cases}$$
から，y を消去して得られる方程式が重解をもつから，①は $y=f(x)$ の接線だという説明が出てきましたが，これについても確認しておきましょう。

> $f(x)$ を x の整式とするとき，$y=f(x)$ と $y=mx+n$ の
> グラフが $x=\alpha$ で接する。
> $\Longleftrightarrow f(x)-mx-n=0$ が $x=\alpha$ を重解にもつ。

y を消去して作った方程式の実数解は，交点の x 座標を表し，2個の交点が 1 個に重なったときに接するわけですから，「接する」ということと「重解」ということが密接に関連していると直観的に理解できると思います。しかし，**証明の基本は「式でする」**ということなので，上の内容を式で証明してみようと思います。

↓↓
証明　$y=f(x)$ と $y=mx+n$ のグラフが $x=\alpha$ で接するとき
$$\begin{cases} f(\alpha)=m\alpha+n \quad \cdots\cdots ① \\ f'(\alpha)=m \quad\quad\quad \cdots\cdots ② \end{cases}$$
　いま，$g(x)=f(x)-mx-n$ とおくと，①より　$g(\alpha)=0$
　よって，$g(x)$ は $x-\alpha$ を因数にもち
$$g(x)=(x-\alpha)p(x) \quad \cdots\cdots ③$$
とおける。この両辺を x で微分して
$$g'(x)=p(x)+(x-\alpha)p'(x)$$
　$x=\alpha$ として　　$g'(\alpha)=p(\alpha)$ 　$\cdots\cdots ④$
　一方，$g(x)=f(x)-mx-n$ より，$g'(x)=f'(x)-m$ であるから，②より
$$g'(\alpha)=0 \quad \therefore \quad p(\alpha)=0 \quad (\because \quad ④)$$
　よって，$p(x)$ は $x-\alpha$ を因数にもち
$$p(x)=(x-\alpha)q(x)$$
と表されるので，③に代入して
$$g(x)=(x-\alpha)^2q(x)$$
となる。これより，$g(x)=0$ すなわち $f(x)-mx-n=0$ は $x=\alpha$ を重解にもつ。
　逆に，$f(x)-mx-n=0$ が $x=\alpha$ を重解にもつとき
$$f(x)-mx-n=(x-\alpha)^2h(x)$$
と表され
$$f'(x)-m=2(x-\alpha)h(x)+(x-\alpha)^2h'(x)$$

となるので
$$\begin{cases} f(\alpha)-m\alpha-n=0 \\ f'(\alpha)-m=0 \end{cases} \quad \therefore \quad \begin{cases} f(\alpha)=m\alpha+n \\ f'(\alpha)=m \end{cases}$$

よって，$y=f(x)$ と $y=mx+n$ のグラフは $x=\alpha$ で接する。

　少し補足をしておきます。$p.\mathbf{469}$ で説明しますが，接線とは関数値と微分係数を共有する直線です。これを用いて，「$y=f(x)$ と $y=mx+n$ が $x=\alpha$ で接する」ことを式で表すと

$$\begin{cases} f(\alpha)=m\alpha+n \\ f'(\alpha)=m \end{cases}$$

となります。

　さて，この「接線 $\Longleftrightarrow$ 重解」を理解しておくと非常に都合がよい例があります。

> $y=ax^n+bx^{n-1}+\cdots+cx^2+dx+e$ の $x=0$ における接線は
> $$y=dx+e$$

　理由は，y を消去すれば $x^2(ax^{n-2}+\cdots+c)=0$ となり，$x=0$ の重解が出てくるからです。

　$y=ax^3+bx^2+cx+d \ (a\neq0)$ の $x=-\dfrac{b}{3a}$ における接線が，$y=ax^3+bx^2+cx+d$ を $y=a\left(x+\dfrac{b}{3a}\right)^3+\left(c-\dfrac{b^2}{3a}\right)x+d-\dfrac{b^3}{27a^2}$ と変形して，$y=\left(c-\dfrac{b^2}{3a}\right)x+d-\dfrac{b^3}{27a^2}$ だと出てくるのも応用例の 1 つです。これを微分で求めるのは結構面倒な作業になります。

6　いろいろな関数の微分

　ここまで，2 次〜4 次の関数の微分を学びましたが，ここからは「数学 III」で学ぶ範囲となり，いろいろな関数の微分を学びます。

1 ・ 分数関数の微分

　まずは，分数関数の微分です。

$$\left\{\frac{f(x)}{g(x)}\right\}'=\lim_{h\to0}\frac{\dfrac{f(x+h)}{g(x+h)}-\dfrac{f(x)}{g(x)}}{h}=\lim_{h\to0}\frac{f(x+h)g(x)-f(x)g(x+h)}{hg(x+h)g(x)}$$

$$=\lim_{h \to 0}\frac{\{f(x+h)-f(x)\}g(x)-f(x)\{g(x+h)-g(x)\}}{hg(x+h)g(x)}$$

$$=\frac{f'(x)g(x)-f(x)g'(x)}{\{g(x)\}^2}$$

分数関数の微分

$$\left\{\frac{f(x)}{g(x)}\right\}'=\frac{f'(x)g(x)-f(x)g'(x)}{\{g(x)\}^2}$$

例を挙げておくと

$$\left(\frac{2x+1}{3x^2+x}\right)'=\frac{(2x+1)'(3x^2+x)-(2x+1)(3x^2+x)'}{(3x^2+x)^2}$$

$$=\frac{2(3x^2+x)-(2x+1)(6x+1)}{(3x^2+x)^2}=\frac{-6x^2-6x-1}{(3x^2+x)^2}$$

といった具合です。特に n を自然数として

$$\left(\frac{1}{x^n}\right)'=\frac{1'\cdot x^n-1\cdot(x^n)'}{x^{2n}}=\frac{-nx^{n-1}}{x^{2n}}=-nx^{-n-1}$$

より，$(x^{-n})'=-nx^{-n-1}$ となりますから，$p.\textbf{438}$ で出てきた $(x^n)'=nx^{n-1}$ は，n が自然数のときのみならず n が整数のときに成立していることがわかります。

$$(x^n)'=nx^{n-1} \quad (n \text{ は整数})$$

② ・ 合成関数の微分

もう1つ，合成関数の微分というものがあります。合成関数という新しい言葉が出てきたので，説明しておきます。たとえば，$f(x)=x^{10}$，$g(x)=3x^2-2x+1$ のとき，$f(g(x))=(3x^2-2x+1)^{10}$ となりますが，x を $g(x)$ という関数で $3x^2-2x+1$ に対応させ，さらにそれを $f(x)$ という関数で $(3x^2-2x+1)^{10}$ に対応させたものが合成関数 $f(g(x))$ です。

$$x \xrightarrow{\ g\ } 3x^2-2x+1 \xrightarrow{\ f\ } (3x^2-2x+1)^{10}$$

この合成関数を微分するとどうなるでしょうか。定義に従って

$$\{f(g(x))\}'=\lim_{h \to 0}\frac{f(g(x+h))-f(g(x))}{h}$$

ですが，ここで少し技術を使って $g(x+h)-g(x)=k$ とおきます。k は x と h に伴って変化する量ですから，本来 $k(x,\ h)$ とでも書くべきですが，簡単のために k としておきます。同じことで $g(x)$ も g と表記することにしましょう。

すると，$g(x+h)-g(x)=k$ すなわち $g(x+h)=g(x)+k(=g+k)$ より

$$\lim_{h \to 0} \frac{f(g(x+h)) - f(g(x))}{h} = \lim_{h \to 0} \frac{f(g+k) - f(g)}{h}$$

ここで，分母が h ではなく k であれば，微分の定義式の形になります。さらに，h が限りなく 0 に近づくとき，$g(x+h) - g(x) = k$ より，k も限りなく 0 に近づきます。したがって

$$\lim_{h \to 0} \frac{f(g+k) - f(g)}{h} = \lim_{\substack{h \to 0 \\ (k \to 0)}} \frac{f(g+k) - f(g)}{k} \cdot \frac{g(x+h) - g(x)}{h} = f'(g)g'(x)$$

です。$f'(g)$ の意味は，$g(x)$ を 1 つの文字 g と見て微分するということです。さきほどの $f(g(x)) = (3x^2 - 2x + 1)^{10}$ で言えば，$g(x) = 3x^2 - 2x + 1$ を 1 つの文字 g と見て，$f(g) = g^{10}$ を微分するということで，$f'(g) = 10g^9$ となります。この $f'(g)$ に $g'(x)$ をかけて，$f(g(x))$ を微分したことになります。

結局，$\{(3x^2 - 2x + 1)^{10}\}' = 10(3x^2 - 2x + 1)^9(6x - 2)$ ということです。

合成関数の微分

$$\{f(g(x))\}' = f'(g)g'(x)$$

さきほど $(x^n)' = nx^{n-1}$ を n が自然数の範囲で成り立つとしていたものを，分数関数の微分を利用して，n が整数の範囲でも成り立つことを確認しました。さらに，合成関数の微分を利用することで，$(x^n)' = nx^{n-1}$ を n が有理数の範囲で使うことができるようになります。具体的には，有理数が $\dfrac{q}{p}$（p は自然数，q は整数）と表されるので，$\left(x^{\frac{q}{p}}\right)' = \dfrac{q}{p} x^{\frac{q}{p} - 1}$ が成り立つということですが，これを示してみましょう。

まず，$\left(x^{\frac{q}{p}}\right)^p = x^q$ ですから，$\left\{\left(x^{\frac{q}{p}}\right)^p\right\}' = (x^q)' = qx^{q-1}$ です。次に，$x^{\frac{q}{p}} = g$ とおいて，$\left(x^{\frac{q}{p}}\right)^p = g^p$ と考えます。つまり，$f(x) = x^p$，$g(x) = x^{\frac{q}{p}}$ の合成関数 $f(g(x))$ を考えているということです。すると，$\left\{\left(x^{\frac{q}{p}}\right)^p\right\}' = p\left(x^{\frac{q}{p}}\right)^{p-1}\left(x^{\frac{q}{p}}\right)'$ となります。よって

$$qx^{q-1} = p\left(x^{\frac{q}{p}}\right)^{p-1}\left(x^{\frac{q}{p}}\right)' \qquad qx^{q-1} = px^{q - \frac{q}{p}}\left(x^{\frac{q}{p}}\right)' \qquad \therefore \quad \left(x^{\frac{q}{p}}\right)' = \frac{q}{p} x^{\frac{q}{p} - 1}$$

となり，示すことができました。

$$(x^r)' = rx^{r-1} \quad (r \text{ は有理数})$$

ここまでの流れで予感されるように，結局 $(x^r)' = rx^{r-1}$ は r が有理数の範囲を飛び越えて r が実数の範囲で成立することになりますが，それはまた後ほど確認することにしましょう。

さて，$(x^r)' = rx^{r-1}$（r は有理数）の具体例として $(\sqrt{x})'$ を考えておきましょう。$\sqrt{x} = x^{\frac{1}{2}}$ ですから

$$(\sqrt{x})' = \left(x^{\frac{1}{2}}\right)' = \frac{1}{2} x^{-\frac{1}{2}} = \frac{1}{2\sqrt{x}}$$

です。また，x の代わりに何か別のものが入っていれば，合成関数の微分を用いて

$$(\sqrt{2x^2+1}\,)' = \frac{1}{2\sqrt{2x^2+1}}(2x^2+1)' = \frac{1}{2\sqrt{2x^2+1}}\cdot 4x = \frac{2x}{\sqrt{2x^2+1}}$$

のように微分します。

ここまでに出てきた内容の中で，今後頻繁に使うものをまとめておきましょう。

$$\left(\frac{1}{x}\right)' = -\frac{1}{x^2} \qquad \left\{\frac{1}{f(x)}\right\}' = -\frac{f'(x)}{\{f(x)\}^2}$$

$$(\sqrt{x}\,)' = \frac{1}{2\sqrt{x}} \qquad \{\sqrt{f(x)}\,\}' = \frac{f'(x)}{2\sqrt{f(x)}}$$

これらは反射的に出てくるようにしておきましょう。$\left(\dfrac{1}{x}\right)'$ に対して $\left\{\dfrac{1}{f(x)}\right\}'$ と，

$(\sqrt{x}\,)'$ に対して $\{\sqrt{f(x)}\,\}'$ はそれぞれ合成関数の微分を使っています。

以上で微分できる関数の範囲はかなり広がりました。あと残っているのは，三角関数の微分と，指数・対数関数の微分のみですが，その話をするには少し準備が必要なので，まずはこれまでのところを少し演習しておきましょう。

> **例題 185**
>
> $f(x) = (3x+1)^{10}(x^2-2x)^{20}$ を微分せよ。

解答

$f'(x) = \{(3x+1)^{10}\}'(x^2-2x)^{20} + (3x+1)^{10}\{(x^2-2x)^{20}\}'$ ……①

$ = 10(3x+1)^9\cdot 3(x^2-2x)^{20} + (3x+1)^{10}\cdot 20(x^2-2x)^{19}(2x-2)$ ……②

$ = 10(3x+1)^9(x^2-2x)^{19}\{3(x^2-2x)+2(3x+1)(2x-2)\}$

$ = \mathbf{10(3x+1)^9(x^2-2x)^{19}(15x^2-14x-4)}$

①では積の関数の微分を使い，②では合成関数の微分を使っています。

> **演習 185**
>
> $f(x) = \sqrt{\dfrac{x-1}{x+1}}$ を微分せよ。

解答

$f'(x) = \dfrac{1}{2\sqrt{\dfrac{x-1}{x+1}}}\left(\dfrac{x-1}{x+1}\right)'$ ……①

$ = \dfrac{1}{2}\sqrt{\dfrac{x+1}{x-1}}\,\dfrac{(x-1)'(x+1)-(x-1)(x+1)'}{(x+1)^2}$ ……②

$ = \dfrac{1}{2}\sqrt{\dfrac{x+1}{x-1}}\,\dfrac{x+1-(x-1)}{(x+1)^2} = \dfrac{1}{(x+1)^2}\sqrt{\dfrac{x+1}{x-1}}$

①では合成関数の微分を使い，②では分数関数の微分を使っています。

1つ注意することは，$\sqrt{\dfrac{x-1}{x+1}}=\dfrac{\sqrt{x-1}}{\sqrt{x+1}}$ として分数関数の微分を使うというような

やり方はだめだということです。ちょっと気づきにくいところですが

$$\sqrt{\dfrac{x-1}{x+1}} \neq \dfrac{\sqrt{x-1}}{\sqrt{x+1}}$$

です。$\sqrt{\dfrac{x-1}{x+1}}$ では，$\dfrac{x-1}{x+1} \geqq 0$ すなわち $(x-1)(x+1) \geqq 0$，$x+1 \neq 0$ より $x<-1$，

$1 \leqq x$ で定義されていますが，$\dfrac{\sqrt{x-1}}{\sqrt{x+1}}$ では，$x+1>0$，$x-1 \geqq 0$ すなわち $x \geqq 1$ で定義

されています。$\sqrt{\dfrac{2}{3}}=\dfrac{\sqrt{2}}{\sqrt{3}}$ のように $\sqrt{\dfrac{b}{a}}=\dfrac{\sqrt{b}}{\sqrt{a}}$ としてよいのは，$a>0$，$b>0$ と約

束されているような場合のみだと理解しておいてください。

7 関数の極限

微分は $f'(x)=\lim\limits_{h \to 0}\dfrac{f(x+h)-f(x)}{h}$ という式で定義されていましたが，$\boldsymbol{\lim\limits_{x \to a}f(x)}$

の形で表されている式を「関数の極限」と言います。三角関数の微分と指数・対数関
数の微分をする上で，この「関数の極限」に対する理解を深めておく必要があります。

1 連続

まず，$\lim\limits_{x \to a}f(x)$ の意味を確認すると，「x が a に限りなく近づくとき，$f(x)$ が限り

なく近づく値があるならばそれはいくらか」という意味です。たとえば，

$\lim\limits_{x \to 1}(x^2-2x+3)=2$ ですし，$\lim\limits_{x \to \frac{\pi}{3}}\sin x=\dfrac{\sqrt{3}}{2}$ ですから，今までの常識からすれば，

$\lim\limits_{x \to a}f(x)=f(a)$ に決まっていると思うかもしれません。しかし，$x=a$ で $f(x)$ が定

義されていない場合もありますし，x が a に限りなく近づくとき，$f(x)$ が一定の値に
近づかない場合もあるのです。順に見ていきましょう。

$f(x)=\dfrac{x^2+2x}{x}$ は，$x \neq 0$ では $f(x)=x+2$ ですが，$x=0$ で

は分母が 0 になるので，定義されていません。グラフは図のよ
うになり，$(0, 2)$ のところに穴が開いています。こういう場合

でも，x が限りなく 0 に近づくとき，$\dfrac{x^2+2x}{x}$ は 2 に近づいて

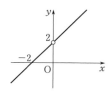

いるので，$\displaystyle\lim_{x\to 0}\frac{x^2+2x}{x}=\lim_{x\to 0}(x+2)=2$ のように扱います。しかし，$f(0)$ は定義され

ていないので，$\displaystyle\lim_{x\to 0}f(x)=f(0)$ ではありません。

$\displaystyle\lim_{x\to 0}\frac{1}{x}$ はどうでしょうか。$x=0$ では $y=\dfrac{1}{x}$ は定義されてもいま

せんし，x が限りなく 0 に近づくとき，$\dfrac{1}{x}$ が一定の値に近づくわけ

でもありません。こういう場合，$\displaystyle\lim_{x\to 0}\frac{1}{x}$ は極限をもたないと言いま

す。つまり，$f(x)=\dfrac{1}{x}$ とおくと，$f(0)$ も定義されておらず，$\displaystyle\lim_{x\to 0}f(x)$ も極限をもち

ません。

> x が限りなく a に近づくと，$f(x)$ が一定の値に限りなく近づくとき，
> $\displaystyle\lim_{x\to a}f(x)$ は収 束する。

と言い

> $\displaystyle\lim_{x\to a}f(x)$ が収束しないとき，$\displaystyle\lim_{x\to a}f(x)$ は発散する。

と言います。発散の形態はいろいろあります

が，$y=x^2$ のように x が限りなく大きくなる

とき，y も限りなく大きくなる場合，$\displaystyle\lim_{x\to\infty}x^2$

$=\infty$ と書きます。∞（無限大）という値があ

るわけではなく，$\displaystyle\lim_{x\to\infty}x^2$ は発散しているので

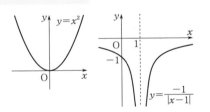

すが，慣例上「$=\infty$」と表記します。同様に，$f(x)$ が $-\infty$ に発散するときも

「$=-\infty$」と書きます。例を挙げれば，$\displaystyle\lim_{x\to 1}\frac{-1}{|x-1|}=-\infty$ です。次に $\displaystyle\lim_{x\to 1}[x]$ はどうで

しょうか。$[x]$ はガウス記号で

> $[x]$：x を超えない最大の整数

と定義されています。もう少し具体的に調べて

おくと，x が整数でないとき x 以下の最大の整

数が $[x]$ ですから，$[x]<x<[x]+1$ すなわち

$x-1<[x]<x$ を満たします。また，x が整数

のときは x 以下の最大の整数は x 自身ですか

ら，$[x]=x$ となります。結局，$[x]$ の定義を式

で表すと

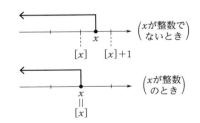

$$x-1<[x]\leqq x,\ [x]\ は整数$$

ということになります。等号が成立するのは x が整数の
ときに限られ，$y=[x]$ のグラフを描くと図のようになり
ます。また

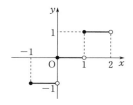

> **$x\geqq 0$ のとき**
>
> $[x]$ は x の整数部分で，
>
> $x-[x]$ は x の小数部分である。

と言うこともできます。これを見ると，$[x]$ は小数点以下の切り捨てと関連している
ことがわかり，π を小数点以下 2 位まで表したいときには，$\dfrac{[100\pi]}{100}=3.14$ などと使
うことができます。

　説明が長くなりましたが，$\displaystyle\lim_{x\to 1}[x]$ に戻ります。グラフ
を見ると $x=1$ のところでグラフが切れています。一見し
て，x が限りなく 1 に近づくとき $[x]$ は一定の値に近づい
ていません。もう少し正確に表現するために，「x が限り
なく 1 に近づく」を「数直線上で x が 1 に右側から近づ
く」のと「数直線上で x が 1 に左側から近づく」のに分け
て考えることにしましょう。前者を**右側極限**と言い $\displaystyle\lim_{x\to 1+0}$
で表し，後者は**左側極限**と言い $\displaystyle\lim_{x\to 1-0}$ で表します。

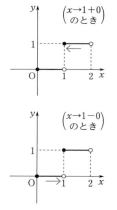

　すると，$\displaystyle\lim_{x\to 1+0}[x]=1$，$\displaystyle\lim_{x\to 1-0}[x]=0$ になりますから，
$\displaystyle\lim_{x\to 1+0}[x]\neq\lim_{x\to 1-0}[x]$ です。こういう場合，極限 $\displaystyle\lim_{x\to 1}[x]$ は
存在しないと言います。ところが，$[1]=1$ ですから，$f(x)=[x]$ とおくと，$f(1)$ は定
義されているけれども，$\displaystyle\lim_{x\to 1}f(x)$ は極限をもたないということになります。

　$\displaystyle\lim_{x\to a}f(x)=f(a)$ にならない例をいくつか見てきましたが，グラフがその点で切れ
ずに連続的につながっているときは，$\displaystyle\lim_{x\to a}f(x)=f(a)$ になります。

> $f(x)$ は $x=a$ で連続 $\Longleftrightarrow\displaystyle\lim_{x\to a}f(x)=f(a)$

❷ ・ 3つの重要極限

　三角関数の微分と指数・対数関数の微分をするために，3つの重要極限があります。順に見ていきましょう。

(1) $\displaystyle \lim_{\theta \to 0} \frac{\sin \theta}{\theta} = 1$

・$0 < \theta < \dfrac{\pi}{2}$ のとき

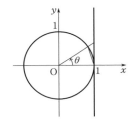

より

$$\frac{1}{2}\sin\theta < \frac{1}{2}\theta < \frac{1}{2}\tan\theta$$

$$1 < \frac{\theta}{\sin\theta} < \frac{1}{\cos\theta} \qquad \therefore \quad \cos\theta < \frac{\sin\theta}{\theta} < 1$$

ですが，$\displaystyle \lim_{\theta \to 0+0} \cos\theta = 1$ ですから，$\displaystyle \lim_{\theta \to 0+0} \frac{\sin\theta}{\theta} = 1$ です。

・$-\dfrac{\pi}{2} < \theta < 0$ のとき

上と同様に考えて

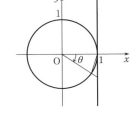

$$-\frac{1}{2}\sin\theta < -\frac{1}{2}\theta < -\frac{1}{2}\tan\theta$$

$$1 < \frac{\theta}{\sin\theta} < \frac{1}{\cos\theta} \quad (\because \quad -\sin\theta > 0)$$

$$\therefore \quad \cos\theta < \frac{\sin\theta}{\theta} < 1$$

ここで，$\displaystyle \lim_{\theta \to 0-0} \cos\theta = 1$ ですから，$\displaystyle \lim_{\theta \to 0-0} \frac{\sin\theta}{\theta} = 1$ です。

以上より，$\displaystyle \lim_{\theta \to 0} \frac{\sin\theta}{\theta} = 1$ です。

　半径が r で中心角が θ の扇形の面積は，円の面積 πr^2 に対して $\dfrac{\theta}{2\pi}$

の割合にあたるので，$\pi r^2 \times \dfrac{\theta}{2\pi} = \dfrac{1}{2} r^2 \theta$ で与えられます。上の説明では，これを用いました。

(2) $\displaystyle\lim_{x\to 0}\frac{e^x-1}{x}=1$

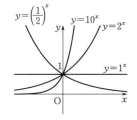

指数関数 $y=a^x$ の底をいろいろに変化させてグラフを描いてみます。図では $a=\dfrac{1}{2}$, 1, 2, 10 の場合を載せていますが，a を連続的に変化させるとグラフも連続的に変化していく様子がわかると思います。

微分係数に注目して，$y=a^x$ のグラフが a によって変化していく様子を記述してみると

$y=a^x$ の $x=0$ における微分係数は

$$\begin{cases} 0<a<1 \text{ のときは負} \\ a=1 \text{ のときは } 0 \\ a>1 \text{ のときは正} \end{cases}$$

であり，a の増加に伴い単調に増加する。

と言うことができます。

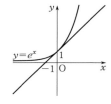

したがって，a をうまく選べば，$y=a^x$ の $x=0$ における微分係数を 1 にすることができ，このときの a を e と書き，「自然対数の底」と呼びます。

このことを式で表すと，$\displaystyle\lim_{x\to 0}\frac{e^x-1}{x}=1$ になります。

(3) $\displaystyle\lim_{x\to 0}\frac{\log_e(x+1)}{x}=1$

p.261 で逆関数について学びましたが，$y=e^x$ は 1 対 1 対応の関数ですから，逆関数が存在し，それは $y=\log_e x$ です。

また，逆関数のグラフは元の関数のグラフを $y=x$ に関して対称移動したものになりましたから，$y=\log_e x$ の $x=1$ における微分係数は 1 です。これを式で表すと

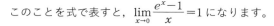

$$\lim_{x\to 1}\frac{\log_e x-\log_e 1}{x-1}=1 \qquad \lim_{x\to 1}\frac{\log_e x}{x-1}=1$$

$$\therefore\quad \lim_{x\to 0}\frac{\log_e(x+1)}{x}=1$$

です。以上，(1)〜(3)が 3 つの重要極限です。

3 つの重要極限

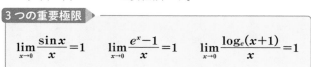

$$\lim_{x\to 0}\frac{\sin x}{x}=1 \qquad \lim_{x\to 0}\frac{e^x-1}{x}=1 \qquad \lim_{x\to 0}\frac{\log_e(x+1)}{x}=1$$

さらに，この 3 つめは

$$\lim_{x\to 0}\frac{\log_e(x+1)}{x}=1 \qquad \lim_{x\to 0}\log_e(x+1)^{\frac{1}{x}}=1 \qquad \therefore\quad e=\lim_{x\to 0}(x+1)^{\frac{1}{x}}$$

と変形することができ，これが e の定義式になっています。

> **e の定義式**
>
> $$e=\lim_{x\to 0}(x+1)^{\frac{1}{x}}$$

これは非常に難しい極限です。$(x+1)^{\frac{1}{x}}$ の $(x+1)$ は 1 に近づいているので，$(x+1)^{\frac{1}{x}}$ も 1 に近づきそうな気がする一方，指数の $\frac{1}{x}$ は $x\to 0+0$ だと ∞ に行きます。ということは，$(x+1)$ が 1 より少しでも大きいときは，$(x+1)^{\frac{1}{x}}$ の指数 $\frac{1}{x}$ が ∞ に行くので，$(x+1)^{\frac{1}{x}}$ も無限大に行きそうな気がします。しかし，3 つの重要極限の (2)で説明したように，実際の e は 1 より大きいある定数で，正確には

e は 2.718… という値をとる無理数

であることが知られています。

今後の学習では，この e が頻繁に出てくるので，定義式とともにだいたいの値を覚えておいてください。

8 三角関数と指数・対数関数の微分

「極限」の形で定義された微分をより自在に行うために，関数の極限についての理解を深めてきました。いよいよ 3 つの重要極限を使って，三角関数の微分と指数・対数関数の微分をしてみましょう。

1 ・ 三角関数の微分

$$
\begin{aligned}
(\sin x)' &= \lim_{h\to 0}\frac{\sin(x+h)-\sin x}{h} \\
&= \lim_{h\to 0}\frac{2\cos\left(x+\frac{h}{2}\right)\cdot\sin\frac{h}{2}}{h} \qquad \text{①}
\end{aligned}
$$

$$= \lim_{h \to 0} \cos\left(x + \frac{h}{2}\right) \cdot \frac{\sin\frac{h}{2}}{\frac{h}{2}} \qquad \text{②}$$

$$= \cos x$$

①では和積公式を使い，②では 3 つの重要極限の 1 つめを使っています。

$$(\cos x)' = \left\{\sin\left(\frac{\pi}{2} - x\right)\right\}'$$

$$= \cos\left(\frac{\pi}{2} - x\right) \cdot \left(\frac{\pi}{2} - x\right)' \qquad \text{③}$$

$$= \sin x \cdot (-1) = -\sin x$$

③では合成関数の微分を行っています。定義に従って微分すると次のようになります。

$$(\cos x)' = \lim_{h \to 0} \frac{\cos(x+h) - \cos x}{h} = \lim_{h \to 0} \frac{-2\sin\left(x + \frac{h}{2}\right)\sin\frac{h}{2}}{h}$$

$$= \lim_{h \to 0} \left\{-\sin\left(x + \frac{h}{2}\right)\right\}\frac{\sin\frac{h}{2}}{\frac{h}{2}} = -\sin x$$

$(\tan x)'$ は分数関数の微分を利用します。

$$(\tan x)' = \left(\frac{\sin x}{\cos x}\right)' = \frac{(\sin x)'\cos x - \sin x(\cos x)'}{\cos^2 x}$$

$$= \frac{\cos^2 x + \sin^2 x}{\cos^2 x} \qquad \text{④}$$

$$= \frac{1}{\cos^2 x}\,(= 1 + \tan^2 x)$$

④では，上で求めた $(\sin x)' = \cos x$ と $(\cos x)' = -\sin x$ を使っています。もう 1 つ，$\left(\dfrac{1}{\tan x}\right)'$ も調べておきましょう。

$$\left(\frac{1}{\tan x}\right)' = \left(\frac{\cos x}{\sin x}\right)' = \frac{(\cos x)'\sin x - \cos x(\sin x)'}{\sin^2 x}$$

$$= \frac{-\sin^2 x - \cos^2 x}{\sin^2 x} = -\frac{1}{\sin^2 x}\,\left(= -1 - \frac{1}{\tan^2 x}\right)$$

三角関数の微分

$$(\sin x)' = \cos x \qquad\qquad (\cos x)' = -\sin x$$

$$(\tan x)' = \frac{1}{\cos^2 x} = 1 + \tan^2 x \qquad \left(\frac{1}{\tan x}\right)' = -\frac{1}{\sin^2 x} = -1 - \frac{1}{\tan^2 x}$$

② ·· 指数関数の微分

$$(e^x)'=\lim_{h\to0}\frac{e^{x+h}-e^x}{h}=\lim_{h\to0}\frac{e^x(e^h-1)}{h}$$
$$=e^x \qquad \boxed{\text{⑤}}$$

⑤では，3つの重要極限の2つめを用いています。$(e^x)'=e^x$ になりましたが，これはグラフ的な意味と結び付けて理解しておきましょう。

> **$y=e^x$ に接線を引くと，接線の x 切片**
> **と接点の x 座標との幅が1になる。**

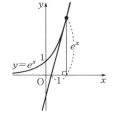

これがどんな x に対しても成り立っているのが，$y=e^x$ のグラフです。この事実も含めて，底を e にしておくと何かと便利なことが多いので，指数型底の変換公式：$a^x=e^{x\log_e a}$（*p.***260**）をもう一度確認しておいてください。

$$(a^x)'=(e^{x\log_e a})'=e^{x\log_e a}(x\log_e a)'=a^x\log_e a$$

> **指数関数の微分**
>
> $$(e^x)'=e^x \qquad (a^x)'=a^x\log_e a$$

③ ·· 対数関数の微分

$$(\log_e x)'=\lim_{h\to0}\frac{\log_e(x+h)-\log_e x}{h}=\lim_{h\to0}\frac{\log_e\left(1+\dfrac{h}{x}\right)}{h}$$

$$=\lim_{\substack{h\to0\\(\frac{h}{x}\to0)}}\frac{\log_e\left(1+\dfrac{h}{x}\right)}{\dfrac{h}{x}}\cdot\frac{1}{x} \qquad \boxed{\text{⑥}}$$

$$=\frac{1}{x}$$

⑥では，3つの重要極限の(3)を使いました。$y=\log_e x$ のグラフは $y=e^x$ のグラフを $y=x$ に関して対称移動したものですから，当然のことながら

> **$y=\log_e x$ に接線を引くと，接線の y 切片**
> **と接点の y 座標との幅が1になる。**

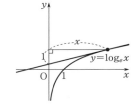

という性質が成り立ちます。また，底が e でないときは，底の変換をしてから微分をします。

$$(\log_a x)' = \left(\frac{\log_e x}{\log_e a}\right)' = \frac{1}{x \log_e a}$$

対数関数の微分

$$(\log_e x)' = \frac{1}{x} \qquad (\log_a x)' = \frac{1}{x \log_e a}$$

例題 186

次の関数を微分せよ。

(1) $y = \sin 2x$

(2) $y = \cos^2 x$

(3) $y = \tan \dfrac{1}{x}$

(4) $y = \dfrac{e^x}{e^x - 1}$

(5) $y = \log_e |x|$

解答 (1) $(\sin 2x)' = \cos 2x \cdot (2x)' = \boldsymbol{2\cos 2x}$

(2) $(\cos^2 x)' = 2\cos x \cdot (\cos x)' = \boldsymbol{-2\sin x \cos x} \ (= -\sin 2x)$

(3) $\left(\tan \dfrac{1}{x}\right)' = \dfrac{1}{\cos^2 \dfrac{1}{x}} \cdot \left(\dfrac{1}{x}\right)' = \boldsymbol{-\dfrac{1}{x^2 \cos^2 \dfrac{1}{x}}}$

(4) $\left(\dfrac{e^x}{e^x - 1}\right)' = \dfrac{(e^x)'(e^x - 1) - e^x(e^x - 1)'}{(e^x - 1)^2} = \dfrac{e^x(e^x - 1) - e^{2x}}{(e^x - 1)^2}$

$\qquad = \boldsymbol{-\dfrac{e^x}{(e^x - 1)^2}}$

(5) $x > 0$ のとき $\quad (\log_e |x|)' = (\log_e x)' = \dfrac{1}{x}$

$x < 0$ のとき $\quad (\log_e |x|)' = \{\log_e(-x)\}' = \dfrac{1}{-x}(-x)' = \dfrac{1}{x}$

以上より $\quad \boldsymbol{(\log_e |x|)' = \dfrac{1}{x}}$

これは重要な結論です。

$$(\log_e |\boldsymbol{x}|)' = \frac{1}{\boldsymbol{x}}$$

演習186

次の関数を微分せよ。

(1) $y = \dfrac{\sin x}{1+\cos x}$

(2) $y = x^x$

(3) $y = \log_e(\log_e 2x)$

解答 (1) $\left(\dfrac{\sin x}{1+\cos x}\right)' = \dfrac{(\sin x)'(1+\cos x) - \sin x(1+\cos x)'}{(1+\cos x)^2}$

$$= \dfrac{\cos x(1+\cos x) + \sin^2 x}{(1+\cos x)^2} = \dfrac{\cos x + \cos^2 x + \sin^2 x}{(1+\cos x)^2}$$

$$= \dfrac{\cos x + 1}{(1+\cos x)^2} = \boldsymbol{\dfrac{1}{1+\cos x}}$$

(2) $(x^x)' = (e^{x\log_e x})' = e^{x\log_e x}(x\log_e x)'$

$$= x^x\{x'\log_e x + x(\log_e x)'\} = x^x\left(\log_e x + x \cdot \dfrac{1}{x}\right)$$

$$= \boldsymbol{x^x(1+\log_e x)}$$

(3) $\{\log_e(\log_e 2x)\}' = \dfrac{1}{\log_e 2x}(\log_e 2x)' = \dfrac{1}{\log_e 2x} \cdot \dfrac{1}{2x} \cdot (2x)'$

$$= \dfrac{1}{\log_e 2x} \cdot \dfrac{1}{2x} \cdot 2 = \boldsymbol{\dfrac{1}{x\log_e 2x}}$$

(2)の x^x についてコメントしておきます。指数型底の変換公式を用いて底を e にしてから微分しましたが，次のようなやり方もあります。

別解 (2) まず，$y = x^x$ が定義されるために $x > 0$ が必要であり，このとき，両辺の自然対数をとると（両辺を自然対数の真数にのせると）

$$\log_e y = \log_e x^x \quad \therefore \quad \log_e y = x\log_e x$$

両辺を微分して

$$\dfrac{1}{y} \cdot y' = x'\log_e x + x(\log_e x)' \qquad y' = y\left(\log_e x + x \cdot \dfrac{1}{x}\right)$$

$$\therefore \quad \boldsymbol{y' = x^x(1+\log_e x)}$$

注意としては，$\log_e y$ を微分するときに，この y は実際には $y = x^x$ ですが，これを1つの文字 y と見て微分して $\dfrac{1}{y}$ となり，さらにそれに y を微分した y' をかけるということです（合成関数の微分）。

このように両辺の対数をとってから微分する方法を対数微分法と言います。これを用いて x^r（r は実数）を微分してみることにしましょう。

$y = x^r$ とおくと，$x \neq 0$ のとき

$$|y|=|x^r|\,(=|x|^r)$$

この両辺の自然対数をとって

$$\log_e|y|=\log_e|x|^r \qquad \therefore \quad \log_e|y|=r\log_e|x|$$

両辺を微分して

$$\frac{y'}{y}=r\cdot\frac{1}{x} \qquad y'=y\cdot\frac{r}{x} \qquad y'=x^r\cdot\frac{r}{x} \qquad \therefore \quad y'=rx^{r-1}$$

*p.*456 で予想した通り，$(x^r)'=rx^{r-1}$ は r が実数の範囲で成立することがわかりました。

$$(x^r)'=rx^{r-1} \quad (r \text{ は実数})$$

ただし，$x=0$ のとき，r の値によっては微分できない場合もあり，少し複雑です。次の「微分可能」のところを学んでから考えてみてください。

9 いろいろな関数のグラフの接線

1 微分可能

ここまでに学んだ技術により，高校数学で出てくるほとんどの関数が微分できるようになりました。しかし，実は微分できない関数もあるのです。

たとえば $f(x)=|x|$ の $x=0$ における微分係数を考えてみましょう。

$$f'(0)=\lim_{x\to 0}\frac{f(x)-f(0)}{x-0}=\lim_{x\to 0}\frac{|x|}{x}$$

ここで

$$\lim_{x\to 0+0}\frac{|x|}{x}=\lim_{x\to 0+0}\frac{x}{x}=\lim_{x\to 0+0}1=1$$

$$\lim_{x\to 0-0}\frac{|x|}{x}=\lim_{x\to 0-0}\frac{-x}{x}=\lim_{x\to 0-0}(-1)=-1$$

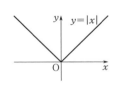

ですから，$\displaystyle\lim_{x\to 0}\frac{|x|}{x}$ は極限をもちません。つまり，$f'(0)$ は存在しません。

これは困った結論になってしまいました。$f'(0)$ は $x=0$ における $y=f(x)$ のグラフの接線の傾きを表していたわけですが，その $f'(0)$ が存在しないとなると，$y=f(x)$ には $x=0$ で接線が引けないことになってしまいます。しかし，実際には $y=f(x)$ のグラフに $x=0$ で接する直線をいくらでも引くことができます。そこで，接線をグラフと接する直線だと考えるのをやめて，次のように定義することにします。

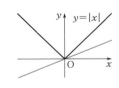

$f(x)$ と，関数値と微分係数を共有する直線

この定義によると，$y=|x|$ に対して $y=\dfrac{1}{2}x$ などは接線とは呼ばないことになります。たとえ接していても，微分係数を共有していないからです。

逆に，$p.437$ で奇妙な結論だとコメントした $y=x^3$ に対する $y=0$ は，次の左図のように接していない（突き抜けている）のに，接線だと呼ぶことにします。また，$y=x^{\frac{1}{3}}$ すなわち $y^3=x$ のグラフは，$y=x^3$ のグラフを $y=x$ に関して対称移動したもので，次の右図のようになり，$y=x^{\frac{1}{3}}$ の $x=0$ における接線は $x=0$ になります。

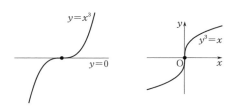

このように，$y=f(x)$ のグラフ上の点 $(a,\ f(a))$ で接線が引けるかどうかを考えるとき，$f'(a)$ が存在するかどうかが重要な鍵を握ることになり，この $f'(a)$ が存在することを「$f(x)$ は $x=a$ で微分可能である」と表現します。

> ### $f(x)$ は $x=a$ で微分可能
> $\Longleftrightarrow$ 極限 $\displaystyle\lim_{h\to 0}\dfrac{f(a+h)-f(a)}{h}$ $\left(\displaystyle\lim_{x\to a}\dfrac{f(x)-f(a)}{x-a}\right)$ が存在する。

微分可能でない例としては，$f(x)=|x|$ の $x=0$ の点のようにグラフが滑らかにつながっていない点を挙げることができます。その他では，$f(x)=[x]$ のようにグラフが切れている場合，その切れているところでは微分可能ではありません。

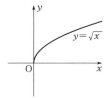

さらに，$f(x)=\sqrt{x}$ では定義域が $x\geqq 0$ になっていますが，定義域の端の $x=0$ のところでは微分可能ではありません。実際，$x=0$ で微分しようとしてみると，$\displaystyle\lim_{x\to 0}\dfrac{\sqrt{x}}{x}$ を考えることになりますが，これは「どのように x が 0 に近づいても，$\dfrac{\sqrt{x}}{x}$ が近づく値はあるか？」という問いかけをしています。しかし，$x\geqq 0$ で定義されているので x が負の範囲から 0 に近づくこと，つまり $\displaystyle\lim_{x\to 0-0}\dfrac{\sqrt{x}}{x}$ を考えることすらできない状況になっているのです。

また，$f(x)=\dfrac{1}{x}$ は $x=0$ で定義されていませんが，このような場合も $f(x)$ は $x=0$ で微分可能ではありません。極限 $\displaystyle\lim_{x\to 0}\dfrac{f(x)-f(0)}{x}$ を考えるとき，$f(0)$ が定義されていないので，この極限が存在するとは言えないからです。

結局，微分可能であるところでは滑らかにグラフがつながっている状態をイメージすることになり

> **$f(x)$ が $x=a$ で微分可能ならば，$x=a$ で連続である。**

となります。証明は次のようにします。

証明　$f(x)$ が $x=a$ で微分可能のとき，$f'(a)$ が存在し
$$\lim_{x\to a}(f(x)-f(a))=\lim_{x\to a}\dfrac{f(x)-f(a)}{x-a}(x-a)$$
$$=f'(a)\cdot 0=0$$
よって，$\displaystyle\lim_{x\to a}f(x)=f(a)$，つまり $f(x)$ は $x=a$ で連続である。

2 ● 接線

例題 187

　$y=\sin x$ のグラフの $x=0$ における接線の方程式を求めよ。

解答　$x=0$ とすると　　$y=0$

　　　　$y'=\cos x$ で $x=0$ とすると　　$y'=1$

　　　　よって　　**$y=x$**

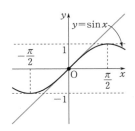

　3 つの重要極限の 1 つめは $\displaystyle\lim_{x\to 0}\dfrac{\sin x}{x}=1$ でしたが，これは $x\fallingdotseq 0$ では $\sin x\fallingdotseq x$，つまり x が 0 付近では $\sin x$ は x で近似できることを意味しています。これは「物理」でもしばしば用いる近似なので，覚えておくとよいでしょう。いま，$y=\sin x$ の $x=0$ における接線が $y=x$ になりましたが，この結論は p.**469** に書いたこととも関連しており，グラフ的なイメージとともに記憶しておいてください。

演習 187

$y=\tan x$ のグラフの $x=0$ における接線の方程式を求めよ。

解答　$x=0$ とすると　　$y=0$

$y'=\dfrac{1}{\cos^2 x}$ で $x=0$ とすると　　$y'=1$

よって　　**$y=x$**

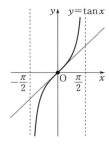

この結論もほとんど常識と言える内容なので覚えておきましょう。

③・x に対して 2 個以上の y が対応する曲線の接線

　定義域内の x に対して y が 1 個対応するものが関数でしたが，x に対して 2 個以上の y が対応する曲線もあります。身近なものとしては，円を考えるとよいのですが，接線についても，関数では「ある x における接線」を考えたのに対して，これらの曲線では「ある (x, y) における接線」を考えることになります。関数と同じように，「ある x における接線」を考えたのでは，2 本以上ある接線のうちのどの接線について議論をしているのかがわからない場合が出てくるからです。

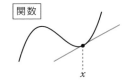

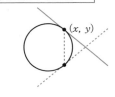

　それでは，具体例を見てみましょう。p.356，357 で円 $(x-a)^2+(y-b)^2=r^2$ 上の点 (k, ℓ) における接線が，$(k-a)(x-a)+(\ell-b)(y-b)=r^2$ と表されることを内積を用いて示しましたが，同じ内容を微分で求めてみることにします。

　まず，$(x-a)^2+(y-b)^2=r^2$ を微分しなければなりませんが，y は x に伴って変わる量ですから（y が x で表されているということ），$(y-b)^2$ のところは合成関数の微分を実行することになります。すると

$$2(x-a)+2(y-b)y'=0 \qquad \therefore \quad y'=-\frac{x-a}{y-b}$$

となります。y' が x と y で表されましたが，いま考えている曲線では当然のことです。$(x, y)=(k, \ell)$ のときは $y'=-\dfrac{k-a}{\ell-b}$ ですから，求める接線は

$$\begin{cases} y = -\dfrac{k-a}{\ell-b}(x-k)+\ell \quad (\ell \neq b \text{ のとき}) \\ x = k \quad (\ell = b \text{ のとき}) \end{cases}$$

$(k-a)(x-k)+(\ell-b)(y-\ell)=0$

$(k-a)(x-a)+(\ell-b)(y-b)=(k-a)^2+(\ell-b)^2$

$\therefore \quad (k-a)(x-a)+(\ell-b)(y-b)=r^2$

です。

例題 188

楕円 $\dfrac{x^2}{4}+y^2=1$ の $\left(1, \dfrac{\sqrt{3}}{2}\right)$ における接線の方程式を求めよ。

解答 $\dfrac{x^2}{4}+y^2=1$ を微分して

$$\dfrac{x}{2}+2yy'=0 \qquad \therefore \quad y'=-\dfrac{x}{4y}$$

よって，$(x, y)=\left(1, \dfrac{\sqrt{3}}{2}\right)$ のとき

$$y'=-\dfrac{1}{4 \cdot \dfrac{\sqrt{3}}{2}}=-\dfrac{\sqrt{3}}{6}$$

したがって，接線の方程式は

$$y=-\dfrac{\sqrt{3}}{6}(x-1)+\dfrac{\sqrt{3}}{2} \qquad \therefore \quad \boldsymbol{y=-\dfrac{\sqrt{3}}{6}x+\dfrac{2\sqrt{3}}{3}}$$

$p.398$ で学んだ楕円の接線の公式を用いると，$\dfrac{x}{4}+\dfrac{\sqrt{3}}{2}y=1$ といきなり結論が得られます。

演習 188

曲線 $x^{\frac{2}{3}}+y^{\frac{2}{3}}=1$ の $\left(\dfrac{1}{8}, \dfrac{3\sqrt{3}}{8}\right)$ における接線の方程式を求めよ。

解答 $x^{\frac{2}{3}}+y^{\frac{2}{3}}=1$ を微分して

$$\dfrac{2}{3}x^{-\frac{1}{3}}+\dfrac{2}{3}y^{-\frac{1}{3}}y'=0 \qquad \therefore \quad y'=-\left(\dfrac{y}{x}\right)^{\frac{1}{3}}$$

よって，$(x, y)=\left(\dfrac{1}{8}, \dfrac{3\sqrt{3}}{8}\right)$ のとき $\quad y'=-\sqrt{3}$

したがって，接線の方程式は

$$y=-\sqrt{3}\left(x-\frac{1}{8}\right)+\frac{3\sqrt{3}}{8} \qquad \therefore \quad y=-\sqrt{3}\,x+\frac{\sqrt{3}}{2}$$

$x^{\frac{2}{3}}+y^{\frac{2}{3}}=a^{\frac{2}{3}}$ または $(x,\ y)=a(\cos^3\theta,\ \sin^3\theta)$ はアステロイ
ド（星芒形）と呼ばれる曲線で，重要曲線のうちの 1 つです。

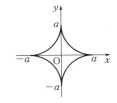

> **アステロイド（星芒形）**
>
> $$x^{\frac{2}{3}}+y^{\frac{2}{3}}=a^{\frac{2}{3}},\ \ (x,\ y)=a(\cos^3\theta,\ \sin^3\theta)$$

④ ・ パラメーター表示の曲線の接線

y' を $\dfrac{dy}{dx}$ と表すことがあります。これは「$\varDelta x$：微小な x の増加量，$\varDelta y$：微小な y の増加量」として，y' を考える際に，まず $\dfrac{\varDelta y}{\varDelta x}$ を考えておいて，$\varDelta x$ を限りなく 0 に近づけることにより求めるので，$\dfrac{dy}{dx}=\lim\limits_{\varDelta x\to 0}\dfrac{\varDelta y}{\varDelta x}$ という意味です。「ディー y，ディー x」と読みますが，これは「dx 分の dy」という分数を英語読みしているだけです。ですから，$\dfrac{dy}{dx}$ は一応，「y を x で微分したものを表す記号」として与えられますが，事実上，分数だと理解して問題はありません（本当は分数の極限）。

したがって，$\dfrac{dx}{dy}$ つまり x を y で微分すると，$\dfrac{dx}{dy}=\dfrac{1}{\dfrac{dy}{dx}}$ になります。

たとえば $y=x^3$ で考えると，$\dfrac{dy}{dx}=3x^2$ であり，$y=x^3$ より $x=y^{\frac{1}{3}}$ ですから

$\dfrac{dx}{dy}=\dfrac{1}{3}\,y^{-\frac{2}{3}}=\dfrac{1}{3x^2}=\dfrac{1}{\dfrac{dy}{dx}}$ というわけです。これを逆関数の微分と言います。

> **逆関数の微分**
>
> $$\dfrac{dx}{dy}=\dfrac{1}{\dfrac{dy}{dx}} \quad \left(\dfrac{dy}{dx}=0 \text{ になる点では } \dfrac{dx}{dy}=\infty \text{ と考える}\right)$$

さて，パラメーター（媒介変数）表示されている曲線を考えてみることにしましょう。x と y がパラメーターを媒介にして結び付いているという意味です。

$$\begin{cases} x=f(t) \\ y=g(t) \end{cases}$$

では，x は t で表されていますが，逆に t も x に伴って変わる量だと見ます。した

がって，$\dfrac{dy}{dx}=\dfrac{dy}{dt}\cdot\dfrac{dt}{dx}$ と合成関数の微分を実行します。すると，$\dfrac{dt}{dx}$ が出てきたので，逆関数の微分を用いて，$\dfrac{dy}{dx}=\dfrac{dy}{dt}\cdot\dfrac{dt}{dx}=\dfrac{dy}{dt}\cdot\dfrac{1}{\dfrac{dx}{dt}}=\dfrac{g'(t)}{f'(t)}$ のようにします。

$$\begin{cases} x=f(t) \\ y=g(t) \end{cases} \text{のとき,} \quad \dfrac{dy}{dx}=\dfrac{g'(t)}{f'(t)}$$

例を 1 つ挙げておきます。

$$\begin{cases} x=\cos\theta \\ y=\sin\theta \end{cases}$$

のとき，$\dfrac{dx}{d\theta}=-\sin\theta$，$\dfrac{dy}{d\theta}=\cos\theta$ ですから

$$\dfrac{dy}{dx}=-\dfrac{\cos\theta}{\sin\theta}\left(=-\dfrac{x}{y}\right)$$

です。これは，$\begin{cases} x=\cos\theta \\ y=\sin\theta \end{cases}$ より $x^2+y^2=1$ ですから，$2x+2y\cdot y'=0$ すなわち $y'=-\dfrac{x}{y}$ となり，同じ結論が得られます。

例題189

曲線 $\begin{cases} x=t-\sin t \\ y=1-\cos t \end{cases}$ の $t=\dfrac{\pi}{3}$ における接線の方程式を求めよ。

解答

$$\dfrac{dx}{dt}=1-\cos t, \quad \dfrac{dy}{dt}=\sin t \qquad \therefore \quad \dfrac{dy}{dx}=\dfrac{\dfrac{dy}{dt}}{\dfrac{dx}{dt}}=\dfrac{\sin t}{1-\cos t}$$

よって，$t=\dfrac{\pi}{3}$ のとき $\dfrac{dy}{dx}=\dfrac{\dfrac{\sqrt{3}}{2}}{1-\dfrac{1}{2}}=\sqrt{3}$

また，$t=\dfrac{\pi}{3}$ のとき $(x,\ y)=\left(\dfrac{\pi}{3}-\dfrac{\sqrt{3}}{2},\ \dfrac{1}{2}\right)$

よって

$$y=\sqrt{3}\left(x-\dfrac{\pi}{3}+\dfrac{\sqrt{3}}{2}\right)+\dfrac{1}{2} \qquad \therefore \quad y=\sqrt{3}\,x-\dfrac{\sqrt{3}\,\pi}{3}+2$$

$\begin{cases} x=t-\sin t \\ y=1-\cos t \end{cases}$ は**サイクロイド**と呼ばれる曲線で，これも重要曲線のうちの 1 つです。

式の意味を説明しておくと，はじめ $(0,1)$ に中心があった半径 1 の円が x 軸上をすべらずに正方向に転がっていくとき，最初に $(0,0)$ にあった円上の点 P の軌跡がこのような式で表されます。つまり，円の中心を C として，$\mathrm{C}(t,1)$ のとき，円と x 軸の接点を Q とすると，$\mathrm{OQ}=t$ ですから $\overarc{\mathrm{PQ}}=t$ となり，したがって，$\angle\mathrm{PCQ}=t$ です。これより，$\overrightarrow{\mathrm{CP}}$ の x 軸の正方向から反時計まわり方向に測った角度は $\dfrac{3\pi}{2}-t$ と表されるので

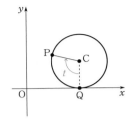

$$\overrightarrow{\mathrm{OP}}=\overrightarrow{\mathrm{OC}}+\overrightarrow{\mathrm{CP}}=(t,1)+\left(\cos\left(\frac{3\pi}{2}-t\right),\ \sin\left(\frac{3\pi}{2}-t\right)\right)=(t-\sin t,\ 1-\cos t)$$

です。

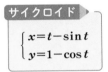

サイクロイド

$$\begin{cases} x=t-\sin t \\ y=1-\cos t \end{cases}$$

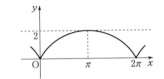

演習 189

曲線 $\begin{cases} x=2\cos\theta \\ y=3\sin\theta \end{cases}$ の $\theta=\dfrac{\pi}{3}$ における接線を求めよ。

解答　$\dfrac{dx}{d\theta}=-2\sin\theta,\quad \dfrac{dy}{d\theta}=3\cos\theta$

$\therefore\quad \dfrac{dy}{dx}=\dfrac{\dfrac{dy}{d\theta}}{\dfrac{dx}{d\theta}}=-\dfrac{3\cos\theta}{2\sin\theta}=-\dfrac{3}{2\tan\theta}$

よって，$\theta=\dfrac{\pi}{3}$ のとき　$\dfrac{dy}{dx}=-\dfrac{\sqrt{3}}{2}$

また，$\theta=\dfrac{\pi}{3}$ のとき　$(x,y)=\left(1,\ \dfrac{3\sqrt{3}}{2}\right)$

よって　$y=-\dfrac{\sqrt{3}}{2}(x-1)+\dfrac{3\sqrt{3}}{2}$　$\therefore\quad y=-\dfrac{\sqrt{3}}{2}x+2\sqrt{3}$

一般に，$\begin{cases} x=a\cos\theta \\ y=b\sin\theta \end{cases}$ は楕円のパラメーター表示です。θ を消去すると，

$\left(\dfrac{x}{a}\right)^2+\left(\dfrac{y}{b}\right)^2=\cos^2\theta+\sin^2\theta$ より $\dfrac{x^2}{a^2}+\dfrac{y^2}{b^2}=1$ となり，楕円の方程式が得られます。

5 ・ 法線

接線と接点で直交する直線を法線と言います。$y=f(x)$ の $x=t$ における接線の傾きが $f'(t)$ ですから，$f'(t)\neq0$ であれば法線の傾きは $-\dfrac{1}{f'(t)}$ になります。また，$(t, f(t))$ を通るので，法線の方程式は

$$y=-\frac{1}{f'(t)}(x-t)+f(t) \quad \cdots\cdots(*)$$

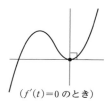

$(f'(t)\neq0 \text{ のとき})$

と表されます。$f'(t)=0$ のときは，y 軸に平行な法線となり，方程式は $x=t$ です。

いま，$(*)$ を整理して，$x-t+f'(t)(y-f(t))=0$ と書き直すと，$f'(t)=0$ のときこれは $x=t$ となり，$f'(t)\neq0$ のときと $f'(t)=0$ のときの法線を統一的に表現したものになっていることがわかります。よく見ると，これは内積からきた式で，接線の方向ベクトル $(1, f'(t))$ が法線の法線ベクトルになっているのです。ですから，法線上の点 (x, y) と接点 $(t, f(t))$ を結んで作ったベクトル $(x-t, y-f(t))$ と $(1, f'(t))$ の内積を考えて

$$(1, f'(t))\cdot(x-t, y-f(t))=0$$

すなわち

$$x-t+f'(t)(y-f(t))=0$$

のように作られた式だと理解することができます。

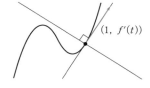

$f'(t)\neq0$ のときと $f'(t)=0$ のときで場合分けして表現するやり方では，扱いが煩わしい上に，$f'(t)=0$ のときを考え忘れるようなミスをしがちです。内積からきた式として理解しておいてください。

法線の方程式

$y=f(x)$ の $x=t$ における法線は
$$x-t+f'(t)(y-f(t))=0$$

例題 190

放物線 $y=x^2$ の法線で $\left(0, \dfrac{3}{2}\right)$ を通るものを求めよ。

解答 $y'=2x$ より，$x=t$ における法線は
$$x-t+2t(y-t^2)=0$$

これが $\left(0, \dfrac{3}{2}\right)$ を通るとして

$$-t+2t\left(\dfrac{3}{2}-t^2\right)=0$$

$$2t^3-2t=0$$

$$t(t+1)(t-1)=0$$

$$t=0,\ \pm 1$$

よって，法線の方程式は

$$x=0,\quad x-1+2(y-1)=0,\quad x+1-2(y-1)=0$$

$\therefore\quad \boldsymbol{x=0,\quad x+2y-3=0,\quad x-2y+3=0}$

演習 190

曲線 $y=\log_e(x^2+1)$ の法線で $(0,\ 1+\log_e 2)$ を通るものを求めよ。

解答 $y=\log_e(x^2+1)$ を微分して $\quad y'=\dfrac{2x}{x^2+1}$

よって，$x=t$ における法線は

$$x-t+\dfrac{2t}{t^2+1}\{y-\log_e(t^2+1)\}=0$$

これが $(0,\ 1+\log_e 2)$ を通るとして

$$-t+\dfrac{2t}{t^2+1}\{1+\log_e 2-\log_e(t^2+1)\}=0$$

$t=0$ はこれを満たし，$t\neq 0$ のとき

$$\dfrac{2}{t^2+1}\{1+\log_e 2-\log_e(t^2+1)\}=1 \qquad \therefore\quad 1-\log_e\dfrac{t^2+1}{2}=\dfrac{t^2+1}{2}$$

ここで，$\dfrac{t^2+1}{2}=X$ とおくと

$$1-\log_e X=X \qquad \therefore\quad \log_e X=-X+1 \quad \cdots\cdots(*)$$

$X=1$ はこれを満たすが，$y=\log_e X$ と $y=-X+1$ のグラフの交点が 1 個しかないのは図より明らかだから，$X=1$ が $(*)$ のただ 1 つの解である。$X=1$ すなわち

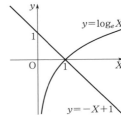

$$\dfrac{t^2+1}{2}=1 \qquad t^2=1 \qquad \therefore\quad t=\pm 1$$

であるから，求める法線は

$$x=0,\quad x-1+y-\log_e 2=0,\quad x+1-(y-\log_e 2)=0$$

$\therefore\quad \boldsymbol{x=0,\quad y=-x+1+\log_e 2,\quad y=x+1+\log_e 2}$

10 いろいろな関数の増減

p.442 で極値について学びましたが，$y=|x|$ の $x=0$ の点のように，微分可能でなくても，その付近における最大値または最小値を与えている点は極値をとります。$y=|x|$ であれば，$(0, 0)$ が極値をとる点で，極小値は 0 です。

1 曲線の凹凸

まず，$f(x)$ を微分したものが $f'(x)$ ですが，$f'(x)$ を微分したものは $f''(x)$ と表します（$f(x)$ の第 2 次導関数と呼びます）。すると，「$f'(x)>0$ ならば，その付近で $f(x)$ が増加」だったのと同様，「$f''(x)>0$ ならば，その付近で $f'(x)$ が増加」となります。ところで，$f'(x)$ は $y=f(x)$ のグラフの接線の傾きを表していましたから，「$f'(x)$ が増加する」とは，「接線の傾きが増加する」ということであり，接線の傾きが増加すると，$y=f(x)$ のグラフが下に凸になります。

> $f''(x)>0$：その付近で $y=f(x)$ のグラフが下に凸
> $f''(x)<0$：その付近で $y=f(x)$ のグラフが上に凸

$f(x)=x^3-3x^2$ で考えてみます。$f'(x)=3x^2-6x$ ですから
$$f''(x)=6x-6=6(x-1)$$

よって，$x<1$ で $f''(x)<0$ ですから，この区間で $y=f(x)$ のグラフは上に凸になり，$x>1$ で $f''(x)>0$ ですから，この区間では $y=f(x)$ のグラフが下に凸になります。このことを含めて増減表を作ると，次のようになります。

x	$\cdots$	0	$\cdots$	1	$\cdots$	2	$\cdots$
$f'(x)$	$+$	0	$-$	$-$	$-$	0	$+$
$f''(x)$	$-$	$-$	$-$	0	$+$	$+$	$+$
$f(x)$	⤴		⤵		⤵		⤴

これで，より正確にグラフを描くことができるようになりました。

また，このグラフ上の点 $(1, -2)$ は，この点を境にグラフの凹凸状況が変化する点になっており，特徴的な点であると言うことができます。このような点対称の点を，変曲点と呼びます。

変曲点

グラフ上の点で，この点を境にグラフの凹凸が変化する点
（$f''(x)=0$ で，その前後で $f''(x)$ の符号が変化するようなグラフ上の点
は変曲点）

② 有理関数のグラフ

$y=\dfrac{ax^n+bx^{n-1}+\cdots+cx+d}{px^m+qx^{m-1}+\cdots+rx+s}$ のように，$\dfrac{整式}{整式}$ の形で表された関数を有理関数と言

います。この有理関数のグラフの描き方を学びましょう。

　y' を求めることにより極値を調べ，y'' を求めることにより変曲点を調べることが
できますが，それ以外にも式の特徴から多くの情報を読み取らなければなりません。
読み取るべき情報の中心は，漸近線についてのものと，y の符号についてのものです。
具体例で見ていきましょう。

(1)　$y=\dfrac{1}{(x-1)(x-2)}$

$\dfrac{1}{(x-1)(x-2)}$ は $(x-1)(x-2)$ の逆数ですから，

$y=(x-1)(x-2)$ のグラフを描くと，$y=\dfrac{1}{(x-1)(x-2)}$

のグラフがおよそ右下の図のようになることがわかると思
います。

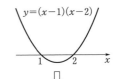

　これを見ると，漸近線が 3 本あり，$x=1$, $x=2$, $y=0$ で
す。このうち最初の 2 本は，y 軸に平行になっており，

$y=\dfrac{1}{(x-1)(x-2)}$ の式で見れば，分母を 0 にする x のと

ころです。

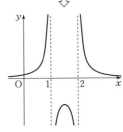

　最後の $y=0$ は，分母の次数と分子の次数の大小関係に
よって決まります。この場合は分母の次数が分子の次数よ
り大きいので

$$\lim_{x\to\pm\infty}\frac{1}{(x-1)(x-2)}=0$$

となり，$y=0$ すなわち x 軸が漸近線になります。

　この 3 本の漸近線を確認した上で，y の符号を調べてみましょう。

$$\frac{1}{(x-1)(x-2)}>0 \qquad (x-1)(x-2)>0 \qquad \therefore \quad x<1, \ 2<x$$

等により

$$\begin{cases} x<1, \ 2<x \ \text{のとき}, \ y>0 \\ 1<x<2 \ \text{のとき}, \ y<0 \end{cases}$$

です。これにより，漸近線近くのグラフの様子がわかります。あとはグラフを滑らかにつないでいくと，確かに $\dfrac{1}{(x-1)(x-2)}$ が $(x-1)(x-2)$ の逆数だと考えて描いたグラフのようになっていることが確認できます。

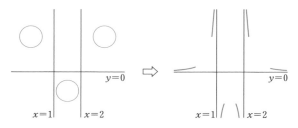

　すると，$1<x<2$ に極値をとる点が1つあり，変曲点はないことがわかります。そこで，微分してみると

$$y'=-\frac{\{(x-1)(x-2)\}'}{(x-1)^2(x-2)^2}=-\frac{2x-3}{(x-1)^2(x-2)^2}$$

よって，$x=\dfrac{3}{2}$ で極大値をとりますが，y' の符号を調べなくても，y の増減がわかるということになります。

(2)　$y=\dfrac{x}{(x-1)(x-2)}$

　まず，分母を0にする x のところでは y 軸に平行な漸近線になるので，$x=1$, $x=2$ は漸近線です。また，分母の次数 > 分子の次数 ですから x 軸も漸近線です。

　次に，y の符号を調べてみましょう。

$$\frac{x}{(x-1)(x-2)}>0$$

$$x(x-1)(x-2)>0$$

$$\therefore \quad 0<x<1, \ 2<x$$

等により

$$\begin{cases} 0<x<1, \ 2<x \ \text{のとき}, \ y>0 \\ x<0, \ 1<x<2 \ \text{のとき}, \ y<0 \end{cases}$$

です。

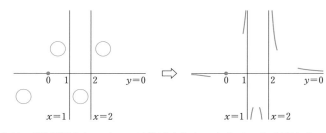

　以上により，漸近線近くのグラフが描けました。あとはこれを滑らかにつないでグラフの概形のできあがりです。

　これを見ると，極値をとる点が2つあり，変曲点が1つあることになりますが，実際に微分をして調べてみましょう。

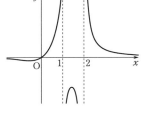

$$y'=\frac{(x-1)(x-2)-x(2x-3)}{(x-1)^2(x-2)^2}=\frac{-x^2+2}{(x-1)^2(x-2)^2}$$

これより，$x=\pm\sqrt{2}$ で極値をとっていることがわかります。

$$y''=\frac{-2x(x-1)^2(x-2)^2-(-x^2+2)\{2(x-1)(x-2)^2+(x-1)^2\cdot2(x-2)\}}{(x-1)^4(x-2)^4}$$

$$=\frac{-2x(x-1)(x-2)-(-x^2+2)\{2(x-2)+2(x-1)\}}{(x-1)^3(x-2)^3}$$

$$=\frac{2(x^3-6x+6)}{(x-1)^3(x-2)^3}$$

　よって，$y''=0$ となるのは $x^3-6x+6=0$ のときですから，$f(x)=x^3-6x+6$ を調べてみます。

$$f'(x)=3x^2-6=3(x^2-2)$$

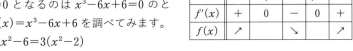

x	$\cdots$	$-\sqrt{2}$	$\cdots$	$\sqrt{2}$	$\cdots$
$f'(x)$	$+$	0	$-$	0	$+$
$f(x)$	$\nearrow$		$\searrow$		$\nearrow$

より，$f(x)$ は表のように増減し，$f(\sqrt{2})=2(3-2\sqrt{2})$（$>0$）ですから，$y=f(x)$ のグラフは図のようになります。結局 $y''=0$ となる x の値を求めることは難しいのですが，その値は $x<-\sqrt{2}$ の範囲にただ1つ存在することが確認できました。

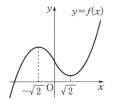

　漸近線と y の符号を調べることにより，グラフの概形が描けることがわかったと思います。このやり方であと2つグラフを描いてみたいと思います。

(3) $y = \dfrac{x(x-3)}{(x-1)(x-2)}$

まず，$x=1$ と $x=2$ は漸近線です。次に，分母の次数と分子の次数が同じなので，こういう場合は x 軸に平行な漸近線が出てきます。

$$\lim_{x\to\pm\infty} \frac{x(x-3)}{(x-1)(x-2)} = \lim_{x\to\pm\infty} \frac{1-\dfrac{3}{x}}{\left(1-\dfrac{1}{x}\right)\left(1-\dfrac{2}{x}\right)} = 1$$

より，$y=1$ が漸近線です。また

$$\frac{x(x-3)}{(x-1)(x-2)} > 0$$

$$x(x-1)(x-2)(x-3) > 0$$

$\therefore$　$x<0,\ 1<x<2,\ 3<x$

$y=x(x-1)(x-2)(x-3)$

等により

$$\begin{cases} x<0,\ 1<x<2,\ 3<x \text{ のとき，} y>0 \\ 0<x<1,\ 2<x<3 \text{ のとき，} y<0 \end{cases}$$

です。さらに，今度の場合は $y=1$ が漸近線なので，$x\to\pm\infty$ のときに，グラフが $y=1$ に上から近づくのか下から近づくのかを調べなければなりません。そのためには，分子を分母で割って分子の次数を下げておけばよく，次のようにします。

$$\frac{x(x-3)}{(x-1)(x-2)} = \frac{x^2-3x+2-2}{(x-1)(x-2)} = 1 - \frac{2}{(x-1)(x-2)}$$

より，$x<1,\ 2<x$ のとき　　$y<1$

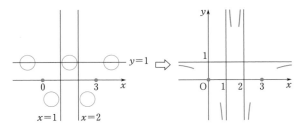

　以上より，グラフは右図のようになります。

　これを見れば，極値をとる点は1つあり，変曲点はないことがわかります。念のために y' を調べると

$$y' = \frac{(2x-3)(x^2-3x+2)-(x^2-3x)(2x-3)}{(x-1)^2(x-2)^2}$$

$$= \frac{4x-6}{(x-1)^2(x-2)^2}$$

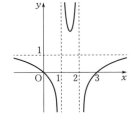

となり，$x=\dfrac{3}{2}$ で極小値をとっています。

⑷ $y=\dfrac{(x+1)x(x-2)}{(x-1)(x-3)}$

　まず，$x=1$ と $x=3$ は漸近線です。次に，分母の次数＋1＝分子の次数 ですが，こういう場合は x 軸にも y 軸にも平行でない漸近線が現れます。

　$(x+1)x(x-2)=x^3-x^2-2x$ を $(x-1)(x-3)=x^2-4x+3$ で割っておくと

$$x^3-x^2-2x=(x^2-4x+3)(x+3)+7x-9$$

ですから

$$y=\frac{(x+1)x(x-2)}{(x-1)(x-3)}$$

$$y=\frac{(x-1)(x-3)(x+3)+7x-9}{(x-1)(x-3)}$$

$$\therefore\quad y=x+3+\frac{7x-9}{(x-1)(x-3)}$$

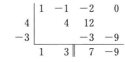

これより，$y=x+3$ が漸近線になっていることがわかります。また

$$\frac{(x+1)x(x-2)}{(x-1)(x-3)}>0$$

$$(x+1)x(x-1)(x-2)(x-3)>0$$

$$\therefore\quad -1<x<0,\ 1<x<2,\ 3<x$$

等により

$$\begin{cases} -1<x<0,\ 1<x<2,\ 3<x \text{ のとき，} y>0 \\ x<-1,\ 0<x<1,\ 2<x<3 \text{ のとき，} y<0 \end{cases}$$

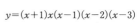

$y=(x+1)x(x-1)(x-2)(x-3)$

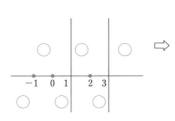
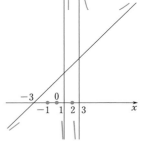

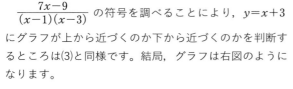

$\dfrac{7x-9}{(x-1)(x-3)}$ の符号を調べることにより，$y=x+3$ にグラフが上から近づくのか下から近づくのかを判断するところは⑶と同様です。結局，グラフは右図のようになります。

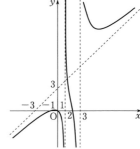

以上をまとめると

> **有理関数のグラフの漸近線**
>
> 　　分母を 0 にする x のところでは，y 軸に平行な漸近線。
> (ⅰ)　**分母の次数 > 分子の次数**のときは，x 軸が漸近線。
> (ⅱ)　**分母の次数 = 分子の次数**のときは，x 軸に平行な漸近線。
> (ⅲ)　**分母の次数 $+1=$ 分子の次数**のときは，x 軸にも y 軸にも平行でない
> 　　漸近線。
>
> 　　上の(ⅱ)，(ⅲ)のときは，割り算により分子の次数を落とせば漸近線の方程
> 式がわかり，その式によりグラフが漸近線に上から近づくのか，下から近
> づくのかもわかる。

> **有理関数のグラフの概形の調べ方**
>
> (1)　漸近線と y の符号をチェックすれば，グラフの概形がわかる。
> (2)　y 軸に平行な漸近線以外の漸近線がある場合には，グラフが漸近線に
> 　　上から近づくのか下から近づくのかをチェックする。
> (3)　以上に加え，必要に応じて極値，変曲点も調べる。

のようになります。

> **例題 191**
>
> 　$y = \dfrac{x^3}{x^2-1}$ のグラフを描き，極値，変曲点も求めよ。

解答　　$y' = \dfrac{3x^2(x^2-1) - x^3 \cdot 2x}{(x^2-1)^2} = \dfrac{x^2(x^2-3)}{(x^2-1)^2}$

　　　　$y'' = \dfrac{(4x^3-6x)(x^2-1)^2 - x^2(x^2-3) \cdot 2(x^2-1) \cdot 2x}{(x^2-1)^4}$

　　　　　$= \dfrac{2x\{(2x^2-3)(x^2-1) - 2x^2(x^2-3)\}}{(x^2-1)^3} = \dfrac{2x(x^2+3)}{(x^2-1)^3}$

よって，y は表のように増減する。

x	$\cdots$	$-\sqrt{3}$	$\cdots$	-1	$\cdots$	0	$\cdots$	1	$\cdots$	$\sqrt{3}$	$\cdots$
y'	$+$	0	$-$		$-$	0	$-$		$-$	0	$+$
y''	$-$	$-$	$-$		$+$	0	$-$		$+$	$+$	$+$
y	↗		↘		↘		↘		↘		↗

また，$y = \dfrac{x^3}{x^2-1}$ は

$$y = \frac{x(x^2-1)+x}{x^2-1}$$

$$\therefore \quad y = x + \frac{x}{x^2-1}$$

と変形できるから，$y=x$ を漸近線にもつことがわかる。

　以上より，グラフは図のようになり，

極値は $\pm\dfrac{3\sqrt{3}}{2}$，変曲点は原点である。

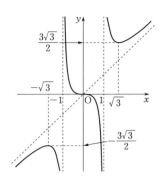

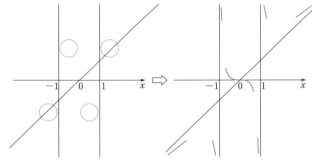

　最初に漸近線をチェックし，y の符号と $y=x+\dfrac{x}{x^2-1}$ と変形したときの $\dfrac{x}{x^2-1}$ の符号を調べれば，グラフの概形がわかるというやり方は今までと同じです。しかし，解答としては，「y' と y'' により増減と凹凸がわかりました」のように記述するのが一般的です。

演習 191

　$y = \dfrac{(x+1)^2}{(x-1)^2}$ のグラフを描き，極値，変曲点も求めよ。

解答

$$y' = \frac{2(x+1)(x-1)^2 - (x+1)^2 \cdot 2(x-1)}{(x-1)^4}$$

$$= \frac{2(x+1)\{(x-1)-(x+1)\}}{(x-1)^3} = \frac{-4(x+1)}{(x-1)^3}$$

$$y'' = -4 \cdot \frac{(x-1)^3 - (x+1)\cdot 3(x-1)^2}{(x-1)^6}$$

$$= -4 \cdot \frac{x-1-3(x+1)}{(x-1)^4} = \frac{8(x+2)}{(x-1)^4}$$

よって，y は表のように増減する。

x	$\cdots$	-2	$\cdots$	-1	$\cdots$	1	$\cdots$
y'	$-$	$-$	$-$	0	$+$		$-$
y''	$-$	0	$+$	$+$	$+$		$+$
y	$\searrow$		$\searrow$		$\nearrow$		$\searrow$

また，$y=\dfrac{(x+1)^2}{(x-1)^2}$ は

$$y=\dfrac{(x-1)^2+4x}{(x-1)^2}$$

$$\therefore \quad y=1+\dfrac{4x}{(x-1)^2}$$

と変形できるから，$y=1$ を漸近線にもつ。

以上より，グラフは図のようになり，

極値は 0，変曲点は $\left(-2, \dfrac{1}{9}\right)$ **である。**

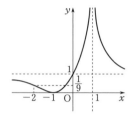

3 一般の関数のグラフ

有理関数のグラフを考えたときと同様，式の特徴から多くの情報を読み取ることが大切です。いくつか具体例を見ていきましょう。

(1) $y=\dfrac{1}{\log_e x}$

$\dfrac{1}{\log_e x}$ は $\log_e x$ の逆数ですから，だいたいのグラフがイメージできます。

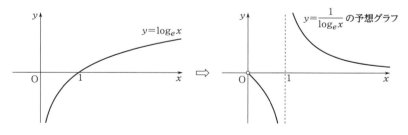

もちろん，これで正確なグラフが描けたわけではないので，y' を調べてみましょう。

$$y' = -\frac{(\log_e x)'}{(\log_e x)^2} = -\frac{1}{x(\log_e x)^2}$$

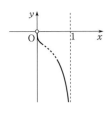

ここで

$$\lim_{x \to 0} x(\log_e x)^2 = \lim_{t \to \infty} e^{-t}(-t)^2 \quad (\log_e x = -t \text{ とおく})$$

$$= \lim_{t \to \infty} \frac{t^2}{e^t} = 0$$

（最後の $\lim_{t \to \infty} \frac{t^2}{e^t} = 0$ は直観的に明らかですが，証明については**例題 199** で学びます）

これより，原点付近では微分係数が $-\infty$ になっていることがわかります。$x=1$ が漸近線であることを考えると，$0 < x < 1$ に必ず変曲点があることもわかります。

$$y'' = \frac{1}{x^2(\log_e x)^4}\left\{(\log_e x)^2 + x \cdot 2(\log_e x) \cdot \frac{1}{x}\right\}$$

$$= \frac{1}{x^2(\log_e x)^3}(\log_e x + 2)$$

よって，$y'' = 0$ となるのは

$$\log_e x = -2 \qquad \therefore \quad x = e^{-2}\ \left(= \frac{1}{e^2}\right)$$

したがって，変曲点の x 座標は $\dfrac{1}{e^2}$ であることがわかり，

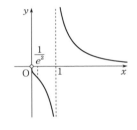

$y = \dfrac{1}{\log_e x}$ のグラフは図のようになります。

(2) $y = \dfrac{\log_e x}{x}$

$\dfrac{f(x)}{x}$ を $f(x)$ の<ruby>勾配関数<rt>こうばいかんすう</rt></ruby>と言い，$y = f(x)$ のグラフがわかっていれば $y = \dfrac{f(x)}{x}$ のグラフもだいたいわかるようになっています。

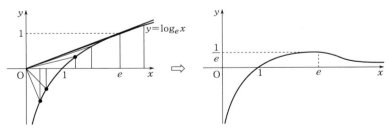

$p.465$ で $y = \log_e x$ のグラフの接線の性質を学びました。接点の y 座標と接線の y 切片との幅が 1 であるという内容でしたが，これにより，原点を通る接線だと，接点の y 座標は 1 になります。すると，接点の x 座標は e ですから，このときの勾配

$\dfrac{\log_e x}{x}$ は $\dfrac{1}{e}$ です。このあと $\dfrac{\log_e x}{x}$ は単調に減少するので，$y=\dfrac{\log_e x}{x}$ のグラフはおよそ前頁の右図のようになります。これを見ると $x>e$ の範囲に変曲点があることがわかるので，y'' まで調べる必要があります。

$$y'=\frac{\dfrac{1}{x}\cdot x-\log_e x}{x^2}=\frac{1-\log_e x}{x^2}$$

$$y''=\frac{-\dfrac{1}{x}\cdot x^2-(1-\log_e x)\cdot 2x}{x^4}=\frac{-1-2(1-\log_e x)}{x^3}=\frac{2\log_e x-3}{x^3}$$

よって，$y''=0$ となるのは

$$\log_e x=\frac{3}{2}\qquad\therefore\quad x=e^{\frac{3}{2}}\ (=e\sqrt{e}\,)$$

以上より，変曲点の x 座標は $e\sqrt{e}$ であり，グラフは図のようになります。

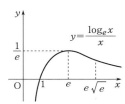

⑶ $y=x\sqrt{1-x^2}$

この関数には定義域の制限があり，$-1\leqq x\leqq 1$ で定義されています。

また，$x=0$，±1 で $y=0$ になりますが，$-1<x<0$ では $y<0$，$0<x<1$ では $y>0$ であることもわかります。

さらに，x は奇関数で，$\sqrt{1-x^2}$ は偶関数ですから「奇関数×偶関数」の形をしており，$y=x\sqrt{1-x^2}$ は奇関数です。

以上より，グラフは図のようになるだろうと予想されます。それでは y' を調べてみましょう。

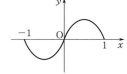

$$y'=\sqrt{1-x^2}+x\cdot\frac{-2x}{2\sqrt{1-x^2}}=\frac{1-x^2-x^2}{\sqrt{1-x^2}}=\frac{1-2x^2}{\sqrt{1-x^2}}$$

これより，$x=\pm\dfrac{1}{\sqrt{2}}$ で極値をとっていることがわかりますが，$\displaystyle\lim_{x\to 1-0}y'=-\infty$ になっていることも注意事項です。また，変曲点は明らかに原点だけなので，y'' を計算する必要はないでしょう。

以上より，グラフは図のようになります。念のために，y'' の計算結果を載せておくと

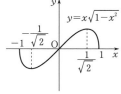

$$y''=\frac{x(2x^2-3)}{(1-x^2)\sqrt{1-x^2}}$$

であり，確かに $y''=0$ となるのは $x=0$ のときです。

(4)　$y = x\log_e x$

これは頻出のグラフで，知っておかなければなりません。

まず，$x > 0$ で定義されているので，y の符号は $\log_e x$ が決定し，$0 < x < 1$ で $y < 0$，$x > 1$ で $y > 0$ です。

次に，$x > 1$ では x も $\log_e x$ もどんどん増えるので，$x\log_e x$ も勢いよく増えていくことがわかりますが，$\lim\limits_{x \to +0} y$ が問題です。

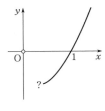

これは $p.\textbf{486}$ で $y = \dfrac{1}{\log_e x}$ のグラフを考えたときと同様の方法を用い，次のようにします。

$$\lim_{x \to +0} x\log_e x = \lim_{t \to \infty} e^{-t}(-t) \quad (\log_e x = -t \ とおく)$$

$$= \lim_{t \to \infty} \frac{-t}{e^t} = 0$$

最後に，$\lim\limits_{x \to +0} y'$ がどうなっているのかが問題になるので，y' を計算してみることにしましょう。

$$y' = \log_e x + x \cdot \frac{1}{x} = \log_e x + 1$$

よって，$\lim\limits_{x \to +0} y' = -\infty$ です。また，$y' = 0$ となるのは

$$\log_e x = -1 \qquad \therefore \quad x = e^{-1}\ \left(= \frac{1}{e}\right)$$

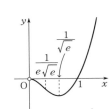

のときですから，グラフは図のようになります。変曲点はありません。

(4)′　$y = x^2 \log_e x$

(4)と非常に似ていますが，ほんの少しだけ違います。

$$y' = 2x\log_e x + x^2 \cdot \frac{1}{x} = x(2\log_e x + 1)$$

ですから，$\lim\limits_{x \to +0} y' = 0$（(4)と同様に $\lim\limits_{x \to +0} x\log_e x = 0$）であり，$y' = 0$ となるのは

$$\log_e x = -\frac{1}{2} \qquad \therefore \quad x = e^{-\frac{1}{2}}\ \left(= \frac{1}{\sqrt{e}}\right)$$

のときです。また

$$y'' = 2\log_e x + 1 + x \cdot \frac{2}{x} = 2\log_e x + 3$$

より，$y'' = 0$ となるのは

$$\log_e x = -\frac{3}{2} \qquad \therefore \quad x = e^{-\frac{3}{2}}\ \left(= \frac{1}{e\sqrt{e}}\right)$$

のときです。以上より，グラフは図のようになりますが，(4)のグラフと対比して覚えておいてください。

(5) $y=e^x\sin x$

$y=f(x)\sin x$ や $y=f(x)\cos x$ 等のグラフは，$|\sin x|\leqq1$ （$|\cos x|\leqq1$）ですから，$y=f(x)$ のグラフと $y=-f(x)$ のグラフの間をうろちょろする形になります。

$y=e^x\sin x$ の場合，x の増加に伴い e^x は増加していきますが，それに従い，$y=\sin x$ の振幅が増幅されていくようなグラフになります。

また，$|\sin x|=1$ すなわち $x=\dfrac{\pi}{2}+\pi k$ のときに，$y=e^x$ または $y=-e^x$ のグラフにぶつかるので，$y=e^x\sin x$ のグラフは図のようになるはずです。それでは y' を求めて詳細を調べてみましょう。

$$y'=e^x(\sin x+\cos x)=\sqrt{2}\,e^x\sin\left(x+\dfrac{\pi}{4}\right)$$

ですから，$y'=0$ となるのは

$$x+\dfrac{\pi}{4}=\pi k \quad\therefore\quad x=\pi k-\dfrac{\pi}{4}$$

のときです。

結局，極値を与える x は，$y=e^x$ や $y=-e^x$ のグラフとぶつかる点の x 座標より $\dfrac{\pi}{4}$ だけ右にずれて，グラフは図のようになることがわかります。

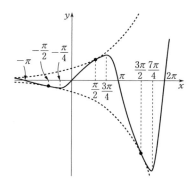

例題 192

$y=e^{\frac{1}{x}}$ のグラフを描き，極値，変曲点があればそれも求めよ。

解答 $y'=-\dfrac{1}{x^2}e^{\frac{1}{x}}<0$ より，y は単調に減少する。

$$y''=e^{\frac{1}{x}}\left(\dfrac{1}{x^4}+\dfrac{2}{x^3}\right)=\dfrac{2x+1}{x^4}e^{\frac{1}{x}}$$

より

$$\begin{cases} x<-\dfrac{1}{2} \text{ のとき，} y''<0 \\[2mm] -\dfrac{1}{2}<x \text{ のとき，} y''>0 \end{cases}$$

また，$\displaystyle\lim_{x\to+0}\dfrac{1}{x}=\infty$，$\displaystyle\lim_{x\to-0}\dfrac{1}{x}=-\infty$ であるから

$$\lim_{x \to 0+0} e^{\frac{1}{x}} = \infty, \quad \lim_{x \to 0-0} e^{\frac{1}{x}} = 0$$

さらに，$\displaystyle\lim_{x \to \pm\infty} \frac{1}{x} = 0$ であるから

$$\lim_{x \to \pm\infty} e^{\frac{1}{x}} = 1$$

以上より，グラフは図のようになる。

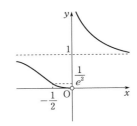

極値はない。変曲点は $\left(-\dfrac{1}{2}, \dfrac{1}{e^2}\right)$ **である。**

$\displaystyle\lim_{x \to 0+0} e^{\frac{1}{x}} = \infty, \ \lim_{x \to 0-0} e^{\frac{1}{x}} = 0, \ \lim_{x \to \pm\infty} e^{\frac{1}{x}} = 1$ のチェックにより，

右図のようなグラフになることが予想されますが，実際に

は $x = -\dfrac{1}{2}$ で変曲点をとっていたわけです。

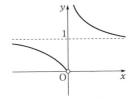

演習 192

　$y = (x+3)\sqrt[3]{(x-2)^2}$ のグラフを描き，極値，変曲点があればそれも求めよ。

y の符号等のチェックにより図のようなグラフになることが予想されますが…。

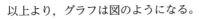

⇓
解答
$$y' = \sqrt[3]{(x-2)^2} + (x+3) \cdot \frac{2}{3}(x-2)^{-\frac{1}{3}}$$

$$= \frac{3(x-2) + 2(x+3)}{3\sqrt[3]{x-2}} = \frac{5x}{3\sqrt[3]{x-2}}$$

$$y'' = \frac{5}{3} \cdot \frac{\sqrt[3]{x-2} - x \cdot \frac{1}{3}(x-2)^{-\frac{2}{3}}}{\sqrt[3]{(x-2)^2}} = \frac{5\{3(x-2) - x\}}{9\sqrt[3]{(x-2)^4}} = \frac{10(x-3)}{9\sqrt[3]{(x-2)^4}}$$

x	$\cdots$	0	$\cdots$	2	$\cdots$	3	$\cdots$
y'	$+$	0	$-$		$+$	$+$	$+$
y''	$-$	$-$	$-$		$-$	0	$+$
y	↗	$3\sqrt[3]{4}$	↘	0	↗	6	↗

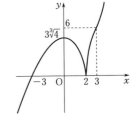

以上より，グラフは図のようになる。

極値は $3\sqrt[3]{4}$，0，**変曲点は** $(3, 6)$ **である。**

11 いろいろな関数の最大・最小

*p.*445 で学んだように，$f'(x)$ の符号を調べ，$f(x)$ の増減がわかれば，$f(x)$ の最大値と最小値を考えることができます。しかし，$f'(x)$ の符号を調べること自体が難しくなっている問題も多いので，そういった問題についてのいくつかのパターンを学ぶことにしましょう。

例題 193

$f(x) = \dfrac{\sin x}{3 + \cos x}$ の最大値と最小値を求めよ。

解答 まず，$f(x+2\pi) = f(x)$ であるから，$0 \leqq x \leqq 2\pi$ で考えてよい。

$$f'(x) = \frac{\cos x(3 + \cos x) + \sin^2 x}{(3 + \cos x)^2} = \frac{3\cos x + 1}{(3 + \cos x)^2}$$

よって，$\cos x = -\dfrac{1}{3}$ となる x を α，β $(\alpha < \beta)$ として $f(x)$ は表のように増減する。

x	0	$\cdots$	α	$\cdots$	β	$\cdots$	2π
$f'(x)$		$+$	0	$-$	0	$+$	
$f(x)$	0	↗		↘		↗	0

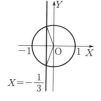

ここで，$\sin\alpha = \dfrac{2\sqrt{2}}{3}$，$\sin\beta = -\dfrac{2\sqrt{2}}{3}$ であるから，

最大値は $f(\alpha) = \dfrac{\sqrt{2}}{4}$，最小値は $f(\beta) = -\dfrac{\sqrt{2}}{4}$

$\cos x = -\dfrac{1}{3}$ となる x がわかりませんから，これを満たす x を一旦 α，β とおいて考えることになります。

演習 193

$f(x) = \dfrac{\sin x \cos x}{\sqrt{3}\cos x + \sin x}$ $\left(0 < x < \dfrac{\pi}{2}\right)$ の最大値を求めよ。

解答 $f'(x) = \dfrac{(\cos^2 x - \sin^2 x)(\sqrt{3}\cos x + \sin x) - \sin x \cos x(-\sqrt{3}\sin x + \cos x)}{(\sqrt{3}\cos x + \sin x)^2}$

$\qquad\qquad = \dfrac{\sqrt{3}\cos^3 x - \sin^3 x}{(\sqrt{3}\cos x + \sin x)^2}$

ここで $f'(x)=0$ となるのは
$$\sqrt{3}\cos^3 x-\sin^3 x=0 \qquad \tan^3 x=\sqrt{3} \qquad \therefore \quad \tan x=3^{\frac{1}{6}}$$
のときである。

これを満たす x を α として，$f(x)$ は表のように増減する。

x	0	$\cdots$	α	$\cdots$	$\dfrac{\pi}{2}$
$f'(x)$		$+$	0	$-$	
$f(x)$		$\nearrow$		$\searrow$	

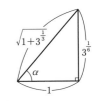

よって，最大値は
$$f(\alpha)=\frac{\dfrac{3^{\frac{1}{6}}}{\sqrt{1+3^{\frac{1}{3}}}}\cdot\dfrac{1}{\sqrt{1+3^{\frac{1}{3}}}}}{\sqrt{3}\cdot\dfrac{1}{\sqrt{1+3^{\frac{1}{3}}}}+\dfrac{3^{\frac{1}{6}}}{\sqrt{1+3^{\frac{1}{3}}}}}=\frac{1}{\left(3^{\frac{1}{3}}+1\right)\sqrt{1+3^{\frac{1}{3}}}}$$
$$=\frac{1}{\sqrt{\left(1+\sqrt[3]{3}\,\right)^3}}$$

例題 194

$f(x)=\dfrac{\sin\left(3x+\dfrac{\pi}{4}\right)}{\sin\left(x+\dfrac{\pi}{4}\right)}$ $\left(0\leqq x<\dfrac{\pi}{4}\right)$ の最大値を与える x を α とするとき，

$\sin 2\alpha$ を求めよ。

解答
$$f'(x)=\frac{3\cos\left(3x+\dfrac{\pi}{4}\right)\sin\left(x+\dfrac{\pi}{4}\right)-\sin\left(3x+\dfrac{\pi}{4}\right)\cos\left(x+\dfrac{\pi}{4}\right)}{\sin^2\left(x+\dfrac{\pi}{4}\right)}$$
$$=\frac{3\left\{\sin\left(4x+\dfrac{\pi}{2}\right)-\sin 2x\right\}-\left\{\sin\left(4x+\dfrac{\pi}{2}\right)+\sin 2x\right\}}{2\sin^2\left(x+\dfrac{\pi}{4}\right)}$$
$$=\frac{\cos 4x-2\sin 2x}{\sin^2\left(x+\dfrac{\pi}{4}\right)}=\frac{-2\sin^2 2x-2\sin 2x+1}{\sin^2\left(x+\dfrac{\pi}{4}\right)}$$

ここで，$\sin 2x=t$ とおくと
$$\frac{df(x)}{dt}=\frac{df(x)}{dx}\cdot\frac{dx}{dt}=f'(x)\cdot\frac{1}{\dfrac{dt}{dx}}=\frac{-2t^2-2t+1}{\sin^2\left(x+\dfrac{\pi}{4}\right)}\cdot\frac{1}{2\cos 2x}$$

t	0	$\cdots$	$\dfrac{-1+\sqrt{3}}{2}$	$\cdots$	1
$\dfrac{df(x)}{dt}$		$+$	0	$-$	
$f(x)$		$\nearrow$		$\searrow$	

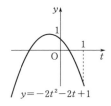

$y=-2t^2-2t+1$

よって，$t\ \left(=\sin 2x\right)=\dfrac{-1+\sqrt{3}}{2}$ で $f(x)$ は最大値をとる。このときの x が α だから

$$\sin 2\alpha=\dfrac{-1+\sqrt{3}}{2}$$

$\sin 2x$ を 1 つの文字 t と見たとき，t に伴い $f'(x)$ の符号がどのように変化するのかがわかる形になりましたが，$f'(x)$ は x に伴う $f(x)$ の増減を調べる式ですから，$\dfrac{df(x)}{dt}$ を求め直さなければなりません。

演習194

$f(x)=x+\dfrac{1}{2}\sin 4x-\dfrac{1}{2}\sin 2x\ \left(0<x<\dfrac{\pi}{4}\right)$ の最大値を与える x を α とするとき $\cos 2\alpha$ の値を求めよ。

解答

$$\begin{aligned}
f'(x)&=1+2\cos 4x-\cos 2x\\
&=1+2(2\cos^2 2x-1)-\cos 2x\\
&=4\cos^2 2x-\cos 2x-1
\end{aligned}$$

ここで，$\cos 2x=t$ とおくと

$$\dfrac{df(x)}{dt}=\dfrac{df(x)}{dx}\cdot\dfrac{dx}{dt}=f'(x)\cdot\dfrac{1}{\dfrac{dt}{dx}}$$

$$=(4t^2-t-1)\dfrac{1}{-2\sin 2x}$$

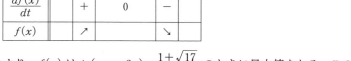

$y=4t^2-t-1$

よって，$f(x)$ は t に伴い次のように増減する。

t	0	$\cdots$	$\dfrac{1+\sqrt{17}}{8}$	$\cdots$	1
$\dfrac{df(x)}{dt}$		$+$	0	$-$	
$f(x)$		$\nearrow$		$\searrow$	

これより，$f(x)$ は $t\ \left(=\cos 2x\right)=\dfrac{1+\sqrt{17}}{8}$ のときに最大値をとる。このときの x が α だから

$$\cos 2\alpha = \frac{1+\sqrt{17}}{8}$$

$0 < x < \dfrac{\pi}{4}$ のとき，$t\ (=\cos 2x)$ の変域は $0 < t < 1$ ですが，x が 0 から $\dfrac{\pi}{4}$ まで変化すれば，それに伴って t は 1 から 0 まで変化します。つまり x の動きと t の動きが逆なので，$f'(x) = 4\cos^2 2x - \cos 2x - 1$ と $0 < \cos 2x < 1$ より

x	0	$\cdots$	α	$\cdots$	$\dfrac{\pi}{4}$
$f'(x)$		$-$	0	$+$	
$f(x)$		$\searrow$		$\nearrow$	

$\left(\cos 2\alpha = \dfrac{1+\sqrt{17}}{8}\right)$

のようにしてはいけません。x が 0 から $\dfrac{\pi}{4}$ に向かって動いていくとき，$\cos 2x$ は 1 から 0 に向かって動いていくので，$f'(x)$ は「$+$」から「$-$」に符号を変えるのです。

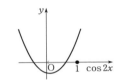

12 方程式・不等式への応用

*p.*90 ではじめて

> $f(x) = g(x)$ の実数解
> $\Longleftrightarrow y = f(x)$ と $y = g(x)$ のグラフの交点の x 座標

を学んで以来，何度となくこの考え方を用いてきましたが，今回もこれを使います。

例題 195

$\sin x - k\cos x = 2(1-k)$ が $-\dfrac{\pi}{2} \leqq x \leqq \dfrac{\pi}{2}$ の範囲に解をもつように定数 k の値の範囲を定めよ。

解答　　$\sin x - k\cos x = 2(1-k)$ 　　$\therefore\ k = \dfrac{\sin x - 2}{\cos x - 2}$

この右辺を $f(x)$ とおくとき，$y = f(x)$ と $y = k$ のグラフが $-\dfrac{\pi}{2} \leqq x \leqq \dfrac{\pi}{2}$ の範囲に交点をもてばよい。

$$f'(x) = \frac{\cos x(\cos x - 2) + (\sin x - 2)\sin x}{(\cos x - 2)^2} = \frac{1 - 2(\sin x + \cos x)}{(\cos x - 2)^2}$$

$$= \frac{1-2\sqrt{2}\sin\left(x+\frac{\pi}{4}\right)}{(\cos x-2)^2}$$

よって，$\sin\left(x+\dfrac{\pi}{4}\right)=\dfrac{1}{2\sqrt{2}}$ を満たす x を α として $f(x)$ は表のように増減する。

x	$-\frac{\pi}{2}$	$\cdots$	α	$\cdots$	$\frac{\pi}{2}$
$f'(x)$		$+$	0	$-$	
$f(x)$	$\frac{3}{2}$	$\nearrow$		$\searrow$	$\frac{1}{2}$

また，$\sin\left(\alpha+\dfrac{\pi}{4}\right)=\dfrac{1}{2\sqrt{2}}$ のとき，図より

$\cos\left(\alpha+\dfrac{\pi}{4}\right)=\dfrac{\sqrt{7}}{2\sqrt{2}}$ となるから

$$f(\alpha) = \frac{\sin\alpha-2}{\cos\alpha-2}$$

$$= \frac{\sin\left(\alpha+\frac{\pi}{4}-\frac{\pi}{4}\right)-2}{\cos\left(\alpha+\frac{\pi}{4}-\frac{\pi}{4}\right)-2}$$

$$= \frac{\sin\left(\alpha+\frac{\pi}{4}\right)\cos\frac{\pi}{4}-\cos\left(\alpha+\frac{\pi}{4}\right)\sin\frac{\pi}{4}-2}{\cos\left(\alpha+\frac{\pi}{4}\right)\cos\frac{\pi}{4}+\sin\left(\alpha+\frac{\pi}{4}\right)\sin\frac{\pi}{4}-2}$$

$$= \frac{\dfrac{1}{2\sqrt{2}}\cdot\dfrac{1}{\sqrt{2}}-\dfrac{\sqrt{7}}{2\sqrt{2}}\cdot\dfrac{1}{\sqrt{2}}-2}{\dfrac{\sqrt{7}}{2\sqrt{2}}\cdot\dfrac{1}{\sqrt{2}}+\dfrac{1}{2\sqrt{2}}\cdot\dfrac{1}{\sqrt{2}}-2} = \frac{-\sqrt{7}-7}{\sqrt{7}-7} = \frac{4+\sqrt{7}}{3}$$

以上より，$\dfrac{1}{2}\leqq k\leqq\dfrac{4+\sqrt{7}}{3}$ であればよい。

　k によって解が動きます。このように解を動かす要素をパラメーターと呼びますが，パラメーターは，分離できるのであれば分離するのが基本で，「$y=f(x)$ と $y=k$ のグラフの交点を考える」とするのがお決まりのやり方です。

演習 195

　k を定数として，$x^2+3x+1=ke^x$ の実数解の個数を求めよ。

解答　　$x^2+3x+1=ke^x$　　$\therefore$　$e^{-x}(x^2+3x+1)=k$

この左辺を $f(x)$ とおき，$y=f(x)$ と $y=k$ のグラフの交点の個数を調べればよい。

$$f'(x) = e^{-x}(-x^2-3x-1+2x+3)$$
$$= -e^{-x}(x^2+x-2)$$
$$= -e^{-x}(x+2)(x-1)$$

x	$\cdots$	-2	$\cdots$	1	$\cdots$
$f'(x)$	$-$	0	$+$	0	$-$
$f(x)$	$\searrow$	$-e^2$	$\nearrow$	$\frac{5}{e}$	$\searrow$

よって $f(x)$ は前頁の表のように増減する。
また

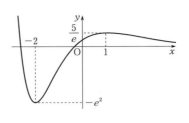

$$\begin{cases} \lim_{x \to -\infty} f(x) = \infty \\ \lim_{x \to \infty} f(x) = \lim_{x \to \infty} \dfrac{x^2 + 3x + 1}{e^x} = 0 \end{cases}$$

だから，$y = f(x)$ のグラフは図のようにな
るので

k	$\cdots$	$-e^2$	$\cdots$	0	$\cdots$	$\dfrac{5}{e}$	$\cdots$
実数解の個数	0	1	2	2	3	2	1

　次に，不等式への応用を考えます。$f(x) > g(x) \iff f(x) - g(x) > 0$ ですから，不等式 $f(x) > g(x)$ が常に成立するための条件は，$f(x) - g(x)$ が常に正であるための条件だと言い換えることができます。もちろん，$f(x) > g(x) \iff g(x) - f(x) < 0$ より，$g(x) - f(x)$ が常に負であるための条件だと言うこともできます。それで，不等式が常に成立するための条件を定符号条件と呼びます。

　たとえば，$f(x) - g(x)$ が常に正であるための条件を考える場合，どうすればよいでしょうか。

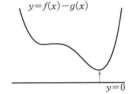

　$x = x_1$ のとき $f(x_1) - g(x_1) > 0$ が成立し，$x = x_2$ のときも $f(x_2) - g(x_2) > 0$ が成立し，…と調べ続けるのでは大変ですが，まず $f(x) - g(x)$ の最小値を考えておいて，最小値でさえ正だとなれば，$f(x) - g(x)$ は常に正だということになります。定義域によっては最小値が存在しないこともありますが，その場合も考え方は同じです。

定符号条件

不等式が常に成り立つための条件。「最小値でさえ正」のように扱う。

例題 196

　$x > 0$ のとき，次の不等号が成り立つことを証明せよ。

$$\log_e (x+1) > x + x \log_e \frac{2}{x+2}$$

解答　$f(x) = \log_e (x+1) - x - x \log_e \dfrac{2}{x+2}$ とおくと

$$f'(x) = \frac{1}{x+1} - 1 - \log_e \frac{2}{x+2} + x \cdot \frac{1}{x+2}$$

$$f''(x) = -\frac{1}{(x+1)^2} + \frac{1}{x+2} + \frac{x+2-x}{(x+2)^2}$$

$$= \frac{x(x^2+5x+5)}{(x+1)^2(x+2)^2} > 0 \quad (\because \quad x > 0)$$

よって，$f'(x)$ は単調に増加し，$f'(0)=0$ であるから $x>0$ で $f'(x)>0$ である。

よって，$f(x)$ も単調に増加し，$f(0)=0$ であるから $x>0$ で $f(x)>0$ である。

したがって，$x>0$ のとき，$\log_e(x+1) > x+x\log_e\dfrac{2}{x+2}$ は成立する。

$f(x)$ の増減を調べるために $f'(x)$ を求めましたが，$f'(x)$ の符号がわかりません。こういう場合は $f'(x)$ 自体を調べ直す必要があります。

また，$x>0$ の範囲で考えているので，$f(0)$ は最小値とは言えませんが，$f(0)=0$ で，その後 $f(x)$ が増加すれば，「$x>0$ で $f(x)>0$」ということになります。

演習 196

$0 < x < \dfrac{\pi}{2}$ のとき，$\cos x < -\dfrac{4}{\pi^2}x^2+1$ であることを示せ。

解答 $f(x) = -\dfrac{4}{\pi^2}x^2+1-\cos x$ とおく。

$$f'(x) = -\frac{8}{\pi^2}x+\sin x \qquad f''(x) = -\frac{8}{\pi^2}+\cos x$$

ここで，$0 < \dfrac{8}{\pi^2} < 1$ だから，$f''(x)=0$ は

$0 < x < \dfrac{\pi}{2}$ にただ 1 つの実数解 α をもつので，$f'(x)$ は表のように増減する。

x	0	$\cdots$	α	$\cdots$	$\dfrac{\pi}{2}$
$f''(x)$		$+$	0	$-$	
$f'(x)$	0	$\nearrow$		$\searrow$	$-$

また，$f'(0)=0$，$f'\left(\dfrac{\pi}{2}\right) = -\dfrac{4}{\pi}+1<0$ であるから，$f'(x)=0$ は $0 < x < \dfrac{\pi}{2}$ にただ 1 つの実数解 β をもつ。

したがって，$f(x)$ は表のように増減し，$f(0)=f\left(\dfrac{\pi}{2}\right)=0$ だから，$0 < x < \dfrac{\pi}{2}$ で $f(x)>0$ すなわち $\cos x < -\dfrac{4}{\pi^2}x^2+1$ である。

x	0	$\cdots$	β	$\cdots$	$\dfrac{\pi}{2}$
$f'(x)$		$+$	0	$-$	
$f(x)$	0	$\nearrow$		$\searrow$	0

$p.470$ で「$x\fallingdotseq 0$ では $\sin x \fallingdotseq x$ である」という話が出てきましたが，$x\fallingdotseq 0$ で $\cos x$ を近似してみると次のようになります。

$$\lim_{x\to 0}\frac{1-\cos x}{x^2} = \lim_{x\to 0}\frac{(1-\cos x)(1+\cos x)}{x^2(1+\cos x)} = \lim_{x\to 0}\frac{\sin^2 x}{x^2(1+\cos x)} = \frac{1}{2}$$

より，$x\fallingdotseq 0$ では

$$1 - \cos x \fallingdotseq \frac{1}{2}x^2 \qquad \therefore \quad \cos x \fallingdotseq -\frac{1}{2}x^2 + 1$$

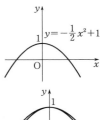

つまり，x が 0 付近では $y = \cos x$ のグラフは $y = -\frac{1}{2}x^2 + 1$ のグラフに限りなく近いということです。

この $y = -\frac{1}{2}x^2 + 1$ のグラフと $y = -\frac{4}{\pi^2}x^2 + 1$ のグラフを比較すると，$\frac{1}{2} > \frac{4}{\pi^2}$ ですから，$y = -\frac{4}{\pi^2}x^2 + 1$ のグラフの方が開き具合が大きく，結果として $y = -\frac{4}{\pi^2}x^2 + 1$ のグラフの方が上方にきます。

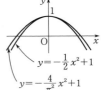

以上の考察により，$0 < x < \frac{\pi}{2}$ では $\cos x < -\frac{4}{\pi^2}x^2 + 1$ が成立することが予想されます。このような内容は，この問題を解くことに関しては無関係ですが，さまざまな状況において見通しを明るくしてくれるものなので，見えるようにしておいた方がよいでしょう。

13 平均値の定理

まず準備としてロルの定理を学んでおきます。

ロルの定理

$f(x)$ は $a \leqq x \leqq b$ で連続，$a < x < b$ で微分可能とする。

$f(a) = f(b)$ のとき，$f'(c) = 0$，$a < c < b$ となる c が存在する。

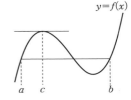

直観的に当たり前だと思えばそれでよいのですが，一応証明しておきます。

⇓

証明　・$a \leqq x \leqq b$ で恒等的に $f(x) = f(a)$ のとき，$f'(x) = 0$ だから，$f'(c) = 0$，$a < c < b$ となる c が存在する。

　　　・$a \leqq x \leqq b$ で恒等的に $f(x) = f(a)$ ではないとき，$f(x) > f(a)$ または $f(x) < f(a)$ となる x が $a < x < b$ に存在するので，前者のときで考えると，$f(x)$ はこの区間で最大値 $f(c)$ をとることになる。すると

$$\begin{cases} \lim_{h \to 0-0} \dfrac{f(c+h)-f(c)}{h} \geqq 0 \\[2mm] \lim_{h \to 0+0} \dfrac{f(c+h)-f(c)}{h} \leqq 0 \end{cases}$$

となるが，$f'(c) = \lim_{h \to 0} \dfrac{f(c+h)-f(c)}{h}$ が存在するので，

$0 \leqq \lim_{h \to 0-0} \dfrac{f(c+h)-f(c)}{h} = f'(c) = \lim_{h \to 0+0} \dfrac{f(c+h)-f(c)}{h} \leqq 0$ となり，

$f'(c) = 0$ である。つまり，このときも $f'(c) = 0$，$a < c < b$ となる c が存在する。

　後者のときも同様の議論により，$f'(c) = 0$，$a < c < b$ となる c が存在することが確認できる。以上，いずれの場合も題意の c が存在することがわかった。

　以上より，示された。

　ロルの定理と同様に，直観的に考えれば当然の内容になりますが，平均値の定理というものがあります。

平均値の定理

> $f(x)$ は $a \leqq x \leqq b$ で連続，$a < x < b$ で微分可能とするとき
> $$f'(c) = \frac{f(b)-f(a)}{b-a}, \quad a < c < b$$
> となる c が存在する。

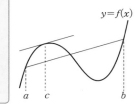

　これはロルの定理を用いて次のように証明されます。

証明　$g(x) = f(x) - \left\{ \dfrac{f(b)-f(a)}{b-a}(x-a) + f(a) \right\}$ とおくと，$g(x)$ は $a \leqq x \leqq b$ で連続，

$a < x < b$ で微分可能であり，$g(a) = g(b) \ (= 0)$ だから，ロルの定理により，

$g'(c) = 0$，$a < c < b$ となる c が存在する。ここで

$$g'(x) = f'(x) - \frac{f(b)-f(a)}{b-a}$$

であるから

$$g'(c) = 0 \qquad \therefore \quad f'(c) = \frac{f(b)-f(a)}{b-a}$$

よって，$f'(c) = \dfrac{f(b)-f(a)}{b-a}$，$a < c < b$ となる c が存在する。

例題 197

$\dfrac{1}{e^2}<a<b<1$ のとき，$a-b<b\log_e b-a\log_e a<b-a$ が成り立つことを示せ。

解答　まず

$$a-b<b\log_e b-a\log_e a<b-a \qquad \therefore \quad -1<\dfrac{b\log_e b-a\log_e a}{b-a}<1$$

であるから，この後者を示す。

$f(x)=x\log_e x$ とおくと，平均値の定理より

$$f'(c)=\dfrac{b\log_e b-a\log_e a}{b-a}, \quad a<c<b$$

となる c が存在する。ここで

$$f'(x)=\log_e x+1 \qquad f''(x)=\dfrac{1}{x}>0$$

より，$f'(x)$ は単調に増加し，$\dfrac{1}{e^2}<a<c<b<1$ より

$$f'\left(\dfrac{1}{e^2}\right)<f'(c)<f'(1) \qquad \therefore \quad -1<\dfrac{b\log_e b-a\log_e a}{b-a}<1$$

である。よって，示された。

問題文を見た瞬間に「平均値の定理の形だ」と思ってください。

演習 197

$0\leqq a<b<\dfrac{\pi}{2}$ のとき，$\dfrac{b-a}{\cos^2 a}<\tan b-\tan a<\dfrac{b-a}{\cos^2 b}$ が成り立つことを示せ。

解答　$f(x)=\tan x\ \left(0\leqq x<\dfrac{\pi}{2}\right)$ とおくと，$f'(x)=\dfrac{1}{\cos^2 x}$ であり，平均値の定理より

$$\tan b-\tan a=(b-a)f'(c)=\dfrac{b-a}{\cos^2 c}, \quad a<c<b$$

を満たす c が存在する。

ここで，$0\leqq a<c<b<\dfrac{\pi}{2}$ のとき

$$\dfrac{1}{\cos^2 a}<\dfrac{1}{\cos^2 c}<\dfrac{1}{\cos^2 b}$$

すなわち

$$\dfrac{b-a}{\cos^2 a}<\dfrac{b-a}{\cos^2 c}<\dfrac{b-a}{\cos^2 b}$$

だから

$$\frac{b-a}{\cos^2 a} < \tan b - \tan a < \frac{b-a}{\cos^2 b}$$

である。よって，示された。

① ・ 凸関数の性質

平均値の定理の応用例を挙げておきましょう。まず凸関数の性質ですが，凸関数とは

凸関数

> ある区間で定義されている連続関数で，グラフ上のどの2点を結んでも，その線分は端点以外ではグラフと共有点をもたないという性質を満たすもの。

と定義されています。$f''(x)>0$ で $y=f(x)$ のグラフが下に凸になっているか，$f''(x)<0$ で $y=f(x)$ のグラフが上に凸になっていれば，$f(x)$ は凸関数です。

凸関数の性質

$f''(x)>0$ のとき
$$f((1-t)a+tb) \leqq (1-t)f(a)+tf(b)$$
$f''(x)<0$ のとき
$$f((1-t)a+tb) \geqq (1-t)f(a)+tf(b)$$
$$(0<t<1)$$
が成立する（等号は $a=b$ のときに限り成立）。

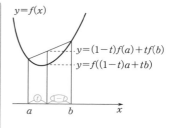

a，b を $t:1-t$ に内分する値は $(1-t)a+tb$ であり，$x=(1-t)a+tb$ における関数値が $f((1-t)a+tb)$ です。一方，$f(a)$ と $f(b)$ を $t:1-t$ に内分する値が $(1-t)f(a)+tf(b)$ であり，$f''(x)>0$ のときグラフを見れば，$f((1-t)a+tb) \leqq (1-t)f(a)+tf(b)$ になっていることがわかります。つまり，内分点の関数値より関数値の内分点の方が大きいということです。

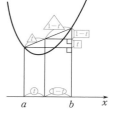

これを証明するには次のようにします。

$\Downarrow$

証明 $f''(x)>0$ のとき
$$f((1-t)a+tb) \leqq (1-t)f(a)+tf(b) \quad (0<t<1)$$
を示す。

・$a=b$ のとき，等号が成立する。

・$a<b$ のとき，$g(t)=(1-t)f(a)+tf(b)-f((1-t)a+tb)$ とおくと

$$g'(t)=-f(a)+f(b)-(b-a)f'((1-t)a+tb)$$
$$g''(t)=-(b-a)^2f''((1-t)a+tb)<0$$

よって，$g'(t)$ は単調に減少する。また

$$g'(0)=-f(a)+f(b)-(b-a)f'(a)$$
$$g'(1)=-f(a)+f(b)-(b-a)f'(b)$$

であるが，平均値の定理より

$$-f(a)+f(b)=(b-a)f'(c),\quad a<c<b$$

となる c が存在する。ここで，$f''(x)>0$ より，$f'(x)$ は単調に増加するから

$$(b-a)f'(a)<(b-a)f'(c)<(b-a)f'(b)$$
$$\therefore\quad (b-a)f'(a)<-f(a)+f(b)<(b-a)f'(b)$$

これより

$$g'(0)=-f(a)+f(b)-(b-a)f'(a)>0$$
$$g'(1)=-f(a)+f(b)-(b-a)f'(b)<0$$

よって，$g'(t)=0$ は $0<t<1$ にただ1つの実数解 α をもち，$g(t)$ は表のように増減する。

t	0	$\cdots$	α	$\cdots$	1
$g'(t)$		$+$	0	$-$	
$g(t)$		↗		↘	

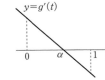

また，$g(0)=0$，$g(1)=0$ だから，$0<t<1$ で

$$g(t)>0\quad\therefore\quad f((1-t)a+tb)<(1-t)f(a)+tf(b)$$

である。

・$a>b$ のときも同様に示される。

以上により，示された。

この凸関数の性質は，入試問題を解く際に証明なく用いてよいことに一応なっています。しかし，余裕があるときは証明してから用いるか，次のような解答を作ることにしましょう。

↓↓

証明　$f''(x)>0$ のとき

$$f((1-t)a+tb)\leqq(1-t)f(a)+tf(b)\quad(0<t<1)$$

を示す。

b を固定して $g(a)=(1-t)f(a)+tf(b)-f((1-t)a+tb)$ を考えると

$$g'(a)=(1-t)f'(a)-(1-t)f'((1-t)a+tb)$$
$$=(1-t)(f'(a)-f'((1-t)a+tb))$$

ここで，$f''(x)>0$ より $f'(x)$ は単調に増加し

・$a<b$ のとき，$a<(1-t)a+tb$ となるから

$$f'(a)-f'((1-t)a+tb)<0$$

・$a>b$ のとき，$a>(1-t)a+tb$ となるから

$$f'(a)-f'((1-t)a+tb)>0$$

a	$\cdots$	b	$\cdots$
$g'(a)$	$-$	0	$+$
$g(a)$	$\searrow$	0	$\nearrow$

$g(a)$ は表のように増減するから，$g(a)\geqq0$ すなわち

$f((1-t)a+tb)\leqq(1-t)f(a)+tf(b)$ である。

例題 198

$0\leqq a<\dfrac{\pi}{4}$，$0\leqq b<\dfrac{\pi}{4}$ のとき，$\sqrt{\tan a\tan b}\leqq\tan\dfrac{a+b}{2}$ を示せ。

解答　・$ab=0$ のとき，$\sqrt{\tan a\tan b}=0$ だから，

$\sqrt{\tan a\tan b}\leqq\tan\dfrac{a+b}{2}$ は成立する。

・$ab\neq0$ のとき

$$\sqrt{\tan a\tan b}\leqq\tan\dfrac{a+b}{2}$$

より

$$\log_e\sqrt{\tan a\tan b}\leqq\log_e\left(\tan\dfrac{a+b}{2}\right)$$

$$\dfrac{\log_e(\tan a)+\log_e(\tan b)}{2}\leqq\log_e\left(\tan\dfrac{a+b}{2}\right)\quad\cdots\cdots(*)$$

であるから，$(*)$ を示せばよい。

$f(x)=\log_e(\tan x)\ \left(0<x<\dfrac{\pi}{4}\right)$ とおくと

$$f'(x)=\dfrac{1}{\tan x}\cdot\dfrac{1}{\cos^2 x}=\dfrac{1}{\sin x\cos x}=\dfrac{2}{\sin 2x}$$

$$f''(x)=-\dfrac{4\cos 2x}{\sin^2 2x}<0$$

よって，$y=f(x)$ のグラフは上に凸になるから

$$\dfrac{f(a)+f(b)}{2}\leqq f\left(\dfrac{a+b}{2}\right)$$

$\therefore\quad\dfrac{\log_e(\tan a)+\log_e(\tan b)}{2}\leqq\log_e\left(\tan\dfrac{a+b}{2}\right)$

が成立する（等号は $a=b$ のときに成立する）。

以上により，示された。

$\sqrt{\tan a \tan b} \leqq \tan \dfrac{a+b}{2}$ の両辺の対数をとれば，凸関数の話になるということが見えるようになるには，少し訓練が必要です。(*)は，次のように証明することもできます。

⇓

別解　b を固定して

$$f(a) = \log_e\left(\tan\frac{a+b}{2}\right) - \frac{\log_e(\tan a) + \log_e(\tan b)}{2} \quad \left(0 < a < \frac{\pi}{4}\right)$$

を考える。

$$f'(a) = \frac{1}{\tan\dfrac{a+b}{2}} \cdot \frac{1}{\cos^2\dfrac{a+b}{2}} \cdot \frac{1}{2} - \frac{1}{2} \cdot \frac{1}{\tan a} \cdot \frac{1}{\cos^2 a}$$

$$= \frac{1}{2\sin\dfrac{a+b}{2}\cos\dfrac{a+b}{2}} - \frac{1}{2\sin a \cos a}$$

$$= \frac{1}{\sin(a+b)} - \frac{1}{\sin 2a}$$

a	0	$\cdots$	b	$\cdots$	$\dfrac{\pi}{4}$
$f'(a)$		$-$	0	$+$	
$f(a)$		$\searrow$	0	$\nearrow$	

$f(a)$ は表のように増減するから　　$f(a) \geqq f(b) = 0$

すなわち $\dfrac{\log_e(\tan a) + \log_e(\tan b)}{2} \leqq \log_e\left(\tan\dfrac{a+b}{2}\right)$ である。

演習 198

$e^{-\frac{\pi}{4}} \leqq a \leqq e^{\frac{3\pi}{4}}$, $e^{-\frac{\pi}{4}} \leqq b \leqq e^{\frac{3\pi}{4}}$ のとき

$$\sin(\log_e \sqrt{ab})\cos\left(\log_e \sqrt{\frac{a}{b}}\right) \leqq \sin\left(\log_e \frac{a+b}{2}\right)$$

を示せ。

解答　　$\sin(\log_e \sqrt{ab})\cos\left(\log_e \sqrt{\dfrac{a}{b}}\right) \leqq \sin\left(\log_e \dfrac{a+b}{2}\right)$

$$\sin\left(\frac{\log_e a + \log_e b}{2}\right)\cos\left(\frac{\log_e a - \log_e b}{2}\right) \leqq \sin\left(\log_e \frac{a+b}{2}\right)$$

$$\therefore \quad \frac{\sin(\log_e a) + \sin(\log_e b)}{2} \leqq \sin\left(\log_e \frac{a+b}{2}\right) \quad \cdots\cdots (*)$$

であるから，$(*)$ を示せばよい。

$f(x) = \sin(\log_e x) \quad \left(e^{-\frac{\pi}{4}} \leqq x \leqq e^{\frac{3\pi}{4}}\right)$ とおくと

$$f'(x) = \cos(\log_e x) \cdot \frac{1}{x}$$

$$f''(x) = \frac{-\sin(\log_e x) \cdot \dfrac{1}{x} \cdot x - \cos(\log_e x)}{x^2}$$

$$= -\frac{\sqrt{2}}{x^2} \sin\left(\log_e x + \frac{\pi}{4}\right)$$

$$\leqq 0 \quad \left(\because \quad e^{-\frac{\pi}{4}} \leqq x \leqq e^{\frac{3\pi}{4}} \text{より, } 0 \leqq \log_e x + \frac{\pi}{4} \leqq \pi\right)$$

よって，$y = f(x)$ のグラフは上に凸になるから

$$\frac{f(a) + f(b)}{2} \leqq f\left(\frac{a+b}{2}\right)$$

が成立する。つまり，$(*)$ が示されたので，題意は示された。

② 数列の極限

　平均値の定理の応用例として，凸関数の性質を学びました。もう1つの例を挙げようと思いますが，その前に準備として数列の極限を学んでおきます。

　関数の極限 $\lim_{x \to \alpha} f(x)$ では，α はどんな実数値でもよかったのですが，数列の極限 $\lim_{x \to \infty} a_n$ では，常に n が無限大に行くときを考えます。まず具体例を見ておくと

$$\lim_{n \to \infty} \frac{2n+3}{n+1} = \lim_{n \to \infty} \frac{2 + \dfrac{3}{n}}{1 + \dfrac{1}{n}} = 2$$

といった具合です。この例のように分母，分子がともに無限大に行くような式の極限を不定型と言います。不定型には $\dfrac{\infty}{\infty}$, $\dfrac{0}{0}$, $\infty \cdot 0$, $\infty - \infty$, 1^∞ の形がありますが，いずれの場合も，収束，発散が明確に議論できる形に変形してから，結論を述べなければなりません。上の例では，分母，分子を n で割れば「明確に議論できる形」になりましたが，このように「大きくなっていくもので割る」とすれば変形が成功するパターンのほかに

$$\lim_{n \to \infty} (\sqrt{n^2 + 2n + 3} - n) = \lim_{n \to \infty} \frac{(\sqrt{n^2 + 2n + 3} - n)(\sqrt{n^2 + 2n + 3} + n)}{\sqrt{n^2 + 2n + 3} + n}$$

$$=\lim_{n\to\infty}\frac{2n+3}{\sqrt{n^2+2n+3}+n}$$

$$=\lim_{n\to\infty}\frac{2+\dfrac{3}{n}}{\sqrt{1+\dfrac{2}{n}+\dfrac{3}{n^2}}+1}=1$$

のように，$\infty-\infty$ の場合は分母または分子の有理化をするというパターンも多く見られます。その他では

$$\lim_{n\to\infty}r^n=\begin{cases}0 & (|r|<1\text{ のとき})\\1 & (r=1\text{ のとき})\\\text{発散} & (|r|>1\text{ 及び }r=-1\text{ のとき})\end{cases}$$

も常識としておきたいところです。

$|r|<1$ の場合について，簡単な証明をしておくと次のようになります。

↓

証明　・$r=0$ のとき　　$r^n=0$

よって，$\displaystyle\lim_{n\to\infty}r^n=0$ である。

・$r\neq0$，$|r|<1$ のとき，$|r|=\dfrac{1}{1+h}$　$(h>0)$ とおけて

$$0<|r^n|=|r|^n=\frac{1}{(1+h)^n}=\frac{1}{\displaystyle\sum_{k=0}^{n}{}_nC_k h^k}\leqq\frac{1}{1+nh}\xrightarrow[n\to\infty]{}0$$

よって　　$\displaystyle\lim_{n\to\infty}|r^n|=0$　　$\therefore\ \displaystyle\lim_{n\to\infty}r^n=0$

以上より，$|r|<1$ のとき $\displaystyle\lim_{n\to\infty}r^n=0$ である。

関数の極限ではなく，数列の極限なので，つまり指数 n が自然数であるという限定付きですから，底 r は負の数になることもあります。

$$\lim_{n\to\infty}\frac{(-3)^n}{2^{2n}+1}=\lim_{n\to\infty}\frac{\left(-\dfrac{3}{4}\right)^n}{1+\left(\dfrac{1}{4}\right)^n}=0$$

のように使います。また，関数の極限と同様に次のような手法を用いることができます。

たとえば，$\displaystyle\lim_{n\to\infty}\frac{3^n}{n!}$ について考えるとき，$n\geqq4$ では

$$0<\frac{3^n}{n!}=\frac{3}{n}\cdot\frac{3}{n-1}\cdots\frac{3}{3}\cdot\frac{3}{2}\cdot\frac{3}{1}\quad\left(\because\ \frac{3}{4}\leqq1,\ \cdots,\ \frac{3}{n-1}\leqq1\right)$$

$$\leqq\frac{3}{n}\cdot\frac{9}{2}\xrightarrow[n\to\infty]{}0$$

ですから，$\displaystyle\lim_{n\to\infty}\frac{3^n}{n!}=0$ です。

例題 199

$\displaystyle\lim_{x\to\infty}\frac{x^2}{e^x}=0$ を示せ。

関数の極限ですが，数列の極限を用いて次のように示すことができます。

⇓

解答　$x\to\infty$ のときを考えているので，$x\geqq2$ で考えてよく，このとき，

$n-1\leqq x<n$ となる n（n は自然数，$n\geqq3$）が存在する。

$$0\leqq\frac{x^2}{e^x}<\frac{n^2}{2^{n-1}}=\frac{2n^2}{(1+1)^n}=\frac{2n^2}{\displaystyle\sum_{k=0}^{n}{}_n\mathrm{C}_k}$$

$$\leqq\frac{2n^2}{{}_n\mathrm{C}_0+{}_n\mathrm{C}_1+{}_n\mathrm{C}_2+{}_n\mathrm{C}_3}<\frac{2n^2}{{}_n\mathrm{C}_3}=\frac{2\cdot3!\cdot n^2}{n(n-1)(n-2)}$$

$$=\frac{12}{\left(1-\dfrac{1}{n}\right)(n-2)}\xrightarrow[(n\to\infty)]{x\to\infty}0$$

よって，$\displaystyle\lim_{x\to\infty}\frac{x^2}{e^x}=0$ である。

同様の議論を用いて，どんな自然数 n に対しても $\displaystyle\lim_{x\to\infty}\frac{x^n}{e^x}=0$ が示されます。また，解答にも出てきましたが，指数関数と多項式で表された関数を比べる際に二項定理を用いるやり方はよく使う方法です。

演習 199

$a>1$ のとき，$\displaystyle\lim_{n\to\infty}\frac{n}{a^n}=0$ を示せ。

解答　$a>1$ のとき，$a=1+h$（$h>0$）とおける。

$n\geqq2$ のとき

$$0<\frac{n}{a^n}=\frac{n}{(1+h)^n}\leqq\frac{n}{{}_n\mathrm{C}_0+{}_n\mathrm{C}_1h+{}_n\mathrm{C}_2h^2}$$

$$<\frac{2n}{n(n-1)h^2}=\frac{2}{(n-1)h^2}\xrightarrow[n\to\infty]{}0$$

よって，$\displaystyle\lim_{n\to\infty}\frac{n}{a^n}=0$ である。

次に，漸化式で数列が定義されている場合を考えておくことにしましょう。

まず，解ける漸化式であれば，解いてから極限を考えることができます。例を挙げておきます。

$$\begin{cases} a_1 = 2 \\ 3a_{n+1} = a_n + 2 \end{cases}$$ であれば，$3a_{n+1} = a_n + 2$ より $a_{n+1} - 1 = \dfrac{1}{3}(a_n - 1)$ と変形できて

$$a_n - 1 = (a_1 - 1)\left(\frac{1}{3}\right)^{n-1} = \left(\frac{1}{3}\right)^{n-1}$$

$$\therefore \lim_{n \to \infty} a_n = \lim_{n \to \infty}\left\{1 + \left(\frac{1}{3}\right)^{n-1}\right\} = 1$$

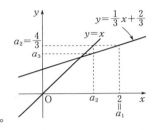

この a_n から a_{n+1} が決まる状況を視覚的にとらえるために，(a_n, a_{n+1}) を (x, y) で置き換え，$3y = x + 2$ すなわち $y = \dfrac{1}{3}x + \dfrac{2}{3}$ のグラフを考えてみます。このグラフで $x = a_1$（$= 2$）としたときの y が a_2 になります。次に，$x = a_2$ としたときの y が a_3 になりますが，$x = a_2$ とするために，右図のように $y = x$ のグラフを利用します。

同様に，$x = a_3$ としたときの y が a_4 になりますが，$x = a_3$ とするために $y = x$ を利用します。以下この動きを繰り返せば a_n の動きを視覚的にとらえることができるというわけです。より見やすくするために余分の線を省略すると右図のような階段状の折れ線が残ります。これを見れば $\lim\limits_{n \to \infty} a_n = 1$ となることが一目で納得できると思います。

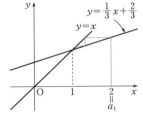

もう 1 つ例を挙げておきましょう。

$$\begin{cases} a_1 = 2 \\ a_{n+1} = \dfrac{2a_n}{a_n - 1} \end{cases}$$

この漸化式を解く前に，$y = \dfrac{2x}{x-1}$，$y = x$ のグラフを描いて上記の階段を作ってみると，右図のようになります。これより，$\lim\limits_{n \to \infty} a_n = 3$ がわかります。そこで，a_n と 3 との差を議論するために，漸化式の両辺から 3 を引いてみます。

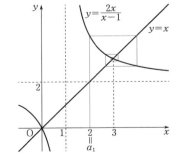

$$a_{n+1} - 3 = \frac{2a_n}{a_n - 1} - 3 = \frac{-(a_n - 3)}{a_n - 1}$$

この式は「次の 3 との差 $a_{n+1} - 3$ は手前の 3 との差 $a_n - 3$ の $\dfrac{-1}{a_n - 1}$ 倍である」という意味を主張し

ています。$\dfrac{-1}{a_n-1}$ 倍は，$n=1$ だと -1 倍，$n=2$ だと $-\dfrac{1}{3}$ 倍ですが，階段を見ると $a_n\geqq 2$ だとわかるので，$\dfrac{-1}{a_n-1}<0$，$\left|\dfrac{-1}{a_n-1}\right|\leqq 1$ です。これは n が奇数のとき $a_n<3$ で，n が偶数のとき $a_n>3$ となり，つまり，a_n は 3 より大きくなったり小さくなったりを交互に繰り返しながら，次第に 3 に近づいていくことを示しています。

　さらに，グラフを見ると，原点も $y=\dfrac{2x}{x-1}$ と $y=x$ の交点になっています。階段を見ると，原点は関係がないようですが，もし，a_1 を 2 ではなく 0 にしていれば，a_n は n によらず 0 になります。つまり，a_n の収束についての議論には，原点も関係しているわけで，a_n と 0 との差については，漸化式自体が，「次の 0 との差は手前の 0 との差の $\dfrac{2}{a_n-1}$ 倍」という意味をもっています。そこで

$$\begin{cases} a_{n+1}-3=\dfrac{-(a_n-3)}{a_n-1} \\[2mm] a_{n+1}=\dfrac{2a_n}{a_n-1} \end{cases}$$

の辺々を割り算してみると

$$\dfrac{a_{n+1}-3}{a_{n+1}}=-\dfrac{1}{2}\cdot\dfrac{a_n-3}{a_n}$$

となり，$\dfrac{a_n-3}{a_n}$ は公比が $-\dfrac{1}{2}$ の等比数列になっています。よって

$$\dfrac{a_n-3}{a_n}=\dfrac{a_1-3}{a_1}\left(-\dfrac{1}{2}\right)^{n-1}=\left(-\dfrac{1}{2}\right)^n \xrightarrow[n\to\infty]{} 0$$

すなわち　　$\displaystyle\lim_{n\to\infty}\dfrac{a_n-3}{a_n}=0$　　$\therefore \displaystyle\lim_{n\to\infty}a_n=3$

です。これで，$\displaystyle\lim_{n\to\infty}a_n$ についての議論ができましたが

$$\dfrac{a_n-3}{a_n}=\left(-\dfrac{1}{2}\right)^n$$

$$a_n-3=\left(-\dfrac{1}{2}\right)^n a_n$$

$$\therefore\quad a_n=\dfrac{3}{1-\left(-\dfrac{1}{2}\right)^n}\ \left(=\dfrac{3(-2)^n}{(-2)^n-1}\right)$$

のように a_n を求めることもできます。

　さて，ここまでは解ける漸化式について考えましたが，階段を描いて a_n の収束状況を考える方法は，解けない漸化式にも適用することができます。例を挙げましょう。

$$\begin{cases} a_1 \geqq -\dfrac{3}{2} \\ a_{n+1} = \sqrt{2a_n+3} \end{cases}$$

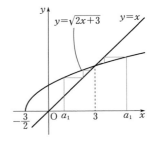

階段を描いてみると，a_1 をどこにとっても $\displaystyle\lim_{n\to\infty} a_n = 3$ であることがわかります。そこで，a_n と 3 の幅を議論することになりますが，$a_n - 3$ の符号が負になるかもしれないので，漸化式の両辺から 3 を引いた後，両辺に絶対値を付けて考えてみることにしましょう。

$$|a_{n+1}-3| = |\sqrt{2a_n+3}-3| = \left| \frac{(\sqrt{2a_n+3}-3)(\sqrt{2a_n+3}+3)}{\sqrt{2a_n+3}+3} \right|$$

$$= \frac{2}{\sqrt{2a_n+3}+3}|a_n-3| \leqq \frac{2}{3}|a_n-3|$$

これより，次の 3 との幅 $|a_{n+1}-3|$ は，手前の 3 との幅 $|a_n-3|$ の $\dfrac{2}{3}$ （<1）倍より，なお小さいことがわかりました。この関係を繰り返し用いると

$$0 \leqq |a_n-3| \leqq |a_1-3|\left(\frac{2}{3}\right)^{n-1} \xrightarrow[n\to\infty]{} 0$$

となり

$$\lim_{n\to\infty}|a_n-3| = 0 \qquad \therefore \quad \lim_{n\to\infty} a_n = 3$$

であることがわかります。

平均値の定理の応用例を理解するために，数列の極限とそれを考えるための階段を学んできましたが，準備ができたので平均値の定理へ話を戻します。

微分可能な $f(x)$ に対して，数列 $x_{n+1} = f(x_n)$ を考え，$\displaystyle\lim_{n\to\infty} x_n$ について議論するとき，この形は階段の話だと気づくと思いますが，それに加えて平均値の定理を用います。まず

$$\begin{cases} y = f(x) \\ y = x \end{cases}$$

のグラフの交点の x 座標を α とすると，$x_n \neq \alpha$ のとき平均値の定理により

$$f(x_n)-f(\alpha) = (x_n-\alpha)f'(c) \qquad \therefore \quad x_{n+1}-\alpha = (x_n-\alpha)f'(c)$$

となる c が x_n と α の間に存在します。両辺の絶対値を考えると

$$|x_{n+1}-\alpha| = |x_n-\alpha||f'(c)|$$

となり，次の α との幅 $|x_{n+1}-\alpha|$ は，手前の α との幅 $|x_n-\alpha|$ の $|f'(c)|$ 倍であることがわかりました。すると，x_n が α に近づいていくかどうかは，$|f'(c)|$ が 1 より小さいかどうかに関係することになります。

たとえば，右図では $y=f(x)$ と $y=x$ が 2 交点をもちますが，$\alpha<x<x_1$ の範囲では $|f'(x)|<1$ であり，$x_1<x<\beta$ では $|f'(x)|>1$ ですから，x_n は α に近づいていくことになります。

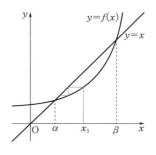

また，下図のように x_1 のとり方によって x_n が α に近づいたり，遠ざかったりすることも起こりえます。だいたいの内容を説明したので，問題を解いてみることにしましょう。

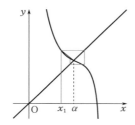 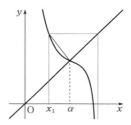

例題 200

$f(x)=\sin\dfrac{x}{2}+\cos\dfrac{x}{2}$ とするとき，$f(x)=x$ がただ 1 つの実数解 α をもつことを示せ。また，ある実数 x に対して，$x_1=x$，$x_{n+1}=f(x_n)$ で定義される数列 $\{x_n\}$ を考えるとき，$\displaystyle\lim_{n\to\infty}x_n=\alpha$ となることを示せ。

解答　$g(x)=f(x)-x$ とおく。

$$g'(x)=\frac{1}{2}\cos\frac{x}{2}-\frac{1}{2}\sin\frac{x}{2}-1=\frac{\sqrt{2}}{2}\cos\left(\frac{x}{2}+\frac{\pi}{4}\right)-1<0$$

より，$g(x)$ は単調に減少するが

$$g(0)=1>0 \qquad g(\pi)=1-\pi<0$$

であるから，$y=g(x)$ のグラフは x 軸とただ 1 つの交点をもつ。この交点の x 座標を α とすると，$g(x)=0$ すなわち $f(x)=x$ はただ 1 つの実数解 α をもつ。

また，$x_n\neq\alpha$ のとき，平均値の定理により

$$|f(x_n)-f(\alpha)|=|(x_n-\alpha)f'(c)| \qquad \therefore \quad |x_{n+1}-\alpha|=|x_n-\alpha||f'(c)|$$

となる c が x_n と α の間に存在する。

ここで

$$|f'(x)|=\left|\frac{\sqrt{2}}{2}\cos\left(\frac{x}{2}+\frac{\pi}{4}\right)\right|\leqq\frac{\sqrt{2}}{2}$$

であるから

$$|x_{n+1}-\alpha|=|x_n-\alpha||f'(c)|\leqq\frac{\sqrt{2}}{2}|x_n-\alpha|$$

$x_n=\alpha$ のとき，$x_{n+1}=f(\alpha)=\alpha$ だから，この不等式は $x_n=\alpha$ のときも成立する。
よって

$$0\leqq|x_n-\alpha|\leqq|x_1-\alpha|\left(\frac{\sqrt{2}}{2}\right)^{n-1}\xrightarrow[n\to\infty]{}0$$

であるから

$$\lim_{n\to\infty}|x_n-\alpha|=0$$

より，$\lim_{n\to\infty}x_n=\alpha$ である。

$$f(x)=\sin\frac{x}{2}+\cos\frac{x}{2}$$
$$=\sqrt{2}\sin\frac{1}{2}\left(x+\frac{\pi}{2}\right)$$

ですから，$y=f(x)$ 及び $y=x$ のグラフは図のようになります。この図において，さまざまに x_1 を選んで階段を描いた結果，$\lim_{n\to\infty}x_n=\alpha$ を確認したとしても，それでは証明になりません。証明は式でするものだと覚えておきましょう。

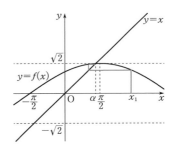

演習 200

$f(x)=e^{-x}(\cos x+\sin x)$ $\left(0\leqq x\leqq\frac{\pi}{2}\right)$ とするとき，$f(x)=x$ がただ 1 つの実数解 α をもつことを示せ。また，$x_1=0$，$x_{n+1}=f(x_n)$ で定義される数列 $\{x_n\}$ について，$\lim_{n\to\infty}x_n=\alpha$ となることを示せ。

解答 $g(x)=f(x)-x$ とおく。

$$g'(x)=e^{-x}(-\cos x-\sin x-\sin x+\cos x)-1$$
$$=-2e^{-x}\sin x-1<0\quad\left(\because\quad 0\leqq x\leqq\frac{\pi}{2}\right)$$

より，$g(x)$ は単調に減少するが

$$g(0)=1>0$$
$$g\left(\frac{\pi}{2}\right)=e^{-\frac{\pi}{2}}-\frac{\pi}{2}<1-\frac{\pi}{2}<0$$

であるから，$y=g(x)$ は $0<x<\frac{\pi}{2}$ の範囲で x 軸とただ 1 つの交点をもつ。この交点の x 座標を α とすると，$g(x)=0$ すなわち $f(x)=x$ は $0<x<\frac{\pi}{2}$ にただ 1 つ

の実数解 α をもつ。

次に，$0 \leqq x_n \leqq \dfrac{\pi}{2}$ であることを示す。

まず，$0 \leqq x_1 \leqq \dfrac{\pi}{2}$ である。また

$$f'(x) = -2e^{-x}\sin x \leqq 0 \quad \left(\because \quad 0 \leqq x \leqq \dfrac{\pi}{2} \right)$$

より，$f(x)$ は単調に減少するから

$$f\left(\dfrac{\pi}{2}\right) \leqq f(x) \leqq f(0) \quad \therefore \quad e^{-\frac{\pi}{2}} \leqq f(x) \leqq 1$$

である。よって，$0 \leqq x_n \leqq \dfrac{\pi}{2}$ であると仮定すると

$$e^{-\frac{\pi}{2}} \leqq f(x_n) \leqq 1 \quad \therefore \quad 0 \leqq e^{-\frac{\pi}{2}} \leqq x_{n+1} \leqq 1 \leqq \dfrac{\pi}{2}$$

となるから，数学的帰納法により，$0 \leqq x_n \leqq \dfrac{\pi}{2}$ である。

さらに，$x_1 = 0 \neq \alpha$ であるが，$x_n \neq \alpha$ と仮定すると，$f(x_n) \neq \alpha$ すなわち $x_{n+1} \neq \alpha$ となるから，帰納的に $x_n \neq \alpha$ である。よって，平均値の定理により

$$|f(x_n) - f(\alpha)| = |(x_n - \alpha)f'(c)| \quad \therefore \quad |x_{n+1} - \alpha| = |x_n - \alpha||f'(c)|$$

となる c が x_n と α の間に存在する。

ここで，$|f'(x)| = 2e^{-x}\sin x$ であるが

$$\dfrac{d}{dx}|f'(x)| = 2e^{-x}(-\sin x + \cos x)$$

より，$|f'(x)|$ は表のように増減するので

x	0	$\cdots$	$\dfrac{\pi}{4}$	$\cdots$	$\dfrac{\pi}{2}$
$\dfrac{d}{dx}\|f'(x)\|$		$+$	0	$-$	
$\|f'(x)\|$		$\nearrow$		$\searrow$	

$$|f'(x)| \leqq \left| f'\left(\dfrac{\pi}{4}\right) \right| = 2e^{-\frac{\pi}{4}} \cdot \dfrac{1}{\sqrt{2}}$$

$$= \dfrac{\sqrt{2}}{e^{\frac{\pi}{4}}} \left(< \dfrac{2^{\frac{1}{2}}}{2^{\frac{3}{4}}} = \dfrac{1}{2^{\frac{1}{4}}} < 1 \right)$$

これより $\quad |f'(c)| \leqq \dfrac{\sqrt{2}}{e^{\frac{\pi}{4}}}$

$\therefore \quad |x_{n+1} - \alpha| = |x_n - \alpha||f'(c)| \leqq \dfrac{\sqrt{2}}{e^{\frac{\pi}{4}}}|x_n - \alpha|$

よって

$$0 \leqq |x_n - \alpha| \leqq |x_1 - \alpha|\left(\dfrac{\sqrt{2}}{e^{\frac{\pi}{4}}} \right)^{n-1} \xrightarrow[n \to \infty]{} 0$$

したがって，$\displaystyle\lim_{n \to \infty}|x_n - \alpha| = 0$ すなわち $\displaystyle\lim_{n \to \infty}x_n = \alpha$ である。

第13章

積分

第1章
第2章
第3章
第4章
第5章
第6章
第7章
第8章
第9章
第10章
第11章
第12章
第13章
第14章

1 不定積分

この章では曲線で囲まれる図形の面積や，回転体の体積，曲線の長さを計算する方法などを学びます。

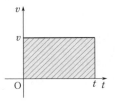

速さが v：一定で，時間 t だけ進むと進む距離は vt になります。これを横軸に t，縦軸に v をとりグラフにすると，右図の斜線部の面積が進んだ距離を表します。

しかし，実際には v が一定であるとは限らず，v が t に伴い変化するのが一般的です。そういう場合，進んだ距離はどのように表されるのでしょうか。それはまず，t を非常に短い時間 $\varDelta t$ の集まりだと考えると，その $\varDelta t$ の間では速さは近似的に一定だとみなせるので，$t_1 \leqq t \leqq t_1 + \varDelta t$ の間に進む距離は $v(t_1)\varDelta t$，すなわち右図で斜線を付けた長方形の面積になります。この長方形を足していき，さらに t の $\varDelta t$ への分割をどんどんと細かくしていけば，結局は $v = v(t)$ のグラフと横軸とではさまれた部分の面積が進んだ距離を表すことになると考えることができます。

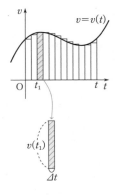

そこで，一般に $y = f(x)$ のグラフと x 軸とではさまれた部分の面積を表すにはどうすればよいのかということが問題になります。

いま，$y = f(x)$ のグラフと x 軸とではさまれた部分のうち，$x = a$ のところからある x のところまでの部分の面積を $S(x)$ と表すことにします。すると，右下図の斜線部の面積は $S(x+h) - S(x)$ になりますが，この区間における $f(x)$ の最大値を M，最小値を m とすると

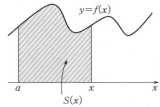

$$mh \leqq S(x+h) - S(x) \leqq Mh$$

$$\therefore \quad m \leqq \frac{S(x+h) - S(x)}{h} \leqq M$$

が成立します。$h < 0$ のときも

$$-mh \leqq S(x) - S(x+h) \leqq -Mh$$

$$\therefore \quad m \leqq \frac{S(x+h) - S(x)}{h} \leqq M$$

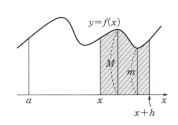

となりますから，同様です。ここで，$f(x)$ が連続関数ならば

$$\lim_{h \to 0} m = \lim_{h \to 0} M = f(x)$$

ですから

$$\lim_{h \to 0} \frac{S(x+h)-S(x)}{h} = f(x)$$

です。このような議論を「はさみうちの原理」と言います。

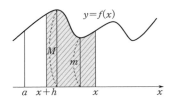

> ### はさみうちの原理（関数）
>
> $x=a$ を含むある x の区間で $f(x) \leqq p(x) \leqq g(x)$ が成立し、$\lim_{x \to a} f(x) = \lim_{x \to a} g(x) = b$ ならば、$\lim_{x \to a} p(x) = b$ である。

数列の極限では次のようになります。

> ### はさみうちの原理（数列）
>
> ある n 以上で $a_n \leqq b_n \leqq c_n$ が成立し、$\lim_{n \to \infty} a_n = \lim_{n \to \infty} c_n = p$ ならば、$\lim_{n \to \infty} b_n = p$ である。

ここで、$\lim_{h \to 0} \dfrac{S(x+h)-S(x)}{h} = f(x)$ より $S'(x) = f(x)$ ですから、$S(x)$（$y=f(x)$ のグラフと x 軸とではさまれた部分の面積）を求めるには、微分すれば $f(x)$ になるような関数をまず求めればよいことになります（$f(x)$ が連続な関数でなければ、もう少し複雑な状況になりますが、それは大学の範囲になり、高校数学では扱いません）。

この $S(x)$ を

$$S(x) = \int_a^x f(x)dx$$

と書いて $f(x)$ の不定積分と呼びます。これを微分すると $f(x)$ になることは重要事項です。

$$\frac{d}{dx} \int_a^x f(x)dx = f(x)$$

また、記号の由来を考えておくと、$y=f(x)$ のグラフと x 軸とではさまれた部分を細かい長方形に「分」け、それを「積」み重ねることにより面積を求めようとしたので積分です。すなわち、この長方形の面積が $f(x)dx$ であり、これの x が a から x までの総和（summation）を考えたということで $\int_a^x$ を付けて $\int_a^x f(x)dx$

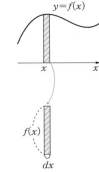

と表します。$\int$ の記号は summation の s からきていると言われており、インテグラ

ルと読みます。

さて，$S'(x)=f(x)$ となることを学びましたが，微分したら $f(x)$ になる関数を $f(x)$ の原始関数と言います。たとえば，$(x^2)'=2x$，$(x^2+1)'=2x$ ですから，x^2，x^2+1 はともに $2x$ の原始関数です。定数部分は微分すると 0 になるので，$2x$ の原始関数は一般に x^2+C と表されます。この C は積分定数と呼ばれ，何らかの別の条件が与えられたときに決定されます。

すると，$S'(x)=f(x)$ の意味するところは，$S(x)$ は $f(x)$ の原始関数の 1 つになっているということであり，いま，$f(x)$ の原始関数の 1 つを $F(x)$ とおくと，$S(x)=F(x)+C$ と表すことができるということです。

さらに，この $S(x)$ の場合，$S(a)=0$ すなわち $F(a)+C=0$ という条件があるので C が決定され，$S(x)=F(x)-F(a)$ となります。これは $F(x)$ として $f(x)$ のどの原始関数を選んでも同じ結果になるということが大事なところです。つまり，$F(x)$ の代わりに $F(x)+3$ を選んでいたとしても，$S(x)=(F(x)+3)-(F(a)+3)=F(x)-F(a)$ となり，同じ結果になります。

$$\int_a^x f(x)dx=F(x)-F(a) \quad (F(x) \text{ は } f(x) \text{ の原始関数の } 1 \text{ つ})$$

これを，今後は $\int_a^x f(x)dx=\Big[F(x)\Big]_a^x=F(x)-F(a)$ と表すことにします。

以上の話により，$y=f(x)$ のグラフと x 軸とではさまれた部分の面積を考える上で，$f(x)$ の原始関数を求めることが重要だとわかりました。通常，$f(x)$ の原始関数は $\int f(x)dx$ と表され，そのうちの 1 つを $F(x)$ とおくと，$\int f(x)dx=F(x)+C$（C は定数）と表すことができます。

$$\int x^r dx=\frac{1}{r+1}x^{r+1}+C \quad (r \neq -1)$$

$p.438$ で出てきた微分演算の線形性
$$\begin{cases} \{f(x)+g(x)\}'=f'(x)+g'(x) \\ \{kf(x)\}'=kf'(x) \end{cases}$$
との対応で

$$\begin{cases} \displaystyle\int_a^x \{f(x)+g(x)\}dx=\int_a^x f(x)dx+\int_a^x g(x)dx \\ \displaystyle\int_a^x kf(x)dx=k\int_a^x f(x)dx \quad (k \text{ は定数}) \end{cases}$$

が成立します。これを用いて
$$\int (ax+b)^r dx=\int a^r \Big(x+\frac{b}{a}\Big)^r dx=a^r \int \Big(x+\frac{b}{a}\Big)^r dx$$

$$=a^r \cdot \frac{\left(x+\dfrac{b}{a}\right)^{r+1}}{r+1}+C=\frac{1}{a(r+1)}(ax+b)^{r+1}+C$$

となることにも注意しておきましょう。

$$\int (ax+b)^r\,dx=\frac{1}{a(r+1)}(ax+b)^{r+1}+C \quad (r\neq-1,\ a\neq0)$$

　また，$y=(x-a)^n$ のグラフは $y=x^n$ のグラフを x 軸方向に a だけ平行移動したものであり，$y=(x-a)^n$ のグラフのある x における微分係数は，$y=x^n$ のある $x-a$ における微分係数と一致します。$y=x^n$ を微分して $y'=nx^{n-1}$ ですから，この x に $x-a$ を代入して $((x-a)^n)'=n(x-a)^{n-1}$ となるということです。これより

$$\int \left(x+\frac{b}{a}\right)^r dx=\frac{1}{r+1}\left(x+\frac{b}{a}\right)^{r+1}+C$$

となります。結局，微分においても積分においても $(x+a)^n$ の $x+a$ を1つの文字のように扱うことができます。

2　定積分，面積

　不定積分 $\displaystyle\int_a^x f(x)\,dx$ で a の値を定め，x を具体的な値に決めたものを定積分（ていせきぶん）と言いますが，この定積分を用いて面積を計算することになります。

　はじめに，定積分の公式がいくつかあるので，それを確認しておきます。

$$\begin{aligned}
\int_\alpha^\beta (x-\alpha)(x-\beta)\,dx &=\int_\alpha^\beta (x-\alpha)(x-\alpha+\alpha-\beta)\,dx\\
&=\int_\alpha^\beta \{(x-\alpha)^2-(\beta-\alpha)(x-\alpha)\}\,dx\\
&=\left[\frac{1}{3}(x-\alpha)^3-\frac{1}{2}(\beta-\alpha)(x-\alpha)^2\right]_\alpha^\beta\\
&=\frac{1}{3}(\beta-\alpha)^3-\frac{1}{2}(\beta-\alpha)^3=-\frac{1}{6}(\beta-\alpha)^3
\end{aligned}$$

$$\begin{aligned}
\int_\alpha^\beta (x-\alpha)^2(x-\beta)\,dx &=\int_\alpha^\beta (x-\alpha)^2(x-\alpha+\alpha-\beta)\,dx\\
&=\int_\alpha^\beta \{(x-\alpha)^3-(\beta-\alpha)(x-\alpha)^2\}\,dx\\
&=\left[\frac{1}{4}(x-\alpha)^4-\frac{1}{3}(\beta-\alpha)(x-\alpha)^3\right]_\alpha^\beta\\
&=\frac{1}{4}(\beta-\alpha)^4-\frac{1}{3}(\beta-\alpha)^4=-\frac{1}{12}(\beta-\alpha)^4
\end{aligned}$$

ここで，$f(x)$ の原始関数の 1 つを $F(x)$ として

$$\int_a^b f(x)dx = F(b) - F(a), \quad \int_b^a f(x)dx = F(a) - F(b)$$

ですから，$\int_a^b f(x)dx = -\int_b^a f(x)dx$ が成立することにも注意しておきましょう。関連事項として次のような公式もあります。

$$\int_a^b f(x)dx + \int_b^c f(x)dx = F(b) - F(a) + F(c) - F(b) = F(c) - F(a)$$

$$= \int_a^c f(x)dx$$

$$\int_a^a f(x)dx = F(a) - F(a) = 0$$

$$\boldsymbol{\int_a^b f(x)dx = -\int_b^a f(x)dx}$$

$$\boldsymbol{\int_a^b f(x)dx + \int_b^c f(x)dx = \int_a^c f(x)dx}$$

$$\boldsymbol{\int_a^a f(x)dx = 0}$$

これを用いると次のようにすることもできます。

$$\int_\alpha^\beta (x-\alpha)(x-\beta)^2 dx = -\int_\beta^\alpha (x-\beta)^2(x-\alpha)dx \quad \left.\right] (*)$$

$$= \frac{1}{12}(\alpha - \beta)^4$$

$$= \frac{1}{12}(\beta - \alpha)^4$$

$(*)$ で，$\int_\beta^\alpha (x-\beta)^2(x-\alpha)dx$ は，$\int_\alpha^\beta (x-\alpha)^2(x-\beta)dx = -\frac{1}{12}(\beta - \alpha)^4$ の左辺の α，β を入れ替えた式になっているので，右辺も α，β を入れ替えておきます。

さらに

$$\int_\alpha^\beta (x-\alpha)(x-\beta)(x-\gamma)dx = \int_\alpha^\beta (x-\alpha)(x-\beta)(x-\beta+\beta-\gamma)dx$$

$$= \int_\alpha^\beta \{(x-\alpha)(x-\beta)^2 - (\gamma-\beta)(x-\alpha)(x-\beta)\}dx$$

$$= \frac{1}{12}(\beta-\alpha)^4 + \frac{1}{6}(\gamma-\beta)(\beta-\alpha)^3$$

$$= \frac{1}{12}(\beta-\alpha)^3\{\beta-\alpha+2(\gamma-\beta)\}$$

$$= \frac{1}{12}(\beta-\alpha)^3(2\gamma-\alpha-\beta)$$

も非常に重要な公式です。以上を整理すると

$$\int_\alpha^\beta (x-\alpha)(x-\beta)dx = -\frac{1}{6}(\beta-\alpha)^3$$

$$\int_\alpha^\beta (x-\alpha)^2(x-\beta)dx = -\frac{1}{12}(\beta-\alpha)^4$$

$$\int_\alpha^\beta (x-\alpha)(x-\beta)^2 dx = \frac{1}{12}(\beta-\alpha)^4$$

$$\int_\alpha^\beta (x-\alpha)(x-\beta)(x-\gamma)dx = \frac{1}{12}(\beta-\alpha)^3(2\gamma-\alpha-\beta)$$

です。

　不定積分から始めてここに至るまでの話の中で，説明の都合上，$y=f(x)$ のグラフが x 軸より上方にある場合を考えてきましたが，実はそうでなくても同じように面積を考えることができます。順に見ていきましょう。

　まず，図の斜線部の面積を表してみます。

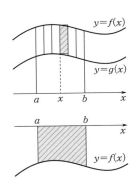

$$\int_a^b f(x)dx - \int_a^b g(x)dx = \int_a^b \{f(x)-g(x)\}dx$$

ここでは，$p.$**518** に出てきた

$$\begin{cases} \int_a^x \{f(x)+g(x)\}dx = \int_a^x f(x)dx + \int_a^x g(x)dx \\ \int_a^x kf(x)dx = k\int_a^x f(x)dx \quad (k \text{ は定数}) \end{cases}$$

を用いています。すると，$\displaystyle\int_a^b \{f(x)-g(x)\}dx$ の意味は，

斜線部を縦に細かく切って，切った1つを長方形とみなし，その長方形の面積：$\{f(x)-g(x)\}dx$ の summation を考えるという式になっています。このような立式によって面積が計算できるということは，たとえ $y=f(x)$ のグラフが x 軸の下方にあったとしても，注目している部分を縦に細かく分けて，その1つ1つを長方形とみなしたとき，長方形の面積を縦：$-f(x)$ かける横：dx として式を作ればよいことを意味しています。つまりこの場合だと，$\displaystyle-\int_a^b f(x)dx$

を計算すれば面積が得られます。

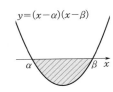

　そうすると，$y=(x-\alpha)(x-\beta)$ のグラフと x 軸とではさまれた部分の面積は，上の公式を用いて $\displaystyle-\int_\alpha^\beta (x-\alpha)(x-\beta)dx$

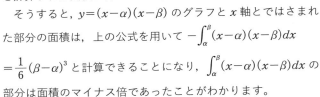

$=\dfrac{1}{6}(\beta-\alpha)^3$ と計算できることになり，$\displaystyle\int_\alpha^\beta (x-\alpha)(x-\beta)dx$ の部分は面積のマイナス倍であったことがわかります。

同じように，$\displaystyle\int_\alpha^\beta(x-\alpha)^2(x-\beta)dx$ は右図の斜線部の面積の

マイナス倍を表しており，$\displaystyle\int_\alpha^\beta(x-\alpha)(x-\beta)^2dx$ であれば，

$y=(x-\alpha)(x-\beta)^2$ のグラフが $\alpha\leqq x\leqq\beta$ の範囲で x 軸の上方に

あるので，$\displaystyle\int_\alpha^\beta(x-\alpha)(x-\beta)^2dx$ そのものが斜線部の面積を表

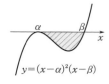

すことになります。こういう事情で積分結果にマイナスが付い

たり付かなかったりしていることを理解しておいてください。

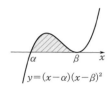

$$\begin{cases}\displaystyle\int_\alpha^\beta(x-\alpha)^2(x-\beta)dx=-\frac{1}{12}(\beta-\alpha)^4\\[2mm]\displaystyle\int_\alpha^\beta(x-\alpha)(x-\beta)^2dx=\frac{1}{12}(\beta-\alpha)^4\end{cases}$$

また，$\displaystyle\int_\alpha^\beta(x-\alpha)(x-\beta)(x-\gamma)dx$ は右図の斜線部の面積

を表しており，γ が β と一致すれば，$\displaystyle\int_\alpha^\beta(x-\alpha)(x-\beta)^2dx$

になります。積分結果の $\dfrac{1}{12}(\beta-\alpha)^3(2\gamma-\alpha-\beta)$ において

も γ を β で置き換えれば $\dfrac{1}{12}(\beta-\alpha)^4$ になることが確認できます。

例題 201

$\begin{cases}y=2x^2-5x+1\\y=3x-5\end{cases}$ のグラフで囲まれる部分の面積を求めよ。

解答　y を消去して

$$2x^2-5x+1=3x-5$$
$$2x^2-8x+6=0$$
$$2(x-1)(x-3)=0$$
$$\therefore\quad x=1,\ 3$$

よって，題意の部分は図の斜線部のようになるから

$$\int_1^3\{3x-5-(2x^2-5x+1)\}dx$$

$$=-2\int_1^3(x-1)(x-3)dx$$

$$=\frac{2(3-1)^3}{6}=\frac{8}{3}$$

被積分関数の $3x-5-(2x^2-5x+1)$ が，2曲線の方程式から y を消去して得られる

方程式の左辺になっており，この方程式の解が 1，3 なので，$3x-5-(2x^2-5x+1)=-2(x-1)(x-3)$ と因数分解されます。

演習 201

$$\begin{cases} y=-3x^2+4x-3 \\ y=-2x-2 \end{cases}$$ のグラフで囲まれる部分の面積を求めよ。

解答　y を消去して

$$-3x^2+4x-3=-2x-2 \qquad \therefore \quad 3x^2-6x+1=0$$

これの解を α，β（$\alpha<\beta$）とすると，題意の部分は図の斜線部のようになるから，この面積 S は

$$S=\int_{\alpha}^{\beta}\{-3x^2+4x-3-(-2x-2)\}dx$$

$$=-3\int_{\alpha}^{\beta}(x-\alpha)(x-\beta)dx=\frac{3(\beta-\alpha)^3}{6}$$

ここで，$\beta-\alpha=\dfrac{2\sqrt{6}}{3}$ であるから

$$S=\frac{1}{2}\left(\frac{2\sqrt{6}}{3}\right)^3=\frac{8\sqrt{6}}{9}$$

ここでは，*p.***100** で学んだ解と係数の関係を用いました。復習をしておくと $ax^2+bx+c=0$（$a>0$）の 2 解が α，β（$\alpha<\beta$）のとき

$$\alpha+\beta=-\frac{b}{a}, \quad \alpha\beta=\frac{c}{a}, \quad \beta-\alpha=\frac{\sqrt{D}}{a}=\frac{2\sqrt{D/4}}{a}$$

です。

例題 202

$C:y=2x^3-6x^2$ とする。C の $x=-1$ における接線を ℓ とするとき，C，ℓ で囲まれる部分の面積を求めよ。

解答　$y=2x^3-6x^2$ を微分して　　$y'=6x^2-12x$

よって

$$\ell:y=18(x+1)-8 \qquad \therefore \quad y=18x+10$$

C，ℓ より，y を消去して

$$2x^3-6x^2=18x+10$$

$$2(x+1)^2(x-5)=0$$

$$\therefore \quad x=-1,\ 5$$

よって，題意の部分は図の斜線部のようになるから，

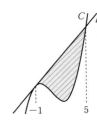

この面積は
$$\int_{-1}^{5}\{18x+10-(2x^3-6x^2)\}dx=-2\int_{-1}^{5}(x+1)^2(x-5)dx$$
$$=\frac{2(5+1)^4}{12}$$
$$=216$$

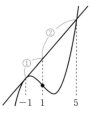

*p.*443 に出てきた 3 次曲線の性質により，C は $(1,\ -4)$ に関して点対称であり，C，ℓ の接点以外の交点の x 座標は 5 だとわかったところから，解答を作りはじめましょう．つまり，$2x^3-6x^2=18x+10$ すなわち $2(x+1)^2(x-5)=0$ のところは，通常の手順によって因数分解したのではなく，「$x=-1$ における接線が $x=5$ で交わった」を「$(x+1)^2$ と $x-5$ を因数にもつ」と解釈して因数分解しているということです．

演習 202

$$\begin{cases} y=x^3-x^2-x \\ y=2tx^2-(t^2+2t)x+t^2-t \end{cases}$$
のグラフによって囲まれる 2 つの部分の面積が等しくなるように，t の値を定めよ．

解答 y を消去すると
$$x^3-x^2-x=2tx^2-(t^2+2t)x+t^2-t$$
すなわち
$$(x-1)t^2+(-2x^2+2x+1)t+x(x^2-x-1)=0$$
$$\{(x-1)t-x^2+x+1\}(t-x)=0$$
$$\therefore\ \ \{x^2-(t+1)x+t-1\}(x-t)=0$$

ここで，$f(x)=x^2-(t+1)x+t-1$ とおくと，$f(t)=-1<0$ であるから，$f(x)=0$ の解を α，β $(\alpha<\beta)$ として $\alpha<t<\beta$ を満たす．

したがって，題意の 2 つの部分は図のようになるから，これらの面積が等しくなるための条件は

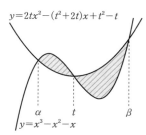

$$\int_{\alpha}^{t}\{x^3-x^2-x-2tx^2+(t^2+2t)x-t^2+t\}dx$$
$$=-\int_{t}^{\beta}\{x^3-x^2-x-2tx^2+(t^2+2t)x-t^2+t\}dx$$
すなわち
$$\int_{\alpha}^{t}(x-\alpha)(x-\beta)(x-t)dx+\int_{t}^{\beta}(x-\alpha)(x-\beta)(x-t)dx=0$$

$$\int_{\alpha}^{\beta}(x-\alpha)(x-\beta)(x-t)dx=0$$

$$\frac{(\beta-\alpha)^3(2t-\alpha-\beta)}{12}=0$$

$\alpha \neq \beta$ だから　　$2t=\alpha+\beta$

$\alpha,\ \beta$ は $f(x)=0$ の解だから

$$2t=t+1$$

$$\therefore\quad t=1$$

$\displaystyle\int_{\alpha}^{\beta}(x-\alpha)(x-\beta)(x-t)dx=0$ の条件は,

$y=f(x)(x-t)$ のグラフと x 軸とで囲まれた 2 つの部分の面積が互いに等しいことを表していますが, 3 次関数のグラフが点対称であることを考えると, その条件が

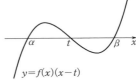

$2t=\alpha+\beta$ すなわち $t=\dfrac{\alpha+\beta}{2}$ と書き直されるのは当然のことです。

3　定積分で表された関数(1)

$a,\ b$ を定数とするとき, $\displaystyle\int_{a}^{b}f(x)dx$ は定数です。

では, $\displaystyle\int_{a}^{b}f(x)dt$ ではどうでしょうか。これらの式では何で積分するのかということが重要です。つまり dx なのか dt なのかをチェックすることが大切であり,

$\displaystyle\int_{a}^{b}f(x)dt$ では t で積分するので $f(x)$ は定数扱いで積分し

$$\int_{a}^{b}f(x)dt=f(x)\int_{a}^{b}dt=(b-a)f(x)$$

となります。

ここでは $p.518$ で出てきた線形性を用いています。もう一度確認しておくと

$$\begin{cases}\displaystyle\int_{a}^{x}\{f(x)+g(x)\}dx=\int_{a}^{x}f(x)dx+\int_{a}^{x}g(x)dx\\[2mm]\displaystyle\int_{a}^{x}kf(x)dx=k\int_{a}^{x}f(x)dx\quad(k\ は定数)\end{cases}$$

です。

$$f(x)=x^2+\int_0^1 xf(t)dt \text{ を満たす } f(x) \text{ を求めよ。}$$

まず dt に注目すると，「t で積分する」ことがわかるので，線形性により x は $\int$ の外に出します。

すると，$\int_0^1 f(t)dt$ が定数になり，これを a とおいてみると $f(x)$ の形がわかるので，a についての方程式を作ることができます。

$\Downarrow$

解答　$$f(x)=x^2+\int_0^1 xf(t)dt=x^2+x\int_0^1 f(t)dt$$

$\displaystyle\int_0^1 f(t)dt=a$ ……(*) とおくと　　$f(x)=x^2+ax$

これを (*) に代入して

$$\int_0^1 (t^2+at)dt=a \qquad \left[\frac{t^3}{3}+\frac{at^2}{2}\right]_0^1=a$$

$$\frac{1}{3}+\frac{a}{2}=a \qquad \therefore \quad a=\frac{2}{3}$$

したがって　　$$f(x)=x^2+\frac{2}{3}x$$

積分を含む形で $f(x)$ の情報が与えられていて，それをもとに $f(x)$ を求める問題を考えました。

同じような問題で，p.517 に出てきた

$$\frac{d}{dx}\int_a^x f(t)dt=f(x)$$

を用いるものもあります。まずこれを確認しておきます。

$f(x)$ の原始関数の 1 つを $F(x)$ とおくと

$$\frac{d}{dx}\int_a^x f(t)dt=\frac{d}{dx}\Big[F(t)\Big]_a^x=\frac{d}{dx}\{F(x)-F(a)\}=f(x)$$

です。$F(a)$ は定数なので，微分すると 0 になります。

$$\frac{d}{dx}\int_a^x f(t)dt=f(x)$$

演習 203

$$\int_1^x f(t)dt=f(x)+x^3+k \quad (k \text{ は定数}) \text{ を満たす整式 } f(x) \text{ を求めよ。}$$

解答 両辺を x で微分して $\quad f(x)=f'(x)+3x^2$ ……(*)

これより，$f(x)$ は 2 次式であることがわかり，$f(x)=3x^2+ax+b$ とおく。

このとき $\quad f'(x)=6x+a$

これを(*)に代入して

$\quad 3x^2+ax+b=3x^2+6x+a \qquad \therefore \quad ax+b=6x+a$

よって，$a=b=6$ となるから $\quad f(x)=3x^2+6x+6$

また，$\displaystyle\int_1^x f(t)dt=f(x)+x^3+k$ で $x=1$ として

$\quad 0=f(1)+1+k$

$k=-16$ であればこれを満たすので，**$k=-16$ のとき**

$\quad \boldsymbol{f(x)=3x^2+6x+6}$

$k\neq-16$ のとき，与えられた条件を満たす $f(x)$ は存在しない。

　微分すると定数項の条件が欠落します。つまり，微分するという作業は必要条件の変形で，必ず十分性をチェックしなければなりません。

　ところで，定数項の条件とは，$y=$（左辺），$y=$（右辺）のグラフの y 軸方向への平行移動の状況を指定する条件なので，ある x での両辺の関数値が一致すればチェックしたことになります。この問題では，左辺の形に注目して $x=1$ とすることにより積分部分が 0 となり，$f(x)$ の条件を得ることができます。

　次は，被積分関数に絶対値を含む形で関数が与えられている場合を学びましょう。

例題 204

$\displaystyle f(x)=\int_0^2 |(t-2)(t-x)|\,dt$ の最小値を求めよ。

　まず絶対値をはずさないことには，積分することができません。そこで，式の見方が大切になり，次の順序で見ていくことになります。

〔1〕 まず dt を見て，t で積分することを確認します。つまり，x が混じっていますが x は定数と考えて積分するということです。

〔2〕 次に，$\displaystyle\int_0^2$ を見ます。〔1〕で t で積分することを確認しましたが，積分区間はこの t の定義域で，$0\leqq t\leqq2$ で考えるということです。

〔3〕 絶対値の中身を t の関数と見て，$0\leqq t\leqq2$ における符号を調べ，絶対値をはずします。

↓↓

解答　まず $\quad \displaystyle f(x)=\int_0^2 |(t-2)(t-x)|\,dt=-\int_0^2 (t-2)|t-x|\,dt$

である。

(i) $x \leqq 0$ のとき

$$f(x) = -\int_0^2 (t-2)(t-x)dt$$

$$= -\int_0^2 \{t^2 - (x+2)t + 2x\}dt$$

$$= -\left[\frac{t^3}{3} - \frac{(x+2)t^2}{2} + 2xt\right]_0^2$$

$$= -\left\{\frac{8}{3} - 2(x+2) + 4x\right\} = -2x + \frac{4}{3}$$

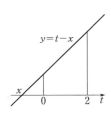

(ii) $0 < x < 2$ のとき

$$f(x) = \int_0^x (t-2)(t-x)dt - \int_x^2 (t-2)(t-x)dt$$

$$= \left[\frac{t^3}{3} - \frac{(x+2)t^2}{2} + 2xt\right]_0^x$$

$$\qquad - \left[\frac{t^3}{3} - \frac{(x+2)t^2}{2} + 2xt\right]_x^2$$

$$= 2\left\{\frac{x^3}{3} - \frac{(x+2)x^2}{2} + 2x^2\right\} - 2x + \frac{4}{3}$$

$$= -\frac{x^3}{3} + 2x^2 - 2x + \frac{4}{3}$$

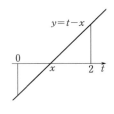

(iii) $x \geqq 2$ のとき

$$f(x) = \int_0^2 (t-2)(t-x)dt = 2x - \frac{4}{3}$$

(ii)のとき $\quad f'(x) = -x^2 + 4x - 2$

$$= -(x^2 - 4x + 2)$$

よって，$f(x)$ は表のように増減する。
また，(ii)のとき

$$f(x) = -\frac{x^3}{3} + 2x^2 - 2x + \frac{4}{3}$$

$$= (x^2 - 4x + 2)\left(-\frac{x}{3} + \frac{2}{3}\right) + \frac{4}{3}x$$

x	$\cdots$	0	$\cdots$	$2-\sqrt{2}$	$\cdots$	2	$\cdots$
$f'(x)$	$-$		$-$	0	$+$		$+$
$f(x)$	$\searrow$		$\searrow$		$\nearrow$		$\nearrow$

と変形できるので，最小値は $\quad f(2-\sqrt{2}) = \dfrac{4(2-\sqrt{2})}{3}$

まず，$0 \leqq t \leqq 2$ では $t-2 \leqq 0$ なので

$$\int_0^2 |(t-2)(t-x)|dt = -\int_0^2 (t-2)|t-x|dt$$

とできます。次に，(ii)の積分計算において

$$\left[\frac{t^3}{3} - \frac{(x+2)t^2}{2} + 2xt\right]_0^x - \left[\frac{t^3}{3} - \frac{(x+2)t^2}{2} + 2xt\right]_x^2$$

の式の t に x を代入する作業が 2 回あるので，まず $2\left\{\dfrac{x^3}{3}-\dfrac{(x+2)x^2}{2}+2x^2\right\}$ が出てきます。

その他，t に 0 を代入すれば式の値は 0 になり，マイナスでくくっておいての t に 2 を代入する計算は(i)で既にやっているので，その結果 $-2x+\dfrac{4}{3}$ を付け加えます。

積分の計算は概して面倒なので，できるだけ効率よく処理できるように工夫します。

4 いろいろな関数の積分

ここからは「数学III」で学ぶ内容になります。いろいろな関数について，まず基本的な原始関数を書き出しておきましょう。

$$\int \sin x\,dx=-\cos x+C \qquad \int \cos x\,dx=\sin x+C$$

$$\int \frac{1}{\cos^2 x}\,dx=\tan x+C \qquad \int \frac{1}{\sin^2 x}\,dx=-\frac{1}{\tan x}+C$$

$$\int e^x\,dx=e^x+C \qquad \int \frac{1}{x}\,dx=\log_e|x|+C$$

$\log_e x$ を微分すると $\dfrac{1}{x}$ になるので，$\dfrac{1}{x}$ の原始関数は $\log_e x+C$ だと思うかもしれませんが，ここも要注意で，$\displaystyle\int \frac{1}{x}\,dx=\log_e|x|+C$ になります。*p.466* で学んだ通り，$(\log_e|x|)'=\dfrac{1}{x}$ になっています。

例題 205

次の原始関数を求めよ。

(1) $\displaystyle\int \frac{1}{\sqrt[3]{x}}\,dx$ 　　　　　　(2) $\displaystyle\int \sin^2 2x\,dx$

(3) $\displaystyle\int \tan^2 x\,dx$ 　　　　　　(4) $\displaystyle\int \frac{1}{x^2-5x+6}\,dx$

解答 (1) $\displaystyle\int \frac{1}{\sqrt[3]{x}}\,dx=\int x^{-\frac{1}{3}}\,dx=\frac{3}{2}x^{\frac{2}{3}}+C\left(=\frac{3\sqrt[3]{x^2}}{2}+C\right)$

(2) $\displaystyle\int \sin^2 2x\,dx=\int \frac{1-\cos 4x}{2}\,dx=\frac{x}{2}-\frac{\sin 4x}{8}+C$

(3) $\displaystyle\int \tan^2 x\,dx = \int\left(\dfrac{1}{\cos^2 x}-1\right)dx = \tan x - x + C$

(4) $\displaystyle\int \dfrac{1}{x^2-5x+6}\,dx = \int\dfrac{1}{(x-3)(x-2)}\,dx = \int\left(\dfrac{1}{x-3}-\dfrac{1}{x-2}\right)dx$

$\qquad\qquad = \log_e|x-3| - \log_e|x-2| + C\left(=\log_e\left|\dfrac{x-3}{x-2}\right| + C\right)$

基本パターンが使える形に変形することが要求されています。

演習 205

次の原始関数を求めよ。

(1) $\displaystyle\int \dfrac{1}{\sqrt{2x-1}+\sqrt{2x+1}}\,dx$ (2) $\displaystyle\int \sin 5x\cos 3x\,dx$

(3) $\displaystyle\int \dfrac{1}{\tan^2 3x}\,dx$ (4) $\displaystyle\int 3^x\,dx$

解答 (1) $\displaystyle\int \dfrac{1}{\sqrt{2x-1}+\sqrt{2x+1}}\,dx = \int\dfrac{\sqrt{2x+1}-\sqrt{2x-1}}{2}\,dx$

$\qquad\qquad = \dfrac{1}{2}\int\left\{(2x+1)^{\frac{1}{2}}-(2x-1)^{\frac{1}{2}}\right\}dx$

$\qquad\qquad = \dfrac{1}{2}\left\{\dfrac{2}{3}(2x+1)^{\frac{3}{2}}\times\dfrac{1}{2}-\dfrac{2}{3}(2x-1)^{\frac{3}{2}}\times\dfrac{1}{2}\right\}+C$

$\qquad\qquad = \dfrac{1}{6}\left\{(2x+1)^{\frac{3}{2}}-(2x-1)^{\frac{3}{2}}\right\}+C$

(2) $\displaystyle\int \sin 5x\cos 3x\,dx = \dfrac{1}{2}\int(\sin 8x+\sin 2x)\,dx = -\dfrac{\cos 8x}{16}-\dfrac{\cos 2x}{4}+C$

(3) $\displaystyle\int \dfrac{1}{\tan^2 3x}\,dx = \int\left(\dfrac{1}{\sin^2 3x}-1\right)dx = -\dfrac{1}{3\tan 3x}-x+C$

(4) $\displaystyle\int 3^x\,dx = \int e^{x\log_e 3}\,dx = \dfrac{1}{\log_e 3}e^{x\log_e 3}+C = \dfrac{3^x}{\log_e 3}+C$

---

1 • 部分積分法

原始関数の求め方の基本を学びましたが，その応用が2つあります。まず1つめが
部分積分法です。これは積の関数の微分の逆を考えるところから出てきます。

$\{f(x)g(x)\}' = f'(x)g(x)+f(x)g'(x)$ より

$\qquad \displaystyle\int_a^x \{f(x)g(x)\}'\,dx = \int_a^x \{f'(x)g(x)+f(x)g'(x)\}\,dx$

$\qquad \Big[f(x)g(x)\Big]_a^x = \displaystyle\int_a^x f'(x)g(x)\,dx + \int_a^x f(x)g'(x)\,dx$

$\qquad \therefore\ \displaystyle\int_a^x f'(x)g(x)\,dx = \Big[f(x)g(x)\Big]_a^x - \int_a^x f(x)g'(x)\,dx$

これを部分積分法と言いますが，左辺の被積分関数（積分される関数で今の場合 $f'(x)g(x)$）が積の形になっており，そのうちの $f'(x)$ は右辺では積分されて $f(x)$ になっています。もう一方の $g(x)$ は $\Big[\quad\Big]_a^x$ の中ではそのままで，$\int_a^x \quad dx$ の中では微分されています。これが部分積分の形なので覚えておきましょう。

$$\int_a^x f'(x)g(x)\,dx = \Big[f(x)g(x)\Big]_a^x - \int_a^x f(x)g'(x)\,dx$$

積分 / そのまま / 微分

これを用いて原始関数を求めてみたいと思います。

$$\int e^x x\,dx = e^x x - \int e^x \cdot 1\,dx = e^x x - e^x + C$$

積分 / そのまま / 微分

これは部分積分法を用いる典型例です。e^x は積分しても e^x であり，x は微分すれば次数が落ちます。ですから，$\int e^x x\,dx$ の段階ではすぐに原始関数を求めることができませんが，部分積分法を適用した $e^x x - \int e^x \cdot 1\,dx$ の段階では原始関数を求めることができるようになっています。もう１つやってみましょう。

$$\int x^2 \cos x\,dx = x^2 \sin x - \int 2x \sin x\,dx$$
$$= x^2 \sin x - 2\Big\{x(-\cos x) - \int (-\cos x)\,dx\Big\}$$
$$= x^2 \sin x + 2x \cos x - 2\sin x + C$$

$\int x^2 \cos x\,dx = \int \cos x \cdot x^2\,dx$ ですから，混乱しないで部分積分法を適用してください。次数が落ちていく方を「そのまま，微分」とやります。また，$-\int 2x \sin x\,dx$ のところでは，-2 でくくってから部分積分法を使うようにしましょう。部分積分法の計算では，実数倍のかけ忘れと符号のミスが一番多いのでミスをしないように工夫する必要があります。もう一例，典型的なパターンがあるのでやっておきましょう。

$$\int \log_e x\,dx = x\log_e x - \int x \cdot \frac{1}{x}\,dx = x\log_e x - x + C$$

$\log_e x$ の前に $x'(=1)$ がかかっていると考えます。これは今後よく使うので覚えておきましょう。

$$\int \log_e x \, dx = x \log_e x - x + C$$

例題 206

次の原始関数を求めよ。

(1) $\displaystyle \int x^2 \sin 2x \, dx$　　(2) $\displaystyle \int x e^{-2x} \, dx$　　(3) $\displaystyle \int (\log_e x)^2 \, dx$

解答 (1) $\displaystyle \int x^2 \sin 2x \, dx = -x^2 \cdot \frac{\cos 2x}{2} + \int 2x \cdot \frac{\cos 2x}{2} \, dx$

$$= -\frac{x^2 \cos 2x}{2} + x \cdot \frac{\sin 2x}{2} - \int \frac{\sin 2x}{2} \, dx$$

$$= -\frac{x^2 \cos 2x}{2} + \frac{x \sin 2x}{2} + \frac{\cos 2x}{4} + C$$

(2) $\displaystyle \int x e^{-2x} \, dx = -x \cdot \frac{e^{-2x}}{2} + \int \frac{e^{-2x}}{2} \, dx = -\frac{x e^{-2x}}{2} - \frac{e^{-2x}}{4} + C$

(3) $\displaystyle \int (\log_e x)^2 \, dx = x(\log_e x)^2 - \int x \cdot 2 \log_e x \cdot \frac{1}{x} \, dx$

$$= x(\log_e x)^2 - 2 \int \log_e x \, dx$$

$$= x(\log_e x)^2 - 2(x \log_e x - x) + C$$

$$= x(\log_e x)^2 - 2x \log_e x + 2x + C$$

演習 206

次の原始関数を求めよ。

(1) $\displaystyle \int x \sin^2 x \, dx$　　　　　　　　(2) $\displaystyle \int \log_e (3x+1) \, dx$

解答 (1) $\displaystyle \int x \sin^2 x \, dx = \int x \cdot \frac{1 - \cos 2x}{2} \, dx = \frac{1}{2} \int (x - x \cos 2x) \, dx$

$$= \frac{x^2}{4} - \frac{1}{2} \left\{ x \cdot \frac{\sin 2x}{2} - \int \frac{\sin 2x}{2} \, dx \right\}$$

$$= \frac{x^2}{4} - \frac{x \sin 2x}{4} - \frac{\cos 2x}{8} + C$$

(2) $\displaystyle \int \log_e (3x+1) \, dx = \frac{1}{3} \int (3x+1)' \log_e (3x+1) \, dx$

$$= \frac{1}{3} \left\{ (3x+1) \log_e (3x+1) - \int (3x+1) \frac{3}{3x+1} \, dx \right\}$$

$$= \frac{1}{3} (3x+1) \log_e (3x+1) - x + C$$

(2)は $\displaystyle\int \log_e x\,dx$ のときと同じように

$$\int \log_e(3x+1)dx = x\log_e(3x+1) - \int x\cdot\frac{3}{3x+1}dx$$

としてもよいのですが，$\displaystyle\int x\cdot\frac{3}{3x+1}dx$ の処理が煩わしいです。$3x+1$ を微分した 3 が前にかかっていると考えれば，うまくいきます。

また，$\displaystyle\int xe^x\,dx$ や $\displaystyle\int x\sin x\,dx$ は部分積分の形だということを学びましたが，$\displaystyle\int e^x\sin x\,dx$ も部分積分法を用いて次のように原始関数を求めることができます。

$$I = \int_a^x e^x\sin x\,dx = \Big[e^x\sin x\Big]_a^x - \int_a^x e^x\cos x\,dx$$

$$= e^x\sin x - e^a\sin a - \left\{\Big[e^x\cos x\Big]_a^x + \int_a^x e^x\sin x\,dx\right\}$$

$$= e^x\sin x - e^a\sin a - e^x\cos x + e^a\cos a - I$$

$$\therefore \quad I = \frac{1}{2}e^x(\sin x - \cos x) - \frac{1}{2}e^a(\sin a - \cos a)$$

よって

$$\int e^x\sin x\,dx = \frac{1}{2}e^x(\sin x - \cos x) + C$$

しかし，これにはもう少しうまい方法があるので，それを学んでおきましょう。

$$\begin{cases} (e^x\sin x)' = e^x(\sin x + \cos x) & \cdots\cdots① \\ (e^x\cos x)' = e^x(-\sin x + \cos x) & \cdots\cdots② \end{cases}$$

①$-$② より

$$\{e^x(\sin x - \cos x)\}' = 2e^x\sin x$$

$$\therefore \quad \int e^x\sin x\,dx = \frac{1}{2}e^x(\sin x - \cos x) + C$$

似たような形で練習しておきます。

$\displaystyle\int e^{-2x}\cos 3x\,dx$ について

$$\begin{cases} (e^{-2x}\cos 3x)' = e^{-2x}(-2\cos 3x - 3\sin 3x) & \cdots\cdots① \\ (e^{-2x}\sin 3x)' = e^{-2x}(3\cos 3x - 2\sin 3x) & \cdots\cdots② \end{cases}$$

①$\times 2-$②$\times 3$ より

$$\{e^{-2x}(2\cos 3x - 3\sin 3x)\}' = -13e^{-2x}\cos 3x$$

$$\therefore \quad \int e^{-2x}\cos 3x\,dx = -\frac{1}{13}e^{-2x}(2\cos 3x - 3\sin 3x) + C$$

2 · 置換積分法

原始関数の求め方の応用の2つめです。部分積分法が積の関数の微分の逆を考えるところから得られたように，合成関数の微分の逆を考えるところから得られるのが，置換積分法です。

置換積分法

$$\int f(g(x))g'(x)dx = \int f(g)dg$$

$g(x)$ を1つの文字 g と見たいときに，被積分関数に $g'(x)$ がかかっていれば，そのように見てもよいということですが，少しわかりにくいので具体例を挙げてみます。

$$\int 3x^2(x^3+1)^{100}dx = \frac{1}{101}(x^3+1)^{101}+C$$

$\frac{1}{101}(x^3+1)^{101}$ を微分すれば，合成関数の微分を利用して，$(x^3+1)^{100}\times 3x^2$ になりますが，これの逆の作業を考えているということです。

例題 207

次の原始関数を求めよ。

(1) $\displaystyle\int \frac{(\log_e x)^2}{x}dx$

(2) $\displaystyle\int \frac{e^x}{(e^x+2)^2}dx$

(3) $\displaystyle\int \tan x\, dx$

(4) $\displaystyle\int \sin^3 x\cos x\, dx$

解答 (1) $\displaystyle\int \frac{(\log_e x)^2}{x}dx = \frac{1}{3}(\log_e x)^3+C$

(2) $\displaystyle\int \frac{e^x}{(e^x+2)^2}dx = -\frac{1}{e^x+2}+C$

(3) $\displaystyle\int \tan x\, dx = \int \frac{\sin x}{\cos x}dx = -\int \frac{-\sin x}{\cos x}dx = -\log_e|\cos x|+C$

(4) $\displaystyle\int \sin^3 x\cos x\, dx = \frac{1}{4}(\sin x)^4+C$

$\displaystyle\int \frac{(\log_e x)^2}{x}dx$ の場合，$\log_e x$ を微分した $\frac{1}{x}$ がかかっているので，$\log_e x$ を1つの文字 g と見て $\displaystyle\int g^2 dg$ を考えればよいということです。

また，*p.*457 で

$$\left(\frac{1}{x}\right)' = -\frac{1}{x^2} \qquad \left\{\frac{1}{f(x)}\right\}' = -\frac{f'(x)}{\{f(x)\}^2}$$

$$(\sqrt{x}\,)' = \frac{1}{2\sqrt{x}} \qquad \{\sqrt{f(x)}\,\}' = \frac{f'(x)}{2\sqrt{f(x)}}$$

は頻繁に使うので，反射的に出てくるようにしておきましょうと書きましたが，これの逆を考えることで，次の内容も自動的に出てくるようにしておきましょう。

$$\int \frac{1}{x^2}\,dx = -\frac{1}{x} + C \qquad\qquad \int \frac{f'(x)}{\{f(x)\}^2}\,dx = -\frac{1}{f(x)} + C$$

$$\int \frac{1}{\sqrt{x}}\,dx = 2\sqrt{x} + C \qquad\qquad \int \frac{f'(x)}{\sqrt{f(x)}}\,dx = 2\sqrt{f(x)} + C$$

$\displaystyle\int \frac{e^x}{(e^x+2)^2}\,dx$ では $\displaystyle\int \frac{f'(x)}{\{f(x)\}^2}\,dx = -\frac{1}{f(x)} + C$ を用いています。

演習 207

次の原始関数を求めよ。

(1) $\displaystyle\int \frac{dx}{\sqrt{x}\,(\sqrt{x}+1)}$ 　　(2) $\displaystyle\int \cos^5 x\,dx$ 　　(3) $\displaystyle\int \frac{dx}{\cos x}$ 　　(4) $\displaystyle\int \frac{dx}{\tan x}$

解答

(1) $\displaystyle\int \frac{dx}{\sqrt{x}\,(\sqrt{x}+1)} = 2\int \frac{1}{2\sqrt{x}}\cdot\frac{dx}{\sqrt{x}+1} = 2\log_e|\sqrt{x}+1| + C$

(2) $\displaystyle\int \cos^5 x\,dx = \int \cos^4 x \cos x\,dx = \int (1-\sin^2 x)^2 \cos x\,dx$

$\displaystyle\qquad = \int (1 - 2\sin^2 x + \sin^4 x)\cos x\,dx$

$\displaystyle\qquad = \sin x - \frac{2}{3}\sin^3 x + \frac{1}{5}\sin^5 x + C$

(3) $\displaystyle\int \frac{dx}{\cos x} = \int \frac{\cos x}{\cos^2 x}\,dx = \int \frac{\cos x}{1-\sin^2 x}\,dx$

$\displaystyle\qquad = \frac{1}{2}\int \left(-\frac{-\cos x}{1-\sin x} + \frac{\cos x}{1+\sin x}\right)dx$

$\displaystyle\qquad = \frac{1}{2}(-\log_e|1-\sin x| + \log_e|1+\sin x|) + C$

$\displaystyle\qquad \left(= \frac{1}{2}\log_e\left|\frac{1+\sin x}{1-\sin x}\right| + C\right)$

(4) $\displaystyle\int \frac{dx}{\tan x} = \int \frac{\cos x}{\sin x}\,dx = \log_e|\sin x| + C$

$\displaystyle\int \frac{dx}{f(x)}$ は $\displaystyle\int \frac{1}{f(x)}\,dx$ と同じです。また，$\displaystyle\int \cos^5 x\,dx$，$\displaystyle\int \frac{dx}{\cos x}$ では，「サイン，コサインの奇数乗は1個分離する」と覚えておきましょう。

ここで，$\displaystyle\int f(g(x))g'(x)\,dx = \int f(g)\,dg$ の解釈について付け加えておきます。

$g(x)=g$ とおくと $g'(x)=\dfrac{dg}{dx}$ ですが，この右辺の $\dfrac{dg}{dx}$ は事実上分数と見てよいとい

う話を **p.473** でしました。すると，$g'(x)=\dfrac{dg}{dx}$ より $g'(x)dx=dg$ となり，

$\displaystyle\int f(g(x))g'(x)dx$ が $\displaystyle\int f(g)dg$ と書き換えられることがわかります。ということは，

$\displaystyle\int f(g(x))dx$ のように $g(x)$ を 1 つの文字 g と見たいのに $g'(x)$ がかかっていないような場合でも

$$\int f(g(x))dx=\int \frac{f(g(x))}{g'(x)}g'(x)dx$$

と変形して分母の $g'(x)$ が g で表せるならば，g で積分できるということです。具体例で説明しましょう。

$\displaystyle\int \frac{\sqrt{x}}{1+\sqrt{x}}dx$ であれば $1+\sqrt{x}$ を 1 つの文字と見たいのに，これを微分した $\dfrac{1}{2\sqrt{x}}$

がかかっている形にはなっていません。このような場合は

$1+\sqrt{x}=t$ とおくと

$$\frac{dt}{dx}=\frac{1}{2\sqrt{x}}=\frac{1}{2(t-1)} \qquad \therefore \quad dx=2(t-1)dt$$

よって

$$\begin{aligned}\int \frac{\sqrt{x}}{1+\sqrt{x}}dx&=\int \frac{t-1}{t}\cdot 2(t-1)dt=2\int\left(t-2+\frac{1}{t}\right)dt\\&=t^2-4t+2\log_e|t|+C\\&=(1+\sqrt{x})^2-4(1+\sqrt{x})+2\log_e|1+\sqrt{x}|+C\end{aligned}$$

のように原始関数を求めることができます。なお

$$(1+\sqrt{x})^2-4(1+\sqrt{x})+2\log_e|1+\sqrt{x}|+C=x-2\sqrt{x}-3+2\log_e|1+\sqrt{x}|+C$$

ですが，原始関数においては定数部分はいくらでもよいので，

$(1+\sqrt{x})^2-4(1+\sqrt{x})+2\log_e|1+\sqrt{x}|+C$ と書く代わりに，

$x-2\sqrt{x}+2\log_e|1+\sqrt{x}|+C$ と書いてもかまいません。

さらに，いまは原始関数を求めるという話をしているので，t を x に戻しましたが，原始関数を求めるのは不定積分（面積）を求めるためだったので，x の積分する範囲：積分区間に対応する t の範囲を調べておけば，t に置換したままで積分することができます。

たとえば，$\displaystyle\int_0^1 \frac{\sqrt{x}}{1+\sqrt{x}}dx$ で $1+\sqrt{x}=t$ とおけば，x が

0 から 1 まで変化するとき t は 1 から 2 まで変化するので

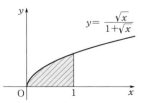

$$\int_0^1 \frac{\sqrt{x}}{1+\sqrt{x}}\,dx = \left[(1+\sqrt{x})^2 - 4(1+\sqrt{x}) + 2\log_e|1+\sqrt{x}|\,\right]_0^1$$

$$= 4 - 1 - 4(2-1) + 2\log_e 2 = 2\log_e 2 - 1$$

と計算しても

$$\int_0^1 \frac{\sqrt{x}}{1+\sqrt{x}}\,dx = \left[t^2 - 4t + 2\log_e|t|\,\right]_1^2$$

$$= 4 - 1 - 4(2-1) + 2\log_e 2 = 2\log_e 2 - 1$$

と計算しても，同じ結果が得られます。

③・特別な置換

　ほとんどの置換積分では，扱いにくそうなひとかたまりを別の文字に置換すれば解決するのですが，知っていなければ自分では思いつきにくい置換がいくつかあります。

知っておくべき置換

$$\sqrt{a^2 - x^2} \longrightarrow x = a\cos\theta$$

$$\frac{1}{x^2 + a^2} \longrightarrow x = a\tan\theta$$

例題 208

$\displaystyle\int_0^1 \sqrt{4-x^2}\,dx$ を計算せよ。

解答　$x = 2\cos\theta$ とおくと

$$\frac{dx}{d\theta} = -2\sin\theta \qquad \therefore \quad dx = -2\sin\theta\,d\theta$$

また　$\begin{cases} x : 0 \to 1 \\ \theta : \dfrac{\pi}{2} \to \dfrac{\pi}{3} \end{cases}$

$$\int_0^1 \sqrt{4-x^2}\,dx = \int_{\frac{\pi}{2}}^{\frac{\pi}{3}} \sqrt{4 - 4\cos^2\theta}\,(-2\sin\theta)\,d\theta$$

$$= 4\int_{\frac{\pi}{3}}^{\frac{\pi}{2}} \sqrt{1 - \cos^2\theta}\,\sin\theta\,d\theta$$

$$= 4\int_{\frac{\pi}{3}}^{\frac{\pi}{2}} \sqrt{\sin^2\theta}\,\sin\theta\,d\theta$$

$$= 4\int_{\frac{\pi}{3}}^{\frac{\pi}{2}} |\sin\theta|\sin\theta\,d\theta = 4\int_{\frac{\pi}{3}}^{\frac{\pi}{2}} \sin^2\theta\,d\theta$$

$$= 2\int_{\frac{\pi}{3}}^{\frac{\pi}{2}}(1-\cos 2\theta)d\theta = 2\Big[\theta - \frac{\sin 2\theta}{2}\Big]_{\frac{\pi}{3}}^{\frac{\pi}{2}}$$

$$= 2\Big(\frac{\pi}{2} - \frac{\pi}{3} + \frac{\sqrt{3}}{4}\Big) = \frac{\pi}{3} + \frac{\sqrt{3}}{2}$$

$(\sqrt{x})^2 = x$ ですが，$\sqrt{x^2} = |x|$ であることに気をつけましょう。

また，積分区間についても注意しておきます。$x = 2\cos\theta$ とおいたということは，原点を中心とする半径 2 の円の x 座標を考えているということに対応します。すると，$x : 0 \to 1$ に対応する θ の動きは $\theta : \dfrac{\pi}{2} \to \dfrac{\pi}{3}$ とすることができます。これは θ が減少する動きになっているので

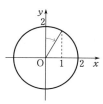

$$\int_a^b f(x)dx = -\int_b^a f(x)dx$$

を用いて $\theta : \dfrac{\pi}{3} \to \dfrac{\pi}{2}$ の範囲に書き換えました。見やすくし

たという意味ですが，積分の計算自体としては $\theta : \dfrac{\pi}{2} \to \dfrac{\pi}{3}$ のままでもかまいません。

また，$x : 0 \to 1$ のとき，$\theta : -\dfrac{\pi}{2} \to -\dfrac{\pi}{3}$ あるいは

$\theta : \dfrac{3\pi}{2} \to \dfrac{5\pi}{3}$ のように定めてもかまいません。このように θ の範囲を定めると，この範囲では $\sin\theta < 0$ になるので，$|\sin\theta| = -\sin\theta$ であることに注意します。そうすると，次のような計算になり，同じ結果が得られます。

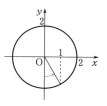

↓

別解
$$\int_0^1 \sqrt{4-x^2}\,dx = \int_{-\frac{\pi}{2}}^{-\frac{\pi}{3}} \sqrt{4-4\cos^2\theta}\,(-2\sin\theta)d\theta$$

$$= -4\int_{-\frac{\pi}{2}}^{-\frac{\pi}{3}} |\sin\theta|\sin\theta\,d\theta = 4\int_{-\frac{\pi}{2}}^{-\frac{\pi}{3}} \sin^2\theta\,d\theta$$

$$= 2\int_{-\frac{\pi}{2}}^{-\frac{\pi}{3}}(1-\cos 2\theta)d\theta = 2\Big[\theta - \frac{\sin 2\theta}{2}\Big]_{-\frac{\pi}{2}}^{-\frac{\pi}{3}}$$

$$= 2\Big(-\frac{\pi}{3} + \frac{\pi}{2} + \frac{\sqrt{3}}{4}\Big) = \frac{\pi}{3} + \frac{\sqrt{3}}{2}$$

しかし，$x : 0 \to 1$ に対する θ の範囲として $\theta : \dfrac{\pi}{2} \to \dfrac{7\pi}{3}$ のようにするのはだめです。端だけ合っていても途中の動きが x と θ で合っていないからです。

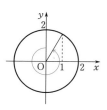

ところで，$y = \sqrt{4-x^2}$ はどんな曲線を表しているのでしょうか。

$$y=\sqrt{4-x^2} \qquad y\geqq0,\ y^2=4-x^2 \qquad \therefore \quad y\geqq0,\ x^2+y^2=4$$

ですからこれは半円です。したがって，$\displaystyle\int_0^1 \sqrt{4-x^2}\,dx$ は右図
の斜線部の面積を計算する式になっているのです。この部分を
扇形と三角形に分けて面積を求めると

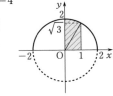

$$2^2\pi\times\frac{1}{12}+\frac{1}{2}\cdot1\cdot\sqrt{3}=\frac{\pi}{3}+\frac{\sqrt{3}}{2}$$

となり，積分で計算した結果と一致します。

演習 208

$\displaystyle\int_0^{\frac{3}{\sqrt{2}}} \frac{dx}{\sqrt{9-x^2}}$ を計算せよ。

解答 $x=3\cos\theta$ とおくと $\qquad dx=-3\sin\theta\,d\theta$

また $\begin{cases} x:0\to\dfrac{3}{\sqrt{2}} \\[2mm] \theta:\dfrac{\pi}{2}\to\dfrac{\pi}{4} \end{cases}$

$$\int_0^{\frac{3}{\sqrt{2}}}\frac{dx}{\sqrt{9-x^2}}=\int_{\frac{\pi}{2}}^{\frac{\pi}{4}}\frac{-3\sin\theta}{\sqrt{9-9\cos^2\theta}}d\theta=\int_{\frac{\pi}{4}}^{\frac{\pi}{2}}\frac{\sin\theta}{|\sin\theta|}d\theta$$

$$=\int_{\frac{\pi}{4}}^{\frac{\pi}{2}}d\theta=\Big[\theta\Big]_{\frac{\pi}{4}}^{\frac{\pi}{2}}$$

$$=\frac{\pi}{2}-\frac{\pi}{4}=\frac{\pi}{4}$$

次は，知っておくべき置換の 2 つめです。

例題 209

$\displaystyle\int_0^{\sqrt{3}} \frac{dx}{x^2+1}$ を計算せよ。

解答 $x=\tan\theta$ とおくと $\qquad dx=\dfrac{1}{\cos^2\theta}d\theta$

また $\begin{cases} x:0\to\sqrt{3} \\[2mm] \theta:0\to\dfrac{\pi}{3} \end{cases}$

$$\int_0^{\sqrt{3}}\frac{dx}{x^2+1}=\int_0^{\frac{\pi}{3}}\frac{1}{\tan^2\theta+1}\cdot\frac{1}{\cos^2\theta}d\theta$$

$$=\int_0^{\frac{\pi}{3}}d\theta=\Big[\theta\Big]_0^{\frac{\pi}{3}}=\frac{\pi}{3}$$

$\displaystyle\int_0^{\log_e \sqrt{3}} \dfrac{e^x}{e^{2x}+3}dx$ を計算せよ。

解答 $e^x = \sqrt{3}\tan\theta$ とおくと $\qquad e^x dx = \dfrac{\sqrt{3}}{\cos^2\theta}d\theta$

また $\qquad \begin{cases} x : 0 \to \log_e \sqrt{3} \\ \theta : \dfrac{\pi}{6} \to \dfrac{\pi}{4} \end{cases}$

$$\int_0^{\log_e \sqrt{3}} \dfrac{e^x}{e^{2x}+3}dx = \int_{\frac{\pi}{6}}^{\frac{\pi}{4}} \dfrac{1}{3\tan^2\theta+3} \cdot \dfrac{\sqrt{3}}{\cos^2\theta}d\theta$$

$$= \dfrac{1}{\sqrt{3}}\int_{\frac{\pi}{6}}^{\frac{\pi}{4}}d\theta = \dfrac{1}{\sqrt{3}}\Big[\theta\Big]_{\frac{\pi}{6}}^{\frac{\pi}{4}}$$

$$= \dfrac{1}{\sqrt{3}}\left(\dfrac{\pi}{4}-\dfrac{\pi}{6}\right) = \dfrac{\pi}{12\sqrt{3}}$$

$\sqrt{a^2-x^2}$ は $x = a\cos\theta$ と置換し，$\dfrac{1}{x^2+a^2}$ は $x = a\tan\theta$ と置換することを学びました。この 2 つは覚えておかなければなりませんが，もう 1 つ知っていた方がよいと思われるものを紹介しておきます。

> **被積分関数が $\sin x$，$\cos x$ の式のとき，$\tan\dfrac{x}{2}=t$ と置換すると，t の有理式の積分になる。**

具体例を示しておきます。

$\displaystyle\int_{\frac{\pi}{3}}^{\frac{\pi}{2}} \dfrac{1+\sin x}{\sin x(1+\cos x)}dx$ において，$\tan\dfrac{x}{2}=t$ とおくと $\qquad \dfrac{1}{2\cos^2\dfrac{x}{2}}dx = dt$

ここで，$1+\tan^2\dfrac{x}{2} = \dfrac{1}{\cos^2\dfrac{x}{2}}$ ですから

$$\dfrac{1+t^2}{2}dx = dt \qquad \therefore \quad dx = \dfrac{2}{1+t^2}dt$$

また $\quad \sin x = \dfrac{2\tan\dfrac{x}{2}}{1+\tan^2\dfrac{x}{2}}$，$\cos x = \dfrac{1-\tan^2\dfrac{x}{2}}{1+\tan^2\dfrac{x}{2}}$

さらに $\quad \begin{cases} x : \dfrac{\pi}{3} \to \dfrac{\pi}{2} \\ t : \dfrac{1}{\sqrt{3}} \to 1 \end{cases}$

$$\therefore \int_{\frac{\pi}{3}}^{\frac{\pi}{2}} \frac{1+\sin x}{\sin x(1+\cos x)}\,dx = \int_{\frac{1}{\sqrt{3}}}^{1} \frac{1+\dfrac{2t}{1+t^2}}{\dfrac{2t}{1+t^2}\left(1+\dfrac{1-t^2}{1+t^2}\right)}\cdot\frac{2}{1+t^2}\,dt$$

$$= \int_{\frac{1}{\sqrt{3}}}^{1} \frac{1+t^2+2t}{t(1+t^2+1-t^2)}\,dt$$

$$= \int_{\frac{1}{\sqrt{3}}}^{1} \left(\frac{1}{2t}+\frac{t}{2}+1\right)dt$$

$$= \left[\frac{1}{2}\log_e|t|+\frac{t^2}{4}+t\right]_{\frac{1}{\sqrt{3}}}^{1}$$

$$= -\frac{1}{2}\log_e\frac{1}{\sqrt{3}}+\frac{1}{4}-\frac{1}{12}+1-\frac{1}{\sqrt{3}}$$

$$= \frac{7}{6}+\frac{1}{4}\log_e 3-\frac{\sqrt{3}}{3}$$

それからもう 1 つ，$\displaystyle\int \frac{1}{\sqrt{x^2+1}}\,dx$ について学んでおきます。

$x=\tan\theta \left(-\dfrac{\pi}{2}<\theta<\dfrac{\pi}{2}\right)$ とおくと $\quad dx=\dfrac{1}{\cos^2\theta}\,d\theta$

$$\therefore \quad \int \frac{1}{\sqrt{x^2+1}}\,dx = \int \frac{1}{\sqrt{\tan^2\theta+1}}\cdot\frac{1}{\cos^2\theta}\,d\theta$$

$$= \int \frac{|\cos\theta|}{\cos^2\theta}\,d\theta$$

$$= \int \frac{\cos\theta}{1-\sin^2\theta}\,d\theta \quad \left(\because \quad -\frac{\pi}{2}<\theta<\frac{\pi}{2} \text{ より, } \cos\theta>0\right)$$

$$= \frac{1}{2}\int\left(\frac{\cos\theta}{1-\sin\theta}+\frac{\cos\theta}{1+\sin\theta}\right)d\theta$$

$$= \frac{1}{2}\{-\log_e|1-\sin\theta|+\log_e|1+\sin\theta|\}+C$$

$$= \frac{1}{2}\log_e\frac{1+\sin\theta}{1-\sin\theta}+C = \frac{1}{2}\log_e\frac{(1+\sin\theta)^2}{\cos^2\theta}+C$$

$$= \log_e\frac{1+\sin\theta}{\cos\theta}+C = \log_e(\tan\theta+\sqrt{\tan^2\theta+1})+C$$

$$= \log_e(x+\sqrt{x^2+1})+C$$

ポイントは実数 x を表すのに $x=\tan\theta\left(-\dfrac{\pi}{2}<\theta<\dfrac{\pi}{2}\right)$ と θ
の範囲を指定してよいことと，このとき $\cos\theta>0$ なので
$|\cos\theta|=\cos\theta$ となることです。一応できましたが，かなり大
変です。

ところで

$$(\log_e|x+\sqrt{x^2+a}\,|)'=\dfrac{1+\dfrac{2x}{2\sqrt{x^2+a}}}{x+\sqrt{x^2+a}}=\dfrac{1}{\sqrt{x^2+a}}$$

ですから

$$\int\dfrac{1}{\sqrt{x^2+a}}\,dx=\log_e|x+\sqrt{x^2+a}\,|+C$$

です。これは $a<0$ のときも成り立ち，そのときは x をタンジェントで置換すること
はできないので，覚えておくしかないと思います。

例題 210

$y=\dfrac{\sqrt{x^2+1}}{x^2}$ のグラフと x 軸とではさまれた部分のうち，$1\leqq x\leqq2\sqrt{2}$ の範囲にあるところの面積を求めよ。

解答
$$\int_1^{2\sqrt{2}}\dfrac{\sqrt{x^2+1}}{x^2}\,dx=\left[-\dfrac{\sqrt{x^2+1}}{x}\right]_1^{2\sqrt{2}}+\int_1^{2\sqrt{2}}\dfrac{1}{x}\cdot\dfrac{2x}{2\sqrt{x^2+1}}\,dx$$

$$(\because\ \text{部分積分法})$$

$$=-\dfrac{3}{2\sqrt{2}}+\sqrt{2}+\int_1^{2\sqrt{2}}\dfrac{1}{\sqrt{x^2+1}}\,dx$$

$$=\dfrac{\sqrt{2}}{4}+\left[\log_e\{x+\sqrt{x^2+1}\,\}\right]_1^{2\sqrt{2}}$$

$$=\dfrac{\sqrt{2}}{4}+\log_e\dfrac{3+2\sqrt{2}}{1+\sqrt{2}}$$

$$=\dfrac{\sqrt{2}}{4}+\log_e(1+\sqrt{2}\,)$$

積分計算の問題では，立式が大変であったり，計算が煩わしいことが多いのですが，
積分の仕方自体が難しいことはまれです。この問題はその数少ない例の1つです。

演習 210

$y=\dfrac{1}{\cos^4 x}$，$y=\dfrac{x}{\cos^2 x}$，$x=0$，$x=\dfrac{\pi}{4}$ のグラフで囲まれた部分の面積を求めよ。

解答　まず $0\leqq x\leqq\dfrac{\pi}{4}$ では

$$\dfrac{1}{\cos^4 x}>\dfrac{x}{\cos^2 x}\qquad\therefore\quad\dfrac{1}{\cos^2 x}>x$$

であると考えられ，これは $\dfrac{1}{\cos^2 x} \geqq 1 > \dfrac{\pi}{4} \geqq x$ より，正しい。

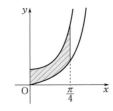

よって，題意の部分はおよそ図の斜線部のようになり，面積は

$$\int_0^{\frac{\pi}{4}} \left(\dfrac{1}{\cos^4 x} - \dfrac{x}{\cos^2 x} \right) dx$$

$$= \int_0^{\frac{\pi}{4}} \dfrac{1}{\cos^2 x}(1+\tan^2 x)dx - \left\{ \left[x\tan x \right]_0^{\frac{\pi}{4}} - \int_0^{\frac{\pi}{4}} \tan x\, dx \right\}$$

$$= \left[\tan x + \dfrac{1}{3}\tan^3 x \right]_0^{\frac{\pi}{4}} - \left\{ \dfrac{\pi}{4} + \left[\log_e |\cos x| \right]_0^{\frac{\pi}{4}} \right\}$$

$$= 1 + \dfrac{1}{3} - \dfrac{\pi}{4} - \log_e \dfrac{1}{\sqrt{2}} = \dfrac{4}{3} - \dfrac{\pi}{4} + \dfrac{1}{2}\log_e 2$$

4 ・ $|e^x \sin x|$ 型

例題 211

$y = e^{-2x}\sin x$ $(x \geqq 0)$ のグラフと x 軸とで囲まれた部分の面積を求めよ。

解答　$y = e^{-2x}\sin x$ のグラフはおよそ図のようになる。

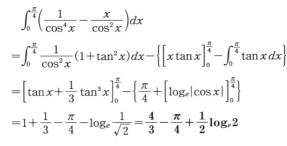

したがって，題意の面積は

$$\lim_{n\to\infty} \sum_{k=0}^{n-1} \int_{\pi k}^{\pi(k+1)} |e^{-2x}\sin x|dx$$

と表される。$\pi k \leqq x \leqq \pi(k+1)$ で $e^{-2x}\sin x$ の符号は一定なので

$$\int_{\pi k}^{\pi(k+1)} |e^{-2x}\sin x|dx = \left| \int_{\pi k}^{\pi(k+1)} e^{-2x}\sin x\, dx \right|$$

ここで $\begin{cases} (e^{-2x}\sin x)' = e^{-2x}(-2\sin x + \cos x) & \cdots\cdots① \\ (e^{-2x}\cos x)' = e^{-2x}(-\sin x - 2\cos x) & \cdots\cdots② \end{cases}$

①×2＋② より　$\{e^{-2x}(2\sin x + \cos x)\}' = -5e^{-2x}\sin x$

よって

$$\left| \int_{\pi k}^{\pi(k+1)} e^{-2x}\sin x\, dx \right| = \left| \left[-\dfrac{1}{5}e^{-2x}(2\sin x + \cos x) \right]_{\pi k}^{\pi(k+1)} \right|$$

$$= \left| -\dfrac{1}{5}e^{-2\pi(k+1)}(-1)^{k+1} + \dfrac{1}{5}e^{-2\pi k}(-1)^k \right|$$

$$= \dfrac{1}{5}\{e^{-2\pi(k+1)} + e^{-2\pi k}\}$$

$$= \dfrac{1}{5}e^{-2\pi(k+1)}(1 + e^{2\pi})$$

$$\therefore \sum_{k=0}^{n-1}\int_{\pi k}^{\pi(k+1)}|e^{-2x}\sin x|dx = \frac{1+e^{2\pi}}{5}\cdot\frac{e^{-2\pi}(1-e^{-2\pi n})}{1-e^{-2\pi}}$$

$$\xrightarrow[n\to\infty]{} \frac{e^{2\pi}+1}{5(e^{2\pi}-1)}$$

これは頻出のパターンですが，いくつか注意すべき点があるのでそれを確認しておきます。まず

$a<b$ のとき
$$\left|\int_a^b f(x)dx\right| \leqq \int_a^b |f(x)|dx$$
等号は，$a\leqq x\leqq b$ で $f(x)$ の符号が一定であるときに成立する。

です。

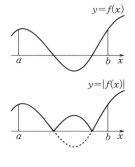

$\int_a^b f(x)dx$ は正になるか負になるかわかりませんが，その絶対値が $\left|\int_a^b f(x)dx\right|$ であり，$\int_a^b |f(x)|dx$ は $y=f(x)$ のグラフと x 軸とではさまれた部分の面積を考えているので，$a\leqq x\leqq b$ で $f(x)$ の符号が一定でなければ，$\left|\int_a^b f(x)dx\right| < \int_a^b |f(x)|dx$ です。

いま，$\pi k\leqq x\leqq\pi(k+1)$ では $e^{-2x}\sin x$ の符号は一定なので，$\int_{\pi k}^{\pi(k+1)}|e^{-2x}\sin x|dx = \left|\int_{\pi k}^{\pi(k+1)}e^{-2x}\sin x dx\right|$ とすることができます。

次に，$\int e^{-2x}\sin x dx$ の計算の仕方は $p.533$ で学んだ方法を用いています。さらに

$$\cos\pi k=(-1)^k$$

にも注意しておきましょう。

また，$\int_{\pi k}^{\pi(k+1)}|e^{-2x}\sin x|dx$ の計算結果が，公比：$e^{-2\pi}$ の等比数列の形になりましたが，これはどういう意味でしょうか。

$\pi k\leqq x\leqq\pi(k+1)$ の部分と $\pi(k+1)\leqq x\leqq\pi(k+2)$ の部分で考えてみましょう。これらを縦に細かく切って長方形の和と考えるとき，横幅が同じなので，面積比は縦の長さの比になっています。ところで

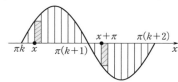

$$|e^{-2(x+\pi)}\sin(x+\pi)| = |e^{-2x}e^{-2\pi}(-\sin x)|$$
$$= e^{-2\pi}|e^{-2x}\sin x|$$

ですから，対応する長方形の面積は $\pi(k+1) \leqq x \leqq \pi(k+2)$ の部分が $\pi k \leqq x \leqq \pi(k+1)$ の部分の $e^{-2\pi}$ 倍になっています。したがって，これらの和で表される $\pi(k+1) \leqq x \leqq \pi(k+2)$ の部分の面積も $\pi k \leqq x \leqq \pi(k+1)$ の部分の面積の $e^{-2\pi}$ 倍になっているのです。

よって，$S_k = \displaystyle\int_{\pi k}^{\pi(k+1)} |e^{-2x} \sin x| \, dx$ とおくと，S_k は公比が $e^{-2\pi}$ の等比数列になっており

$$S_k = S_0 e^{-2\pi k} = \frac{1}{5} e^{-2\pi}(1+e^{2\pi}) e^{-2\pi k} = \frac{1}{5} e^{-2\pi(k+1)}(1+e^{2\pi})$$

となっているのです。

さらに，$\displaystyle\lim_{n\to\infty} \sum_{k=0}^{n-1} \int_{\pi k}^{\pi(k+1)} |e^{-2x} \sin x| \, dx$ は $y = |e^{-2x} \sin x|$ のグラフと x 軸とではさまれた部分の面積を表していますが，これは $y = e^{-2x}$ のグラフと x 軸とではさまれた部分の面積に対してどの程度の割合を占めているのでしょうか。

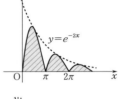

$y = e^{-2x}$ のグラフと x 軸とではさまれた部分の面積を直接に求めることはできないので，まずこれの $0 \leqq x \leqq a$ の範囲にある部分の面積を計算してみましょう。

$$\int_0^a e^{-2x} \, dx = \left[-\frac{1}{2} e^{-2x} \right]_0^a = \frac{1}{2}(1 - e^{-2a})$$

ここで，a を無限大にもっていくと

$$\lim_{a\to\infty} \frac{1}{2}(1 - e^{-2a}) = \frac{1}{2}$$

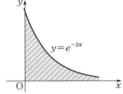

です。これに対する $\dfrac{e^{2\pi}+1}{5(e^{2\pi}-1)}$ の割合は $\dfrac{2(e^{2\pi}+1)}{5(e^{2\pi}-1)}$ ですが，$e^{2\pi} \fallingdotseq 2.72^6$ として近似してみると，$e^{2\pi}$ はだいたい 400 ぐらいの値になり，$\dfrac{e^{2\pi}+1}{e^{2\pi}-1} \fallingdotseq 1$ と考えてよいことがわかります。結局，$y = |e^{-2x} \sin x|$ のグラフと x 軸とではさまれた部分は，$y = e^{-2x}$ のグラフと x 軸とではさまれた部分の面積の $\dfrac{2}{5}$ 程度の割合だったということです（ぱっと見た感じでは半分を超えていそうですが，$y = e^{-2x}$ のグラフの減衰率が思った以上に大きいとすれば納得のできる結論です）。

演習 211

$\displaystyle\lim_{n\to\infty} \int_0^\pi |e^{-x} \sin nx| \, dx$ （n は自然数）を計算せよ。

解答

$$\int_0^\pi |e^{-x}\sin nx|\,dx = \sum_{k=0}^{n-1}\int_{\frac{\pi k}{n}}^{\frac{\pi(k+1)}{n}} |e^{-x}\sin nx|\,dx$$

$$= \sum_{k=0}^{n-1}\left|\int_{\frac{\pi k}{n}}^{\frac{\pi(k+1)}{n}} e^{-x}\sin nx\,dx\right| \quad \cdots\cdots ①$$

ここで
$$\begin{cases} (e^{-x}\sin nx)' = e^{-x}(-\sin nx + n\cos nx) \\ (e^{-x}\cos nx)' = e^{-x}(-n\sin nx - \cos nx) \end{cases}$$

より
$$\{e^{-x}(\sin nx + n\cos nx)\}' = -(n^2+1)e^{-x}\sin nx$$

よって

$$① = \sum_{k=0}^{n-1}\left| -\frac{1}{n^2+1}\left[e^{-x}(\sin nx + n\cos nx)\right]_{\frac{\pi k}{n}}^{\frac{\pi(k+1)}{n}}\right|$$

$$= \sum_{k=0}^{n-1}\left| -\frac{n}{n^2+1}\left\{ e^{-\frac{\pi(k+1)}{n}}(-1)^{k+1} - e^{-\frac{\pi k}{n}}(-1)^k\right\}\right|$$

$$= \frac{n}{n^2+1}\sum_{k=0}^{n-1} e^{-\frac{\pi(k+1)}{n}}(1+e^{\frac{\pi}{n}})$$

$$= \frac{n(1+e^{\frac{\pi}{n}})}{n^2+1}\cdot \frac{e^{-\frac{\pi}{n}}(1-e^{-\pi})}{1-e^{-\frac{\pi}{n}}}$$

$$= \frac{n(e^{\frac{\pi}{n}}+1)(e^{\pi}-1)}{(n^2+1)(e^{\frac{\pi}{n}}-1)e^{\pi}}$$

$$= \frac{e^{\pi}-1}{\pi e^{\pi}}\cdot \frac{1}{1+\frac{1}{n^2}}\cdot \frac{\frac{\pi}{n}}{e^{\frac{\pi}{n}}-1}(e^{\frac{\pi}{n}}+1) \xrightarrow{n\to\infty} \frac{2(e^{\pi}-1)}{\pi e^{\pi}}$$

$0\leqq x\leqq \pi$ では，$e^{-x}\sin nx$ の符号が一定ではないので

$$\int_0^\pi |e^{-x}\sin nx|\,dx > \left|\int_0^\pi e^{-x}\sin nx\,dx\right|$$

です。絶対値を積分の外にはずすために，積分区間を区切らなければなりません。

また，$nx=t$ と置換して次のように計算することもできます。

別解 $nx=t$ とおくと

$$n\,dx = dt \quad \begin{cases} x : 0 \to \pi \\ t : 0 \to \pi n \end{cases}$$

$$\int_0^\pi |e^{-x}\sin nx|\,dx = \frac{1}{n}\int_0^{\pi n} |e^{-\frac{t}{n}}\sin t|\,dt$$

$$= \frac{1}{n}\sum_{k=0}^{n-1}\int_{\pi k}^{\pi(k+1)} |e^{-\frac{t}{n}}\sin t|\,dt$$

$$= \frac{1}{n}\sum_{k=0}^{n-1}\left|\int_{\pi k}^{\pi(k+1)} e^{-\frac{t}{n}}\sin t\,dt\right| \quad \cdots\cdots ①$$

ここで $\begin{cases}(e^{-\frac{t}{n}}\sin t)'=e^{-\frac{t}{n}}\left(-\dfrac{1}{n}\sin t+\cos t\right)\\[2mm](e^{-\frac{t}{n}}\cos t)'=e^{-\frac{t}{n}}\left(-\sin t-\dfrac{1}{n}\cos t\right)\end{cases}$

より $\quad \{e^{-\frac{t}{n}}(\sin t+n\cos t)\}'=-\left(n+\dfrac{1}{n}\right)e^{-\frac{t}{n}}\sin t$

よって

$$① =\dfrac{1}{n}\sum_{k=0}^{n-1}\left|\left[\dfrac{-n}{n^2+1}e^{-\frac{t}{n}}(\sin t+n\cos t)\right]_{\pi k}^{\pi(k+1)}\right|$$

$$=\dfrac{n}{n^2+1}\sum_{k=0}^{n-1}\left|-e^{-\frac{\pi(k+1)}{n}}(-1)^{k+1}+e^{-\frac{\pi k}{n}}(-1)^k\right|$$

$$=\dfrac{n}{n^2+1}\sum_{k=0}^{n-1}e^{-\frac{\pi(k+1)}{n}}(1+e^{\frac{\pi}{n}})$$

（以下〔解答〕に同じ）

さらに，最後の極限を考えるところでは，3つの重要極限の2つめ $\displaystyle\lim_{x\to0}\dfrac{e^x-1}{x}=1$ を用いていることにも注意しておきましょう。

ちなみに，$\displaystyle\int_0^\pi|e^{-x}\sin nx|dx$ は右図の斜線部の面積を計算しているわけですが，n を無限大にもっていくと，この面積が $\dfrac{2(e^\pi-1)}{\pi e^\pi}$ に収束するということです。

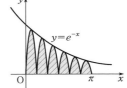

一方

$$\int_0^\pi e^{-x}dx=\left[-e^{-x}\right]_0^\pi=-e^{-\pi}+1=\dfrac{e^\pi-1}{e^\pi}$$

が右図の斜線部の面積で，これの $\dfrac{2}{\pi}$ 倍になっているわけです。

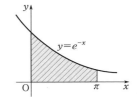

5 ・ パラメーター表示の曲線

p.475 に出てきたサイクロイドについて考えます。

例題 212

$\begin{cases}x=\theta-\sin\theta\\y=1-\cos\theta\end{cases}$ $(0\le\theta\le2\pi)$ のグラフと x 軸とで囲まれる図形の面積を求めよ。

↓

解答　題意の曲線は図のようになる。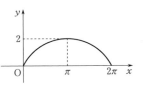

また，$dx=(1-\cos\theta)d\theta$ であり，$\begin{cases}x:0\to 2\pi\\\theta:0\to 2\pi\end{cases}$ だ

から

$$\int_0^{2\pi}y\,dx=\int_0^{2\pi}(1-\cos\theta)^2d\theta$$

$$=\int_0^{2\pi}(1-2\cos\theta+\cos^2\theta)d\theta$$

$$=\int_0^{2\pi}\left(1-2\cos\theta+\frac{1+\cos 2\theta}{2}\right)d\theta$$

$$=\left[\frac{3\theta}{2}-2\sin\theta+\frac{\sin 2\theta}{4}\right]_0^{2\pi}=3\pi$$

やはり，縦に細かく切って，微小な長方形の面積 $y\,dx$ の summation を考えるという式を立てることになります。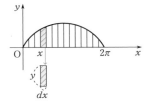

次は *p.*473 に出てきたアステロイド（星芒形）です。

演習 212

$\begin{cases}x=\cos^3\theta\\y=\sin^3\theta\end{cases}$ $(0\le\theta\le 2\pi)$ で囲まれた図形の面積を求めよ。

↓

解答　まず，題意の曲線は図のようになり，x 軸及び y 軸に関して対称である。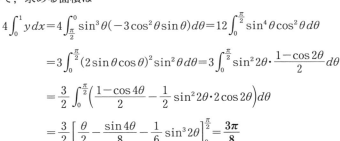

また，$dx=-3\cos^2\theta\sin\theta\,d\theta$ であり

$$\begin{cases}x:0\to 1\\\theta:\dfrac{\pi}{2}\to 0\end{cases}$$

よって，求める面積は

$$4\int_0^1 y\,dx=4\int_{\frac{\pi}{2}}^0\sin^3\theta(-3\cos^2\theta\sin\theta)d\theta=12\int_0^{\frac{\pi}{2}}\sin^4\theta\cos^2\theta\,d\theta$$

$$=3\int_0^{\frac{\pi}{2}}(2\sin\theta\cos\theta)^2\sin^2\theta\,d\theta=3\int_0^{\frac{\pi}{2}}\sin^2 2\theta\cdot\frac{1-\cos 2\theta}{2}d\theta$$

$$=\frac{3}{2}\int_0^{\frac{\pi}{2}}\left(\frac{1-\cos 4\theta}{2}-\frac{1}{2}\sin^2 2\theta\cdot 2\cos 2\theta\right)d\theta$$

$$=\frac{3}{2}\left[\frac{\theta}{2}-\frac{\sin 4\theta}{8}-\frac{1}{6}\sin^3 2\theta\right]_0^{\frac{\pi}{2}}=\frac{3\pi}{8}$$

第1章
第2章
第3章
第4章
第5章
第6章
第7章
第8章
第9章
第10章
第11章
第12章
第13章
第14章

5 体積

　ある x で x 軸に垂直な平面で切った切り口の面積が $S(x)$ であるような立体の，x 座標が a から x までの部分の体積を $V(x)$ とします。

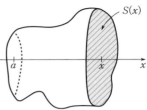

　$V(x+h)-V(x)$ の部分を考え，この部分における切り口の面積の最大値を M，最小値を m とすると

$$mh \leqq V(x+h)-V(x) \leqq Mh$$

$$\therefore \quad m \leqq \frac{V(x+h)-V(x)}{h} \leqq M$$

が成立します。ここで，$\lim_{h \to 0} m = \lim_{h \to 0} M = S(x)$ ですから，

はさみうちの原理により，$\lim_{h \to 0} \dfrac{V(x+h)-V(x)}{h} = S(x)$

すなわち $V'(x) = S(x)$ です。これより，

$V(x) = \displaystyle\int_a^x S(x)dx$ と表されることになるという話の流

れは，面積を考えたときの内容と全く同じです。

　たとえば，底面積が S で高さが h の三角錐の体積を考えてみましょう。図のように座標軸をとると，ある x での切り口の面積は $S\left(\dfrac{x}{h}\right)^2$ です。したがって，この立

体の体積は

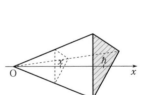

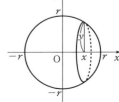

$$\int_0^h S\left(\frac{x}{h}\right)^2 dx = \left[\frac{S}{h^2} \cdot \frac{x^3}{3}\right]_0^h = \frac{Sh}{3}$$

となり，よく知っている結論と一致しました。

　球の体積も円 $x^2+y^2=r^2$ を x 軸のまわりに 1 回転して得られる回転体を考えることで計算することができます。つまり，この回転体をある x で x 軸に垂直な平面で切った切り口の面積は $\pi y^2 = \pi(r^2-x^2)$ と表されますから

$$\int_{-r}^r \pi(r^2-x^2)dx = 2\int_0^r \pi(r^2-x^2)dx$$

$$= 2\pi\left[r^2 x - \frac{x^3}{3}\right]_0^r$$

$$= \frac{4\pi r^3}{3}$$

です。一般に

$y=f(x)$ $(a\leqq x\leqq b)$ のグラフを x 軸のまわりに 1 回転して得られる立体の体積は

$$\pi\int_a^b\{f(x)\}^2dx$$

で表されます。

また，上の計算で，$\int_{-r}^r\pi(r^2-x^2)dx=2\int_0^r\pi(r^2-x^2)dx$ としましたが，偶関数を y 軸対称の積分区間で積分すると，$x\geqq0$ の部分の積分結果の 2 倍になります。同様に奇関数を y 軸対称の積分区間で積分すると，プラスとマイナスが相殺されて積分結果は 0 になります。

$f(x)$ が偶関数のとき　　$\int_{-a}^a f(x)dx=2\int_0^a f(x)dx$

$f(x)$ が奇関数のとき　　$\int_{-a}^a f(x)dx=0$

x 軸のまわりに回転する回転体について学びましたが，y 軸のまわりに回転する回転体は，外枠に加え内枠等が生じることがあり，少し事情が異なります。具体例で調べてみましょう。

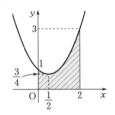

$y=x^2-x+1$ $(0\leqq x\leqq2)$ のグラフと x 軸，y 軸及び直線 $x=2$ で囲まれた部分を y 軸のまわりに 1 回転して得られる立体の体積を考えてみます。

この立体は $x=2$ を回転してできる円柱から $y=x^2-x+1$ $\left(\dfrac{1}{2}\leqq x\leqq2\right)$ を回転してできる丼鉢状の立体を除き，

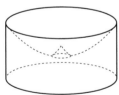

$y=x^2-x+1$ $\left(0\leqq x\leqq\dfrac{1}{2}\right)$ を回転してできる小山を加えることによって得られます。したがってこの体積は

$$2^2\pi\cdot3-\pi\int_{\frac{3}{4}}^3 x^2 dy+\pi\int_{\frac{3}{4}}^1 x^2 dy \quad (y=x^2-x+1)$$

$$=12\pi-\pi\int_{\frac{1}{2}}^2 x^2(2x-1)dx+\pi\int_{\frac{1}{2}}^0 x^2(2x-1)dx$$

$$=12\pi-\pi\left\{\int_0^{\frac{1}{2}} x^2(2x-1)dx+\int_{\frac{1}{2}}^2 x^2(2x-1)dx\right\}$$

$$=12\pi-\pi\int_0^2 x^2(2x-1)dx$$

$$=12\pi-\pi\left[\dfrac{x^4}{2}-\dfrac{x^3}{3}\right]_0^2$$

$$=12\pi-\pi\Big(8-\frac{8}{3}\Big)$$

$$=\frac{20\pi}{3}$$

です。途中で x に置換して積分をしましたが

$$y=x^2-x+1$$

$$x=\frac{1\pm\sqrt{4y-3}}{2}$$

$$\therefore\quad x^2=y+x-1=y+\frac{-1\pm\sqrt{4y-3}}{2}$$

よって

$$12\pi-\pi\int_{\frac{3}{4}}^{3}x^2\,dy+\pi\int_{\frac{3}{4}}^{1}x^2\,dy$$

$$=12\pi-\pi\int_{\frac{3}{4}}^{3}\Big(y+\frac{-1+\sqrt{4y-3}}{2}\Big)dy+\pi\int_{\frac{3}{4}}^{1}\Big(y+\frac{-1-\sqrt{4y-3}}{2}\Big)dy$$

$$=12\pi-\pi\Big[\frac{y^2}{2}-\frac{y}{2}+\frac{(4y-3)^{\frac{3}{2}}}{12}\Big]_{\frac{3}{4}}^{3}+\pi\Big[\frac{y^2}{2}-\frac{y}{2}-\frac{(4y-3)^{\frac{3}{2}}}{12}\Big]_{\frac{3}{4}}^{1}$$

$$=12\pi-\pi\Big(\frac{9-\dfrac{9}{16}}{2}-\frac{3-\dfrac{3}{4}}{2}+\frac{9}{4}\Big)+\pi\Big(\frac{1-\dfrac{9}{16}}{2}-\frac{1-\dfrac{3}{4}}{2}-\frac{1}{12}\Big)$$

$$=\frac{20\pi}{3}$$

のように計算することも可能です。

　しかし，いずれのやり方も少し面倒なので別のやり方を紹介します。これまでのところ，回転体の体積は回転軸に垂直な平面で切ることによって立式しましたが，新しい方法では，注目している部分をまず縦に細かく切ってみます。

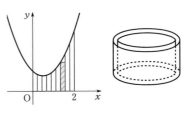

そうしてできた微小な長方形を回転軸のまわりに回転してみると図のような年輪状の立体になり，これをどこかで切ってまっすぐにしてみると幅の薄い直方体になります。

　この直方体の体積の summation を考えて式を立てると

$$\int_{0}^{2}2\pi x(x^2-x+1)\,dx=2\pi\Big[\frac{x^4}{4}-\frac{x^3}{3}+\frac{x^2}{2}\Big]_{0}^{2}=2\pi\Big(4-\frac{8}{3}+2\Big)=\frac{20\pi}{3}$$

となり非常に楽です。これを年輪法と呼びます。

> $y=f(x)$ $(a \leqq x \leqq b)$ のグラフと x 軸とではさまれた部分
> を y 軸のまわりに 1 回転して得られる立体の体積は
>
> $$2\pi \int_a^b |x||f(x)|\,dx$$
>
> で与えられる（ただし，a, b は異符号ではないとする）。

以上で，体積についての基本を学びましたが，非回転体の体積について 1 つだけ付け加えることがあるので，それを学んでおきましょう。

例題 213

円柱 $x^2+y^2 \leqq 1$, $0 \leqq z \leqq 1$ のうち，$2y+z \geqq 2$ を満たす部分の体積を求めよ。

非回転体の体積を考える場合，どのように座標軸を設け，どのように立体を切るのかということによって，計算が楽になったり，大変になったりします。この問題の場合，座標軸は与えられているので切り方を考えることになります。

まず，題意の部分を解釈するところから始めましょう。円柱 $x^2+y^2 \leqq 1$, $0 \leqq z \leqq 1$ は図(i)のようになり，$2y+z \geqq 2$ の表す領域は平面 $2y+z=2$ で空間を 2 つの部分に分けたとき，原点を含まない方を表しています。平面 $2y+z=2$ の法線ベクトルは

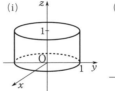
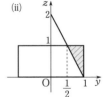

$(0,\ 2,\ 1)$ で x 成分が 0 になっていますから，この平面は x 軸に平行で x 軸の正方向から円柱と平面を見ると図(ii)のようになります。

これで「題意の部分」がだいたいわかったので，次に切り方を考えます。できるだけ計算が楽になるような切り方を見つけなければなりませんが，そのための 1 つの方法として，この立体をいろいろな方向から見た図を描いてみるのが有力です（図(iii)～(v)）。

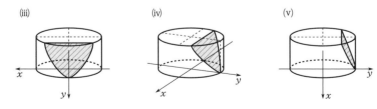

選択肢としては，座標軸に垂直な平面で切ることを考えます。それぞれを見てみたいと思いますが，最初に z 軸に垂直な平面で切ったらどうなるでしょうか。切り口は

左下図の斜線部のようになり，この面積を S とすると，立体の体積は $\int_0^1 Sdz$ で与えられます。

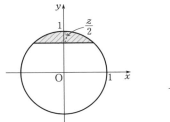
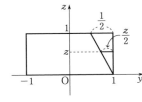

次に，y 軸に垂直な平面で切ると，切り口は左下図のような長方形になるので，立体の体積は $\int_{\frac{1}{2}}^1 2x \cdot 2\left(y - \frac{1}{2}\right)dy$ $(x^2 + y^2 = 1)$ で与えられます。

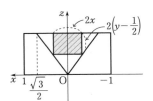
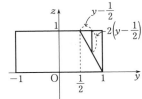
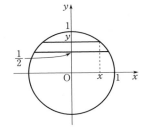

これは $x = \sqrt{1 - y^2}$ とするか，$(x, y) = (\cos\theta, \sin\theta)$ と置換することにより計算することができます。

最後に x 軸に垂直な平面で切ると，切り口は左下図のような直角三角形になり，立体の体積は

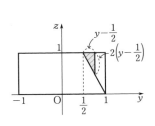
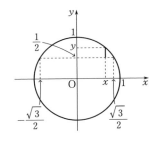

$$\int_{-\frac{\sqrt{3}}{2}}^{\frac{\sqrt{3}}{2}} \frac{1}{2}\left(y-\frac{1}{2}\right)\cdot 2\left(y-\frac{1}{2}\right)dx = 2\int_0^{\frac{\sqrt{3}}{2}}\left(y^2-y+\frac{1}{4}\right)dx \quad (x^2+y^2=1)$$

$$= 2\int_0^{\frac{\sqrt{3}}{2}}\left(\frac{5}{4}-x^2-y\right)dx$$

$$= 2\left\{\left[\frac{5x}{4}-\frac{x^3}{3}\right]_0^{\frac{\sqrt{3}}{2}}-\int_0^{\frac{\sqrt{3}}{2}}y\,dx\right\}$$

$$= 2\left\{\frac{5\sqrt{3}}{8}-\frac{\sqrt{3}}{8}-\left(\frac{\pi}{6}+\frac{\sqrt{3}}{8}\right)\right\}$$

$$= \frac{3\sqrt{3}}{4}-\frac{\pi}{3}$$

となります。いずれのやり方でも結論を得ることができますが，最初に紹介した z 軸に垂直な平面で切る方法は，かなり面倒です。1 つの方針が立てられたとしても，他にもっとよい方法があるかもしれないので，柔軟に対応できるようにしてください。

6 曲線の長さ（弧長）

　積分を用いて面積と体積を求めてきましたが，曲線の長さを求めることもできます。
　$f'(x)$ を考えたときと同じように，曲線の一部が線分とみなせるくらい微小な部分を考えます。このとき，この線分の長さ $\Delta\ell$ は三平方の定理を用いて

$$\Delta\ell \fallingdotseq \sqrt{(\Delta x)^2+(\Delta y)^2}$$

$$= \sqrt{1+\left(\frac{\Delta y}{\Delta x}\right)^2}\,\Delta x$$

$$\xrightarrow[\Delta x \to 0]{}\ \sqrt{1+\left(\frac{dy}{dx}\right)^2}\,dx$$

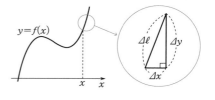

と表すことができるので，これの summation を考えることにより曲線の長さを計算することができるのです。

> $y=f(x)$ のグラフの $a\le x\le b$ の部分の長さ ℓ は
> $$\ell = \int_a^b \sqrt{1+\{f'(x)\}^2}\,dx$$
> で表される。

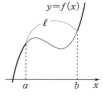

　しかし，この積分計算ができる曲線はそんなに多くありません。放物線 $y=x^2$ のように単純そうに見える曲線でも大変な計算になります。

例題 214

曲線 $y=x^2$ $\left(0\leqq x\leqq\dfrac{1}{2}\right)$ の長さを求めよ。

解答 　　$y'=2x$

よって，求める長さは

$$\int_0^{\frac{1}{2}}\sqrt{1+(2x)^2}\,dx \quad \cdots\cdots①$$

ここで，$x=\dfrac{1}{2}\tan\theta$ とおくと

$$dx=\frac{d\theta}{2\cos^2\theta} \qquad \begin{cases} x:0\to\dfrac{1}{2}\\[2mm] \theta:0\to\dfrac{\pi}{4} \end{cases}$$

$$① =\int_0^{\frac{\pi}{4}}\sqrt{1+\tan^2\theta}\cdot\frac{d\theta}{2\cos^2\theta}=\frac{1}{2}\int_0^{\frac{\pi}{4}}\sqrt{\frac{1}{\cos^2\theta}}\cdot\frac{d\theta}{\cos^2\theta}$$

$$=\frac{1}{2}\int_0^{\frac{\pi}{4}}\frac{1}{|\cos\theta|}\cdot\frac{d\theta}{\cos^2\theta}=\frac{1}{2}\int_0^{\frac{\pi}{4}}\frac{d\theta}{\cos^3\theta}$$

$$=\frac{1}{2}\int_0^{\frac{\pi}{4}}\frac{\cos\theta}{(1-\sin^2\theta)^2}d\theta=\frac{1}{2}\int_0^{\frac{\pi}{4}}\frac{\cos\theta}{(1+\sin\theta)^2(1-\sin\theta)^2}d\theta$$

$$=\frac{1}{8}\int_0^{\frac{\pi}{4}}\left\{\frac{\cos\theta}{1+\sin\theta}-\frac{-\cos\theta}{1-\sin\theta}+\frac{\cos\theta}{(1+\sin\theta)^2}-\frac{-\cos\theta}{(1-\sin\theta)^2}\right\}d\theta$$

$$=\frac{1}{8}\left[\log_e|1+\sin\theta|-\log_e|1-\sin\theta|-\frac{1}{1+\sin\theta}+\frac{1}{1-\sin\theta}\right]_0^{\frac{\pi}{4}}$$

$$=\frac{1}{8}\left[\log_e\frac{1+\sin\theta}{1-\sin\theta}-\frac{1}{1+\sin\theta}+\frac{1}{1-\sin\theta}\right]_0^{\frac{\pi}{4}}$$

$$=\frac{1}{8}\left\{\log_e\frac{1+\dfrac{1}{\sqrt{2}}}{1-\dfrac{1}{\sqrt{2}}}-\frac{1}{1+\dfrac{1}{\sqrt{2}}}+\frac{1}{1-\dfrac{1}{\sqrt{2}}}\right\}$$

$$=\frac{1}{8}\left\{\log_e\frac{\sqrt{2}+1}{\sqrt{2}-1}-\frac{\sqrt{2}}{\sqrt{2}+1}+\frac{\sqrt{2}}{\sqrt{2}-1}\right\}$$

$$=\frac{1}{8}\{\log_e(\sqrt{2}+1)^2-\sqrt{2}(\sqrt{2}-1)+\sqrt{2}(\sqrt{2}+1)\}$$

$$=\boldsymbol{\frac{1}{4}\{\log_e(\sqrt{2}+1)+\sqrt{2}\}}$$

途中の計算では，$\dfrac{\cos\theta}{(1+\sin\theta)^2(1-\sin\theta)^2}$ を積分できる形で部分分数に分けるところが大変です。

ところで，$p.542$ に出てきた $\displaystyle\int\dfrac{1}{\sqrt{x^2+a}}\,dx=\log_e|x+\sqrt{x^2+a}\,|+C$ を使う方法もあります。

$$\int_0^{\frac{1}{2}}\sqrt{1+4x^2}\,dx=\int_0^{\frac{1}{2}}\dfrac{1+4x^2}{\sqrt{1+4x^2}}\,dx$$

$$=\int_0^{\frac{1}{2}}\dfrac{1}{\sqrt{1+4x^2}}\,dx+\int_0^{\frac{1}{2}}\dfrac{4x\cdot x}{\sqrt{1+4x^2}}\,dx$$

$$=\dfrac{1}{2}\int_0^{\frac{1}{2}}\dfrac{1}{\sqrt{x^2+\dfrac{1}{4}}}\,dx+\Big[\sqrt{1+4x^2}\cdot x\Big]_0^{\frac{1}{2}}-\int_0^{\frac{1}{2}}\sqrt{1+4x^2}\,dx$$

$$\therefore\quad 2\int_0^{\frac{1}{2}}\sqrt{1+4x^2}\,dx=\dfrac{1}{2}\Big[\log_e\Big|x+\sqrt{x^2+\dfrac{1}{4}}\,\Big|\Big]_0^{\frac{1}{2}}+\dfrac{\sqrt{2}}{2}$$

$$=\dfrac{1}{2}\Big\{\log_e\Big(\dfrac{1}{2}+\dfrac{\sqrt{2}}{2}\Big)-\log_e\dfrac{1}{2}\Big\}+\dfrac{\sqrt{2}}{2}$$

$$=\dfrac{1}{2}\log_e(1+\sqrt{2}\,)+\dfrac{\sqrt{2}}{2}$$

よって

$$\int_0^{\frac{1}{2}}\sqrt{1+4x^2}\,dx=\dfrac{1}{4}\log_e(1+\sqrt{2}\,)+\dfrac{\sqrt{2}}{4}$$

となり，上の計算が正しかったことがわかります。

また，$\displaystyle\int\sqrt{1+(2x)^2}\,dx$ では，$2x=\dfrac{e^t-e^{-t}}{2}$ と置換する方法もあります。

$2x=\dfrac{e^t-e^{-t}}{2}$ とおくと　　$2\,dx=\dfrac{e^t+e^{-t}}{2}\,dt$

$$1+(2x)^2=1+\Big(\dfrac{e^t-e^{-t}}{2}\Big)^2=\Big(\dfrac{e^t+e^{-t}}{2}\Big)^2$$

$x=\dfrac{1}{2}$ のとき

$$1=\dfrac{e^t-e^{-t}}{2}\qquad\therefore\quad e^{2t}-2e^t-1=0$$

$e^t>0$ より　　$e^t=1+\sqrt{2}$

すなわち　　$t=\log_e(1+\sqrt{2}\,)$

よって　　$\begin{cases}x:0\to\dfrac{1}{2}\\[2mm]t:0\to\log_e(1+\sqrt{2}\,)\end{cases}$

$$\therefore \int_0^{\frac{1}{2}} \sqrt{1+(2x)^2}\, dx = \int_0^{\log_e(1+\sqrt{2})} \sqrt{\left(\frac{e^t+e^{-t}}{2}\right)^2} \cdot \frac{e^t+e^{-t}}{4}\, dt$$

$$= \frac{1}{8}\int_0^{\log_e(1+\sqrt{2})} (e^{2t}+2+e^{-2t})\, dt$$

$$= \frac{1}{8}\left[\frac{1}{2}e^{2t}+2t-\frac{1}{2}e^{-2t}\right]_0^{\log_e(1+\sqrt{2})}$$

$$= \frac{1}{8}\left\{\frac{1}{2}e^{2\log_e(1+\sqrt{2})}+2\log_e(1+\sqrt{2})-\frac{1}{2}e^{-2\log_e(1+\sqrt{2})}\right\}$$

$$= \frac{1}{8}\left\{\frac{1}{2}(1+\sqrt{2})^2+2\log_e(1+\sqrt{2})-\frac{1}{2}\cdot\frac{1}{(1+\sqrt{2})^2}\right\}$$

$$= \frac{1}{8}\left\{\frac{1}{2}(3+2\sqrt{2})+2\log_e(1+\sqrt{2})-\frac{1}{2}(3-2\sqrt{2})\right\}$$

$$= \frac{\sqrt{2}}{4}+\frac{1}{4}\log_e(1+\sqrt{2})$$

しかし，こんなことを知っていたり，気づいたりする受験生はまずいないので，「曲線の長さ」が問える曲線はかなり限られてきます。そんな中で，次の**カテナリー**（懸_{けん}垂曲線_{すいきょくせん}）は注目に値します。

演習 214

曲線 $y=\dfrac{e^x+e^{-x}}{2}$ $(0 \le x \le a)$ の長さを求めよ。ただし $a>0$ とする。

解答

$$y'=\frac{e^x-e^{-x}}{2}$$

$$1+(y')^2=1+\left(\frac{e^x-e^{-x}}{2}\right)^2=\left(\frac{e^x+e^{-x}}{2}\right)^2$$

$$\therefore \int_0^a \sqrt{1+(y')^2}\, dx = \int_0^a \left|\frac{e^x+e^{-x}}{2}\right|\, dx$$

$$= \int_0^a \frac{e^x+e^{-x}}{2}\, dx$$

$$= \left[\frac{e^x-e^{-x}}{2}\right]_0^a = \frac{e^a-e^{-a}}{2}$$

$f(x)=\dfrac{e^x+e^{-x}}{2}$ とし，$f'(x)=g(x)$ とおくと

$$1+\{g(x)\}^2=\{f(x)\}^2$$

これはカテナリーの常識であり，1つには $\sqrt{1+\{f'(x)\}^2}$ のルートがはずれ，積分できる形になるということですが，もう1つの意味があります。

それは，図のように $y=f(x)$ のグラフ上の点 P で接線 PQ を引くとき，$\dfrac{\mathrm{PR}}{\mathrm{QR}}=f'(x)=g(x)$ ですから，

QR：PR：PQ$=1:g(x):f(x)$ になっているということです。これに関連する例題を1つやっておきましょう。

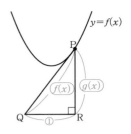

例題 215

$f(x)=\dfrac{e^x+e^{-x}}{2}$ のグラフを C とする。先端を P とする糸が C 上の点 $(0,\ f(0))$ を始点として C に沿って C の右側に巻き付けてある。この糸の先端 P を引き，ゆるむことなくほどく。糸が $(0,\ f(0))$ から $(a,\ f(a))$ までほどかれる間に P が描く軌跡の長さを求めよ。ただし，$a>0$ とする。

解答　糸が $\mathrm{Q}(t,\ f(t))$ までほどかれたときの P を $(x,\ y)$ とおく。

$$f'(x)=\frac{e^x-e^{-x}}{2}\quad(=g(x)\ \text{とおく})$$

$$1+\{f'(x)\}^2=1+\left(\frac{e^x-e^{-x}}{2}\right)^2=\left(\frac{e^x+e^{-x}}{2}\right)^2$$

$$(=\{f(x)\}^2)$$

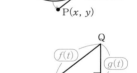

$$\therefore\quad \mathrm{PQ}=\int_0^t\sqrt{1+\{f'(x)\}^2}\,dx=\int_0^t|f(x)|\,dx$$

$$=\int_0^t f(x)\,dx=\Big[g(x)\Big]_0^t=g(t)$$

$$\therefore\quad\begin{cases}x=t-g(t)\dfrac{1}{f(t)}\\[2mm]y=f(t)-g(t)\dfrac{g(t)}{f(t)}=\dfrac{\{f(t)\}^2-\{g(t)\}^2}{f(t)}=\dfrac{1}{f(t)}\end{cases}$$

$$\therefore\quad\begin{cases}\dfrac{dx}{dt}=1-\dfrac{\{f(t)\}^2-\{g(t)\}^2}{\{f(t)\}^2}=1-\dfrac{1}{\{f(t)\}^2}\\[3mm]\dfrac{dy}{dt}=-\dfrac{g(t)}{\{f(t)\}^2}\end{cases}$$

$$\therefore\quad\left(\frac{dx}{dt}\right)^2+\left(\frac{dy}{dt}\right)^2=\left[1-\frac{1}{\{f(t)\}^2}\right]^2+\frac{\{g(t)\}^2}{\{f(t)\}^4}=1-\frac{2}{\{f(t)\}^2}+\frac{1+\{g(t)\}^2}{\{f(t)\}^4}$$

$$=1-\frac{2}{\{f(t)\}^2}+\frac{1}{\{f(t)\}^2}=\frac{\{f(t)\}^2-1}{\{f(t)\}^2}=\left\{\frac{g(t)}{f(t)}\right\}^2$$

よって，求める長さは

$$\int_0^a \sqrt{\left(\frac{dx}{dt}\right)^2 + \left(\frac{dy}{dt}\right)^2}\, dt = \int_0^a \left|\frac{g(t)}{f(t)}\right| dt = \int_0^a \frac{g(t)}{f(t)}\, dt$$

$$= \Big[\log_e |f(t)|\Big]_0^a = \log_e f(a)$$

$$= \log_e \frac{e^a + e^{-a}}{2}$$

1 パラメーター表示の曲線の長さ

$\begin{cases} x = f(t) \\ y = g(t) \end{cases}$ のようにパラメーター表示されている場合には，微小な曲線の長さを

$$\Delta\ell \doteqdot \sqrt{(\Delta x)^2 + (\Delta y)^2} = \sqrt{\left(\frac{\Delta x}{\Delta t}\right)^2 + \left(\frac{\Delta y}{\Delta t}\right)^2}\, \Delta t \xrightarrow[\Delta t \to 0]{} \sqrt{\left(\frac{dx}{dt}\right)^2 + \left(\frac{dy}{dt}\right)^2}\, dt$$

と変形して，t で積分することにより曲線の長さを計算することができます。

p.475，547 に出てきたサイクロイドで考えておきます。

例題 216

曲線 $\begin{cases} x = \theta - \sin\theta \\ y = 1 - \cos\theta \end{cases}$ $(0 \leqq \theta \leqq 2\pi)$ の長さを求めよ。

解答　　$\dfrac{dx}{d\theta} = 1 - \cos\theta$，　$\dfrac{dy}{d\theta} = \sin\theta$

$$\therefore \quad \left(\frac{dx}{d\theta}\right)^2 + \left(\frac{dy}{d\theta}\right)^2 = (1-\cos\theta)^2 + \sin^2\theta = 2 - 2\cos\theta = \left(2\sin\frac{\theta}{2}\right)^2$$

よって，求める長さは

$$\int_0^{2\pi} \sqrt{\left(\frac{dx}{d\theta}\right)^2 + \left(\frac{dy}{d\theta}\right)^2}\, d\theta = \int_0^{2\pi} \left|2\sin\frac{\theta}{2}\right| d\theta = \int_0^{2\pi} 2\sin\frac{\theta}{2}\, d\theta$$

$$= \left[-4\cos\frac{\theta}{2}\right]_0^{2\pi} = 8$$

次は，p.473，548 に出てきたアステロイドです。

演習 216

曲線 $\begin{cases} x = \cos^3\theta \\ y = \sin^3\theta \end{cases}$ $(0 \leqq \theta \leqq 2\pi)$ の長さを求めよ。

解答　　$\dfrac{dx}{d\theta} = -3\cos^2\theta\sin\theta$，　$\dfrac{dy}{d\theta} = 3\sin^2\theta\cos\theta$

$$\therefore \quad \left(\frac{dx}{d\theta}\right)^2 + \left(\frac{dy}{d\theta}\right)^2 = 9\cos^4\theta\sin^2\theta + 9\sin^4\theta\cos^2\theta$$

$$=9\sin^2\theta\cos^2\theta=\frac{9}{4}\sin^2 2\theta$$

よって，求める長さは

$$\int_0^{2\pi}\sqrt{\left(\frac{dx}{d\theta}\right)^2+\left(\frac{dy}{d\theta}\right)^2}\,d\theta$$

$$=\int_0^{2\pi}\frac{3}{2}|\sin 2\theta|d\theta=6\int_0^{\frac{\pi}{2}}\sin 2\theta d\theta\quad\left(\because\ |\sin 2\theta|\ は周期\ \frac{\pi}{2}\ の周期関数\right)$$

$$=6\left[-\frac{\cos 2\theta}{2}\right]_0^{\frac{\pi}{2}}=6$$

「三角関数」のところで周期について学びました（*p.***233**）。

関数	$\sin x$	$\sin 2x$	$\sin 3x$
周期	2π	π	$\dfrac{2\pi}{3}$

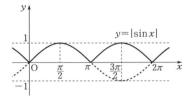

ということでしたが，$y=|\sin x|$ のグラフは図
のようになり，$|\sin x|$ の周期は $\sin x$ の周期の
半分の π になります。

② ・ 内サイクロイドと外サイクロイド

　カテナリー，サイクロイド，アステロイドの曲線の長さを求めましたが，その他に
あと 2 つ知っておくべき曲線があります。それが，**内サイクロイド**と**外サイクロイド**
で，サイクロイドが直線上を円が転がっていくときを考えるのに対し，これらは円上
を円が転がっていくときを考えます。

　内サイクロイドからやってみましょう。まず一般的な場合です。

　「原点を中心とする半径 R の円に，半径 r の円 C が内接して，すべらないで反時計
まわり方向へ転がっていく。はじめ C の周上の点 P は $(R,\ 0)$ にあるとして P の軌
跡を考える」

　これが典型的な例ですが，C の中心を

　　　A : $(R-r)(\cos\theta,\ \sin\theta)$

と表して P の座標を θ で表してみます。

　C はすべらずに転がっているので，接点から P までの
弧の長さは $R\theta$ です。この弧に対する中心角を α とする
と，$R\theta=r\alpha$ より $\alpha=\dfrac{R}{r}\theta$ が成り立つので，$\overrightarrow{\mathrm{AP}}$ の x 軸
の正方向から反時計まわりの方向を正方向として測った
角度は，$\theta-\dfrac{R}{r}\theta=-\dfrac{R-r}{r}\theta$ です。よって

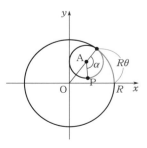

$$\overrightarrow{\mathrm{OP}} = \overrightarrow{\mathrm{OA}} + \overrightarrow{\mathrm{AP}}$$

$$= (R-r)(\cos\theta, \ \sin\theta) + r\left(\cos\left(-\frac{R-r}{r}\theta\right), \ \sin\left(-\frac{R-r}{r}\theta\right)\right)$$

$$= \left((R-r)\cos\theta + r\cos\frac{R-r}{r}\theta, \ (R-r)\sin\theta - r\sin\frac{R-r}{r}\theta\right)$$

です。曲線の形は R と r の比によって決まりますが，いくつかの場合について図示しておくと，次のようになります。

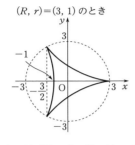
$(R, r) = (3, 1)$ のとき

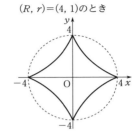
$(R, r) = (4, 1)$ のとき

　注意を要するのは $(R, r) = (2, 1)$ のときです。
$\overrightarrow{\mathrm{OP}} = (2\cos\theta, \ 0)$ になるので，P の軌跡は線分です。

$(R, r) = (2, 1)$ のとき

　このうち，$(R, r) = (3, 1)$ のときの曲線の長さを求めておきます。

P(x, y) とおくと

$$(x, y) = (2\cos\theta + \cos 2\theta, \ 2\sin\theta - \sin 2\theta)$$

$$\begin{cases} \dfrac{dx}{d\theta} = -2\sin\theta - 2\sin 2\theta \\[2mm] \dfrac{dy}{d\theta} = 2\cos\theta - 2\cos 2\theta \end{cases}$$

$$\therefore \ \left(\frac{dx}{d\theta}\right)^2 + \left(\frac{dy}{d\theta}\right)^2 = (-2\sin\theta - 2\sin 2\theta)^2 + (2\cos\theta - 2\cos 2\theta)^2$$

$$= 8 - 8(\cos 2\theta \cos\theta - \sin 2\theta \sin\theta)$$

$$= 8(1 - \cos 3\theta)$$

$$= \left(4\sin\frac{3\theta}{2}\right)^2$$

よって，$0 \leqq \theta \leqq 2\pi$ に対応する曲線の長さは

$$\int_0^{2\pi} \sqrt{\left(\frac{dx}{d\theta}\right)^2 + \left(\frac{dy}{d\theta}\right)^2}\, d\theta = \int_0^{2\pi} \left|4\sin\frac{3\theta}{2}\right| d\theta = 3\int_0^{\frac{2\pi}{3}} 4\sin\frac{3\theta}{2}\, d\theta$$

$$= 12\left[-\frac{2}{3}\cos\frac{3\theta}{2}\right]_0^{\frac{2\pi}{3}} = 16$$

また，$(R, r) = (3, 1)$ のときの軌跡で囲まれる部分の面積も求めておきましょう。

$(R, r)=(3, 1)$ のときの軌跡は図のようになり，x 軸対称です。

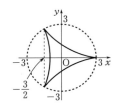

また，$\begin{cases} x=2\cos\theta+\cos 2\theta \\ y=2\sin\theta-\sin 2\theta \end{cases}$ として

$$\frac{dx}{d\theta}=-2\sin\theta-2\sin 2\theta$$

$$=-2\sin\theta(1+2\cos\theta)$$

ですから

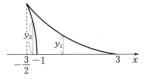

$$\begin{cases} 0\leqq\theta\leqq\dfrac{2\pi}{3}\ \text{では}\ \dfrac{dx}{d\theta}\leqq 0 \\[3mm] \dfrac{2\pi}{3}\leqq\theta\leqq\pi\ \text{では}\ \dfrac{dx}{d\theta}\geqq 0 \end{cases}$$

となっています。したがって，この軌跡で囲まれる図形の面積は

$$2\left(\int_{-\frac{3}{2}}^{3}y_1\,dx-\int_{-\frac{3}{2}}^{-1}y_2\,dx\right)$$

$$=2\Big\{\int_{\frac{2\pi}{3}}^{0}(2\sin\theta-\sin 2\theta)(-2\sin\theta-2\sin 2\theta)d\theta$$

$$-\int_{\frac{2\pi}{3}}^{\pi}(2\sin\theta-\sin 2\theta)(-2\sin\theta-2\sin 2\theta)d\theta\Big\}$$

$$=2\Big\{\int_{0}^{\frac{2\pi}{3}}(2\sin\theta-\sin 2\theta)(2\sin\theta+2\sin 2\theta)d\theta$$

$$+\int_{\frac{2\pi}{3}}^{\pi}(2\sin\theta-\sin 2\theta)(2\sin\theta+2\sin 2\theta)d\theta\Big\}$$

$$=2\int_{0}^{\pi}(2\sin\theta-\sin 2\theta)(2\sin\theta+2\sin 2\theta)d\theta$$

$$=4\int_{0}^{\pi}(2\sin^2\theta+\sin\theta\sin 2\theta-\sin^2 2\theta)d\theta$$

$$=4\int_{0}^{\pi}\Big(1-\cos 2\theta+2\sin^2\theta\cos\theta-\frac{1-\cos 4\theta}{2}\Big)d\theta$$

$$=4\Big[\frac{\theta}{2}-\frac{\sin 2\theta}{2}+\frac{2\sin^3\theta}{3}+\frac{\sin 4\theta}{8}\Big]_{0}^{\pi}$$

$$=2\pi$$

次に，外サイクロイドについて学ぶことにしましょう。

「原点を中心とする半径 R の円に，半径 r の円 C が外接して，すべらないで反時計まわり方向へ転がっていく。はじめ C の周上の点 R は $(R, 0)$ にあるとして P の軌跡を考える」場合，C の中心を A：$(R+r)(\cos\theta, \sin\theta)$ として P の座標を θ で表してみます。

C はすべらずに転がっていくので, 接点から P までの弧の長さは $R\theta$ であり, この弧に対する中心角を α とすると, $R\theta = r\alpha$ より $\alpha = \dfrac{R}{r}\theta$ となるのは内サイクロイドのときと同様です。したがって, $\overrightarrow{\mathrm{AP}}$ の x 軸の正方向から反時計まわり方向に測った角度は,

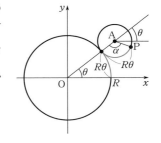

$\theta + \pi + \dfrac{R}{r}\theta = \dfrac{R+r}{r}\theta + \pi$ になりますから

$$\overrightarrow{\mathrm{OP}} = \overrightarrow{\mathrm{OA}} + \overrightarrow{\mathrm{AP}}$$

$$= (R+r)(\cos\theta,\ \sin\theta) + r\Big(\cos\Big(\dfrac{R+r}{r}\theta + \pi\Big),\ \sin\Big(\dfrac{R+r}{r}\theta + \pi\Big)\Big)$$

$$= \Big((R+r)\cos\theta - r\cos\dfrac{R+r}{r}\theta,\ (R+r)\sin\theta - r\sin\dfrac{R+r}{r}\theta\Big)$$

です。曲線の形を示しておきます。

$(R,\ r) = (1,\ 1)$ のとき

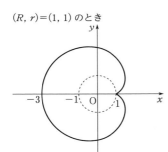

$(R,\ r) = (2,\ 1)$ のとき

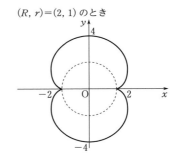

この $(R,\ r) = (1,\ 1)$ のときの外サイクロイドをパラメーター表示してみると

$$(x,\ y) = (2\cos\theta - \cos 2\theta,\ 2\sin\theta - \sin 2\theta)$$

ですが, $p.\mathbf{561}$ に出てきた $(R,\ r) = (3,\ 1)$ のときの内サイクロイドのパラメーター表示が

$$(x,\ y) = (2\cos\theta + \cos 2\theta,\ 2\sin\theta - \sin 2\theta)$$

であり, 両者は非常に似ているので注意が必要です。

それでは, $(R,\ r) = (1,\ 1)$ のときの外サイクロイドの軌跡の長さを求めておきましょう。

$(x,\ y) = (2\cos\theta - \cos 2\theta,\ 2\sin\theta - \sin 2\theta)$ のとき

$$\begin{cases} \dfrac{dx}{d\theta} = -2\sin\theta + 2\sin 2\theta \\[2mm] \dfrac{dy}{d\theta} = 2\cos\theta - 2\cos 2\theta \end{cases}$$

$$\therefore \quad \left(\frac{dx}{d\theta}\right)^2+\left(\frac{dy}{d\theta}\right)^2=(-2\sin\theta+2\sin 2\theta)^2+(2\cos\theta-2\cos 2\theta)^2$$

$$=8-8(\cos 2\theta\cos\theta+\sin 2\theta\sin\theta)$$

$$=8(1-\cos\theta)=\left(4\sin\frac{\theta}{2}\right)^2$$

よって，$0\leqq\theta\leqq 2\pi$ に対応する曲線の長さは

$$\int_0^{2\pi}\sqrt{\left(\frac{dx}{d\theta}\right)^2+\left(\frac{dy}{d\theta}\right)^2}\,d\theta=\int_0^{2\pi}\left|4\sin\frac{\theta}{2}\right|d\theta=\int_0^{2\pi}4\sin\frac{\theta}{2}\,d\theta$$

$$=\left[-8\cos\frac{\theta}{2}\right]_0^{2\pi}=16$$

(i) $(x,\ y)=(2\cos\theta+\cos 2\theta,\ 2\sin\theta-\sin 2\theta)$ と

(ii) $(x,\ y)=(2\cos\theta-\cos 2\theta,\ 2\sin\theta-\sin 2\theta)$

は式も似ていますが，これらが表す曲線の長さも 16 で同じだったわけです。

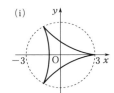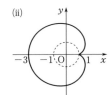

ただし，グラフは図のようになり，随分と違うことを確認しておきましょう。

さらに，(ii)のグラフで囲まれた部分の面積も求めておきます。

$$\begin{cases} x=2\cos\theta-\cos 2\theta \\ y=2\sin\theta-\sin 2\theta \end{cases}$$

$$\frac{dx}{d\theta}=-2\sin\theta+2\sin 2\theta=2\sin\theta(2\cos\theta-1)$$

グラフは x 軸対称になりますから，$0\leqq\theta\leqq\pi$ で考えると，$\dfrac{dx}{d\theta}\geqq 0$ となるのは

$$\cos\theta\geqq\frac{1}{2}\qquad\therefore\quad 0\leqq\theta\leqq\frac{\pi}{3}$$

よって，求める面積は

$$2\left(\int_{-3}^{\frac{3}{2}}y\,dx-\int_1^{\frac{3}{2}}y\,dx\right)$$

$$=2\left\{\int_\pi^{\frac{\pi}{3}}(2\sin\theta-\sin 2\theta)(-2\sin\theta+2\sin 2\theta)d\theta\right.$$

$$\left.-\int_0^{\frac{\pi}{3}}(2\sin\theta-\sin 2\theta)(-2\sin\theta+2\sin 2\theta)d\theta\right\}$$

$$=4\left\{\int_{\frac{\pi}{3}}^\pi(2\sin\theta-\sin 2\theta)(\sin\theta-\sin 2\theta)d\theta+\int_0^{\frac{\pi}{3}}(2\sin\theta-\sin 2\theta)(\sin\theta-\sin 2\theta)d\theta\right\}$$

$$=4\int_0^\pi (2\sin\theta-\sin 2\theta)(\sin\theta-\sin 2\theta)d\theta$$

$$=4\int_0^\pi (2\sin^2\theta-3\sin\theta\sin 2\theta+\sin^2 2\theta)d\theta$$

$$=4\int_0^\pi \left(1-\cos 2\theta-6\sin^2\theta\cos\theta+\frac{1-\cos 4\theta}{2}\right)d\theta$$

$$=4\int_0^\pi \left(\frac{3}{2}-\cos 2\theta-6\sin^2\theta\cos\theta-\frac{\cos 4\theta}{2}\right)d\theta$$

$$=4\left[\frac{3\theta}{2}-\frac{\sin 2\theta}{2}-2\sin^3\theta-\frac{\sin 4\theta}{8}\right]_0^\pi$$

$$=6\pi$$

7　区分求積法

積分の定義からはじめて，その主な使われ方を学んできました。あとはこれにいくつかのトピックを加えて理解を深めることにしましょう。

まず区分求積法です。積分で面積を計算する方法を学びましたが，積分法が確立するまでは，区分求積法を用いて面積を求めたり，近似したりしていました。

たとえば，図の斜線部の面積 S を計算する場合，まず $a\leqq x\leqq b$ の区間を n 等分します。そして，x 軸上の n 等分された点を通り y 軸に平行な直線，つまり $x=a+\dfrac{(b-a)k}{n}$ ($k=1$, 2, $\cdots$, $n-1$) を引き，n 個の部分に分けます。

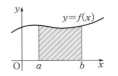

これらのうちの $a+\dfrac{(b-a)(k-1)}{n}\leqq x\leqq a+\dfrac{(b-a)k}{n}$ の部分の面積を S_k とし，この区間における $f(x)$ の最小値を $f_k(x_m)$，最大値を $f_k(x_M)$ とおいてみることにしましょう。

すると

$$\frac{b-a}{n}f_k(x_m)\leqq S_k\leqq \frac{b-a}{n}f_k(x_M)$$

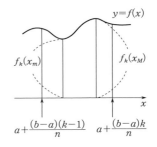

が成立するので

$$\frac{b-a}{n}\sum_{k=1}^{n}f_k(x_m)\leqq \sum_{k=1}^{n}S_k\leqq \frac{b-a}{n}\sum_{k=1}^{n}f_k(x_M)$$

$$\therefore \quad \frac{b-a}{n}\sum_{k=1}^{n}f_k(x_m)\leqq S\leqq \frac{b-a}{n}\sum_{k=1}^{n}f_k(x_M)$$

です。ところが，$f(x)$ が連続のとき

$$\lim_{n\to\infty} f_k(x_m) = \lim_{n\to\infty} f_k(x_M) \qquad \therefore \quad \lim_{n\to\infty}\{f_k(x_M) - f_k(x_m)\} = 0$$

ですから，$1 \leqq k \leqq n$ における $f_k(x_M) - f_k(x_m)$ の最大値を $\varDelta y$ とおいても $\lim_{n\to\infty}\varDelta y = 0$

です。したがって

$$0 \leqq \frac{b-a}{n}\sum_{k=1}^{n} f_k(x_M) - \frac{b-a}{n}\sum_{k=1}^{n} f_k(x_m)$$

$$= \frac{b-a}{n}\sum_{k=1}^{n}\{f_k(x_M) - f_k(x_m)\}$$

$$\leqq \frac{b-a}{n}\sum_{k=1}^{n}\varDelta y = (b-a)\varDelta y \xrightarrow[n\to\infty]{} 0$$

よって

$$\lim_{n\to\infty}\left\{\frac{b-a}{n}\sum_{k=1}^{n} f_k(x_M) - \frac{b-a}{n}\sum_{k=1}^{n} f_k(x_m)\right\} = 0$$

$$\therefore \quad \lim_{n\to\infty}\frac{b-a}{n}\sum_{k=1}^{n} f_k(x_M) = \lim_{n\to\infty}\frac{b-a}{n}\sum_{k=1}^{n} f_k(x_m)$$

です。ここで

$$S \underset{①}{\leqq} \lim_{n\to\infty}\frac{b-a}{n}\sum_{k=1}^{n} f_k(x_M) = \lim_{n\to\infty}\frac{b-a}{n}\sum_{k=1}^{n} f_k(x_m) \underset{②}{\leqq} S$$

ですから，①，②の等号が成立しなければならず

$$\lim_{n\to\infty}\frac{b-a}{n}\sum_{k=1}^{n} f_k(x_M) = \lim_{n\to\infty}\frac{b-a}{n}\sum_{k=1}^{n} f_k(x_m) = S$$

です。さらに

$$f_k(x_m) \leqq f\left(a + \frac{(b-a)(k-1)}{n}\right) \leqq f_k(x_M)$$

$$f_k(x_m) \leqq f\left(a + \frac{(b-a)k}{n}\right) \leqq f_k(x_M)$$

ですから

$$S = \lim_{n\to\infty}\frac{b-a}{n}\sum_{k=1}^{n} f\left(a + \frac{(b-a)(k-1)}{n}\right) = \lim_{n\to\infty}\frac{b-a}{n}\sum_{k=1}^{n} f\left(a + \frac{(b-a)k}{n}\right)$$

であることがわかります。この前者は $k-1$ を 1 つの文字と見て

$$S = \lim_{n\to\infty}\frac{b-a}{n}\sum_{k=0}^{n-1} f\left(a + \frac{(b-a)k}{n}\right)$$

と書き換えておいた方が見やすいので

$$S = \lim_{n\to\infty}\frac{b-a}{n}\sum_{k=0}^{n-1} f\left(a + \frac{(b-a)k}{n}\right)$$

$$= \lim_{n\to\infty}\frac{b-a}{n}\sum_{k=1}^{n} f\left(a + \frac{(b-a)k}{n}\right)$$

と表すことができます。これを区分求積法と言います。

　これはつまり，S を n 個の部分に分けたとき，n が十分に大きければ，それらの 1 つ 1 つは図のような長方形だとみなしてもよいことを示しています。

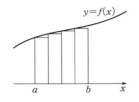 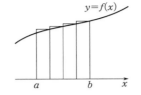

　これらの長方形の面積の和は，実際の S とは誤差がありますが，n を無限大にもっていくとその誤差が 0 に収束するということです。

　以上が区分求積法についての説明ですが，実際にこれを用いて面積を計算するのは大変です。つまり，ほとんどの $f(x)$ において $\sum\limits_{k=1}^{n} f\left(a+\dfrac{(b-a)k}{n}\right)$ の計算ができないのです。

　具体例を見てみることにしましょう。図の斜線部の面積は

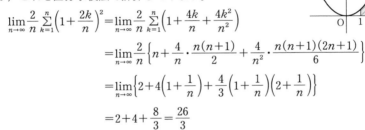

$$\int_{1}^{3} x^2 dx = \left[\frac{x^3}{3}\right]_{1}^{3} = 9 - \frac{1}{3} = \frac{26}{3}$$

ですが，これを区分求積法で計算してみます。

$$\lim_{n\to\infty}\frac{2}{n}\sum_{k=1}^{n}\left(1+\frac{2k}{n}\right)^2 = \lim_{n\to\infty}\frac{2}{n}\sum_{k=1}^{n}\left(1+\frac{4k}{n}+\frac{4k^2}{n^2}\right)$$

$$= \lim_{n\to\infty}\frac{2}{n}\left\{n+\frac{4}{n}\cdot\frac{n(n+1)}{2}+\frac{4}{n^2}\cdot\frac{n(n+1)(2n+1)}{6}\right\}$$

$$= \lim_{n\to\infty}\left\{2+4\left(1+\frac{1}{n}\right)+\frac{4}{3}\left(1+\frac{1}{n}\right)\left(2+\frac{1}{n}\right)\right\}$$

$$= 2+4+\frac{8}{3} = \frac{26}{3}$$

　積分で求めた結果と同じ結果が得られました。

　ところが，次の例（右図斜線部）ではどうでしょうか。まず積分で計算すると

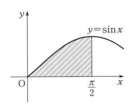

$$\int_{0}^{\frac{\pi}{2}}\sin x dx = \left[-\cos x\right]_{0}^{\frac{\pi}{2}} = 1$$

ですが，これを区分求積法で求めようとすると

$$\lim_{n\to\infty}\frac{\pi}{2n}\sum_{k=1}^{n}\sin\frac{\pi k}{2n}$$

のシグマの計算ができません。

　結局，多項式で表された関数以外では，ほとんどの場合，$\sum\limits_{k=1}^{n} f\left(a+\dfrac{(b-a)k}{n}\right)$ の計

算ができません。したがって，積分法が確立されるまでは，$f(x)$ を多項式で表された関数で近似することにより，面積を求めるというようなことがなされていました。

入試問題でも，やはり区分求積法の式の計算自体はできないので，「区分求積法の式を積分の式に書き換える」ことが要求されます。

例題 217

極限値 $\displaystyle\lim_{n\to\infty}\sum_{k=1}^{n}\frac{1}{n+2k}\{\log_e(n+2k)-\log_e n\}$ を求めよ。

解答

$$\lim_{n\to\infty}\sum_{k=1}^{n}\frac{1}{n+2k}\{\log_e(n+2k)-\log_e n\}$$

$$=\lim_{n\to\infty}\frac{1}{2}\cdot\frac{2}{n}\sum_{k=1}^{n}\frac{1}{1+\dfrac{2k}{n}}\log_e\left(1+\frac{2k}{n}\right)=\frac{1}{2}\int_1^3\frac{1}{x}\log_e x\,dx$$

$$=\frac{1}{2}\left[\frac{1}{2}(\log_e x)^2\right]_1^3=\frac{1}{4}(\log_e 3)^2$$

このように積分の式に書き換えてから式の値を求めることになりますが，この書き換えが少し難しいので，説明しておきます。

$\dfrac{f(x)}{x}$ を $f(x)$ の勾配関数と言い，$y=f(x)$ のグラフが描ければ $y=\dfrac{f(x)}{x}$ のグラフの概形もわかるようになっていました（*p.***487**）。

$y=\log_e x$ のグラフは左下図のようになっており，$(0,\,0)$ と $(x,\,\log_e x)$ を結んだ線分の傾きを考えることにより，$y=\dfrac{\log_e x}{x}$ のグラフが右下図のようになりました。

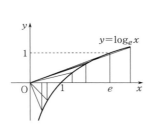
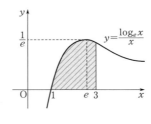

このグラフから，斜線部の面積を区分求積法で表すのは容易な作業です。

まず，$1\leqq x\leqq 3$ の 2 の幅を n 等分したとき，1 つの幅は $\dfrac{2}{n}$ であり，左から k 番目の点の x 座標は $1+\dfrac{2k}{n}$ です。したがって，この面積は

$$\lim_{n\to\infty}\frac{2}{n}\sum_{k=1}^{n}\frac{1}{1+\dfrac{2k}{n}}\log_e\left(1+\frac{2k}{n}\right)$$

と表されます。

しかし、これを積分の式に直すこと、つまりこの式が図の斜線部の面積を表していることに気づくためには少し慣れが必要です。

区分求積法の式ではシグマの中身が $\dfrac{k}{n}$ の関数になっていますが、まず $\dfrac{k}{n}$ 付近を見て、どこから始まるどれだけの幅を n 等分して考えているのかを見きわめます。$1+\dfrac{2k}{n}$ だと「1 から始まる 2 の幅を n 等分した k 番目」と読みます。そこで「2 の幅」だということがわかれば、シグマの外側の $\dfrac{1}{n}$ は $\dfrac{1}{2}\cdot\dfrac{2}{n}$ に書き換えておきます。

また、別解になりますが、$\dfrac{k}{n}$ だけを見て、「0 から始まる 1 の幅を n 等分した k 番目」と読むこともできます。すると

⇓
別解

$$\lim_{n\to\infty}\sum_{k=1}^{n}\frac{1}{n+2k}\{\log_e(n+2k)-\log_e n\}$$

$$=\lim_{n\to\infty}\frac{1}{n}\sum_{k=1}^{n}\frac{1}{1+\dfrac{2k}{n}}\log_e\!\Big(1+\frac{2k}{n}\Big)=\int_0^1\frac{1}{1+2x}\log_e(1+2x)dx$$

$$=\frac{1}{2}\int_0^1\frac{2}{1+2x}\log_e(1+2x)dx=\frac{1}{2}\Big[\frac{1}{2}\{\log_e(1+2x)\}^2\Big]_0^1$$

$$=\frac{1}{4}(\log_e 3)^2$$

のようになります。

演習 217

極限値 $\displaystyle\lim_{n\to\infty}\frac{1}{n^3}\sum_{k=1}^{n}k^2\sin\frac{\pi k}{n}$ を求めよ。

解答

$$\lim_{n\to\infty}\frac{1}{n^3}\sum_{k=1}^{n}k^2\sin\frac{\pi k}{n}$$

$$=\lim_{n\to\infty}\frac{1}{\pi^3}\cdot\frac{\pi}{n}\sum_{k=1}^{n}\Big(\frac{\pi k}{n}\Big)^2\sin\frac{\pi k}{n}=\frac{1}{\pi^3}\int_0^\pi x^2\sin x\,dx$$

$$=\frac{1}{\pi^3}\Big\{\Big[-x^2\cos x\Big]_0^\pi+\int_0^\pi 2x\cos x\,dx\Big\}$$

$$=\frac{1}{\pi^3}\Big\{\pi^2+2\Big(\Big[x\sin x\Big]_0^\pi-\int_0^\pi\sin x\,dx\Big)\Big\}$$

$$=\frac{1}{\pi^3}\Big\{\pi^2+2\Big[\cos x\Big]_0^\pi\Big\}=\frac{1}{\pi}-\frac{4}{\pi^3}$$

今度は少し工夫をしなければならない問題もやってみましょう。

極限値 $\displaystyle\lim_{n\to\infty}\frac{1}{n}\sqrt[n]{\frac{(4n)!}{(3n)!}}$ を求めよ。

解答

$$\log_e\frac{1}{n}\sqrt[n]{\frac{(4n)!}{(3n)!}}=\log_e\frac{1}{n}\sqrt[n]{4n(4n-1)(4n-2)\cdots(3n+1)}$$

$$=\log_e\frac{1}{n}\sqrt[n]{(3n+1)(3n+2)(3n+3)\cdots(3n+n)}$$

$$=\log_e\sqrt[n]{\left(3+\frac{1}{n}\right)\left(3+\frac{2}{n}\right)\left(3+\frac{3}{n}\right)\cdots\left(3+\frac{n}{n}\right)}$$

$$=\frac{1}{n}\sum_{k=1}^{n}\log_e\left(3+\frac{k}{n}\right)\xrightarrow[n\to\infty]{}\int_3^4\log_e x\,dx$$

$$\int_3^4\log_e x\,dx=\Big[x\log_e x-x\Big]_3^4=4\log_e 4-3\log_e 3-1=\log_e\frac{256}{27e}$$

$$\therefore\quad \lim_{n\to\infty}\frac{1}{n}\sqrt[n]{\frac{(4n)!}{(3n)!}}=\frac{256}{27e}$$

対数を考えれば，積を和に書き換えることができるのです。

極限値 $\displaystyle\lim_{n\to\infty}\frac{1}{n}\sum_{k=n}^{2n}\frac{n+1}{n+k}$ を求めよ。

シグマの中に $\dfrac{k}{n}$ の関数を作らなければならないので，$\dfrac{n+1}{n+k}$ の分母，分子を n で割って $\dfrac{n+1}{n+k}=\dfrac{1+\dfrac{1}{n}}{1+\dfrac{k}{n}}$ とします。すると，分子の $1+\dfrac{1}{n}$ がじゃまになるので，シグマの外に出して

$$\frac{1}{n}\sum_{k=n}^{2n}\frac{n+1}{n+k}=\left(1+\frac{1}{n}\right)\frac{1}{n}\sum_{k=n}^{2n}\frac{1}{1+\dfrac{k}{n}}$$

と変形しますが，次に $\displaystyle\sum_{k=n}^{2n}$ の処理が問題になります。$\displaystyle\sum_{k=1}^{n}$ であれば「1 から始まる 1 の幅を n 等分した k 番目」と読んで $\displaystyle\int_1^2\frac{1}{x}dx$ とすればよいのですが，この場合はそうではありません。$1+\dfrac{k}{n}$ は $k=n$ のとき 2 で $k=2n$ のときには 3 になることに注目して，$1+\dfrac{k}{n}=2+\dfrac{k-n}{n}$ と変形してみましょう。

$$\lim_{n\to\infty}\frac{1}{n}\sum_{k=n}^{2n}\frac{n+1}{n+k}=\lim_{n\to\infty}\left(1+\frac{1}{n}\right)\frac{1}{n}\sum_{k=n}^{2n}\frac{1}{1+\dfrac{k}{n}}$$

$$=\lim_{n\to\infty}\left(1+\frac{1}{n}\right)\frac{1}{n}\sum_{k=n}^{2n}\frac{1}{2+\dfrac{k-n}{n}}$$

$$=\lim_{n\to\infty}\left(1+\frac{1}{n}\right)\frac{1}{n}\sum_{k=0}^{n}\frac{1}{2+\dfrac{k}{n}}$$

$$=\lim_{n\to\infty}\left(1+\frac{1}{n}\right)\left\{\frac{1}{n}\sum_{k=1}^{n}\frac{1}{2+\dfrac{k}{n}}+\frac{1}{2n}\right\}$$

$$=\int_{2}^{3}\frac{1}{x}dx=\Big[\log_e|x|\Big]_{2}^{3}$$

$$=\log_e 3-\log_e 2=\boldsymbol{\log_e\frac{3}{2}}$$

　区分求積法におけるシグマは $\sum\limits_{k=0}^{n-1}$ または $\sum\limits_{k=1}^{n}$ になっていますが，この問題の $\sum\limits_{k=0}^{n}$ のように，多少の余分があっても，あるいは不足があっても，それが有限個であれば同じ値に収束します。

8 定積分と不等式

　$a\leqq x\leqq b$ で $f(x)\leqq g(x)$ のとき，$\displaystyle\int_a^b f(x)dx\leqq\int_a^b g(x)dx$ が成立します。

　これは図のようにグラフと x 軸とではさまれる部分の面積を比較して考えれば理解しやすいと思います。

　$f(x)\leqq g(x)<0$ の場合は $\displaystyle\int_a^b f(x)dx$，$\displaystyle\int_a^b g(x)dx$ がグラフと x 軸とではさまれた部分の面積のマイナス倍なので同様に不等式が成立します。

　しかし，グラフと x 軸との位置関係はほかにもあり，それらを場合分けしていくと議論が煩雑になるので，もう少しよい説明を考えておきます。

　　　$f(x)\leqq g(x)$　∴　$g(x)-f(x)\geqq 0$
よって

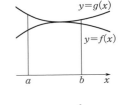

$$\int_a^b \{g(x)-f(x)\}dx \geqq 0$$

$$\int_a^b g(x)dx - \int_a^b f(x)dx \geqq 0$$

$$\therefore \quad \int_a^b f(x)dx \leqq \int_a^b g(x)dx$$

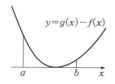

これならばすっきりと理解できると思います。やはり面積について考えていたわけです。

そうすると，$\int_a^b f(x)dx \leqq \int_a^b g(x)dx$ の等号が成立するのはどういう場合でしょうか。それは $y=g(x)-f(x)$ のグラフと x 軸とではさまれる部分の面積が 0 になるときですから，$a \leqq x \leqq b$ で恒等的に $g(x)-f(x)=0$ が成立するときです。まとめると

> **$a<b$ とする。**
>
> **$a \leqq x \leqq b$ で $f(x) \leqq g(x)$ のとき，$\int_a^b f(x)dx \leqq \int_a^b g(x)dx$ が成立する（この等号が成立するのは，$a \leqq x \leqq b$ で恒等的に $f(x)=g(x)$ となるとき）。**

例題 219

$S_n = \int_{\pi n}^{\pi(n+1)} \dfrac{1-\cos x}{x^2}dx$ （n は自然数）とおくとき，$\dfrac{1}{\pi(n+1)^2} \leqq S_n \leqq \dfrac{1}{\pi n^2}$

が成り立つことを示し，$\displaystyle\lim_{n \to \infty} \dfrac{1}{n^3}\sum_{k=1}^{n}\dfrac{1}{S_k}$ の値を求めよ。

積分区間 $\int_{\pi n}^{\pi(n+1)}$ は被積分関数 $\dfrac{1-\cos x}{x^2}$ の定義域を表しており，$\pi n \leqq x \leqq \pi(n+1)$

で考えるということです。

$\Downarrow$

解答　$\pi n \leqq x \leqq \pi(n+1)$ のとき

$$\frac{1}{\pi^2(n+1)^2} \leqq \frac{1}{x^2} \leqq \frac{1}{\pi^2 n^2}$$

$$\int_{\pi n}^{\pi(n+1)} \frac{1-\cos x}{\pi^2(n+1)^2}dx \leqq \int_{\pi n}^{\pi(n+1)} \frac{1-\cos x}{x^2}dx \leqq \int_{\pi n}^{\pi(n+1)} \frac{1-\cos x}{\pi^2 n^2}dx$$

$$\frac{1}{\pi^2(n+1)^2}\Big[x-\sin x\Big]_{\pi n}^{\pi(n+1)} \leqq S_n \leqq \frac{1}{\pi^2 n^2}\Big[x-\sin x\Big]_{\pi n}^{\pi(n+1)}$$

$$\therefore \quad \frac{1}{\pi(n+1)^2} \leqq S_n \leqq \frac{1}{\pi n^2}$$

よって，示された。また

$$\frac{1}{\pi(n+1)^2} \leqq S_n \leqq \frac{1}{\pi n^2}$$

$$\pi n^2 \leqq \frac{1}{S_n} \leqq \pi(n+1)^2$$

$$\therefore \quad \frac{1}{n^3} \sum_{k=1}^{n} \pi k^2 \leqq \frac{1}{n^3} \sum_{k=1}^{n} \frac{1}{S_k} \leqq \frac{1}{n^3} \sum_{k=1}^{n} \pi(k+1)^2$$

ここで

$$\frac{1}{n^3} \sum_{k=1}^{n} \pi k^2 = \frac{1}{n^3} \cdot \frac{\pi n(n+1)(2n+1)}{6}$$

$$= \frac{\pi}{6}\left(1+\frac{1}{n}\right)\left(2+\frac{1}{n}\right) \xrightarrow[n \to \infty]{} \frac{\pi}{3}$$

$$\frac{1}{n^3} \sum_{k=1}^{n} \pi(k+1)^2 = \frac{\pi}{n^3}\left\{\frac{(n+1)(n+2)(2n+3)}{6}-1\right\}$$

$$= \frac{\pi}{6}\left(1+\frac{1}{n}\right)\left(1+\frac{2}{n}\right)\left(2+\frac{3}{n}\right) - \frac{\pi}{n^3} \xrightarrow[n \to \infty]{} \frac{\pi}{3}$$

よって，はさみうちの原理により

$$\lim_{n \to \infty} \frac{1}{n^3} \sum_{k=1}^{n} \frac{1}{S_k} = \frac{\pi}{3}$$

演習 219

$\pi(e-1) < \displaystyle\int_0^\pi e^{|\cos 4x|}\,dx < 2\left(e^{\frac{\pi}{2}}-1\right)$ を示せ。

解答 まず $e^{|\cos 4x|}$ は周期が $\dfrac{\pi}{4}$ の周期関数だから

$$\int_0^\pi e^{|\cos 4x|}\,dx = 4\int_0^{\frac{\pi}{4}} e^{|\cos 4x|}\,dx$$

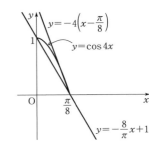

$y=|\cos 4x|$

である。また，$y=e^{|\cos 4x|}$ のグラフが $x=\dfrac{\pi}{8}$ に関して対称

であることにより

$$4\int_0^{\frac{\pi}{4}} e^{|\cos 4x|}\,dx = 8\int_0^{\frac{\pi}{8}} e^{\cos 4x}\,dx$$

ここで，$y=\cos 4x$ を微分すると

$$y' = -4\sin 4x$$

よって，$x=\dfrac{\pi}{8}$ における $y=\cos 4x$ の接線は

$$y = -4\left(x-\frac{\pi}{8}\right)$$

$y=-4\left(x-\dfrac{\pi}{8}\right)$

$y=\cos 4x$

$y=-\dfrac{8}{\pi}x+1$

したがって，$0 \leqq x \leqq \dfrac{\pi}{8}$ では

$$-\frac{8}{\pi}x+1 \leqq \cos 4x \leqq -4\left(x-\frac{\pi}{8}\right)$$

が成立するから

$$e^{-\frac{8}{\pi}x+1} \leqq e^{\cos 4x} \leqq e^{-4\left(x-\frac{\pi}{8}\right)}$$

この等号は常に成立するわけではないから

$$8\int_0^{\frac{\pi}{8}} e^{-\frac{8}{\pi}x+1}dx < 8\int_0^{\frac{\pi}{8}} e^{\cos 4x}dx < 8\int_0^{\frac{\pi}{8}} e^{-4\left(x-\frac{\pi}{8}\right)}dx$$

$$8\left[-\frac{\pi}{8}e^{-\frac{8}{\pi}x+1}\right]_0^{\frac{\pi}{8}} < \int_0^{\pi} e^{|\cos 4x|}dx < 8\left[-\frac{1}{4}e^{-4\left(x-\frac{\pi}{8}\right)}\right]_0^{\frac{\pi}{8}}$$

$$-\pi(1-e) < \int_0^{\pi} e^{|\cos 4x|}dx < -2\left(1-e^{\frac{\pi}{2}}\right)$$

$$\therefore \quad \pi(e-1) < \int_0^{\pi} e^{|\cos 4x|}dx < 2\left(e^{\frac{\pi}{2}}-1\right)$$

よって，示された。

　この問題は $e^{|\cos 4x|}$ の周期性等により，$\displaystyle\int_0^{\pi} e^{|\cos 4x|}dx = 8\int_0^{\frac{\pi}{8}} e^{\cos 4x}dx$ と書き換えることに始まり，$0 \leqq x \leqq \dfrac{\pi}{8}$ で $-\dfrac{8}{\pi}x+1 \leqq \cos 4x \leqq -4\left(x-\dfrac{\pi}{8}\right)$ とはさめることに気づかねばならず，かなりの難問です。

例題 220

　$\log_e(n+1) < \displaystyle\sum_{k=1}^{n}\frac{1}{k} \leqq 1+\log_e n$ （n は自然数）を示せ。

　$\displaystyle\sum_{k=1}^{n} f(k)$ の解釈が問われています。$y=f(x)$ のグラフと x 軸とではさまれた部分を，$x=k$（k は自然数）で区切って，$\displaystyle\sum_{k=1}^{n} f(k)$ を図のような長方形の面積の和だと考えます。

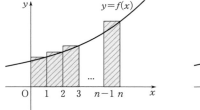 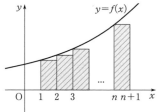

　長方形の縦が $f(k)$ ですが，横の 1 を左にとるか，右にとるかで 2 通りの解釈ができます。

$\displaystyle\sum_{k=1}^{n}\frac{1}{k}$ であれば $y=\dfrac{1}{x}$ のグラフを考えることになります。

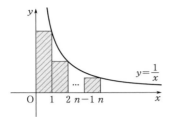 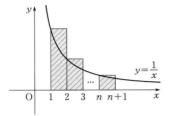

証明すべき不等式は，これらの長方形の面積の和と，$y=\dfrac{1}{x}$ のグラフと x 軸とではさまれる部分の面積との比較から出てきますが，微調整が必要な場合もあります。

まず $\log_{e}(n+1)<\displaystyle\sum_{k=1}^{n}\frac{1}{k}$ については

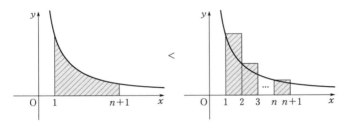

という比較から出てきているのではないかと予想して，$\displaystyle\int_{1}^{n+1}\frac{1}{x}dx$ を計算してみましょう。

$$\int_{1}^{n+1}\frac{1}{x}dx=\Big[\log_{e}|x|\Big]_{1}^{n+1}=\log_{e}(n+1)$$

確かに予想が正しかったことがわかりました。

次に，$\displaystyle\sum_{k=1}^{n}\frac{1}{k}\leqq1+\log_{e}n$ については

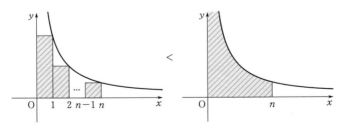

という比較から出てきているのではないかと予想して，$\displaystyle\int_{0}^{n}\frac{1}{x}dx$ を計算してみます。

$$\int_0^n \frac{1}{x}dx = \left[\log_e|x|\right]_0^n = \log_e n - \log_e 0 \quad \cdots\cdots(*)$$

$\log_e 0$ は定義されていませんが，これは強いて言えば $0 < x \leqq n$ の範囲で $y = \frac{1}{x}$ のグラフと x 軸とではさまれている部分の面積が無限大になっていることを意味し，これでは証明になりません。

そこで，$(*)$ の積分結果と証明すべき $\sum_{k=1}^{n} \frac{1}{k} \leqq 1 + \log_e n$ とを見比べて微調整を試みます。その結果

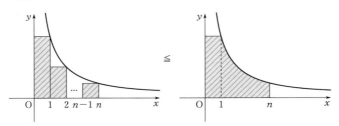

とすればよいことがわかり，この右の斜線部の面積を計算すると

$$1 + \int_1^n \frac{1}{x}dx = 1 + \left[\log_e|x|\right]_1^n = 1 + \log_e x$$

となり目標に到達します。

なお，不等号に等号が付くのは $n = 1$ のときに両者が等しくなるからです。

これで証明の大筋がつかめましたが，証明の基本は「式で示す」ということであり，「図より…」という議論では弱いです。

$\Downarrow$

解答　$k \leqq x \leqq k+1$ のとき

$$\frac{1}{k+1} \leqq \frac{1}{x} \leqq \frac{1}{k}$$

この等号は恒等的に成立するわけではないので

$$\int_k^{k+1} \frac{1}{k+1}dx < \int_k^{k+1} \frac{1}{x}dx < \int_k^{k+1} \frac{1}{k}dx$$

$$\frac{1}{k+1} < \int_k^{k+1} \frac{1}{x}dx < \frac{1}{k}$$

$$\therefore \quad \sum_{k=1}^{n} \frac{1}{k+1} < \sum_{k=1}^{n} \int_k^{k+1} \frac{1}{x}dx < \sum_{k=1}^{n} \frac{1}{k}$$

この右の不等式より

$$\int_1^{n+1} \frac{1}{x}dx < \sum_{k=1}^{n} \frac{1}{k}$$

すなわち　$\left[\log_e|x|\right]_1^{n+1} < \sum_{k=1}^{n} \frac{1}{k}$　　$\therefore \quad \log_e(n+1) < \sum_{k=1}^{n} \frac{1}{k}$

また，左の不等式より，$n \geqq 2$ のとき

$$\sum_{k=1}^{n-1} \frac{1}{k+1} < \sum_{k=1}^{n-1} \int_{k}^{k+1} \frac{1}{x} dx$$

$$\sum_{k=2}^{n} \frac{1}{k} < \int_{1}^{n} \frac{1}{x} dx \qquad \sum_{k=2}^{n} \frac{1}{k} < \left[\log_e |x| \right]_{1}^{n}$$

$$\therefore \quad \sum_{k=2}^{n} \frac{1}{k} < \log_e n$$

よって　　$\displaystyle\sum_{k=1}^{n} \frac{1}{k} \leqq 1 + \log_e n$　　（等号は $n=1$ のときに成立する）

以上により，示された。

演習 220

$n \log_e n - n + 1 < \displaystyle\sum_{k=1}^{n} \log_e k < (n+1) \log_e n - n + 1$ （n は自然数）を示し，

$\displaystyle\lim_{n \to \infty} (n!)^{\frac{1}{n \log_e n}}$ を求めよ。

今度は $\displaystyle\sum_{k=1}^{n} \log_e k$ を次の 2 通りに解釈するところから議論がはじまります。

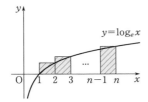 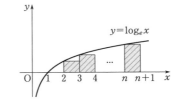

⇓

解答　$k-1 \leqq x \leqq k$ のとき　　$\log_e (k-1) \leqq \log_e x \leqq \log_e k$

この等号は恒等的に成立するわけではないので

$$\int_{k-1}^{k} \log_e (k-1) dx < \int_{k-1}^{k} \log_e x\, dx < \int_{k-1}^{k} \log_e k$$

すなわち　　$\log_e (k-1) < \displaystyle\int_{k-1}^{k} \log_e x\, dx < \log_e k$

この右の不等式より

$$\sum_{k=2}^{n} \int_{k-1}^{k} \log_e x\, dx < \sum_{k=2}^{n} \log_e k = \sum_{k=1}^{n} \log_e k$$

$$\int_{1}^{n} \log_e x\, dx < \sum_{k=1}^{n} \log_e k$$

$$\left[x \log_e x - x \right]_{1}^{n} < \sum_{k=1}^{n} \log_e k$$

$$\therefore \quad n\log_e n - n + 1 < \sum_{k=1}^{n} \log_e k$$

左の不等式より

$$\sum_{k=2}^{n} \log_e(k-1) < \sum_{k=2}^{n} \int_{k-1}^{k} \log_e x\, dx$$

$$\sum_{k=1}^{n-1} \log_e k < \int_{1}^{n} \log_e x\, dx = n\log_e n - n + 1$$

$$\therefore \quad \sum_{k=1}^{n} \log_e k < (n+1)\log_e n - n + 1$$

以上により，与えられた不等式は示された。また

$$n\log_e n - n + 1 < \sum_{k=1}^{n} \log_e k < (n+1)\log_e n - n + 1$$

$$n\log_e n - n + 1 < \log_e n! < (n+1)\log_e n - n + 1$$

$$\therefore \quad 1 - \frac{1}{\log_e n} + \frac{1}{n\log_e n} < \log_e (n!)^{\frac{1}{n\log_e n}} < 1 + \frac{1}{n} - \frac{1}{\log_e n} + \frac{1}{n\log_e n}$$

ここで

$$\lim_{n\to\infty}\left(1 - \frac{1}{\log_e n} + \frac{1}{n\log_e n}\right) = \lim_{n\to\infty}\left(1 + \frac{1}{n} - \frac{1}{\log_e n} + \frac{1}{n\log_e n}\right) = 1$$

よって，はさみうちの原理により

$$\lim_{n\to\infty}\log_e (n!)^{\frac{1}{n\log_e n}} = 1 \qquad \therefore \quad \lim_{n\to\infty}(n!)^{\frac{1}{n\log_e n}} = e$$

問題後半では，まず $n!$ が $\sum\limits_{k=1}^{n} \log_e k$ からきていることを見抜きます。それに指数 $\dfrac{1}{n\log_e n}$ を付けるために前半の不等式を $n\log_e n$ で割ればよいことに気づけば解決です。

9 定積分で表された関数(2)

例題 221

$f(x) = x + 2\displaystyle\int_{0}^{\pi} \sin(x-t)f(t)\,dt$ を満たす $f(x)$ を求めよ。

解答
$$f(x) = x + 2\int_{0}^{\pi} \sin(x-t)f(t)\,dt$$

$$= x + 2\int_{0}^{\pi} (\sin x\cos t - \cos x\sin t)f(t)\,dt$$

$$= x + 2\sin x\int_{0}^{\pi} \cos t\, f(t)\,dt - 2\cos x\int_{0}^{\pi} \sin t\, f(t)\,dt$$

よって，$a=\displaystyle\int_0^\pi \cos t f(t)dt,\ b=\int_0^\pi \sin t f(t)dt$ とおくと

$f(x)=x+2a\sin x-2b\cos x$

$\therefore\quad a=\displaystyle\int_0^\pi \cos t(t+2a\sin t-2b\cos t)dt$

$\qquad =\displaystyle\int_0^\pi \{t\cos t+a\sin 2t-b(1+\cos 2t)\}dt$

$\qquad =\left[t\sin t+\cos t-\dfrac{a\cos 2t}{2}-b\left(t+\dfrac{\sin 2t}{2}\right)\right]_0^\pi \quad\leftarrow$ ①

$\qquad =-2-\pi b$

$b=\displaystyle\int_0^\pi \sin t(t+2a\sin t-2b\cos t)dt$

$\qquad =\displaystyle\int_0^\pi \{t\sin t+a(1-\cos 2t)-b\sin 2t\}dt$

$\qquad =\left[-t\cos t+\sin t+a\left(t-\dfrac{\sin 2t}{2}\right)+\dfrac{b\cos 2t}{2}\right]_0^\pi \quad\leftarrow$ ②

$\qquad =\pi+\pi a$

よって $\begin{cases} a=-2-\pi b \\ b=\pi+\pi a \end{cases}$ $\therefore$ $\begin{cases} a=\dfrac{-\pi^2-2}{\pi^2+1} \\ b=\dfrac{-\pi}{\pi^2+1} \end{cases}$

$\therefore\quad \boldsymbol{f(x)=x-\dfrac{2(\pi^2+2)}{\pi^2+1}\sin x+\dfrac{2\pi}{\pi^2+1}\cos x}$

①，②の計算では，部分積分法を用いて

$\displaystyle\int t\cos t\,dt=t\sin t-\int \sin t\,dt=t\sin t+\cos t+C$

$\displaystyle\int t\sin t\,dt=-t\cos t+\int \cos t\,dt=-t\cos t+\sin t+C$

としていますが，他の計算とともにこれらを実行するのは式も長くなり，ミスのもとです。個々の原始関数を計算欄で求めておいて，できるだけ短い式で処理するのがおすすめです。

続いて，p.517 に出てきた

$\dfrac{d}{dx}\displaystyle\int_a^x f(t)dt=f(x)$

の応用がいくつかあります。

$\dfrac{d}{dx}\displaystyle\int_{h(x)}^{g(x)} f(t)dt=\dfrac{d}{dx}\Big[F(t)\Big]_{h(x)}^{g(x)}=\dfrac{d}{dx}\{F(g(x))-F(h(x))\}$

$\qquad\qquad\qquad\quad =f(g(x))g'(x)-f(h(x))h'(x)$

$\dfrac{d}{dx}\displaystyle\int_a^x (x-t)f(t)dt=\dfrac{d}{dx}\left\{x\int_a^x f(t)dt-\int_a^x tf(t)dt\right\}$

$$= \int_a^x f(t)dt + xf(x) - xf(x) = \int_a^x f(t)dt$$

の部分は積の関数の微分を用いています。まとめると

$$\frac{d}{dx}\int_a^x f(t)dt = f(x)$$

$$\frac{d}{dx}\int_{h(x)}^{g(x)} f(t)dt = f(g(x))g'(x) - f(h(x))h'(x)$$

$$\frac{d}{dx}\int_a^x (x-t)f(t)dt = \int_a^x f(t)dt$$

● 例題 222

任意の実数 x, a に対して

$$\int_0^{2x} f(t)dt + \int_{2a}^{2(a+x)} g(t)dt = 2\sin^2 a \int_0^{2x} f(t)dt - 2\sin^2 x \int_0^{2a} g(t)dt$$

を満たす連続関数 $f(x)$, $g(x)$ を求めよ。ただし，$g(0)=1$ とする。

解答 $a=0$ とすると $\quad \int_0^{2x} f(t)dt + \int_0^{2x} g(t)dt = 0$

両辺を x で微分して $\quad 2f(2x) + 2g(2x) = 0$

これが任意の実数 x で成り立つので $\quad f(x) + g(x) = 0$

また，与えられた式を a で微分して

$$2g(2(a+x)) - 2g(2a) = 4\sin a \cos a \int_0^{2x} f(t)dt - 4\sin^2 x g(2a)$$

$a=0$ として $\quad 2g(2x) - 2g(0) = -4\sin^2 x g(0)$

$g(0)=1$ より

$$2g(2x) - 2 = -4\sin^2 x$$

$$g(2x) = 1 - 2\sin^2 x$$

$\therefore \quad g(2x) = \cos 2x$

これが任意の実数 x で成り立つので $\quad g(x) = \cos x$

以上より $\quad \boldsymbol{f(x) = -\cos x, \quad g(x) = \cos x}$

これらは与えられた条件を満たす。

　式が非常に複雑ですから，まず必要条件から探っていきます。$a=0$ としてみると右辺が 0 になりますから，第 1 の条件が出てきます。

　次は微分することが考えられますが，x を固定して a で微分してみると，

$\dfrac{d}{da}\displaystyle\int_0^{2x} f(t)dt = 0$ ですから，比較的簡単な条件式が得られ，$g(0)=1$ の条件が使える形になります。

　ただし，与えられた条件式を微分することにより求めた $f(x)$, $g(x)$ は定数項の条

件を満たしているかどうかがわからず，あくまで必要条件ですから，元の条件を満たすことを確認しなければなりません（実際に $f(x)=-\cos x$，$g(x)=\cos x$ を代入すれば確認できます）。

第1章
第2章
第3章
第4章
第5章
第6章
第7章
第8章
第9章
第10章
第11章
第12章
第13章
第14章

演習 222

微分可能な関数 $f(x)$ が

$$f(x)=1+x^2+\int_0^x e^{-t}f(x-t)dt$$

を満たしている。$f(x)$ を求めよ。

解答　$x-t=u$ とおくと

$$-dt=du \quad \begin{cases} t:0\to x \\ u:x\to 0 \end{cases}$$

$$\therefore \quad f(x)=1+x^2+\int_x^0 e^{u-x}f(u)(-1)du$$

$$=1+x^2+e^{-x}\int_0^x e^u f(u)du \quad \cdots\cdots(*)$$

$$\therefore \quad f'(x)=2x-e^{-x}\int_0^x e^u f(u)du+e^{-x}e^x f(x)$$

$$=2x-e^{-x}\int_0^x e^u f(u)du+f(x)=2x+1+x^2 \quad (\because \quad (*))$$

よって　$f(x)=\dfrac{x^3}{3}+x^2+x+C$

また，$(*)$で $x=0$ とすると

$$f(0)=1 \quad \therefore \quad C=1$$

よって　$\boldsymbol{f(x)=\dfrac{x^3}{3}+x^2+x+1}$

インテグラルの中の $f(x-t)$ が原因で，微分してもうまくいきません。$x-t=u$ と置換することになります。

次は，被積分関数に絶対値が含まれる場合の扱いを確認しておきましょう。

例題 223

$f(x)=\displaystyle\int_0^1 t|e^{-t^2}-x|dt$ の最小値を求めよ。

解答　$0\leqq t\leqq 1$ のとき　$\dfrac{1}{e}\leqq e^{-t^2}\leqq 1$

（i）$x\leqq\dfrac{1}{e}$ のとき

$$f(x)=\int_0^1 t(e^{-t^2}-x)dt$$

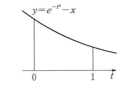

$y=e^{-t^2}-x$

0　　1　t

$$=\int_0^1\left\{-\frac{1}{2}(-2t)e^{-t^2}-xt\right\}dt$$

$$=\left[-\frac{1}{2}e^{-t^2}-\frac{xt^2}{2}\right]_0^1$$

$$=-\frac{1}{2}\left(\frac{1}{e}-1\right)-\frac{x}{2}=-\frac{1}{2}\left(x+\frac{1}{e}-1\right)$$

(ii) $\dfrac{1}{e}<x<1$ のとき

$$e^{-t^2}-x=0$$

すなわち

$$-t^2=\log_e x$$
$$t=\sqrt{-\log_e x}$$

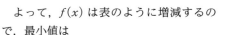

$$\therefore\quad f(x)=\int_0^{\sqrt{-\log_e x}}t(e^{-t^2}-x)dt-\int_{\sqrt{-\log_e x}}^1 t(e^{-t^2}-x)dt$$

$$=\left[-\frac{1}{2}e^{-t^2}-\frac{xt^2}{2}\right]_0^{\sqrt{-\log_e x}}-\left[-\frac{1}{2}e^{-t^2}-\frac{xt^2}{2}\right]_{\sqrt{-\log_e x}}^1$$

$$=2\left(-\frac{x}{2}+\frac{x\log_e x}{2}\right)+\frac{1}{2}+\frac{1}{2e}+\frac{x}{2}$$

$$=x\log_e x-\frac{x}{2}+\frac{1}{2e}+\frac{1}{2}$$

(iii) $x\geqq1$ のとき

$$f(x)=-\int_0^1 t(e^{-t^2}-x)dt=\frac{1}{2}\left(x+\frac{1}{e}-1\right)$$

(ii)のとき

$$f'(x)=\log_e x+x\cdot\frac{1}{x}-\frac{1}{2}=\log_e x+\frac{1}{2}$$

よって，$f(x)$ は表のように増減するので，最小値は

$$f\left(\frac{1}{\sqrt{e}}\right)=\frac{1}{2e}-\frac{1}{\sqrt{e}}+\frac{1}{2}$$

x	$\cdots$	$\dfrac{1}{e}$	$\cdots$	$\dfrac{1}{\sqrt{e}}$	$\cdots$	1	$\cdots$
$f'(x)$	$-$		$-$	0	$+$		$+$
$f(x)$	$\searrow$		$\searrow$		$\nearrow$		$\nearrow$

10 定積分と数列

　数列を用いて定積分の値を求めたり，定積分で表された数列を考える問題があります。ここでは，それらについて学ぶことにしましょう。

例題 224

$I(m,\ n)=\int_\alpha^\beta (x-\alpha)^m (x-\beta)^n dx$　($m,\ n$ は整数，$m,\ n\geqq 0$) を求めよ。

　部分積分をすれば，$(x-\alpha)^m$ か $(x-\beta)^n$ のどちらかの次数を 1 だけ下げることができます。したがって，m 回，あるいは n 回部分積分をすれば，$I(m,\ n)$ を求めることができます。

　しかし，実際上「m 回，あるいは n 回」などと言ってもはっきりしないので，漸化式を作って考えることになります。

$\Downarrow$
解答　$\displaystyle I(m,\ n)=\int_\alpha^\beta (x-\alpha)^m (x-\beta)^n dx$

$\displaystyle =\left[\frac{1}{m+1}(x-\alpha)^{m+1}(x-\beta)^n\right]_\alpha^\beta - \frac{n}{m+1}\int_\alpha^\beta (x-\alpha)^{m+1}(x-\beta)^{n-1}dx$

$\displaystyle =\frac{-n}{m+1}I(m+1,\ n-1)$

$\displaystyle =\frac{-n}{m+1}\cdot\frac{-(n-1)}{m+2}I(m+2,\ n-2)$

$\displaystyle =\frac{-n}{m+1}\cdot\frac{-(n-1)}{m+2}\cdots\frac{-1}{m+n}I(m+n,\ 0)$

$\displaystyle =\frac{(-1)^n m!\,n!}{(m+n)!}\int_\alpha^\beta (x-\alpha)^{m+n}dx$

$\displaystyle =\frac{(-1)^n}{{}_{m+n}\mathrm{C}_n}\left[\frac{1}{m+n+1}(x-\alpha)^{m+n+1}\right]_\alpha^\beta$

$\displaystyle =\frac{(-1)^n(\beta-\alpha)^{m+n+1}}{(m+n+1)_{\,m+n}\mathrm{C}_n}$

これは *p.521* で出てきた公式の一般化になっています。

演習 224

$\displaystyle I_n=\int_0^{\frac{\pi}{2}}\sin^n x\,dx$　(n は整数，$n\geqq 0$) を求めよ。

$\Downarrow$
解答　$n\geqq 2$ のとき

$\displaystyle I_n=\int_0^{\frac{\pi}{2}}\sin^n x\,dx=\int_0^{\frac{\pi}{2}}\sin^{n-1}x\sin x\,dx$

$\displaystyle =\left[-\sin^{n-1}x\cos x\right]_0^{\frac{\pi}{2}}+(n-1)\int_0^{\frac{\pi}{2}}\sin^{n-2}x\cos^2 x\,dx$

$\displaystyle =(n-1)\int_0^{\frac{\pi}{2}}\sin^{n-2}x(1-\sin^2 x)dx$

$$= (n-1)\int_0^{\frac{\pi}{2}}(\sin^{n-2}x - \sin^n x)\,dx = (n-1)I_{n-2} - (n-1)I_n$$

$$\therefore \quad I_n = \frac{n-1}{n}I_{n-2}$$

ここで

$$I_0 = \int_0^{\frac{\pi}{2}}dx = \frac{\pi}{2}$$

$$I_1 = \int_0^{\frac{\pi}{2}}\sin x\,dx = \Big[-\cos x\Big]_0^{\frac{\pi}{2}} = 1$$

よって

・n が偶数のとき

$$I_n = \frac{n-1}{n}I_{n-2} = \frac{n-1}{n}\cdot\frac{n-3}{n-2}I_{n-4}$$

$$= \frac{n-1}{n}\cdot\frac{n-3}{n-2}\cdots\frac{1}{2}I_0$$

$$= \frac{n(n-1)}{n^2}\cdot\frac{(n-2)(n-3)}{(n-2)^2}\cdots\frac{2\cdot1}{2^2}\cdot\frac{\pi}{2} \quad \left.\rule{0pt}{38pt}\right\} (*)$$

$$= \frac{n!}{\left(2\cdot\dfrac{n}{2}\cdot2\cdot\dfrac{n-2}{2}\cdots2\cdot1\right)^2}\cdot\frac{\pi}{2}$$

$$= \frac{n!}{\left\{2^{\frac{n}{2}}\left(\dfrac{n}{2}\right)!\right\}^2}\cdot\frac{\pi}{2} = \frac{\pi n!}{2^{n+1}\left\{\left(\dfrac{n}{2}\right)!\right\}^2}$$

・n が奇数のとき

$$I_n = \frac{n-1}{n}\cdot\frac{n-3}{n-2}\cdots\frac{2}{3}I_1 = \frac{\left\{2^{\frac{n-1}{2}}\left(\dfrac{n-1}{2}\right)!\right\}^2}{n!} = \frac{2^{n-1}\left\{\left(\dfrac{n-1}{2}\right)!\right\}^2}{n!}$$

$(*)$ では，分母，分子に $n(n-2)\cdots2$ をかけています。そうすると，分子は $n!$ になり，分母は $\{n(n-2)\cdots2\}^2$ になりますが，$n(n-2)\cdots2$ は偶数の積ですから，それぞれを 2 でくくると階乗を用いて表すことができます。

たとえば，$10\cdot8\cdot6\cdot4\cdot2 = 2^5\cdot5!$ です。

この問題に関連した発展的余談をしておきます。

$0 \leqq x \leqq \dfrac{\pi}{2}$ では $0 \leqq \sin x \leqq 1$ ですから

$$\sin^{2n+2}x \leqq \sin^{2n+1}x \leqq \sin^{2n}x$$

よって，$\displaystyle\int_0^{\frac{\pi}{2}}\sin^{2n+2}x\,dx \leqq \int_0^{\frac{\pi}{2}}\sin^{2n+1}x\,dx \leqq \int_0^{\frac{\pi}{2}}\sin^{2n}x\,dx$ より

$$\frac{2n+1}{2n+2}\cdot\frac{2n-1}{2n}\cdots\frac{1}{2}\cdot\frac{\pi}{2} \leqq \frac{2n}{2n+1}\cdot\frac{2n-2}{2n-1}\cdots\frac{2}{3} \leqq \frac{2n-1}{2n}\cdot\frac{2n-3}{2n-2}\cdots\frac{1}{2}\cdot\frac{\pi}{2}$$

$$\frac{2n+1}{2n+2}\cdot\frac{(2n)!}{(2^n n!)^2}\cdot\frac{\pi}{2}\leqq\frac{(2^n n!)^2}{(2n+1)!}\leqq\frac{(2n)!}{(2^n n!)^2}\cdot\frac{\pi}{2}$$

$$\therefore\quad \frac{2n+1}{2n+2}\cdot\frac{\pi}{2}\leqq\frac{(2^n n!)^4}{(2n+1)!(2n)!}\leqq\frac{\pi}{2}$$

ここで，$\displaystyle\lim_{n\to\infty}\frac{2n+1}{2n+2}\cdot\frac{\pi}{2}=\lim_{n\to\infty}\frac{2+\dfrac{1}{n}}{2+\dfrac{2}{n}}\cdot\frac{\pi}{2}=\frac{\pi}{2}$ ですから

$$\lim_{n\to\infty}\frac{(2^n n!)^4}{(2n+1)!(2n)!}=\frac{\pi}{2}\qquad\therefore\quad\lim_{n\to\infty}\frac{2(2^n n!)^4}{(2n+1)!(2n)!}=\pi$$

実際 $\dfrac{2(2^n n!)^4}{(2n+1)!(2n)!}$ の値は $n=10$ のとき $3.067\cdots$，$n=100$ のとき $3.133\cdots$，$n=500$ のとき $3.140\cdots$ のようになっています。

例題 225

$I_n=\displaystyle\int_0^\pi x^n\cos x\,dx$ （n は整数，$n\geqq0$）とする。I_{n+2} を I_n で表し，

$\displaystyle\int_{-\pi}^\pi(1+x+x^2+x^3+x^4+x^5)\cos x\,dx$ を求めよ。

解答

$$I_{n+2}=\int_0^\pi x^{n+2}\cos x\,dx=\Big[x^{n+2}\sin x\Big]_0^\pi-(n+2)\int_0^\pi x^{n+1}\sin x\,dx$$

$$=-(n+2)\left\{\Big[-x^{n+1}\cos x\Big]_0^\pi+(n+1)\int_0^\pi x^n\cos x\,dx\right\}$$

$$=-(n+2)\{\pi^{n+1}+(n+1)I_n\}$$

$$=-(n+2)\pi^{n+1}-(n+2)(n+1)I_n\quad\cdots\cdots(*)$$

$$\int_{-\pi}^\pi(1+x+x^2+x^3+x^4+x^5)\cos x\,dx$$

$$=\int_{-\pi}^\pi\cos x\,dx+\int_{-\pi}^\pi x\cos x\,dx+\cdots+\int_{-\pi}^\pi x^5\cos x\,dx$$

であるが，$x^{2k-1}\cos x$ は奇関数だから

$$\int_{-\pi}^\pi x^{2k-1}\cos x\,dx=0$$

また，$x^{2k}\cos x$ は偶関数だから

$$\int_{-\pi}^\pi x^{2k}\cos x\,dx=2\int_0^\pi x^{2k}\cos x\,dx$$

$$\therefore\quad\int_{-\pi}^\pi(1+x+x^2+x^3+x^4+x^5)\cos x\,dx=2\int_0^\pi(1+x^2+x^4)\cos x\,dx$$

$$=2(I_0+I_2+I_4)$$

ここで

$$I_0=\int_0^\pi\cos x\,dx=\Big[\sin x\Big]_0^\pi=0$$

$$I_2 = -2\pi - 2I_0 = -2\pi$$
$$I_4 = -4\pi^3 - 12I_2 = -4\pi^3 + 24\pi \quad (\because \quad (*))$$

よって

$$\int_{-\pi}^{\pi}(1+x+x^2+x^3+x^4+x^5)\cos x\,dx = 2(-2\pi - 4\pi^3 + 24\pi)$$
$$= -8\pi^3 + 44\pi$$

演習 225A

$I_n = \displaystyle\int_1^e (\log_e x)^n\,dx$ (n は自然数) とする。I_{n+1} を I_n を用いて表し，

$\dfrac{e-1}{n+1} \leqq I_n \leqq \dfrac{(n+1)e+1}{(n+1)(n+2)}$ を示せ。

解答
$$I_{n+1} = \int_1^e (\log_e x)^{n+1}\,dx = \Big[x(\log_e x)^{n+1}\Big]_1^e - (n+1)\int_1^e x(\log_e x)^n \frac{1}{x}\,dx$$
$$= e - (n+1)\int_1^e (\log_e x)^n\,dx = e - (n+1)I_n$$

ここで

$$\frac{e-1}{n+1} \leqq I_n \iff e-1 \leqq (n+1)I_n \iff e - (n+1)I_n \leqq 1 \iff I_{n+1} \leqq 1$$

であるが，$1 \leqq x \leqq e$ のとき $0 \leqq \log_e x \leqq 1$

よって $(\log_e x)^{n+1} \leqq \log_e x$

$\therefore \quad I_{n+1} = \displaystyle\int_1^e (\log_e x)^{n+1}\,dx \leqq \int_1^e \log_e x\,dx$
$$= \Big[x\log_e x - x\Big]_1^e$$
$$= e - (e-1) = 1$$

よって，$I_{n+1} \leqq 1$ である。また

$$I_n \leqq \frac{(n+1)e+1}{(n+1)(n+2)} \iff (n+1)(n+2)I_n \leqq (n+1)e+1$$
$$\iff (n+2)(e-I_{n+1}) \leqq (n+1)e+1$$
$$\iff (n+2)e - (e-I_{n+2}) \leqq (n+1)e+1$$
$$\iff I_{n+2} \leqq 1$$

であるが，これは $I_{n+1} \leqq 1$ と同様に示される。

以上により，$\dfrac{e-1}{n+1} \leqq I_n \leqq \dfrac{(n+1)e+1}{(n+1)(n+2)}$ は示された。

部分積分を用いて漸化式を作るところまでは，ほぼお決まりのパターンです。問題は，この漸化式をどのように用いて不等式を証明すればよいのかがわかりにくいことです。

わからないまま数学的帰納法によって証明する方法もありますが，目標である不等式の証明を分析し，よりわかりやすい目標に書き換えることができれば，より楽に証明することができます。

目標が見えにくいときは，まず目標を分析すること。

このテーマについては，もう1問演習をしておきましょう。

演習 225B

$a_n=\displaystyle\int_0^1 e^x\cdot\dfrac{(1-x)^n}{n!}dx$ とする。

(1) $0<a_n<\dfrac{e}{(n+1)!}$ を示せ。

(2) $a_n=e-\displaystyle\sum_{k=0}^{n}\dfrac{1}{k!}$ を示せ。

(3) e が無理数であることを示せ。

解答 (1) $0<x<1$ のとき $\quad 0<e^x\cdot\dfrac{(1-x)^n}{n!}<\dfrac{e(1-x)^n}{n!}$

よって $\quad a_n=\displaystyle\int_0^1 e^x\cdot\dfrac{(1-x)^n}{n!}dx>0$

また

$$a_n=\int_0^1 e^x\cdot\dfrac{(1-x)^n}{n!}dx$$

$$<\int_0^1\dfrac{e(1-x)^n}{n!}dx=\left[-\dfrac{e(1-x)^{n+1}}{(n+1)!}\right]_0^1=\dfrac{e}{(n+1)!}$$

以上より，$0<a_n<\dfrac{e}{(n+1)!}$ である。

(2) $a_{n+1}=\displaystyle\int_0^1 e^x\cdot\dfrac{(1-x)^{n+1}}{(n+1)!}dx=\left[e^x\cdot\dfrac{(1-x)^{n+1}}{(n+1)!}\right]_0^1+\int_0^1 e^x\cdot\dfrac{(1-x)^n}{n!}dx$

$\qquad\quad=-\dfrac{1}{(n+1)!}+a_n$

$\therefore\quad a_n=a_0-\displaystyle\sum_{k=0}^{n-1}\dfrac{1}{(k+1)!}\quad(n\geqq1)$

ここで

$$a_0=\int_0^1 e^x dx=\left[e^x\right]_0^1=e-1$$

$\therefore\quad a_n=e-1-\displaystyle\sum_{k=0}^{n-1}\dfrac{1}{(k+1)!}=e-\sum_{k=0}^{n}\dfrac{1}{k!}$

よって，示された。

(3) (1), (2)より

$$0 < e - \sum_{k=0}^{n} \frac{1}{k!} < \frac{e}{(n+1)!} \qquad \therefore \quad 0 < en! - \sum_{k=0}^{n} \frac{n!}{k!} < \frac{e}{n+1}$$

ここで，$\dfrac{n!}{k!} = (n-k)! \, {}_nC_k$ は整数であるが，e を有理数として $e = \dfrac{q}{p}$（p, q は自然数）とおくと，十分大きな n に対して，$en! = \dfrac{qn!}{p}$ は整数，$\dfrac{e}{n+1} < 1$ となる。

よって，このような n に対して $en! - \sum_{k=0}^{n} \dfrac{n!}{k!}$ は整数であり，同時に

$0 < en! - \sum_{k=0}^{n} \dfrac{n!}{k!} < 1$ となる。これは矛盾であるから，e は有理数ではない，つまり e は無理数である。

11 微分方程式

$f'(x)$（場合によっては $f''(x)$）と x の関数を含んだ等式を微分方程式と言い，与えられた微分方程式から $f(x)$ を求めることを「微分方程式を解く」と言います。

たとえば，$f'(x) = x$ は微分方程式で，これを解くと，$f(x) = \dfrac{x^2}{2} + C$ です。ここでもし，はじめの条件 $f'(x) = x$ に加えて $f(0) = 0$ のような条件が与えられていれば，$C = 0$ となり，$f(x) = \dfrac{x^2}{2}$ のように $f(x)$ が決定されます。このような追加条件のことを初期条件と呼びます。

通常，微分方程式は積分を用いて解くことになるので，積分定数が未定の形で出てくることになり，これを初期条件で決定するということです。

もう少し微分方程式を身近に感じるために，物理の運動方程式の話をしておきます。

ある地点から一定の速さ v で運動する物体の，時間 t が経過した後の最初の地点からの距離 y は，$y = vt$ で表されます。この $y = vt$ の両辺を t で微分して

$$\frac{dy}{dt} = v$$

y を微分したら速さ v になりました。物体が進む方向に座標軸：y 軸を定めておけば，ある地点からの距離 y は，物体の位置だと言うこともでき，そのように理解すると，位置を時間で微分すると速さになるということです。つまり，

$$\frac{\text{微小な時間における位置の変化分}}{\text{微小な時間}}$$ を考えておいて,「微小な時間」を 0 に近づけて

いったときの極限が速さだということになります。

これは v が一定でなくても同じことで

$$v = \lim_{\Delta t \to 0} \frac{\Delta y}{\Delta t} \qquad \therefore \quad v = \frac{dy}{dt}$$

です。横軸に時刻 t をとり,縦軸にその時刻における位置 y をとり,図のようなグラフを描いたとすれば,このグラフの接線の傾きがその時刻 t における速さ v を表しているわけです。

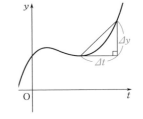

さらに,速さ v の単位時間あたりの変化分を考えると,それが加速度 a だということになります。

$$a = \frac{dv}{dt}$$

さて,昔は物体に力が加わると,力の大きさに比例した速さが生じると考えられていました。ところが,これは誤りで,力の大きさに比例して生じるのは速さではなく加速度であることがわかり,これを式で表したものがニュートンの運動方程式です。

$$F = ma$$

この式は「F という力が原因で,m という質量に a という加速度が生じる」という原因と結果を表すものとして理解します。たとえば,地表付近では質量 m の物質に mg という一定の重力がはたらきますから（$g \fallingdotseq 9.8\,\mathrm{m/s^2}$）,運動方程式は

$$mg = ma \quad (a = g)$$

となります。すると,物体は等加速度運動で落下し,1 秒ごとに $9.8\,\mathrm{m/s}$ だけスピードが速くなります。

ただし,これは空気がない場合の話で,空気があれば速さに比例した粘性抵抗がはたらきます。もし,この粘性抵抗がなければ,落下する物体は約 10 秒後には秒速 100 m ほどに達し,雨が降るたびに大災害が起こることになります。

実際,雨はしとしとと（等速で）降ってくるわけで,この理由を微分方程式を用いて考えてみることにしましょう。

物体にはたらく力は重力 mg と,これに逆らう方向への粘性抵抗 $-kv$ です。v は速さで k は物体の形状や大きさによって決まる比例定数です。また,加速度 a は速度 v の微分 $\frac{dv}{dt}$ ですから,運動方程式は次のようになります。

$$mg - kv = m \cdot \frac{dv}{dt} \quad \cdots\cdots ①$$

これを解いて,速さ v を時刻 t の関数で表してみようと思います。

つまり,変数は v と t ですが,t は左辺に,v は右辺にかためます。

$$mg - kv = m \cdot \frac{dv}{dt}$$

$$-\frac{k}{m}\left(v - \frac{mg}{k}\right) = \frac{dv}{dt}$$

$$\therefore \quad -\frac{k}{m} = \frac{1}{v - \dfrac{mg}{k}} \cdot \frac{dv}{dt} \quad \cdots\cdots ②$$

t は①には含まれませんから，v のみを右辺にもっていけばよいのですが，

$mg - kv = m \cdot \dfrac{dv}{dt}$ より $mg = kv + m \cdot \dfrac{dv}{dt}$ とするのではだめです。v の関数が $\dfrac{dv}{dt}$ にか

かる形にしなければなりません。

②までくれば，両辺を t で積分します。

$$-\frac{k}{m}t + C' = \log_e\left| v - \frac{mg}{k} \right|$$

$$\left| v - \frac{mg}{k} \right| = e^{-\frac{k}{m}t + C'} \quad \left(= e^{C'}e^{-\frac{k}{m}t} \right)$$

$$\therefore \quad v = \frac{mg}{k} + Ce^{-\frac{k}{m}t} \quad \left(C = \pm e^{C'} \right)$$

ここで，$t = 0$ のとき $v = 0$（自由落下）であったとすると

$$C = -\frac{mg}{k}$$

ですから

$$v = \frac{mg}{k}\left(1 - e^{-\frac{k}{m}t} \right) \quad \cdots\cdots ③$$

となります。

確かに速さは一定値 $\dfrac{mg}{k}$ に向かって収束していってお

り，雨がしとしとと降ってくる状況を表現しています。

また，③を t で微分してみれば

$$\frac{dv}{dt} = ge^{-\frac{k}{m}t}$$

となり，$t = 0$ としてみると，$\dfrac{dv}{dt} = g$ です。

ですから，はじめのうちは加速度 g の等加速度運動のように落ちはじめ，速さが大

きくなってくると等速運動に近づくわけです。

それでは，微分方程式を解いてみましょう。

第1章
第2章
第3章
第4章
第5章
第6章
第7章
第8章
第9章
第10章
第11章
第12章
第13章
第14章

例題 226

微分方程式 $f'(x)=x\{2f(x)-1\}$, $f(0)=1$ を解け。

解答 定数関数 $f(x)=\dfrac{1}{2}$ は $f(0)=1$ を満たさない。よって

$$\frac{2f'(x)}{2f(x)-1}=2x$$

$$\log_e|2f(x)-1|=x^2+C'$$

$$|2f(x)-1|=e^{x^2+C'}$$

$$\therefore\quad 2f(x)-1=Ce^{x^2}$$

$f(0)=1$ より $\quad C=1$

よって $\quad 2f(x)-1=e^{x^2}$ $\quad\therefore\quad \boldsymbol{f(x)=\dfrac{e^{x^2}+1}{2}}$

演習 226

微分方程式 $\{f(x)\}^2-f(x)+f'(x)=0$, $f(0)=\dfrac{1}{2}$ を解け。

解答 $\{f(x)\}^2-f(x)+f'(x)=0$ より

$$f'(x)=-\{f(x)-1\}f(x)$$

定数関数 $f(x)=1$ あるいは $f(x)=0$ は $f(0)=\dfrac{1}{2}$ を満たさないので

$$\frac{f'(x)}{\{f(x)-1\}f(x)}=-1$$

$$\therefore\quad \left\{\frac{1}{f(x)-1}-\frac{1}{f(x)}\right\}f'(x)=-1$$

よって

$$\log_e|f(x)-1|-\log_e|f(x)|=-x+C'$$

$$\log_e\left|\frac{f(x)-1}{f(x)}\right|=-x+C'$$

$$\left|\frac{f(x)-1}{f(x)}\right|=e^{-x+C'}$$

$$\therefore\quad \frac{f(x)-1}{f(x)}=Ce^{-x}$$

$f(0)=\dfrac{1}{2}$ より $\quad C=-1$

したがって

$$\frac{f(x)-1}{f(x)}=-e^{-x}$$

$$e^x\{f(x)-1\}=-f(x)$$

$$\therefore \quad f(x)=\frac{e^x}{e^x+1}$$

例題 227

微分方程式 $f'(x)+f(x)=4xe^{-x}\sin 2x$, $f(0)=0$ を解け。

解答　$f'(x)+f(x)=4xe^{-x}\sin 2x$ より　　$e^x f'(x)+e^x f(x)=4x\sin 2x$

$$\therefore \quad e^x f(x)=4\left\{-x\cdot\frac{\cos 2x}{2}+\int\frac{\cos 2x}{2}dx\right\}$$

$$=-2x\cos 2x+\sin 2x+C$$

$f(0)=0$ より　　$C=0$

$$\therefore \quad f(x)=e^{-x}(-2x\cos 2x+\sin 2x)$$

解くことが難しい微分方程式には誘導が付きます。ただし，$\{e^{ax}f(x)\}'$ $=e^{ax}\{af(x)+f'(x)\}$ の形には敏感になっておくべきで，本問では左辺の $f(x)+f'(x)$ を見ただけで，両辺に e^x をかければ積分できる形になることに気づくべきです。

演習 227

$\displaystyle\int_0^x f(t)dt+\int_0^x tf(x-t)dt=e^{-x}-1$ を満たす $f(x)$ を求めよ。

解答　$x-t=u$ とおくと

$$-dt=du \qquad \begin{cases} t:0\to x \\ u:x\to 0 \end{cases}$$

よって　　$\displaystyle\int_0^x f(t)dt-\int_x^0(x-u)f(u)du=e^{-x}-1$

$$\therefore \quad \int_0^x f(t)dt+x\int_0^x f(u)du-\int_0^x uf(u)du=e^{-x}-1$$

両辺を x で微分して

$$f(x)+\int_0^x f(u)du+xf(x)-xf(x)=-e^{-x}$$

$$\therefore \quad f(x)+\int_0^x f(u)du=-e^{-x} \quad \cdots\cdots(*)$$

両辺を x で微分して

$$f'(x)+f(x)=e^{-x}$$

両辺に e^x をかけて

$$e^x\{f'(x)+f(x)\}=1 \qquad \therefore \quad e^x f(x)=x+C$$

ここで，(*)で $x=0$ として　　$f(0)=-1$

$\therefore$　$C=-1$

したがって　　$e^x f(x)=x-1$　　$\therefore$　$f(x)=e^{-x}(x-1)$

$p.581$ でも出てきましたが，左辺の $\displaystyle\int_0^x tf(x-t)dt$ の形では微分することができません。まず $x-t=u$ と置換して，微分できる形に変形します。

その後 2 回微分してようやく微分方程式を作ることができました。

それでは最後に，文章題の中で微分方程式を作って，それを解くような問題をやってみましょう。

 例題 228

　　点 $(1,\ 1)$ を通る曲線 $y=f(x)$ $(x>0)$ 上の任意の点 P における接線が x 軸と交わる点を Q，点 P から x 軸に下ろした垂線の足を R とする。このとき，三角形 PQR の面積が P のとり方によらず常に $\dfrac{1}{2}$ となるような減少する関数 $f(x)$ を求めよ。

解答　この曲線が x 軸と交われば，その点では P＝Q＝R となり，条件を満たさない。したがって，$y=f(x)$ のグラフは図のようになる。また，$f(x)$ は減少する関数であるから，$f'(x)\leqq0$ である。よって，P$(x,\ f(x))$ とおくと

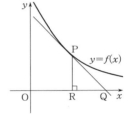

$$\begin{cases} \mathrm{PR}=f(x) \\ \mathrm{RQ}=-\dfrac{f(x)}{f'(x)} \end{cases}$$

よって　　$-\dfrac{1}{2}\cdot\dfrac{\{f(x)\}^2}{f'(x)}=\dfrac{1}{2}$　　$\therefore$　$-\dfrac{f'(x)}{\{f(x)\}^2}=1$

すなわち　　$\dfrac{1}{f(x)}=x+C$

$f(1)=1$ より　　$C=0$

$\therefore$　$f(x)=\dfrac{1}{x}$

400 L の水の入っている水槽がある。はじめに排水口を閉じたまま，この水槽に 1 L につき 0.2kg の塩を含む塩水を毎分 10 L の割合で注ぎ続け，10 分後からは排水口をあけて毎分 10 L の割合で混合液を流出させる（10 分後以降も塩水を注ぎ続ける）。注ぎはじめてから t 分後の水槽内の塩の量 $v(t)$ [kg] を求めよ。

解答 注ぐ塩水 10 L の中には 2 kg の塩が含まれるから，$0 \leqq t \leqq 10$ のとき，$v(t) = 2t$ である。

$t > 10$ のとき，水槽内には 500 L の塩水があり，流出させる混合液中には，

$$v(t) \times \frac{10}{500} = \frac{v(t)}{50} \text{ [kg]}$$ の塩が含まれることになる。よって

$$v'(t) = 2 - \frac{v(t)}{50}$$

$$v'(t) = -\frac{1}{50}\{v(t) - 100\}$$

$$\frac{v'(t)}{v(t) - 100} = -\frac{1}{50}$$

$$\therefore \quad \log_e |v(t) - 100| = -\frac{t}{50} + C'$$

$$\therefore \quad v(t) - 100 = Ce^{-\frac{t}{50}}$$

ここで，$v(10) = 20$ より

$$-80 = Ce^{-\frac{1}{5}}$$

$$C = -80e^{\frac{1}{5}}$$

$$\therefore \quad v(t) = 100 - 80e^{\frac{10-t}{50}}$$

以上より

$$v(t) = \begin{cases} 2t & (0 \leqq t \leqq 10 \text{ のとき}) \\ 100 - 80e^{\frac{10-t}{50}} & (t > 10 \text{ のとき}) \end{cases}$$

第14章

統計的な推測

第1章
第2章
第3章
第4章
第5章
第6章
第7章
第8章
第9章
第10章
第11章
第12章
第13章
第14章

1 確率変数と確率分布

2つの確率変数 X, Y があり，実数 a, b に対して，$X=a$ かつ $Y=b$ となる確率を $P(X=a, Y=b)$ と表します。ここで，X のとりうる値を x_1, x_2, $\cdots$, x_n, Y のとりうる値を y_1, y_2, $\cdots$, y_m とします。$P(X=x_i, Y=y_j)=p_{ij}$ とおくとき，左下表のような X と Y の対応を同時分布と言います。このとき，X, Y はそれぞれ右下表の分布に従います。

X＼Y	y_1	y_2	$\cdots$	y_m	計
x_1	p_{11}	p_{12}	$\cdots$	p_{1m}	p_1
x_2	p_{21}	p_{22}	$\cdots$	p_{2m}	p_2
$\cdots$	$\cdots$	$\cdots$	$\cdots$	$\cdots$	$\cdots$
x_n	p_{n1}	p_{n2}	$\cdots$	p_{nm}	p_n
計	q_1	q_2	$\cdots$	q_m	1

X	x_1	x_2	$\cdots$	x_n	計
P	p_1	p_2	$\cdots$	p_n	1

Y	y_1	y_2	$\cdots$	y_m	計
P	q_1	q_2	$\cdots$	q_m	1

2 期待値，分散，標準偏差

第5章の「データの分析」では，平均を

$$\bar{x} = \frac{合計}{データの個数} = \frac{1}{n}(x_1+x_2+x_3+\cdots+x_{n-1}+x_n)$$

と学びました。これを

$$\bar{x} = \frac{1}{n}x_1+\frac{1}{n}x_2+\frac{1}{n}x_3+\cdots+\frac{1}{n}x_{n-1}+\frac{1}{n}x_n$$

と書き直すとわかるように，「係数の和が1」となっているのが平均の形ととらえて，平均の定義を拡張させます。つまり

$$E(X) = x_1p_1+x_2p_2+\cdots+x_np_n = \sum_{k=1}^{n}x_kp_k$$

を X の期待値または平均と言い，$E(X)$ または m で表します。こうすることで，確率変数のとりうる値のそれぞれが等確率でなくても平均を考えることができるようになりました。

同様に，分散と標準偏差についても次のように定義します。

分散：$V(X)=$（偏差の2乗の期待値）

第1章
第2章
第3章
第4章
第5章
第6章
第7章
第8章
第9章
第10章
第11章
第12章
第13章
第14章

$$=E((X-m)^2)$$
$$=(x_1-m)^2 p_1+(x_2-m)^2 p_2+\cdots+(x_n-m)^2 p_n$$
$$=\sum_{k=1}^{n}(x_k-m)^2 p_k$$

標準偏差：$\sigma(X)=\sqrt{V(X)}$　（σ はシグマと読みます）

「データの分析」のときと同じように，分散には別公式があります。

$$V(X)=(2\text{乗の期待値})-(\text{期待値の}2\text{乗})=E(X^2)-\{E(X)\}^2$$

証明は次のようになります。

証明　$V(X)=\displaystyle\sum_{k=1}^{n}(x_k-m)^2 p_k=\sum_{k=1}^{n}(x_k{}^2-2mx_k+m^2)p_k$

$\displaystyle =\sum_{k=1}^{n}x_k{}^2 p_k-2m\sum_{k=1}^{n}x_k p_k+m^2\sum_{k=1}^{n}p_k$

$\displaystyle =\sum_{k=1}^{n}x_k{}^2 p_k-2m\cdot m+m^2\cdot 1\quad(\because\ \sum_{k=1}^{n}x_k p_k=m,\ \sum_{k=1}^{n}p_k=1)$

$\displaystyle =\sum_{k=1}^{n}x_k{}^2 p_k-m^2=E(X^2)-\{E(X)\}^2$

分散の別公式は，$E(X)$ が分数であるときや公式の証明などで有効です。

まとめると次のようになります。

期待値，分散，標準偏差

期待値（平均）：$E(X)=x_1 p_1+x_2 p_2+\cdots+x_n p_n$
$$=\sum_{k=1}^{n}x_k p_k\ (=m\ \text{とする})$$

分散：$V(X)=(\text{偏差の}2\text{乗の期待値})$
$$=E((X-m)^2)$$
$$=(x_1-m)^2 p_1+(x_2-m)^2 p_2+\cdots+(x_n-m)^2 p_n$$
$$=\sum_{k=1}^{n}(x_k-m)^2 p_k$$

分散の別公式　$V(X)=(2\text{乗の期待値})-(\text{期待値の}2\text{乗})$
$$=E(X^2)-\{E(X)\}^2$$

標準偏差：$\sigma(X)=\sqrt{V(X)}$

例題 229

袋の中に赤球 3 個と白球 2 個が入っている。この中から 3 個の球を同時に取り出すとき，赤球の個数を X とする。

(1)　確率分布の表を作成せよ。

(2)　確率変数 X の期待値，分散，標準偏差を求めよ。

解答 (1) X のとりうる値は $1,\ 2,\ 3$ である。各値について X がその値をとる確率を
求めると

$$P(X=1)=\frac{{}_3\mathrm{C}_1 \cdot {}_2\mathrm{C}_2}{{}_5\mathrm{C}_3}=\frac{3}{10}$$

$$P(X=2)=\frac{{}_3\mathrm{C}_2 \cdot {}_2\mathrm{C}_1}{{}_5\mathrm{C}_3}=\frac{6}{10}=\frac{3}{5}$$

$$P(X=3)=\frac{{}_3\mathrm{C}_3 \cdot {}_2\mathrm{C}_0}{{}_5\mathrm{C}_3}=\frac{1}{10}$$

よって，確率分布は次の表のようになる。

X	1	2	3	計
P	$\dfrac{3}{10}$	$\dfrac{3}{5}$	$\dfrac{1}{10}$	1

(2) (1)より

$$E(X)=1 \cdot \frac{3}{10}+2 \cdot \frac{6}{10}+3 \cdot \frac{1}{10}=\frac{18}{10}=\frac{9}{5}$$

$$V(X)=\left(1-\frac{9}{5}\right)^2 \cdot \frac{3}{10}+\left(2-\frac{9}{5}\right)^2 \cdot \frac{6}{10}+\left(3-\frac{9}{5}\right)^2 \cdot \frac{1}{10}$$

$$=\frac{16}{25} \cdot \frac{3}{10}+\frac{1}{25} \cdot \frac{6}{10}+\frac{36}{25} \cdot \frac{1}{10}$$

$$=\frac{90}{250}=\frac{9}{25}$$

$$\sigma(X)=\sqrt{V(X)}=\frac{3}{5}$$

$E(X)$ が分数なので，分散の別公式 $V(X)=E(X^2)-\{E(X)\}^2$ を用いると少し楽で
す。

別解 (2) $V(X)$ について

$$V(X)=E(X^2)-\{E(X)\}^2=1^2 \cdot \frac{3}{10}+2^2 \cdot \frac{6}{10}+3^2 \cdot \frac{1}{10}-\left(\frac{9}{5}\right)^2$$

$$=\frac{36}{10}-\frac{81}{25}=\frac{36}{100}=\frac{9}{25}$$

演習 229

　　袋の中に白球 5 個と黒球 3 個が入っている。袋の中から球を 1 個ずつ，元に
戻さず 2 個続けて取り出すとき，白球の個数を X とする。
　　確率変数 X の期待値，分散，標準偏差を求めよ。

解答 X のとりうる値は 0, 1, 2 である。各値について X がその値をとる確率を求めると

$$P(X=0)=\frac{{}_5\mathrm{C}_0 \cdot {}_3\mathrm{C}_2}{{}_8\mathrm{C}_2}=\frac{3}{28}$$

$$P(X=1)=\frac{{}_5\mathrm{C}_1 \cdot {}_3\mathrm{C}_1}{{}_8\mathrm{C}_2}=\frac{15}{28}$$

$$P(X=2)=\frac{{}_5\mathrm{C}_2 \cdot {}_3\mathrm{C}_0}{{}_8\mathrm{C}_2}=\frac{10}{28}=\frac{5}{14}$$

X	0	1	2	計
P	$\frac{3}{28}$	$\frac{15}{28}$	$\frac{5}{14}$	1

よって，確率分布は右の表のようになる。

したがって

$$E(X)=0 \cdot \frac{3}{28}+1 \cdot \frac{15}{28}+2 \cdot \frac{10}{28}=\frac{35}{28}=\frac{5}{4}$$

$$V(X)=E(X^2)-\{E(X)\}^2=0^2 \cdot \frac{3}{28}+1^2 \cdot \frac{15}{28}+2^2 \cdot \frac{10}{28}-\left(\frac{5}{4}\right)^2$$

$$=\frac{55}{28}-\frac{25}{16}=\frac{45}{112}$$

$$\sigma(X)=\sqrt{V(X)}=\sqrt{\frac{45}{112}}=\frac{3\sqrt{5}}{4\sqrt{7}}=\frac{3\sqrt{35}}{28}$$

例題 229 と違って同時に取り出すわけではなく，1 つずつ戻さずに取り出しています。ですから $P(X=1)=\frac{5}{8} \cdot \frac{3}{7}+\frac{3}{8} \cdot \frac{5}{7}=\frac{15}{28}$ としてもよいですが，「戻さずに連続して 2 個取り出す」ことは「同時に 2 個取り出す」ことと事実上同じです。

① 変量の変換

第 5 章の「データの分析」において，変量の変換によって分散や標準偏差，共分散，相関係数は変化しました。確率変数においても同様です。

確率変数 X と定数 a, b に対して $Y=aX+b$ とすると，Y も確率変数となり，それぞれは次のように変換されます。

> **確率変数の変換**
>
> $Y=aX+b$ （X, Y は確率変数，a, b は定数）とすると
>
> 期待値：$E(Y)=aE(X)+b$
> 分散：$V(Y)=a^2 V(X)$
> 標準偏差：$\sigma(Y)=|a|\sigma(X)$

証明しておきます。

↓

証明　$Y = aX + b$ のとき，X のとりうる各値 x_k について Y のとりうる各値 y_k は $y_k = ax_k + b$ となるので

$$E(Y) = \sum_{k=1}^{n} y_k p_k = \sum_{k=1}^{n}(ax_k + b)p_k = a\sum_{k=1}^{n} x_k p_k + b\sum_{k=1}^{n} p_k = aE(X) + b$$

$$V(Y) = \sum_{k=1}^{n}\{y_k - E(Y)\}^2 p_k = \sum_{k=1}^{n}\{ax_k + b - aE(X) - b\}^2 p_k$$

$$= a^2\sum_{k=1}^{n}\{x_k - E(X)\}^2 p_k = a^2 V(X)$$

$$\sigma(Y) = \sqrt{V(Y)} = \sqrt{a^2 V(X)} = |a|\sqrt{V(X)} = |a|\sigma(X)$$

上式で $a=1$ とすれば，期待値，分散について $E(Y) = E(X) + b$，$V(Y) = V(X)$ となり，全体として b 増えれば期待値は b 増える一方で，平均からの散らばり具合を表す分散は影響を受けないということです。

この関係から，仮平均の考え方を利用して期待値や分散を楽に計算することができます。たとえば，次の確率分布であれば以下のようになります。

X	17	18	19	20	22	24	計
$P(X=k)$	$\frac{1}{8}$	$\frac{1}{8}$	$\frac{1}{8}$	$\frac{1}{8}$	$\frac{3}{16}$	$\frac{5}{16}$	1

$X-20$	-3	-2	-1	0	2	4	計
$P(X-20=k)$	$\frac{1}{8}$	$\frac{1}{8}$	$\frac{1}{8}$	$\frac{1}{8}$	$\frac{3}{16}$	$\frac{5}{16}$	1

$$E(X) = E(X-20+20) = E(X-20) + 20$$

$$= (-3)\cdot\frac{1}{8} + (-2)\cdot\frac{1}{8} + (-1)\cdot\frac{1}{8} + 0\cdot\frac{1}{8} + 2\cdot\frac{3}{16} + 4\cdot\frac{5}{16} + 20 = \frac{7}{8} + 20$$

$$= \frac{167}{8}$$

$$V(X) = V(X-20) = E((X-20)^2) - \{E(X-20)\}^2$$

$$= (-3)^2\cdot\frac{1}{8} + (-2)^2\cdot\frac{1}{8} + (-1)^2\cdot\frac{1}{8} + 0^2\cdot\frac{1}{8} + 2^2\cdot\frac{3}{16} + 4^2\cdot\frac{5}{16} - \left(\frac{7}{8}\right)^2$$

$$\left(\because\quad E(X-20) = \frac{7}{8}\right)$$

$$= \frac{15}{2} - \frac{49}{64} = \frac{431}{64}$$

次に，確率変数どうしを足した場合，確率の分野で学んだように「和の期待値は期待値の和」つまり $E(X+Y) = E(X) + E(Y)$ が成り立ちます。

$$E(X+Y)=E(X)+E(Y)$$

これらを利用して問題を解いてみましょう。

例題 230

サイコロをふったとき，出た目の数を $X(=1, 2, 3, 4, 5, 6)$ とする。また，コインの表が出たら $Z=1$，裏が出たら $Z=2$ とする。

(1) 期待値 $E(X)$，$E(X^2)$，分散 $V(X)$ を求めよ。

(2) $Y=2X+3$ とするとき $E(Y)$，$V(Y)$ を求めよ。

(3) $E(2X+Z)$ を求めよ。

解答 (1)

X	1	2	3	4	5	6	計
$P(X=k)$	$\frac{1}{6}$	$\frac{1}{6}$	$\frac{1}{6}$	$\frac{1}{6}$	$\frac{1}{6}$	$\frac{1}{6}$	1

$$E(X)=1\cdot\frac{1}{6}+2\cdot\frac{1}{6}+3\cdot\frac{1}{6}+4\cdot\frac{1}{6}+5\cdot\frac{1}{6}+6\cdot\frac{1}{6}=\frac{7}{2}$$

$$E(X^2)=1^2\cdot\frac{1}{6}+2^2\cdot\frac{1}{6}+3^2\cdot\frac{1}{6}+4^2\cdot\frac{1}{6}+5^2\cdot\frac{1}{6}+6^2\cdot\frac{1}{6}=\frac{91}{6}$$

$$V(X)=E(X^2)-\{E(X)\}^2=\frac{91}{6}-\left(\frac{7}{2}\right)^2=\frac{35}{12}$$

(2) $$E(Y)=E(2X+3)=2E(X)+3=\mathbf{10}$$

$$V(Y)=V(2X+3)=V(2X)=4V(X)=\frac{35}{3}$$

(3) $$E(Z)=1\cdot\frac{1}{2}+2\cdot\frac{1}{2}=\frac{3}{2}$$

$$\therefore\quad E(2X+Z)=E(2X)+E(Z)=2E(X)+E(Z)=2\cdot\frac{7}{2}+\frac{3}{2}=\frac{17}{2}$$

演習 230

101 から 110 までの番号の 10 枚のカードが入った袋 A と，201 から 220 までの番号の 20 枚のカードが入った袋 B がある。この 2 つの袋からカードを 1 枚ずつ取り出すとき，A，B から取り出したカードの番号をそれぞれ X，Y とする。

(1) X の期待値を求めよ。

(2) $4X-2Y$ の期待値を求めよ。

(3) $2X$ の分散を求めよ。

$\Downarrow$

解答 (1) $X-100$ について考える。

$X-100$	1	2	3	4	5	6	7	8	9	10	計
$P(X-100=k)$	$\frac{1}{10}$	$\frac{1}{10}$	$\frac{1}{10}$	$\frac{1}{10}$	$\frac{1}{10}$	$\frac{1}{10}$	$\frac{1}{10}$	$\frac{1}{10}$	$\frac{1}{10}$	$\frac{1}{10}$	1

$$E(X)=E(X-100)+100=\frac{1}{10}(1+2+3+\cdots+10)+100$$

$$=5.5+100=\mathbf{105.5}$$

(2) (1)と同様に $Y-200$ を考えると

$$E(Y)=E(Y-200)+200$$

$$=\frac{1}{20}(1+2+3+\cdots+20)+200=210.5$$

よって $E(4X-2Y)=4\times105.5-2\times210.5=\mathbf{1}$

(3) $V(X)=V(X-100)=E((X-100)^2)-\{E(X-100)\}^2$

$$=\frac{1}{10}(1^2+2^2+3^2+\cdots+10^2)-5.5^2$$

$$=\frac{1}{10}\cdot\frac{10\cdot11\cdot21}{6}-5.5^2$$

$$=38.5-30.25=8.25$$

$$\therefore \quad V(2X)=4V(X)=4\times8.25=\mathbf{33}$$

X, Y どちらについても，仮平均を考える方が楽です。

② 独立な確率変数においてのみ成り立つ性質

前項で学んだ性質は，期待値や分散についていつでも成り立つ性質でしたが，確率変数どうしが独立であるときのみ成り立つ性質があります。

まず，「事象 A と事象 B が独立」とは，たとえばサイコロをふって「1 回目に 1 の目が出るという事象 A」と「2 回目に 2 の目が出るという事象 B」のように互いに影響を与えないことを言い，$P(A\cap B)=P(A)P(B)$ が成り立ちました（独立でないことは従属と言います）。

確率変数についても，2 つの確率変数 X，Y があって X のとる任意の値 a と Y のとる任意の値 b について

$$P(X=a,\ Y=b)=P(X=a)P(Y=b)$$

が成り立つとき，確率変数 X と Y は互いに独立であると言います。

X，Y が独立なとき，次のような関係が成り立ちます。

独立な確率変数においてのみ成り立つ関係

確率変数 X, Y が互いに独立であるとき
$$E(XY)=E(X)E(Y)$$
$$V(X+Y)=V(X)+V(Y)$$

とりうる値が 2 種類の場合で見ておきましょう。確率変数 X, Y が次のように同時分布するとします。

X＼Y	y_1	y_2	計
x_1	p_1q_1	p_1q_2	p_1
x_2	p_2q_1	p_2q_2	p_2
計	q_1	q_2	1

$$E(XY)=(x_1y_1)(p_1q_1)+(x_1y_2)(p_1q_2)+(x_2y_1)(p_2q_1)+(x_2y_2)(p_2q_2)$$
$$=(x_1p_1+x_2p_2)(y_1q_1+y_2q_2)=E(X)E(Y)$$
$$V(X+Y)=E((X+Y)^2)-\{E(X+Y)\}^2$$
$$=E(X^2+2XY+Y^2)-\{E(X)+E(Y)\}^2$$
$$=E(X^2)+2E(XY)+E(Y^2)-\{E(X)\}^2-2E(X)E(Y)-\{E(Y)\}^2$$
$$=E(X^2)-\{E(X)\}^2+E(Y^2)-\{E(Y)\}^2$$
$$(\because \quad X, \ Y は独立であるから E(XY)=E(X)E(Y))$$
$$=V(X)+V(Y)$$

例題 231

サイコロをふって，出た目が 3 の倍数であれば 2 点が与えられ，3 の倍数以外であれば 1 点が与えられるというゲームを 2 回行う。1 回目の得点を X，2 回目の得点を Y とする。
(1) X の期待値 $E(X)$，分散 $V(X)$ を求めよ。
(2) $E(XY)$，$V(3X+3Y)$ を求めよ。

解答 (1)

X	1	2	計
$P(X=k)$	$\dfrac{2}{3}$	$\dfrac{1}{3}$	1

$$E(X)=1\cdot\frac{2}{3}+2\cdot\frac{1}{3}=\frac{4}{3}$$
$$V(X)=1^2\cdot\frac{2}{3}+2^2\cdot\frac{1}{3}-\left(\frac{4}{3}\right)^2=\frac{2}{9}$$

(2) (1)と同様に $\quad E(Y)=\dfrac{4}{3}$, $\quad V(Y)=\dfrac{2}{9}$

$$\therefore \quad E(XY) = E(X)E(Y) = \frac{4}{3} \cdot \frac{4}{3} = \frac{16}{9}$$

$$V(3X + 3Y) = 9V(X) + 9V(Y) = 9 \cdot \frac{2}{9} + 9 \cdot \frac{2}{9} = 4$$

X と Y は独立な確率変数ですから，$E(XY) = E(X)E(Y)$，
$V(X+Y) = V(X) + V(Y)$ が使えます。

演習 231

普通のサイコロをふって出た目を X とする。また，1，2，3，4 の 4 面だけの
サイコロをふって出た目を Y とする。

(1) $E(X)$，$V(X)$，$E(Y)$，$V(Y)$ を求めよ。

(2) $E(3X - 3Y)$，$V(3X - 3Y)$，$E(3X^2Y)$ を求めよ。

解答 (1)

X	1	2	3	4	5	6	計
$P(X=k)$	$\frac{1}{6}$	$\frac{1}{6}$	$\frac{1}{6}$	$\frac{1}{6}$	$\frac{1}{6}$	$\frac{1}{6}$	1

$$E(X) = 1 \cdot \frac{1}{6} + 2 \cdot \frac{1}{6} + 3 \cdot \frac{1}{6} + 4 \cdot \frac{1}{6} + 5 \cdot \frac{1}{6} + 6 \cdot \frac{1}{6} = \frac{7}{2}$$

$$E(X^2) = 1^2 \cdot \frac{1}{6} + 2^2 \cdot \frac{1}{6} + 3^2 \cdot \frac{1}{6} + 4^2 \cdot \frac{1}{6} + 5^2 \cdot \frac{1}{6} + 6^2 \cdot \frac{1}{6} = \frac{91}{6}$$

$$V(X) = E(X^2) - \{E(X)\}^2 = \frac{91}{6} - \left(\frac{7}{2}\right)^2 = \frac{35}{12}$$

Y	1	2	3	4	計
$P(Y=k)$	$\frac{1}{4}$	$\frac{1}{4}$	$\frac{1}{4}$	$\frac{1}{4}$	1

$$E(Y) = 1 \cdot \frac{1}{4} + 2 \cdot \frac{1}{4} + 3 \cdot \frac{1}{4} + 4 \cdot \frac{1}{4} = \frac{5}{2}$$

$$E(Y^2) = 1^2 \cdot \frac{1}{4} + 2^2 \cdot \frac{1}{4} + 3^2 \cdot \frac{1}{4} + 4^2 \cdot \frac{1}{4} = \frac{15}{2}$$

$$V(Y) = E(Y^2) - \{E(Y)\}^2 = \frac{15}{2} - \left(\frac{5}{2}\right)^2 = \frac{5}{4}$$

(2) $$E(3X - 3Y) = 3E(X) - 3E(Y) = 3 \cdot \frac{7}{2} - 3 \cdot \frac{5}{2} = 3$$

$$V(3X - 3Y) = 9V(X) + 9V(Y) = 9 \cdot \frac{35}{12} + 9 \cdot \frac{5}{4} = \frac{75}{2}$$

$$E(3X^2Y) = 3E(X^2)E(Y) = 3 \cdot \frac{91}{6} \cdot \frac{5}{2} = \frac{455}{4}$$

X と Y は独立な確率変数ですから，$V(aX+bY)=V(aX)+V(bY)$ $=a^2V(X)+b^2V(Y)$ が使えますが，$V(3X-3Y)=9V(X)-9V(Y)$ としないように注意しましょう。また，$3X^2$ と Y は独立ですから，$E(3X^2Y)=3E(X^2)E(Y)$ ですが，$E(3X^2Y)=3E(X)E(X)E(Y)$ ではありません。X と X は独立ではないので，$E(X^2) \neq E(X)E(X)$ です。実際 $E(X^2)=\dfrac{91}{6}$，$E(X)E(X)=\left(\dfrac{7}{2}\right)^2=\dfrac{49}{4}$ となっています。

3 二項分布

サイコロを 17 回ふったときに 1 が出る回数を X とすると，$X=k$ となる確率は反復試行の確率により ${}_{17}C_k\left(\dfrac{1}{6}\right)^k\left(\dfrac{5}{6}\right)^{17-k}$ でした。X の確率分布は

X	0	1	$\cdots$	k	$\cdots$	17	計
P	${}_{17}C_0\left(\dfrac{5}{6}\right)^{17}$	${}_{17}C_1\dfrac{1}{6}\left(\dfrac{5}{6}\right)^{16}$	$\cdots$	${}_{17}C_k\left(\dfrac{1}{6}\right)^k\left(\dfrac{5}{6}\right)^{17-k}$	$\cdots$	${}_{17}C_{17}\left(\dfrac{1}{6}\right)^{17}$	1

となります。これは，二項定理で $\left(\dfrac{1}{6}+\dfrac{5}{6}\right)^{17}$ を展開した式の各項を順に並べたものになっています。このような確率分布を**二項分布**と言い，$B\left(17,\ \dfrac{1}{6}\right)$ と表します。

一般には，1 回の試行で事象 A の起こる確率が p であるとき，この試行を n 回行う反復試行において A が起こる回数を X とすると，確率変数 X の確率分布を二項分布と言い，$B(n,\ p)$ で表します。（ ）の中身は B（試行回数，確率）の順番です。

二項分布 $B(n,\ p)$ における期待値や分散，標準偏差を求めてみましょう。n 回の試行各回において，$X_i\ (i=1,\ 2,\ \cdots,\ n)$ を次のように定めます。

$$X_i=\begin{cases} 1 & (i\text{回目に }A\text{ が起こったとき}) \\ 0 & (i\text{回目に }A\text{ が起こらなかったとき}) \end{cases}$$

このとき，n 回の試行中に A が起こった回数 X は $X=X_1+X_2+X_3+\cdots+X_n$ と表されます。したがって

$$\begin{aligned} E(X)&=E(X_1+X_2+X_3+\cdots+X_n) \\ &=nE(X_1)=n\{1\cdot p+0\cdot(1-p)\}=np \\ V(X)&=V(X_1+X_2+X_3+\cdots+X_n)=nV(X_1)\quad(\because\ X_i\text{ は独立}) \\ &=n[E(X_1^2)-\{E(X_1)\}^2] \\ &=n[1^2\cdot p+0^2\cdot(1-p)-\{1\cdot p+0\cdot(1-p)\}^2]=np(1-p) \end{aligned}$$

$$\sigma(X) = \sqrt{np(1-p)}$$

> 1回の試行で事象 A の起こる確率が p であるとき，この試行を n 回行う反復試行において A が起こる回数を X とすると，確率変数 X の確率分布を二項分布と言い，$B(n,\ p)$ で表す。このとき
> $$E(X) = np, \quad V(X) = np(1-p), \quad \sigma(X) = \sqrt{np(1-p)}$$
> $1-p = q$ とおくと
> $$E(X) = np, \quad V(X) = npq, \quad \sigma(X) = \sqrt{npq}$$

例題 232

　1個のサイコロを 10 回ふるとき，1の目が出る回数を X とする。

(1) X の期待値と分散を求めよ。

(2) (1)を利用して X^2 の期待値を求めよ。

解答　(1)　$$E(X) = 10 \cdot \frac{1}{6} = \frac{5}{3}$$

$$V(X) = 10 \cdot \frac{1}{6} \cdot \frac{5}{6} = \frac{25}{18}$$

(2)　$V(X) = E(X^2) - \{E(X)\}^2$ より

$$E(X^2) = V(X) + \{E(X)\}^2 = \frac{25}{18} + \left(\frac{5}{3}\right)^2 = \frac{25}{6}$$

演習 232

　製品の山から製品を 50 個取り出したときの不良品の個数を X とする。ただし，製品の山には製品が非常に多くあり，ここから製品を 50 個取り出すとき，不良品を取り出す確率は毎回 3% であるとする。

(1) X の期待値と分散を求めよ。

(2) 不良品でなかった個数を Y とする。$W = 2XY$ としたとき，W の期待値を求めよ。

解答　(1)　$$E(X) = 50 \cdot \frac{3}{100} = \frac{3}{2}$$

$$V(X) = 50 \cdot \frac{3}{100} \cdot \frac{97}{100} = \frac{291}{200}$$

(2)　$Y = 50 - X$ より，$W = 2X(50 - X) = -2X^2 + 100X$ であるから

$$E(W) = E(-2X^2 + 100X) = -2E(X^2) + 100E(X)$$

ここで，$E(X^2) = V(X) + \{E(X)\}^2 = \dfrac{291}{200} + \left(\dfrac{3}{2}\right)^2 = \dfrac{741}{200}$ より

$$E(W) = -2E(X^2) + 100E(X) = -2 \cdot \dfrac{741}{200} + 100 \cdot \dfrac{3}{2} = -\dfrac{741}{100} + 150$$

$$= \dfrac{14259}{100}$$

製品の山には製品が非常に多いので，X は $B\left(50, \dfrac{3}{100}\right)$ に従うと考えて計算します。

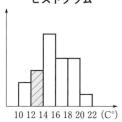

4　離散型確率変数と連続型確率変数

　これまで確率変数 X は 1，2，3 などのようにとびとびの値しかとりませんでしたが，とりうる値が連続的な場合があり，前者を離散型確率変数，後者を連続型確率変数と言います。

　たとえば，次のような度数分布表と，それに対応するヒストグラムを考えます。ヒストグラムでは，各階級に対応する長方形の面積が相対度数になるようにします。

度数分布表

階級 (℃)	階級値	度数	相対度数
10 以上 12 未満	11	2	0.1
12～14	13	3	0.15
14～16	15	6	0.3
16～18	17	4	0.2
18～20	19	4	0.2
20～22	21	1	0.05

ヒストグラム

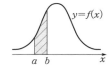

　すると，温度を確率変数 X として $12 \leqq X < 14$ である確率は相対度数の 0.15 と同じで，ヒストグラムの斜線部の面積が 0.15 です。

　データの大きさが増え，階級の幅も狭くなっていくと，ヒストグラムの形は次第に 1 つの曲線に近づいていきます。一般に，連続的な値をとる確率変数 X の確率分布を考える場合には，X に 1 つの曲線を対応させ，$a \leqq X \leqq b$ となる確率が右図の斜線部の面積で表されるようにします。このような曲線を分布曲線または確率密度曲線と言います。

　X の分布曲線を $y = f(x)$ とすると，$f(x)$ を X の確率密度関数と言い，次のような性質をもちます。

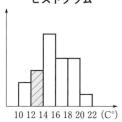

X の確率密度関数 $f(x)$ について

・常に　　$f(x) \geqq 0$

・$P(a \leqq X \leqq b) = \int_a^b f(x)dx$

・X のとりうる値の範囲が $\alpha \leqq X \leqq \beta$ のとき

$$\int_\alpha^\beta f(x)dx = 1$$

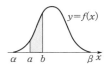

また，X が連続型確率変数で，X のとりうる値が $\alpha \leqq X \leqq \beta$ のとき，期待値 $E(X)$ と分散 $V(X)$ は，$E(X) = m$ として次のように定義されます。

連続型確率変数の期待値，分散，標準偏差 ▶

期待値：$E(X) = \displaystyle\int_\alpha^\beta xf(x)dx$　（$= m$ とする）

分散：$V(X) = \displaystyle\int_\alpha^\beta (x - m)^2 f(x)dx$

分散の別公式　　$V(X) = \displaystyle\int_\alpha^\beta x^2 f(x)dx - m^2$

標準偏差：$\sigma(X) = \sqrt{V(X)}$

離散型確率変数のときの定義 $E(X) = \displaystyle\sum_{k=1}^n x_k p_k$，$V(X) = \displaystyle\sum_{k=1}^n (x_k - m)^2 p_k$ と比べて，$\sum$ が $\int$ に，p_k が $f(x)dx$ に変わっているだけです。

例題 233

確率変数 X の確率密度曲線 $y = f(x)$ が右図のようになるとき，次の問いに答えよ。

(1) a の値を求めよ。

(2) $P\left(\dfrac{1}{2} \leqq X \leqq 2\right)$ を求めよ。

(3) X の期待値，分散，標準偏差を求めよ。

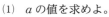

解答　(1) $3 \cdot a \cdot \dfrac{1}{2} = 1$ より　　$a = \dfrac{2}{3}$

(2)　$P\left(\dfrac{1}{2} \leqq X \leqq 2\right)$

$= \left(\dfrac{1}{3} + \dfrac{2}{3}\right) \cdot \dfrac{1}{2} \cdot \dfrac{1}{2} + \left(\dfrac{2}{3} + \dfrac{1}{3}\right) \cdot 1 \cdot \dfrac{1}{2}$

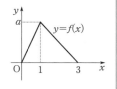

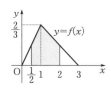

$$= \frac{1}{4} + \frac{1}{2} = \frac{3}{4}$$

(3) $f(x) = \begin{cases} \dfrac{2}{3}x & (0 \leq x \leq 1) \\[2mm] -\dfrac{1}{3}x + 1 & (1 \leq x \leq 3) \end{cases}$

である。よって，期待値は

$$E(X) = \int_0^1 x \cdot \frac{2}{3}x\,dx + \int_1^3 x\left(-\frac{1}{3}x+1\right)dx$$

$$= \left[\frac{2}{9}x^3\right]_0^1 + \left[-\frac{1}{9}x^3 + \frac{1}{2}x^2\right]_1^3$$

$$= \frac{2}{9} - \frac{1}{9}(27-1) + \frac{1}{2}(9-1) = \frac{4}{3}$$

分散は

$$V(X) = \int_0^1 \left(x - \frac{4}{3}\right)^2 \cdot \frac{2}{3}x\,dx + \int_1^3 \left(x - \frac{4}{3}\right)^2 \left(-\frac{1}{3}x+1\right)dx$$

$$= \int_0^1 \left(x^2 - \frac{8}{3}x + \frac{16}{9}\right) \cdot \frac{2}{3}x\,dx + \int_1^3 \left(x^2 - \frac{8}{3}x + \frac{16}{9}\right)\left(-\frac{1}{3}x+1\right)dx$$

$$= \frac{2}{3}\int_0^1 \left(x^3 - \frac{8}{3}x^2 + \frac{16}{9}x\right)dx + \int_1^3 \left(-\frac{1}{3}x^3 + \frac{17}{9}x^2 - \frac{88}{27}x + \frac{16}{9}\right)dx$$

$$= \frac{2}{3}\left[\frac{1}{4}x^4 - \frac{8}{9}x^3 + \frac{8}{9}x^2\right]_0^1 + \left[-\frac{1}{12}x^4 + \frac{17}{27}x^3 - \frac{44}{27}x^2 + \frac{16}{9}x\right]_1^3$$

$$= \frac{2}{3}\left(\frac{1}{4} - \frac{8}{9} + \frac{8}{9}\right)$$

$$\qquad\qquad + \left\{-\frac{1}{12}(81-1) + \frac{17}{27}(27-1) - \frac{44}{27}(9-1) + \frac{16}{9}(3-1)\right\}$$

$$= \frac{7}{18}$$

標準偏差は

$$\sigma(X) = \sqrt{\frac{7}{18}}$$

　三角形や台形の面積の計算は，積分するまでもありません。(3)の分散は別公式を用いると計算が少し楽です。

⇓

別解　(3)　$V(X) = \int_0^1 x^2 \cdot \frac{2}{3}x\,dx + \int_1^3 x^2\left(-\frac{1}{3}x+1\right)dx - \left(\frac{4}{3}\right)^2$

$$= \left[\frac{1}{6}x^4\right]_0^1 + \left[-\frac{1}{12}x^4 + \frac{1}{3}x^3\right]_1^3 - \left(\frac{4}{3}\right)^2$$

$$= \frac{1}{6} - \frac{1}{12}(81-1) + \frac{1}{3}(27-1) - \frac{16}{9} = \frac{13}{6} - \frac{16}{9} = \frac{7}{18}$$

演習 233

確率変数 X の確率密度関数 $f(x)$ が

$$f(x) = \begin{cases} x^2 & (0 \leqq x \leqq 1) \\ a(x-1)^2 + 1 & (1 \leqq x \leqq k) \end{cases}$$

で与えられているとき，次の問いに答えよ。ただし，k は x 切片である。

(1) a の値を求め，$P\left(\dfrac{1}{2} \leqq X \leqq \dfrac{3}{2}\right)$ を求めよ。

(2) X の期待値，分散，標準偏差を求めよ。

解答 (1) $\displaystyle\int_0^1 x^2 dx = \dfrac{1}{3}$ $\quad \therefore \quad \displaystyle\int_1^k \{a(x-1)^2 + 1\} dx = \dfrac{2}{3}$

すなわち $\quad \left[\dfrac{a(x-1)^3}{3} + x\right]_1^k = \dfrac{2}{3}$

$\therefore \quad \dfrac{a(k-1)^3}{3} + k - 1 = \dfrac{2}{3}$

これと $a(k-1)^2 + 1 = 0$ より

$$-\dfrac{k-1}{3} + k - 1 = \dfrac{2}{3} \qquad \therefore \quad k = 2$$

よって $\quad \boldsymbol{a = -1}$

これより $\quad f(x) = \begin{cases} x^2 & (0 \leqq x \leqq 1) \\ -x^2 + 2x & (1 \leqq x \leqq 2) \end{cases}$

$\therefore \quad P\left(\dfrac{1}{2} \leqq X \leqq \dfrac{3}{2}\right) = \displaystyle\int_{\frac{1}{2}}^1 x^2 dx + \int_1^{\frac{3}{2}} (-x^2 + 2x) dx$

$\qquad = \left[\dfrac{1}{3}x^3\right]_{\frac{1}{2}}^1 + \left[-\dfrac{1}{3}x^3 + x^2\right]_1^{\frac{3}{2}}$

$\qquad = \dfrac{1}{3}\left(1 - \dfrac{1}{8}\right) - \dfrac{1}{3}\left(\dfrac{27}{8} - 1\right) + \dfrac{9}{4} - 1 = \dfrac{\boldsymbol{3}}{\boldsymbol{4}}$

(2) 期待値は

$$E(X) = \int_0^1 x \cdot x^2 dx + \int_1^2 x(-x^2 + 2x) dx$$

$\qquad = \left[\dfrac{1}{4}x^4\right]_0^1 + \left[-\dfrac{1}{4}x^4 + \dfrac{2}{3}x^3\right]_1^2$

$\qquad = \dfrac{1}{4} - \dfrac{1}{4}(16 - 1) + \dfrac{2}{3}(8 - 1) = \dfrac{\boldsymbol{7}}{\boldsymbol{6}}$

分散は

$$V(X) = \int_0^1 x^2 \cdot x^2 dx + \int_1^2 x^2(-x^2 + 2x) dx - \left(\dfrac{7}{6}\right)^2$$

$\qquad = \left[\dfrac{1}{5}x^5\right]_0^1 + \left[-\dfrac{1}{5}x^5 + \dfrac{1}{2}x^4\right]_1^2 - \left(\dfrac{7}{6}\right)^2$

$$= \frac{1}{5} - \frac{1}{5}(32-1) + \frac{1}{2}(16-1) - \frac{49}{36}$$

$$= \frac{3}{2} - \frac{49}{36} = \frac{5}{36}$$

標準偏差は

$$\sigma(X) = \frac{\sqrt{5}}{6}$$

5 正規分布

統計的な推測の分野において最も重要と言える正規分布（せいきぶんぷ）の扱いについて学んでいきます。まず，二項分布との関係から考えてみましょう。サイコロを n 回投げて，1 の目が出る回数を X とすると，確率変数 X は二項分布 $B\left(n, \frac{1}{6}\right)$ に従い，X の期待値は $E(X) = \frac{n}{6}$，分散は $V(X) = n \cdot \frac{1}{6} \cdot \frac{5}{6} = \frac{5n}{36}$ となりました。

$X = r$ となる確率を試行回数 $n = 10$，20，30，50 の場合で計算し，二項分布の分布曲線をそれぞれ折れ線で描いてみます。n が大きくなるにつれて，曲線は次第に左右対称となり，中央で確率の値が最大になるという特徴をもつのがわかります。n を無限に大きくしたときに行き着く曲線は，次の数式で表されることが知られています。

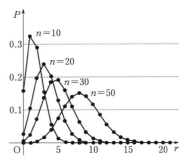

m を実数，σ を正の実数として

$$f(x) = \frac{1}{\sqrt{2\pi}\,\sigma} e^{-\frac{(x-m)^2}{2\sigma^2}}$$

ここで，e は値が $2.71828\cdots$ である無理数，$f(x)$ は連続型確率変数 X の確率密度関数で，このとき X は正規分布 $N(m, \sigma^2)$ に従うと言います（N は normal distribution から来ており，normal「ありふれた」分布ということです）。また，曲線 $y = f(x)$ を正規分布曲線と言います。

自然現象や社会現象の中には，観測される分布が正規分布に近いものが多くあり，それらの現象を調べる際に正規分布が有効に利用されています。

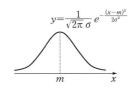

確率変数 X が正規分布 $N(m, \sigma^2)$ に従うとき

期待値：$E(X)=m$

標準偏差：$\sigma(X)=\sigma$

正規分布曲線の性質は

・曲線は $x=m$ に関して対称であり，$f(x)$ の値は $x=m$ で最大となる。

・x 軸が漸近線である。

・標準偏差 σ が大きくなると山が低くなって横に広がり，σ が小さくなると山が高くなり対称軸 $x=m$ のまわりにデータが集まる。

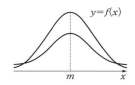

6　標準正規分布, 二項分布の正規分布による近似

a, b を定数として $Z=aX+b$ とおくとき，X が正規分布に従うならば Z も正規分布に従うことが知られています。

そこで，一般に X が正規分布 $N(m, \sigma^2)$ に従うときに，Z が $N(0, 1)$ に従うように変換することで様々なデータの比較がしやすくなります。この $N(0, 1)$ を標準正規分布と言います。

では，a, b をどのように決めれば $N(m, \sigma^2)$ から $N(0, 1)$ に従うように変換できるでしょうか。まず，期待値（平均）を m から 0 にするために，$X-m$ を考えます。次に，分散を σ^2 から 1 に変換するために，a を $\dfrac{1}{\sigma}$ として，$Z=\dfrac{X-m}{\sigma}$ とすればよいことがわかります。

このようなデータの変換のことを標準化と言います。たとえば，異なるテストでの比較をしやすくするために考え出された偏差値は，平均点を m，標準偏差を σ として，$Z=50+10\times\dfrac{X-m}{\sigma}$ という式で与えられます。ここでは平均を 0 ではなく 50 に，標準偏差を 1 ではなく 10 にするために「$50+10\times$」という部分が付いてはいるものの，これも標準化の一種です。

標準正規分布 $N(0, 1)$ は調べ尽くされており，その 1 つに正規分布表（*p.*640，以下，正規分布表が必要な場合はこれを用いてください）があります。使い方を確認し

てみましょう。

表の左端の列には整数部分と小数第1位の値が出ていて，一番上の行には小数第2位の値が出ています。そして，それらが交差するところを見れば図の斜線部の面積がわかるようになっています。

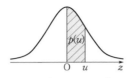

たとえば，$0 \leqq x \leqq 1.66$ となる確率 $P(0 \leqq x \leqq 1.66)$ が知りたければ，まず，左端の列の 1.6 のところを見て，その行を右にたどっていき，一番上の行が 0.06 のところで止まると $P(0 \leqq x \leqq 1.66) = 0.4515$ となっていることがわかります。$P(-1.23 \leqq x \leqq 0)$ を知りたければ，対称性から $P(-1.23 \leqq x \leqq 0) = P(0 \leqq x \leqq 1.23)$ なので，同様に 1.2 のところを見て，0.03 のところで止まると，$P(-1.23 \leqq x \leqq 0) = 0.3907$ であるとわかります。

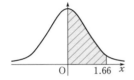 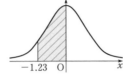 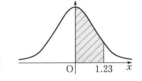

これらの知識を使って問題を解いてみましょう。

例題 234

確率変数 X が正規分布 $N(2, 25)$ に従うとき，次の問いに答えよ。
(1) 確率変数 Z が正規分布 $N(0, 1)$ に従うように，Z を X の 1 次式で表せ。
(2) $2 \leqq X \leqq 10$ のとき，(1) の Z がとりうる値の範囲を求め，正規分布表を用いて，$P(2 \leqq X \leqq 10)$ を求めよ。

解答 (1) $\sigma^2 = 25$ より $\sigma = 5$

$\therefore \ Z = \dfrac{X-2}{5}$

(2) $2 \leqq X \leqq 10$ より $0 \leqq \dfrac{X-2}{5} \leqq 1.6$

$\therefore \ \mathbf{0 \leqq Z \leqq 1.6}$

正規分布表より $P(0 \leqq Z \leqq 1.6) = 0.4452$

よって $P(2 \leqq X \leqq 10) = \mathbf{0.4452}$

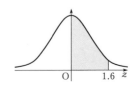

あるテストの得点 X は平均 62 点，標準偏差 4 点の正規分布に従うものとする。

(1) $P(58 \leqq X \leqq 70)$ を求めよ。

(2) 1000 人がテストを受けていたとすると，72 点の生徒は何位ぐらいに位置すると考えられるか。

解答 (1) $Z = \dfrac{X-62}{4}$ は標準正規分布 $N(0,\ 1)$ に従う。

$\qquad 58 \leqq X \leqq 70$ のとき $\qquad -1 \leqq \dfrac{X-62}{4} \leqq 2$

$\qquad \therefore \quad P(58 \leqq X \leqq 70) = P(-1 \leqq Z \leqq 2) = P(0 \leqq Z \leqq 1) + P(0 \leqq Z \leqq 2)$

$\qquad\qquad\qquad\qquad\qquad\qquad = 0.3413 + 0.4772 = \mathbf{0.8185}$

$\quad$ (2) $\qquad P(72 \leqq X) = P(2.5 \leqq Z) = 0.5 - P(0 \leqq Z \leqq 2.5) = 0.5 - 0.4938 = 0.0062$

$\qquad\qquad 1000 \times 0.0062 = 6.2$

$\qquad$ よって，**6 位ぐらい。**

正規分布を標準正規分布に変換して確率を求めましたが，これは二項分布においても有用です。二項分布は n が十分大きいときに正規分布に近似できるからです。

二項分布の正規分布による近似

二項分布 $B(n,\ p)$ に従う確率変数 X は，n が十分大きいとき，近似的に正規分布 $N(np,\ np(1-p))$ に従う。

n が十分大きいとき，二項分布は正規分布に近似できるので，あとはそれを標準正規分布に変換することで，正規分布表から確率が求められます。

例題 235

1 個のサイコロを 720 回投げて，1 の目が出る回数を X とするとき，X が 100 以下の値をとる確率を求めよ。

解答 720 は大きいので，X は近似的に正規分布 $N\left(720 \cdot \dfrac{1}{6},\ 720 \cdot \dfrac{1}{6} \cdot \dfrac{5}{6}\right)$ つまり

$\quad N(120,\ 100)$ に従う。

$\qquad$ よって，$Z = \dfrac{X-120}{10}$ は近似的に $N(0,\ 1)$ に従う。

$\qquad X \leqq 100$ のとき $\qquad \dfrac{X-120}{10} \leqq -2$

$\qquad \therefore \quad P(X \leqq 100) = P(Z \leqq -2) = P(Z \geqq 2) = 0.5 - P(0 \leqq Z \leqq 2)$

$\qquad\qquad\qquad\qquad\qquad = 0.5 - 0.4772 = \mathbf{0.0228}$

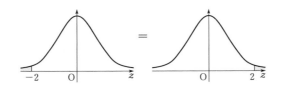

演習 235

> 1枚の硬貨を 400 回投げるとき，表の出る回数が 190 以上 210 以下である確率を求めよ。

解答 表の出る回数を X とする。400 は大きいので，X は近似的に正規分布

$$N\left(400 \cdot \frac{1}{2},\ 400 \cdot \frac{1}{2} \cdot \frac{1}{2}\right) = N(200,\ 100) \text{ に従う。}$$

よって，$Z = \dfrac{X-200}{10}$ は近似的に $N(0,\ 1)$ に従う。

$190 \leqq X \leqq 210$ のとき $\quad -1 \leqq \dfrac{X-200}{10} \leqq 1$

$\therefore\quad P(190 \leqq X \leqq 210) = P(-1 \leqq Z \leqq 1) = 2 \times P(0 \leqq Z \leqq 1)$
$$= 2 \times 0.3413 = \mathbf{0.6826}$$

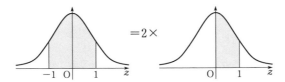

$N(0,\ 1)$ において，$m=0$，$\sigma=1$ ですが，一般に正規分布において，$m\pm\sigma$ の内側に約 68%，$m\pm 2\sigma$ の内側に約 95% のデータが含まれていることが知られています。

7 標本調査と標本平均

　ある変量について調べるとき，対象全体（母集団）の資料を集める全数調査と，母集団から一部を抜き出して調べて，その結果から全体の状況を推測する標本調査があります。抜き出した一部は母集団の情報を反映するように偏りなく抽出される必要があり，そのような抽出方法を無作為抽出と言います。

　母集団における X の平均，分散，標準偏差をそれぞれ母平均，母分散，母標準偏差と言い，母集団の要素の個数のことを母集団の大きさと言います。また，標本にお

ける X の平均，分散，標準偏差をそれぞれ標本平均，標本分散，標本標準偏差と言い，標本の要素の個数のことを標本の大きさと言います。

たとえば，0 と書かれたカードが 5 枚，1 と書かれたカードが 3 枚，2 と書かれたカードが 2 枚あるとします。この 10 枚のカードを母集団と見て，母平均 m と母標準偏差 σ を求めてみると，次のようになります。

$$m = \frac{1}{10}(0 \cdot 5 + 1 \cdot 3 + 2 \cdot 2) = \frac{7}{10}$$

$$\sigma = \sqrt{\frac{1}{10}(0^2 \cdot 5 + 1^2 \cdot 3 + 2^2 \cdot 2) - \left(\frac{7}{10}\right)^2} = \frac{\sqrt{61}}{10}$$

また，この母集団から 1 個の要素を無作為に抽出するとき，何が抽出されるかは偶然に左右されますが，抽出される値 X は次の確率分布をもつ確率変数であると考えられます。

X	0	1	2	計
P	$\dfrac{5}{10}$	$\dfrac{3}{10}$	$\dfrac{2}{10}$	1

そして，X の期待値 $E(X)$，X の標準偏差 $\sigma(X)$ はそれぞれ母平均，母標準偏差と一致することも押さえておいてください。

$$E(X) = 0 \cdot \frac{5}{10} + 1 \cdot \frac{3}{10} + 2 \cdot \frac{2}{10} = \frac{7}{10}$$

$$\sigma(X) = \sqrt{0^2 \cdot \frac{5}{10} + 1^2 \cdot \frac{3}{10} + 2^2 \cdot \frac{2}{10} - \left(\frac{7}{10}\right)^2} = \frac{\sqrt{61}}{10}$$

標本平均 $\overline{X}$，標本分散 S^2，標本標準偏差 S についても上の例で考えてみます。上の 10 枚のカードから 2 枚を無作為抽出し，$\{1, 2\}$ という 2 枚のカードを得られたとします。このとき，標本平均 $\overline{X} = \dfrac{1}{2}(1 + 2) = \dfrac{3}{2}$，標本分散 $S^2 = \dfrac{1}{2}(1^2 + 2^2) - \left(\dfrac{3}{2}\right)^2$ $= \dfrac{1}{4}$，標本標準偏差 $S = \dfrac{1}{2}$ です。

さて，X は確率変数でしたが，$\overline{X}$ についてはどうでしょうか。$\overline{X}$ は $\{1, 2\}$ の平均になるときもあれば，$\{0, 1\}$ の平均になるときもあります。つまり，とりうる値が確率的に決まるので $\overline{X}$ も確率変数です。

では，標本平均 $\overline{X}$ の期待値（平均）$E(\overline{X})$ はどうなるでしょうか。

標本の組合せ	(0, 0)	(0, 1)	(0, 2)	(1, 1)	(1, 2)	(2, 2)	計
$\overline{X}$	0	$\dfrac{1}{2}$	1	1	$\dfrac{3}{2}$	2	
P	$\dfrac{2}{9}$	$\dfrac{1}{3}$	$\dfrac{2}{9}$	$\dfrac{1}{15}$	$\dfrac{2}{15}$	$\dfrac{1}{45}$	1

よって　　$E(\overline{X})=0\cdot\dfrac{2}{9}+\dfrac{1}{2}\cdot\dfrac{1}{3}+1\cdot\dfrac{2}{9}+1\cdot\dfrac{1}{15}+\dfrac{3}{2}\cdot\dfrac{2}{15}+2\cdot\dfrac{1}{45}=\dfrac{7}{10}$

結果は母平均と一致していますが，これは偶然ではありません。

標本の大きさが n のときの標本平均の期待値 $E(\overline{X})$ を考えてみましょう。それぞれの確率を上の例のように求めるのは大変ですが，「和の期待値は期待値の和」を用いれば求めることができます。母集団から１つの資料を取り出すことを n 回行うと考え，１回目の値を X_1 などとします。母平均を m とすると

$$E(\overline{X})=E\Big(\dfrac{1}{n}(X_1+X_2+\cdots+X_n)\Big)=\dfrac{1}{n}E(X_1+X_2+\cdots+X_n)$$

$$=\dfrac{1}{n}\{E(X_1)+E(X_2)+\cdots+E(X_n)\}=\dfrac{1}{n}\cdot n\cdot E(X_1)=E(X_1)=m$$

となり，標本平均の期待値と母平均が一致しました。つまり，標本を抽出して標本平均を調べることを何回も繰り返せば，その期待値（平均）は母平均と一致するということです。

次は，標本平均 $\overline{X}$ の分散 $V(\overline{X})$ と標準偏差 $\sigma(\overline{X})$ を求めてみましょう。母集団が標本の大きさ n に対して十分大きいと考えると，引くたびに戻す復元抽出であっても，戻さない非復元抽出であっても，X_1, X_2, $\cdots$, X_n は互いに独立な確率変数と考えられます。母分散を σ^2，母標準偏差を σ とすると，標本平均の分散は

$$V(\overline{X})=V\Big(\dfrac{1}{n}(X_1+X_2+\cdots+X_n)\Big)=\dfrac{1}{n^2}V(X_1+X_2+\cdots+X_n)$$

$$=\dfrac{1}{n^2}(V(X_1)+V(X_2)+\cdots+V(X_n))$$

$$(\because\ \ X_1,\ X_2,\ \cdots,\ X_n\ は互いに独立)$$

$$=\dfrac{1}{n^2}\cdot n\cdot V(X_1)=\dfrac{\sigma^2}{n}\quad(\because\ \ V(X_1)=\sigma^2)$$

標本平均の標準偏差は

$$\sigma(\overline{X})=\sqrt{\dfrac{\sigma^2}{n}}=\dfrac{\sigma}{\sqrt{n}}$$

となります。母集団の分散に比べると，標本平均の分散は小さくなって，より平均付近に集まっているというイメージをもてばよいでしょう。

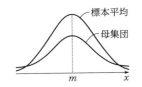

標本平均の期待値，分散，標準偏差

標本平均 $\overline{X}$ について，母平均を m，母分散を σ^2，母標準偏差を σ，標本の大きさを n とすると

標本平均の期待値：$E(\overline{X})=m$　　　標本平均の分散：$V(\overline{X})=\dfrac{\sigma^2}{n}$

標本平均の標準偏差：$\sigma(\overline{X})=\dfrac{\sigma}{\sqrt{n}}$

箱の中に製品が多数入っていて，その中の不良品の割合は $\dfrac{1}{6}$ である。この箱の中から標本として無作為に 30 個の製品を抽出するとき，k 番目に抽出された製品が不良品なら 1，良品なら 0 の値を対応させる確率変数を X_k とする。

(1) 母集団の各製品について不良品は 1，良品は 0 を対応させる。このとき，母平均 m と母標準偏差 σ を求めよ。

(2) 標本平均 $\overline{X} = \dfrac{X_1 + X_2 + \cdots + X_{30}}{30}$ の期待値と標準偏差を求めよ。

解答 (1)　　$m = 0 \cdot \dfrac{5}{6} + 1 \cdot \dfrac{1}{6} = \dfrac{1}{6}$

$\sigma = \sqrt{0^2 \cdot \dfrac{5}{6} + 1^2 \cdot \dfrac{1}{6} - \left(\dfrac{1}{6}\right)^2} = \sqrt{\dfrac{5}{36}} = \dfrac{\sqrt{5}}{6}$

(2)　　$E(\overline{X}) = \dfrac{1}{6}$，　$\sigma(\overline{X}) = \dfrac{\dfrac{\sqrt{5}}{6}}{\sqrt{30}} = \dfrac{\sqrt{6}}{36}$

$X_1 + X_2 + \cdots + X_{30}$ は，30 個の標本の中に含まれる不良品の個数です。

日本人の血液型は 10 人に 3 人の割合で A 型である。日本人全体から n 人を無作為に抽出するとき，k 番目に抽出された人が A 型ならば 1，それ以外の血液型ならば 0 の値を対応させる確率変数を X_k とする。このとき，標本平均 $\overline{X} = \dfrac{X_1 + X_2 + \cdots + X_n}{n}$ の期待値と標準偏差を求めよ。

解答 日本人 1 人 1 人について A 型は 1，それ以外の血液型は 0 を対応させる。母平均を m，母標準偏差を σ とすると

$m = 0 \cdot \dfrac{7}{10} + 1 \cdot \dfrac{3}{10} = \dfrac{3}{10}$

$\sigma = \sqrt{0^2 \cdot \dfrac{7}{10} + 1^2 \cdot \dfrac{3}{10} - \left(\dfrac{3}{10}\right)^2} = \sqrt{\dfrac{21}{100}} = \dfrac{\sqrt{21}}{10}$

$\therefore \quad E(\overline{X}) = \dfrac{3}{10}$，　$\sigma(\overline{X}) = \dfrac{\dfrac{\sqrt{21}}{10}}{\sqrt{n}} = \dfrac{\sqrt{21}}{10\sqrt{n}}$

標本平均と標本比率と正規分布

前節で，標本平均の期待値が $E(\overline{X})=m$ で，分散が

$V(\overline{X})=\dfrac{\sigma^2}{n}$ ですから，標本平均 $\overline{X}$ は母集団の X に比べ

てより平均近くに集まっていると説明しましたが，n を実

際に限りなく大きくしていくと $\dfrac{\sigma^2}{n}$ が限りなく 0 に近づく

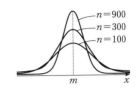

ので，$\overline{X}$ は母平均 m の近くに集中して分布するようになります（図は，$n=100$，300，900 とした例です）。

　式で表すと，任意の正の数 d に対して $\displaystyle\lim_{n\to\infty}P(|\overline{X}-m|\geqq d)=0$ となります。正の数 d をどんなに小さくとったとしても，$\overline{X}$ と m の差が d 以上になる確率は 0 に収束するということです。これを大数の法則と言います。大数の法則には次のような別表現もあります。

> **大数の法則**
>
> ① 母平均 m の集団から大きさ n の無作為標本を抽出するとき，その標本平均 $\overline{X}$ は n が大きくなるに従って m に近づく。
>
> ② 1回の試行で事象 A の起こる確率が p であり，この試行を n 回独立して繰り返し，A の起こった回数を Y_n とするとき，任意の正の数 d に対して
>
> $$\lim_{n\to\infty}P\left(\left|\frac{Y_n}{n}-p\right|\geqq d\right)=0$$

　②の式の意味を説明しておきます。$\dfrac{Y_n}{n}$ というのは n 回の試行の中での A の起こる割合です。つまり，「この試行を非常に多くの回数繰り返すと，A の起こる割合は確率 p とほぼ等しくなる」ということです。たとえば，サイコロを 60000 回ぐらいふったら 10000 回ぐらい 1 が出るだろうというような経験的確率が数学的に裏づけられたと言うことができます。

　証明をしておきます。

$\Downarrow$
証明　まず準備として，チェビシェフの不等式を示す。

　　　チェビシェフの不等式：確率変数 X の期待値を m，標準偏差を σ とすると，任意の正の数 k について $P(|X-m|\geqq k\sigma)\leqq\dfrac{1}{k^2}$ が成り立つ。

X は次の表で与えられる確率分布に従うとする。

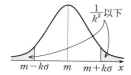

$\dfrac{1}{k^2}$ 以下

X	x_1	x_2	$\cdots$	x_n	計
P	p_1	p_2	$\cdots$	p_n	1

分散の定義から $\sigma^2 = \displaystyle\sum_{i=1}^{n}(x_i - m)^2 p_i$ であるが，$|x_i - m| \geqq k\sigma$ である i について

の総和を $\displaystyle\sum_{|x_i - m| \geqq k\sigma}$ とし，$|x_i - m| < k\sigma$ である i についての総和を $\displaystyle\sum_{|x_i - m| < k\sigma}$ と表す

ことにすると

$$\sigma^2 = \sum_{i=1}^{n}(x_i - m)^2 p_i$$

$$= \sum_{|x_i - m| \geqq k\sigma}(x_i - m)^2 p_i + \sum_{|x_i - m| < k\sigma}(x_i - m)^2 p_i$$

$$\geqq k^2\sigma^2 \sum_{|x_i - m| \geqq k\sigma} p_i$$

（前の $\sum$ において $(x_i - m)^2$ を $k^2\sigma^2$ で，後ろの $\sum$ において $(x_i - m)^2$ を 0 で置き換えた）

$$= k^2\sigma^2 P(|X - m| \geqq k\sigma)$$

$\therefore \quad P(|X - m| \geqq k\sigma) \leqq \dfrac{1}{k^2} \quad \cdots\cdots①$

よって，チェビシェフの不等式が示された。

また，$X = \dfrac{Y_n}{n}$ としたとき $E\left(\dfrac{Y_n}{n}\right) = p$，$\sigma\left(\dfrac{Y_n}{n}\right) = \sqrt{\dfrac{p(1-p)}{n}}$ である。

ここで，$d = k\sigma = k\sqrt{\dfrac{p(1-p)}{n}}$ とすると，$\dfrac{1}{k} = \dfrac{1}{d}\sqrt{\dfrac{p(1-p)}{n}}$ であるので，①

より

$$0 < P\left(\left|\dfrac{Y_n}{n} - p\right| \geqq d\right) \leqq \dfrac{1}{k^2} = \dfrac{p(1-p)}{d^2 \cdot n}$$

$\displaystyle\lim_{n \to \infty}\dfrac{p(1-p)}{d^2 n} = 0$ より $\qquad \displaystyle\lim_{n \to \infty}P\left(\left|\dfrac{Y_n}{n} - p\right| \geqq d\right) = 0$

　ここまで，標本平均の期待値や分散などを考えてきましたが，その分布を考えてみ
ましょう。まず，確率変数 X の母集団分布が正規分布であるとき，標本平均 $\overline{X}$ も正
規分布に従うことが知られていて，標本平均と，母平均の関係がわかりやすくなって
います。しかし，一般的には母集団の分布がわからないときの方が多いのです。そう
いうときは，標本の大きさを十分に大きくすれば，母集団がどのような分布であって
も標本平均 $\overline{X}$ は近似的に正規分布に従うことが知られています。これを中心極限
定理と言い，一般には次のようになります。

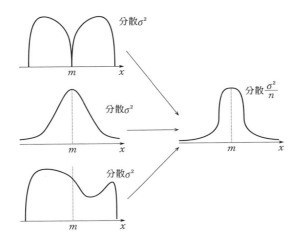

中心極限定理 ▶

　　母平均 m，母標準偏差 σ の母集団から大きさ n の無作為標本を抽出する
とき，標本平均 $\overline{X}$ は n が十分大きいとき，近似的に正規分布
$N\left(m,\ \dfrac{\sigma^2}{n}\right)$ に従う。
　（注）母集団が正規分布のときは n が大きくなくても，$\overline{X}$ は常に正規分布
$N\left(m,\ \dfrac{\sigma^2}{n}\right)$ に従う。

　中心極限定理は，大数の法則の内容も含んだうえで，「近似的に正規分布
$N\left(m,\ \dfrac{\sigma^2}{n}\right)$ に従う」という内容が追加されています。

　また，標本比率の分布についても確認しておきます。ある母集団において特性 A
をもつ要素の割合を母比率と言い，抽出した標本において特性 A をもつ割合のこと
を標本比率と言います。ここで，母比率が p である十分大きな母集団から，大きさ n
の標本をとってくることを考えます。母集団が十分大きいので標本の 1 つ 1 つの要素
が特性 A をもつ確率はどれも p としてよく，大きさ n の標本のうち特性 A をもつ要
素の個数を X とすると，$X=k$ となる確率は ${}_n C_k p^k (1-p)^{n-k}$ であり，X は二項分布
$B(n,\ p)$ に従います。さらに，n が十分大きいとすると X は近似的に正規分布
$N(np,\ np(1-p))$ に従うということも学びました。ここで，標本比率 R は $R=\dfrac{X}{n}$
と表されるので

$$E(R)=E\left(\dfrac{X}{n}\right)=\dfrac{1}{n}E(X)=\dfrac{1}{n}\cdot np=p$$

$$V(R) = V\left(\frac{X}{n}\right) = \frac{1}{n^2}V(X) = \frac{1}{n^2} \cdot np(1-p) = \frac{p(1-p)}{n}$$

よって，標本比率 R は正規分布 $N\left(p, \dfrac{p(1-p)}{n}\right)$ に近似的に従うことがわかります。

ところで，n 個の標本の一つ一つに対して特性 A をもつ場合 $X_i = 1$ $(i = 1, 2, \cdots, n)$，特性 A をもたない場合 $X_i = 0$ と定めると，標本比率 R はこれらのうち値が 1 であるものの割合ですから，$R = \dfrac{X_1 + X_2 + \cdots + X_n}{n}$ と書けます。これが近似的に正規分布に従うことは，中心極限定理の内容とも合致しています。また，大数の法則の②の表現において，$\dfrac{Y_n}{n}$ が R であり，$\lim\limits_{n \to \infty} V(R) = \lim\limits_{n \to \infty} \dfrac{p(1-p)}{n} = 0$ ですから $\lim\limits_{n \to \infty} R = p$ が確認できます。

> **標本比率の正規分布による近似**
>
> 母比率 p の母集団から大きさ n の無作為標本を抽出するとき，標本比率 R は n が十分大きいとき，近似的に正規分布 $N\left(p, \dfrac{p(1-p)}{n}\right)$ に従う。

例題 237

母平均 50，母標準偏差 10 の正規分布である母集団から大きさ 10 の無作為標本を抽出するとき，その標本平均 $\overline{X}$ が 55 より大きい値をとる確率を求めよ。ただし $\sqrt{10} = 3.16$ とする。

解答　$\overline{X}$ は正規分布 $N\left(50, \dfrac{10^2}{10}\right)$ すなわち $N(50, 10)$ に従う。

よって，$Z = \dfrac{\overline{X} - 50}{\sqrt{10}}$ は $N(0, 1)$ に従う。

ここで，$\overline{X} > 55$ のとき

$$\frac{\overline{X} - 50}{\sqrt{10}} > \frac{5}{\sqrt{10}} = \frac{\sqrt{10}}{2} = 1.58$$

したがって

$$P(\overline{X} > 55) = P(Z > 1.58) = 0.5 - 0.4429 = \mathbf{0.0571}$$

正規分布で平均 50，標準偏差 10 とは，成績を統計処理して偏差値を考えるときの話です。成績が正規分布に従っているときに，そこから無作為に生徒 1 人を選んだときは，偏差値 55 以上は約 31%，偏差値 60 以上は約 16%，偏差値 70 以上が約 2.3% ですが，無作為に 10 人選んだ生徒の偏差値の平均が 55 を超えるというのは，それに比べてかなり低い確率であるということがわかります。標本平均の分布が，より母平均に集中しているということです。

演習 237

母平均が 100, 母分散が 1600 の母集団から大きさ 100 の標本を無作為に選んだとき, その標本平均 $\overline{X}$ が $95 \leqq \overline{X} \leqq 110$ となる確率 $P(95 \leqq \overline{X} \leqq 110)$ を求めよ。

解答 大きさ 100 は十分大きいので, $\overline{X}$ は近似的に正規分布 $N(100, 16)$ に従う。

よって, $Z = \dfrac{\overline{X} - 100}{4}$ は近似的に $N(0, 1)$ に従う。

ここで, $95 \leqq \overline{X} \leqq 110$ のとき $\quad -1.25 \leqq \dfrac{\overline{X} - 100}{4} \leqq 2.5$

よって

$$P(95 \leqq \overline{X} \leqq 110) = P(-1.25 \leqq Z \leqq 2.5) = P(0 \leqq Z \leqq 1.25) + P(0 \leqq Z \leqq 2.5)$$
$$= 0.3944 + 0.4938 = \mathbf{0.8882}$$

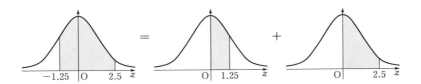

例題 237 と違って, 母集団が正規分布になっているわけではありません。このようなときは, 標本の大きさが十分大きければ標本平均が近似的に正規分布に従うことを利用しましょう。何をもって十分大きいとするかの基準ははっきりしたものがありませんが, 一般に 100 以上であれば十分大きいとしてよいことになっています。

例題 238

硬貨を n 回投げるとき, 表の出る相対度数を R とする。$n = 400$ の場合について, $P\left(\left|R - \dfrac{1}{2}\right| \leqq 0.05\right)$ の値を求めよ。

解答 $n = 400$ は十分大きいので, R は近似的に正規分布 $N\left(\dfrac{1}{2}, \dfrac{\frac{1}{2} \cdot \frac{1}{2}}{400}\right)$ つまり

$N\left(\dfrac{1}{2}, \dfrac{1}{1600}\right)$ に従う。

よって, $Z = \dfrac{R - \dfrac{1}{2}}{\dfrac{1}{40}}$ は近似的に正規分布 $N(0, 1)$

に従う。

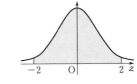

$$\therefore \quad P\left(\left|R-\frac{1}{2}\right|\leqq 0.05\right)=P\left(\left|\frac{R-\frac{1}{2}}{\frac{1}{40}}\right|\leqq 2\right)=2\times 0.4772=\mathbf{0.9544}$$

$n=400$ のとき，$0.45\leqq R\leqq 0.55$ である確率が 95% ということであり，ほぼ $R=\frac{1}{2}$

であることがわかります。

演習 238

1個のサイコロを n 回ふるとき，1 の目が出る回数を X とする。

$P\left(\left|\dfrac{X}{n}-\dfrac{1}{6}\right|\leqq 0.03\right)$ が 0.95 以上になるためには n をどれくらい大きくすれば

よいか。10 未満を切り上げて答えよ。

解答

n が十分大きいとき，$\dfrac{X}{n}$ は近似的に正規分布 $N\left(\dfrac{1}{6},\ \dfrac{\frac{1}{6}\cdot\frac{5}{6}}{n}\right)$ つまり

$N\left(\dfrac{1}{6},\ \dfrac{5}{36n}\right)$ に従う。

よって，$Z=\dfrac{\dfrac{X}{n}-\dfrac{1}{6}}{\sqrt{\dfrac{5}{36n}}}$ は近似的に正規分布 $N(0,\ 1)$ に従う。

$$P\left(\left|\frac{X}{n}-\frac{1}{6}\right|\leqq 0.03\right)=P\left(\left|\frac{\frac{X}{n}-\frac{1}{6}}{\sqrt{\frac{5}{36n}}}\right|\leqq \sqrt{\frac{36n}{5}}\times 0.03\right)\geqq 0.95$$

となるために，正規分布表より $\sqrt{\dfrac{36n}{5}}\times 0.03\geqq 1.96$ であればよい。両辺を 100

倍して 2 乗すると

$$\frac{36n}{5}\cdot 9\geqq 196^2 \qquad \therefore \quad n\geqq \frac{48020}{81}>592$$

10 未満を切り上げると，n は **600 以上**。

X が $N(0,\ 1)$ に従うとき $P(|X|\leqq 1.96)=0.95$ となることは，今後よく使います。

9 母平均の推定

　母平均のわかっていない母集団から無作為に抽出された標本の標本平均を用いて，母平均を推定してみましょう。まず，標本平均 $\overline{X}$ は母平均と等しいはずだと予想する方法があり，この予想の方法を点推定と言います。次に学ぶ母比率の推定で，標本比率 R を調べて，それが母比率と同じはずだと考えるのも点推定です。これらの推定にも意味がありますが，より精度を上げていく推定方法として，区間推定というものがあります。

　一般に，母平均 m，母標準偏差 σ をもつ母集団から抽出した大きさ n の標本の標本平均 $\overline{X}$ は，n が十分大きいとき近似的に正規分布 $N\left(m,\ \dfrac{\sigma^2}{n}\right)$ に従いました。よって，標準化をすることにより $Z=\dfrac{\overline{X}-m}{\dfrac{\sigma}{\sqrt{n}}}$ は近似的に標準正規分布 $N(0,\ 1)$ に従います。

　ここで，正規分布表より，確率が 0.95 であるところ，つまり正規分布曲線の山の右側の面積が 0.475 であるところを見ると，$P(|Z|\leqq1.96)\fallingdotseq0.95$ であることがわかります。書き換えると

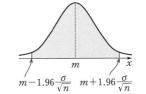

$$P\left(-1.96\leqq\dfrac{\overline{X}-m}{\dfrac{\sigma}{\sqrt{n}}}\leqq1.96\right)\fallingdotseq0.95$$

すなわち

$$P\left(m-1.96\cdot\dfrac{\sigma}{\sqrt{n}}\leqq\overline{X}\leqq m+1.96\cdot\dfrac{\sigma}{\sqrt{n}}\right)\fallingdotseq0.95$$

です。

　さらに，この式を推定したい母平均 m が中央にくるように書き換えると

$$P\left(\overline{X}-1.96\cdot\dfrac{\sigma}{\sqrt{n}}\leqq m\leqq\overline{X}+1.96\cdot\dfrac{\sigma}{\sqrt{n}}\right)\fallingdotseq0.95$$

これは「$\overline{X}-1.96\cdot\dfrac{\sigma}{\sqrt{n}}\leqq x\leqq\overline{X}+1.96\cdot\dfrac{\sigma}{\sqrt{n}}$ の区間が m の値を含む」を A として，A が 95% の確率で期待できることを示しています。この区間を母平均 m に対する信頼度 95% の信頼区間と言い，次のように表します。

$$\left[\overline{X}-1.96\cdot\dfrac{\sigma}{\sqrt{n}},\ \overline{X}+1.96\cdot\dfrac{\sigma}{\sqrt{n}}\right]$$

同様にして，信頼度 99% の信頼区間は

$$\left[\overline{X}-2.58\cdot\frac{\sigma}{\sqrt{n}},\ \ \overline{X}+2.58\cdot\frac{\sigma}{\sqrt{n}}\right]$$

となります。この 1.96, 2.58 という数字は非常によく出てきますので覚えておいてください。

95% の信頼区間の意味をもう少し補足すると，母集団から無作為抽出を繰り返して，そのたびごとに求められる $\overline{X}$ を用いてこのような区間を100 個作ると，m を含む区間が 95 個ぐらいあることを示しています。

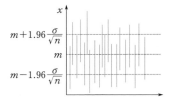

> **母平均の推定**
>
> **標本の大きさ n が十分大きいとき，標本平均を $\overline{X}$ とすると**
> **母平均 m に対する信頼度 95% の信頼区間は**
>
> $$\left[\overline{X}-1.96\cdot\frac{\sigma}{\sqrt{n}},\ \ \overline{X}+1.96\cdot\frac{\sigma}{\sqrt{n}}\right]$$
>
> **信頼度 99% の信頼区間は**
>
> $$\left[\overline{X}-2.58\cdot\frac{\sigma}{\sqrt{n}},\ \ \overline{X}+2.58\cdot\frac{\sigma}{\sqrt{n}}\right]$$

例題 239

ある店に入荷した塩の袋のうちから，100 個を無作為に抽出して重さを量ったところ，平均値が 299.3 g であった。重さの母標準偏差を 7.5 g として，塩の1 袋の重さの平均値を信頼度 95% と信頼度 99% でそれぞれ推定せよ。

解答　標本の大きさ $n=100$，母標準偏差 $\sigma=7.5$ であるので，95% の信頼区間は

$$\left[299.3-1.96\cdot\frac{7.5}{10},\ \ 299.3+1.96\cdot\frac{7.5}{10}\right]\ \ \text{すなわち}\ \ [\mathbf{297.83,\ 300.77}]$$

（単位は g）

99% の信頼区間は

$$\left[299.3-2.58\cdot\frac{7.5}{10},\ \ 299.3+2.58\cdot\frac{7.5}{10}\right]\ \ \text{すなわち}\ \ [\mathbf{297.37,\ 301.24}]$$

（単位は g）

次の別解のように計算できるようにしておくと，信頼度が違った場合などにも応用が効きます。この例題では母集団の母平均がわかっておらず，母標準偏差 σ がわかっているとしましたが，実際には母標準偏差はわからない場合が多いです。しかし，標本の大きさ n が十分大きい場合には，標本標準偏差 $S=\sqrt{\dfrac{1}{n}\sum_{k=1}^{n}\left(X_{k}-\overline{X}\right)^{2}}$ で代用し

ても差支えありません。

$\Downarrow$

別解　標本の大きさ $n=100$, 母標準偏差 $\sigma=7.5$ であるので，標本平均を $\overline{X}$, 母平均を m とすると，$\overline{X}$ は近似的に正規分布 $N\left(m, \dfrac{7.5^2}{100}\right)$ に従う。

よって，$Z=\dfrac{\overline{X}-m}{\dfrac{7.5}{10}}$ は近似的に正規分布 $N(0, 1)$ に従う。

正規分布表より　　$P\left(-1.96 \leqq \dfrac{\overline{X}-m}{\dfrac{7.5}{10}} \leqq 1.96\right) \fallingdotseq 0.95$

つまり　　$P\left(\overline{X}-1.96 \cdot \dfrac{7.5}{10} \leqq m \leqq \overline{X}+1.96 \cdot \dfrac{7.5}{10}\right) \fallingdotseq 0.95$

$\overline{X}=299.3$ より　　$P\left(299.3-1.96 \cdot \dfrac{7.5}{10} \leqq m \leqq 299.3+1.96 \cdot \dfrac{7.5}{10}\right) \fallingdotseq 0.95$

よって，95% の信頼区間は　　**[297.83, 300.77]**　（単位は g）

（以下，同様）

演習 239

　ある清涼飲料水入りのびん 625 本について A 成分の含有量を測定したところ，平均 32.5 mg，標準偏差 3.1 mg を得た。この清涼飲料水 1 びんあたりの A 成分の平均含有量を，信頼度 92% で推定せよ。

$\Downarrow$

解答　標本の大きさ $n=625$ は十分に大きいので，母標準偏差を $\sigma=3.1$ として考えてよい。よって，標本平均を $\overline{X}$, 母平均を m とすると，$\overline{X}$ は近似的に正規分布 $N\left(m, \dfrac{3.1^2}{625}\right)$ に従う。

したがって，$Z=\dfrac{\overline{X}-m}{\dfrac{3.1}{25}}$ は近似的に正規分布 $N(0, 1)$ に従う。

正規分布表より　　$P\left(-1.75 \leqq \dfrac{\overline{X}-m}{\dfrac{3.1}{25}} \leqq 1.75\right) \fallingdotseq 0.92$

つまり　　$P\left(\overline{X}-1.75 \cdot \dfrac{3.1}{25} \leqq m \leqq \overline{X}+1.75 \cdot \dfrac{3.1}{25}\right) \fallingdotseq 0.92$

$\overline{X}=32.5$ より　　$P\left(32.5-1.75 \cdot \dfrac{3.1}{25} \leqq m \leqq 32.5+1.75 \cdot \dfrac{3.1}{25}\right) \fallingdotseq 0.92$

よって，92% の信頼区間は　　**[32.283, 32.717]**　（単位は mg）

母集団が十分大きいときは標本分散の期待値が $E(S^2)=\dfrac{n-1}{n}\sigma^2$ となっており，n

が十分大きいときは S が σ に近い値をとりやすくなるので，標本標準偏差 S
（sample standard deviation の頭文字）で母標準偏差を代用することができます。

　ただし，$E\left(\dfrac{n}{n-1}S^2\right)=\sigma^2$ ですから，

$\dfrac{n}{n-1}S^2=\dfrac{(X_1-\overline{X})^2+(X_2-\overline{X})^2+\cdots+(X_n-\overline{X})^2}{n-1}$ を用いるべきだという考え方もあ
ります。この偏差の2乗の和を $n-1$ で割ったものを不偏分散と言い，U^2 と書き（U
は unbiased variance の頭文字），大学以降の数学では標本分散ではなく不偏分散を
用いることが多いです。そして，実際には $Z=\dfrac{\overline{X}-m}{\dfrac{U}{\sqrt{n}}}$ は正規分布ではなく，t 分布と

いう分布に従うことが知られています。t 分布は正規分布の山のピークを少し低く，
裾野を少し高くしたような分布をしているのですが，n が大きくなると正規分布に近
づいていきます。これまで学んだ公式のよい確認になるので，$E(S^2)=\dfrac{n-1}{n}\sigma^2$ を証
明しておきましょう。

$\Downarrow$

証明　まず，母平均を m，母分散を σ^2 とすると，母集団が十分大きいとき

$$E(X)=m,\ V(X)=\sigma^2,\ E(\overline{X})=m,\ V(\overline{X})=\dfrac{\sigma^2}{n}\quad\cdots\cdots①$$

である。また

$$V(X)=E(X^2)-\{E(X)\}^2=\sigma^2,\ V(\overline{X})=E(\overline{X}^2)-\{E(\overline{X})\}^2=\dfrac{\sigma^2}{n}\quad\cdots\cdots②$$

$$E(S^2)=E\left(\sum_{k=1}^{n}\dfrac{(X_k-\overline{X})^2}{n}\right)=E\left(\sum_{k=1}^{n}\dfrac{X_k{}^2-2X_k\overline{X}+\overline{X}^2}{n}\right)$$

$$=E\left(\dfrac{1}{n}\sum_{k=1}^{n}X_k{}^2-2\cdot\dfrac{X_1+X_2+\cdots+X_n}{n}\overline{X}+\dfrac{n\overline{X}^2}{n}\right)$$

$$=E\left(\dfrac{1}{n}\sum_{k=1}^{n}X_k{}^2-\overline{X}^2\right)$$

$$=\dfrac{1}{n}E(X_1{}^2+X_2{}^2+\cdots+X_n{}^2)-E(\overline{X}^2)=E(X_1{}^2)-E(\overline{X}^2)$$

$$=E(X^2)-E(\overline{X}^2)$$

$$=(\sigma^2+\{E(X)\}^2)-\left(\dfrac{\sigma^2}{n}+\{E(\overline{X})\}^2\right)\quad(\because\quad②)$$

$$=\sigma^2+m^2-\dfrac{\sigma^2}{n}-m^2\quad(\because\quad①)$$

$$=\dfrac{n-1}{n}\sigma^2$$

10 母比率の推定

母比率を区間推定により推定してみましょう。母比率が p である母集団から抽出した大きさ n の標本の標本比率 R は，n が十分大きいとき正規分布 $N\left(p, \dfrac{p(1-p)}{n}\right)$ に近似的に従いました。よって，母平均のときと同様に考えると

$$P\left(p-1.96\sqrt{\dfrac{p(1-p)}{n}} \leqq R \leqq p+1.96\sqrt{\dfrac{p(1-p)}{n}}\right) \fallingdotseq 0.95$$

$$\therefore \quad P\left(R-1.96\sqrt{\dfrac{p(1-p)}{n}} \leqq p \leqq R+1.96\sqrt{\dfrac{p(1-p)}{n}}\right) \fallingdotseq 0.95$$

となります。

母比率の p を推定したいのですが，最後の式の中にある不等式は左辺にも右辺にも p が含まれており，p の範囲を求めようとしたら，2 乗して $(R-p)^2 \leqq 1.96^2 \cdot \dfrac{p(1-p)}{n}$ のような複雑な 2 次不等式を解かねばなりません。

そこで，n が十分大きいとき，大数の法則により R は p に限りなく近づいていくので，不等式の根号の中にある p だけを R とみなして計算します。すなわち

$$P\left(R-1.96\sqrt{\dfrac{R(1-R)}{n}} \leqq p \leqq R+1.96\sqrt{\dfrac{R(1-R)}{n}}\right) \fallingdotseq 0.95$$

p を R とみなすなら，最初から $p=R$ としたらよいようにも思えますが，この区間推定の方が精度がよいのです。

> **母比率の推定**
>
> 標本の大きさ n が十分大きいとき，標本比率を R とすると
> 母比率 p に対する信頼度 95% の信頼区間は
>
> $$\left[R-1.96\sqrt{\dfrac{R(1-R)}{n}}, \ R+1.96\sqrt{\dfrac{R(1-R)}{n}}\right]$$
>
> 信頼度 99% の信頼区間は
>
> $$\left[R-2.58\sqrt{\dfrac{R(1-R)}{n}}, \ R+2.58\sqrt{\dfrac{R(1-R)}{n}}\right]$$

　ある県の高校 3 年生から無作為に 300 人を選び，虫歯がある生徒を数えたところ 210 人だった。この県の高校 3 年生の虫歯の保有率 p を信頼度 95% で推定せよ。ただし $\sqrt{7} = 2.65$ とする。

解答　標本の大きさは $n = 300$，標本比率は $R = \dfrac{210}{300} = 0.7$ であるから，信頼度 95% の信頼区間は

$$\left[0.7 - 1.96\sqrt{\frac{0.7 \times 0.3}{300}}, \ 0.7 + 1.96\sqrt{\frac{0.7 \times 0.3}{300}} \right]$$

ここで　　$1.96\sqrt{\dfrac{0.7 \times 0.3}{300}} \fallingdotseq 0.052$

よって，求める信頼区間は

$[0.7 - 0.052, \ 0.7 + 0.052]$　すなわち　**[0.648, 0.752]**

別解は次のようになります。

別解　標本の大きさは $n = 300$，標本比率は $R = \dfrac{210}{300} = 0.7$ である。

　標本の大きさ 300 は十分に大きいので，R は近似的に正規分布 $N\left(p, \dfrac{p(1-p)}{300}\right)$ に従う。よって，$\dfrac{R - p}{\sqrt{\dfrac{p(1-p)}{300}}}$ は近似的に $N(0, 1)$ に従う。

　正規分布表より　　$P\left(-1.96 \leqq \dfrac{R - p}{\sqrt{\dfrac{p(1-p)}{300}}} \leqq 1.96\right) \fallingdotseq 0.95$

　したがって　　$P\left(-1.96\sqrt{\dfrac{p(1-p)}{300}} \leqq R - p \leqq 1.96\sqrt{\dfrac{p(1-p)}{300}}\right) \fallingdotseq 0.95$

　つまり　　$P\left(R - 1.96\sqrt{\dfrac{p(1-p)}{300}} \leqq p \leqq R + 1.96\sqrt{\dfrac{p(1-p)}{300}}\right) \fallingdotseq 0.95$

　$R = 0.7$，根号の中では $p = 0.7$ として

$$P\left(0.7 - 1.96\sqrt{\frac{0.7 \times 0.3}{300}} \leqq p \leqq 0.7 + 1.96\sqrt{\frac{0.7 \times 0.3}{300}}\right) \fallingdotseq 0.95$$

ここで　　$1.96\sqrt{\dfrac{0.7 \times 0.3}{300}} \fallingdotseq 0.052$

よって，求める信頼区間は

$[0.7 - 0.052, \ 0.7 + 0.052]$　すなわち　**[0.648, 0.752]**

演習 240

あるテレビ番組の視聴率（母比率 p）を推定するために全国から無作為に 400 人選び，視聴率（標本比率 R）を調べたところ，この 400 人のうち視聴している人は 100 人であった。$\sqrt{3}=1.73$ として，以下の問いに答えよ。

(1) 母比率 p に対する信頼度 95% の信頼区間を求めよ。

(2) 無作為に 6400 人を選んで視聴率を調べた場合，母比率に対する信頼度 95% の信頼区間の幅は，(1)の信頼区間の幅の何倍になっているか求めよ。

解答 (1) 標本の大きさは $n=400$，標本比率は $R=\dfrac{100}{400}=\dfrac{1}{4}$ であるから，信頼度 95% の信頼区間は

$$\left[\frac{1}{4}-1.96\sqrt{\frac{\frac{1}{4}\cdot\frac{3}{4}}{400}}, \ \frac{1}{4}+1.96\sqrt{\frac{\frac{1}{4}\cdot\frac{3}{4}}{400}}\right]$$

ここで $1.96\sqrt{\dfrac{\frac{1}{4}\cdot\frac{3}{4}}{400}}=1.96\cdot\dfrac{\sqrt{3}}{80}=1.96\cdot\dfrac{1.73}{80}=0.042$

よって，求める信頼区間は **[0.208, 0.292]**

(2) 400 人のときの 95% の信頼区間の幅は

$$2\times1.96\sqrt{\frac{\frac{1}{4}\cdot\frac{3}{4}}{400}}$$

6400 人のときの 95% の信頼区間の幅は

$$2\times1.96\sqrt{\frac{\frac{1}{4}\cdot\frac{3}{4}}{6400}}=\frac{1}{4}\times2\times1.96\sqrt{\frac{\frac{1}{4}\cdot\frac{3}{4}}{400}}$$

よって $\dfrac{1}{4}=$ **0.25 倍**

標本の大きさを k 倍にすると標本比率 R の分散は $\dfrac{1}{k}$ 倍，標準偏差は $\dfrac{1}{\sqrt{k}}$ 倍になります。したがって，同じ信頼度の信頼区間は $\dfrac{1}{\sqrt{k}}$ 倍になります。

11 仮説検定の考え方と母比率の検定

A，B の 2 人がある試合を 5 回したところ，5 回とも A が勝ったとします。そうすると「A の方が強い」と判断するのが普通です。しかし，これは偶然によるもので，本当は A，B に実力差はないと考える人もいるかもしれません。このような見方に直面したとき，どのように判断すればよいでしょうか。

もし，この考えを認めて，「A，B の実力に差がない」とした場合，1 試合で勝つ確率はそれぞれ $\dfrac{1}{2}$ となるので，A の勝つ回数を X として，確率分布は次のようになります。

X	0	1	2	3	4	5	計
P	${}_5C_0\left(\dfrac{1}{2}\right)^5=\dfrac{1}{32}$	${}_5C_1\left(\dfrac{1}{2}\right)^5=\dfrac{5}{32}$	${}_5C_2\left(\dfrac{1}{2}\right)^5=\dfrac{5}{16}$	$\dfrac{5}{16}$	$\dfrac{5}{32}$	$\dfrac{1}{32}$	1

これを見ると，A が 5 連勝する確率は $\dfrac{1}{32}=0.03125$ となり，珍しい確率のことが起こったことになります。これは，最初の仮定である「A，B の実力に差がない」としたことが間違っている，すなわち「A の方が強い」と言えるのではないでしょうか。

以上のように確率についての仮定をおいて，実際に起こった事柄が起こる確率を計算し，その値がある程度小さければ仮定を正しくないと判断する方法を，統計的仮説検定法または単に仮説検定と言います。より具体的に見ていきます。

まず，現象を観察して仮説を設定します。

今回の場合「A の方が強い」ということが予想され，実証したい仮説（対立仮説と言い，H_1 で表します）を立てます。また，その対立仮説を実証するために否定したい仮説「A，B の実力に差がない」を立てます（帰無仮説と言い，H_0 で表します）。

次に，有意水準（危険率）を決めます。

帰無仮説を認めた場合，ありそうもないことが起こったので，この帰無仮説が間違っていると判断するために設定する値として有意水準を決めます。この有意水準は，仮説が正しいにもかかわらず誤ったものとして棄ててしまう危険性も表しているので危険率とも言い，0.05 や 0.01 とすることが多いです。

そして，いったん帰無仮説 H_0 を認め，そのもとで確率の分布を調べます。そのとき，有意水準に基づいて棄却域を設定しておきます。

たとえば上の例で，A が 5 回勝つ確率 $\dfrac{1}{32}$ は低いから，A，B の実力差はないとするのは間違っているのではないかと漠然と判断しましたが，有意水準を 0.05 と決め

ておき，$\frac{1}{32}<0.05$ であるから，仮説を棄却すると判断するのです。これは離散型確率分布だけではなく，連続型確率分布の場合でも同様で，たとえば X を標準化した Z の確率分布が標準正規分布になっていて，5% の確率で起こる領域 $|Z|>1.96$ を求めておき，その範囲のことを棄却域とします。また，上記の X や Z のような仮説検定に用いる統計量（平均や分散などデータの特徴を表すもの）を検定統計量と言います。

　最後に，計算の結果，標本から得られた値が棄却域の中にあれば帰無仮説 H_0 が棄却され，対立仮説 H_1 が採択されます。

　今の例であれば「A，B の実力に差がない」という仮説が棄却され「A の方が強い」が採択されたわけです。もし，帰無仮説が棄却されなかった場合は，帰無仮説が正しいと判断できるわけではありません。「帰無仮説を否定することはできないが，正しいかどうかはわからない」としか言えません。帰無仮説は否定する（無に帰する）ことでのみ意味をもちます。

統計的仮説検定法 ▶

- 現象を観察し，対立仮説 H_1 とその否定命題としての帰無仮説 H_0 を立てる。
- 有意水準（危険率）を決める（0.05，0.01 とすることが多い）。
- 帰無仮説 H_0 を認め，そのもとで確率分布を調べる。有意水準に基づいて棄却域を設定する。
- 計算の結果，標本から得られた値が棄却域の中にあれば帰無仮説 H_0 が棄却され，対立仮説 H_1 が採択される。

例題 241

　コインを投げたところ，10 回中 9 回表が出た。このコインは表の方が出やすいかどうかを有意水準 5% で検定せよ。

解答　H_1：「コインは表の方が出やすい」，H_0：「コインは表裏の出やすさに差がない」とする。

　H_0 のもとで考えると $\frac{1}{2}$ の確率で表が出る。このとき，10 回中 9 回以上表が出る確率は

$$_{10}C_9 \cdot \left(\frac{1}{2}\right)^{10} + {}_{10}C_{10} \cdot \left(\frac{1}{2}\right)^{10} = \frac{11}{1024} \fallingdotseq 0.011 < 0.05$$

よって，H_0 は棄却され，H_1 は採択される。

したがって，このコインは**表の方が出やすい**。

注意事項です。

10回中9回表が出る確率ではなく，10回中9回以上表が出る確率を求めているのはなぜでしょうか。表裏の出る回数が一方に偏るとは考えにくく，5回ずつか，6回と4回か，せいぜい8回と2回ぐらいにおさまっているだろうと予想していたのです。この予想に反することが起こったので，予想に反すること，すなわち表に偏って出ることの確率を求め，それが低いことを確かめようとしているのです。

演習 241

　　袋の中に4個の球が入っている。よくかき混ぜて3個の球を同時に取り出し，球の色を調べて戻すという実験を2回繰り返したところ，取り出された球の色は2回とも全部赤であった。この袋の中に赤以外の球が混じっているかどうかを有意水準5%で検定せよ。

解答　　H_1：「4個とも赤球である」，H_0：「4個中1個が赤以外の球である」とする。

　　H_0 のもとで考えると，1回の試行ですべての球が赤である確率は

$$\frac{{}_3C_3}{{}_4C_3} = \frac{1}{4}$$

　　よって，2回連続ですべての球が赤である確率は

$$\frac{1}{4} \cdot \frac{1}{4} = \frac{1}{16} > 0.05$$

　　したがって，H_0 は棄却されず，**赤以外の球が混じっているかどうかは判断できない。**

　　取り出した球が3個とも赤なので，袋の中には「4個とも赤球」か「4個中1個だけが赤以外の球」のどちらかです。また，計算した結果，H_0 は棄却できませんでしたが，H_0 が棄却されないということは H_0 を誤りだというには論拠が不十分だというだけで，H_0 が正しいと言えるわけではありません。つまり，赤以外の球が混じっているかどうかは判断できません。

　　それでは次に，正規分布表を用いて計算する例として母比率の検定をしてみましょう。

例題 242

　　A の絵が描いてあるコインと B の絵が描いてあるコインが大量にあり，p の割合で A の絵が描いてある。今その中から100枚のコインを無作為に取り出したとき，63枚のコインには A の絵が描いてあった。$p = \dfrac{1}{2}$ であるかどうかを有意水準5%で検定せよ。

解答　$H_1: p \neq \dfrac{1}{2}$, $H_0: p = \dfrac{1}{2}$ とする。

H_0 のもとで考える。100 枚取り出したときに絵が A である比率を R とすると，

100 は十分大きいので，R は近似的に正規分布 $N\left(\dfrac{1}{2},\ \dfrac{\frac{1}{2}\cdot\frac{1}{2}}{100}\right)$ つまり

$N\left(\dfrac{1}{2},\ \dfrac{1}{400}\right)$ に従う。

よって，$Z = \dfrac{R - \frac{1}{2}}{\frac{1}{20}}$ は近似的に $N(0,\ 1)$ に従う。

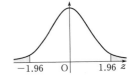

正規分布表より　$P(|Z| \leqq 1.96) \fallingdotseq 0.95$

したがって，棄却域は $|Z| > 1.96$ である。

観測された $R = \dfrac{63}{100} = 0.63$ より，$|Z| = \left|\dfrac{0.63 - \frac{1}{2}}{\frac{1}{20}}\right| = 2.6$ は棄却域に入るので，

H_0 は棄却され，H_1 は採択される。

よって，$p = \dfrac{1}{2}$ であるとは言えない。

別解は次のようになります。

↓

別解　$H_1: p \neq \dfrac{1}{2}$, $H_0: p = \dfrac{1}{2}$ とする。

H_0 のもとで考える。100 枚取り出したときに絵が A であるコインの枚数を X とすると，100 は十分大きいので X は近似的に正規分布

$N\left(100\cdot\dfrac{1}{2},\ 100\cdot\dfrac{1}{2}\cdot\dfrac{1}{2}\right)$ つまり $N(50,\ 25)$ に従う。よって

$P(50 - 1.96\times5 \leqq X \leqq 50 + 1.96\times5) \fallingdotseq 0.95$

$\therefore\ P(40.2 \leqq X \leqq 59.8) \fallingdotseq 0.95$

したがって，棄却域は $X < 40.2$, $59.8 < X$ である。

観測された 63 は棄却域に入るので，H_0 は棄却され，

H_1 は採択される。

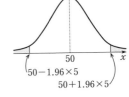

よって，$p = \dfrac{1}{2}$ であるとは言えない。

本問のように，左端と右端の合計が 5% などという形で検定する方法を両側検定と言います。$p = \dfrac{1}{2}$ であるかどうかが問われているので，左右対等に考えているわけです。

11　仮説検定の考え方と母比率の検定　**635**

一方で，たとえば「コインの絵は A の方が多いか」という問いであれば，確率分布でいう左端の部分を考えることには意味がありません。そのようなときに，確率分布の右端だけで 5% と考える検定方法を**右側検定**，左側だけで考えることを**左側検定**，これらを合わせて**片側検定**と言います。片側検定は両側検定に比べて棄却域が広くなるので，仮説を棄却しやすくなります。得られる結論（対立仮説 H_1 に当たります）についても，両側検定の場合は $p \neq \dfrac{1}{2}$ ですが，片側検定の場合は $p > \dfrac{1}{2}$ や $p < \dfrac{1}{2}$ となります。

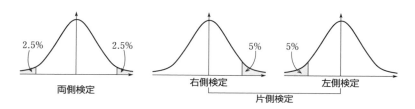

> **両側検定と片側検定** ▶
>
> **両側検定**：右端と左端の合計が 5% などという形で検定する方法を両側検定と言う。
> **片側検定**：右端だけで検定する方法を右側検定，左端だけで検定する方法を左側検定，両者を合わせて片側検定と言う。

演習 242

　B 型の薬の有効率（服用して効き目のある確率）は 0.6 であると言われている。A 型の薬を 200 人の患者に投与したところ，134 人の患者に効き目があった。A 型の薬は B 型の薬よりすぐれていると言えるか。有意水準 5% で検定せよ。ただし $\sqrt{3}=1.73$ とする。

解答　H_1：「A 型の方がすぐれている（有効率 $p>0.6$）」，H_0：「A 型と B 型の効き目は同じである（有効率 $p=0.6$）」とする。

　H_0 のもとで考える。200 人の患者のうち薬が効く比率を R とすると，200 は十分大きいので，R は近似的に正規分布 $N\!\left(0.6, \dfrac{0.6 \times 0.4}{200}\right)$ つまり $N\!\left(0.6, \dfrac{3}{2500}\right)$ に従う。

　よって，$Z = \dfrac{R-0.6}{\frac{\sqrt{3}}{50}}$ は近似的に $N(0, 1)$ に従う。

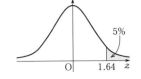

正規分布表より $P(Z \le 1.64) \fallingdotseq 0.95$

したがって，棄却域は $Z > 1.64$

観測された有効率 $\dfrac{134}{200} = 0.67$ より，

$Z = \dfrac{0.67 - 0.6}{\dfrac{\sqrt{3}}{50}} = 2.02$ は棄却域に入るので，H_0 は棄却

され，H_1 は採択される。

　　よって，**A 型の薬は B 型の薬よりすぐれていると言える。**

別解は次のようになります。

↓
別解　H_1：「A 型の方がすぐれている（有効率 $p > 0.6$）」，H_0：「A 型と B 型の効き目
　　は同じである（有効率 $p = 0.6$）」とする。

　　H_0 のもとで考える。薬が効いた人数を X とすると，200 は十分大きいので，X
　　は近似的に正規分布 $N(200 \times 0.6, \ 200 \times 0.6 \times 0.4)$ つまり $N(120, 48)$ に従う。

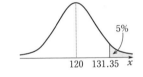

　　正規分布表より　$P(X \le 120 + 1.64 \times 4\sqrt{3}) \fallingdotseq 0.95$

　つまり　$P(X \le 131.35) \fallingdotseq 0.95$

　　したがって，棄却域は　$X > 131.35$

　　観測された 134 人は棄却域に入るので，H_0 は棄却

され，H_1 は採択される。

　　よって，**A 型の薬は B 型の薬よりすぐれていると言える。**

「すぐれていると言えるか」という問題文から考えて，片側検定とするのが自然です。
よって，右側で 0.45 となる数値を正規分布表で探して 1.64 を見つけます。

　もし，両側検定として計算すると $P(120 - 1.96 \times 4\sqrt{3} \le X \le 120 + 1.96 \times 4\sqrt{3})$
$\fallingdotseq 0.95$ となり，棄却域は $X < 106.44$，$133.56 < X$ となりますので，やはり 134 人は棄
却域に入ることになります。しかし，観測値が 133 人の場合は，片側検定では棄却さ
れて，両側検定では棄却されないということになり，検定方法の選び方によって違う
結果になることもあります。

12　母平均の検定

　母平均の検定も母平均の推定も数学的な手法は同じですが，推定は母平均がどの範
囲にあるかの「数値を知るもの」であるのに対して，検定はある母平均の数値に対し
て「yes か no かを判断するもの」であるということを理解しておいてください。

例題 243

次の標本は，平均 m，母分散 10^2 の正規母集団から無作為に抽出されたものである。

28, 13, 16, 28, 29, 12, 14, 12, 10

$m=25$ と言えるか，有意水準 5% と 1% でそれぞれ検定せよ。

解答　$H_1: m\neq25$，$H_0: m=25$ とし，H_0 のもとで考える。まず

$$\overline{X}=\frac{1}{9}(28+13+16+28+29+12+14+12+10)=18$$

母集団が正規分布であるので，$\overline{X}$ は $N\left(25, \dfrac{10^2}{9}\right)$ に従う。

よって

$$P\left(25-1.96\times\frac{10}{3}\leqq\overline{X}\leqq25+1.96\times\frac{10}{3}\right)\fallingdotseq0.95$$

$\therefore$ $P(18.47\leqq\overline{X}\leqq31.53)\fallingdotseq0.95$

したがって，有意水準 5% の棄却域は $\overline{X}<18.47$，$31.53<\overline{X}$ である。

観測された 18 は棄却域に入るので H_0 は棄却され，H_1 は採択される。

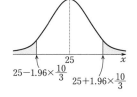

よって，有意水準 5% では **$m=25$ とは言えない**。

また

$$P\left(25-2.58\times\frac{10}{3}\leqq\overline{X}\leqq25+2.58\times\frac{10}{3}\right)\fallingdotseq0.99$$

$\therefore$ $P(16.4\leqq\overline{X}\leqq33.6)\fallingdotseq0.99$

したがって，有意水準 1% の棄却域は $\overline{X}<16.4$，$33.6<\overline{X}$ である。

観測された 18 は棄却域に入らないので，H_0 は棄却されない。

よって，有意水準 1% では **$m=25$ かどうかはわからない**。

　正規分布である母集団を正規母集団と言います。母集団が正規分布の場合は，標本平均は標本の大きさにかかわらず正規分布に従います。

　ここで検定結果を考察してみましょう。$m=25$ であったとしたら，5% 以下の確率の珍しいことが起こったことになるので，5% での検定においては $m\neq25$ と判断しました。しかし，本当は $m=25$ であるのに，珍しいことが起こったために間違った判断をしてしまった可能性もあります。このように，本当は真である帰無仮説を棄却してしまう誤りを第一種の過誤と言います。また，大量にある製品から一部の製品を抜き取り，不良品の割合が一定以下であれば合格とするチェックを行うとき，合格するはずの製品なのに抜き取った製品の中にたまたま不良品が多く混じっていて不合格と判定してしまうことに相当するので，生産者のリスクとも言います。

一方で，1% での検定では $m=25$ はあり得る範囲だったので帰無仮説を棄却しませんでした。しかし，本当は $m \neq 25$ かもしれず，それを見逃してしまったのかもしれません。このように，本当は偽である帰無仮説を棄却できず採択する誤りを第二種の過誤と言います。これは消費者のリスクとも言います。

また，第一種の過誤と第二種の過誤は両立できない関係性にあり，たとえば有意水準を小さくすれば第一種の過誤の可能性は小さくなるわけですが，その分第二種の過誤の可能性が上がってしまいます。結局，どちらを重視するかによって有意水準を決めていくことになります。たとえば病気の発見の診断であれば，病気でない人を病気かもしれないと診断してしまう誤りよりは，病気である人の病気を見逃す方が問題があるわけです。よって，有意水準を小さくしすぎず，疑わしい場合には再検査をしていく方がよいと言えます。

> **第一種の過誤と第二種の過誤**
>
> 第一種の過誤：**真である帰無仮説を誤って棄却すること。生産者のリスクとも言う。**
>
> 第二種の過誤：**偽である帰無仮説を採択すること。消費者のリスクとも言う。**

演習 243

ある大学において，昨年度の男子学生全体の身長の平均値は 170.0 cm，標準偏差は 7.5 cm であった。今年度の男子学生の中から無作為に 100 人選んで身長を調べたところ，平均値が 168.0 cm であった。このことから今年度の男子学生の身長の平均値は昨年度に比べて変わったと言えるか，5% の有意水準で検定せよ。

解答 H_1：「平均身長は昨年度に比べて変わった」，H_0：「平均身長は昨年度と変わっていない」とする。

H_0 のもとで考える。標本の大きさ 100 は十分に大きいので，標本平均 $\overline{X}$ は近似的に正規分布 $N\left(170, \dfrac{7.5^2}{100}\right)$ に従う。よって

$$P\left(170-1.96 \cdot \frac{7.5}{10} \leq \overline{X} \leq 170+1.96 \cdot \frac{7.5}{10}\right) \fallingdotseq 0.95$$

$\therefore \quad P(168.53 \leq \overline{X} \leq 171.47) \fallingdotseq 0.95$

したがって，棄却域は $\overline{X}<168.53$，$171.47<\overline{X}$ である。

観測された 168.0 は棄却域に入るので，H_0 は棄却され，H_1 は採択される。

よって，**今年度の男子学生の身長の平均値は昨年度に比べて変わったと言える。**

母分散がわかっていませんが，分散については昨年度とあまり変化していないはずだと考えて，昨年度の標準偏差 7.5 cm で代用します。

正規分布表

u	0.00	0.01	0.02	0.03	0.04	0.05	0.06	0.07	0.08	0.09
0.0	0.0000	0.0040	0.0080	0.0120	0.0160	0.0199	0.0239	0.0279	0.0319	0.0359
0.1	0.0398	0.0438	0.0478	0.0517	0.0557	0.0596	0.0636	0.0675	0.0714	0.0753
0.2	0.0793	0.0832	0.0871	0.0910	0.0948	0.0987	0.1026	0.1064	0.1103	0.1141
0.3	0.1179	0.1217	0.1255	0.1293	0.1331	0.1368	0.1406	0.1443	0.1480	0.1517
0.4	0.1554	0.1591	0.1628	0.1664	0.1700	0.1736	0.1772	0.1808	0.1844	0.1879
0.5	0.1915	0.1950	0.1985	0.2019	0.2054	0.2088	0.2123	0.2157	0.2190	0.2224
0.6	0.2257	0.2291	0.2324	0.2357	0.2389	0.2422	0.2454	0.2486	0.2517	0.2549
0.7	0.2580	0.2611	0.2642	0.2673	0.2704	0.2734	0.2764	0.2794	0.2823	0.2852
0.8	0.2881	0.2910	0.2939	0.2967	0.2995	0.3023	0.3051	0.3078	0.3106	0.3133
0.9	0.3159	0.3186	0.3212	0.3238	0.3264	0.3289	0.3315	0.3340	0.3365	0.3389
1.0	0.3413	0.3438	0.3461	0.3485	0.3508	0.3531	0.3554	0.3577	0.3599	0.3621
1.1	0.3643	0.3665	0.3686	0.3708	0.3729	0.3749	0.3770	0.3790	0.3810	0.3830
1.2	0.3849	0.3869	0.3888	0.3907	0.3925	0.3944	0.3962	0.3980	0.3997	0.4015
1.3	0.4032	0.4049	0.4066	0.4082	0.4099	0.4115	0.4131	0.4147	0.4162	0.4177
1.4	0.4192	0.4207	0.4222	0.4236	0.4251	0.4265	0.4279	0.4292	0.4306	0.4319
1.5	0.4332	0.4345	0.4357	0.4370	0.4382	0.4394	0.4406	0.4418	0.4429	0.4441
1.6	0.4452	0.4463	0.4474	0.4484	0.4495	0.4505	0.4515	0.4525	0.4535	0.4545
1.7	0.4554	0.4564	0.4573	0.4582	0.4591	0.4599	0.4608	0.4616	0.4625	0.4633
1.8	0.4641	0.4649	0.4656	0.4664	0.4671	0.4678	0.4686	0.4693	0.4699	0.4706
1.9	0.4713	0.4719	0.4726	0.4732	0.4738	0.4744	0.4750	0.4756	0.4761	0.4767
2.0	0.4772	0.4778	0.4783	0.4788	0.4793	0.4798	0.4803	0.4808	0.4812	0.4817
2.1	0.4821	0.4826	0.4830	0.4834	0.4838	0.4842	0.4846	0.4850	0.4854	0.4857
2.2	0.4861	0.4864	0.4868	0.4871	0.4875	0.4878	0.4881	0.4884	0.4887	0.4890
2.3	0.4893	0.4896	0.4898	0.4901	0.4904	0.4906	0.4909	0.4911	0.4913	0.4916
2.4	0.4918	0.4920	0.4922	0.4925	0.4927	0.4929	0.4931	0.4932	0.4934	0.4936
2.5	0.4938	0.4940	0.4941	0.4943	0.4945	0.4946	0.4948	0.4949	0.4951	0.4952
2.6	0.4953	0.4955	0.4956	0.4957	0.4959	0.4960	0.4961	0.4962	0.4963	0.4964
2.7	0.4965	0.4966	0.4967	0.4968	0.4969	0.4970	0.4971	0.4972	0.4973	0.4974
2.8	0.4974	0.4975	0.4976	0.4977	0.4977	0.4978	0.4979	0.4979	0.4980	0.4981
2.9	0.4981	0.4982	0.4982	0.4983	0.4984	0.4984	0.4985	0.4985	0.4986	0.4986
3.0	0.4987	0.4987	0.4987	0.4988	0.4988	0.4989	0.4989	0.4989	0.4990	0.4990